U0192300

中国机械工程技术路线图 2021版

TECHNOLOGY ROADMAPS OF CHINESE MECHANICAL ENGINEERING

中国机械工程学会　编著

机械工业出版社
CHINA MACHINE PRESS

本书着重考虑新一代信息通信技术、新材料、新制造模式对机械工程技术创新发展可能带来的影响和变化，满足应对百年未有之大变局的需求，服务制造强国战略的需求，服务碳达峰、碳中和的国际承诺需求，时间跨度为2021～2035年。

在研究内容上，深入分析“机械工程技术发展的环境与需求”；提出机械工程技术“绿色、智能、超常、融合、服务”五大发展趋势的内涵和特征；研究支撑制造业发展的六大基础共性制造技术领域，即机械设计、成形制造、精密与超精密制造、微纳制造、增材制造、智能制造、绿色制造与再制造和仿生制造的关键核心技术与技术路线图；研究对主机和成套设备性能产生重大影响的六大基础件，即流体传动与控制件、密封件、轴承、齿轮、模具和刀具的关键核心技术与技术路线图；研究对机械工程技术起重要作用的服务型制造技术路线图；提出机械工程技术路线图成功实施的六大关键要素，即创新、人才、体系、机制、开放、协同。

希望本书的出版能对我国机械工程技术实现自主创新、重点跨越、支撑发展起到一定的引导作用，为我国实施制造强国战略，提升我国制造业国际竞争力发挥重要作用。

图书在版编目（CIP）数据

中国机械工程技术路线图：2021版/中国机械工程学会编著. —北京：机械工业出版社，2021. 11

ISBN 978-7-111-69605-6

Ⅰ. ①中…　Ⅱ. ①中…　Ⅲ. ①机械工程-技术发展-研究报告-中国
Ⅳ. ①TH-12

中国版本图书馆CIP数据核字（2021）第232917号

机械工业出版社（北京市百万庄大街22号　邮政编码100037）
策划编辑：丁昕祯　余　皞
责任编辑：丁昕祯　余　皞　赵亚敏　王勇哲
责任校对：陈　越　张　薇　责任印制：常天培
北京利丰雅高长城印刷有限公司印刷
2022年3月第1版第1次印刷
184mm×260mm · 32.75印张 · 2插页 · 538千字
标准书号：ISBN 978-7-111-69605-6
定价：258.00元

电话服务　　网络服务
客服电话：010-88361066　　机　工　官　网：www.cmpbook.com
010-88379833　　机　工　官　博：weibo.com/cmp1952
010-68326294　　金　　书　　网：www.golden-book.com

机工教育服务网：www.cmpedu.com

指导委员会

专家委员会

编写委员会

序一 Preface

当今世界，科技创新日新月异，信息化、知识化、现代化、全球化发展势不可当，新兴发展中国家快速崛起，国际经济和制造产业格局正面临新的大发展、大调整、大变革。我国制造业也将迎来新的发展战略机遇和挑战。

目前，我国制造业的规模和总量都已经进入世界前列，成为全球制造大国，但是发展模式仍比较粗放，技术创新能力薄弱，产品附加值低，总体上大而不强，进一步的发展面临能源、资源和环境等诸多压力。到 2020 年，我国将实现全面建设小康社会、基本建成创新型国家的目标，进而向建成富强、民主、文明、和谐的社会主义现代化国家的宏伟目标迈进。在人类历史上，大凡知识和技术创新，只有通过制造形成新装备才能转变为先进生产力。许多技术和管理创新也是围绕与制造相关的材料、工艺、装备和经营服务进行的。可以预计，未来 20 年，我国制造业仍将保持强劲发展的势头，将更加注重提高基础、关键、核心技术的自主创新能力，提高重大装备集成创新能力，提高产品和服务的质量、效益和水平，进一步优化产业结构，转变发展方式，提升全球竞争力，基本实现由制造大国向制造强国的历史性转变。

机械制造是制造业最重要、最基本的组成部分。在信息化时代，与电子信息等技术融合的机械制造业，仍然是国民经济发展的基础性、战略性支柱产业。工业、农业、能源、交通、信息、水利、城乡建设等国民经济中各行业的发展，都有赖于机械制造业为其提供装备。机械制造业始终是国防工业的基石。现代服务业也需要机械制造业提供各种基础设备。因此，实现由制造大国向制造强国的历史性转变，机械制造必须要先行，必须从模仿走向创新、从跟踪走向引领，必须科学前瞻、登高望远、规划长远发展。

中国机械工程学会是机械工程技术领域重要的科技社团，宗旨是引领学科发展、推动技术创新、促进产业进步。研究与编写中国机械工程技术路线图，是历史赋予学会的光荣使命。一段时间以来，机械工程学会依靠人才优势，集中专家智慧，充分发扬民主，认真分析我国经济社会发展、世界机械工程技术和相关科学技术发展的态势，深入研究我国机械行业发展的实际和面临的任务及挑战，形成了《中国机械工程技术路线图》。

《中国机械工程技术路线图》是面向2030年我国机械制造技术如何实现自主创新、重点跨越、支撑发展、引领未来的战略路线图。路线图力求引领我国机械工程技术和产业的创新发展，进而为我国建设创新型国家，实现由制造大国向制造强国的跨越，提升综合国力和国际竞争力发挥积极作用。

路线图的编写努力坚持科学性、前瞻性、创造性和引导性。科学性就是以科学发展观为指导，立足于科学技术的基础，符合科学技术和产业发展的大趋势。路线图不是理想主义的畅想曲，而是经过努力可以实现、经得起实践和历史检验的科学预测。前瞻性就是用发展的眼光看问题，不仅着眼于当前，而要看到10年、20年后甚至更长远的发展。我们今天所面临的挑战和问题，很多都不是短期能够解决的，而是需要经过10年、20年，甚至更长时间的持续努力才能根本化解。我们不仅要立足我国的发展，也要放眼世界的发展，对可能出现的科技创新突破、全球产业结构和发展方式的变革要有所估计。我们不仅要考虑已有的科学技术，还要考虑未来的科技进步与突破，如物理、化学、生物、信息、材料、纳米等技术的新发展，考虑它们对制造业可能产生的影响和可能带来的变化。对一些重要领域和发展方向、发展趋势要有一个比较准确的把握和判断。创造性就是根据我国国情进行自主思考和创新。路线图的编写是一个学习过程、研究过程、创造过程。我们既要学习借鉴国外的技术路线图，学习借鉴国外的成功经验和先进技术，又不完全照搬、不全盘模仿。路线图不仅要符合世界发展的大趋势，更要符合中国的实际国情。引导性就是要对机械制造技术和产业发展起引领和指导作用。路线图不是百科全书，也不同于一般的技术前沿导论，它是未来创新发展的行动纲领。路线图既要有清晰的基础共性、关键核心技术的提炼，同时也要有代表重大创新集成能力的主导性产业和产品目标，要适应企业行业的整体协调发展。路线图最终衡量的标准是先进技术是否能够转变成产业，是否能够占领市场。

《中国机械工程技术路线图》对未来20年机械工程技术发展进行了预测和展望。明确、清晰地提出了面向2030年机械工程技术发展的五大趋势和八大技术。五大趋势归纳为绿色、智能、超常、融合和服务，我认为是比较准确的。这10个字不仅着眼于中国机械工程技术发展的实际，也体现了世界机械工程技术发展的大趋势，应该能够经得起时间的考验。八大技术问题是从机械工程11个技术领域凝练出来的，是对未来制造业发展有重大影响的技术问题，即复杂系统的创意、建模、优化设计技术，零件精确成形技术，大型结构件成形技术，高速精密加工技术，微纳器件与系统（MEMS），智能制造装备，智能化集成化传动技术，数字化工厂。这些技术的突破，将提升我国重大装备发展的基础、关键、核心技术创新和重大集成创新能力，提升我国制造业的国际竞争力以及在国际分工中的地位，将深刻影响我国制造业未来的发展。

编写路线图，还要考虑如何为路线图的实施创造条件。如果没有政府的理解和政策环境的支持，没有企业积极主动的参与和有关部门的紧密合作，如果不通过扩大开放，改革体制，创新机制，为人才育成和技术创新创造良好的环境，促进企业为主体、以市场为导向、产学研用结合的技术创新体系的形成，如果没有一系列有力举措和实际行动，路线图所描绘和规划的目标就可能只是寓于心中的美好愿望和一幅美丽的图景。我认为，创新、人才、体系、机制、开放，是路线图成功实施的关键要素。

尤其值得关注的是，国际金融危机后，发达国家重视和重归发展制造业的势头强劲。美国总统科技顾问委员会（PCAST）2011年6月向奥巴马总统提交的《确保美国在先进制造业中的领导地位》报告，就如何振兴美国在先进制造业中的领导地位提出了战略目标和政策的建议，建议联邦政府启动实施一项先进制造计划（AMI）。AMI所建议的项目实施经费由商务部、国防部和能源部共同分担。项目基金最初每年5亿美元，四年后提高到每年10亿美元，并将在未来的10年里，实现美国国家科学基金委员会、能源部科学办公室和国家标准与技术院等三个关键科学机构的研究预算增倍计划，实现研发投入占GDP 3%的目标。着力为先进制造技术创新和产业的振兴提供更有吸引力的税收政策，建设可共享的技术基础设施和示范工厂等，加强对基础、共性、关键技术创新的支持，吸引和培养先进制造的创造人才，培育支持中小制造企业创新和发展等。

政府在推动机械工业发展中具有关键作用。政府的政策支持是机械工程技术路线图顺利实施的重要保障。路线图向政府及各有关部门提出了一些具体建议，包括制订中国未来20年先进制造发展规划、设立科技专项、创新科研体制机制、改进税收政策和投融资等，希望得到各方面的理解和支持，共同为我国实现制造强国的目标而努力。

人才是实现制造强国之本，教育是育才成才之源。在通向路线图目标的种种技术路径上，既需要从事基础前沿研究的科学家，也需要从事技术应用创新的工程师，还需要更多的优秀技师、高级技工等高技能人才。我们不仅要提高人才培养的质量，更要注重优化人才结构，发展终身继续教育。

对于中国机械工程学会而言，组织编写完成《中国机械工程技术路线图》只是迈出了第一步。只有路线图的研究成果得到政府和社会的大力支持，只有吸引企业和广大科技工作者的积极参与，路线图的实施才能成为广泛、深入、创造性的实践，路线图的目标才可能实现。因此，宣传普及、推介实施路线图是学会下一步更加重要而紧迫的任务。此外，路线图的持续研究、及时补充完善与修改，要成为学会今后长期、持续性的工作，成为学会建设国家科技思想库的重要组成部分。

期望《中国机械工程技术路线图》经得起实践检验，期望中国机械工程技术取得创新突破，期望中国机械工业由大变强，期望中国尽快成为制造强国乃至创造强国！

是为序。

2011 年 8 月

序二 Preface

中国机械工程学会于2010年启动《中国机械工程技术路线图》的研究与编写工作，并于2011年8月正式出版。路线图着眼于我国制造业大而不强，世界科技与产业创新变革和全球制造向绿色化、智能化、服务化发展的实际，制定了面向2030年我国机械工程技术如何实现自主创新、重点跨越、支撑发展、引领未来的战略路线图。力求引领我国机械工程技术和产业的创新发展，为我国建设创新型国家，实现由制造大国向制造强国的跨越，提升综合国力和国际竞争力发挥积极作用。路线图发布后，受到政府、企业和社会各界的广泛关注，对我国机械工程技术创新与制造业转型发展产生了积极而深刻的影响。路线图研究成已为学会建设国家科技思想库的重要组成部分。

中国机械工程学会第十届理事会对路线图的研究工作十分重视。在周济理事长积极倡导和亲自组织下，决定把路线图研究作为学会今后的长期工作持续开展。学会常务理事会于2015年决定对路线图（2011版）进行修订，编写路线图2016版，并且编写若干分技术领域路线图。学会制定了路线图1+X计划，即路线图（2016版）+若干分技术领域路线图，包括物流工程、创新设计、设备管理与维修、塑性成形、特种加工、焊接、铸造、再制造、增材制造、无损检测、高端轴承等。并以此向中国机械工程学会成立80周年献礼。

当前，信息网络技术引领的技术创新和应用发展更为迅猛，全球制造产业和经济社会发展变革的方向和态势更加清晰；全球制造技术创新、产业结构、发展环境与生态发生了新的深刻变化；中国制造正面临新的历史机遇与双重挑战。《中国机械工程技术路线图》也应该与时俱进。时隔五年，编写出版"路线图"2016版十分及时、非常必要，今后根据形势与环境变化每隔几年还可以修订再版。

开展路线图研究符合实施创新驱动发展战略、加快推进中国制造由大转强、支撑引领我国经济产业转型升级的需要；符合全球机械工程技术与产业快速发展变革的实际；符合科技与产业创新永无止境理念。也是学会贯彻落实党和政府对学会加强科技咨询服务要求、建设机械工程科技智库的重要举措。

近五年来，全球气候变化、水土大气污染、雾霾天气频发，危及人们的生存发展环境与健康，更加受到社会关注。传统发展方式难以为继。绿色低碳生产与生活方式深入人心，可持续发展成为人类文明基本价值观念。清洁可再生能源、智能电网，新能源汽车、低碳轨道交通，绿色低碳材料与清洁制造工艺、节能环保技术与产业，生态效益农业、生物医药与大健康产业、循环经济等快速发展，已渐成经济社会发展的新动力和新支柱。

信息网络、云计算、大数据、VR/AR、人工智能等技术创新和应用日新月异，对生产供给侧、应用消费需求、经营服务、金融和商业流通、公共管理与服务、创新创业的渗透、影响和冲击巨大而且深刻。今天的产品、装备和系统、设计制造服务都已同处于不断融合发展的全球物理·信息网络环境之中。

世界已跨入个性化需求拉动的数字化、定制式制造服务，和创意创造、创新设计引领系统集成创新，创造新需求、创造更好的用户体验、开拓新市场的制造服务、新价值的时代；设计制造网络智能产品与装备、实现网络智能设计制造服务成为大趋势和新常态。

全球宽带因特网、物联网、无线传感网、全球精确定位等技术与应用不断发展升级。无处不在的信息网络使得全球信息、知识、人才、智力等创新资源可实现实时众筹、众包、众创和近零成本分享。全球科学技术、经济产业、经营服务的创新生态、产业业态发生新的深刻变革。产学研用金跨界协同创新，大众创新、万众创业，开放合作、共创分享成为发展大趋势和时代新特点。

美国推出《先进制造业国家战略计划》（2012.02），德国政府提出“工业4.0”战略（2013.04），法国政府推出了《新工业法国》战略（2013.09），日本政府公布了《机器人新战略》（2015.01），并着力发展无人智能工厂等，都旨在抢占全球实体经济的支柱和核心——全球制造技术与产业的制高点，以保持其科技与产业创新的竞争优势与引领地位。

信息网络技术与先进制造技术深度融合，绿色智能设计制造、新材料与精准增材、减材制造工艺、生物技术、大数据与云计算等技术创新引领带动全球制造业向绿色低碳、网络智能、融合创新、共创分享为特点的全球制造服务转变。

2014年5月习近平总书记在河南中铁集团考察时提出：“推动中国制造向中国创造转变、中国速度向中国质量转变、中国产品向中国品牌转变”。这是对中国制造未来提出的总体战略目标。

制造业是实体经济的主体，是国民经济的脊梁，是国家安全和人民幸福安康的物质基础，是我国经济产业实现创新驱动发展、转型升级的主战场。2015 年 5 月中国政府正式推出制造强国战略并组织实施《中国制造 2025》，推出 1+X 行动计划。2015 年党的十八届五中全会提出“创新、协调、绿色、开放、共享”发展新理念。《中国机械工程技术路线图》的修订再版工作，要全面贯彻党中央发展新理念，围绕制造强国战略实施，服务《中国制造 2025》，引导支持以市场为导向、以企业为主体、产学研用金协同创新，加快实现总书记提出的“三个转变”。

中国机械工程学会要充分发挥专业智库作用，为中央和地方政府实施制造强国战略以及《中国制造 2025》，提供重要产业技术发展路线指引和政策建议。同时也要为企业、行业，为产学研用金协同创新，促进制造业转型升级，突破基础共性、关键核心技术，创造引领世界产品、工艺技术重大装备、国际著名品牌和创造经营服务新业态与服务型制造等提供科学目标和路径指引。

期望路线图的持续研究能够为促进中国制造由大转强、加快实现制造强国梦做出新贡献！

路甬祥

2016 年 8 月 4 日

Preface

序 三

进入21世纪，世界科技创新日新月异，新兴发展中国家快速崛起，国际经济和制造业产业格局面临新的大发展、大调整、大变革。我国制造业的规模和总量已经进入世界前列，但发展模式仍比较粗放，技术创新能力薄弱，产品附加值低，总体上大而不强。机械制造是制造业最重要、最基本的组成部分，要实现制造强国战略，就必须从模仿走向创新、从跟踪走向引领，必须科学前瞻、登高望远、规划长远发展。在路甬祥院士的发动和领导下，中国机械工程学会决定制定我国的机械工程技术路线图，并于2011年正式出版《中国机械工程技术路线图（第一版)》。

随着数字化、网络化和智能化技术的迅猛发展，制造技术创新、产业结构、发展环境与生态都发生了新的变化。德国提出工业4. 0战略、美国推出先进制造业国家战略、日本发布机器人新战略等，都在抢占全球实体经济发展高地，以保持其科技与产业的竞争优势和引领地位。我国推出制造强国战略并组织实施《中国制造2025》，推出1+X行动计划。结合中国机械工程技术发展的实际，全面服务制造强国战略，在周济院士的推动和领衔下，编制“1+12”机械工程技术路线图。2016年，中国机械工程学会修订并出版《中国机械工程技术路线图（第二版)》。

当今全球制造技术创新、产业结构、发展环境与生态都在发生着深刻的变化，错综复杂的国际形势，新冠肺炎疫情的严重冲击，我国制造业发展的新机遇与挑战并存。产业基础高级化、产业链现代化，经济质量效益和核心竞争力的提高成为当下我国制造业发展的重要任务。十九届五中全会提出，坚持把发展经济着力点放在实体经济上，坚定不移建设制造强国、质量强国、网络强国、数字中国。在这样的背景下，聚焦机械工程技术基础共性领域，持续完善路线图研究成果，与时俱进，为政府、行业不断提供重要产业技术发展路线图的指引和政策建议就更为重要。2021年，中国机械工程学会第三次组织机械工程领域内的院士、专家编制《中国机械工程技术路线图（2021版)》。

进入21世纪以来，我们已经身置于创新时代。当今的科技革命不再是传统意义上的以某项重大科技突破为标志和某个领域的突起为代表，而是以多领域、多学科、全方位持续系统创新为典型特征。机械工程技术融合了5G通信、物联网、大数据、云计算等新一代信息技术，机械工程技术的数字化、网络化、智能化进程不断加快，工业机器人、智能机床、智能仪器仪表、增材制造技术与装备的应用愈发广泛。机械制造技术的发展重在基础、共性核心，并在融合中不断创新。

近年来，数字孪生引发业界和学界的广泛关注，其应用有可能成为未来数字化制造、智能制造的鲜明特征。而数字孪生的基础是智能传感、数据分析、机器学习、建模仿真等，所有这些都离不开工业软件。

人工智能技术在制造业已经展现出广阔的应用前景，不仅能带来生产效率的提升，还能提高质量，会催生新的产品和运营模式，推动整个产业价值链的重构。

2021 年的政府工作报告明确提出“要扎实做好碳达峰、碳中和各项工作”，这是高质量发展的内在要求。碳达峰、碳中和首先改变的将是能源产业格局，其次将重构整个制造业，在各领域中发展绿色制造技术，在制造业产业链上的每一个环节实现碳中和，形成新的产业标准，这就需要靠一套新的与之配套的系统性创新技术。

总之，我们正在努力地建设我们的国家，努力地实现制造业高质量发展的目标。制定中国机械工程技术路线图，与其说是在描述一个技术发展的路径，更大程度上是在技术迭代更新、市场激烈竞争的环境中寻找最优的科技创新手段和思维。在制造强国的建设浪潮中，无论政府、行业，还是学者们，都要保持清醒，理性思考，如何高质量发展？如何构建创新体系？如何打好基础？从哪里开始？怎么走？什么才是适合我国机械工程领域高质量发展的有效路径？

《中国机械工程技术路线图（2021 版）》面向 2035 年，聚焦机械工程技术 10 个基础共性领域，即机械设计、成形制造、精密与超精密制造、微纳制造、增材制造（3D 打印）、智能制造、绿色制造与再制造、仿生制造、机械基础件、服务型制造，分析发展环境与未来需求，不断完善研究成果，使得发展目标、发展路径尽可能地符合我国机械工程发展的实际。虽然本书的研究成果还有待于实践的印证，但是众多专家、学者调查研究并汇聚智慧，这本身足以让人振奋。

最后，感谢中国机械工程学会技术路线图研究团队的专家们，以及奋斗在产业、科研院所、高校的科技工作者们！感谢读者！为各位在制造强国、科技强国的大道上所付出的坚持、努力、热情和奉献，向你们表示由衷的敬意！

是为序。

2021 年 11 月 8 日

Contents **目录**

Contents

第一章
Chapter 1

机械工程技术发展的环境与需求

进入 21 世纪以来，全球科技创新空前密集活跃的时期，新一轮科技革命和产业变革正在重构全球创新版图、重塑全球经济结构。以人工智能、量子信息、移动通信、物联网、区块链为代表的新一代信息技术加速突破应用，以合成生物学、基因编辑、脑科学、再生医学等为代表的生命科学领域孕育新的变革，融合机器人、数字化、新材料的先进制造技术正在加速推进制造业向智能化、服务化、绿色化转型，以清洁高效可持续为目标的能源技术加速发展将引发全球能源变革，空间和海洋技术正在拓展人类生存发展新疆域[1]。

2020 年，全球经历新冠肺炎疫情，当前全球疫情仍在蔓延。与此同时，国际格局加速演变，单边主义、保护主义上升，全球制造业产业链、供应链受到冲击。疫情激发了 5G、人工智能、智慧城市等新技术、新业态、新平台的蓬勃兴起，数字经济的推动作用将为经济发展提供新路径。新一轮科技革命与产业变革正在推动制造业的创新发展，我国机械工程技术发展正面临前所未有的机遇与挑战。

第一节　新一轮科技革命推动机械工程技术创新发展

一、新一代信息通信技术对机械工程技术的影响

5G、物联网、区块链、大数据、云计算等新一代信息通信技术的发展对机械工程技术的发展产生了深远影响。工业机器人、智能机床、智能仪器仪表、增材制造技术与装备等在传统制造业的应用不断扩大，推动传统制造业的创新发展；人工智能与机械工程技术的融合应用为机械工程技术的发展带来新的机遇；制造业的数字化、网络化、智能化推动机械工程技术的创新发展，带来产品设计、制造模式、生产组织方式及产业形态的深刻变革。

（一）数字孪生技术

数字孪生技术通过在虚拟空间中构建真实物理世界中的产品模型，利用数字化模型实现闭环的研制过程[2]。数字孪生技术是利用 3D 仿真、图形图像学、大数据、系统建模和优化计算等众多核心技术，在虚拟的数字环境里并行、协同地实现产品的全数字化设计，进行结构、性能、功能的计算优化与仿真技术。数字

孪生技术的使用为对象、产品、设备、人员、过程、供应链乃至整个业务生态系统提供了精确虚拟副本，极大提高了企业产品设计质量和一次研发成功率。在制造过程中，通过传感器等感知技术应用获取运行数据，深度分析数据并反作用于产品设计开发，进而改善产品功能，创新服务。依托数字孪生技术的虚拟制造可实现从设计研发、工艺、生产装配、物流运维等全生命周期的虚拟化，从而对整个生产过程进行规划分析、评估、优化，逐步达到柔性生产、精细管理。

数字孪生技术已广泛应用于汽车、飞机、工程机械等高端装备、大型装备领域，通过物理世界与虚拟空间的映射，有效应对机械制造企业多品种、高效率、高质量、低成本方面的压力与挑战。未来，数字孪生技术将推动虚拟制造为制造业带来新的发展空间。

（二）物联网与工业互联网技术

物联网利用传感器等感知技术及元器件，将机器、设备相连，实现数据实时采集与传输。工业互联网在物联网基础上，将人、设备、传感器、机器人等连接起来，将生产流程中的信息转变为可供处理的数字化信息和模型，实现数据共享和网络实时监控、调节。通过对设备本身情况的精准了解，实现对整个生产过程的持续改善优化，逐步达到柔性生产、精细管理。通过工业互联网平台把设计端、制造设备、生产线、车间与工厂、供应商和用户连接融合，实现跨设备、跨系统、跨厂区、跨地区的互联互通。

近年来围绕重点行业生产特点和企业痛点，工业互联网与制造业深度融合创新形成了不少系统解决方案，如围绕装备制造业供应链协同、装备产品的远程运维等，充分发挥了工业互联网资源集聚应用效应，带动制造业数字化转型，促进制造业提质、降本、增效。

（三）人工智能技术

人工智能技术在机械工程技术领域的应用将决定未来机械工程产品与工艺流程的发展[3]，极大地提高了机械工程自动化、智能化程度，实现制造流程的自学习，使得制造装备更加有效地与人“合作”工作，或者替代人的工作。人工智能技术在效率和控制精度方面的优势，可提高机械控制的可靠性、安全性和准确性。人工智能技术将更多地应用到产品研发设计，加速新产品开发过程，颠覆原有的生产流程与模式，创新原有价值链上的新环节。

工业机器人是人工智能技术在机械工程领域的重要应用场景之一，在汽车制造、光机电等领域已有较广泛的应用，逐渐开始替代一些规则清晰的重复性劳动岗位，其功能边界随着人工智能技术的发展不断外扩。人工智能技术融合机器视觉、工业大数据挖掘与分析、云计算等技术，应用于产品创新、生产制造、工艺优化、质量检测、供应链优化、产品故障诊断与预测、精准营销等环节，实现计算智能、感知智能、认知智能，从而真正实现智能制造，再到智慧制造。

（四）5G

5G 为工业互联网提供 10G 以上的峰值速率、毫秒级的传输时延、千亿级的连接能力和纳秒级的高同步精度，将零散分布的人、机器和设备连接在一起，构建统一的互联网络，为智能制造带来革命性变化，也将开启人机深度交互、万物广泛互联的新时代。在 5G 使能工厂，利用 5G 的极低时延、高可靠、高密度海量连接的特性，实现 AR 设备与云端的无线网络连接、云化机器人远程控制、移动机器人与协同设备间的实施通信等智能制造场景的应用。

目前，5G 技术已经在商用领域全面应用，6G 的研发也逐步展开。6G 是在 5G 的基础上，融合人工智能等技术，实现智慧的泛在可取、全面赋能万事万物，进一步推进虚拟与现实的结合。6G 技术将充分满足智能制造、远程运维、无人化数字工厂等场景需求，进一步提高制造效率、降低成本、加速产品及工艺创新。

二、新材料对机械工程技术的影响

轻量化材料、纳米材料、增材制造材料、智能仿生与超材料等前沿材料的创新应用，将直接影响我国在机械制造领域能否占据发展先机和战略制高点。

轻量化材料凭借其在资源效率和碳排放方面的优势广泛应用于制造业的各个领域。以汽车轻量化为例，和传统低碳钢相比，轻量化材料可有效减轻车身的质量。碳纤维作为具备安全性、抗振动及耐碰撞等优势性能的新型材料也开始被重视并应用于汽车轻量化设计。以高强钢、铝合金、镁合金、复合材料等为代表的轻量化材料具有良好的减重效果，应用领域不断扩大，需求规模不断增长，随之而来的对轻量化材料的加工与处理也在不断发展成熟。

纳米材料在半导体、电子和结构材料方面的应用尤为突出，广泛应用于微纳米轴承、纳米发动机、微型航天器等新型机械装备与产品中，加速机械工程产业的快速发展和产品升级，创新制造技术和工艺，并有效提升机械装备的性能并降低生产制造成本。碳纳米管和石墨烯被用于创建生物标签和太阳能电池的高性能晶体管和高强度复合材料。石墨烯材料集多种优异性能于一体，是主导未来高科技竞争的超级材料，广泛应用于电子信息、新能源、航空航天以及柔性电子等领域。纳米微晶陶瓷材料作为新型纳米材料是一种高性能的自润滑耐磨材料，在电子消费品、医疗器械及相关先进光机电装备中有良好的市场前景。

增材制造材料瓶颈的突破对增材制造产业的发展具有重要的意义。其中，成功研发的高性能金属粉末逐渐取代塑料和树脂，应用于增材制造材料的产业化制备中，并成功满足航空航天、生物医疗、汽车、消费电子等领域对个性化的需求。

智能仿生和超材料是智能制造、智能传感的核心材料，其中可控超材料与装备、仿生生物黏附调控与分离材料以及柔性智能材料与可穿戴设备等几类材料的研发，仿生生物黏附调控与分离材料的大面积制备与涂层黏合、智能材料的柔性化/大面积制备和生物兼容、具有智能化和仿生特性的自适应可控式超材料的联合设计等技术的进一步突破，可实现柔性仿生智能材料的电磁可调、智能传感0°~360°任意弯曲、与人体兼容等。

三、新制造模式对机械工程技术的影响

大数据、物联网、人工智能新兴技术的发展，推动了机械制造业生产模式的变革。生产性服务业与制造业深度融合，服务贯穿产品的全生命周期，同时在市场巨大需求的牵引下，规模定制化生产、网络协同制造、共享制造等新的生产模式应运而生。

规模定制化生产是以大规模生产的成本和时间提供满足顾客特定需求的产品和服务的运营模式，即从大规模生产标准产品转变为有效提供满足单个客户需求的产品或者服务[4]。在充分满足用户个性化定制的需求下，规模定制化生产模式也兼顾了生产效率与成本，借助专业化定制平台的应用，完成了产品模块化、组件标准化、制造装备柔性化、排产与供应链管理智能化生产，实现了生产模式和管理模式的颠覆式创新。

网络协同制造依托新一代信息技术，打破时间和地域约束，对研发设计、生产制造、销售运维等资源建立灵活的动态协同机制，实现动态资源的高效调配与

协同运营，从而有效提高企业的市场快速反应和竞争能力，可最大限度缩短新品上市的时间和生产周期，快速响应客户需求，提高设计和生产的柔性。

共享制造是共享经济在制造业领域的创新应用。共享制造建立了制造基地、业务服务以及研发设计等环节的共享模式，提供研发设计、生产制造、供应链、服务等协同，实现创新能力、制造能力、服务能力的共享。共享制造的发展融合了现有制造技术的信息化（设计、生产、试验、仿真、管理、集成等的信息化）与云计算、物联网、服务计算、智能科学等，将各类制造资源和制造能力虚拟化、服务化，构成制造资源和制造能力的要素资源池，实现制造资源的充分调配。共享制造实现了制造价值链中利益相关者的价值增值，降低企业制造成本并增强产业竞争力，进而利于提高生产率、产品附加值和市场占有率。

第二节　主要工业发达国家制造业战略部署

世界主要工业发达国家抓住新一轮科技革命机遇，纷纷加大科技创新力度，以保持其科技与产业创新的竞争优势与引领地位，如美国实施“先进制造业美国领导力战略”、德国继“工业 4.0”后推出国家工业战略 2030、欧盟发布欧洲新工业战略、日本发布了机器人新战略，都非常重视数字化发展，大力推动工业互联网、云计算、大数据、先进制造技术等领域的快速发展与应用。受 2020 年全球新冠肺炎疫情影响，美国等发达国家也越发重视制造业供应链安全可控和制造业基础的建设。

一、先进制造业美国领导力战略

2018 年 10 月，美国国家科学技术委员会下属的先进制造技术委员会发布先进制造业美国领导力战略，提出未来 4 年行动计划。该计划旨在捍卫美国经济，提高制造业就业率，建立牢固的制造业和国防产业基础，确保可靠的供应链。

先进制造业美国领导力战略中明确指出，先进制造（即通过创新研发的新制造技术和新产品）是美国经济实力的引擎和国家安全的支柱。在梳理影响美国制造业创新和竞争力的基础上，提出美国先进制造发展的三大主要目标和任务，并明确负责参与实施的主要联邦政府机构。其中三大目标为：开发和转化新的制造技术，抓住智能制造系统的未来，开发世界领先的材料和加工技术，确保国内制造生产医疗产品，保持电子设计和制造领域的领先地位，加强粮食和农业制造业的机会；教育、培训和集聚制造业劳动力，吸引和培养未来制造业劳动力，更新和扩展职业和技术教育途径，提升学徒和行业认可证书接受程度，培养与行业需求高度匹配的工人；扩展国内制造供应链的能力，提升制造商在先进制造业中的作用，鼓励制造业创新生态体系，增强国防制造业基础，加强农村先进制造的应用。

通过该战略可以看出，美国不再只关注产品设计及高端制造技术，也开始重视一般和低端制造业在其国内的发展。基于该战略，美国 MxD（原数字制造和设计创新中心）每年发布战略投资计划。

受 2020 年新冠肺炎疫情影响，美国发布的“2021 年战略投资计划”（The 2021 MxD Strategic Investment Plan）提出了四个投资主题，分别为：设计，扩展数字孪生应用的领域和兴趣；未来工厂，通过高级实时操作优化等预测运维提升对大型制造商的吸引力；供应链，在 2019 年的基础上更关注供应链上产品的数量和广度，研究解决如何在供应链中有效和安全地共享数字孪生的数据；网络安全，包括如何安全处理数字化淘汰设备，评估和降低 OT（Operational Technology）设备的安全风险、开放 OT 工厂环境以允许其与外部合作伙伴合作等。

二、德国工业战略 2030

2019 年，德国提出德国工业战略 2030，作为德国和欧洲产业政策的战略指导方针，该战略是德国工业 4.0 战略的进一步深化和具体化，旨在推动德国在数字化、智能化时代实现工业全方位升级。该战略提出了具体的发展目标，即提高工业在国内生产总值的比例，到 2030 年，德国国内工业产值占国内生产总值的占比提高到 25%，在欧盟占比则提高到 20%，确保德国工业重新赢回经济与技术方面的能力、竞争力与世界工业领先地位。

该战略从支持突破性创新活动的措施、提升工业整体竞争力的措施和对外经济关系等方面提出战略方针。主要包括：

（1）大力支持突破性创新活动　包括编制突破性创新技术目录；强调突破性创新即数字化的发展，尤其是人工智能的应用；关注“工业 4.0”技术（工业互联网）、纳米与生物技术、新材料、轻结构技术以及量子计算机的研发。通过组建德国和欧洲的龙头企业，增加规模优势支持创新，将龙头企业打造成为德国乃至欧洲的旗舰型企业，以应对与美国、中国等大型公司的竞争。

（2）通过多种手段增强德国工业整体竞争力　一是扩大处于领先地位的工业产业优势，赶超进程持续提升其全球竞争力。战略中明确德国基于领先地位的十大关键工业领域，即钢铁铜铝工业、化工工业、机械与装备制造业、汽车及零部件制造、光学产业、医学仪器制造、绿色环保科技、国防工业、航空航天工业、增材制造。二是明确要求维护完整的价值链，增加工业附加值，减少外部冲击和威胁。三是强化对中小企业的支持，提供个性化优惠和支持，增强其应对颠覆性创新挑战的能力和竞争优势，培育“隐形冠军”。

三、欧洲新工业战略

2020 年 3 月，欧盟委员会公布《欧洲新工业战略》，旨在推进欧洲工业气候中立和数字化转型，并提升全球竞争力和战略自主性。该战略提出了 2030 年及以后欧洲工业具备全球竞争力和世界领先地位、打造欧洲数字化未来及实现 2050 年气候中立的三大愿景，并提出三大策略：

（1）欧洲工业转型的基础性策略　该战略指出，构建一个更深入、更数字化的单一市场，为行业创造确定性。通过《中小企业可持续发展》和《塑造欧洲数字未来》的数字化战略，执行《欧洲数据战略》的后续行动，以发展欧盟数据经济等。

（2）强化欧洲工业和战略主权　该战略指出，实施战略自主权的核心是减少对其他国家的依赖，通过该项举措能够帮助欧洲在关键材料、技术、基础设施、安全等战略领域获得更大利益。在数字化转型、安全和先进技术主权方面，欧盟正在开展 5G 和网络安全方面的工作，开发一个关键的量子通信基础设施，希望在未来 10 年部署一个基于量子密钥分发技术的端到端的安全基础设施。欧盟将持续支持开发对欧洲工业未来具有战略重要性的关键扶持技术，其中包括机器人、微电子、高性能计算和数据云基础设施、区块链、量子技术、光子学、工业生物技术、生物医学、纳米技术、制药、先进材料和技术。

（3）合作伙伴关系治理　欧盟将启动一个新的欧洲清洁氢联盟。欧盟委员会将进行彻底筛选和分析工业需求，并确定需要采取定制化管理的生态伙伴，建立一个包容和开放的工业论坛，以支持合作伙伴关系治理工作。

四、日本机器人新战略

2015 年，日本发布的“机器人新战略”（Japan’s Robot Strategy）指出，在世界快速进入物联网时代的今天，日本要继续保持“机器人大国”（以产业机器人为主）的优势地位，就必须策划实施机器人革命新战略，将机器人与 IT 技术、大数据、网络、人工智能等深度融合，在日本积极建立世界机器人技术创新高地，营造世界一流的机器人应用社会，继续引领物联网时代机器人的发展。

为实现该战略目标，日本政府提出了三大核心目标。一是世界机器人创新基地，巩固机器人产业的培育能力。增加用户与厂商的对接机会，诱发创新，同时推进人才培养、下一代技术研发、开展国际标准化等工作。二是世界第一的机器人应用社会，使机器人随处可见。在制造业、服务业、医疗护理、基础设施、自然灾害应对、工程建设、农业等领域广泛使用机器人，在战略性推进机器人开发与应用的同时，要打造机器人应用所需的环境。三是迈向领先世界的机器人新时代。

第三节　我国经济社会发展对机械工程技术的需求

机械工业是国民经济发展的基础性和战略性产业，为国民经济各行业发展和国防建设提供技术装备，是我国参与全球经济发展、体现国家综合实力的重要产业，也是我国实现制造强国目标的重要基础支撑。当前，制造强国发展、高质量发展与产业基础再造、碳达峰、碳中和等战略及保障产业链供应链安全可控、打造国内国际双循环新格局等发展形势，无一不对我国机械工程技术发展提出了更新更高的要求。

一、应对百年未有之大变局的需求

世界正经历百年未有之大变局，新一轮科技革命和产业革命推动了新技术、新产品、新业态、新模式的发展，制造业发展模式和产业链构建发生新的变化。

与此同时，自2008年金融危机后，欧美发达国家相继出台了“再工业化”的发展战略，引导制造业回流。近年来，单边主义、贸易保护主义势力抬头，中美贸易摩擦外溢影响加剧，逆全球化趋势明显，世界各国制造业的竞争优势发生改变，诸多因素推动全球制造业的产业格局显著调整。2020年全球暴发新冠肺炎疫情，对我国乃至全球制造业产生较大冲击，进出口贸易受阻，供应链不稳，我国机械工业产业链断点堵点增加。

错综复杂的发展环境和全球制造业产业格局重构，为我国机械工业的发展带来了新的机遇和挑战。

一是我国正在加速形成以国内大循环为主体、国内国际双循环相互促进的新发展格局，亟需推动提升制造业高端供给能力，一方面建立自主可控、安全高效的产业链体系，一方面鼓励装备企业积极“走出去”参与国际市场竞争，通过高水平、高质量技术产品供给来掌握行业话语权，打造全球产业影响力。

二是当前我国基础产业发展薄弱，部分核心零部件、关键材料、工业软件、先进工艺装备等存在“卡脖子”风险，已成为我国传统制造业转型升级、新兴产业创新发展、加快制造强国建设的瓶颈和短板。特别是近年来美国对中国高技术发展的遏制和新冠肺炎疫情的暴发，使我们进一步认清了增强产业链韧性、夯实制造强国发展基础的重要意义。

三是“一带一路”合作协议为我国机械工程装备发展带来了新的机遇。我国高铁、核电、风电等重大技术装备产品已逐步走出去拓展国际市场，取得了一定的成绩。亟需装备制造企业提升核心竞争力，开发高水平、高技术装备产品，加大走出去力度，参与国际市场竞争，打造全球影响力，形成具有国际影响力的装备制造业。

二、我国实现碳达峰、碳中和国际承诺的需求

我国承诺到2030年二氧化碳的排放量达到峰值后逐步降低，到2060年通过植树造林、节能减排等形式，抵消自身产生的二氧化碳排放量，实现二氧化碳“零排放”，达到碳中和的目标。

尽管国内外对于碳达峰、碳中和工作重点多聚焦于冶金、建材、石化、电力等领域，但这些重点行业的正常运转及节能减碳的依托载体都离不开机械产品及装备。这些重点行业应对碳达峰、碳中和的各项行动，势必会对机械产品及装备

提出新的需求，机械工业市场需求必将发生重大变化。

我国要实现碳中和，就必须大幅度调整我国能源结构，核能的装机容量将是现在的 5 倍多，风能的装机容量将是现在的 12 倍多，而太阳能更会达到现在的 70 倍多。这将为新能源装备制造业创造一个巨大的发展空间，在其产业链细分领域将产生更多的新兴产业。同时也要求机械工程领域重点突破新能源装备的技术瓶颈和“卡脖子”的关键技术，完善国内新能源装备制造产业链，并维持制造业长期的碳中和。

碳达峰、碳中和目标的实现，也将推动机械制造业智能化和绿色化水平不断提升，对智能制造装备与绿色工艺技术等提出了更高的要求。

三、我国制造业向制造强国迈进的需求

当前，我国制造业发展已经从粗放化、外延式发展转向集约化、内涵式发展，从规模速度竞争模式转向质量效益竞争模式，结构不断优化，高技术制造业产业规模和盈利能力均呈现较快增长，在转方式、调结构和推动经济社会创新发展中作用凸显。“十三五”期间，我国制造业和机械工业产业主要经济指标见表 1-1 和表 1-2。我国工业增加值由 23.5 万亿元增加到 31.3 万亿元，高技术制造业增加值平均增速达到 10.4%，高于规上工业增加值的平均增速 4.9%；在规上工业增加值中的占比也由“十三五”初期的 11.8%提高到 15.1%。

表 1-1　我国制造业产业主要经济指标（2011 年/2016 年/2019 年/2020 年）

年份	全国工业增加值总量/万亿元	全国规模以上工业增加值同比增长	高技术制造业营业收入/万亿元	高技术制造业增加值同比增长
2011 年	18.85	10.4%	87.53	10.4%
2016 年	24.79	6.0%	153.79	10.8%
2019 年	31.71	5.7%	158.85	8.8%
2020 年	31.3	2.8%	176.16	7.1%

表 1-2 机械工业产业主要经济指标（2011 年/2016 年/2019 年/2020 年）

年份	主营业务收入/万亿元	主营业务收入同比增长	利润总额/万亿元	利润总额同比增长
2011 年	16.48	24.52%	1.20	21.14%
2016 年	24.55	7.44%	1.69	5.54%
2019 年	21.76	2.46%	1.32	-4.53%
2020 年	22.85	4.49%	1.46	10.4%

从 2011 年起，我国制造业总量已稳居世界第一，成为世界第一制造大国。根据中国工程院发布的制造强国发展指数报告（图 1-1），2012~2019 年美国、德国、中国、英国、法国、韩国、印度、日本、巴西九国制造强国综合指数总体发展趋势为：美国、德国、中国、韩国、印度、日本制造强国综合指数值总体呈增长态势。美国、德国增长势头强劲，强国地位不断巩固，相对优势明显；中国、韩国增长较快，与制造强国的差距不断缩小，但绝对差距依旧明显。

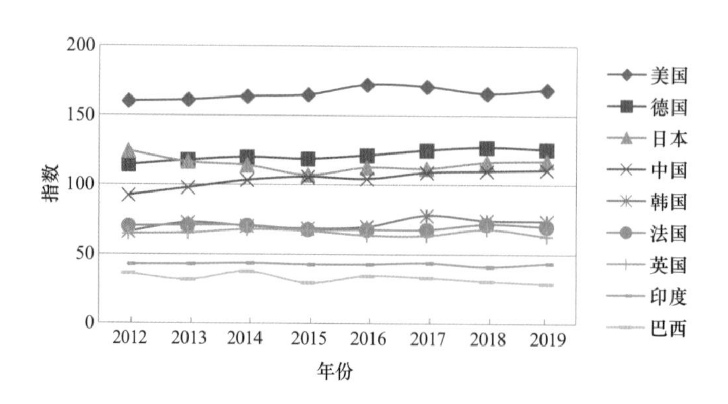

图 1-1 2012~2019 年各国制造强国发展指数变动趋势

（数据来源：《2020 中国制造强国发展指数报告》）

从规模发展、质量效益、结构优化、持续发展四项一级指标分项数值来看，2012~2019 年，我国“规模发展”分项数值始终位居各国首位，成为加快构建国内国际双循环新发展格局的重要基础，也是我国建设制造强国的重要支撑。“质量效益”“结构优化”“持续发展”综合体现一国制造业核心竞争力，是制造强国的主要标志，是发达国家与发展中国家的主要差距所在。目前我国与第一、第二阵列的美国、德国、日本仍存在一定差距，我国制造业水平仍需提升[5]。

机械制造业是国民经济的基础产业，是我国制造业的重要组成部分。在制造强国指标体系的测算中，“质量效益”“结构优化”“规模发展”中多项二级指标与机械制造领域高质量发展相关，机械制造领域的研发投入、制造业增加值等的不断提升，将直接影响我国制造强国发展指数，推动我国加速进入第一阵列。机械制造领域也是制造强国指标体系中行业发展水平评估的重点应用示范领域。机械制造业的高质量发展将直接助推我国制造业向制造强国迈进。

第四节　我国机械工业发展现状与展望

一、我国机械工业的发展概况

（一）产业规模不断扩大

2010年以来，我国机械工业转变发展方式，优化产业结构。10年来，主营业务收入由2010年的13.96万亿元增长到2020年的22.85万亿元，占全国工业营业收入的21.5%，利润总额由2010年的1.17万亿元增长到2020年的1.46万亿元，外贸总额由2010年的5138亿美元提高到2020年的7800亿美元。截至2020年底，机械工业规模以上企业数量已超过9万家，挂牌运行和正在筹建的创新平台达到241家，已论证通过和启动建设的有国家动力电池创新中心、国家增材制造创新中心、国家机器人创新中心、国家智能传感器创新中心、国家轻量化材料成形技术及装备创新中心、国家农机装备创新中心以及国家智能网联汽车创新中心等15家国家制造业创新中心。

（二）重大技术取得突破

10年来，我国机械工业攻坚克难，在重大技术装备、基础共性技术、关键零部件方面取得了较大的突破。

一是突破了一批重大技术装备。我国自主设计建造的三代核电“华龙一号”全球首堆——福清核电5号机组成功并网发电，核心零部件全部实现国产制造；中海油惠州石化120万t/年乙烯装置一次试车成功，其关键设备乙烯三机全部由国内企业制造。工程机械实现了掘进机械整机系统集成技术的产业化应用，15m

及以上超大直径泥水盾构和超小直径盾构实现了施工应用。大型、高速五轴加工中心、8万t模锻压机、万吨级铝板张力拉伸机、大型开合式热处理炉、汽车大型覆盖件自动冲压线、3.6万t黑色金属垂直挤压机、超重型落地铣镗床等一系列高端制造装备的成功研制与应用[6]。

二是攻克了一批基础共性技术，成功研发和掌握了大型升船机复杂系统可靠性多元评价方法与长寿命高可靠服役策略、大模数重型齿条制造技术与寿命评价、升船机可靠性评价准则与工程验证技术，大型复杂复合材料构件数字化柔性高效精确成形关键技术、复杂铸件无模复合成形制造关键技术等关键共性基础技术。

三是关键零部件完成国产化，在国家“强基”工程的引导下，高端核级密封件、大型锻压机械用高压、数字液压元件和系统取得了重大突破，200km/h级高速客运机车和重载货运机车齿轮传动装置等产品已基本满足国内市场需求。

二、我国机械工业目前面临的主要问题

（一）自主创新能力与新时期需求不匹配、共性技术研发能力较弱

长期以来，我国机械工业产业形成了以重大工程、重点任务为牵引，通过引进消化吸收，快速发展重点品类、重点型号以达成应用目标为行业发展模式。这一模式虽然有效解决了我国现代化机械工业的有无问题，使我国机械工业产业得到高速扩张，在中低端市场占据了优势。但这也令多数企业未将足够资源投入到自主创新中，基础工艺、共性技术等关键基础能力发展缓慢。

共性技术研发能力薄弱，公益性、共性技术研究机构缺失，一方面导致了部分共性技术研发存在重复投入、分散投入的问题，另一方面大量技术基础薄弱与资金缺乏的中小企业根本无力自行开发，进而限制了其自主创新能力的提升。由于不掌握核心技术，很多技术标准处于被动跟随状态，国际话语权较弱，存在“卡脖子”和“断链”隐忧。

（二）部分领域核心零部件依赖进口、产业链关键环节受制于人

我国机械工业门类比较齐全、规模优势突出，但仍存在部分核心零部件自主研发能力不强，部分关键零部件严重依赖进口的短板等问题。一是高端轴承钢、高端液压铸件、高端涂料、关键绝缘材料、高性能密封材料、润滑油脂等关键基

础材料研发生产落后于国际先进水平，限制了各类零部件产品的自主创新和提档升级；二是高端机床与铸、锻、焊、热及表面处理等基础制造工艺及装备发展滞后，直接影响了机械装备与产品的质量、寿命及可靠性水平；三是高端轴承、齿轮、液气密件、链传动及连接件、弹簧及紧固件、模具、传感器等高端零部件的自主化能力不足，难以满足主机发展需求而依赖进口。

同时我国机械工业所需的各类工业软件、国民经济重点领域急需的一批重大短板装备也与国际先进水平存在较大差距。一是研发设计、经营管理、生产控制、运维服务等核心工业软件与系统受制于人的问题十分突出。如在机床行业，机床工具研发设计所需高性能软件以及高档数控系统多被外资品牌垄断，存在经济与安全风险；汽车行业的产品设计和仿真软件、发动机和变速器等控制软件、工厂生产监控软件等基本依赖进口。二是一批服务于国民经济重点领域的专用生产设备及生产线、专用检测设备及系统等重大装备自给能力较差，对产业安全造成严重威胁。如在航空航天装备领域，大型精密钣金成形设备、大型复合材料构件制造设备等加工设备以及高场强、高电平电磁兼容检测设备等专用检测系统均严重依赖进口；在机器人领域，精密减速器成套装备的研制与生产能力不足，使高精度减速器尚不能实现大批量生产。

（三）人才资金等核心要素支撑不足、产业发展难以良性循环

机械工业是资本、人才、技术密集型的非暴利行业，具有门槛高、投入大、见效慢、周期长、杠杆低等特点。行业高质量发展需要投入大量资金开展研发和基础能力建设工作，尤其是高端装备对资金占用率非常高，不符合资本市场逐利的天性和短平快的运作模式，一直面临融资难、融资贵的问题，部分企业还遭遇银行断贷抽贷，直接导致企业经营陷入困境。

机械工业人才培养时间较长、难度大，而当前国内机械工业企业利润低、效益差，从业人员收入低、成就感缺乏，整个行业缺乏吸引高层次、高素质人才创新创业的环境，也是造成机械工业领域技术创新能力不足的重要原因之一。

三、面向 2035 的机械工程战略任务

在当前和今后的一段时期，我国机械工业亟须增强产业基础能力、提高产业链水平，突破机械制造业“卡脖子”关键问题，使我国的制造业基础、关键环节不再受制于人。

一是全面提升自主创新能力，强化国家战略导向使命，坚持把科技自立自强作为推动机械工业高质量发展的战略支撑，充分发挥企业在创新中的主体作用，鼓励领军企业组建创新联合体，支持企业建设技术研发中心，形成全国技术创新网络，激发人才创新活力，全面塑造产业发展新优势。聚集从事机械工业领域研究的科技力量，统筹基础研究、应用研究、实验开发和成果转化全链条，形成需求牵引、企业为主体的产学研用一体化行业新生态和利于关键共性技术突破的创新生态。

二是统筹推进产业基础高级化，围绕机械工业产业基础最为薄弱的环节，开展关键基础材料、核心基础零部件、先进基础工艺、产业技术基础、基础工业软件等方向攻关。结合重大工程、重大装备及国民经济重点产业主机配套亟需，重点推动轴承、齿轮、液气密件、链传动及连接件、弹簧及紧固件、模具、传感器等核心基础零部件性能稳定性、质量可靠性、使用寿命等指标的提升；围绕机械工业重点领域发展需求，加大各类通用及专用工业软件的研发及推广应用力度，提高基础工业软件国产化水平；持续推进清洁铸造、先进焊接、精密锻造、高效表面热处理及表面工程等新技术新工艺的研制及应用，并使其领先于、适合于新材料的发展。

三是打好产业链现代化攻坚战，充分发挥国内超大规模市场优势，瞄准“提高产业链现代化水平”这个主攻方向：①锻长板，提高产业国际竞争力，巩固提升我国发电设备、输变电设备、工程机械等优势产业的综合水平；从符合未来产业变革方向的整机产品入手打造战略性、全局性产业链，使其继续保持世界领先地位，不断增强产业的国际竞争能力。②补短板，维护产业链供应链安全，深入实施重大短板装备专项工程，全面推进短板装备不断提档升级；推动上下游协同合作，提高产业链整体水平。

四是持续推动产业优化升级，把新发展理念贯穿产业发展全过程，切实转变发展方式，推动机械工业优化升级。推动跨行业、跨地域的协同融合，促进模式创新和发展方式转变，打破行业壁垒，打开企业围墙，推动机械工业与电子信息、生物技术、新能源、新材料等产业交流合作，共同改造提升机械工业，弥补多学科交叉领域的研发空白；加快关键性前沿技术赶超，推动战略性新兴产业发展，推动机械工业同互联网、大数据、人工智能等深度融合，与时俱进把握未来发展主动权；突破资源及环境约束，全面推进节能与绿色制造，大力发展节能高效机电产品，全面推行机械工业绿色制造，为实现“碳达峰”“碳中和”目标提供强有力的支撑。

参考文献

[1] 习近平. 努力成为世界主要科学中心和创新高地 [J]. 求是，2021（6）.

[2] 于勇，范胜廷，彭关伟，等. 数字孪生模型在产品构型管理中应用探讨 [J]. 航空制造技术，2017，60（7）：41-45.

[3] 德国机械设备制造业联合会. 机械工程中的人工智能——观点和行动建议 [J]. 中国工业和信息化，2019（04）：30-34.

[4] 徐旭. 基于柔性制造的大规模定制研究综述 [J]. 经济研究导刊，2012（5）：78-80.

[5] 中国工程院战略咨询中心，等. 2020中国制造强国发展指数报告 [Z]. 2020.

[6] 中国机械工业联合会. 机械工业“十四五”发展纲要 [EB/OL].（2021-05-01）[2021-10-15]. http：//www. mei. net. cn/jxgy/202105/1620303069. html？l=yjcg.

编撰组

组　长　屈贤明
第一节　李晶莹　郭　悦
第二节　李晶莹　刘艳秋
第三节　赵　蔷　田利芳
第四节　焦　炬　李晶莹

第二章
Chapter 2

机械工程技术五大发展趋势

第一节 绿 色

当前，世界上掀起一股“绿色浪潮”，环境问题已经成为世界各国关注的热点。近年来，不少国家推行以保护环境为主题的“绿色计划”，如德国推行“蓝色天使”标志和《循环经济法》；美国推行“能源之星”和《美国创新战略》；日本推行“绿色行业计划”“环境友好产品”等绿色低碳生产与生活方式。保护环境深入人心，保护地球环境、保持社会可持续发展已成为世界各国共同关心的议题。

“十三五”以来，我国推动实施绿色制造工程，在机械工业领域取得了显著成效。2015~2019 年，中国机械工业联合会重点联系企业的万元产值综合能耗由 2015 年的 0.0299t 标准煤，下降到 2019 年的 0.0196t 标准煤，下降 34.45%。规模以上企业单位工业增加值能耗累计下降超过 15%，单位工业增加值用水量累计下降 27.5%。2021 年 3 月 13 日，国务院发布《中华人民共和国国民经济和社会发展第十四个五年规划和 2035 年远景目标纲要》提出，制定 2030 年前碳排放达峰行动方案，深入实施智能制造和绿色制造工程，推动制造业高端化、智能化、绿色化。

未来机械工程技术将加快构建绿色制造体系，推动绿色产品、绿色工厂、绿色园区和绿色供应链全面发展，推进资源高效循环利用。考虑产品从设计、制造、包装、运输、使用到回收利用、报废处理的整个产品生命周期的绿色化（图 2-1），考虑绿色制造技术与工艺的不断升级与应用，考虑资源、能源的持续利用，减少废料和污染物的生成及排放，提高生产和消费过程与环境的相容程度，最终实现经济效益和环境效益的最优。

机械工程技术的绿色发展趋势体现在以下 5 个方面。

（1）产品设计绿色化　充分考虑下游生产、使用、回收利用等环节对资源环境的影响，通过产品绿色设计拉动绿色制造工艺技术一体化提升，提供产品绿色设计与制造一体化集成应用解决方案，实现产品全生命周期资源、能源消耗和环境负荷最小的目标。按照产品全生命周期理念，产品设计时重点考虑绿色低碳材料的选择、产品轻量化、产品易拆卸以及可回收性设计、产品全生命

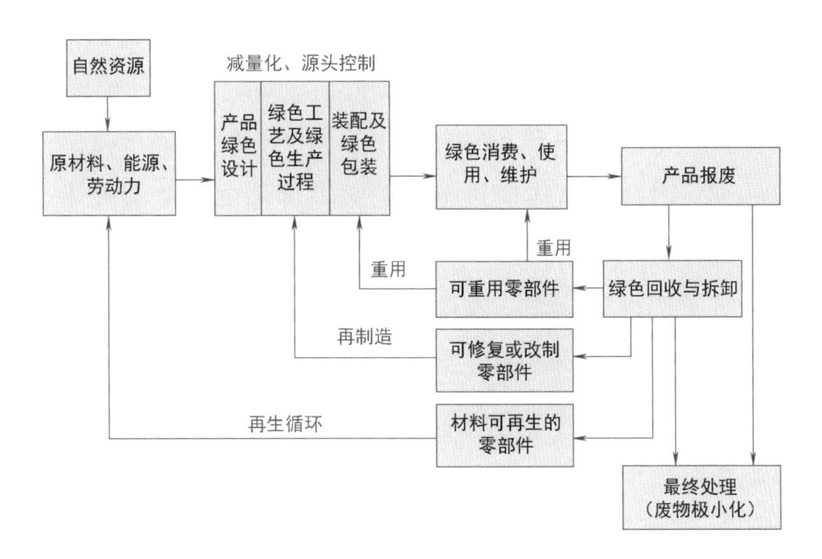

图 2-1　产品生命周期的绿色化

周期评价。突破产品模块化、集成化、智能化等共性技术，建立基于互联网大数据与知识工程的绿色设计方法，以及面向产品全生命周期的绿色设计信息数据库。基于数据驱动方法，从工艺、材料、包装、回收等方面形成产品的绿色定制化设计，从设计阶段解决产品的滞销积压和难以回收利用带来的资源浪费。

（2）制造工艺、技术及装备绿色化　采用高效绿色制造工艺、技术及装备，推进传统制造流程改造实施，针对传统高污染、高耗能领域进行生产过程清洁化改造，通过发展绿色工艺、技术和装备来减少有毒有害污染的排放。重点推广原料优化、能源梯级利用、可循环、流程再造等高效低碳系统优化工艺技术，大力发展节能高效机电产品，加强新型节能技术和高效节能装备的研发及推广应用，开发基于互联网与物联网的节能技术装备、储能与多能互补技术装备，加快应用先进节能低碳技术装备，提升能源利用效率，扩大新能源应用比例。加快应用绿色切削、增材制造、绿色铸造、绿色焊接、绿色热处理等绿色制造工艺，推动传统基础制造工艺绿色化、智能化发展。基于绿色设计理念的集成工艺与方法——增减材一体化制造工艺，使得产品在设计、制造过程中真正实现资源利用最大化，环境影响最低化。

（3）处理回收绿色化　大力发展以废旧零部件和产品为对象的再制造技术，突破再制造表面工程、疲劳检测与剩余寿命评估、增材制造等关键共性技术，发展高效拆解与绿色清洗技术、智能再制造成形技术和在役再制造关键技术，利用先进表面工程技术和再制造系列技术，提升废旧产品表面服役能力的恢复和提升，实现废旧材料、零部件和产品的再利用。围绕传统机电产品、高端装备、在役装备等重点领域，发展大型成套设备及关键零部件的再制造技术，在航空发动机、燃气轮机、机床、工程机械等领域得到广泛应用。加快再生资源的先进适用回收利用技术和装备的推广应用，发展热固性高分子材料、汽车充电设备和光伏硅材料等回收与利用服务，完善再生资源回收利用体系，畅通汽车、纺织、家电等产品生产、消费、回收、处理、再利用全链条，推进资源高效循环利用，实现产品经济价值和社会价值最大化。

（4）制造工厂绿色化　制造工厂及生产车间向绿色、低碳升级，建设绿色工厂，实现用地集约化、原料无害化、生产洁净化、废物资源化、能源低碳化。推进产品生产绿色化、资源能源环境数字化、管控系统智能化，实现资源能源及污染物动态监控和管理，优化工厂用能结构，降低能源、物质和水资源消耗水平。构建涵盖采购、生产、营销、回收、物流等环节的绿色供应链，应用物联网、大数据和云计算等新一代信息技术提升供应链管理智能化水平，建立绿色供应链管理体系。促进企业、园区、行业间链接共生、原料互供、资源共享，发展绿色园区，统筹应用节能、节水、减排效果突出的绿色技术和设备，推行园区综合能源资源一体化解决方案，促进园区内企业之间废物资源的交换利用，提升园区资源能源利用效率。

（5）绿色制造评价与服务　从产品及全生命周期过程进行绿色属性分析，制定全面、系统、科学的产品及全生命周期绿色制造评价指标体系。根据评价对象合理确定绿色评价指标及其检测、统计或评价方法，建立系统的分行业绿色评价指标体系和评价标准，开发应用评价工具。健全绿色制造标准体系，加紧制定绿色评价基础和共性的国家标准或行业标准，加快能耗、水耗、碳排放、清洁生产等标准制订、修订。建立产品全生命周期基础数据库及重点行业绿色制造生产过程物质流和能量流数据库，开展第三方服务机构绿色制造咨询、认定、培训等服务，建立完善绿色制造标准、评价及创新服务等体系。发展绿色产业链服务，对产业链的各个环节进行绿色化转型升级，拓展低能耗环节、绿色能源替代、制造业服务化，完善产品化服务模式和评价服务，推动提高重点行业绿色化水平。

第二节 智 能

20 世纪 50 年代诞生的数控技术以及随后出现的机器人技术和计算机辅助设计技术，开创了数字化技术用于制造活动的先河，一定程度上满足了制造产品多样化对柔性制造的要求；传感技术的发展和普及为大量获取制造数据和信息提供了便捷的手段；云计算、移动互联、边缘计算、大数据分析等新一代信息技术与制造技术的不断融合，持续推动制造业的数字化、网络化、智能化发展，特别是新一代人工智能技术的迅猛发展为生产数据与信息的分析和处理提供了更加有效的方法，为先进制造技术插上了智能的翅膀。

20 世纪 80 年代，美国多位学者出版 *Artificial intelligence: a tool for smart manufacturing*、*Smart Manufacturing with Artificial Intelligence*、*Manufacturing Intelligence* 等书，提到智能制造的概念[1][2]，并指出智能制造的目的是通过集成知识工程、制造软件系统、机器人视觉和机器控制等对员工制造技能和专家知识进行建模，以使智能机器人在没有人工干预的情况下进行小批量生产。

21 世纪以来，智能制造的概念在不断发展和深化，这主要源自制造技术与新一代信息技术的深度融合与迭代创新。中国机械工程学会于 2011 年出版《中国机械工程技术路线图》提出，智能制造是研究制造活动中的信息感知与分析、知识表达与学习、自主决策与优化、自律执行与控制的一门综合交叉技术，是实现知识属性和功能的重要手段。2016 年出版《中国机械工程技术路线图（第二版）》，进一步提出：智能制造技术涉及产品全生命周期中的设计、生产、管理和服务等环节的制造活动，以关键制造环节智能化为核心，以端到端数据流为基础，以网通互联为平台，以人机协同为支撑，旨在有效缩短产品研制周期、提高生产效率、提升产品质量、降低资源能源消耗，对提升制造水平具有重要意义。2018 年，中国工程院发布《中国智能制造发展战略研究报告》，报告提出：广义而论，智能制造是一个大概念，一个不断演进的大系统，是新一代信息技术与先进制造技术的深度融合，贯穿于产品、制造、服务全生命周期的各个环节，以及相应系统的优化集成，实现制造的数字化、网络化、智能化。智能制造系统由智能产品、智能生产及智能服务三大功能系统以及工业智联网和智能制造云两大支撑系统集合而成[3]（图 2-2）。

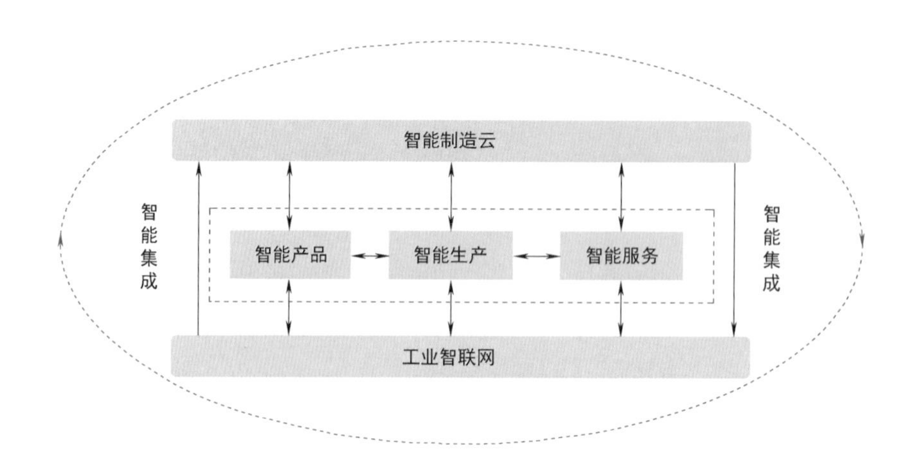

图 2-2　新一代智能制造的系统集成

2010 年以后，智能制造得到世界各国更加广泛的关注，美国、德国、日本、欧盟等国家或地区纷纷设立智能制造研究的项目基金、实验基地和研究机构。我国将智能制造作为制造业创新发展的主要抓手、制造业转型升级的主要路径、建设制造强国的主攻方向。可以预见，21 世纪将是智能制造迅猛发展和广泛应用的时代。

机器智能包括计算、感知、识别、存储、记忆、呈现、仿真、学习、推理等，既包括传统智能技术（如传感、基于知识的系统等），也包括新一代人工智能技术，如基于大数据的深度学习、混合增强智能等。因此，机械工程技术的智能具有以下 6 个特点：

（1）自感知与自律能力　能获取与识别环境信息和自身信息，并进行分析判断和规划自身行为的能力。

（2）人机共融能力　人在机械制造系统中始终处于核心支配地位，在智能装置与各类人员的协作配合下，人机之间表现出一种平等共事、相互理解、相辅相成、相互协作、融合共生的关系。

（3）建模与仿真能力　以计算机为基础，集合信息处理、推理、预测、仿真和多媒体技术为一体，建立制造资源的几何模型、物理模型、功能模型，模拟制造过程和未来产品以及产品使用过程，从感官和视觉上使人获得完全如同真实的感受。

(4) 可重构与自组织能力　为了适应快速多变的市场环境，系统中的各组成单元能够依据工作任务的需要，实现制造资源的即插即用和可重构，自行组成一种最佳、自协调的结构。

(5) 学习能力与自维护能力　能够在实践应用中不断充实知识库，具有自认知、自学习功能。同时，在运行过程中具有故障自诊断、故障自排除、自行维护的能力。

(6) 大数据分析处理能力　通过整合、分析制造工艺数据、制造设备数据、产品数据、订单数据以及生产过程中产生的其他数据，使生产控制更加及时准确，生产制造的协同度和柔性化水平显著增强。

第三节　超　常

现代基础工业、航空航天、电子制造业的发展，对机械工程技术提出了新的要求，促成了各种超常态条件下制造技术的诞生。超常制造是在极端条件或环境下，应用先进制造技术及高端装备，制造极端尺度（极大或极小尺度）、极限精度、极高性能/功能的结构、器件、系统或装备，以及能产生极端物理环境或条件的科学实验装置。从表面看，超常制造是产品尺度及环境的极端化，实质上是集中了多学科多领域的高新科技，具有强的领域带动效应。大火箭、大飞机、航空母舰、南极冰盖运载装备、空间飞行器、高性能芯片、高能量密度物理实验及探测大科学装置等的建造，不仅可以锤炼一个国家制造能力，也必然带动航空航天、航海、极地、动力电子、材料、机械乃至燃料工业的技术进步。目前，工业发达国家已将超常制造列为重点研究方向，在未来 20～30 年间将加大科研投入，力争取得突破性进展。机械工程技术的超常发展趋势主要体现在以下 8 个方面。

(1) 极复杂巨系统制造　如 100 万 kW 以上的超级动力设备、数百万吨级的石化设备、数万吨级的模锻设备、超 10 万 t 级的航空母舰、数十万吨级的货船、新一代高效节能冶金流程设备、大型超低温成形设备等极复杂系统和功能极强设备的制造。

(2) 极大尺度构件制造　新一代装备对服役性能提出更加苛刻要求，迫切需求利用特殊工艺来实现极大尺度构件。如直径 5～10m 的整体薄壁曲面件超低温成形制造；直径 16m 不锈钢整体环和直径 10m 高强铝合金环件环轧制造；大型带筋筒体空间包络成形；大型锻件局部加载成形制造；最大盾构机直径超过 18m；下一代核岛环件直径超过 15m 等。

（3）极小尺度微纳制造　对尺度为微米和纳米量级的零件和系统的制造，包括超大规模集成电路芯片、超高灵敏度单分子检测生物芯片、高性能亚波长平面光学元件、SIP 先进混合封装、光芯片集成、脑机接口与类脑计算器件、高密度低功耗纳米传感器与执行器、纳米存储器、自供电纳米器件、量子器件、纳米机器人等。

（4）极端精度制造　传统超精密加工的加工精度极限是纳米级，现在已经发展到亚纳米级、原子级。如最高精度的超精密机床切削工件的切削厚度值达到 7nm，表面粗糙度值达到 0.1nm；超大规模集成电路光刻机物镜面形精度 PV 达 2nm；惯性约束装置中楔形透镜的形位误差<10″，面形精度 RMS 优于 20nm，表面粗糙度值 Ra 小于 0.5nm 等。

（5）超高速制造　采用超硬材料的刃具和超高速切磨削加工工艺，通过提高切削速度和进给速度来提高材料切除率，以获得较高的加工精度、质量及效率。如超高速机床空气磁浮主轴的转速高达每分钟 20 万转、在大型或重型零件的切削加工中进行的超高速切削技术、核电/风电用大尺寸法兰盘面高效加工、硬脆难加工材料的超高速磨削等。

（6）超常环境下服役的关键零部件的制造　即极高/低温、极高/低压力、极高高能量密度环境下的制造或服役。如超强超短聚焦激光的功率密度将达 1026W/cm^2，其脉冲宽度将缩短为阿秒（10~18）级；水射流切割的水压力可高达 600MPa，射流速度大于 4 马赫；航空发动机高温单晶叶片的制造；航空航天大型整体薄壁曲面件超低温成形制造；太空超高速飞行器耐高温、低温材料的加工制造；超高压深海装备零部件的制造；增材制造装备在太空环境下的安装及使用等。

（7）超常材料零件的制造　通过构筑独特的微纳结构单元及空间序构来达到特定的、传统方法无法实现或企及的功能与性能。超常材料零件的制造表现出强烈的跨尺度、异质材料特性，高度依赖微纳尺度甚至原子/分子尺度结构的尺寸、形貌、空间排布及其复合，这使宏观产品具有超常的力、热、光、声、电、磁等物性或功能，从而获得高性能及超常功能的材料/表界面/零件/器件/系统。

例如，超弹性基板上集成金属分形超常结构，使得弹性模量相差100万倍、变形能力相差100倍的柔软和坚硬材料体系能够完美融合，使得零件/器件具备超常变形、超轻质、超隔热、仿生功能表面、电磁屏蔽与隐身、高效辐射制冷等，实现人-机共融与自然交互、柔性智能蒙皮隐身-感知-探测集成等。

（8）产生极端物理条件重大科学装置的制造　未来的科学技术必将在各种高能量密度环境、物质的深微尺度、各类复杂巨系统中不断有新发现、新发明，极端物理条件产生装置的制造逐渐成为未来科学技术发展的瓶颈。如以X射线自由激光为基础的新一代光源，与传统光源相比，功率将由100MW提升到10GW。目前，美国、欧洲等发达国家都在积极建设和规划不同性能级别的实验装置，光子能量都已达到或超过25keV、重复频率将突破MHz并接近GHz，而且完全具有相干性。在新一代光源系统中，大尺寸X射线反射镜、高能量负载纳米衍射元件、高纯金刚石单晶折射元件和能谱诊断元件等关键元件的设计制造以及超高精度、高光子能量光学检测和X射线波前检测技术等都是尚未取得实质性突破具有挑战性的制造科学难题。

科学技术的进步，将推动超常制造向纵深层次发展。如量子力学和激光器引发的微纳制造，超常态凝固科学推动的超常性能材料与零件瞬态制造，在数万吨级压力场下获得亚微米等轴晶演变的飞机大件强流变制造。未来科学技术的发展必将在各种高能量密度环境、物质的深微尺度、各类复杂巨系统中不断有新发现、新发明，将产生全新的超常制造技术，在以往无法想象的超常环境下，或采用超乎常规的制造工艺，制造出更超常的尺度、更高精度、更高性能的产品。

第四节　融　　合

随着量子技术、人工智能、物联网、颠覆性医疗技术、新能源汽车、自动驾驶技术、生物技术、纳米技术、增材制造、能源存储技术、云计算、可再生能源等技术领域的快速发展，推动新技术、新理念与制造技术的加速融合，引起技术的重大突破和技术体系的深度变革。如照相机问世后一百多年，其结构一直没有根本改变，直到1973年日本开始“电子眼”的研究，将光信号改为电子信号，推出了不用感光胶片的数码相机。此后日本、德国相继加大研制力度，不断推出新产品，使数码相机风靡全世界，形成了一个巨大的产业。而智能手机的出现，使数码相机的风光不再，传统的相机厂商已经从自己制造相机，转为给智能手机厂商提供感光元器件。

再如，复合材料越来越多地应用于汽车、风力涡轮机叶片和其他产品。宝马电动车 i3 大范围采用复合材料，减轻重量，一次充电可行驶 160km。兰博基尼 Veneno Roadster 全身被轻型复合材料包裹，车辆 2.9s 内即可从静止状态加速到 100km/h。航空制造业积极寻找韧性更高、质量更轻且耐热性更好的材料，从而减少排放、降低燃料成本、实现更高的速度。以波音 787 梦幻客机为例，机翼、机尾、舱门、机身和内部结构均采用碳纤维复合材料，使得飞机质量更轻。据估计，商用飞机质量每减轻 1kg（2.2 磅），每年可降低运营成本 2000~3000 欧元。

再如，德国西门子工厂是德国政府、企业、大学以及研究机构合力研发全自动、基于互联网智能工厂的早期案例。占地 10 万 m^2 的厂房内，仅有 1000 名员工，近千个制造单元仅通过互联网进行联络，大多数设备都在无人力操作状态下进行挑选和组装。最令人惊叹的是，在安贝格工厂中，每 100 万件产品中，次品约为 15 件，可靠性达到 99%，追溯性更是达到 100%。这样的智能工厂能够让产品完全实现自动化生产，堪称智能工厂的典范。

2010 年，美国苹果电脑公司在信息产品市场上异军突起，苹果公司依靠绝佳的工业设计技术，在智能手机和平板电脑等产品中融入文化、情感要素，在当时深得广大消费者特别是青少年消费者的青睐。目前，文化、情感与创意等要素在装备制造、信息家电等产业发挥着显著的创新效应，为各产业领域构建了全球网络设计制造和经营服务一体化的新思维和新格局。

据《中国数字经济发展白皮书（2020）》显示，2019 年，我国数字经济增加值规模达到 35.8 万亿元，占 GDP 比重达到 36.2%，占比同比提升 1.4%。数字经济与实体经济的深度融合将是未来几年的主战场，将从多个层面推动新一代信息技术与制造业理念融合、应用融合、生态融合，加快推动制造业发展模式向数字化、网络化、智能化转变。产业数字化将形成完整的数据供应链，在数据采集、数据标注、时序数据库管理、数据存储、商业智能处理、数据挖掘和分析、数据安全、数据交换等各环节形成了数据产业体系，数据管理和数据应用能力也将不断提升。

可以预见，在未来机械工程技术的发展中，融合的发展趋势将表现在以下

6点：

（1）数字世界与物理世界的融合　目前最能反映数字世界与物理世界融合的技术理念，首推“数字孪生”。针对某一物理实体或物理空间，能够反映实体运行或空间运动变化特质与规律的数字化描述。实体可以是机器、装置、工具、建筑等；物理空间可以是车间、工厂、城市等。数字化模型不只是描述实体或物理空间的外形，更重要的是反映其内在的物理规律。只有在物理和数字融合的孪生空间中才能体现物理-数字两个世界真正的、深度的融合。[4]

（2）与信息技术的融合　以物联网、大数据、云计算、移动互联网、5G、人工智能、VR、AR等为代表的新一代信息技术与机械工程技术的融合，将互联网和大数据资源横向渗透到机械设计、制造工艺、制造流程、企业管理、业务拓展、服务等各个运作环节，扩展了传统制造业产业边界，重构资源组合，优化制造业的生态系统，并衍生出机械工程技术的新业态模式。

一方面，新一代信息技术的发展使企业能够在全球范围内迅速发现和动态调整合作对象，整合优势资源，在研发、制造、物流等各产业链环节实现全球分散化生产，深刻影响着制造过程的运作管理和决策模式。未来将更好地组织全球制造资源，显著提高制造业的资源利用率。

另一方面，制造技术与大数据的融合，打通了线上数据分析和线下智能生产过程，利用制造资源和智慧资源，聚合用户需求，提高创新、研发、设计、服务水平；跨部门、跨行业、跨区域的多个参与主体，进一步推动创新组织的建立和异地协同设计、电子商务、游戏娱乐、医疗培训、航空航天等诸多领域的发展。将大数据融入人工智能、电子商务、能源发现和节约、医疗保健、智能家居与办公等功能开发中，推动制造业实现跨越式发展。

（3）多种制造工艺融合　车铣镗磨复合加工、激光电弧复合热源焊接、选择性激光熔覆和铣削复合加工、冷热加工等不同工艺通过融合，将出现高效率、高精度、高性能复合加工装备和全自动柔性生产线；新材料、新能源、新工艺、新元件、激光、数控、伺服驱动等高新技术与制造技术持续交叉融合、集成创新，不仅催生更先进的快速成形工艺，更将改变制造业的未来；基于增材、减材、等材的复合加工技术，使直接快速成形、修复和改性成为可能，可实现快速制备不同材料的高精度、高质量的复杂形状零件，缩短制造周期，节省材料，降低成本，增强产品竞争优势，特别有利于复杂形状、多品种、小批量零件的生产，具有广阔的应用前景。

（4）与新材料融合　先进复合材料、电子信息材料、新能源材料、新型功能材料（稀土功能材料、高性能膜材料、特种玻璃、功能高分子材料、半导体材料等）、高性能结构材料（高品质特殊钢、新型合金材料、工程塑料等）、智能材料（自修复材料、自适应材料、新型传感材料、4D打印材料）、高温超导材料、碳纤维材料、纳米材料、生物医疗材料等将在机械制造业中获得更广泛的应用，制造技术与新材料互相支撑、互相成就，新材料的研发及工程化应用将依赖于机械工程新原理、新方法、新技术、新工艺以及新装备的综合运用，机械制造技术也依赖于具有优异性能和特殊功能的新材料催生新的制造工艺，实现最终使用效能。

（5）与生物技术融合　生物制造技术拥有坚实的材料科学、制造科学和生物学基础，突破了传统的制造科学和生命科学的鸿沟，将制造科学引至新的天地。一方面，仿生制造技术从简单结构和功能仿生向结构、功能和性能的耦合仿生及智能仿生方向发展，作为一种新的制造模式，将成为先进制造技术及产业的重要组成部分。仿生器具、仿生装备、服务机器人、智能仿生飞行器、水下仿生航行器、生物芯片等仿生技术产品将在国防和工程中得到更广泛的应用，产生巨大的经济和社会效益。生物计算机的研制成功和应用，会是划时代的技术革命，是生物技术、信息技术、纳米技术和制造技术的完美结合。生物计算机、智能服务机器人可能会像如今的轿车、电脑一样进入人们的生产和生活，在更大范围和程度上帮助或代替人类劳作。另一方面，生物成形制造技术与生命科学和生物技术的融合、衍生和应用，人造器官/组织/仿生产品以及干细胞技术的成熟与发展将逐步实现生物的自组织、自生长等性能，帮助人们恢复某些器官的功能，从而延长寿命，提高人类生活质量。同时人体器官银行将存放人们的第二套重要脏器，随时挽救遭受不测的人的生命。

（6）与文化创意的融合　随着新一轮科技革命成果大规模商用下沉，文化产业从技术、经营和服务模式、消费者群体到偏好都会产生巨大变革。2020年新冠肺炎疫情大大加速了线上媒体消费、在线办公、自动化生产、在线教育的进程，文化创意产业模式延伸到产业链条。知识与智慧、情感与道德等因素更多地融入产品设计、服务过程，使汽车、电子通信产品、家用电器、医疗设备等产品的功能得以大幅度扩展与提升，更好地体现人文理念和为民生服务的特性。

可以预见，制造技术与不同产业、不同学科、不同技术的融合、衍生和应用将越来越紧密，将有力推动集成创新甚至是原创性的机械工程技术和产品不断出现，这种融合对制造业的全面渗透和强劲推动将远远超出想象，并不断帮助扩大制造业的边界和极限。

第五节　服　务

进入 21 世纪，全球通信技术、云计算、云存储、大数据的发展为制造文明进化提供了创新技术驱动和全新信息网络物理环境。全球市场多样化个性化的需求、资源环境的压力等成为制造文明转型的新动力。制造业将越来越注重客户体验，向个性化、增值化、集约化方向发展，逐渐实现服务型制造转型。

加快发展制造服务、向服务型制造转型是推动我国机械工业提质增效、转变经济发展方式的重要途径，也是培育国民经济新增长点的重要举措。工业发达国家的机械工业已经从重视产品设计与制造技术的开发，到同时重视产品使用与维护技术的开发，通过提供高技术含量的制造服务，获得比销售实物产品更高的利润，实现服务型制造转变。一些世界著名公司，制造服务收入占总销售收入的比例达 50% 以上。近年来，我国越来越多的机械工业企业认识到制造服务对企业发展的重要性。

目前，制造服务已在众多行业领域逐渐渗透，将成为机械工程行业的重要组成部分，支撑产品的全价值链。机械工程技术的服务发展趋势主要呈现以下 6 个特点：

（1）个性化　满足个性化需求的小批量定制生产日益明显，融合大规模生产的成本和效率优势，进一步提升客户体验。企业从“产品导向”转向“客户导向”，从挖掘客户更深层次的需求出发，提升产品的内涵以及提高产品的市场竞争力。

（2）增值化　现代物流系统的普遍采用、射频识别技术的推广应用、高速网络与装备系统的结合、通信技术与工程项目的结合，使得工程技术与服务以多种形式融合与再造，向产品价值链两端延伸。技术主体增值部分由设备、工程、成套、交钥匙扩展发展到战略分析、创意设计、规划咨询、运营维护等非物质型的高层次服务、知识型服务。技术、产品与服务的融合带来价值增值，逐渐使制造业结构和内涵发生彻底的根本性变化。

（3）集约化　机械工程行业以产品全生命周期为目标，从顶层设计出发进行系统规划，综合考虑覆盖策划咨询、系统设计、产品研发、生产制造、安装调试、故障诊断、运行维护、产品回收及再制造等范畴的产业聚集。企业业务范围由大而全向专业化方向发展，将自身优势的产品研发、生产制造、安装调试、故障诊断、运行维护等业务范畴与行业共享，提供相关服务。

（4）智能化　随着互联网、云计算、大数据、物联网等技术与工程技术的综合集成应用，基于智能制造产品、系统和装备的智能技术服务模式逐渐拓展。制造全过程的大数据提取、分析及应用与工程技术全面融合，催生出智慧战略服务、网络智能设计、远程诊断支持等智能服务。

（5）网络协同　全产业链、全价值链、全制造流程的信息交互与集成协作将成为制造业生态圈的发展趋势。众创设计、用户的全程参与体验，云制造技术、柔性化便捷性生产技术等创新模式与技术将带来设计者之间的协同、生产者与消费者之间的协同、制造企业之间的协同、生产设备之间的协同，使得定制化、精益化生产与销售成为制造业发展的新常态。

（6）全球化　随着信息网络技术与先进制造技术的深度融合，绿色智能设计制造、新材料与先进增材减材智造工艺、生物技术、大数据与云计算等技术创新引领带动全球制造业向绿色低碳、网络智能、超常融合、共创分享为特点的全球制造服务转变。可以说，世界已跨入个性化需求拉动的数字化、定制式制造服务，创意创造、创新设计引领系统集成创新，创造新需求、创造更好的用户体验、开拓新市场的制造服务的新时代。

参考文献

[1] SCHAFFER,G H. Artificial intelligence：a tool for smart manufacturing [J]. AM Special Report 789，(1986)：83-94.

[2] Krakauer，Jake. Smart manufacturing with artificial intelligence [M]. New York：Computer and Automated System Association of ASME，1987.

[3] The Research Group for Research on Intelligent Manafacturing Development Strategy. Research on intelligent manufacturing development strategy in China [J]. Strategic Study of Chinese Acadeing

of Engineering, 2018, 20 (4): 1-8.
[4] 李培根, 陈立平. 在孪生空间重构工程教育: 意识与行动 [J]. 高等工程教育研究, 2021 (3): 1-8.

编撰组

组　长 屈贤明　张彦敏

成　员 刘艳秋　于宏丽　孔德婧
崔海龙　魏瑜萱　田利芳
韩清华　王柏村　钟永刚

第三章
Chapter 3

机械设计

第一节　概　　论

机械设计是运用多学科基础理论、方法和技术，根据使用要求对机械的工作原理、结构、运动方式、润滑方法等进行构思、分析和计算，将其转化为具体的描述，以作为制造依据的工作过程。机械设计的基础是机械设计科学，简称机械设计学。它以数学、物理学（尤其是力学、电学）及材料学为基础，以设计理论和方法学为核心，包括设计学、摩擦学、传动学、机构学、机器人学、仿生机械学、机械强度学等学科内容。

在机械设计的持久发展过程中，在注重整体功能的基础上不断引入先进设计方法和技术，以提高设计的质量、效率，满足产品对经济性、适应性和可靠性的要求。机械设计技术的关键在于“先进性”。先进性主要体现为与时俱进和开放融合。市场和社会需求的不断发展既是产品创新的动力，也是设计技术持续发展的动力。科学技术各领域，尤其是信息、电子、材料、能源及设计自身科学技术的发展成果既是机械产品创新的基础，也是设计技术持续发展的基础。

进入信息时代以来，机械设计通过不断地与信息学、计算科学以及人工智能学等相关学科融合，以设计标准规范为基础，网络化、智能化、绿色化等设计技术成为设计学研究重要方向。新一代人工智能技术以知识工程为核心，以自感应、自适应、自学习和自决策为显著特征。伴随智能技术的发展，设计学也逐步从方法学拓展为具有普适性的数字化技术和平台。计算机辅助设计与分析（仿真、虚拟样机、检测、通用和专用知识库和数据库）平台既是先进设计技术的载体，也是实施先进设计技术的手段，更是用于各种复杂机械产品设计的有力工具。如何推动设计技术工具和平台与领域知识的有效融合，促进设计工具更加易用、灵巧和智能是机械设计研究的重要内容。

近年来，随着互联网、大数据、云计算等技术的发展，知识库与资源库越来越成为支持机械设计的重要战略资源，是推动创新发展的重要驱动力。现代科学技术的进步和需求变化，使零件实物不再是产品的唯一形态，数据、算法、软件、服务等新实物成为新的产品形态，因其凝结了高度的智慧，在机械工程领域价值链中的比重不断攀升，这对机械设计工业软件提出了更高要求和挑战，人们更加聚焦机械设计过程、设计科学问题、设计的共性基础问题。

基础软件包括设计基础软件、工艺基础软件、装配基础软件、基础数据库等。设计基础软件包括方案设计软件、模块化设计软件、仿真设计软件等。工艺基础软件包括加工工艺软件、成形工艺软件、检测工艺软件等。装配基础软件包括公差装配软件、装配序列规划软件、可视化装配软件等。基础数据库包括零件库、模块库、案例库等。我国机械设计自主基础软件得到了一定发展，但整体创新能力弱、规模偏小、特色性差、成熟度低，尤其是智能基础软件间的适配性差、集成度低、兼容性不足、协同效率低，难以发挥基础软件作用，逐渐显现出技术分散、规范未成体系、标准不统一、集成度低的显著弱点。机械设计领域的工业软件是当前的“卡脖子”难题和挑战。

现代机械设计的发展趋势是：从单学科到多学科，从经验模型到精准数字模型与物理模型，从面向产品使用功能到面向产品全生命周期，从数字化设计到智能设计等。面对机械设计发展面临的众多挑战，需要确定其合理和科学的战略和路线，应用当代最先进的科学技术加以解决，其中机械设计关键技术尤为重要。

未来的机械设计技术将各种不同的信息化机械设计工具有机地整合在一个具有可行性、可推广的统一框架下，形成不同层级工具集的有机整体。其涵盖：支撑底层数据管理（知识管理）的工具；计算机辅助设计（CAD）、计算机辅助工程（CAE）、计算机辅助制造（CAM）、计算机辅助工艺规划（CAPP）等工具、系统和平台；面向设计人员的计算机辅助设计软件工具集（CAX）；支持产品快速机械设计的虚拟现实技术与虚拟样机等技术的信息化创新设计平台等，为产业提供完整有效的信息化机械设计服务。

机械设计对我国机械装备制造业的创新驱动发展具有重要作用。这些领域包括机床等基础制造业、机器人、工程机械、能源装备、轨道交通、汽车、航空航天、超常装备、信息家电、媒体娱乐、文化创意产品等产业行业。机械产品制造方式不断进化为依托网络和知识信息大数据的全球绿色、智能制造与服务方式，设计与制造深度融合，制造者、用户、行销、运行服务者等可共同参与。机械设计呈现出内涵丰富的七大显著特点：创新性、定制性、智能性、虚拟性、绿色性、最优性和人机协同。

（1）创新性　现代机械设计由偏重经验、直觉设计、静态设计、改型设计和仿照类比设计向注重设计科学、设计原理、设计公理、设计体系、多学科交叉方向发展，注重科学性和创新性，探究机械创新设计思维本身的规律，运用灵感、方案、优化设计产生的内在逻辑，激发创造活力，构建众创空间，力求探寻更多创新方案，开发创新性产品。

（2）定制性　全球化的制造业竞争和多样化的用户需求，对产品提出的要求是：更丰富的产品谱系变化，更短的产品开发周期，更低的产品成本和更高的产品质量。随着消费需求向高级阶段成长，机械设计向个性化定制方向发展。

（3）智能性　现代机械设计通过可扩展、储存量大、可管理异构与非结构化数据的数据库系统，智能地进行知识提取和数据挖掘，构建云模式的设计资源共享平台，实现对设计过程的知识导航与设计知识的智能推送，提高产品设计的智能性。

（4）虚拟性　运用三维设计技术、虚拟组装技术及多学科动态仿真技术等，在产品正式加工前发现设计缺陷并进行改进，提供多种途径综合性解决机械产品的设计问题。设计优化、性能测试、制造仿真和使用仿真，为产品研发提供全新的数字化设计，实现产品性能可预知。

（5）绿色性　在产品及寿命周期全过程的设计中，要充分考虑对资源和环境的影响。在充分考虑产品功能、质量、开发周期和成本的同时，更要优化各种相关因素，使产品及制造过程中对环境的总体负影响减到最小，使产品的各项指标符合绿色环保低碳的要求。

（6）最优性　在多因素综合的各种约束条件下用高效模型和迭代算法寻求最优设计参数，力求在人机之间做出最佳设计，得到功能更全、性能更好、成本更低的高性能机械产品。

（7）人机协同　现代机械设计不断拓展设计边界，把设计对象置身于大系统中，将预定的功能需求在人-机-环境之间合理分配。综合运用信息论、优化论、相似论、决策论、预测论等相关理论，引领机械设计由单准则向多准则综合的人机协同方向发展。

到2035年，我国制造业将迈向更高水平，未来的机械设计技术发展将具有更多可能性，但仍会围绕机械设计的内涵展开。机械设计技术也将实现阶段性技术进步与重要突破，包括七大关键技术：

（1）创新设计　包括创新机遇识别技术、创新问题建模技术、创新问题分析技术、创新原理解构建技术等。

（2）定制设计　包括面向市场定制的需求设计技术、面向客户群的产品族设计技术、面向客户订单的配置设计技术、智能知识驱动的定制设计技术等。

(3) 智能设计　包括智能设计机电液气基础数据库、知识自动化技术、基于互联网的智能设计和典型机电装备应用等。

(4) 虚拟设计　包括多学科耦合的数字样机/数字孪生建模技术、产品功能模拟与性能预测技术、基于虚拟现实/增强现实的交互可视设计技术、虚拟设计系统开发及典型应用等。

(5) 绿色设计　包括面向生命周期的绿色设计、基于互联网的绿色设计、面向再制造的绿色设计、绿色设计技术与工具集成平台及应用等。

(6) 性能设计　包括完备的性能演变动态设计、多指标高精度稳健设计、多模型融合高性能设计、面向超常装备等的典型应用等。

(7) 工业设计　包括人机协同的工业设计、多商业模态的工业设计、工业设计认知与建模技术、工业设计虚拟生态构造技术等。

机械设计这些关键技术的突破，将在典型装备或产品开发中展开应用，为我国实现制造大国向制造强国跨越提供有力支撑。本章紧扣机械设计过程、设计科学问题、设计的共性基础问题，注重从“设计建模、设计工具、设计资源、设计软件”等视角来强化机械设计技术。

机械设计技术路线图如图 3-1 所示。

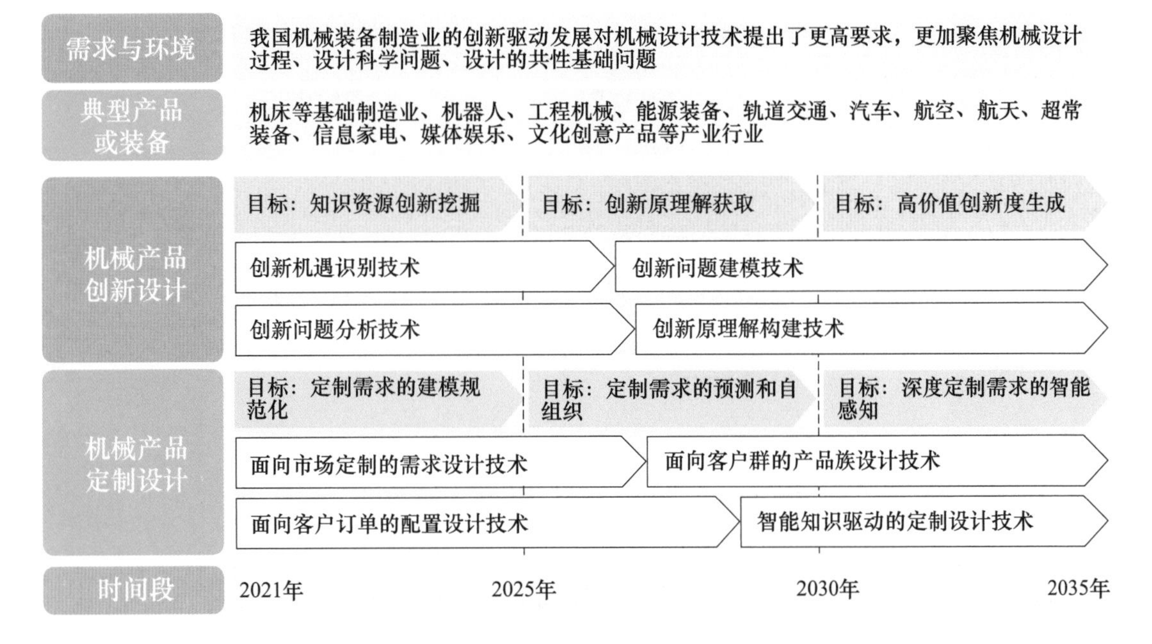

图 3-1　机械设计技术路线图

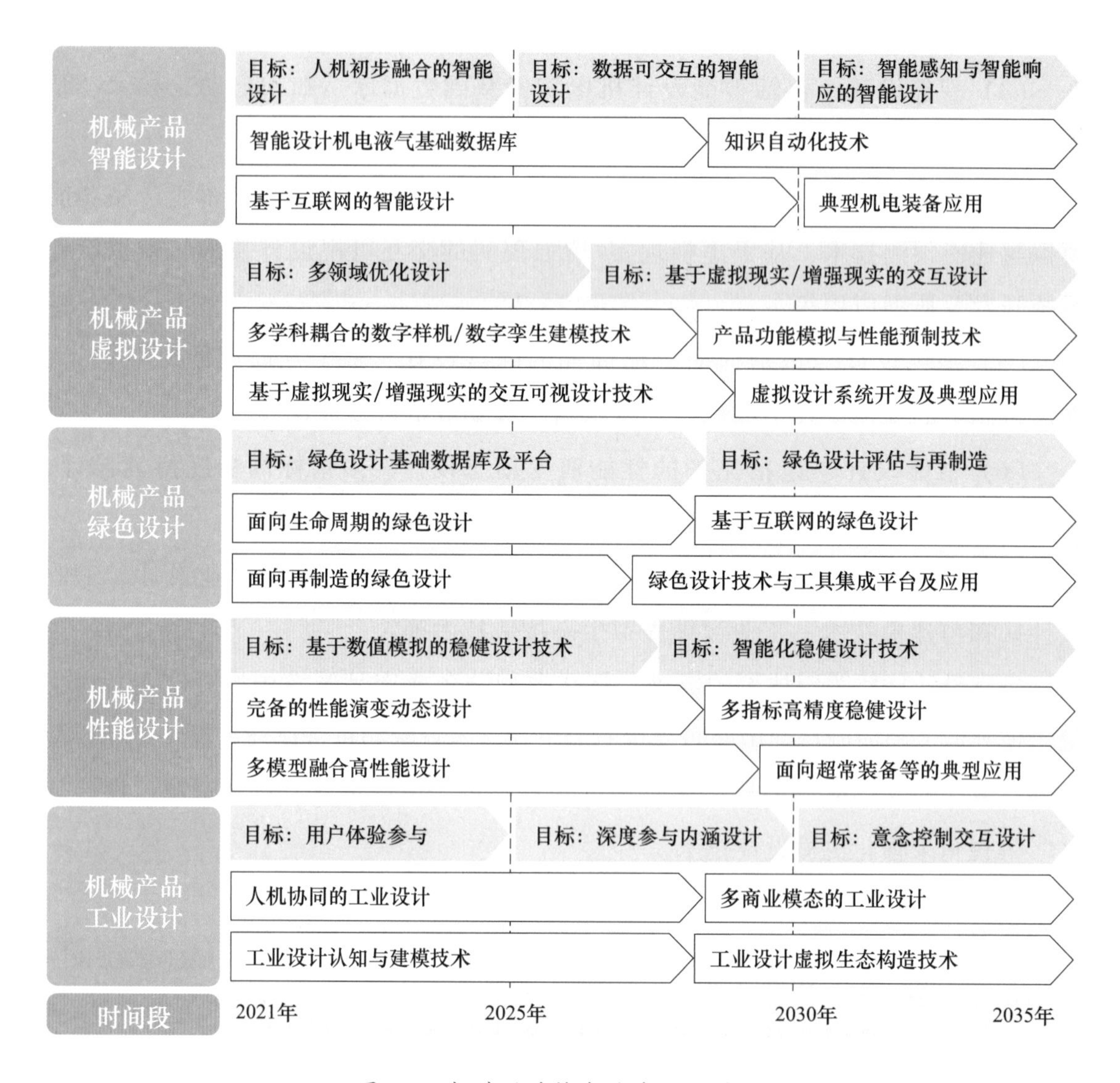

图 3-1 机械设计技术路线图（续）

第二节 创新设计

一、概述

创新设计是企业创新的重要环节，即利用资源、方法、工具等设计出新功能、新原理、新结构的产品或系统，以满足不断增长的用户需求，提高企业竞争力[1]。

创新设计是创造性实践的先导和准备[2]。创新设计利于全面分析和预测市场需求，更准确、快速地把握市场变化，满足市场多样性需求；利于提高企业技术创新速度和成功率，缩短产品研发周期；利于企业突破关键核心技术，形成具有自主知识产权的先进产品和技术，打破国外对技术的垄断；利于提高企业技术创新成果的创新等级，实现资源效率提高、材料消耗降低、环境改善、成本降低、市场竞争力提高的良性发展。

随着经济全球化和市场竞争的加剧，快速、低成本、高质量地推出新产品逐渐成为企业的经营战略。为适应企业发展需求，新的创新设计方法不断产生，其中最具代表的设计方法学，自 20 世纪 50 年代起源于德国，到 20 世纪 70 年代发展成为重要的工业产品创新设计方法。多年以来，通过不同领域学者及专家的努力，国际上诞生了多种创新设计方法，如德国面向问题的解决方法、日本的通用产品开发方法、苏联的发明问题解决理论（TRIZ）、英美的面向产品的方法等。上述创新设计方法在企业获得了广泛的应用，在军事科技、装备制造、航空航天等领域均发挥了巨大作用，解决了众多技术创新难题，并取得了显著的经济和社会效益。

二、未来市场需求及产品

目前，我国已进入创新驱动经济转型、产业结构升级的关键时期，亟须提升自主设计能力，促进创新驱动发展，提升中国制造与服务的附加值，而复杂产品创新及快速创新也成为企业的迫切需求。随着大数据、云计算、人工智能等新一代信息技术的发展和应用，创新设计方法边界的扩展及新的理论体系的建立是该领域的重要研究方向。

创新设计主要关注机械设计过程中的概念设计阶段，其关键是产生针对工程复杂问题的创新原理解[3]。因此，本节将结合产业科技发展与需求，围绕工程复杂问题，从创新机遇识别、创新问题建模、创新问题分析到创新原理解构建四个方面构建创新设计技术路线图。首先，规划结构化创新设计过程，然后在设计过程的每个阶段融合各类创新设计方法与工具，同时体现跨域知识迁移与创新知识重用机制，最终形成创新设计技术发展路线。该路线以创新设计过程为主线，以创新设计方法和工具为实现手段，以创新设计资源为支撑，以计算机辅助创新软件为载体，用于识别、定义、分析并解决工程复杂问题，产生创新方案，经后续转化实现创新[4]。

三、关键技术

（一）创新机遇识别技术

1. 现状

创新机遇是创新设计的起点，科学地识别创新机遇是实现创新设计目标的关键[5]。当前，信息技术的发展创造了新的场景，提供了新的手段与方法，带来了新的机遇，将对创新机遇识别技术产生深远影响。首先，工业大数据、工业互联网技术通过数据埋点和实时用户反馈，用极低的成本便捷地收集海量用户数据。其次，高效的信息处理手段促进创新理论的深入发展，特别是颠覆性创新、技术演化理论的不断成熟，为供给侧的需求创造、提供科学依据。同时，随着智能化创新需求定位技术与颠覆性技术驱动需求创造技术的不断发展，不仅能够从需求侧获取市场信息反馈，也可以从供给侧预测技术发展趋势，两者交叉融合，借助数字孪生技术、增强现实技术，实现敏捷性创新机遇虚拟验证技术。

2. 挑战

在当前背景下，创新机遇识别技术未来发展也面临一些现实挑战。首先，借助大数据处理方法，能够颠覆传统的需求分析手段，从原始数据中识别来自需求侧的用户反馈信息，但是如何避免大数据造成的数据爆炸，如何对真正的创新需求进行快速定位，是提升创新需求分析的基础。其次，通过对颠覆性创新中技术演化方向、路径预测，进一步探索如何从技术演化的角度创造正确的新需求，确定创造新需求的关键技术。最后，如何将源自市场或技术推动的创新机遇，通过虚拟技术的快速响应开发，充分依赖用户参与式的创新研发模式，实时迅捷地进行验证，也是创新机遇识别技术发展所面临的重要挑战。

3. 目标

创新机遇识别技术在未来的发展目标，大致可以分为三个阶段：

预计到2025年，完善智能化创新需求的精准定位技术。通过建立信息-创新需求映射模型，利用信息手段实现需求的自动化识别手段，基于模糊数学方法，建立动态化多价值维度评价机制，实现对最有创新价值需求的精准定位。以此为基础，通过进一步发展，形成系统的分析方法、工具或软件。

预计到2030年，形成颠覆性技术演化驱动新需求创造技术[6]。通过将专利知识与多领域创新知识有效融合，结合已有需求进化和预测方法，提出颠覆性技术演化驱动的新需求创造方法，并构建相应的计算机辅助工具，形成技术供应侧的创新机遇识别方法。

预计到2035年，产生敏捷性创新机遇虚拟验证技术。通过对虚拟技术的快速响应开发，依赖用户参与的创新研发模式，实时迅捷地进行验证，最终对创新机遇的客观真实性进行评估，降低已有创新机遇识别过程中的主观性、随机性，并且能够积累有效的创新信息。

（二）创新问题建模技术

1. 现状

创新问题建模在概念设计阶段占据重要地位，是创新问题分析和求解的关键。当前，层次型概念模型与关系型概念模型融合已成为一种趋势，产生新的通适性概念建模技术。其次，通适性概念建模方法能够同传统计算机辅助设计软件深度集成，并进一步促成计算机辅助创新与辅助设计（CAI&CAD）在模型层面的融合。同时，随着建模技术方法的完善与先进计算手段的融入，创新概念建模技术的自动化程度越来越高，功能性越来越丰富。

2. 挑战

当前，创新问题建模技术的发展也面临着显著的挑战。首先，如何建立通适性的创新问题模型，满足对概念设计问题描述的通用性，并且与已有方法相比，能够更好地与问题解决方法兼容，这是在创新问题建模阶段引入信息化和自动化方法的基础。其次，如何在传统计算机辅助设计模型中增加元件的功能属性、特征参数与主要价值变量等信息，使其能够表征概念设计过程中的各种关系，如表征功能层次结构和逻辑关系，也是制约创新问题建模技术发展的重要挑战。最后，如何实现创新问题建模的定性推理，优化创新问题建模中设计人员与计算机之间的交互模式，实现创新概念的自动建模。

3. 目标

未来在新场景和新技术的驱动下，创新问题建模技术的发展可为三个阶段：

预计到2025年，提出通适性建模方法，建立在设计知识本体概念模型之上，兼具层次型和关系型概念模型的特征，既可表征设计概念的结构构成层次，又可表征概念间的逻辑关系，并结合计算辅助手段，发展成为通适性建模工具。

预计到2030年，在计算机辅助设计中增加概念特征要素，通过高效人-机交互式计算辅助创新概念建模，实现计算机辅助创新与辅助设计融合建模技术。

预计到2035年，利用创新概念建模的定性推理技术，建立面向概念建模的人机交互模式，研究创新概念的自动生成策略，产生创新概念自动化生成建模技术。

（三）创新问题分析技术

1. 现状

创新设计的过程是解决发明问题的过程，在设计阶段对创新问题进行分析将有利于产品的成功开发，因此通过科学准确的设计方法和理论分析创新问题并指导创新设计十分重要。对于产品创新问题的分析，典型的创新设计方法如TRIZ、六西格玛体系等技术创新理论和实施工具，分别从设计人员或者客户需求等不同角度出发分析关键创新问题，而随着科学技术的发展与市场环境的变化，对于创新问题的分析也相应地要求运用智能化、信息化的技术，实现多方法、多工具的融合与发展。

2. 挑战

由于用户需求的多样化、个性化发展，以及外界市场环境等的复杂变化，使得获取用户需求并驱动创新问题的分析过程中存在一些不确定性因素。而随着先进计算手段的不断发展，产品全生命周期的数据获取更加容易，结合产品相关的各阶段信息模型，然后获取全生命周期的创新问题，将更直观且充分地实现产品的创新设计，同时可实现性能评估预测等结果。从设计人员围绕用户需求出发进行产品设计的传统方式，转向用户需求驱动的面向产品全生命周期的创新设计趋势，同时实现用户的深度参与、缩短开发周期，往往需要以下三个方面的关键技术发展：

1）随着大数据技术、云计算、物联网等技术的出现以及与其他经济发展领域的融合，制造业也面临创新驱动和绿色发展的迫切需求。创新驱动和绿色发展需要产品全生命周期的设计与知识集成的支持。对产品全生命周期的知识数据进行集成和分析，从其中总结各阶段出现的创新问题，通过构建由“数据-信息-知识-问题”的映射转换关系模型，完成面向产品全生命周期的创新问题建模。

2）通过数据挖掘算法和需求调研方法，围绕产品生命周期各阶段的用户需求偏好进行收集，从产品功能的空间扩展到生命周期的广度以覆盖生命周期各环节的需求，从而能够为后续产品迭代优化奠定基础。其中，围绕用户需求的偏好与技术特性的综合重要度，构建用户驱动的产品功能需求评估模型，实现用户深度参与的面向全生命周期的产品创新设计。

3）产品创新问题与用户需求映射关系建模与决策技术。为实现用户需求驱动的面向全生命周期的产品创新设计，需要构建产品创新问题与用户需求间的映射关系。在进行产品全生命周期创新问题模型与用户驱动的产品功能需求评估模型的基础上，通过确定关键功能需求与创新问题间的转化关系，实现关键创新问题的定义与转化。同时依据用户需求偏好与个性化定制等要求确定相应的决策技术。

3. 目标

预计到2025年，结合产品全生命周期创新问题自动获取工具，完成创新问题的自动获取。预计到2030年，实现创新问题的标准化定义。预计到2035年，依据用户需求进行个性化定制并深度参与产品创新设计，实现围绕可持续产品全生命周期的创新问题转化。

（四）创新原理解构建技术

1. 现状

随着用户需求变得更加多样化、个性化，面向产品的创新设计活动也越来越复杂。创新设计中原理解的评价、筛选、构建过程中所涉及的科学技术领域知识越来越多，将会增加设计过程中的复杂性。因此，面向创新设计的原理解构建过程中，多领域创新理论融合和多学科知识资源的融合十分重要[4]。同时由于社会对于产品的环保性、可持续性、高效性等特征也越来越重视，在对产品概念方案的筛选即创新原理解评价筛选过程中，还需要考虑不同的评价方式对最优原理解的确定过程的影响。

2. 挑战

在利用数字技术进行多学科、多领域知识融合构建多层次的创新概念方案过程中，如何及时有效地发现并利用不同领域的知识十分重要，同时缩短开发周期，节省设计成本，构建高价值且符合个性化需求的创新方案。为此，需要满足以下三个层次的需求：

1）随着数字孪生技术逐渐发展，可以利用产品的数字孪生体，及时获取较为全面的产品创新问题。围绕产品多次迭代过程的数据与知识，构建多代产品的数字孪生体，获取关键创新问题，并以产品数字孪生体模型为基础，实现领域知识资源的挖掘与重用。

2）以产品关键创新问题为核心，扩展并挖掘产品创新问题相关的不同学科领域知识资源，建立相应的知识资源数据库。再利用跨学科领域知识进行知识的多层次映射，从而扩展得到产品的创新原理解。在此过程中，通过构建产品相关的领域知识资源评估模型，进行跨领域的多层次协同映射，建立基于大数据的领域知识——创新原理解检索库，增强产品创新原理解的构建效率。

3）在统一架构下实现用户需求、创新问题、知识资源、创新方案等多环节的信息数据协同一体化处理，研发高价值的多维度创新原理解评估与决策技术，从而利于快速获取有效的高价值产品创新原理解，能够及时为用户提供所需的产品创新设计方案。

3. 目标

预计到 2025 年，实现领域知识资源的快速挖掘。预计到 2030 年，结合大数据技术等，实现创新原理解的自动获取。预计到 2035 年，使用人-机交互型高价值创新方案自动检索系统，同时实现多层次迭代的创新原理解的快速评价筛选。

四、技术路线图

创新设计技术路线图如图 3-2 所示。

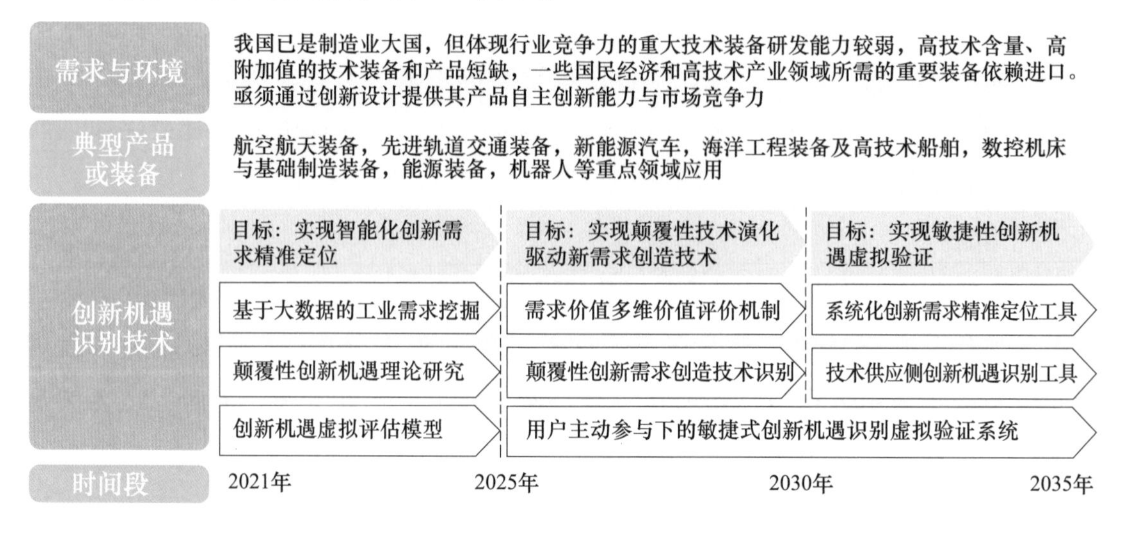

图 3-2　创新设计技术路线图

图 3-2　创新设计技术路线图（续）

第三节　定制设计

一、概述

定制设计是指面向客户个性化定制需求的产品设计方法[7]，其基本内涵为：以尽可能快的速度和尽可能低的成本设计出满足客户个性化、多样化需求的定制产品[8]。

定制设计通常采用面向客户群设计与面向订单设计相分离的策略[9]。面向客户群设计是指在分析客户群需求的基础上，通过模块化、系列化等方式预先形成产品族。面向订单设计是指当客户订单到达后，基于已有产品族，通过配置方法快速形成满足客户定制需求的产品结构。面向客户群的设计影响新产品的成本和上市时间，面向订单的设计则影响个性化定制产品的交货期。

随着物联网、工业大数据、人工智能等技术的快速发展，以及“互联网+定制设计”模式的出现，收集、分析和挖掘产品全生命周期数据以支持产品定制设计成为可能。以客户需求分析-产品族模块划分-方案配置生成这一定制设计过程为主线，在研究定制设计关键技术的基础上，开发不确定性需求建模工具、产品族模块化设计工具和客户订单驱动的快速配置设计工具，构建基于知识图谱的定制设计资源库，支持定制设计知识关联挖掘和推理重用，形成新一代支持人机交互的计算机辅助定制设计软件。

二、未来市场需求及产品

未来市场将呈现个性化、差异化和多样化等特点。传统的大批量生产或者单件生产方式已经难以适应未来的市场需求，主要原因在于：大批量生产的产品虽然价格低，交货期短，但由于产品没有个性化，缺乏市场吸引力。单件生产的产品虽然能够满足客户的个性化需求，但制造成本高、交货期长，企业难以获得可持续的利润。因此结合大批量生产和传统单件生产优势的大批量定制生产方式将成为制造业发展的必然趋势。作为大批量定制生产中的最重要环节，定制设计将逐步成为今后主流设计方法。典型行业的定制设计需求包括：

（1）制造装备行业的定制设计需求　随着零部件在功能、结构和材料等方面的多样化，数控机床、工业机器人等制造装备的柔性化、可定制性将成为今后发展的趋势。通过配置不同的工作模块，制造装备可以适应零部件的不同加工工艺要求，从而满足企业的多样化加工需求。

（2）核电装备行业的定制设计需求　核电装备存在核电系统与设备数量多、定制的非标准设备多、研制安全规范要求多的“三多”特点，“数字核电”是第四代核电研发的重大战略任务，定制设计从核电装备设计的源头推进供给侧改革，增强供给结构对需求变化的适应性。

（3）交通装备行业的定制设计需求　由于运输物资、运输环境、运输方式等的差异，铁路机车、船舶、飞机等交通装备呈现出越来越明显的多样化特征。为降低制造成本、缩短交货期，交通装备的模块化、谱系化将成为今后发展的趋势。

(4) 工程机械行业的定制设计需求　工程机械主要应用于建筑、矿山、铁路、公路等的施工现场，随着客户对产品性能、人机工程、安全性和施工环境适用性等方面要求的不断提高，工程机械制造企业必须具有快速满足客户需求多样化和个性化的能力。

(5) 家电行业的定制设计需求　家电行业已经进入买方市场，消费者的多样化需求越来越明显，产品的市场寿命越来越短。为提高市场竞争力，家电行业将越来越多地采用定制设计方法，以尽可能快的速度设计出满足客户需求的个性化产品。

为满足典型行业的定制设计需求，首先需要形成设计过程规范、设计描述规范和设计应用规范以指导定制设计的应用实践。其次，构建不确定性需求分析工具、产品族模块化设计工具和客户订单驱动的快速配置设计工具。不确定性需求分析工具实现定制需求采集建模、预测挖掘和转化描述等功能；产品族模块化设计工具实现产品族设计数据的最优化、规范化、一致性和可追溯性；快速配置设计工具支持配置知识的获取、表达和自组织，可以快速生成满足客户需求的个性化产品结构，缩短响应客户订单的时间。最终，利用基于模型的系统工程（Model Based Systems Engineering，MBSE）技术整合客户需求信息、设计资源和设计工具集，形成新一代支持人机交互的计算机辅助定制设计软件。

三、关键技术

未来的定制设计将围绕面向客户定制的需求设计、面向客户群的产品族设计、面向客户订单的配置设计和MBSE驱动的定制设计软件四个关键方面进行定制设计研究。

（一）面向客户定制的需求设计技术

面向客户定制的需求设计是指通过建模、分析、挖掘和预测等手段形成符合客户价值要求的定制需求，使企业具有适应和引领客户定制需求的能力。常见的需求设计方法有基于卡诺（Kano）模型的分析方法和质量功能展开（QFD）的分析方法。卡诺模型分析方法将顾客需求分为基本型需求、期望型需求和兴奋型需求[10]。定制设计应在满足基本型需求的基础上，尽可能满足客户的期望型和兴奋型需求。质量功能展开方法[11]是把顾客要求转化为设计要求、零部件特性、工艺要求、生产要求的多层次演绎分析方法，其关键是建立质量屋。目前需求设计的最大难点在于如何分析、预测和引领客户的潜在需求。

(1) 客户定制的广义需求模型 为提高定制需求表达的规范化，保证设计过程中对客户需求理解的准确性和一致性，需要从时间维、空间维、过程维等维度构建多层次的广义需求模型。

(2) 定制需求的预测和挖掘工具 随着互联网、物联网的不断发展成熟，可以从海量数据中挖掘出用户行为模式、消费习惯等数据，利用机器学习构建客户画像，形成潜在定制需求的预测工具和隐性定制需求的挖掘工具。

(3) 不确定性需求认知表达工具 在解决定制需求表达过程中，由于不确定性导致的语义认知模糊性和神经认知非线性，在通过模糊集理论分析客户语义需求的同时，利用内源性的神经信号探究需求的认知状态。

(4) 定制需求的映射和转化技术 为保证客户定制需求到技术需求转化的准确性和实时性，建立定制需求到技术需求映射和转化模型，在高效定量表征需求关联关系的基础上，实现对动态、模糊、隐性定制需求的自动映射和转化。

预计到2025年，实现海量客户定制需求的关联挖掘和规范化建模，消除客户语义表达的模糊性。预计到2030年，实现定制需求预测与自动转化，对定制需求进行自组织创新，使得企业具有引领客户定制需求的能力。预计到2035年实现不确定需求的神经认知表达，为隐性需求的表达和分析提供新的技术手段。

(二) 面向客户群的产品族设计技术

产品族设计是指面向特定客户群，提取符合客户群需要的产品变型参数，形成可变型的动态产品模型，包括主结构、主模型和主文档等。根据变型驱动方式不同，产品族可以分为基于模块驱动的产品族和基于参数驱动的产品族。基于模块驱动的产品族包含一系列基本模块、必选模块和可选模块，通过不同模块组合可满足客户的不同需求[12]。基于参数驱动的产品族包含一系列具有相同公共变量、不同可调节变量的产品，在公共变量保持不变的情况下，通过可调节变量的放大、缩小来改变产品结构和性能，从而满足客户的个性化需求[13]。产品族设计技术面临的主要困难在于如何保证产品族的最优化、生命周期内数据的一致性和可追溯等。

(1) 产品族的设计规划技术 根据客户需求偏好、需求重要度、产品性能特点等，规划合理的产品族变型参数和取值范围等，实现产品族经济性、竞争力的综合优化。

（2）产品族技术状态模型　由于市场因素、技术革新、维修和回收等原因，产品族数据在生命周期内发生变更。构建产品族技术状态模型，可以保证产品族生命周期内数据的一致性、准确性和可追溯性。

（3）绿色产品族模块规划工具　产品族的模块构成须具备较优的绿色性能、较低的再设计风险和较高的通用性，绿色产品族模块规划工具是利用全生命周期数据评估当前模块的绿色性能，形成绿色低碳的产品族模块规划方案。

（4）产品族进化基因模型　基于产品族进化历史、现状和趋势的分析挖掘，构建产品族基因模型，基于生物进化原理和相应进化算法，实现产品族的重用和自组织进化，构建产品族基因资源库。

（5）产品族设计评价技术　基于产品、零部件的重用频率和维修服务等大数据对产品族设计进行评价，优胜劣汰，控制产品族向综合成本最低、市场竞争力最佳等方向发展。

预计到 2025 年，从经济性、通用性等角度对产品族进行模块划分，构建产品族基因资源库。预计到 2030 年，实现支持产品族设计的全生命周期数据资源库构建，保证数据一致性和可追溯性。预计到 2035 年，实现绿色低碳的产品族模块规划，并可根据全生命周期数据进行动态调整、持续改善和进化。

（三）面向客户订单的配置设计技术

配置设计是指基于客户订单需求，对面向客户群的动态产品模型进行合理的变型，形成满足客户需求的个性化产品结构[14]。配置设计研究主要集中在配置知识的表示、建模和配置问题求解三个方面[15]。未来的配置设计需要在工业大数据中挖掘相关的配置知识，满足配置产品的绿色性能，提高配置设计求解的自动化、智能化和最优化的水平。

（1）配置设计知识图谱模型　对企业历史数据进行挖掘，通过命名实体识别从非结构化的设计资源中抽取实例化的配置设计知识实体，利用关系抽取挖掘非结构化设计资源中蕴含的实体关系，自动构建配置设计知识图谱模型。

（2）配置设计推理和决策技术　随着产品个性化程度、配置知识复杂度、可选零部件资源量等的增加，配置设计推理和决策技术影响了配置设计效率和配置结果的有效性、可行性和经济性。

（3）基于虚拟现实的配置设计工具　随着虚拟现实技术和软件技术的进步，配置设计工具将针对客户订单提供所配即所得的在线感知和体验功能，大大提高产品的客户满意度。

（4）面向碳中和的配置设计优化工具　在满足客户订单需求的前提下，配置设计需要综合考虑产品的制造成本、服务模式、绿色性能、碳中和等多目标，实现环境友好的配置设计优化。

预计到 2025 年，基于配置知识挖掘、归纳和显性化，构建配置设计知识图谱资源库，提高客户订单的响应速度。预计到 2030 年，通过虚拟现实配置设计工具实现产品协作链中上下游主体的体验式、协同化设计。预计到 2035 年，实现面向绿色性能和碳中和的客户订单快速配置。

（四）MBSE 驱动的定制设计软件技术

MBSE 是对系统工程活动中建模方法的正式化与规范化应用，以结构化系统模型支持包含需求设计、产品族设计和配置设计在内的定制设计全过程。目前我国仍缺乏具有自主知识产权的 MBSE 建模工具，同时结构化系统模型与定制设计软件之间的接口和转换技术标准还未统一，使得定制设计资源重用与共享存在困难。

（1）系统用例视图支持的需求建模　利用 MBSE 实现客户需求到系统需求的转换与关联，在此基础上定义系统用例视图，保证所有功能和性能需求能完整地覆盖系统用例。

（2）系统结构视图支持的产品族建模　系统结构视图主要包括模块定义图和内部模块图，利用模块定义图对产品族的基本模块及模块间关系进行表征，运用内部模块图显示在模块定义图中所表示的产品结构实现。

（3）系统行为视图支持的配置方案验证　根据系统用例，将产品功能与性能需求分配到系统行为视图中的活动图与顺序图，识别模块间的交互关系和接口建立状态图模型，验证获得配置设计方案。

预计到 2025 年，实现定制设计过程信息的完整识别、分析和追溯。预计到 2030 年，初步实现利用系统模型图验证配置方案的正确性。预计到 2035 年，实现利用 MBSE 的固有抽象机制增强配置知识的重用和共享。

四、技术路线图

定制设计技术路线图如图 3-3 所示。

图 3-3 定制设计技术路线图

第四节 智能设计

一、概述

智能设计围绕计算机化的人类设计智能，旨在讨论如何提高人机设计系统中计算机的智能水平，使计算机更好地承担重大装备设计中的各种复杂任务。智能设计是当今非常活跃的前沿研究领域，既富有吸引力，又充满挑战性。完善的智能设计系统是人机高度和谐、知识高度集成的人机智能化智能设计系统，它具有自组织能力、开放体系结构和大规模知识集成化处理环境，可以对设计过程提供稳定可靠的智能支持。智能设计也是智能制造的关键共性技术之一，是实现产品创新的重要手段。创新发展设计技术工具需要智能设计理论方法的支撑[16-18]。

不断发展的智能技术推动了设计自动化技术创新，因此深入了解人工智能技术的过去、现在、将来，才能掌握智能设计技术发展的趋势。

自进入信息时代以来，通过不断地与信息学、计算科学以及人工智能学等相关学科融合，以设计标准规范为基础，以软件为表现形式的设计技术研究成为设计学研究的重要方向。伴随着信息技术的发展，设计学逐步从方法学变为具有普适性的数字化技术和平台。智能设计技术以数字化设计为基础，可以理解为基于领域知识的数字化设计技术。如何推动设计技术工具和平台与领域知识的有效融合，促进设计工具更加易用、灵巧和智能是智能设计研究的主要内容。由此可见，智能设计研究至少包括两个部分：知识的挖掘、表达和处理以及开放的数字化设计平台架构体系研究。

知识的挖掘、表达和处理一直是人工智能研究的重要内容，早在20世纪80年代以一阶逻辑谓词表达未知的知识推理技术，对于智能设计技术产生过重要影响，派生出诸多专家系统推理工具，但由于以一阶逻辑谓词表达的规则体系不能完整地描述产品领域知识，专家系统技术应用有限。约束满足问题（CSP）也是人工智能研究的重要内容，该研究曾经促进了参数化CAD技术的发展，被视为当时智能设计技术的重要成果，参数化结构设计也成为当今CAD技术的标准配置技术[19]。

2000年以来，以深度学习和强化学习为代表的机器学习技术突破催生了一批新理念、新方法的研究，如数据模型、机理模型、数字孪生，带动了一大批智能技术（图像、语音识别、无人自动驾驶等）的创新。基于大数据的机器学习正在成为继实验、理论分析、科学计算之后的新科学范式，必将促发智能设计的新一轮技术与应用创新[20,21]。

二、未来市场需求

信息-物理系统CPS（Cyber-Physical System，CPS）是智能产品、智能装备、

智能工业乃至智能社会的根本技术特征。智能化工业将在全生命周期活动中系统性地实现数字化转型，必将带来多学科融合的数据、模型及软件工具的大量需求。

2000年以来，旨在针对未来分布式、智能化装备与系统的理论与技术发展需求，以美国为首的多学科领域学者共同提出了CPS，明确指出未来需要在一种统一的框架下，实现计算、通信、测量以及物理等多领域装置统一的建模、仿真分析与优化。CPS将对智能设计技术的发展产生深远的影响。

近20年来，基于统一知识表达的知识自动化体系的建立推动了系统设计技术的智能化发展，以“画出系统构型、生成计算软件、体验系统性能”的方式，为多学科的CPS复杂产品设计带来工具创新。

然而，目前的机理模型难以普适地满足数字孪生、虚实融合的实时应用需求，需要综合利用四个科学范式的融合模式，突破建立满足实时性要求的建模理论技术体系，即机理-数据融合模型。

三、关键技术

（一）知识自动化技术

结合工程物理系统原理，研究开发模型知识的自动化技术，可以实现结构化模型描述向系统状态方程系统的自动映射，自动生成系统状态计算程序，这是基于模型的软件系统的核心技术。全面研究、掌握、普及多领域统一建模规范以及计算平台，对于我国工业的智能设计技术应用发展有重要现实意义。

知识自动化技术需要在机理-数据融合建模方面进一步突破。以知识自动化技术体系建立机理模型、以实验数据标定机理模型，基于可反映真实工况的标定机理模型，通过大量仿真计算产生工业大数据，利用仿真大数据和实验大数据开展机器学习得到低阶、可实时的模型。

多领域知识的统一表达，知识与平台分离，知识以知识件（Knowledge-Ware）形式独立于软件。以未来“资源可重用、系统可重构”的软件模式，知识作为一种资源，可按设计师产品设计意图在普适性的计算平台上，重用、重构的生成特定的蕴涵知识的计算工具，这种应用模式预计到2025年将成为工业界知识积累重用和计算的基本模式，因此知识语言的编译、数学映射以及分析求解技术成为新一代智能设计技术的基础支撑。随着信息物理融合理论与技术的研究突破，预计到2030年，突破基于数据与机理模型融合的实时数字孪生技术瓶颈。

预计到2035年，实时数字孪生技术将在工业界得到普及工程落地。

（二）基于互联网的智能设计技术

最具活力的中小企业是发达国家工业技术创新生力军。我国中小企业在资金、人才等方面相对匮乏，制约了技术创新能力的提升。

中小企业技术创新能力关系到我国工业整体创新能力的提高。知识自动化技术的应用推广为提升中小企业技术创新能力提供了技术途径。知识建模规范实现了知识与软件平台技术的分离，为未来具有全新工业系统设计模式、打造知识服务的新生态：知识标准+知识服务+基于云计算的知识自动化技术，形成开放的基于互联网的知识共创分享及应用服务体系，提供了技术保障。开放的知识共创分享互联网应用将有效弥补中小企业在人才以及知识积累方面的不足，提高企业创新能力。

由于未来知识件与软件分离，具有独立的知识产权，可如同今天的元器件一样进行专业化的生产和交易，可以预见未来的智能设计，需要基于互联网构建开放的知识件生产和交易的社会化知识服务体系，预计到2025年初步形成知识共创共享的智能设计云资源协同平台。预计到2030年，形成知识共创共享的智能设计云协同平台，预计到2035年形成开放的基于工业知识协同应用的智能设计及工业软件创成生态，成为工业互联网重要的应用形态。

四、技术路线图

智能设计技术路线图如图3-4所示。

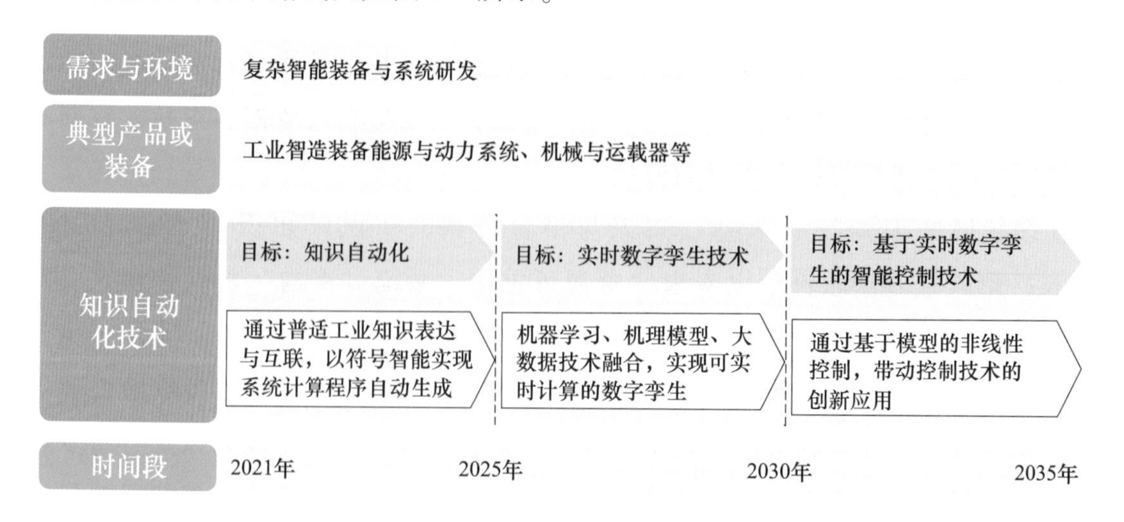

图3-4　智能设计技术路线图

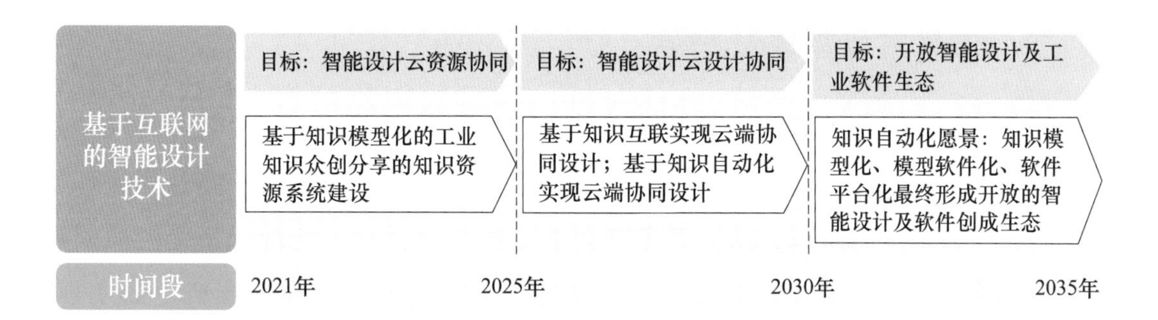

图 3-4　智能设计技术路线图（续）

第五节　虚 拟 设 计

一、概述

虚拟设计将产品设计、产品分析、模拟仿真、虚拟现实、增强现实等技术有机融合，以数字样机/数字孪生代替物理样机实现从设计、加工、装配、使用到维修的产品全生命周期数字化、可视化与拟实化的设计、分析、验证与优化。通过虚拟设计技术，产品设计者、制造者和使用者在虚拟现实/增强现实环境中探索各种可能的设计方案，利用数字样机/数字孪生直观形象地对产品原型进行多角度、全方位的设计方案验证、制造过程模拟、性能预测评估和服役健康监测，及早发现产品设计的不足，确保产品的可制造性、可装配性、可使用性、可维护性与可回用性[22,23]，从而有效地精简复杂产品研发过程中所需的物理样机，提高产品设计的一次成功率，缩短新品上市时间，降低复杂产品的开发成本[24]。

近年来，虚拟设计技术已在众多复杂装备和系统的设计制造中获得成功应用。在美国波音 777 飞机、法国空客 A380 飞机、美国 NASA 运载火箭、德国西门子高速列车、德马吉森精机数控机床等复杂装备和系统的设计开发中，虚拟设计均作为提升装备设计能力的关键技术，成功解决了这些复杂装备和系统在全生命周期的结构设计、功能验证与性能预测难题。

二、未来市场需求及产品

数字化和虚拟化已成为现代机械设计发展的重要特征之一。随着产品设计过程的复杂化和精细化，设计人员需要从定性和定量的产品设计信息综合集成环境中得到感性和理性的认识，从而帮助深化概念和萌发新意，进行产品全生命周期的创新设计。由于虚拟设计本质上是产品的全生命周期过程在计算机上的实现，与传统设计技术相比，它具有快速建模、实时映射、可视验证与精确预测等特征，能够很好地解决产品开发的时间、质量、成本和服务等难题。因此，虚拟设计技术必将在复杂机械产品开发中形成研究热点，产生巨大的市场需求。

为满足虚拟设计需求，需要研制支持虚拟设计的工具与软件平台。虚拟设计软件系统主要包括：多源异构设计资源数据转换与融合工具、多学科多领域耦合的产品数字样机建模工具、产品数字孪生建模工具、数字孪生虚实镜像工具、产品可信模拟仿真软件、考虑服役工况的产品性能预测软件、复杂产品多场数据的可视化渲染引擎，以及基于虚拟现实/增强现实的产品交互可视设计平台等。

三、关键技术

（一）多学科耦合的数字样机/数字孪生建模技术

1. 现状

现代装备与产品通常综合了多种学科技术，研发流程都是多团队、多学科领域的协同设计过程。例如，汽轮机运行工况复杂、动态变化范围大，设计过程涉及机、电、液、控、热等多学科领域知识，设计变量多，如一片汽轮机叶片就有超过 80 个不同学科的设计变量和 300 多个约束条件。无论是系统级的方案原理设计，还是部件级的详细参数规格设计，都涉及多个不同子系统和相关学科领域，这些子系统都有自己特定的功能和独特的设计方法，而各子系统之间则有耦合作用，共同组成完整的数字样机系统。目前的复杂产品和系统的数字样机/数字孪生主要侧重于单学科、单领域的建模与分析，人为割裂了多领域多场耦合的作用机制，难以建立多个学科之间的关联，难以反映复杂产品的实际状态，因而难以满足复杂产品设计的需要[25]。因此，迫切需要解决多学科领域协同的数字样机/数字孪生建模精确性的科学问题。

2. 挑战

数字样机/数字孪生多学科多领域统一建模将来自机械、控制、电子、液压等多个不同学科领域的模型相互耦合成为一个更大的模型，以用于整体仿真和分析。如何有效地协调各个多学科数字样机/数字孪生子系统建模的工作，让子系统之间达到信息共享，保证子系统的建模质量以及多学科耦合后的产品整体性能，并真实反映实际产品的状态，实现产品设计一体化和协同化，是一项非常巨大的挑战。为了实现上述目标，必须满足以下三个层次的需求：①具备各子系统和各学科领域有效的设计建模工具，从而保证数字样机/数字孪生各子系统的建模精度和可靠性；②能够实现各建模工具之间的无缝集成和数据交换，在统一架构下实现多学科模型的耦合；③构建设计数据和传感数据的管理平台，协调和处理复杂产品设计建模与实际运行过程中产生的多学科海量数据，对数据资源进行融合与优化配置，实现各学科领域的真正协同建模。

3. 目标

预计到 2025 年，完善单个学科的数字样机/数字孪生建模工具，实现多学科间的耦合集成和数据交换。预计到 2030 年，实现多学科多领域优化设计，建立基于模型的数字样机/数字孪生定义。预计到 2035 年，实现复杂产品多学科领域虚实镜像同步，最终形成虚实融合的复杂产品数字样机/数字孪生建模与求解。

（二）产品全生命周期功能模拟与性能预测技术

1. 现状

通过计算机模拟仿真，设计人员可以在虚拟环境中直观形象地对复杂装备和系统的设计、加工、装配、使用、维修及回收等全生命周期进行设计优化、功能验证、可制造性评估与服役性能预测。例如，通用电气在航空发动机设计过程中，通过收集 2 万台现役航空发动机上传感器的飞行数据，精确预测发动机的运行性能，并给出预防性维保建议，预测准确率 80%以上。目前的产品全生命周期功能模拟验证与性能预测仿真主要存在三方面的问题：①产品全生命周期的阶段覆盖不够全面，主要集中在加工和装配阶段，而在服役、维护、回收等阶段的性能预测仿真则有待进一步研究；②产品不同阶段的模型共享程度不够，仿真数据与传感数据的利用不足，导致全生命周期功能性能仿真模型的一致性较差、虚拟模型与真实产品的一致性较差；③目前由于算力的限制，性能仿真计算只考虑了少数影响物理性能的关键因素，忽略了复杂产品的实际工况条件，因而复杂产品性能预测仿真在准确性和置信度方面也有进一步提升的空间。因此，需要解决时空关联下的数字样机/数字孪生虚实状态一致性的科学问题。

2. 挑战

产品全生命周期功能模拟与性能预测主要包括加工仿真、装配仿真、维修仿真、运动学分析、动力学分析、结构有限元分析、控制系统分析、流场分析等。由于受到硬件或软件的限制，工程设计中通常都是各个仿真分析独立进行，仿真模型、工艺参数和边界条件等要素缺乏有效传递，因而如何实现传感数据与仿真数据、物理模型与仿真模型的一致性虚实融合，保持信息物理空间中实体产品状态参数和数字样机状态参数的实时映射与迭代更新，是产品全生命周期功能模拟与性能预测面临的一大挑战。此外，在产品全生命周期功能模拟与性能预测过程中，必然存在或多或少的假设或影响因素的忽略，因此如何尽可能减少多种类型因素对性能分析的影响，综合考虑复杂产品的苛刻制造工艺与极端服役环境，实现产品全生命周期的可信仿真与性能优化设计，是产品全生命周期功能模拟与性能预测面临的另一大挑战。

3. 目标

预计到2030年，通过产品全生命周期功能模拟与性能预测技术的研究，进一步完善复杂产品虚拟加工、虚拟装配等全生命周期功能可信仿真与验证。预计到2035年，实现复杂产品运动学、动力学、有限元、流场、电磁等多性能可信预测与设计。

（三）基于虚拟现实/增强现实的交互可视设计技术

1. 现状

基于虚拟现实/增强现实的交互可视设计，采用虚拟现实/增强现实技术实现设计人员与产品设计的交互，有效地扩展了人们对计算机数字信息空间的感知通道，从而使产品设计的各个阶段都能得到直观的信息反馈。通过虚实场景与产品之间的交互反馈，对产品设计进行优化调整，大大缩短信息反馈和方案调整的时间，为复杂装备和系统设计与分析提供了全新的可视、可感知的方法和手段。基于虚拟现实/增强现实的交互可视设计技术将产品制造、使用过程中的物理模型及其性能参数和指标以可视的方式进行描述、分析与绘制，将产品的各种设计制造参数与产品的物理属性、物理性能之间的联系以动态的方式展现，在虚拟环境和虚实叠加环境中帮助设计人员分析实际制造与使用过程中产品物理特性的变化规律，提高产品制造与使用过程的可控制性与可预测性。

然而，目前已有的虚拟现实/增强现实交互设计系统由于设计模型复杂、精细以及绘制引擎优化不够等原因，难以满足直观、实时的交互要求，影响了设计人员的操作体验和设计效率；此外，交互可视设计系统对实时交互意图的捕捉与判断也不够智能，大多情况下的交互操作还是需要设计人员主动触发，因此需要解决虚拟设计中交互意图反馈的实时性与可控性的科学问题。

2. 挑战

与传统设计方法相比，基于虚拟现实/增强现实的交互可视化设计在交互意图识别、触觉和视觉反馈时间、多场可视化等方面都对虚拟设计系统提出了更高的要求。系统应通过捕捉用户的交互操作，实时识别用户的设计意图，立即做出反应并计算生成复杂装备和系统相应的行为、特性和场景，其时间延迟应小于0.1s；触觉上，要实现拟实的力感觉，必须以1000帧/s的速度计算和更新接触力；在视觉上，要求每秒生成和显示75帧的图形画面，否则在交互时会产生画面不连续的眩晕感，这些要求对现有的计算资源提出了严峻的挑战。

同时，基于虚拟现实/增强现实的多物理场可视化还包括复杂工作过程的实时可视化以及复杂几何模型的实时处理。在产品的不同设计阶段，需要实时绘制复杂产品运动学、动力学等曲线数据，应力场、应变场、温度场等云图数据，还有流场、电磁场等流线数据，并通过跟踪注册技术将这些多物理场数据、设计模型与真实环境在三维空间位置进行配准注册，因此必须解决基于数据场可视化的复杂过程实时生成和控制技术；此外在仿真中还可能伴随着各种几何模型的生成、消亡、变形、破碎等现象，如大型锻造液压机锻造过程的钢锭变形仿真、大型伺服冲压线生产过程的板料变形与冲孔仿真等，这要求利用数字样机/数字孪生交互可视设计系统能够快速智能地构造、修改、删除各种类型的几何模型。

3. 目标

预计到2025年，实现基于虚拟现实/增强现实的多物理场可视设计，将多学科多性能的仿真分析数据在虚拟环境和虚实叠加环境中进行集成分析，指导复杂产品的虚拟设计。预计到2035年，通过虚拟现实/增强现实交互式设计方法研究，结合数据手套、力反馈装置、动作捕捉等交互设备，最终实现具有视觉、触觉真实感的虚拟现实/增强现实交互可视设计。

四、技术路线图

虚拟设计的技术路线图如图 3-5 所示。

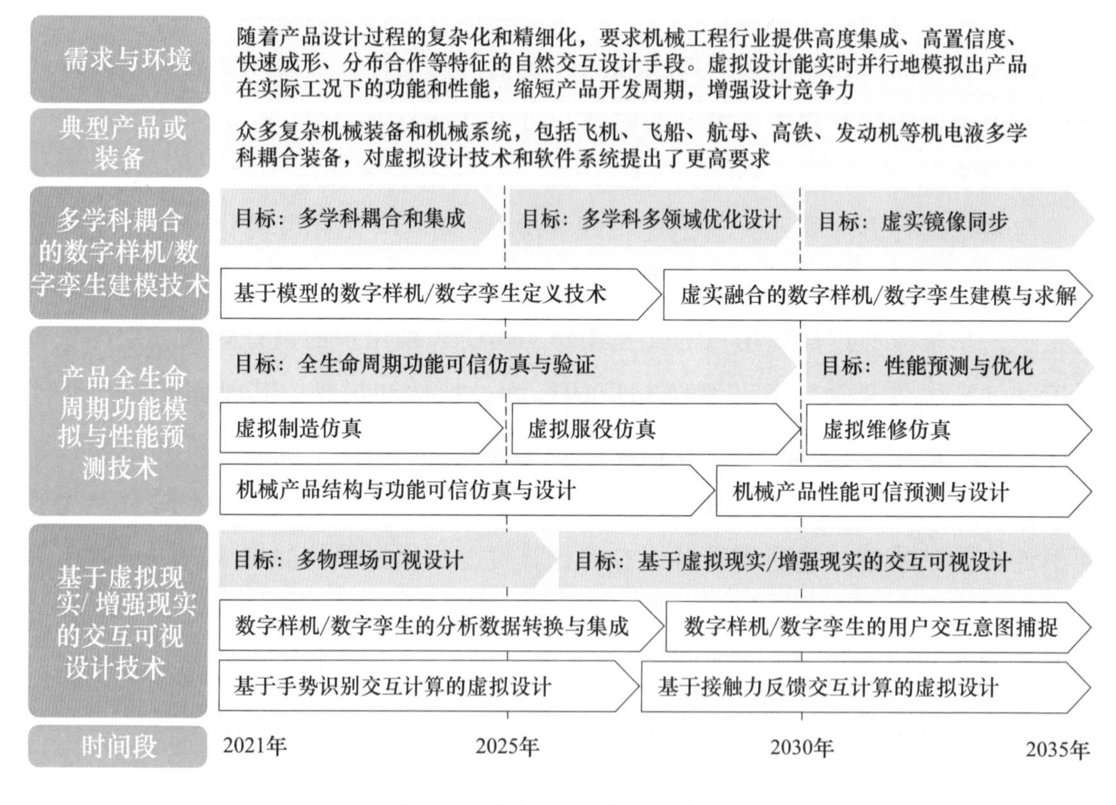

图 3-5　虚拟设计技术路线图

第六节　绿色设计

一、概述

绿色设计对产品全生命周期的资源消耗和环境影响具有决定性的作用，直接影响产品供应链、使用和回收再利用的绿色性，是解决资源与能源消耗、环境污染问题的重要技术途径。在“碳达峰”和“碳中和”的背景下，全面推行机械产品绿色设计，降低其对环境的负面影响，已成为产品制造行业的重大需求和全社会的共识。随着研究与应用的深入，绿色设计呈现数据网络化、知识化、工程化以及多生命周期的延拓等特点，针对上述特点，需基于产品生命周期、互联网大数据及知识工程等技术进行绿色设计方法研究，以推动绿色设计理论方法的工程应用。

二、未来市场需求及产品

1）建立多维属性的中国机械产品生命周期评价（Life Cycle Assessment，LCA）[30] 动态基础数据库，包括原材料数据库、加工工艺数据库、拆解回收数据库等多个子数据库，加强 LCA 技术与主流三维设计软件的结合。面向典型机械产品，开展生命周期评价示范工程，形成典型机械产品全生命周期评价标准规范，建立符合中国生态系统的机械产品环境影响评价体系。

2）完善产品生命周期绿色设计数据动态反馈技术，构建产品绿色设计知识通用表达的数据模型，形成产品绿色设计动态知识网络；同时，构建产品绿色设计的知识重用技术体系，实现产品绿色设计知识的系统化多层次利用。

3）以产品绿色设计为导向，利用数字化产品设计平台，结合现有产品绿色设计工具集，建立符合中国国情的集成化产品绿色设计规范流程，实现产品设计阶段的环境属性优化；同时，面向典型复杂机械产品研发专用产品绿色设计与分析平台，建立核心数据保护与共享机制，实现典型产品的标准化绿色设计。

4）随着产品全生命周期评价技术推广，需要在产品设计阶段综合考虑产品高价值部件的再制造性，使其到达寿命末端时具有较好的再制造可行性。应基于现有企业产品研发平台，结合设计流程中产品的再制造性目标，研发对应的产品再制造分析、设计工具与集成平台技术。

三、关键技术

（一）面向生命周期的产品绿色设计技术

基本形成适用于中国国情与环境价值标准的机械产品设计环境评估方法与技术体系，其水平在总体上与欧美国家现有水平相当。主要技术途径包括：

1. 中国本土机械产品 LCA 数据库构建

现状

LCA 数据库构建的完整性与准确性对产品生命周期环境影响分析质量起着关

键作用。目前，在LCA数据库构建领域，已经有一些学者开始进行研究并取得了一定成果。如生命周期基础数据库，这类数据库主要以电力、煤炭、燃油、运输等基础性产品为重心，以LCA、能源消耗、资源投入等为数据集，实现对产品生命周期资源、能源数据的输入和环境影响类别数据的输出与分析[26]。机械产品数据库通常包括零件信息库、绿色材料库、设备资源库、资源特性数据库、绿色工艺库、产品结构库、切削参数库、数据源、数据评价验证系统、应用开发系统、网络与通信接口、输出及用户等部分，工艺人员可以通过网络功能、辅助工艺规划功能、绿色评价功能，辅助工艺规划和决策。目前，机电产品的LCA数据库可以通过能源输入，简易地获取机电产品整个生命周期的环境影响，同时生成相应的环境影响意见，使LCA研究人员可以获取所需要的聚合数据并进行相关计算分析。

挑战

（1）中国本土机电产品LCA数据库缺失　虽然我国开展LCA数据库相关研究的时间较早，但是绝大多数研究方向都集中于材料、环境和能源等方面，缺乏完善的本土化机电产品LCA数据库是国内广泛开展LCA研究与应用的主要障碍。

（2）数据管理系统软件功能不完善　机械产品LCA数据库构建方面，已有的数据管理系统软件对环境影响评价及解释说明阶段的支持还不完善，还需要进一步的研究使数据管理系统软件的功能更加全面。同时，对数据采集、数据管理、数据质量保证和其他相关技术的研究也需要持续进行，为数据库更新和扩展提供技术支持。

（3）提升系统运行的可靠性与安全性　实现制造系统的全局自动协同优化，辅助实现基于全生命周期的绿色制造也是需要解决的挑战之一。

目标

建立多维属性的中国机械产品LCA动态基础数据库，保证基础数据的精确性和时效性。

2. 机械产品环境影响生命周期评价技术

现状

随着环境形势日益严峻、环保法律法规逐步规范，加之公众环保意识不断提高，在产品设计、技术和工艺改进等环节运用生命周期方法开展环境影响评价已屡见不鲜。LCA是一种评价产品、工艺或服务从原材料采集，到产品生产、运输、使用及最终处置整个生命周期阶段的能源消耗及环境影响的工具，进而辨识与量化减少环境负荷的关键机会，探求改善环境的方法[27]。开展 LCA 有助于企业实施生态效益计划，促进企业可持续发展，可为政府部门制定环境政策和建立环境产品标准提供依据[28]。现有标准（如 ISO 14041）、数据源和软件工具（如国外的 GaBi、GREET、TEAM 以及中国研发的 eBalance）来支持生命周期评价。目前，运用 LCA 技术测定某种特定产品的全生命周期环境影响，是 LCA 最为完整的形式和典型应用；其次对生产产品的特定工艺流程及特定原材料进行环境影响测评，也是 LCA 方法在国内应用最为广泛的领域；而国外偏重于不同条件下各类物质的环境影响数据采集、分析及数据库的搭建。

挑战

（1）设计端 LCA 分析软件缺失　国内生命周期评价研究通常采用 Gabi、SimaPro 等国外成熟软件，清单分析过程也大多基于国外数据库，难以真实反映我国国情，从而导致评价结果难以全面支持机械产品设计开发，并且目前的 LCA 分析软件与产品三维设计软件结合不紧密。

（2）生命周期数据动态性　缺乏对产品能源系统随时间变化的考虑，使用静态的过时的清单数据而非基于时间的动态生命周期数据；在清单分析阶段和影响评价阶段缺乏空间信息也会对评价结果产生很大影响；从生态可持续发展的角度看，LCA 还存在评价方法的标准化和数据可靠性问题。

（3）生命周期影响评价体系不够完善　现有生命周期影响评价方法比较注重测算有形的排放和资源消耗，而对于噪声、振动等污染估计不足。

（4）再制造机械产品标准化评价　目前 LCA 方面对再制造机械产品没有具体的标准、指导或描述；在以往的 LCA 再制造研究中，一般标准和指南没有得到很好的应用；缺乏具体的指南可能会导致对再制造产品 LCA 的制定产生各种观点，并导致 LCA 研究结果的偏差[29]。

（5）全生命周期工程化运用　企业大多应用在生命周期某个阶段或环节（如固废管理、产品生态设计等），在环境管理与决策方面真正的系统化应用不多。

（6）LCA 数据与技术共享机制缺失　企业界、行业协会、学术界以及政府主管部门缺乏 LCA 数据与技术的联动共享机制。

目标

开展典型的产品 LCA 示范工程，建立国家级的评价数据基准和第三方评价机制；根据国际上数种典型的环境影响指标体系，结合我国环境、资源特点建立符合中国生态系统的环境影响评价体系。

（二）基于互联网大数据与知识工程的产品绿色设计技术

形成基于互联网大数据与知识工程的产品绿色设计技术体系，其水平在整体上与欧美国家现有水平相当。主要技术途径包括：

1. 面向绿色设计的产品生命周期数据反馈技术

现状

产品生命周期数据反馈技术不仅可以让企业了解产品生产各阶段产生的具体环境影响，也可以为企业进一步优化产品绿色设计提供支撑，促进企业从源头研发生产绿色产品，推动企业的绿色健康可持续发展。

产品生命周期数据包括从产品设计、生产、运输和分配、使用、维护到最终处置的不同阶段的全部数据，不同阶段的数据也意味着会有不同类型的数据，而这些数据大多是非动态的，非动态数据反馈技术在现有研究中比较常见，动态数据的反馈技术并不多见，现有研究技术中缺乏用来捕捉变化的市场需求和设计决策之间的非线性和非平稳关系。而且，产品生命周期数据反馈技术多集中在产品设计生产、使用和维护上，在生命周期其他阶段的技术研究也不常见。

生命周期数据涉及的知识领域广、信息分散，且数据量大，因此目前生命周期数据反馈技术在产品绿色设计中仍存在许多难点有待解决。

挑战

（1）产品生命周期数据对绿色设计的反馈机制匮乏　产品生命周期数据反馈技术对产品绿色设计至关重要，过去利用生命周期数据反馈技术与产品绿色设计相关联的工作有限，因此需要完善现有的反馈技术，来确定待修改的设计参数或产品功能部件。

（2）反馈技术的有效性　产品生命周期数据包括多个不同阶段的数据，不同阶段的数据有不同的反馈技术，如何使用较少的反馈技术支撑产品绿色设计显得尤为重要。

（3）绿色设计工程规范信息反馈　如何利用产品生命周期数据反馈技术，定量导出工程规范并将其应用于产品绿色设计，也是产品绿色设计需要考虑的地方。

目标

通过各类多源大数据平台，采集产品设计、生产、运输和分配、使用、维护到最终处置的不同阶段的相关数据，实现产品全生命周期状况向设计端的有效反馈。

2. 产品绿色设计知识通用表达与重用技术

现状

绿色设计知识是产品绿色设计过程中产生的，是对产品全生命周期设计内容的概括、分析与总结。在环境问题日益严峻的背景下，如何快速、准确地获取绿色设计知识，实现设计知识的高效利用，对提高产品绿色设计的创新效率具有重要的工程应用价值。为了加快绿色产品的设计进度，建立产品设计知识的通用化表达与实现设计知识重用具有重要意义。

在产品设计知识表达方面，传统的知识表达技术从形式逻辑、产生规则、语义网络等角度进行分析，形成面向对象、基于本体等知识表示方法。当前在传统研究的基础上引入神经网络、数据融合等先进技术，提高了知识表达的全面性和精确度。

在产品设计知识重用领域，目前较成熟的知识重用方法主要包括基于文本的检索和基于内容的检索。其中，基于文本的检索是采用文字或文字内涵的语义作为检索条件，在工艺设计的知识重用中有广泛应用；基于内容的检索主要包括基于形状检索和基于标注语义的检索。这两种方法仍停留在被动的知识重用层面，忽视了设计者的主观需求，进而可能导致知识的重用效能降低。

挑战

（1）绿色设计知识表达与重用技术匮乏　目前关于产品绿色设计知识表达与重用技术的研究较少，没有形成通用化的知识表达与重用技术。

（2）不同数据类型下的产品绿色设计知识表达系统不完善　对于非结构化和模糊的产品绿色设计知识没有成熟的研究理论进行有效的知识表示。

（3）绿色设计知识系统化重用　针对绿色设计知识本体进行表达与重用，却未结合应用场景的层次性和关联性。

目标

根据绿色设计领域知识的特征和应用特点，建立通用知识表达的数据模型；

针对典型产品，建立可用于产品绿色设计的动态知识网络，构建产品绿色设计的知识重用技术体系，以支持基于知识的产品绿色设计水平的提升。

（三）绿色设计理论方法的工程应用技术

构建基于现有产品开发流程与设计架构的绿色设计平台，整体上与欧美国家现有水平相当。主要技术途径包括：

1. LCA评价工具与现有主流设计平台的集成技术

现状

LCA作为一种绿色设计辅助工具能够全面评估产品对环境的影响，依据评估结果来改进产品的设计，可以减少或避免对环境的污染。但生命周期评价工具与设计平台之间相关联的数据不能相互传达和集成[31]，设计人员需要花费大量时间去分析复杂的环境评估影响。LCA集成到设计平台，在产品设计过程中进行环境性能优化，可以提高产品的环境属性，缩短产品开发周期，降低产品开发成本。

现有LCA与设计平台集成主要包括集成式和独立式两种形式。集成式系统通过在设计平台内集成LCA模块或者插件，依据设计平台直接访问模型数据，用户可以在建模完成后直接调用LCA模块对模型进行生命周期评价。独立式系统[32]是在设计平台外部开发独立存在的可引用设计模型的独立LCA系统，系统通过设计平台访问设计模型并导出数据，然后通过自动或手动的方式将导出的数据导入到独立的LCA系统中，最后在LCA系统中对模型数据进行评价。

挑战

（1）LCA对产品设计的支持存在滞后性　产品的全生命周期评价一般集中在产品开发后期，这使得产品设计与环境影响评价不能同时进行，设计人员通常在完成设计后才能进行产品环境性能评估，大大降低了绿色产品开发的效率。

（2）信息获取不充分　当前集成系统明显存在产品设计信息使用不充分、缺乏与实际产品制造、使用等过程相关的信息，影响评价结果的准确性。

目标

LCA工具与现有主流设计平台的集成，实现产品绿色设计过程的实时产品环境性能分析与设计知识推送。

2. 产品绿色设计平台的开发技术

现状

产品绿色设计平台作为一种集成设计工具，可在传统设计的基础上，并行考虑产品的使用性能、环境性能和物料的可循环再生性，通过应用先进的设计手段和过程管理机制来协同设计目标、管理设计人员，开发绿色产品。

目前也出现了一些绿色设计软件工具，如 Green Engineering Design，G. EN. ESI[33] 等，但这些软件工具并没有被企业普遍采用作为常规的设计工具；同时，对产品绿色设计的研究成果在实际应用中仍具有较大的局限性，国内缺乏对绿色设计有效支持的软件工具。

挑战

（1）产品绿色设计平台安全机制不完善　产品绿色设计平台需要在企业模块中建立可靠的安全机制，以保证用户企业可以放心提供产品设计相关信息。

（2）产品绿色设计平台通用性　设计平台需要有一定的普遍适用性，能够兼顾不同型号、不同种类的产品绿色设计，减少设计平台的搭建成本，降低使用难度、提升设计平台的普及率。

（3）不同设计软件系统数据接口的差异　需要对现有主流产品设计软件进行细致分析研究，获取相应数据接口和系统调用技术。

目标

在现有产品设计集成平台的基础上，开发具有我国自主知识产权的产品绿色设计平台。

（四）面向再制造的设计技术

形成基于典型机电产品再制造生产模式的再制造设计理论基础及方法，整体水平与欧美国家现有水平相当。主要技术途径包括：

1. 产品再制造工艺规划及决策方法

现状

再制造是将废旧产品进行专业化修复使其达到与原有新品相同的质量和性能的工业化生产过程，主要包括拆卸、分类、清洗、检测、再修复、再加工、再装配等工艺环节。目前在再制造过程工艺方面的研究多是针对某一工艺的具体技术，但从制造系统上对产品再制造过程的工艺设计及方案规划方面的研究尚不多见。再制造工艺设计应是再制造工程实践的核心问题，是再制造过程管理、成本优化与绿色性评估的重要技术基础。在再制造工艺方案决策方面，现有的研究主要集中在零部件再制造工艺选择和再制造工艺参数优化等方面，而这些研究的前提是在再制造工艺方案已定的情况下，而对于高度不确定的再制造毛坯来说，存在有多种可能的再制造工艺方案，需结合产品状态与历史服役等具体数据，分析产品的再制造工艺性，选择最优的再制造工艺方案。

挑战

（1）再制造毛坯状态不确定　产品服役过程的不一致性，导致服役后产品状态的高度不确定性，难以对不同再制造时间下产品及高价值零部件的再制造可行性进行高效分析及评估。

（2）刚性再制造工艺方案　目前服役后产品的质量与数量均不稳定，再制造工艺决策及柔性实施方案还比较缺乏，难以结合相关历史及服役数据，实现高效的再制造决策支持。

目标

研究产品再制造性评估及对应再制造决策支持方法基础，建立产品再制造性分析及评估技术，以及数据驱动下零部件再制造工艺决策技术体系。

2. 面向再制造的产品设计工具平台

现状

面向再制造的产品设计，是指按照再制造的目的设计产品，在产品设计阶段对产品的再制造性进行充分考虑，并提出再制造性指标和要求，使产品到达寿命末端时具有良好的再制造能力。面向再制造的产品设计是绿色产品设计的重要组成部分，在产品设计阶段，从技术发展的继承性、材料的选择、拆装结构的设计、零件结构的设计等方面赋予产品的基本可再制造性能，应该在新产品设计阶段就考虑产品服役周期结束后需要进行拆解和回收再利用，融入新产品的可再制造的设计理念，可以保障其再制造过程合理实施，显著提升再制造效益，更好地实现资源的可持续发展战略。

挑战

（1）再制造性尚未融入产品设计　传统设计方法不能在设计之初就全面考虑产品在多生命周期内的环境属性及零件的重复使用性，产品废弃后的拆解、回收和处理不能保证与环境有很好的协调性。

（2）产品可再制造设计工具匮乏　目前设计过程中研究人员难以对零部件

再制造性能进行动态分析，且不能及时获得并有效利用再制造设计知识，难以有效开展再制造属性与产品其他设计属性之间的设计冲突消解。

目标

研发面向再制造的产品设计工具与集成平台技术，实现产品及零部件再制造性动态分析、零部件再制造工艺仿真及再制造设计知识实时推送等功能。

四、技术路线图

绿色设计技术路线图如图 3-6 所示。

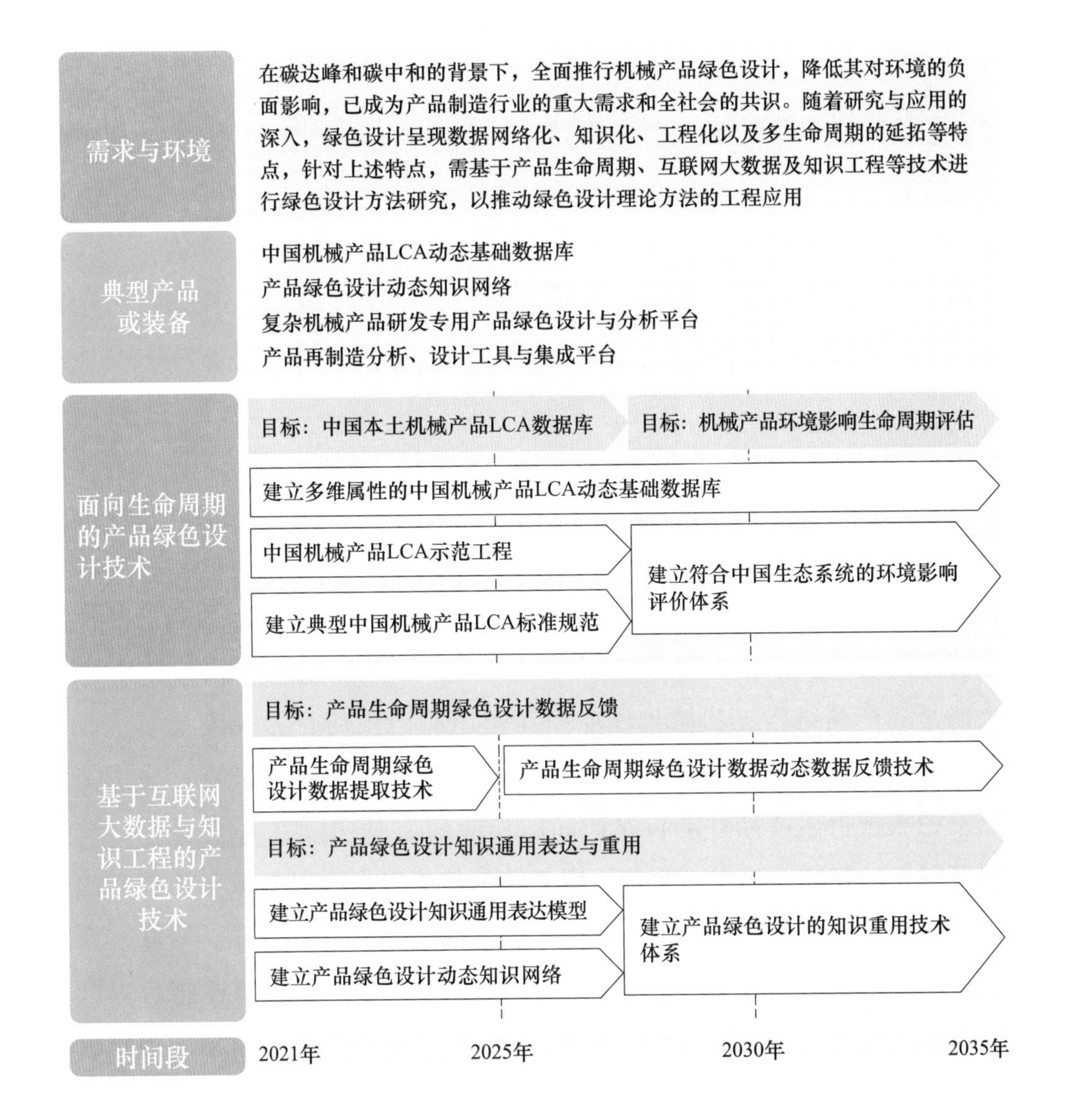

图 3-6　绿色设计技术路线图

图 3-6　绿色设计技术路线图（续）

第七节　性能设计

一、概述

性能设计是产品质量与功能的重要保障。性能设计的命名与面向产品性能设计理念的提出密切相关，人们仍在与时俱进地探索其定义的内涵与外延。Kalay指出性能是对产品结构、功能与环境相互作用所产生的行为的度量[34]；Ullman认为性能是对功能和行为的度量，即产品所能实现的预定工作状况。中国工程院院士谢友柏教授指出产品性能包含产品的功能和质量两个方面[35]。产品设计越来越向着绿色、智能、超常、融合、服务等的趋势发展，以机械学为核心的多学科交叉与多领域融合日益加强，性能设计的内涵与外延随着智能、网联、新能源时代的数字化与定制化的发展越来越丰富。目前，大多数技术文献把机电产品的性能分为技术性能、社会性能和经济性能。新的产品性能体系模型中，提出从结构性能、制造性能和使用性能三方面进行分类[36]。产品性能设计，可以根据起点和要求不同分为性能驱动设计和性能优化设计两个层次[37]；也可根据所度量的行为数量与复杂程度不同，分为单一产品的关键性能设计和大系统复杂使役过程的多性能协同设计[38]。产品性能设计的常用方法按应用对象大致分为面向功能、面向质量和面向功能质量的设计方法等。

二、未来市场需求及产品

根据现代设计理论定义，产品的性能是功能和质量的总和。其中功能是产品竞争力的重要因素；质量是产品功能在全生命周期中的偏差度量。伴随绿色设计、智能、超常、定制、数字化等的发展，现代机电产品与装备的结构越来越复杂，特殊功能与超常服役条件在不断地挑战技术极限，安全运行与可靠性要求更加苛刻，质量指标高精化且用户需求多样化。尤其在复杂机电产品的超高可靠性与全生命周期安全设计、超常装备的高参数运行与多性能动态协同、深海与深空装备服役条件的极端化延伸等方面，对产品与装备质量和服役性能提出了相当高的要求。传统保质设计方法已无法满足现代机电产品与复杂装备的高性能设计要求。

面对高性能机电产品与装备的巨大市场需求与技术挑战，我国在重大装备、高端产品和关键基础零部件的自主研发方面，关于高性能机电产品与装备设计技术的知识积累、设计模型、设计工具、设计软件等基础数据相对比较缺乏。因此，重视与高性能设计相关的设计模型、设计工具与设计软件的关键技术研究，加强基因数据库积累、新的设计标准与平台建设等显得尤为重要。特别是在当前的大数据时代，建立性能设计的有效基因数据库，促进先进数值模拟方法与设计模型、设计工具、设计软件的紧密结合，为实现高性能机电产品与复杂装备的自主设计，提供一条重要的途径。

随着先进数值模拟方法与现代产品性能设计技术的深度融合，通过多学科、多领域交叉、渗透与广义知识集成，更好地描述了产品性能设计和装备服役过程中的复杂现象，充分反映出产品材料、结构、性能、环境等诸多因素共同作用的机制。数值模拟在复杂机电装备的高性能设计中可以更好地突破经验知识不足和试验条件苛刻等困难，在多参数工业装备和关键基础零部件的性能优化与稳健设计中具有不可替代的作用；同样，在提高设计过程的可控性，预测产品的质量与功能等方面也具有突出的优越性，是高性能机电产品和复杂装备设计的核心技术。先进的数值模拟技术，对于提高高性能机电产品与极端服役条件下复杂装备的性能设计精度、效率和可靠性，弥补制造业信息化和智能化中的薄弱环节，实现高端机械产品的自主创新设计，具有重要意义。

三、关键技术

随着先进计算科学与智能技术在高性能机电产品与复杂装备设计中的广泛应用，性能设计有望在如下三个关键技术方面得到发展与应用。

（一）性能演变动态设计技术

动态设计是指在产品设计、制造与使用过程中，按照结构、功能与环境等因数的演变规律，对设计对象的功能与性能进行动态规划、评估与决策的活动，其目的是保证与提升产品质量。随着机电产品结构复杂化、性能高参数化与服役环境极端化，一体化结构、系统制造、安全服役过程中的动态问题日益突出。目前，动态设计向非稳态、非线性、强耦合、不确定、高维度和高参数等方向发展。现代产品动态设计时，往往需要建立与不同阶段或进程相对应的精确模型及其高效的优化方法。

预计到2025年，随着智能、网联、新能源时代的绿色、超常、融合、服务的发展要求，基于数字化、可定制化仿真分析的产品全生命周期的高精度动态建模与设计技术将成为性能设计的主要趋势。该设计技术将在工业领域得到更为广泛的应用，具体技术包括面向新功能的产品性能驱动设计、产品结构与性能的动态优化设计、设计制造及服役过程虚拟设计等。在大数据和云计算技术的推动下，逐渐形成基于先进数值模拟和高度信息集成技术的智能设计平台，实现快速、优质、低成本的产品开发模式。主要技术途径包括：①初步建立多尺度、多层级、多类型参数的高度集成的产品全生命周期的信息模型和基于仿真分析的动态设计技术；②建立多物理场耦合的复杂机械系统或装备的材料-结构-性能一体化集成动态设计平台。

预计到2035年，将形成面向用户体验与服务的智能型数字化、定制化的绿色动态设计技术。在重大成套设备或极端服役装备的动态优化设计理论、方法与技术方面取得重大突破，整体水平达到发达国家同期水平。主要技术途径包括：①在确保产品设计精度、效率和可靠性的前提下，以产品的功能、质量与性能为基本目标，建立基于先进仿真与模拟的动态优化设计技术；②开发高性能复杂机械系统及其演变过程的智能型动态设计平台；③完善面向用户体验、服务设计与定制化需求的动态优化设计标准和规范。

（二）多指标高精度稳健设计技术

传统稳健设计的三次设计法以实验设计为基础，通过对产品参数进行优选，减少各种因素对产品性能的影响，从而提高产品质量。三次设计的主要内容包括系统设计、参数设计和容差设计。其中，系统设计主要指产品功能设计，是三次设计的基础；参数设计通过优化系统参数组合，使得各种干扰对产品质量的影响降到最低；容差设计是在保证产品性能与质量设计的要求下，通过优化系统参数设计区间来降低制造成本。

稳健设计技术主要指以经验设计或半经验设计为主的传统稳健设计，大多基于正交试验法，并以信噪比作为产品质量和性能评价的指标。由于试验条件难以完全复制复杂机械系统和产品实际工况和服役环境，加上试验周期长、开发成本高，传统稳健设计技术的推广和应用存在一定的技术瓶颈。近年来，随着动态优化、CAX、信息网络、云计算和大数据等先进技术的发展，人们为传统稳健设计技术注入了新的内容，现代稳健设计技术正在不断形成与完善。

预计到 2030 年，将初步形成适应现代机电产品的先进稳健设计技术，预计整体将接近发达国家水平。主要技术途径包括：①完善稳健设计数据的模型库、有效参数信息与绿色材料信息，建立较完备的稳健设计知识库、数据库与信息库，以适应数字化、定制化的绿色发展需求；②建立高精度的产品稳健设计模型，加强人-机-环境融合驱动的智能设计工具的研制，加强对数字化虚拟产品原型进行性能设计、性能测试与性能评估的先进设计软件系统的开发。

预计到 2035 年，将充分适应现代机电产品的多功能、高性能、定制化等需求，利用先进的网络信息、传感技术和虚拟技术等实现智能化稳健设计，整体达到世界先进水平。主要技术途径包括：①在高性能 CAX 软件环境和大规模计算平台上，实现产品设计、制造过程与安全服役模型的高度集成与高效计算，完善稳健设计标准和规范。②解决多稳健指标产品的稳健设计问题，研发基于 CAX 的智能型数字化、定制化的绿色稳健设计技术。③建立智能化稳健设计平台，面向用户服务与定制需求，实现极端服役环境下的高参数系统的智能化稳健设计。

（三）多模型融合的可靠性设计技术

可靠性设计是以概率论和数理统计为理论基础，以失效分析、失效预测及可靠性试验为依据，以保证产品的可靠性为目标的现代设计方法。我国在这方面的研究起步较晚，可靠性设计技术和基础数据缺乏，致使理论成果尚未很好地应用于高性能机电产品的设计。

预计到2030年，可靠性设计技术将从常规机电产品向复杂机电系统或装备转变，形成面向超常、极端等服役环境的跨尺度模型和方法的可靠性设计技术，要求设计更加环保、直观、形象、多样与快捷。主要技术途径包括：①考虑超常、极端服役环境下的高维确定性或不确定问题的随机与非概率特性，实现面向复杂机械系统的可靠性设计。②完善基于先进仿真与模拟的可靠性设计方法与手段，制定面向行业需求与企业产品开发的动态可靠性设计技术标准与规范。

预计到2035年，将形成基于数字样机模型确认、产品形状虚拟设计、虚拟加工、虚拟装配、多物理场可视化、组件协同仿真、产品性能预测的动态可靠性设计技术。主要技术途径包括：①面向零废品率、零故障率和卓越性能指标，研发高容差性、超稳定性与长耐久性相结合的可靠性设计技术。②建立完备的产品数据库和多模型、多方法集成信息库，形成结构性能、制造性能与使用性能一体化的全生命周期动态可靠性设计技术。③完善面向超常、极端服役环境的复杂机械系统与大型成套装备的全生命周期的智能型数字化、定制化的绿色动态可靠性设计技术，并制定设计标准与规范。

四、技术路线图

性能设计技术路线图如图3-7所示。

	2021年—2025年	2025年—2030年	2030年—2035年
需求与环境	质量是产品的生命，性能设计是产品质量和功能的重要保障。性能设计技术在高性能机电产品与复杂装备的设计中发挥着越来越广泛的作用		
典型产品或装备	机器人，智能汽车，高速列车，高技术舰船，深海与深空装备，能源装备，大型石化装备，高性能医疗器械，超常装备等		
性能演变动态设计技术	目标：基于全生命周期高精度动态建模与设计技术		目标：智能化动态设计技术
	多尺度、多层级、多类型一体化动态设计技术	复杂装备一体化集成动态设计技术	智能型数字化、定制化的绿色动态设计技术
	面向产品定制和基于全生命周期高精度模型的动态设计标准和规范		
时间段	2021年	2025年	2030年　2035年

图3-7　性能设计技术路线图

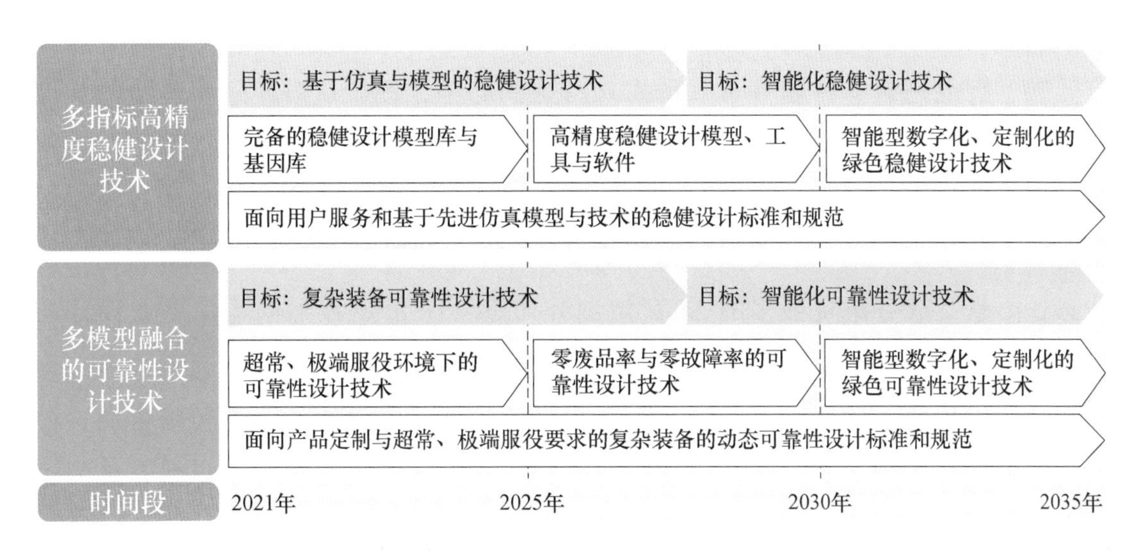

图 3-7 性能设计技术路线图（续）

第八节 工业设计

一、概述

工业设计是将装备创新、技术、商业、研究及消费者市场紧密联系在一起，最大化地解决人与人、人与社会、人与自然关系问题的设计创造性活动；工业设计是驱动创新、成就商业成功的战略性规划；工业设计也是产品外部结构要素与内部结构要素相融合的综合性设计，是机械设计成果转化落地的重要技术支撑与设计手段。

设计是人类有目的创新实践活动，其任务是赋予产品、服务、环境以优美的形式、卓越的功能、出色的用户体验，并实现用户、制造、行销、服务、社会和生态环境之间的多方协调平衡[39]。机械产品创新设计的实质是在各个创新阶段运用相关科学技术和知识进行创新求解的工程过程[40]。其中综合设计法明确提出了以产品设计质量为目标，以多种学科的理论与技术为基础，以功能设计、动态设计、控制系统设计和智能设计及可视化设计为内容[41]，随着知识网络时代的到来，受新技术革命、消费需求升级和生产方式变革的影响，全球产业发展趋势发生深刻转变。作为创新源头的工业设计正直面产业变革的挑战，呈现出“绿色低碳、智能网络、共创分享”的发展特征和趋势，逐步从对产品和造物的关注拓展到对科技与技术的设计、系统与关系的设计、体验与模式设计。

许多发达国家和大型跨国公司借助工业设计主动应对产业变革与挑战，在激烈竞争中处于主导地位。美国硅谷权威报道显示，设计正成为全球创新创业生态的必备要素。硅谷融资最多的 25 家初创公司近 40% 由设计师创建。工业设计在装备制造、信息家电、媒体娱乐、文化创意等产业中发挥着显著的创新效应，为各产业领域构建全球网络设计制造和经营服务融合一体化的新思维和新格局，推动实现由生产型制造业向服务型制造业转变，解决制约我国制造业转型升级的深层次矛盾。

工业设计的创造性、主观性和不确定性决定了设计认知（Design Cognition）的产生具有特殊领域性。尽管设计认知的相关研究已经较好地运用认知科学、信息科学和管理学来开展交叉研究，但从理论体系的完整性、方法的系统性等方面而言还处于初期阶段。设计认知研究以设计主体及情境交互为主要研究对象，主要集中在三个方面：

（1）设计认知理论基础和模型构建　基于构造主义和实证主义原理。根据设计问题解决理论和行为反思理论研究设计认知的内在规律。基于问题解决理论的设计认知研究，以线性方式描述、规定问题解决过程，通过识别、理解、探索、定义、解决问题实现创新产品设计。

（2）设计认知的外化表现　以认知实验等手段和方法探索草图、语言、表情等设计认知外在表现的特征和结构。草图蕴含了设计灵感，设计者在设计过程会根据草图提供的原始意象与草图“对话”，草图行为贯穿整个设计过程，是设计认知状态的直观外显方式。

（3）设计认知的关联和影响因素　探索知识经验、设计激励、设计工具等对设计认知的影响，扩大设计认知的外延。专门的知识和经验对设计思维的影响一直是设计领域的研究重点，它们通过改善记忆组块容量、促进更有效率的认知技巧和设计策略等设计工具，扩充设计关注领域，进而主动扩展方案，搜索空间和问题定义空间等，最终促进设计者设计改善认知状态、促进设计创新的产生。设计工具对设计认知也有影响，工具用于外显化设计概念，也用于辅助概念产生。

二、未来市场需求及产品

人类社会存在多样的物质需求和文化审美追求，未来工业设计不仅要满足中高端个性化、多样化需求，也要满足普罗大众可分享的基本、多样的需求。借助工业社会规模化、标准化、自动化为特征的大生产方式，造就了知识网络时代独有的创新景象和商业文化。科技与设计的集成研发创新态势愈演愈烈；云计算、智能制造、增材制造等技术的进展，推动着个性化与规模化设计制造服务相结合的生产方式；移动技术改变了信息获取、处理和传播的方式，使得以知识为基础的创意设计活动变得无所不在。工业设计技术在产品及系统的颠覆式创新、商业模式与服务设计创新、工艺流程创新等领域将大有用武之地，直至改变现有的产业结构和竞争格局，创造产品差异化和服务增值的机会。

工业设计正与数字技术、网络技术和智能技术高度融合，渗透到研发、设计、制造的全过程，推动产品与系统生产过程的重大变革。一方面，降低了新产品进入市场的时间成本。另一方面，技术、设计和商业模式的集成创新，推动知识网络社会的形成和发展，深刻改变着人们生活、工作方式、组织方式与社会形态。互联网环境下的工业设计生态使得产品和服务易于规模化传播，工业设计将发展成为一种基于生态效率的新型思考方式，发展成为从设计物化产品转变为设计系统解决方案，推动各种技术、知识、创意和商业手段让知识和创新共创分享和扩散，为推动绿色生态文明的建设提供了新的可能。

三、关键技术

（一）人机协同的工业设计技术

人机工程技术是在研究系统中人与机器组成部分交互关系的基础上，运用其理论、原理、数据和方法进行设计，以优化人的健康幸福与整个系统效能的设计技术。20 世纪 60 年代以来，科学技术的飞速发展和计算机技术的应用，为人机工程设计技术研究与应用注入了新的活力。CAE 是人机工程设计的典型方法，它是在融入人体生理特征基础上，利用计算机建立人体和机器的计算模型，并模拟人操作机器的各种动作，将人机相互作用的动态过程进行可视化设计；充分利用各种评价标准和评价算法，对人机因素进行量化分析和评价。与传统人机工程的研究方法相比，CAE 在设计阶段就可以对产品设计方案和产品模型进行评估，因而得到越来越广泛的应用。

以人体测量为基础的人体模型是描述人体形态特征和力学特性的有效工具，是研究、分析、设计、评价、试验人机系统不可缺少的重要辅助手段。基于人体测量的人机系统仿真设计技术主要关注现代数字化人体测量理论与技术、基于三维人体测量的产品适配设计、数字化仿真方法在工效学评价和优化中的应用、生物力学等热点问题，对于体质变异研究、生长发育研究、建立人体体型尺寸的检测系统、虚拟环境人机工程设计具有重要研究和应用价值。在未来，人机工程技术将会广泛应用于可穿戴式计算机、隐身技术、浸入式游戏等的动作识别技术，虚拟现实、遥控机器人及远程医疗等的触觉交互技术，呼叫路由、家庭自动化及语音拨号等场合的语音识别技术，对于有语言障碍的人士提供无声语音识别，针对有语言和行动障碍的人开发“意念轮椅”，采用基于脑电波的人机界面技术等。人机工程学为工业设计开拓了新设计思路，并提供了独特的设计方法和理论依据。人机工程学的发展和应用，也必然会将工业设计的水准提到人们所追求的那个崭新高度。

预计到2025年，实现用户体验与参与的工业设计，有效解决复杂机械使用的人的效能、健康问题。预计到2030年，实现用户深度参与评价的内涵式工业设计，有效解决工业设计中人的认知、个性化心理需求。预计到2035年，通过意念产生虚拟、可视化场景，并且通过意念控制驱使虚拟场景发生符合主观意愿的改变。

（二）多商业模态的工业设计技术

工业设计要服务于商业模态，商业模态的成功依赖于工业设计带来的产品品牌形象。因此，聚焦于商业模态，实现工业设计的提升，外在样式和内涵品质的双重提升显得尤为重要。

多商业模态的工业设计技术主要是在传统产品创新设计理念基础上，将产品当作服务或服务的组成要素来开发面向产品服务的设计工具，并满足顾客价值需求的服务流程和服务元素、服务场景等。品牌设计将以设计思维为手段，促进消费者、文化和技术之间的复杂互动，系统规划企业的战略、主张和愿景，实现企业完整经营战略的持续创新。通过工业设计统一规划产品的形象，在市场上产生很强的视觉冲击力和统一感，产品设计上与竞争对手的差异能够带来销售市场的优势，并使产品产生象征意义，以提高品牌的认同感。

预计到2025年，基于工业知识关联、归纳和推理，可以实现需求识别分析与转化的工业设计，实现工业设计的品牌化、内涵化。预计到 2030 年，基于工业设计的螺旋式演化，运用互联网等众创手段进行多商业螺旋式演化。预计到 2035 年，基于工业设计，建成成熟的品牌化多商业模态。

（三）工业设计认知与建模技术

工业设计认知本质上是以设计主体为中心的创新过程，它强调观察、协作、快速学习、想法视觉化、快速概念原型化以及并行商业分析，影响创新和商业战略。工业设计定义本质上反映设计认知在产品创新活动中的主体地位，同时应考虑技术与商业背景下用户体验和品牌价值等的整合创新思维模式。数值建模及高精度模拟技术在工业产品创新设计及高端装备的自主研发中发挥着越来越重要的基础作用。以提高数值模拟在复杂工程中的应用程度为驱动，结构数值模拟模型的确认和修正技术得到快速发展[38]。未来 20 年，设计认知计算建模研究的发展趋势主要包含三方面：面向产品创新的设计认知理论与方法研究、面向产品创新的设计认知建模技术、面向商业模式创新的设计认知应用技术研究。

1. 产品工业设计的跨领域融合的认知方法

面向产品创新的设计认知是指以设计者为主体，研究其在设计情境中所体现出的多维特征及复杂思维规律。尤其以 Simon 提出的问题求解理论和 Schon 提出的情境反思理论最具代表性。设计问题求解理论以描述“规定性问题”为前提，提出设计是以知识为基础，包含信息刺激、心智反应和概念表达等的信息处理过程。现阶段研究多集中在设计认知的行为现象和结果的描述，较少探究其内在形成机理及原因，理论模型的系统整合性不够，契合设计认知研究的方法和技术手段还较缺乏。未来可从设计认知论和方法论体系进行深入研究，面向设计认知领域特征建立一套跨领域融合的系统研究方法和技术，发展工业设计认知理论体系是未来研究热点之一。

2. 工业设计的非结构性数据建模技术

当前设计认知研究对象大多是与设计情境弱相关的理想设计任务或案例，研究成果多为认知过程模型、反思认知模型、认知状态描述层面宏观的理论框架研究，较少关注对复杂认知规律特征的细节性刻画和表征。因此，研究应在一般设计理论和方法研究的基础上，针对创造性、复杂性、病态性等设计认知属性，以及认知固化（Fixation）、可供性（Affordance）、涌现（Emergence）等认知特征开展建模技术研究。研究注重将产品工业设计阶段草图、语言、表情等非结构性数据、不确定行为及状态规范至高阶认知空间表达，研究复杂工业设计认知自身独特的内部结构、进程和关键行为等细化特征，并与之进行可视化建模分析，试图提供透明易扩展的操作环境，因而基于工程科学和社会科学研究复杂设计认知的建模工具与技术，推动设计认知研究纵深发展尤为重要。

3. 多主体参与的工业设计技术

知识网络时代，取得巨大设计成功的产品案例必定是前瞻性的管理者、开放思维的设计者、有创造力的工程师和热衷尝试的用户共创设计的新产品、新系统和新模式，其中凝结着创意创新的思维与智慧，因此宏观设计认知具有多学科特性，目标是使用户、设计者和商户等多主体均参与至产品、服务甚至商业体验的创新流程中。设计认知实际上是一种创新和设计实现的方法论。因此，面向商业模式的设计认知应用创新技术研究，应该考虑其与品牌价值、服务设计、可持续发展及用户体验等商业模式的关系，以及如何整合到创新系统中，结合设计认知创新规律才能构建完备的设计认知应用体系。

预计到 2025 年，实现产品工业设计的非结构性数据建模，实现产品工业设计阶段草图、语言、表情等非结构性数据、不确定行为及状态规范至高阶认知空间表达。预计到 2030 年，实现工业设计的多要素整合，实现用户、设计者和商户等多主体参与的工业设计。预计到 2035 年，实现品牌价值、服务设计、可持续发展及用户体验等商业模式与创新系统的合理整合，构建出完备的设计认知应用体系。

（四）工业设计虚拟生态构造技术

运用虚拟现实技术，建立产品技术系统未来生态环境模型，依据生态设计和绿色设计理论，建立虚拟生态优化标准，借助虚拟生态环境下的产品生态优化参数验证实验，分析确立产品生态设计优化参数；创建一种基于技术系统进化的产品虚拟生态创新设计方法，在技术系统的设计初始阶段即引入虚拟现实技术，实时模拟技术系统对生态环境的影响状态，虚拟生态构造技术是从源头探索未来技术系统符合生态设计原则的理想技术和方法。采用数字样机尽可能替代原有实物样机实验，在数字状态下仿真计算，然后再对原设计重新进行组合或者改进，使新产品开发尽可能一次获得成功[42]。

在原材料的选择、结构设计和工艺设计等虚拟设计环节都遵循创新设计多维评价的关键技术原则[43,44]，以生命周期评价法对初步的产品设计进行虚拟生态辨识、虚拟生态诊断、虚拟生态指标的确定和虚拟生态的评价，以评估和提高产品的环境性能。

（1）产品虚拟生态辨识技术　按照LCA技术框架，将产品对于生态的影响作为重要的评价标准，对产品在生产、使用和废弃等各个生命周期阶段内对生态环境的干扰因子、影响大小以及总体环境影响潜值进行定量化识别。

（2）产品虚拟生态诊断技术　根据产品虚拟生态辨识的定量化识别，分析产品在各阶段的资源消耗情况、对外排放的环境干扰因子、可能对环境造成的影响、产生环境影响最严重的阶段以及每个阶段的主要环境影响问题（产品特征值）。依据数据分析产品中耗能大、环境影响大的材料、零部件、工序以及阶段，制订新的设计和生产方案，力图将产品对环境的影响减少到最低。

（3）产品虚拟生态评价技术　结合相关产品考虑消费对产品的环境期望值，制定产品理应达到的生态指标，使产品符合市场投放规范，甚至低于市场生态规范的平均值。生态评价是一个动态的迭代过程，不断地评价产品的生态指标，从无到有，从有到精，力求生态指标最优化。

（4）虚拟生态成本分析技术　在对产品成本进行传统核算的基础上，企业和相关监管单位需从产业角度核算因采用LCA和其他途径完成的能源节约、资源再利用以及环境污染降低等方面带来的环保收益。

虚拟生态设计对产品进行环保性能改进，要求设计师对环境问题和其影响有深入的了解，设计师对科学和技术要有更深入的认识，同时更需要创造性、新思维和富有想象力。所以，虚拟生态设计在成本分析时就必须考虑污染物的替代、产品拆卸、重复利用的成本、特殊产品相应的环境成本等。

预计到2025年，结合传统生态构造技术，逐步打造虚拟现实新生态。建立完善的原材料、结构设计和工艺设计等环节的虚拟评价体系标准，开始推行产品虚拟生态构造技术的评价方案；预计到2030年，完善虚拟生态模拟系统，初步建立生态机理仿真模型，实现产品虚拟生态构造技术的广泛应用；预计到2035年，完成技术系统信息进化树的重构，构建可持续发展的生态文化，实现国家生态文明建设战略。

四、技术路线图

工业设计技术路线图如图3-8所示。

需求与环境	工业设计是将创新、技术、商业、研究及消费者紧密联系在一起，最大化地解决人与人、人与社会、人与自然的关系问题的设计创造性活动		
典型产品或装备	机械制造、信息家电、媒体娱乐、文化创意等产业对机械产品工业设计提出了更高要求		
人机协同的工业设计技术	目标：用户体验与参与的工业设计	目标：用户深度参与评价的内涵式工业设计	目标：通过意念控制驱使的交互式工业设计
	基于用户体验的外型交互设计技术	用户深度参与的外型交互设计	
	基于人体测量的人机系统工业设计	工效学评价和优化的工业设计	
多商业模态的工业设计技术	目标：实现需求识别分析与转化的工业设计	目标：实现工业设计的螺旋式演化	目标：建成成熟的品牌化多商业模态
	用户价值需求的主张与传递技术	基于广义特征的工业设计	
	基于品牌个性的工业设计技术	多商业螺旋式演化的工业设计技术	
工业设计认知与建模技术	目标：实现产品工业设计的非结构性数据建模	目标：实现工业设计的多要素融合	目标：品牌化、多商业模式
	工业设计的不确定行为及状态规范至高阶认知空间表达	工业设计认知内部结构细化特征的可视化建模	
	工业设计的适用度与数据效度的处理技术	多主体参与的工业设计	
工业设计虚拟生态构造技术	目标：建立完善的虚拟评价体系标准	目标：实现产品虚拟生态构造技术的广泛应用	目标：构建可持续发展的生态文化
	产品虚拟生态辨识	产品虚拟生态诊断	
	产品虚拟生态评价技术	虚拟生态成本分析	
时间段	2021年	2025年	2031年　2035年

图 3-8　工业设计技术路线图

参考文献

[1]　路甬祥. 创新设计竞争力研究 [J]. 机械设计，2019，36（01）：1-4.

[2]　路甬祥. 创新设计引领中国创造 [J]. 中国战略新兴产业，2017（17）：96.

[3]　谭建荣，张树有，徐敬华，刘晓健. 创新设计基础科学问题研究及其在数控机床中的应用 [J]. 机械设计，2019，36（03）：1-7.

[4]　谢友柏. “设计”是创新的灵魂 [J]. 紫光阁，2016（04）：23.

[5] 闻邦椿，刘树英，郑玲. 系统化设计的理论和方法 [J]. 机械设计与研究，2017，33 (05)：207.

[6] 檀润华，曹国忠，刘伟. 创新设计概念与方法 [J]. 机械设计，2019，36 (09)：1-6.

[7] 谭建荣，冯毅雄. 大批量定制技术：产品设计、制造与供应链 [M]. 北京：清华大学出版社，2020.

[8] 祁国宁，顾新建，谭建荣，等. 大批量定制技术及其应用 [M]. 北京：机械工业出版社，2003.

[9] 顾新建，杨青海，纪杨建，等. 机电产品模块化设计方法与案例 [M]. 北京：机械工业出版社，2014.

[10] KANO N，SERAKU K，TAKAHASHI F，TSUJI S. Attractive quality and must be quality [J]. Journal of the Japanese Society for Quality，1984，14 (2)：39-48.

[11] YAZDANI M，CHATTERJEE P，ZAVADSKAS E K，et al. Integrated QFD-MCDM framework for green supplier selection [J]. Journal of Cleaner Production，2017，3728-3740.

[12] 祁国宁，萧塔纳，顾新建，等. 图解产品数据管理 [M]. 北京：机械工业出版社，2005.

[13] GALIZIA F G，ELMARAGHY H，BORTOLINI M，MORA C. Product platforms design，selection and customisation in high-variety manufacturing [J]. International Journal of Production Research，2019，58 (3)，839-911.

[14] ZHANG L L. Product configuration：a review of the state-of-the-art and future research [J]. International Journal of Production Research，2014，52 (21)：6381-6398.

[15] 徐敬华，张树有，李淼. 基于多域互用的数控机床模块化配置设计 [J]. 机械工程学报，2011，47 (17)：127-134.

[16] ZHOU J，LI P G，ZHOU Y H，et al. Toward new-generation intelligent manufacturing [J]. Engineering，2018，4 (1)：11-20.

[17] PAN Y H. Heading toward artificial intelligence 2.0 [J]. Engineering，2016，2 (4)：409-413.

[18] 谭建荣，刘振宇，徐敬华. 新一代人工智能引领下的智能产品与装备 [J]. 中国工程科学，2018，20 (04)：43-51.

[19] PENG X B，CHEN L P，ZHOU F L，ZHOU J. Singularity analysis of geometric constraint systems [J]. Journal of computer science and technology，2002，17 (3)：314-323.

[20] ZHANG S Y，XU J H. Acquisition and active navigation of knowledge particles throughout product variation design process [J]. Chinese Journal of Mechanical Engineering，2009，22 (3)：395-402.

[21] ZHANG S Y，XU J H，GOU H W，et al. A research review on the key technologies of intelligent design for customized products [J]. Engineering，2017，3 (5)：631-640.

[22] 谭建荣，刘振宇．智能制造：关键技术与企业应用［M］．北京：机械工业出版社，2017.

[23] 谭建荣，刘振宇．数字样机：关键技术与产品应用［M］．北京：机械工业出版社，2007.

[24] DEAN B T. Digital Design：A Critical Introduction［M］. Oxford：Berg Publishers，2012.

[25] TAO F，QI Q L. Make more digital twins［J］. Nature，2019，573（7775）：490-491.

[26] LI X，GONG X，LIU Y. Development and application of basis database for materials life cycle assessment in china［J］. Iop Conference，2017，182.

[27] 殷仁述，杨沿平，杨阳，等．车用钛酸锂电池生命周期评价［J］．中国环境科学，2018，38（6）：2371-2381.

[28] 徐建全，杨沿平．考虑回收利用过程的汽车产品全生命周期评价［J］．中国机械工程，2019，30（11）：1343-1351.

[29] PETERS，KRISTIAN. Methodological issues in life cycle assessment for remanufactured products：a critical review of existing studies and an illustrative case study［J］. Journal of Cleaner Production，2016，126（Complete）：21-37.

[30] ZHANG L，DONG W，JIN Z，et al. An integrated environmental and cost assessment method based on LCA and LCC for automobile interior and exterior trim design scheme optimization［J］. The International Journal of Life Cycle Assessment，2019，25（3）：633-645.

[31] JING T，CHEN Z，YU S，et al. Integration of Life Cycle Assessment with Computer-aided Product Development by a Feature-based Approach［J］. Journal of Cleaner Production，2016，143：1144-1164.

[32] HADHAMI，BEN，SLAMA，et al. Proposal of new eco-manufacturing feature interaction-based methodology in CAD phase［J］. The International Journal of Advanced Manufacturing Technology，2020，106（3）：1057-1068.

[33] FAVI C，GERMANI M，MANDOLINI M，et al. Implementation of a software platform to support an eco-design methodology within a manufacturing firm［J］. International journal of sustainable engineering，2018，11（2）：79-96.

[34] KALAY Y E. Performance-based design［J］. Automation in Construction，1999，8（3）：395-409.

[35] 谢友柏．现代设计理论中的若干基本概念［J］．机械工程学报，2007，43（11）：7-16.

[36] 闻邦椿．产品全功能与全性能的综合设计［M］．北京：机械工业出版社，2008.

[37] 谭建荣．机电产品现代设计：理论、方法与技术［M］．北京：高等教育出版社，2009.

[38] HAN X，LIU J. Numerical Simulation-based Design Theory and Methods［M］. Berlin：Springer，2020.

[39] 路甬祥．创新中国设计创造美好未来［J］．建筑设计管理，2012（7）：12-13.

[40] 檀润华．TRIZ 及应用［M］．北京：高等教育出版社，2010.

[41] 闻邦椿．产品全功能与全性能的综合设计［M］．北京：机械工业出版社，2008.

[42] 谭建荣. 机电产品现代设计：理论、方法与技术 [M]. 北京：高等教育出版社，2009.
[43] 创新设计发展战略研究项目组. 中国创新设计路线图 [M]. 中国科学技术出版社，2016.
[44] 路甬祥，孙守迁，张克俊. 创新设计发展战略研究 [J]. 机械设计，36 (2)：1-4.

编撰组

组　长　谭建荣
第一节　谭建荣　刘振宇　冯毅雄　徐敬华
第二节　檀润华　曹国忠　张　鹏　刘　伟
第三节　冯毅雄　洪兆溪　娄山河
第四节　陈立平
第五节　刘振宇　裘　辿　撒国栋
第六节　张　雷　刘志峰　黄海鸿　鲍　宏
第七节　韩　旭　侯淑娟　刘　杰　周长江
第八节　孙守迁　吕　冰　徐　江　汪　芳

第四章
Chapter 4

成形制造

第一节　概　　论

成形制造是在热、力或热力耦合作用下，坯料在液态、固态或半固态下发生流变和转移，通过模具约束获得所需形状和性能的构件，从而以高效、低耗、精密方式制造优质半成品或零部件的制造技术。成形制造是一个质量不变的过程或等材制造过程，根据材料转移的物理状态，成形制造主要分为铸造成形技术、塑性成形技术、焊接成形技术、热处理与表面改性技术、粉末冶金成形技术等金属制造技术，也包括树脂基复合材料制造等非金属制造技术，以及基于上述基础技术的复合成形技术。

成形制造是先进制造技术的重要组成部分，是实现轻量化、整体化、长寿命、高可靠性、低成本发展的基础关键技术。其鲜明的特点是在获得复杂形状构件的同时，通过工艺过程控制，赋予构件优异的综合性能。在现代汽车中，质量占比 60% 以上的材料通过成形技术制造成为各种零部件。其发展与水平是一个国家的航空、航天、汽车、高铁、核电等制造业水平的标志，直接影响国家的经济发展和人民生活水平。大型复杂一体化铸锻件是衡量国家工业水平的标志，代表了国防装备的竞争力。

我国是成形制造技术与装备大国，就规模体量而言，铸造、塑性成形、焊接、热处理及粉末冶金等成形制造行业已居世界首位。经过近二十年的发展，我国的成形制造技术工艺水平总体上已接近世界先进水平，但关键工艺创新、成套装备研制与工程应用一体化的系统性成果不足，高性能构件精密成形和高端成形装备与国际领先水平相比，尚存在约 10 年差距。同时，目前我国的成形制造技术与装备产业还属于生产过程能耗高、环境污染较为严重的行业。

面向未来，我国国民经济与国防工业的发展对成形制造技术提出了更高的要求。航空航天、海洋工程、轨道交通、新能源汽车、能源与电力等行业也提出高质量、低成本和零排放的需求，融合机械行业绿色、智能、超常、融合、服务的五大发展趋势，推动成形制造技术向更高水平发展，成形制造总体发展方向为：①高性能成形，是指成形后构件的综合力学性能优于坯料，适应高温、高速和动载等严苛服役环境。当前制造技术已由尺寸精度主导的制造转向由性能驱动的高性能制造，发展构件具有复杂承载性能的先进成形技术，满足装备极端服役环境的需要；②高完整成形，是指宏观无连接面的整体结构，微观上无明显组织缺陷以及表面无裂纹、光滑连续。发展保障构件的宏观结构完整性、微观组织完整性与表面完整性的先进成形制造技术，满足新一代成形制造技术对高可靠性、长寿命的需求；③高近净成形，是指构件成形后尺寸精度达到亚毫米级、表面精度微米级，除配合面需要加工，其他部分不再加工，在绿色与低碳的驱动下，发展实现短流程和少/无余量的成形制造技术，提高材料利用率和减少后续加工能耗；④数字化与智能化，上述三大发展方向与“两化”的深度融合对于未来成形制造技术提出了更为严苛的挑战，需要对现有的理论、工艺和装备进行重大突破。

我国成形制造技术的发展目标包括：①大幅度提升我国成形制造技术的自主创新能力，提高我国成形制造技术与装备水平，实现由大到强的转变，使我国成形制造技术与装备进入世界强国行列；②发明原创性的工艺技术与装备，在优势领域实现原创性的技术和装备的突破，提供一批世界一流的创新成果，满足我国重大装备、汽车、高铁、船舶、核电、工程机械等国民经济重要产业的需求；③预计到 2025 年，在能源消耗、材料利用率、生产率、产品精度、污染排放等指标上与发达国家相当；预计到 2030 年，成形制造技术总体水平达到国际先进水平，其中，在大尺度构件成形、高性能材料构件成形、复杂薄壁构件成形技术方面处于领先水平，重点行业实现成形工艺数字化；预计到 2035 年，成形制造技术总体处于国际领先水平，实现成形工艺智能化。成形制造技术总体路线图如图 4-1 所示。

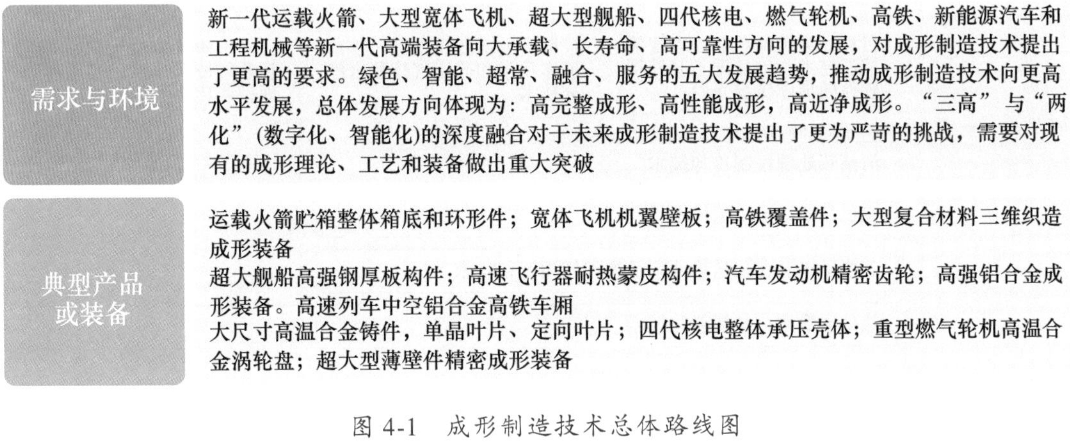

需求与环境	新一代运载火箭、大型宽体飞机、超大型舰船、四代核电、燃气轮机、高铁、新能源汽车和工程机械等新一代高端装备向大承载、长寿命、高可靠性方向的发展，对成形制造技术提出了更高的要求。绿色、智能、超常、融合、服务的五大发展趋势，推动成形制造技术向更高水平发展，总体发展方向体现为：高完整成形、高性能成形，高近净成形。“三高”与“两化”(数字化、智能化)的深度融合对于未来成形制造技术提出了更为严苛的挑战，需要对现有的成形理论、工艺和装备做出重大突破
典型产品或装备	运载火箭贮箱整体箱底和环形件；宽体飞机机翼壁板；高铁覆盖件；大型复合材料三维织造成形装备 超大舰船高强钢厚板构件；高速飞行器耐热蒙皮构件；汽车发动机精密齿轮；高强铝合金成形装备。高速列车中空铝合金高铁车厢 大尺寸高温合金铸件，单晶叶片、定向叶片；四代核电整体承压壳体；重型燃气轮机高温合金涡轮盘；超大型薄壁件精密成形装备

图 4-1　成形制造技术总体路线图

铸造成形技术

- 2021年—2025年 目标：突破大吨位钛合金熔铸设备和大尺寸轻合金、高温合金高质量铸件精铸技术，实现铸件宏、微观铸造缺陷预测
- 2025年—2030年 目标：突破超高强度钛合金优质铸件技术和超大型复杂铸件压铸技术，实现铸造工艺数字化、绿色化
- 2030年—2035年 目标：突破大尺寸单晶/定向高温合金精密铸造技术，实现智能铸造和智能压铸推广应用

- 复杂薄壁构件熔模精密铸造技术
- 高性能钛合金低成本熔铸技术
- 大型复杂铝、镁合金构件压铸技术
- 铸造过程数字化与智能化技术

塑性成形技术

- 2021年—2025年 目标：实现大型锻件和薄壁整体构件性能稳定性生产，实现数字化成形制造
- 2025年—2030年 目标：实现高强度材料热成形和复杂构件精锻工艺智能化
- 2030年—2035年 目标：实现特大尺寸异形件短流程成形制造，建成塑性成形智能化生产线

- 难变形材料大型锻件整体成形技术
- 低能耗近净锻造成形技术
- 薄壁整体结构多场复合成形技术
- 异形中空结构柔性介质成形技术
- 塑性成形数字化与智能化技术

焊接技术

- 2021年—2025年 目标：重点工程建设、重点战略产业焊接成形的数字化程度全面提升，焊接装备和焊接材料一致性得以保障
- 2025年—2030年 目标：低损耗、高可靠性弧焊电源，大功率、小型化激光焊充分开发和应用；焊接产品完整性和可靠性全面提升
- 2030年—2035年 目标：激光焊、摩擦焊等先进焊接技术的关键核心部件自主可控，焊接装备的智能化程度全面提升

- 高能束流焊接技术
- 高效电弧焊接技术
- 摩擦焊接技术
- 焊接材料技术

热处理与表面改性技术

- 2021年—2025年 目标：突破绿色热处理智能控温技术和热处理工艺模拟软件的集成仿真平台
- 2025年—2030年 目标：突破低压渗碳、等离子体化学和高压气体复合淬火技术
- 2030年—2035年 目标：建立清洁_高效_精密热处理技术体系，实现热处理智能化

- 清洁热处理控制冷却技术
- 绿色高效低压渗碳技术
- 等离子体复合化学热处理及物理气相沉积技术
- 热处理数字化与智能化技术

时间段 2021年 2025年 2030年 2035年

图 4-1 成形制造技术总体路线图（续）

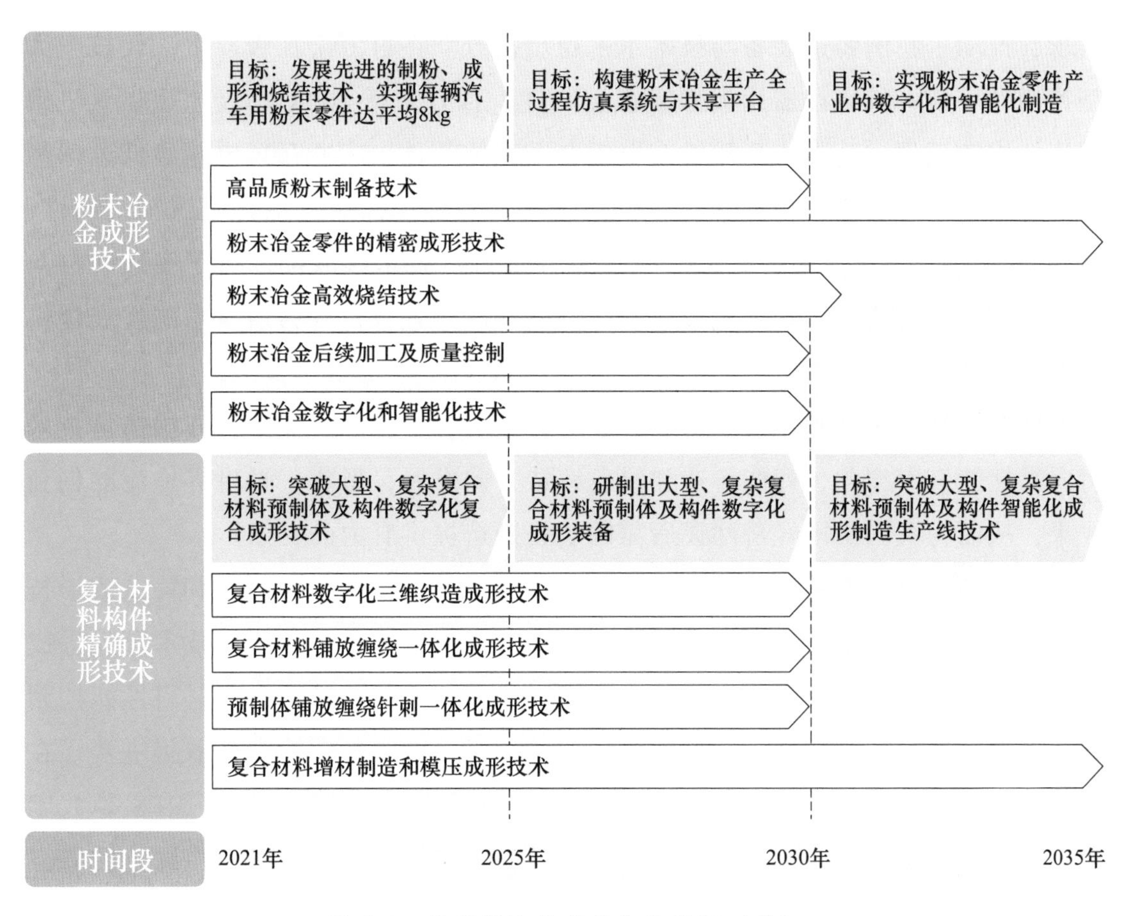

图 4-1　成形制造技术总体路线图（续）

第二节　铸造成形技术

一、概述

铸造是将熔融的金属通过外力注入型腔后，以一定的冷却方式凝固，获得具有所需形状和力学性能的零件或毛坯的成形技术，是获得机械产品毛坯和零部件的主要制造方法之一。铸造技术是装备制造业的基础技术和重要的组成部分，铸件在航空、航天、交通、石化、冶金、能源、船舶等各类装备中占有相当大的比例，对提高装备服役性能至关重要。

近些年来，高端装备制造业对铸件提出了大型化、轻量化、满足复杂工况的需求，推动了我国铸造装备与技术水平稳步提升。在百万千瓦级以上三代核电大型铸钢件、新一代飞行器用大型钛合金铸件、百万千瓦600℃等级超超临界机组高压缸体铸钢件、百万伏高压输变电铝合金壳体铸件、大兆瓦风电轮毂低温球墨铸铁件、大型海装工程耐蚀双相不锈钢铸件、高强度高韧性铝合金汽车结构件、5G通信基站大型薄壁铝合金散热壳体铸件等铸造技术领域都取得了突破。自动化、数字化、智能化、绿色化技术不断发展并深入融合，为铸造技术的发展提供了有力支持。

面对未来国家装备制造业的发展和对铸造装备与技术的需求，我国铸造技术将向高性能、大型化、智能铸造和绿色铸造方向发展，形成一批世界一流的创新成果，从而为我国国民经济建设所需的装备制造提供有力的支撑。

在高性能合金与铸件方面，重点研究高性能合金材料系列化及其铸造成形技术、高温合金定向凝固技术、特种铸造技术、金属基复合材料铸造技术等先进成形工艺技术。在铸件大型化方面，重点研究开发相应的技术装备、材料性能控制技术和精密成形控制技术，并在装备和技术的成熟性和稳定性方面取得进步。在智能铸造方面，计算机辅助设计制造，集成计算材料工程，ERP、MES等数字化、智能化技术和工业软件取得突破和发展，重点解决短板问题。在绿色铸造方面，重点推进绿色铸造方式贯穿铸造全产业链，开发与推广绿色铸造材料和工艺。

二、未来市场需求及产品

（一）需求与环境

航空、航天、交通、船舶等领域需要比强度、比模量和其他综合性能更高的钛合金构件，大推力发动机对材料的高温性能有了更高的需求，核工业、化学工业等行业迫切需要具有优异高温性能及耐蚀性能的金属构件。高端装备配套零部件发展将扩大对具有薄壁、复杂、优质、精密、高强度等特征的轻合金熔模精密铸件的市场需求；航空、航天和海洋工程领域将大量采用大型、整体、高精度、高性能钛合金精密铸件。新能源汽车的发展，对铝、镁合金压铸构件需求将显著增加，这些构件向着大型化、薄壁化和复杂化发展，对尺寸精度和性能要求越来越高，对超大型压铸装备和技术也产生了迫切的需求；对轻量化、尺寸精度、散热性等要求不断提高的5G设备的壳体和腔体，也将大量使用铝、镁压铸构件。

绿色化、数字化和智能化是全球铸造技术发展的大趋势，是2万余家铸造企业组成的我国铸造行业由大变强的重要途径之一，我国铸造行业的高质量发展迫切需要绿色化、数字化、智能化铸造技术支撑。

（二）典型产品或装备

为了市场要求，要重点发展综合性能优异的高强度、高韧性、低成本的钛合金大型铸件的熔铸技术，开发容量增至2.5t、满足最大轮廓尺寸达3m铸件的真空自耗凝壳熔铸炉，重点发展超大型压铸装备（80~100MN）和超大型压铸构件(如整体车架、一体化电池壳体与车架，尺寸大于2.5m)。

三、关键技术

（一）高性能钛合金低成本熔铸技术

1. 现状

我国钛合金牌号众多，但在满足高强度、耐热、耐腐蚀及低成本方面的发展还不能满足国家重大需求。与发达国家相比，我国高强度钛合金制备技术仍有不足，如日本丰田开发的一种弹性模量低而强度高的钛合金，其抗拉强度可达1800~2000MPa，塑性变形为5%左右，我国于近几年才研发出抗拉强度达1635MPa，延伸率为4%左右的钛合金；对高性能钛合金的研究越来越重视[1]，而这类合金含有大量的高熔点合金元素，致使高强钛合金熔铸技术还存在大量问题，产品质量不稳定，导致高强钛合金应用率低。钛合金的高比强度结合使役温度的提高是新一代飞行器热端部件的迫切需求，通过几十年的努力，高温钛合金从传统的α型合金到化合物型合金取得了快速发展，但工程应用方面还有待于加快发展。钛合金熔铸能力是保证高水平铸件生产的关键[2]。我国钛合金熔铸主要采用自耗凝壳炉，容量已达到1.5t，能满足最大尺寸为2.5m的大型铸件的生产。但对于新型钛合金熔炼技术的研究还需加强，大型铸件的低成本铸型技术还在起步阶段。

2. 挑战

高端装备用钛合金铸件，尤其是大型构件的生产必须先解决熔铸装备问题。用于钛合金熔铸的自耗凝壳炉容量增加至2.5t，钛合金铸件的最大轮廓尺寸达到3m。为了进一步降低应用成本，特种铸型是面临的重大挑战之一。大尺寸构件铸造充型及凝固过程调控也是前所未有的挑战。新型铸造钛合金在高强度、高耐热性方面的要求也要重视。

3. 目标

预计到 2025 年，突破大吨位钛合金熔铸装备的开发，满足 3m 长铸件的生产要求。预计到 2030 年，实现低成本特种铸型技术，使钛合金铸件的生产成本降低 10%；实现大型钛合金件整体铸造充型凝固主动可控；开发出综合性能优异的高强度（抗拉强度达到 1500MPa）、高韧性（伸长率大于 5%）、耐磨、耐腐蚀、低成本的高强度钛合金材料。预计到 2035 年，大幅度提高我国高性能钛合金铸件的技术水平，并达到世界先进水平。

（二）大尺寸薄壁构件熔模精密铸造技术

1. 现状

轻合金、高温合金熔模精密铸件已在我国大量应用。但在航空、航天、内燃机等高端装备制造方面，我国精密铸件水平与发达国家还存在较大差距。如高温合金空心叶片的铸造方面，国外 20 世纪 70 年代就已实现氧化铝型芯的精准控形[3]，而国内目前仅掌握 100mm 单晶、200mm 定向叶片的制造；镁、铝合金的精密铸件方面，国外已研制出 2m 以上的铸件，并形成高精度复杂薄壁铸件标准，而国内仅能制造中、小件；钛合金的熔模铸造方面，GE 公司 20 世纪 80 年代就已制造出直径达 2m 的发动机钛合金机匣精密铸件[4]，而我国近年才采用陶瓷型熔模铸造实现 2m 左右铸件的整体成形。

2. 挑战

目前熔模精密铸造面临的主要挑战有：大尺寸（2m 以上）、高薄壁占比（70%以上）轻合金构件的精密铸造技术、大尺寸单晶/定向高温合金空心叶片的精密铸造技术和高性能难熔难成形新合金的精密铸造技术等。对于以上挑战，将以航空发动机和航天飞行器等高端装备的研制为牵引，重点突破轻合金及复合材料、单晶/定向高温合金、金属间化合物、高熵合金等高性能合金的熔模铸造瓶颈，实现铸造、形性双向控制。在此过程中，深入开展工艺机理研究，对模料、型壳、型芯、凝固控制等进行提升。

3. 目标

面对高端装备对高性能高精度熔模铸件的需求及挑战，开发高精度熔模铸造型壳制备新材料、新工艺，结合增材制造、数字化、智能化等新技术。预计到 2025 年，突破航空、航天等领域大尺寸复杂轻合金和高温合金等铸件高质量精密铸造成形技术，铸件最大尺寸不小于 3m、表面粗糙度值 Ra 达 3.2μm、尺寸精度达 CT5~CT6 级，最小壁厚不大于 3mm，满足我国新一代装备的需求。预计到 2030 年，突破 TiAl 合金、金属基复合材料、高熵合金等难熔难成形新材料的精密铸造技术。预计到 2035 年，突破大尺寸单晶/定向高温合金精密铸造技术，单晶叶片尺寸不小于 200mm、定向叶片尺寸不小于 500mm。

（三）大型复杂铝、镁合金构件压铸技术

1. 现状

我国压铸技术已经取得了显著发展，铝、镁压铸件广泛应用于汽车、通信、能源等领域。但现有压铸 Al-Si-Cu 和 Al-Si-Mg 等合金强度不高，且多需热处理强化[5]，而大型复杂薄壁构件经热处理后变形严重；现有压铸 Mg-Al-Zn 和 Mg-Al-Mn 合金绝对强度低、耐蚀性差。目前可实现大型（小于 1.3m）薄壁（2.5~3mm）构件的高真空压铸成形，但实际生产中，真空度稳定性低、产品合格率不高，铸件各部位力学性能差异大、变形严重，模具易发生冲蚀、裂纹等早期失效[6]。数值模拟技术已广泛应用，但模拟准确性和指导作用有待提高；压铸件与异种材料连接工艺有待研究；压铸生产自动化程度大幅提高，但数字化技术应用有限，智能化技术尚未出现。

2. 挑战

大型复杂高真空压铸铝、镁合金多尺度组织特征及形成机理，微观组织与力学性能的关联关系；兼有良好铸造和力学性能的非热处理高性能压铸铝、镁合金新材料的制造技术；超大型压铸件组织性能高通量模拟预测与工艺调控技术；超大型长寿命压铸模具材料、结构与制造优化技术；高可靠性的压铸数据实时采集系统，以及基于数据分析的工艺优化实时驱动技术；超大型压铸装备（80~100MN）及其应用控制技术。

3. 目标

形成超大型和智能化的铝、镁压铸技术，满足新能源汽车、通信、能源等行业发展需求。预计到 2025 年，实现高稳定性的高真空压铸成形、高可靠性的压铸数据实时采集；形成大型铝合金（尺寸大于 2m）和镁合金（尺寸大于 1.5m）构件压铸系列技术，包括多物理场多尺度模拟、长寿命模具、80MN 压铸机等。预计到 2030 年，研制出非热处理高性能压铸铝、镁合金；实现超大型复杂构件（如整体车架、一体化电池壳体与车架等，尺寸大于 2.5m）压铸（材料制备、高通量模拟、

工艺与模具、100MN压铸机）技术；研发出压铸数据分析与工艺智能优化技术。预计到2035年，研发出压铸与其他工艺集成的短流程成形新技术；初步实现智能化压铸，包括材料数据库、工艺与模具智能设计和压铸生产实时数据驱动优化。

（四）铸造过程数字化与智能化技术

1. 现状

在近些年的发展过程中，我国的铸造科研工作者针对砂型铸造和多种特种铸造工艺开展了模拟技术的研究和程序的开发，为优化铸造工艺提供了指导[7]。铸造过程的数值模拟越来越逼近真实的物理过程，对实际生产提供的帮助也越来越大。但材料热物理参数的缺乏、对不同尺度下的有关物理过程机理与基础研究不足、多物理场耦合计算方法简单等造成的计算精度等问题亟需解决。另一方面，数控加工技术、增材制造技术在铸造领域的应用[8]，为中、小批量铸件绿色化、清洁化、数字化、智能化生产带来了可能。国外大型砂型增材制造成形机的成形尺寸已达4000mm×2000mm×1000mm，能够进行小型砂型/砂芯的中、小批量制造，实现了绿色、清洁造型。国内开发的铸件无模复合成形制造技术及砂型/砂芯3D喷墨打印装备与材料技术，作为实现铸件清洁、绿色生产的技术之一，得到越来越广泛的应用。

2. 挑战

我国虽然已经开展了多年的数字化和智能化铸造技术研究，但铸造工艺-微观组织-铸造缺陷-力学性能之间的定量关系模型仍未建立；铸造材料热物性数据库还需完善，多尺度、多物理场、多元多相的复杂凝固过程的建模与仿真尚未建立；基于凝固组织模拟进行铸件力学性能和使用寿命预测的研究刚刚开展。在智能化铸造技术方面，则面临更多的困难，如高效、大规模计算方法，智能工艺优化设计与装备协同控制，物理系统与数字虚拟系统的交互等。如何在砂型新型黏结机制和黏结材料上进行技术升级，减少化工树脂的使用，从源头上减少铸造带来的污染；如何实现高度柔性的自动化生产，适应中、小批量个性化定制的需求并减少制造环节带来的污染；如何跟上信息技术的发展，将大数据分析、人工智能与铸造工艺相结合，提高铸件的工艺出品率和降低废品率，这些都是我国目前面临的挑战。

3. 目标

预计到2025年，健全铸造材料数据库的建设；完善多尺度、多物理场耦合模拟；实现铸件的宏观/微观铸造缺陷预测，仿真预测精度达 80%以上；完成砂型挤压/切削、打印复合自动化成形制造单元开发，实现基于网络化的区域公共绿色无模铸造服务。预计到 2030 年，实现多元多相铸造合金的凝固组织建模与仿真，仿真预测精度达 80%以上；开展铸造、锻造和热处理等全过程的模拟；形成基于大数据和人工智能的铸造专家系统，实现铸造工艺数字化、绿色化；开发出冷冻砂型切削、打印成形技术及装备，实现冷冻砂型绿色无模铸造。预计到 2035 年，开展铸件的力学性能与疲劳寿命预测；采用机器学习方法，开展铸造过程数据的采集、处理与分析；开发铸造过程的数字孪生系统；开展智能化铸造技术研究；实现冷冻砂型绿色无模铸造工艺的推广应用。

四、 技术路线图

铸造技术路线图如图 4-2 所示。

	2021年—2025年	2025年—2030年	2030年—2035年
需求与环境	铸造是装备制造业的基础技术和重要的组成部分，铸件在航空、航天、交通、石化、冶金、能源、船舶等各类装备中占有相当大的比例，铸件质量对提高装备服役性能至关重要。新一代高端装备需要高质量、高可靠性、长寿命的铸件产品。铸造技术发展趋势为：高性能、大型化、数字化、智能化和绿色化		
典型产品或装备	飞机机身关键结构件，航天器机翼、骨架铸件，航天发动机进气道等；超大型整体车架、一体化电池壳体与车架压铸构件；大吨位钛合金熔铸装备 高强度、高韧性、耐磨、耐腐蚀、低成本钛合金材料；超大型复杂构件；100MN压铸机大尺寸高温合金铸件，单晶叶片，定向叶片，航空发动机中介机匣，涡轮叶片及其他关键零部件；工艺模拟及数字化、智能化工业软件		
高性能钛合金低成本熔铸技术	目标：突破大吨位钛合金熔铸装备开发，满足 3m长铸件的生产要求	目标：突破低成本钛合金铸件铸造技术，降低成本10%；钛合金抗拉强度提高到1500MPa	目标：大幅提高我国高性能钛合金铸件的技术水平，达到世界先进水平
	以自耗凝壳炉技术为基础，研制大尺寸冷坩埚及大功率电源系统，开发大吨位钛合金熔铸装备	研究特种砂型、石墨型、陶瓷型的复合铸型技术，解决不同材质铸型的整体协调，以满足大型铸件的成形	研究复合铸型充型规律；研究钛合金在复合铸型中的凝固规律
		通过β型钛合金的合金化设计及凝固组织的调控，研发高强钛合金特种铸型技术	研究大型钛合金铸件的表面质量及冶金质量调控方法
大尺寸薄壁构件熔模精密铸造技术	目标：突破大尺寸轻合金及高温合金精密铸造技术	目标：突破难熔、难成形新合金精密铸造技术	目标：突破大尺寸单晶/定向高温合金精密铸造技术
	型壳/型芯制备材料及技术	复杂铸件浇注系统设计及优化技术	高性能铸件后处理及热处理技术
时间段	2021年	2025年 2030年	2035年

图 4-2　铸造技术路线图

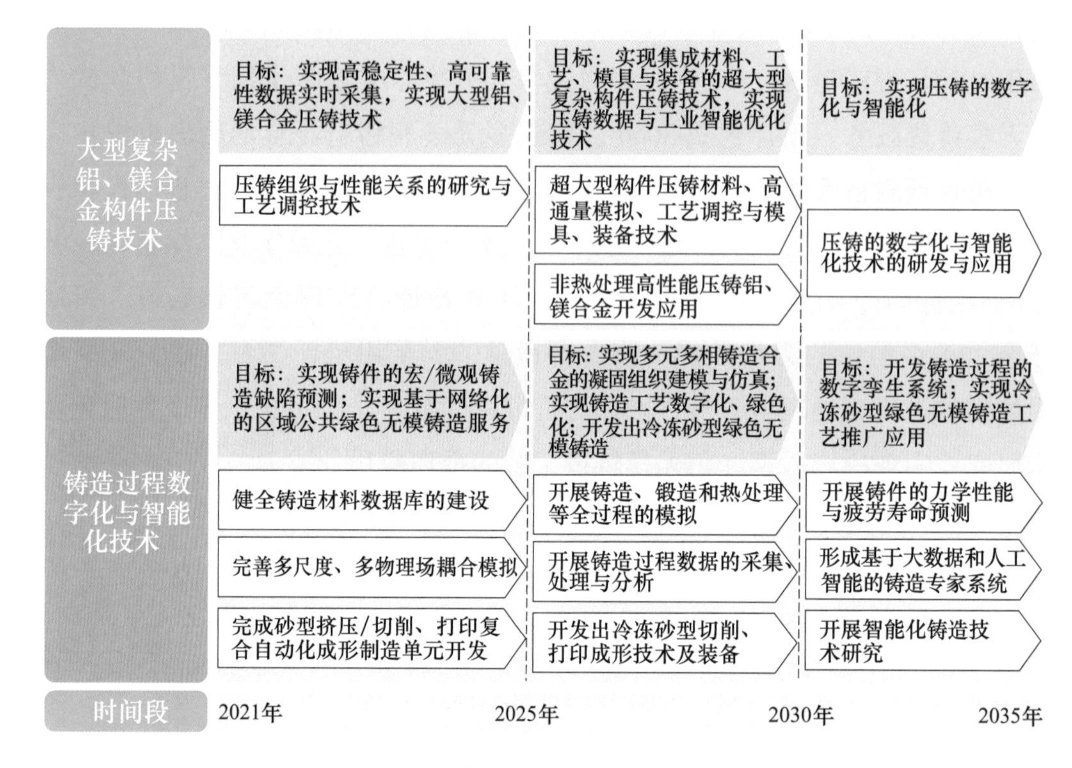

图 4-2 铸造技术路线图（续）

第三节 塑性成形技术

一、概述

塑性成形是通过模具或传力介质施加作用力，使坯料产生塑性变形，制出毛坯或零件的制造方法，适于大批量、低成本制造复杂形状金属构件，具有在获得精确形状的同时改善组织性能的优势[9]。航空、航天、高铁、汽车等高端装备向大承载、长寿命、高可靠性的方向发展，要求关键结构整体化，整体结构成形难度的显著增加推动了整体化塑性成形技术快速发展。

进入 21 世纪以后，我国塑性成形技术取得了重要进展，大型钛合金框锻件外形尺寸已经与欧美先进水平相当，投影面积超过 $5m^2$；在国际上首次采用产品近等厚的板材实现 3m 级铝合金薄壁封头构件整体液压成形[10]；中空薄壁结构成形已经由室温发展到高温难变形材料热介质压力成形，铝合金纵梁长度达 5m；合金钢轧制环形整体构件直径达 16m，重量达 126t[10]；塑性成形技术及装备数字化取得显著进展，并正在向智能化方向发展，在流体压力成形装备上已完全实现数字化，通过将人工智能技术集成到专家系统，实现了冲压工艺智能设计，有效提高了产品质量[11]。

面向我国未来的重大需求，塑性成形技术的数字化和智能化成为必然趋势，同时还需要解决超大构件整体成形、极端服役条件构件高性能成形和复杂形状精密构件高近净成形带来的理论和技术挑战[12]。预计到 2035 年，难变形材料大型锻件整体成形技术、薄壁整体结构多场复合成形技术、异形中空结构柔性介质成形技术、低能耗近净锻造成形技术和塑性成形数字化与智能化技术都将取得突破性进展。这些技术将支撑重型运载火箭、宽体飞机、超大型舰船、四代核电、高铁等重大装备关键构件整体成形制造，实现重型燃气轮机、高速飞行器、航空发动机、新能源汽车等装备中的高温合金涡轮盘、超高温钛合金薄壁件等轻质难变形材料构件的高性能近净成形，其塑性成形设计和生产均将实现智能化[13,14]。

二、未来市场需求及产品

作为现代制造业中金属加工的重要手段之一，塑性成形技术在国民经济发展中有着举足轻重的作用，在航空、航天、汽车、高铁等各类运载工具中，三分之二以上的金属构件需要通过塑性成形变为零件，发展塑性成形技术是提升我国机械制造业竞争力的迫切要求[15]。

在重型运载火箭、大型宽体飞机、超大型舰船、四代核电、燃气轮机、高铁和新能源汽车等领域，其所需的新一代制造装备迫切需要整体化塑性成形产品。如重型火箭贮箱的研制需要直径 10m 级高性能铝合金箱底薄壁构件和叉形环锻件[11]；大型宽体飞机研制需要长度达 30m 的铝合金机翼壁板；新一代高速飞行器等迫切需要钛合金承力框、起落架整体锻件，以及进气道、排气道等整体薄壁构件；超大型舰船制造需要厚度为 100mm 以上的大尺寸超高强度厚板曲面构件，以及大尺寸发动机主轴锻件；四代核电站大型压力壳体需要直径 15m 级厚壁封头等锻件[14]；400MW 重型燃气轮机的研制需要大尺寸高温合金涡轮盘锻件等关键构件。

为降低碳排放，新能源汽车要在确保安全性的同时实现轻量化，则迫切需要高性能铝合金异形中空整体构件及薄壁覆盖件。同时，一些高承载构件正在向更高强度等级发展。汽车发动机等关键装备对高精度齿轮锻件等近净锻造成形产品需求广泛，产量将持续增长[15]。

综上所述，为了满足新一代装备高性能要求和制造技术节能减排要求，塑性成形技术正在向高完整性、高性能和高近净成形方向发展[10]。未来 15 年，先进高强钢、高强铝合金和钛合金等高强度轻质合金的应用将持续增加，同时构件整体化导致大型化和复杂化，成形制造难度不断提高。因此，需要在塑性成形理论、工艺和装备创新的同时，推动塑性成形技术的数字化和智能化，为提升我国机械制造行业整体实力提供至关重要的技术支撑。

三、关键技术

（一）难变形材料大型锻件整体成形技术

1. 现状

我国生产的大型钛合金整体框与发达国家相当，长度为 6.5m、宽度为 3.5m、投影面积为 5.5m^2；高温合金涡轮盘直径近 2m，重量约 6t。采用构筑成形技术研制的 15.8m 均质环件，初步应用在能源领域；局部加载技术制造的钛合金整体框的材料利用率提高到 30%以上，成形载荷大幅降低。

2. 挑战

国内以人工操作的机械化设备为主，仅有少量自动化设备，大型锻件生产能力还无法满足高端装备的发展需求。传统锻造技术不适于大尺寸复杂形状整体构件成形，导致材料利用率过低；高合金钢锻件缺乏精度和性能控制关键环节的试验验证和成熟完整的数据库支撑，各工序相对独立、协同性差，尤其难以满足高强度、高韧性或耐热、高承载构件制造；大型锻件整体成形技术的数字化、智能化和绿色化需求迫切。

3. 目标

预计到 2025 年，掌握超大尺寸整体件工序协同控制技术和轻质高强难变形材料整体成形等技术，在线检测技术基本成熟，实现数字化制造，实现超大尺寸锻件性能稳定化生产，节能减排 30%。预计到 2030 年，突破高强度、高韧性或耐热高承载锻件净成形技术，异形件材料利用率提高到 85%以上，节能减排

50%。预计到 2035 年，掌握特大尺寸异形件短流程成形技术，研制出复合外场加载成形和旋转挤压成形智能化技术与装备，实现绿色制造和智能制造。

（二）薄壁整体结构多场复合成形技术

1. 现状

国际主流汽车 1500MPa 级高强钢热冲压成形构件占比 20% 以上，而国内应用比例较小。欧洲国家已经将高强铝合金热冲压成形件用于飞机和汽车构件，钛合金热冲压件也用于航空发动机和高速飞行器关键气动部件，而我国还处于实验室研发阶段。美国已将铝锂合金薄壁件用于火箭、航天飞机和战斗机，我国仍在研发阶段，差距 15~30 年。

2. 挑战

2000MPa 高强钢、600MPa 高强铝合金、高温高强钛合金等新材料薄壁整体结构需求迅速增加，但是热冲压存在周期长、效率低、能耗高等突出问题，如何降低能耗和提高效率成为新的挑战；对于大型薄壁构件，由于不能成形后再进行机械加工，精度与性能同步控制仍是普遍存在的难题，要求全面掌握微观组织与形变交互作用机理，进而解决形性精准协同制造难题，为智能化高效精准成形提供基础。

3. 目标

预计到 2025 年，实现高强钢/铝合金/钛合金高效率低能耗热冲压精准成形技术，实现热冲压件大批量应用；实现高强铝合金构件超低温成形；非等厚板整体液压成形薄壁构件达到少/无机械加工；预计到 2030 年，实现 2000MPa 级高强钢、600MPa 级铝合金热冲压成形，能耗降低 50%、成形效率提高 3~5 倍；研发出批量生产用高强铝合金超低温成形装备；预计到 2035 年，掌握高强铝合金构件超低温成形形性控制技术、研发出 10m 级特大尺寸构件成形装备，实现高温钛合金高精度高效成形及热冲压成形智能化技术，研发出智能化成形装备。

（三）异形中空结构柔性介质成形技术

1. 现状

目前低碳钢、高强钢异形中空结构件，已经采用内高压成形技术实现了大批量高效率生产，技术水平与欧美发达国家相当，成品率处于国际领先水平。国内外在铝、镁、钛等轻合金中空构件的热介质压力成形技术方面都处于开发和初步应用阶段[10]，但国外先进高强钢中空构件制造和应用方面比较成熟。大尺寸高强钢和高温合金中空构件成形，存在成形压力高、设备吨位大、回弹大、精度低等问题亟待解决。

2. 挑战

异形中空结构成形以柔性介质加压成形和数控弯曲成形为主要技术手段，但是大尺寸高强钢和高温合金构件成形要求降低成形载荷、减小回弹变形、提高尺寸一致性；钛合金、超高温合金等难变形材料构件的成形需要调控成形性能，避免变薄开裂；极端规格和服役环境的空间轴线管路构件整体性差，成形效率和精度低。这些挑战促使柔性介质成形技术向数字化、智能化和网络化方向发展[16]。

3. 目标

预计到 2025 年，突破超高温合金热介质压力成形、大尺寸厚壁管件超低压液压成形技术、大径厚比复杂轴线管件精确弯曲成形等技术；预计到 2030 年，突破厚壁高强材料中空构件低载荷成形技术，高强耐热材料构件（径厚比 500）整体成形技术；预计到 2035 年，突破大直径构件整体成形技术、空间轴线管件多弯自由弯曲智能成形技术、超高温合金中空构件热介质压力成形智能化技术，研制出自适应补偿控制内高压智能成形装备，实现先进高强钢、铝/镁/钛合金异形中空结构网络化智能设计与成形制造。

（四）低能耗近净锻造成形技术

1. 现状

我国模锻件中仅有少量精锻件，而日本和德国精锻件占比达 36% 以上。虽然部分高精度冷温锻模已经由依赖进口转为自主生产，但是自动化冷温锻生产线还主要依赖进口。目前直齿锥齿轮冷锻模精度可达 IT5 级，个别尺寸可达 IT4 级；冷锻件热处理后精度可达 IT7~IT8 级[15]。

2. 挑战

由于环保要求，冷锻工艺普遍使用的磷化皂化处理技术将越来越受限；铝合金、钛合金等轻合金的精密锻造工艺与钢相比差异很大，工艺难度更高；轻量化结构锻件形状复杂，也导致成形难度增大。精密锻造工艺应朝着高可靠性、高效率、低成本、短周期、环境友好的方向发展，以热锻-冷锻或者温锻-冷锻复合成形工艺替代传统冷锻工艺成为趋势，锻件轻量化水平也将不断提高，需要加强推广低能耗生产和自动化智能化生产。

3. 目标

预计到 2025 年，突破温锻/热锻冷精整技术、薄壁高筋构件包络成形技术和低静水压省力挤压成形技术等，建立冷温锻原材料性能数据库，实现汽车齿轮精锻件占比达 70%，总体能耗降低 10%；实现小/无飞边热精锻和包络成形技术应用；预计到 2030 年，冷温精密锻件占模锻件比例达到 15%，冷精锻件精度接近 IT7 级；预计到 2035 年，突破近净锻造成形智能化技术，冷温精密锻件占模锻件比例达到 20%，冷精锻件精度达到 IT7 级精度。

（五）塑性成形数字化与智能化技术

1. 现状

我国近年来在材料变形行为和组织演变等模型方面取得了大量创新成果，一些自主知识产权的数值仿真软件已具备材料宏观变形和表面缺陷、微观缺陷的预测功能，但是在仿真与优化集成技术方面与国外软件相比还有较大差距。自主研发的数据库/专家系统、模具 CAD/CAM 技术、设备数字化设计及数字控制技术等，已经在部分企业用于部分工艺开发。其中，精密锻造、精密冲压和热冲压、液压成形、渐进成形等工艺的数字化程度较高，但总体上塑性成形智能化还处于初级阶段。

2. 挑战

轻质高强度材料、高熵合金、非晶材料和梯度性能等新材料及其催生的塑性加工新工艺，需要新的塑性变形力学模型与高效、高精度局部加载和细观变形的计算方法；自主开发的数值仿真软件需要进一步集成先进的塑性力学模型，才能提升全流程宏观/微观多尺度数值仿真功能；与国际对接的材料塑性变形力学模型参数的试验标定方法与规范标准尚需完善和建立。

3. 目标

预计到 2025 年，主流成形工艺包括拉深、弯曲、液压、冲压成形等基本实现数字化，发展形成具有国际影响力和工业应用价值的宏观/微观塑性变形理论模型，并与国内外的商业化软件实现有效集成，在国家重大工程关键零部件制造技术开发中进行应用验证，数值模拟精度达到 80% 以上。预计到 2030 年，建立适用于先进结构材料的塑性变形理论体系，实现理论模型和算法在商业化数值仿真软件中的工业应用，建立塑性成形工艺智能决策与自适应调控系统；预计到 2035 年，开发出具有自主知识产权的高水平数值仿真软件，建立塑性成形生产全流程信息系统与绿色制造管理平台，建立典型塑性成形技术智能化生产线。

四、技术路线图

塑性成形技术路线图如图 4-3 所示。

需求与环境

塑性成形是大批量低成本制造复杂形状金属构件的基础技术，具有在获得精确形状的同时改善组织性能的优势，大约2/3的金属需经塑性成形加工成产品。重型运载火箭、大型宽体飞机、超大型舰船、四代核电、燃气轮机、高铁和新能源汽车等领域新一代装备向高承载、长寿命、高可靠性等方向发展，迫切需要大型锻件、薄壁整体构件、异形中空构件和高性能精密构件等整体化产品，塑性成形呈现出高完整、高性能和高近净成形的发展趋势

典型产品或装备

重型运载火箭贮箱整体箱底和叉形环、宽体飞机机翼壁板、高铁覆盖件等

超大型舰船高强钢厚板构件、高速飞行器耐热蒙皮构件、汽车发动机精密齿轮、高强铝合金超低温成形装备等

四代核电整体承压壳体、重型燃气轮机高温合金涡轮盘、超大型薄壁件流体压力成形装备等

难变形材料大型锻件整体成形技术

目标：实现超大尺寸锻件性能稳定化生产，在线检测基本成熟，实现数字化制造（2021—2025年）

目标：突破高强度、高韧性或耐热高承载锻件净成形技术，达到节材节能目标（2025—2030年）

目标：突破特大尺寸异形件短流程成形技术，基本实现绿色制造和智能制造（2030—2035年）

合金钢超大尺寸整体件工序协同控制技术（2021—2025年）

高强度、高韧性、耐热高承载构件形性一体化控制（2025—2030年）

极大尺寸异形件短流程锻造成形技术（2030—2035年）

轻质高强材料旋转挤压成形技术（2021—2025年）

轻质高强材料复合外场加载成形技术（2025—2030年）

高合金化合金整体件净成形技术（2030—2035年）

轻质高强材料整体件多向加载成形技术

超大尺寸构件复合外场加载成形装备

薄壁整体结构多场复合成形技术

目标：突破高强铝和高强钛合金热冲压精准成形技术、铝锂合金壁板蒙皮结构超低温整体成形技术（2021—2025年）

目标：突破特大尺寸薄壁件整体高性能精密成形工艺及装备技术（2025—2035年）

高强铝合金曲面构件蠕变时效成形及异种材料层合板复合成形

高温钛合金(800℃)高精度高效成形技术及智能化装备

高强铝合金超低温成形技术及装备（2021—2025年）

大型构件超低温成形技术与装备（2025—2035年）

轻质高强材料高效低耗温热冲压成形技术

轻质高强材料热冲压成形智能化技术与装备

大型薄壁整体构件液压成形技术与装备（2021—2030年）

时间段　2021年　2025年　2030年　2035年

图 4-3　塑性成形技术路线图

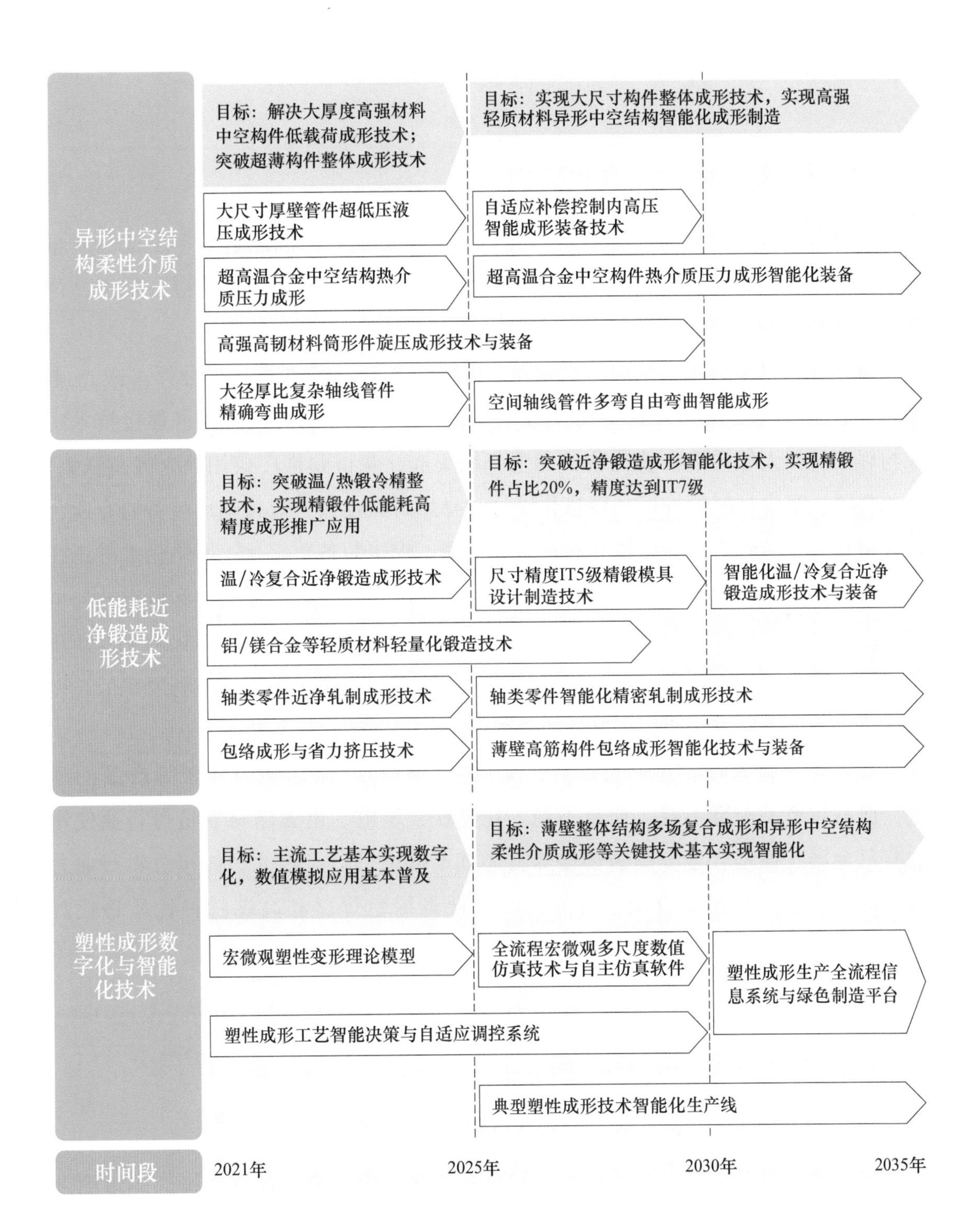

图 4-3　塑性成形技术路线图（续）

第四节 焊接技术

一、概述

焊接技术作为制造业的重要环节之一，直接影响产品的制造效率、成品质量和服役寿命。焊接接头成分、组织和性能不均匀，容易形成缺陷和应力集中，往往成为结构的薄弱部位，进而影响结构的整体服役寿命和安全性。

近年来，以高效率电弧焊、激光焊、搅拌摩擦焊、多“源”复合焊（激光-电弧、多电弧、电弧-超声、激光-压力复合等）、微连接等为代表的先进焊接技术实现与焊接机器人等柔性自动化装备和生产线集成，并得到推广应用。先进高强钢、有色金属、复合材料的推广、轻量化设计和异质材料连接、焊接辅助装备的专业化迭代更新，推动着焊接新结构和新技术的应用。焊接装备数字化、网络化水平正在提升，焊接产品质量稳步提高。但总体来看，我国焊接装备的稳定性和可靠性与世界先进水平仍有差距，专用高端焊接装备仍需进口；焊接装备的智能化水平、知识库积累和远程服务能力有待提高；焊接结构制造仍面临高能耗、材料利用率低，以及资源与环境的压力，迫切需要优质高效、节能环保的焊接新技术。

我国焊材制造质量有较大提高，品质、价格和性能达到国外名牌产品的水平，但高端产品配套不足、质量不稳。在高铁、核电、电弧增材制造等行业使用的有色金属、镍基合金、高强韧性焊材还基本依赖进口。因此，焊接材料行业急需进行结构调整和产品升级，开发低尘、低毒绿色焊材和高端特种优质替代焊材，完善焊接材料标准体系建设，创建优质品牌，提升焊材领先企业国际竞争能力。

二、未来市场需求及产品

（一）先进的焊接装备、方法与材料[17，18]

针对国家重大工程建设项目专用材料、特殊结构、超大尺度、极端环境的多样化需求，迫切需要先进专用的焊接装备及配套辅助设备，如自决策与自执行的弧焊系统、新型高性能激光焊接及高端伺服控制系统、焊/铣复合一体化搅拌摩擦焊系统等。预计到2035年，重大装备战略产业所需特种焊设备将实现自主可控；基于新型功率器件的超精密、低损耗、高可靠性弧焊电源，大功率、小型化、单模化光纤激光焊将充分开发和应用；自动化、数字化焊接电源和焊接方法、智能机器人焊接技术将得以普及。

焊材结构与品种提升将推动焊材生产企业实现产业升级。高品质特殊焊材和拥有自主知识产权的新型焊材及制造工艺将不断涌现。

（二）多样化需求与创新性产品

建立基于多维传感的焊接用“源、复合源”（如电弧、高能束流、压力、超声波、电磁场等）与被连接对象（如各类材料及结构）相互作用模型、经验关系和工艺适应性数据库，制定相应的焊接工艺规范和标准，实现云端数据的实时集成和计算应用，研发新型专用焊接方法和智能装备。

掌握“不完整”焊接结构中“缺陷”形成的机理和演变规律，完善包含焊接“缺陷”和残余应力的安全性评估基础理论，准确预测带“缺陷”结构的维护周期和使用寿命。

以焊接结构设计方法、焊接过程物理冶金反应、焊接缺陷诊断与评估、焊接结构服役环境影响、焊接制造过程信息分析的海量样本数据为基础，创建焊接成形人工智能（AI）数据集，推进焊接智能产品设计与制造，建立焊接AI开放平台。

开发自主焊接软件/模块，建立更加逼近焊接实际场景的全流程数理模型，实现焊接产品（结构）全生命周期一体化模拟和虚拟场景再现。优化设计，发现规律，使模拟仿真成为焊接产品（结构）设计、制造、运行和服役的先导。

基于材料基因工程的高品质多样化焊接材料设计和开发。

（三）高品质焊接与高效率服务[19]

焊接装备制造领先企业将全面推进数字化设计和个性化定制服务，开发面向特定场景的智能化成套装备和基于产品的工艺模块，实现产品溯源跟踪、远程运维服务和故障风险预警。

焊接生产领先企业将采用数字化装备，实现人机协同，推动设备联网和生产环节数字化连接，打造焊接智能车间，实现生产数据信息化、制造过程柔性化、决策管理智能化。

焊接行业领先企业要围绕设计、生产、管理、服务等制造全过程开展智能化升级，推动信息化工业软件和管理软件向平台化、移动化、服务化方向发展，建立业务数据共享平台，实现对核心业务的精准预测和优化。

焊接信息提供商将转型升级为焊接智能制造解决方案供应商，整合焊接企业、行业和产业链数字孤岛，开展联合创新，推进材料、工艺、装备、服役，以及软件、网络的系统集成，开发面向焊接环节场景和细分行业的解决方案。

三、关键技术

（一）高效电弧焊技术[20，21]

1. 现状

多种高效电弧焊技术，如热丝 TIG 焊、双丝及多丝焊、双面双弧焊、等离子弧穿孔焊、K-TIG 焊、超高频脉冲 TIG 焊、MIG+PAW 复合焊等已相对成熟；快速成形制造需求的不断提升，催生了基于传热与传质解耦控制的多电极电弧复合焊、1000A 大电流埋弧焊，以及高熔覆效率的多股绞丝焊；以机器人焊接为代表的自动化电弧焊接装备得到很大发展。新型高效电弧焊稳定输出的控制技术及装备仍然是制约我国电弧焊领域快速发展的瓶颈问题。

2. 挑战

高效电弧焊发展正面临着专用装备研发与多学科融合的挑战。在金属结构逐渐趋向材料功能特殊化、尺寸大型化和结构复杂化发展的情况下，实现高效电弧焊面临的主要挑战有：①开发基于嵌入式数字化操作的多电极弧-源系统，以焊接过程网络化信息采集为基础，实现机器人辅助的多极电弧高效复合焊接；②利用传感技术获取焊接信息，建立以机器学习为代表的人工智能技术与焊接质量相关联的大数据分析系统，在大型结构连续高质量焊接工程中得到有效应用；③加强电弧边界层理论、高温金属熔池热力驱动模型及特种材料本构模型等基础理论研究，开发模块化易操作的电弧焊模拟仿真软件，指导典型工程焊接设计，提高焊接制造效率；④强化传统电弧焊装备系统升级，突破超薄、超厚及异种金属的连接难题，实现与激光焊等高能束焊接的优势互补。

3. 目标

实现高度智能化与自动化焊接的有机结合，建立自决策与自执行的弧焊系统，开发高效成形与零缺陷的电弧焊接技术。在高效、精密弧焊高端装备方面，形成国际竞争能力。针对深空探索与600km/h超高速列车的焊接技术需求，研发电弧焊典型装备及深度自感知的软件平台，达到国际领先水平。获得仿真模拟、工艺方案制定、焊接性能监控，以及电源实时调控深度融合的智能化电弧焊技术。

（二）高能束流焊接技术

1. 现状

焊接用高功率连续波红外光纤激光器国产化替代全面加速，激光焊接装备自主品牌蓬勃发展，薄板及中厚板激光及激光电弧复合焊接技术已广泛应用于汽车、冶金、机械、动力电池等领域，激光微连接技术成为3C电子产品生产制造不可或缺的技术，激光窄间隙焊接技术也可实现厚度为100mm的钢铁材料的焊接。但新型高性能激光器（如千瓦级绿光/蓝光激光器、百瓦级超快激光器等）、高端光学元器件、精密运动部件、高端伺服控制系统等还依赖进口。电子束焊接已广泛应用于航空、航天、汽车及能源等领域，钛合金电子束焊接深度已突破180mm，高、中压电子束焊机可实现国产化。但冷阴极电子枪制造、150kV以上高压束流检测和控制、焊接过程在线监测等方面仍是短板。

2. 挑战

高能束流焊接面临的挑战是：①揭示高功率激光焊接内在物理机制，建立普适的激光焊接热源模型；②开发玻璃和半导体等非金属材料、异种金属材料，以及金属与玻璃、塑料、半导体、复合材料等异质材料的激光焊接技术；③发展面向新能源器件与装备制造的激光微焊接及厚板超窄间隙激光焊接技术；④面向芯片、微纳功能器件纳米导线互连的激光连接技术创新；⑤研制激光焊接状态、过程、质量在线检测、控制，进行智能激光焊接装备的研制；⑥高性能、柔性化电子束焊接设备；⑦电子束焊接用强化冷阴极和局部真空获取技术；⑧流水线生产中智能化激光焊接机器人、生产线和车间的推广与普及。

3. 目标

形成世界先进水平的激光焊接技术、关键功能部件、成套装备的研制及生产能力，自主品牌高端激光焊接功能部件与成套装备国内市场占有率达到60%以上，在航空、航天、轨道交通、船舶与海洋工程、能源动力、微光/机/电系统等领域广泛应用。研制先进的电子束聚焦和扫描系统，形成高性能电子枪和高可靠性电子束焊接装备制造能力，实现电子束超薄（0.1mm）结构的精密焊接和大型压力容器超厚（200mm）结构的深穿透焊接。

（三）摩擦焊技术

1. 现状

普通连续驱动摩擦焊技术已经在直径为 $\phi3.0 \sim \phi250$mm 的盘/轴类零件上得到工业化应用；相位摩擦焊、径向摩擦焊和惯性摩擦焊等技术得到有限的基础性研究开发，并在机床花键、汽车推力杆、石化厚壁管对接和发动机压气机转子等重要结构产品上得到工程化应用；线性摩擦焊针对发动机整体叶盘的制造进行了工程化技术攻关，研制了 100t 级别的重型装备；全面掌握了单面 0.5～80mm 厚度铝合金的搅拌摩擦焊技术，并在航天、列车、汽车等多个工业领域得到了广泛应用；搅拌摩擦焊设备以数控机床设备为主；搅拌摩擦焊工具的适应性和使用寿命受限，标准化工作欠缺。

2. 挑战

普通摩擦焊的精密相位控制、柔性化生产，以及批量化产品品质在线智能化监控成为发展重点；惯性摩擦焊需要突破 1000t 级以上的重载焊接主轴系统，以满足大型商业飞机发动机的制造需求；线性摩擦焊需要实现体系化的工程技术开发，以便实现发动机整体叶盘的批量化工业应用；搅拌摩擦焊需要建立系统化的标准、规范和知识库，并且可实现精密电子产品的微连接和封装、大尺寸复杂曲面结构产品的现场焊接和装配，以及水下和太空环境条件下的工程化应用；搅拌摩擦焊装备实现智能化，可实时嵌入生产制造和资源管理系统，可实现云端大数据的适时集成、融合和利用，搅拌摩擦焊工具具有自诊断功能，以满足焊接长寿命的要求。

3. 目标

普遍实现摩擦焊的精密运动控制和品质的在线监控；实现 2000t 级别的重型惯性摩擦焊设备研制；建立与发动机整体叶盘制造和工业化应用相关的线性摩擦焊技术和能力体系；建立金属合金材料搅拌摩擦焊技术标准、规范和性能数据库，实现搅拌摩擦焊技术、装备和工具的智能化发展和工业化应用。

（四）焊接材料技术[22]

1. 现状

约 50%的钢材需要焊接加工。我国各类焊接材料产销量为 410 万～450 万吨，占全球焊材消耗量的 50%以上，焊材对钢材的比例约为 0.5%。近年来焊材制造质量有较大提高，品质、价格和性能达到国外名牌产品的水平，在造船、石化、工程机械等行业已实现国产化。但在高端制造行业，如高铁、核电、电弧增材制造等行业使用的有色金属、镍基合金、高强韧性焊材还基本依赖进口。从焊材工业发展角度看，缺乏洁净、低碳、低尘、低污染的绿色焊材和高强度、高韧性、高均匀性、高完整性的高品质焊材设计与制造技术。随着机器人、智能焊接，以及增材制造时代的到来，适应于长周期自动化焊接的新型绿色无镀铜特殊涂层焊丝的需求将会大大增加。焊材结构与品种调整和提升将是未来焊材工业面临的重要任务。

2. 挑战

面对不断发展的制造业，焊材技术的挑战有：①开发可用于核电、高铁、海洋工程等高端装备制造，以及电弧增材制造所需的质量稳定、性能满足需求的各类铝、镁、钛、镍合金及不锈钢、耐热钢等焊丝；②满足焊接机器人长期不间断作业或无需人工干预的高精度定位和送丝的绿色无镀铜焊丝；③结合我国资源与环境保护要求，需对焊材结构进行调整和品质提升；④加强对焊材工业绿色化、自动化、智能化关键技术的研究。为此，必须在焊接化学与物理冶金、焊缝组织和性能控制、焊材原材料的洁净度控制、加工过程中的精密拉拔减径，残余应力控制，以及表面处理新技术方面有所突破。

3. 目标

焊材与钢材的比例进一步下降，焊材构成更趋合理。掌握高端自动焊材制造的关键技术，满足重大装备制造需求。突破绿色、洁净、低碳、低尘、低污染的焊材设计和制造技术并得到工程应用。

四、技术路线图

焊接技术路线图如图 4-4 所示。

需求与环境	焊接作为一种连接技术，广泛应用于国民生产各个领域，是现代制造业的重要支撑，直接影响产品的质量、生产成本、可靠性与服役寿命，约50%的钢材需要焊接加工。在航空、航天、轨道交通、核电机组、海洋工程、大型船舶等重大工程和装备制造中发挥着重要作用；在汽车、电力、石油化工、农业机械、电子通信、高性能医疗器械等生产中广泛应用。未来，在新一代运载火箭、深水海洋工程、新型核电站、大型油轮及舰船、高速轨道交通和新能源汽车等重点工程和装备制造领域对焊接成形的质量、寿命和效率提出更高要求，迫切需要焊接装备、方法和材料的迭代更新

图 4-4　焊接技术路线图

典型产品或装备	汽车关键部件焊接成形；核电站高压蒸汽管道的焊接。柔性化智能激光焊接系统及集成生产线；机器人高速自动焊接系统 高速列车中空铝合金车厢；发动机主轴和叶盘。双轴肩搅拌摩擦焊设备；2000t级别的重型惯性摩擦焊系统 航天轨道飞行器主体箱型铝合金结构；新型重型运载火箭的液氧/液氢燃料贮箱。大功率变极性等离子弧穿孔焊接装备。厚板超窄间隙激光焊接系统
高效电弧焊技术	目标：构建高度智能化的电弧焊系统（2021—2025年） 目标：满足宇宙探索及超高速列车等高端装备的弧焊制造需求（2025—2035年） 多电弧高效焊接技术及电弧与机械加工一体化制造技术 多信息融合机器人自动化焊接控制技术及深度学习智能化弧焊技术 结合传感与大数据分析技术，实现电弧焊接工艺最优设计
高能束流焊接技术	目标：激光焊接技术达到世界先进水平，自主品牌高端激光焊接功能部件与成套装备国内市场占有率达到60%以上 目标：形成高性能智能化电子束焊接装备制造能力，实现超厚结构深穿透焊接 200mm厚板窄间隙激光焊接技术 → 300 mm厚板窄间隙激光焊接技术 高反射金属材料激光焊接技术 → 先进异质结构激光焊接技术 激光微纳连接新原理、新方法、新工艺、新技术 激光焊接过程在线检测与控制技术 → 智能化激光焊接成套装备集成技术 研制先进的电子束聚焦、扫描系统和高性能电子枪等 → 高压束流检测和控制系统，焊接过程在线监测技术
摩擦焊技术	目标：普遍实现摩擦焊技术智能化发展与工业化应用 研制成功2000t级别惯性摩擦焊设备 实现线性摩擦焊在发动机整体叶盘产品方面的可靠开发和工业化应用 实现摩擦焊精密运动和相位控制以及焊接品质的在线监控和焊接过程的数字孪生（2021—2030年） 铜合金、钛合金、钢合金、镍基合金等搅拌摩擦焊的工程化技术开发（2021—2025年） → 搅拌摩擦焊标准、规范和技术体系的建立（2025—2030年） → 焊接大数据系统适时耦合利用，智能制造系统适时嵌入和整体化集成（2030—2035年） 新型搅拌摩擦焊技术设备、复合集成搅拌摩擦焊设备以及机器人搅拌摩擦焊系统得到工程化开发（2021—2030年）
时间段	2021年　2025年　2030年　2035年

图 4-4　焊接技术路线图（续）

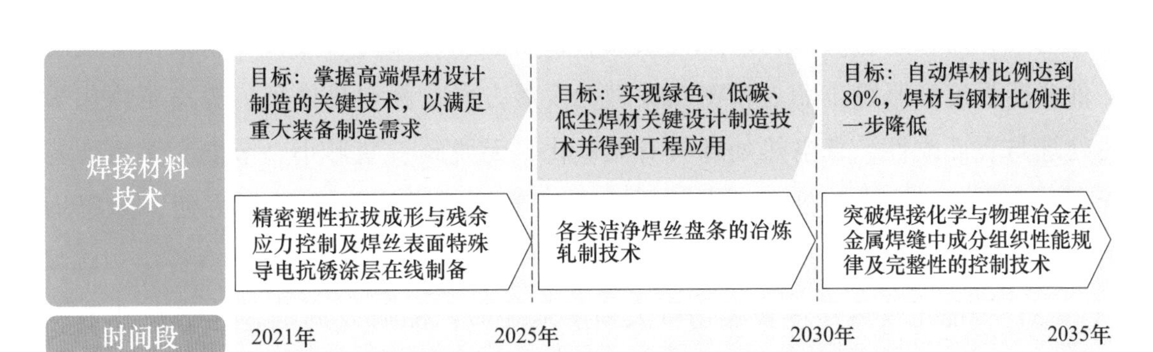

图 4-4　焊接技术路线图（续）

第五节　热处理与表面改性技术

一、概述

热处理是将金属材料置于一定的介质内加热、保温、冷却，通过改变材料表面或内部的成分和/或组织来控制其性能的一类金属热加工工艺。表面改性技术则是采用化学的、物理的方法改变材料或工件表面的成分和/或组织，以提高零件或材料性能的一类工艺。热处理与表面改性技术赋予材料极限性能和关键构件极限服役性能，在提高产品质量和可靠性、节能节材、实现清洁生产、增强市场竞争力等方面发挥着越来越重要的作用，是制造强国和材料强国的核心技术、关键技术、共性技术和基础技术[23]。

为满足我国绿色发展、重大装备创新、信息化建设和智能制造的需求，先进热处理与表面改性技术突飞猛进，总体发展趋势是绿色化、精密化和智能化。

（1）绿色化　绿色热处理工艺与装备技术不断涌现，使热处理由资源的高消耗和环境的高污染转变为资源节约型和环境友好型技术[24]。例如，低压渗碳技术具有排放少、效率高、变形小、无内氧化等显著优势，将广泛推广并替代传统的可控气氛渗碳[25]。

（2）精密化　通过控制相变组织、控制工件表面状态、控制残余应力、降低工件畸变等途径来获得强化的工件表面、精密的工件几何尺寸，可以大幅度提高工件疲劳强度和服役寿命。精密热处理的发展方向是真空热处理、等离子体化学热处理与表面改性。真空热处理具有无氧化、无脱碳、变形小、节能、无污染等优点。等离子体化学热处理则具有渗速快、渗层成分和组织控制方便、渗层均匀、环境污染极小等优点。

（3）智能化　热处理智能化可大幅度地缩短产品研发周期，显著提升生产效率和产品质量的稳定性，降低生产成本，从而提高我国热处理的核心竞争力。为全面推动热处理产业升级改造，推进热处理产业技术创新，全面形成热处理智能化生产体系，实现精品制造和高效生产，大力发展热处理与表面改性的数字化、网络化和智能化是必然趋势和方向。

二、未来市场需求及产品

热处理与表面改性技术可满足我国航空、航天、船舶、汽车、能源、工程机械等国民经济重要产业和战略性新兴产业对重大装备的需求，是高端装备关键零件获得高性能的支撑和保障。

针对国内制造企业热处理技术设备落后、能耗高、污染严重、安全隐患大，且产品变形超差、质量分散、大量关键构件长期依赖进口等问题[26]，未来市场提出了绿色、精密和智能化的需求，目标是实现热处理件零畸变、质量零分散度、热处理生产零污染。

低压渗碳技术广泛应用于航空发动机齿轮和轴承、汽车零部件、高端模具等的制造，可提高零件表层强度和硬度，显著提升其疲劳寿命。未来急需开发高效清洁模块化低压渗碳、在线单层低压渗碳等成套生产线装备。

华龙一号核电压力容器、火电超超临界汽轮机转子、大型冶金支承辊、风电主轴等大型锻件的淬火冷却技术既要保证微观组织与性能，同时又要确保淬火应力不至于导致巨大变形甚至开裂。未来急需开发高压/超高压气体淬火、水/空组合淬火等绿色智能控制冷却装备。

等离子体复合化学热处理技术广泛应用于汽车零部件、高端模具、核电不锈钢堆内构件、航空钛合金部件等，在提高工件表面耐磨性的同时提高其耐蚀性，减少环境污染。未来急需开发大型外辅助加热式、主动冷却式和活性屏等离子化学热处理装备。

三、关键技术

（一）绿色高效低压渗碳技术

1. 现状

绿色高效低压渗碳作为一种清洁热处理技术，具有无氧化、热处理变形小等优势，在航空、航天、军工、汽车等领域得到越来越广泛的应用[27]。欧美的低压渗碳工艺和装备已经成熟，并得到了广泛应用，国内大量高端装备均来自法国 ECM、德国 ALD 等公司。目前，我国仅有少数几家企业能够制造低端的低压渗碳的完整生产线，已开发出双室、三室连续式低压渗碳油淬等装备，并在轴齿类零件热处理领域进行了推广应用，实现了部分装备的进口替代，但在生产线、工艺模拟软件和工艺数据库等方面仍落后于国外。

2. 挑战

①对低压渗碳工艺过程基础研究不够，尚未建立相应的数值模型，工艺过程中碳元素的扩渗、固态相变及内应力演变规律不明确，无法实现齿轮等关键件表面强化层组织性能及变形的精确调控；②亟需突破真空移动对接密封和生产线智能化控制技术，而构建多批次在线工艺控制系统是研发模块化低压渗碳热处理生产线、在线单层低压渗碳热处理装备的核心技术；③缺乏开展真空炉虚拟设计、结构分析、淬火过程温度场和流场数值模拟技术，无法形成低压渗碳热处理装备自主开发能力；④国内尚无低压渗碳工艺所需的数据库，无法支撑诸如基于组织和变形控制的高浓度渗碳、高压气体等温淬火等先进工艺的开发。

3. 目标

预计到 2025 年，建立低压渗碳工艺过程中工件与界面的碳传输数值模型，开发专用工艺设计软件，突破硬化层显微组织和碳浓度分布精确调控技术，实现绿色高效工艺的智能化设计。

预计到 2030 年，发展真空炉虚拟设计、结构分析、淬火过程温度场和流场数值模拟技术，突破热处理件低畸变和低质量分散度的控制技术，提高轴齿等关键构件的质量稳定性与可靠性，同时形成低压渗碳热处理装备自主开发能力。

预计到 2035 年，研发高效清洁模块化低压渗碳、在线单层低压渗碳等生产线的成套技术装备，形成我国自主知识产权工艺和装备及其国家标准，在航空、航天、核电、高铁和汽车等高端装备制造行业得到广泛应用。

（二）清洁热处理控制冷却技术

1. 现状

近年来，我国在清洁热处理控制冷却技术方面取得了长足进步，开发了具有自主知识产权的多室真空热处理工艺与装备、超大直径低压转子喷水淬火工艺与装备，发明了控时浸淬（ITQT）工艺、水-空交替控时淬火（ATQ）工艺和喷雾淬火工艺等新技术，部分新技术已达到国际先进水平。目前，该领域已经进入应用范围不断扩大、工艺水平逐渐提高、冷却控制设备不断完善、新技术接连涌现的快速发展阶段。与工业发达国家相比，我国真空高压/超高压气体淬火装备在热处理装备生产总量中占的比重较小，自动化程度、控制精度和关键技术指标也远低于国外水平。水/空组合淬火工艺仍需持续创新，从整体上形成了具有产业竞争力和可持续发展的清洁热处理技术。

2. 挑战

①控制冷却工艺需兼顾工件组织和内应力，其设计缺乏依据，试错法导致工艺开发周期长、成本高；②工件热处理后的残余应力、变形和开裂难以精确预测，其控制难度大；③缺乏保证高压/超高压气淬炉内流场和冷却均匀性的结构优化设计和控制技术、创新工艺，如高压气体等温淬火工艺、4D 高压气淬技术等；④基于水和空气复合的控制冷却装备的通用性与标准化；⑤清洁热处理装备与工艺的成本控制及推广应用。

3. 目标

预计到 2025 年，开发控制冷却过程工件内部温度、组织、应力的耦合模型与数值模拟技术和专用软件，形成基于热处理组织/性能、残余应力/变形/开裂精确预测的工艺设计方法。

预计到 2030 年，开发高压/超高压气体淬火技术和水/雾/空组合淬火技术和创新工艺，研制清洁热处理控制冷却的自动化、智能化装备，提高工艺与装备的稳定性。

预计到 2035 年，建立具有自主知识产权的控制冷却工艺和装备的设计制造平台、标准体系及评价体系；开发适用于大型锻件、高碳和/或高合金产品等不同对象的清洁热处理冷却技术，在全行业取代现有的有污染的淬火技术。

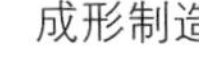

（三）等离子体复合化学热处理及物理气相沉积技术

1. 现状

等离子体化学热处理具有绿色环保无污染、节能低耗、生产效率高、工件变形小、适用范围广等优点，广泛应用于航空、航天、轨道交通、汽车模具等领域。工业发达国家从 20 世纪末逐步采用外辅助加热式炉体结构、活性屏装置、变频式微脉冲等离子电源，成功研发了活性屏离子渗氮、“氮碳共渗+后氧化”复合处理、等离子体热处理复合物理气相沉积等新工艺。我国高端等离子体热处理和物理气相沉积装备依赖进口，产品质量稳定性差，难以形成规模化生产能力。等离子体化学热处理工艺设计和过程控制依赖经验和试错，效率低且可靠性差，亟需开发具有自主知识产权的等离子体化学热处理新装备和新工艺。

2. 挑战

①等离子体化学热处理和离子镀膜过程参数在线监测方法；②等离子体化学热处理渗镀机理、强化层组织/性能控制原理及工艺仿真技术；③大功率等离子体化学热处理的专用变频式微脉冲电源和高频逆变脉冲电源的研制；④等离子体化学热处理和镀膜专用大功率辅助加热和主动冷却装备以及活性屏技术的研发；⑤大容积、高均匀的一体化等离子体复合化学热处理装备的研制；⑥模具钢深层等离子体渗氮、不锈钢低温等离子体处理、钛合金等离子体表面硬化等新技术的开发及应用[28]；⑦“等离子体渗氮+物理气相沉积”、“等离子体氮碳共渗+后氧化”等复合处理技术；⑧等离子体复合化学处理工艺标准、规范和数据库的建立。

3. 目标

预计到 2025 年，突破大型等离子体炉内流场/温度场/电场等的多场耦合精密控制技术、等离子体场探针在线诊断等关键技术，实现大型外辅助加热式和活性屏等离子体化学热处理装备、变频微脉冲大功率等离子体电源的国产化。

预计到 2030 年，研发绿色等离子体“氮碳共渗+后氧化”复合工艺、“大型模具等离子体渗氮+PVD 涂层”复合工艺与装备、1000℃以上高温等离子体渗氮装备及关键工艺；突破我国在模具钢、不锈钢、钛合金等构件的精密、绿色、高性能制造瓶颈。

预计到 2035 年，研发具有工业应用价值的大容积、高均匀性等离子体复合化学热处理装备；建立等离子体复合化学处理工艺标准、规范和数据库；在重点行业关键零部件实现大规模示范应用，打破国外技术垄断。

（四）热处理数字化与智能化技术

1. 现状

我国热处理数字化及智能化的落后主要在于生产工艺及装备模拟仿真技术、生产线的全自动控制技术、在线远程监控及故障诊断技术、工艺数据的自动优化技术、热处理生产过程的资源管理技术等方面。随着大数据、机器学习、人工智能等技术的迅速发展，热处理研发模式向智能化方向转型升级，智能化的引入可以实现热处理过程的精细化和全方位调控，从而适应热处理日益提升的绿色化与精密化要求。

2. 挑战

①缺乏我国自主知识产权的热处理数值模拟软件，无法实现热处理多尺度、全流程的精确仿真[29]，缺乏热处理工艺 CAE 软件和内置并固化于热处理设备内仿真软件，两者的结合是智能化热处理装备的基础；②缺乏热处理装备的远程监控和诊断维修技术，缺乏基于互联网的热处理工艺数据库和在线专家系统，这两者是推动热处理企业从制造加工到网络化服务转型升级的关键；③缺乏少（无）人化的热处理工厂智能控制技术，该技术可提高产品质量和生产效率，降低运行成本，进一步节能减排；④缺乏基于大数据和机器学习的软件和硬件系统，可提供设备工艺数据自动采集和知识挖掘，形成实用性及针对性强的工艺大数据库，以及配备该系统的热处理装备和生产线[30]。

3. 目标

预计到 2025 年，开发基于多场耦合、多尺度、全流程的热处理自主模拟软件和仿真平台，大幅度提高热处理数值模拟的计算效率和精度，实现热处理工艺优化设计，推广基于计算机仿真的热处理设备虚拟制造技术。

预计到 2030 年，发展热处理装备智能控制、远程监控与诊断维修技术，建立覆盖基础零部件制造的材料和工艺数据库系统，开发基于数据驱动的智能工艺设计方法。

预计到 2035 年，实现大数据和机器学习在热处理工艺设计及智能控制中的应用，建立基于知识挖掘的在线服务热处理专家系统，应用于热处理工艺优化，装备设计和过程管理的数字化、网络化与智能化。

四、 技术路线图

热处理与表面改性技术路线图如图 4-5 所示。

需求与环境	热处理与表面改性技术可满足我国航空、航天、船舶、汽车、能源、工程机械等国民经济重要产业和战略性新兴产业对重大装备的需求，先进热处理工艺和装备赋予金属零件极限性能和极限服役性能，为高端装备关键零件获得高性能提供支撑和保障 针对国内制造企业热处理技术设备落后、能耗高、污染严重、安全隐患大，且产品变形超差、质量分散、大量关键构件长期依赖进口等问题，提出了绿色、精密和智能化的需求，目标是实现热处理件零畸变、热处理质量零分散度、热处理生产零污染
典型产品或装备	航空发动机齿轮和轴承、汽车零部件、高端模具；模块化低压渗碳生产线；在线单层低压渗碳生产线 华龙一号核电压力容器、火电超超临界汽轮机转子、大型冶金支承辊、风电主轴；高压/超高压气体淬火装备；水/空组合淬火智能控制冷却装备 汽车零部件、高端模具、核电不锈钢堆内构件、航空钛合金部件；大型外辅助加热式、主动冷却式和活性屏等离子化学热处理装备
绿色高效低压渗碳技术	目标：建立绿色、高效、精密的低压渗碳表层硬化技术与工艺、装备成套技术体系，形成我国自主知识产权工艺和装备及其国家标准，在航空、航天、核电、高铁和汽车等高端装备制造行业得到广泛应用 基于低压渗碳界面碳传输数值模型的专用工艺设计软件技术（2021年—2025年） 低压渗碳工艺数据库技术（2021年—2030年） 真空炉虚拟设计、结构分析、温度场和流场模拟技术，热处理低畸变和低质量分散度的控制技术，低压渗碳装备开发技术（2021年—2030年） 在线连续式低压渗碳工艺及装备技术（2025年—2035年） 模块化低压渗碳工艺及装备技术（2025年—2035年）
清洁热处理控制冷却技术	目标：开发具有通用性、经济性、稳定可靠的清洁热处理控制冷却技术，实现高压/超高压气体淬火技术和水/雾/空组合淬火技术在大型锻件、高碳和（或）高合金等产品的柔性化制造和应用，实现对全行业的传统污染淬火技术的全面替代 控制冷却过程工件内部温度、组织、应力的耦合模拟技术（2021年—2025年） 高压/超高压气体淬火技术和水/雾/空组合淬火技术（2025年—2030年） 基于热处理组织/性能、残余应力/变形/开裂精确预测的工艺设计技术（2021年—2030年） 清洁热处理控制冷却工艺过程自动化、智能化装备技术，高压/超高压气淬装备的标准化、批量化应用技术（2025年—2035年） 绿色热处理工艺和装备的设计、制造和评价技术（2030年—2035年）
时间段	2021年　2025年　2030年　2035年

图 4-5　热处理与表面改性技术路线图

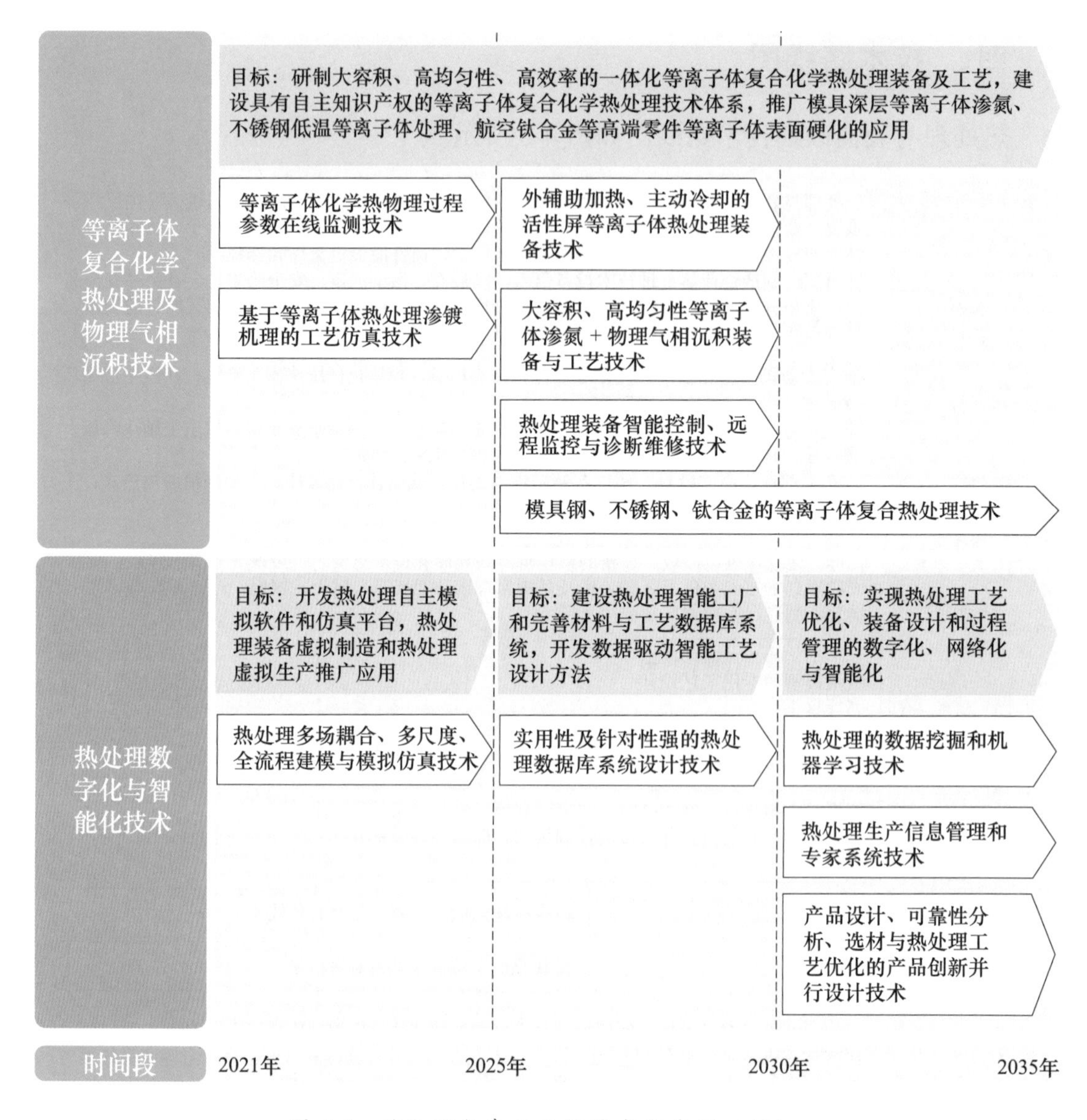

图 4-5　热处理与表面改性技术路线图（续）

第六节　粉末冶金成形技术

一、概述

粉末冶金是一类粉体与材料制备、零件近净成形的技术总称。具有节能、节约材料、高效、短流程、少/无污染的特点，在材料和零件制造业中具有不可替代的地位[31]。粉末冶金是公认的绿色制造技术[32]，是实现材料高性能化、复合化及复杂形状精密成形的关键手段。典型的粉末冶金零件包括汽车、家电和机械用铁铜基零部件，以及机加工用硬质合金刀具，其制造领域涉及粉末的制备、成形、烧结，以及新材料、新技术、新装备等。

发展粉末冶金技术是实现制造强国的有力支撑。在汽车行业，虽然粉末冶金零部件的比重不大，但往往应用于动力传输的关键部件（各类齿轮、同步器齿毂等）及发动机的关键部件（连杆、座圈、轴承盖、链轮、带轮等）；2019 年我国汽车产量已超过 2500 万辆；然而，粉末冶金零件在中国汽车领域的应用并不广泛，单车平均用量为 5 ~ 6kg。而北美的汽车用粉末冶金零件用量目前已高达 20. 2kg[33]。因此，发展高性能粉末冶金零部件能够提高我国汽车工业的水平。此外，发展粉末冶金技术还是保障国家安全的重要需求，粉末冶金材料及零部件在国防领域发挥了重要作用，从我国第一颗原子弹到神舟五号飞船，都有许多关键的零部件是采用粉末冶金成形技术制成的。

近 20 年来，国外粉末冶金零件的生产一直以相当高的速度增长，同时特别重视对高密度、高强度、高精度和复杂异型零件的开发，并由此发展了不少粉末冶金新材料、新工艺，也由此推动了精密成形装备的开发。发达国家如美国、瑞典、日本的粉末冶金零件制造技术发展的突出标志表现在：①原材料粉末设计的合理化、制造技术的精细化；②零件形状的精密化、复杂化；③零件的高致密化、高性能化；④装备的数字化和智能化。与国外先进水平相比，国内粉末冶金零件制造技术在粉末材料的性能、技术水平，粉末冶金零件的质量、品种和生产能力上都还存在一定的差距[34]。美国粉末冶金协会（MPIF）于 2012 年和 2017 年分别发布了粉末冶金工业发展路线图，提出了技术发展的优先方向：高密度粉末冶金零件、轻质材料工艺、精密件的高精度尺寸控制的改进、金属增材制造、其他先进及使能技术。

目前，随着制造业向大制造、全过程和多学科方向的发展，粉末冶金技术也正朝着高密度、高精密化、集成化和最优化等方向发展。近年来，粉末冶金新技术不断涌现，带动了新材料、新装备和新产品的高速发展，创新性地发展和完善了粉末冶金成形理论和技术体系，不断拓展了粉末冶金材料和零件的应用领域，为传统粉末冶金的发展提供了新途径，注入了新活力，具有广阔的应用前景，也必将促进先进制造业和高技术产业的快速发展，实现我国“碳达峰、碳中和”的承诺，进一步降低产业的能耗水平。

二、未来市场需求及产品

（一）需求与环境

粉末冶金行业发展迅速，行业的增长一方面是由于诸如汽车、电动工具、办公机械、军械、航空、航天等行业产量的增大，更重要的是由于新产品、新材料、新工艺、新装备的开发与应用，以及对已有产品与生产工艺的不断改进和创新，不仅增强了粉末冶金行业的价格竞争优势，而且与传统的铸、锻、焊及切削加工等金属成形工艺相比，在技术上也具有显著优势。未来 15 年，我国粉末冶金技术将紧紧抓住国家产业结构调整和升级所带来的良好机遇，围绕我国汽车、船舶、航空、航天、机械、国防装备等产业的发展对粉末冶金新材料、新技术、新产品的需求，解决制约国内高性能、高精度、高复杂粉末冶金零件发展的瓶颈问题，实现粉末冶金技术从重点跟踪仿制到创新跨越的战略转变，全面提升我国粉末冶金零件制造水平和国际市场竞争力。

（二）典型产品或装备

1. 典型零部件

汽车用粉末冶金连杆、齿轮、链轮、行星齿轮托架、同步器齿毂、轴承盖、压缩离合器件、传感器环、摇臂支架、带轮毂、耐腐蚀轴承等；航空、航天用高温合金涡轮盘、电动工具用螺旋斜齿轮、电机用高速轴承、高性能硬质合金刀具等。

2. 典型材料

无偏析黏结预混合铁粉、扩散预合金铁粉、高合金钢粉；高温合金粉末；增材制造金属粉末；微纳米粉末；高质量钨粉和碳化钨粉；低成本、低氧钛合金粉末；高性能硬质合金；高性能软磁复合材料等。

3. 典型装备

CNC 粉末液压机、大吨位自动压力机、先进机械式粉末压力机、先进模架、组合式高精度烧结炉、增材制造装备等。

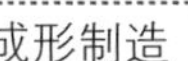

三、关键技术

（一）高品质粉末的制备技术

1. 现状

钢铁粉末是应用面广、消耗量大的粉末系列产品，近年来在国内外得到了快速的发展。2019 年世界钢铁粉末总产量约为 1.9×10^{6}t，我国钢铁粉末约占世界总产量的 32%~34%。钢铁粉末的发展朝着高性能、高压缩性、多品种、专用化和环保方向发展。结构零件用钢铁粉末朝着高压缩性粉、无偏析黏结预混合粉、扩散预合金粉、高合金钢粉、易切削钢粉和特种专用高档钢铁粉末等方向发展。铜及其合金粉末的用量仅次于铁粉，2019 年全球产量约为 1.2×10^{5}t，而我国产量达到 5.5×10^{4}t，产量居世界第一，但在技术、装备、生产水平、产品系列化等方面与国外相比存在差距。其他特种粉末（增材制造、高温合金、钨、碳化钨、钛、纳米粉末等）也是国民经济的重要基础材料，有广泛的应用前景。在综合利用资源、自动化生产、实现节能环保、提高质量稳定性等方面还需努力。

2. 挑战

粉末冶金材料及其制品质量的不断提高，对粉末质量的要求也越来越高。汽车、机械、航空、航天、军工装备、电器等行业的快速发展，对高品质金属粉末的需求也越来越大。先进粉末的生产除了考虑性能和成本外，必须还要考虑节能、减排、降耗和绿色制造的因素。我国高品质钢铁粉末、高温合金粉末和增材制造金属粉末的制备将在技术和实践中取得较大突破。高质量微纳米粉末、低成本、低氧钛及其合金粉末、难熔金属粉末等也会在数量和质量上获得快速增长和提高。

3. 目标

发展和完善先进的粉末制备技术，实现粉末制备的高性能化、系列化、专业化、标准化，达到节能减排、降低成本、自动化和环保型生产，建立各种粉末性能数据库和质量标准，提高国产粉末的国际市场竞争力。

（二）粉末冶金零件的精密成形技术

1. 现状

粉末冶金机械零件是粉末冶金的主流产品。2019 年我国粉末冶金零件制品

产量接近 2×10^5t，但总体来说，技术水平不高、先进压机不足、高端产品供应能力较少、中低端产品较多，整体与国外先进水平相比存在较大差距。粉末冶金成形制造技术的发展与汽车工业的进步紧密相关。在性能和成本方面，粉末冶金零件制造技术越来越需要与精铸和精锻零件进行竞争，先进的粉末冶金零件成形技术是重要的发展方向。近年来，粉末冶金成形新技术、新工艺、新装备层出不穷，并呈现出加速发展态势，正在构筑面向高致密、高性能、高效率、低成本和绿色制造的复杂精密零件的粉末成形技术体系。

2. 挑战

粉末冶金成形以材料制备与零件成形一体化制造为目标，综合运用材料、机械、计算机仿真模拟等科学领域的知识，重点解决零件的高性能化和尺寸精密化的问题，拓展粉末冶金零件的应用范围。未来 15 年，我国应在高精度复杂零件冷压成形、高致密成形、注射成形、全自动机械压机、CNC 压机及其工业化应用等方面取得较大进展。

3. 目标

发展和完善粉末冶金精密成形装备和技术，实现粉末冶金成形技术向高致密、精密复杂零件成形的战略转变，推动技术向生产力的转化；建立粉末冶金成形技术和先进压机的规范及质量标准；实现平均每辆汽车用粉末冶金制造零件达到 10kg/辆。

（三）粉末冶金高效烧结技术

1. 现状

粉末冶金烧结影响材料的尺寸变化、显微组织演变和物理力学性能的特征，在很大程度上决定着零件的最终质量。粉末冶金高效烧结包括传统烧结的节能改造、短流程和新能源烧结技术。粉末冶金材料和零件的快速发展带动了烧结技术的创新和发展。烧结硬化、热等静压、热锻、喷射沉积、压力烧结、放电等离子烧结、超固相线烧结、微波烧结、选择性激光烧结、多场耦合烧结等工艺、技术和装备获得了广泛的研究和应用。目前，粉末冶金烧结技术的发展正朝着短流程、节能、高效和绿色的方向发展。部分连续式烧结炉厂商因市场激烈竞争的缘故，在烧结炉的节能降耗设计和制造方面仍有欠缺。

2. 挑战

随着粉末冶金烧结技术和装备的不断发展，粉末冶金制品工业也得到了快速增长。在粉末冶金行业重点推广高效、节能、环保烧结技术，制定正确有效的加工工艺，解决材料的高性能和尺寸控制问题，并努力为“碳达峰、碳中和”的目标做出贡献。

3. 目标

发展和完善先进的粉末冶金烧结技术和装备，强化高精度复杂零件的烧结控制技术，实现粉末冶金烧结技术朝着节能、高效方向发展，推动先进烧结技术的转化；建立粉末冶金材料烧结性能数据库、烧结工艺技术装备的规范及质量标准；拓展高性能、高密度、高精度粉末冶金复杂零件在汽车、机械、军工、航天等领域的应用。

（四）粉末冶金零件后续加工与质量控制

1. 现状

粉末冶金零件涉及精度问题，故其质量控制显得非常重要。粉末冶金零件的后续加工与质量控制贯穿于整个制造过程中。根据零件的不同要求，粉末冶金烧结材料的切削加工、零件浸渗、精整、表面处理和热处理在粉末冶金零件制造中均是不可或缺的重要工艺，而所有这些在国内均未开展深入的研究和制定相应的标准规范，与之对应的质量控制，包括检验和评估均有待建立和健全，以保证零件的良好出品。

2. 挑战

粉末冶金零件进行必要的后续加工及质量控制不仅不会对采用粉末冶金工艺制造的经济技术效益产生有害影响，相反地，合理地进行后续加工可提高粉末冶金零件的质量并扩大其应用范围。粉末冶金零件的精整控制和铁基粉末冶金齿轮表面滚压加工技术有待加强。此外，硬质合金涂层和超精密加工技术等也会获得快速发展。

3. 目标

进一步提高粉末冶金烧结零件的物理和力学性能，改善粉末冶金零件表面的光洁、美观、耐蚀性和耐磨性，控制好粉末冶金零件的尺寸精度，提高粉末冶金工艺的性能价格比，建立粉末冶金后续加工与质量控制的工艺技术规范及标准。

（五）粉末冶金数字化和智能化技术

1. 现状

粉末冶金零件成形制造过程的数字化和智能化技术可以实现零件制造过程的工艺优化、缩短研发周期、预测组织性能与质量、实现粉末冶金产品生产的全过程管控及远程监控，从而大幅度提高生产效率和产品质量稳定性、节约资源和降低成本。美国、日本、欧洲等工业发达国家或地区早在20世纪80年代就开始在粉末冶金生产企业中将数字化、智能化和工厂网络等先进技术和概念付诸实施，大大提高了粉末冶金产品的竞争力；近年来，由于人工智能、互联网、模拟仿真等信息技术的快速发展，发达国家的数字化和智能化的粉末冶金装备及零件生产水平获得了更大的提高。我国的粉末冶金产业过去20年的快速发展，主要依赖于粉末冶金装备和原材料的国产化，而在粉末冶金过程的数字化和智能化方面的建设重视不够，投入不足，导致了相关技术不够普及，应用水平较低。从现状看，我国粉末冶金产业要全盘追赶国际先进水平，数字化和智能化技术水平还有待不断提高。

2. 挑战

面对高质量粉末冶金零件的生产要求和激烈的市场竞争，国内粉末冶金企业不可避免地要进行技术创新或对本企业的设备进行升级换代，加快新产品研发进程，提高产品质量、扩大市场规模，通过创建粉末冶金工艺过程的数据库，建立和完善粉末冶金成形过程模拟系统，加强数字化和智能化技术在粉末冶金生产工艺和设备中的应用，进而实现对粉末冶金全过程的精准控制，实现信息化和工业化的深度融合。

3. 目标

以需求为导向构建粉末冶金材料、工艺、装备和零件生产的基础数据库，研发和不断完善粉末冶金零件生产全过程的模拟仿真软件系统和共享平台；建立基于宽带网的设备故障自诊断、生产过程监控和技术服务系统，实现粉末冶金零件生产过程的自动化、在线检测与控制及生产管理；最终实现粉末冶金零件产业的数字化和智能化制造。

四、技术路线图

粉末冶金技术路线图如图4-6所示。

需求与环境	粉末冶金是一类粉体与材料制备、零件近净成形的技术总称，具有绿色环保、节能、节约材料、高效、短流程、少/无污染的特点，在材料和零件制造业中具有不可替代的地位。粉末冶金行业的增长一方面是由于诸如汽车、电动工具、办公机械、军械、航空、航天等行业产量的增大，更重要的是由于新产品、新材料、新工艺、新装备的开发与应用，以及对已有产品与生产工艺的不断改进和创新，不仅增强了粉末冶金行业的价格竞争优势，而且与传统的铸、锻、焊及切削加工等金属成形工艺相比也具有显著优势。预计未来全球粉末冶金产品需求持续增长。我国粉末冶金产业将迎来极大的机遇和挑战
典型产品或装备	典型零部件：包括汽车用粉末冶金连杆、齿轮、链轮、同步器齿毂、轴承盖、压缩离合器件、带轮、耐腐蚀轴承等；航空、航天用高温合金涡轮盘；电动工具用螺旋斜齿轮；电动机用高速轴承；高性能硬质合金刀具等 典型材料：高品质钢铁粉末；高温合金粉末；增材制造金属粉末；高质量钨粉和碳化钨粉；微纳米粉末；高纯钛合金粉末；高性能硬质合金；高性能磁性材料等 典型装备：CNC粉末液压机、大吨位自动压机、先进机械压机、先进模架、组合式高精度烧结炉、增材制造装备等
高品质粉末制备技术	目标：发展和完善先进制粉技术，实现高性能化、专业化（2021—2030年） 目标：建立数据库，实现标准化，达到节能减排、自动化生产的目标（2030—2035年） 高品质钢铁粉末制备技术：低氧高纯铁粉；高压缩性部分扩散预合金粉；无偏析黏结处理预混合粉；超细高纯高合金钢粉 铜及其合金粉末的低能耗、零排放绿色制造及其自动化生产控制技术 高温合金粉末制备技术、增材制造粉末制备技术；低成本、低氧钛及其合金粉末技术 金属软磁复合粉末制备技术、高质量钨粉和碳化钨粉制备技术；微纳米粉末制备技术
粉末冶金零件的精密成形技术	目标：发展高致密精密成形技术，实现平均每辆汽车用粉末冶金零件达到8kg（2021—2025年） 目标：建立技术规范及标准，实现平均每辆汽车用粉末冶金零件达到9kg（2025—2030年） 目标：实现平均每辆汽车用粉末冶金零件达到10kg（2030—2035年） 成形技术基础研究：粉体弹塑性变形控制理论；摩擦、润滑和流变学；致密化机理；精密成形压机设计基础 粉末冶金零件高致密成形技术；粉末注射成形技术 粉末冶金全自动机械压机技术；先进复杂成形模架技术 高精度复杂零件精密成形技术；粉末冶金CNC压机技术；其他特种成形技术
时间段	2021年　2025年　2030年　2035年

图 4-6　粉末冶金技术路线图

粉末冶金高效烧结技术

目标：发展和完善先进的烧结技术和装备，提高烧结质量控制水平

目标：实现高性能、高效、节能、环保、智能化的烧结目标

粉末冶金高效烧结技术基础研究：烧结尺寸控制；杂质脱除；成分、组织、力学和疲劳性能；多场耦合烧结理论；先进烧结炉设计基础

高性能粉末冶金材料烧结技术：烧结硬化；汽车连杆和齿轮的粉锻；烧结铝合金和钛合金；高性能软磁复合材料

放电等离子烧结技术；喷射沉积技术；超固相线烧结技术；液相烧结技术；热等静压技术；压力烧结技术；高合金钢热固结技术；组合传输烧结炉制造技术等

粉末冶金高温涡轮盘制造技术；高性能硬质合金工具制造技术

高精度复杂零件烧结控制技术；多外场耦合固结技术；增材制造技术；微波烧结技术；热固结装备制造技术；特种烧结技术等

粉末冶金零件后续加工与质量控制

目标：可灵活实现粉末冶金零件的后续加工与质量控制，保证良好出品

目标：建立粉末冶金后续加工质量规范和标准，满足不同的实际需要

后续加工及质量控制技术的基础研究：烧结材料的切削性改善；封孔、浸渗和精整效果评价；表面滚压强化机理等

粉末冶金后续精整技术；铁基齿轮表面滚压加工技术；硬质合金涂层和超精密加工技术等

粉末冶金后续加工及质量控制规范和标准建设

粉末冶金数字化和智能化技术

目标：以需求为导向构建粉末冶金零件生产的基础数据库和共享服务平台

目标：实现粉末冶金零件产业的数字化、智能化制造

数字化和智能化技术的基础研究：粉末冶金成形烧结过程的数值模拟；粉末冶金材料、工艺、装备和零件生产的基础数据库建设

建立基于宽带网的粉末冶金设备故障自诊断、生产过程监控和技术服务系统；粉末冶金零件生产过程的在线检测与控制技术

加强数字化和智能化技术在粉末冶金生产工艺和设备中的应用

开发出粉末冶金复杂零件的模拟仿真软件；建立和完善网格计算平台，提高其可靠性

时间段　2021年　2025年　2030年　2035年

图 4-6　粉末冶金技术路线图（续）

第七节　复合材料构件精确成形技术

一、概述

复合材料由两种或两种以上不同性质的材料复合而成，组分材料间具有明显界面，能够充分发挥材料各自的优势，产生协同效应，从而获得各组分材料所不具备的宏、微观性能。复合材料构件精确成形技术是实现材料到产品的关键环节，涉及从材料复合到构件赋形的基础工艺和关键装备[35]。目前，我国已全面部署载人登月、深空探测、大型飞机等列重大工程，对高性能、多功能、结构功能一体化的复合材料构件的需求旺盛，复合材料构件精确成形技术成为制约重大工程任务的瓶颈。

复合材料成形技术在很大程度上决定了复合材料构件的质量、成本和性能。近年，我国复合材料成形技术已取得了较大进步，基本满足了航空、航天产品更新发展的需求，部分技术与装备达到了国际水平。然而，与国外先进技术相比，仍然存在工艺创新性不足、手工作业比重大、生产过程控制能力弱、高档装备占比小、工装夹具应用效果差、工艺仿真手段落后、数字化智能化程度低等问题，制约我国复合材料构件在高端装备中的推广应用。

复合材料的自动化、数字化成形工艺应用比例低，传统成形技术仍然无法摆脱人工环节。自动化的复合材料成形工艺主要应用于航空、航天等高端领域，民用复合材料仍以传统的手糊或手工铺贴成形为主，与国外的自动化数字化制造存在明显差距。工艺落后导致复合材料性能稳定性差、研制效率低、成形成本高等，成为制约高性能复合材料发展应用的突出问题。美国、日本等发达国家提出高性能、低成本的复合材料研究计划，我国亟需突破复合材料构件的低成本、三维化、可控化成形制造技术瓶颈。

我国复合材料制造关键装备以进口引进为主、仿制为辅，自主研发和设计能力较弱。欧美发达国家研发了拉挤、缠绕、自动铺放等自动化成形装备，波音787 飞机机身段采用铺放技术实现整体制造，替代了约 1500 件铝合金件和 40000 个铆钉等紧固件构成的金属机身。我国研制的复合材料成形装备虽取得一定突破，但在关键复合材料构件的生产中对进口装备的依赖程度仍较高。随着我国大型民航客机、大运载火箭技术的发展，对复合材料制造装备提出了自动化、数字化、大型化的要求。

我国的复合材料成形技术在关键基础材料、核心基础零部件、先进基础工艺等方面能力薄弱，严重制约高端装备的轻量化和智能化。面对航空、航天、轨道交通领域对复合材料构件的尺寸大型化、结构复杂化、内在致密化的迫切需求，亟需以国家重大工程应用为牵引，以国家智能制造创新发展规划为契机，围绕信息技术与制造技术深度融合的发展主线，加快突破和解决目前困扰复合材料精确成形的关键技术和重大装备，全面提升复合材料构件的先进制造能力，助力国家早日实现制造强国。

二、未来市场需求及产品

（一）需求与环境

在航空、航天领域，复合材料构件的用量占比越来越高[36]，我国国产大飞机 C919 的复合材料用量达到 12%，预计国产大型宽体客机 C929 复合材料用量将达到 50%。在轨道交通领域，复合材料在车厢内饰件、车头前端和车体结构上的应用越来越多。在汽车领域，随着汽车轻量化进程的不断推进，复合材料开始在车身、车轮等零部件中得到应用。宝马公司在 BMW i3 车型中使用了碳纤维复合材料车身，相比一般铝制车身减重 30%，比钢制车身减重 50%。未来汽车产业领域碳纤维复合材料需求量的增长速度将保持在 7%左右，奔驰、大众、雪佛兰等汽车公司相继推出了碳纤维复合材料概念车。在风力发电领域，复合材料已用于风机叶片、机舱罩和整流罩等关键零部件的制造。

（二）典型产品或装备

典型装备有：大型火箭、航天飞行器、大飞机、直升机、高铁、新能源汽车等。

典型产品有：在航空、航天领域，主要有复合材料的大型发动机喉衬、扩张段、壳体、发动机风扇机匣、叶片、航天器空气舱、整流罩、太阳翼、承力筒、卫星天线、贮箱、航空制动盘、航空发动机叶片等核心零部件；在轨道交通、汽车领域，主要有高铁、地铁、新能源汽车复合材料零部件，如车厢内饰件、车头前端、车身、车轮、电池盒等；在风力发电领域，主要有复合材料风机叶片、机舱罩和整流罩等关键零部件。

三、关键技术

（一）复合材料数字化三维织造成形技术

1. 现状

目前三维复合材料构件主要向着结构复杂化、尺寸大型化、功能复合化方向发展。三维成形工艺也向着数字化、复合化、近净成形方向发展，针刺、缝合等多工艺有机结合为三维多结构、多材料预制体的制造提供了可能[37]。发达国家航空、航天复合材料制造企业已经拥有自动化程度较高的复合材料成形设备，具备一定批量化制造复合材料构件的能力，对涉及航空、航天等高端装备复合材料零部件制造装备对外公开介绍较少[38]。我国自 20 世纪 80 年代开始研发三维复合材料构件成形技术，已经开发出各种类型的三维机织、编织、织造成形设备，但以机械化为主，自动化程度不高，与数字化、自动化、智能化等新技术结合还不够紧密。

2. 挑战

大推力火箭等先进装备的飞速发展，对复合材料构件高效率、高质量、低成本、柔性化的制造需求越来越迫切，开发大型三维复合材料构件数字化复合成形技术及装备，实现针刺-缝合、3D 打印-混编等多工艺数字化受控协同复合成形，以及成形过程的实时监测是数字化三维织造成形技术面临的主要挑战。

3. 目标

预计到 2025 年，突破大型复杂三维复合材料预制体多材质、多工艺数字化复合材料成形技术瓶颈，开发出大型复杂复合材料预制体数字化三维织造成形装备，以及穿刺-织造、针刺-缝合复合材料成形装备，成形尺寸为 3m×3m×2.5m。

预计到 2030 年，研制出纤维-树脂混编、3D 打印-混编复合材料构件数字化成形装备，成形尺寸为 2m×2m×2m。集成多机器人协同控制、工艺参数 AI 算法生成、机器视觉质量检测等先进技术，实现三维复合材料构件宏微观结构受控增长一体化成形。

预计到 2035 年，建成大型三维复合材料构件数字化制造生产线，实现大型三维复合材料构件数字化成形装备的规模化应用，制造周期缩短 30%~50%，解决高性能三维复合材料构件批量、快速、柔性低成本生产难题。

（二）预制体铺放-缠绕-针刺一体化成形技术

1. 现状

国内近年在复合材料预制体构件成形制造技术方面取得了较大的技术进步，推动了复合材料在航空、航天等行业的应用。然而，与国外先进水平相比仍有较大差距，法国在20世纪80~90年代已设计制造出自动化仿形针刺装备，可实现平行缠绕针刺、±45°铺放针刺且进纤量及张力可调可控，可制备大尺寸筒状、锥体等预制体，产品成功应用于液体助推火箭喉衬、碳/碳延伸锥等的批量生产。高性能复合材料是我国亟需的战略性新兴材料，预制体是关键增强基材，处于产业链的关键中间环节，而国外预制体成形技术及装备对中国限制出口，如何实现大尺寸复杂预制体国产化成形制造，面临如下挑战。

2. 挑战

如何突破大尺寸、多结构、多材料、复杂变截面预制体成形技术存在的织造结构精确成形难、制造过程形性调控难、生产成本高、制造周期长、效率低等问题，从而满足我国航空、航天、新能源、交通运输等领域快速发展的需求。如何实现大尺寸复杂预制体构件自动化、数字化高效制造，解决现有预制体成形装备分散式控制、人工干预多、反馈速度慢等技术瓶颈。

3. 目标

预计到2025年，突破大尺寸、多结构、多材料变截面预制体铺放-缠绕-针刺一体化成形技术，形成异形预制体数字化成形制造方法。

预计到2030年，掌握超大尺寸多材料可控密度预制体铺放-缠绕-针刺一体化成形工艺及装备，实现预制体近净成形。

预计到2035年，实现5~6m级空天大型复杂构件预制体的稳定生产，提升国家综合实力。

（三）复合材料铺放-缠绕一体化成形技术

1. 现状

铺放技术是指通过使用铺放设备按照一定规律把预浸胶纤维或布带铺放到模具表面，并用压紧辊压实的方法。缠绕技术是指在控制张力和预定线形的条件下，将预浸胶纤维或布带连续地缠绕在相应于制品内腔尺寸的芯模或内衬上，然后在室温或加热条件下使之固化成一定形状制品的方法。纤维缠绕一般适用于回转体制造，不适合大型的板壳结构及复杂曲面形构件的制造，特别对于加工含有负曲率的回转体制品，单一的缠绕成形难以满足各方面的要求，可在纤维缠绕系统上附加纤维铺放系统，实现纤维缠绕系统的原有运动，以及纤维铺放系统的切断、施压、引线、加热、定位等运动，通过计算机控制系统，实现高度自动化和智能化。有些国家于20世纪90年代初开始研究开发纤维铺放-缠绕一体成形技术和装备，已实现复杂结构复合材料构件的快速成形。

2. 挑战

我国复合材料铺放-缠绕成形制造技术的研究和应用已初具规模，但相关技术基础和应用水平与发达国家相比还有很大差距。面对载人航天、探月计划、大飞机等重大型号攻关任务，复合材料构件制造面临原材料质量差、低成本制造困难的挑战，成形构件的可靠性低、质量一致性差、成形效率低等问题突出。亟需通过自主研发自动化铺放-缠绕一体机，结合复杂结构件成形的工艺需求，实现航空、航天复杂构件一体化、自动化、精细化制造，进而提升产品可靠性和质量稳定性。

3. 目标

经过10~15年的发展，通过复杂结构件铺放-缠绕一体化成形工艺及装备技术研究，填补国内相关技术空白，着力提升装备生产稳定性和工艺保障能力。

1）将缠绕成形与拉挤、铺放、编织、压缩模塑等工艺相结合，提高缠绕成形的工艺适应性；将铺放成形与电子束固化技术结合，降低制造时间，减少材料和能源消耗，发展低成本制造技术。

2）将铺放-缠绕成形工艺与CAD/CAM相结合，缩短产品设计周期、降低废品率、提高制品的质量，提高自动化水平及生产柔性。

3）将铺放-缠绕成形设备与机器人相结合，研发精密张力控制系统，增强成形设备的柔性及适用范围，提高制品的成形精度。

（四）复合材料增材制造和模压成形技术

1. 现状

复合材料增材制造工艺是通过对制件进行二维分层，然后逐层打印的方式来完成制造的过程，具有节省材料、可控性好、可实现快速制造复杂构件等优点[39-41]。模压成形技术是指将片材按制品尺寸、形状、厚度、重量等要求裁剪下料，然后将裁剪好的材料叠合放入已加热的金属模具型腔内，按预先设定好的温度、压力固化成形制品。模压成形技术具有生产效率高、产品尺寸精度高、生产成本低、易于批量化生产的特点，适用于中、小型复合材料构件的大批量生产。相较于传统的复合材料热压罐成形工艺，此两种工艺生产成本低、样品开发及制备周期短、便于实现自动化与数字化生产。针对大型化、复杂化的复合材料构件应用趋势，亟需开展大尺寸复杂结构的纤维增强复合材料的非热压罐成形机理与装备实现原理研究，突破纤维增强复合材料模压成形技术与增材制造成形技术，实现复合材料构件高质量、高效率、短周期、低成本的成形制造。

2. 挑战

由于树脂的传热性能较差，在模压成形过程中温度变化情况复杂，构件中心与边缘在成形初始阶段温差较大，导致构件内外层的树脂交联反应程度不同，因此制件常有残余应力，易导致翘曲、开裂等缺陷生成；由于树脂的流动性和浸润性差，模压成形技术与增材制造技术的成形构件空隙率较高，界面结合差，是模压成形技术面临的主要挑战。

3. 目标

为满足低成本、高效率的成形目标，预计到2025年，建立适用的材料体系，研究复合材料界面浸润机理和复合材料构件成形工艺，解决成形构件层间黏结、翘曲变形等技术难题，复合材料模压成形自动化率达到95%以上；预计到2030年，研制出大尺寸、超大尺寸的典型纤维增强复合材料构件的增材制造装备，复合材料模压成形智能化、绿色化、可回收率达到98%以上；到预计2035年，实现航空、航天领域关键复合材料构件的增材制造，复合材料模压成形达到全方位智能化、绿色化、系统化。

四、技术路线图

复合材料成形技术路线图如图4-7所示。

载人登月、深空探测、大型飞机等重大工程对高性能、多功能、结构功能一体化的复合材料构件的需求旺盛，复合材料构件成形技术成为制约国防安全工程任务的瓶颈。亟需突破复合材料构件数字化成形制造技术与装备的瓶颈，实现多功能、非均质、复杂结构的复合材料构件的一体化制造

大型火箭发动机喉衬、扩张段等防热隔热构件，航空发动机机匣、叶片等关键构件，航空、航天复合材料壳体、机翼，风机叶片等关键零部件；大型复合材料三维织造成形装备、大型复合材料增材制造装备、模压装备、针刺－缝合复合材料成形装备、铺放－缠绕-针刺一体化成形装备、铺放缠绕一体化成形装备等

图4-7　复合材料成形技术路线图

复合材料数字化三维织造成形技术

目标：突破多材质、多工艺复合成形技术，实现大型预制体数字化成形，成形尺寸为3m×3m×2.5m

目标：研制出复合材料构件数字化成形装备，实现机器人、机器视觉等技术集成

目标：实现数字化成形装备规模化应用，制造周期缩短30%～50%

预制体多材质多工艺复合成形方法

大型预制体三维织造装备及穿刺-织造、针刺-缝合复合成形装备

纤维-树脂混编、3D打印-混编复合材料构件数字化成形装备

机器人协同、AI参数生成、机器视觉检测等新技术集成

大型三维复合材料构件数字化制造生产线

预制体铺放-缠绕-针刺一体化成形技术

目标：突破大尺寸、多材料变截面预制体铺放-缠绕-针刺一体化成形技术，形成异形预制体数字化成形制造方法

目标：掌握超大尺寸多材料可控密度预制体铺放-缠绕-针刺一体化成形工艺及装备，实现预制体近净尺寸成形

目标：实现5～6m级大型复杂构件预制体的稳定生产

复杂构件预制体数字化设计方法

基于人工智能和虚拟制造技术的超大尺寸可控密度预制体成形工艺

实现过程质量自动识别和控制方法

预制体降维制造数字化模型

大尺寸多结构预制体铺放-缠绕-针刺一体化成形技术

预制体构件数字化智能化精准制造装备

实现大型复杂结构预制体精确控形、精密控性及低成本自动化、稳定化生产

复合材料铺放-缠绕一体化成形技术

目标：突破铺放-缠绕一体化成形技术，构件尺寸最大直径达3m

目标：成形装备与CAD/CAM及监测、控制系统紧密结合，提高自动化水平

目标：与机器人相结合，增强成形装备的柔性及适用范围，实现构件最大成形直径为6m及以上

开发铺放-缠绕一体化成形织造装备

研制铺放-缠绕连续共固化仿真分析模型

研制自适应铺放-缠绕柔性成形工艺装备

研制铺放-缠绕一体化成形工艺仿真模型

研制铺放-缠绕连续共固化树脂技术

研制自适应铺放-缠绕柔性成形生产线

时间段：2021年　2025年　2030年　2035年

图 4-7　复合材料成形技术路线图（续）

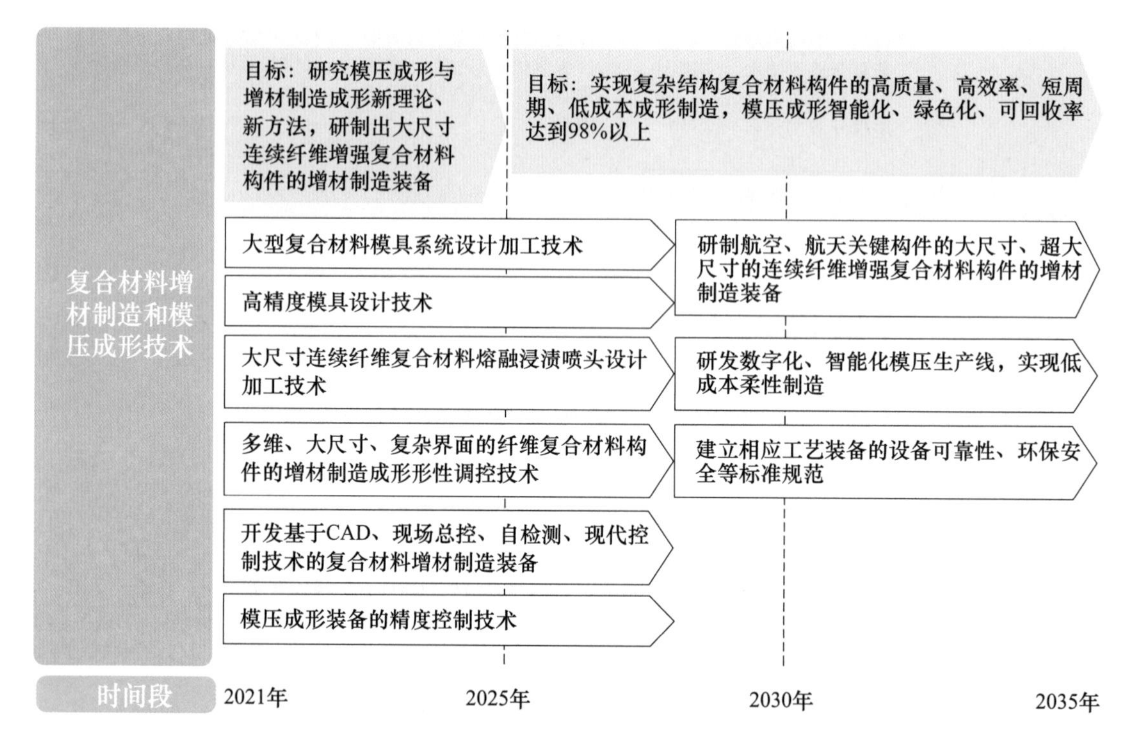

图 4-7　复合材料成形技术路线图（续）

参考文献

[1] KANG L M, YANG C. A Review on High-Strength Titanium Alloys: Microstructure, Strengthening, and Properties [J]. Adv. Eng. Mater. 2019, 21, 1801359 (1-27).

[2] 冉兴，吕志刚，曹建，等．大型复杂钛合金铸件熔模精密铸造技术［J］．铸造，2021，70（2）：139-146.

[3] 王飞，李飞，刘河洲，等．高温合金空心叶片用陶瓷型芯的研究进展［J］．航空制造技术，2009（19）：60-64.

[4] 樊振中．熔模精密铸造在航空航天领域的应用现状与发展趋势［J］．航空制造技术，2019，62（9）：38-52.

[5] EISAABADI B, YEOMB G Y, MURAT TIRYAKIOĞLUD, et al. The effect of solution treatment time on the microstructure and ductility of naturally-aged A383 alloy die castings [J]. Materials Science & Engineering A, 722 (2018): 1-7.

[6] ZVONIMIR DADIĆ, DRAŽEN ŽIVKOVIĆ, NIKŠA ČATIPOVIĆ, et al. Infuence of steel preheat temperature and molten casting alloy AlSi9Cu3 (Fe) impact speed on wear of X38CrMoV5-1 steel in high pressure die casting conditions [J]. Wear, 2019 (424-425): 15-22.

[7] 许庆彦，杨聪，闫学伟，等．高温合金涡轮叶片定向凝固过程数值模拟研究进展［J］．金属学报，2019，55（9）：1175-1184.

[8] SHAN Z D，GUO Z，DU D，et al. Digital high-efficiency print forming method and device for multi-material casting molds［J］. Frontiers of Mechanical Engineering，2020，15（2）：328-337.

[9] 苑世剑．轻量化成形技术［M］，北京：国防工业出版社，2010.

[10] YUAN S J，FAN X B. Developments and perspectives on the precision forming processes for ultra-large size integrated components［J］. International Journal of Extreme Manufacturing，2019，1：022002.

[11] 华林．高强轻质材料绿色智能成形技术与应用［J］．中国机械工程，2020，31（22）：2753-2762.

[12] 单忠德．先进制造与智能制造助力高质量发展［J］．网信军民融合，2020（04）：14-17.

[13] 李德群．融合数字化网络化智能化技术，助力材料成形制造创新发展［J］．中国机械工程，2020，31（22）：2647.

[14] ALLWOOD J M，DUNCAN S R，CAO J，et al. Closed-loop control of product properties in metal forming［J］. CIRP Annals-Manufacturing Technology. 2016，65：573-596.

[15] 夏巨谌，邓磊，金俊松，等．我国精锻技术的现状及发展趋势［J］．锻压技术，2019，44（6）：1-16.

[16] YANG D Y，BAMBACH M，CAO J，et al. Flexibility in metal forming［J］. CIRP Annals - Manufacturing Technology. 2018，67：743-765.

[17] 中国机械工程学会．中国机械工程技术路线图［M］．北京：中国科学技术出版社，2016.

[18] 龙伟民．焊接材料与装备［M］．北京：机械工业出版社，2020.

[19] 工业和信息化部．《“十四五”智能制造发展规划》（征求意见稿）［Z］．2021.

[20] 张瑞英，蒋凡，陈树君．多电极电弧焊接技术的研究现状及展望［J］．电焊机，2017，47（09）：6-11.

[21] ROUT A，DEEPAK B，BISWAL B B，et al. Weld seam detection，finding and setting of process parameters for varying weld gap by the utilization of laser and vision sensor in robotic arc welding［J］. IEEE Transactions on Industrial Electronics，2021. DOI，10. 1109/TIE. 2021. 3050368.

[22] LI Z X，WAN Q，YUAN T，et al. Effects of Temperature and Heat Input on the Wear Mechanisms of Contact Tube for Non-copper-Coated Solid Wires［J］. Journal of Materials Engineering and Performance，2019，28（5）：2788-2798.

[23] 《中国热处理与表层改性技术路线图》项目组. 中国热处理与表层改性技术路线图 [M]. 北京：科学出版社，2013.

[24] 李俏，徐跃明，董小虹，等. 清洁节能热处理装备技术要求和评价体系 [J]. 金属热处理，2014，39（12）：175-181.

[25] 徐跃明，李俏，罗新民，等. 热处理技术进展 [J]. 金属热处理. 2015，40（9）：1-15.

[26] 柯观振，我国金属热处理的现状与发展趋势探讨 [J]. 中国金属通报. 2018，（01）：56-57.

[27] WANG H J，WANG B，WANG Z D，et al. Optimizing the low-pressure carburizing process of 16Cr3NiWMoVNbE gear steel [J]. Journal of Materials Science & Technology，2019. 35（7）：1218-1227.

[28] TENG Y，GUO Y Y，ZHANG M，et al. Effect of Cr/CrNx transition layer on mechanical properties of CrN coatings deposited on plasma nitrided austenitic stainless steel，Surface & Coatings Technology [J]. 2019，367：100-107.

[29] 中国工程院机械与运载学部咨询项目. “集成计算材料工程（ICME）在高端成形制造行业应用”综合报告 [R]. 2014.

[30] FATIH UZUN，ALEXANDER M，KORSUNSKY. On the analysis of post weld heat treatment residual stress relaxation in Inconel alloy 740H by combining the principles of artificial intelligence with the eigenstrain theory [J]. Materials Science and Engineering：A，2019，752：180-191.

[31] 李祖德. 粉末冶金的兴起和发展 [M]. 北京：冶金工业出版社，2016.

[32] 韩凤麟. 韩凤麟教授论文集 [M]. 北京：化学工业出版社，2018.

[33] RICHARD PFINGSTLER. 2014 World congress on powder metallurgy & particulate materials [C]. Orlando，Florida，USA，May. 18-22，2014.

[34] 曹阳. 中国粉末冶金零件产业发展现状 [J]. 粉末冶金工业，2019（1）：5.

[35] 邢丽英，包建文，礼嵩明，等. 先进树脂基复合材料发展现状和面临的挑战 [J]. 复合材料学报，2016，33（7）：1327-1338.

[36] 杜善义. 先进复合材料与航空航天 [J]. 复合材料学报，2007（1）：1-12.

[37] 单忠德，战丽，缪云良，等. 复合材料构件数字化精确成形技术与装备 [J]. 科技导报，2020，38（14）：63-67.

[38] BOGDANOVICH A E. An overview of three-dimensional braiding technologies [J]. Advances in Braiding Technology，2016：3-78.

[39] GUO L，XZ A，XC A，et al. Additive manufacturing of structural materials [J]. Materials Science and Engineering：R：Reports，2021.

[40] KABIR S，MATHUR K，SEYAM A. A critical review on 3D printed continuous fiber-reinforced

composites: History, mechanism, materials and properties [J]. Composite Structures, 2020, 232.

[41] 陈吉平, 李岩, 刘卫平, 等. 连续纤维增强热塑性树脂基复合材料自动铺放原位成型技术的航空发展现状 [J]. 复合材料学报, 2019, 36 (4): 784-794.

编撰组

组　长　苑世剑

第一节　苑世剑

第二节　苏彦庆　谢华生　苏仕方　赵　军　刘时兵　赵海东　许庆彦　刘　丰　南　海

第三节　刘　钢　李淼泉　李淑慧　蒋　鹏　陈　军　华　林　张治民　詹　梅　金　红

第四节　雷永平　史耀武　张　禹　陈树军　徐　斌　肖荣诗　陈　俐　栾国宏　栗卓新

第五节　顾剑锋　李　俏　丛培武　韩伯群　赵　程　李传维

第六节　李元元　肖志瑜　曹　阳　倪东惠　程继贵

第七节　单忠德　战　丽　刘　丰　范聪泽　王　敏　刘　向　宋文哲　范广宏

第五章
Chapter 5

精密与超精密制造

第一节 概　　论

精密与超精密制造是从制造精度角度定义的加工、检测技术的总称，主要涉及材料去除为主[1] 的冷加工精度和几何量检测评价，随着制造技术的发展，将不断融合其他制造及检测方法。加工精度是一个随时间变化的概念，当前精密加工的精度一般为 1μm 到数十微米，随工件尺寸的增加而相应增加，也可以用精度等级的概念来描述，大约处于 IT4～IT1 级，相应的表面粗糙度值 Ra 在 1μm 到 10nm 之间。超精密加工尺寸和形状精度为亚微米或更小，表面粗糙度值 Ra 小于 10nm，如图 5-1 所示，为精密与超精密加工精度发展变化曲线[2]。日本学者专门为超精密加工精度增加了 IT0 级和 IT00 级精度等级，但超精密加工领域更习惯用具体数值描述精度，比如光学成像元件，其面形精度由使用的光波长决定，精度要求并不会随光学元件口径增加而降低，精度等级的概念在现代光学加工中用得比较少。

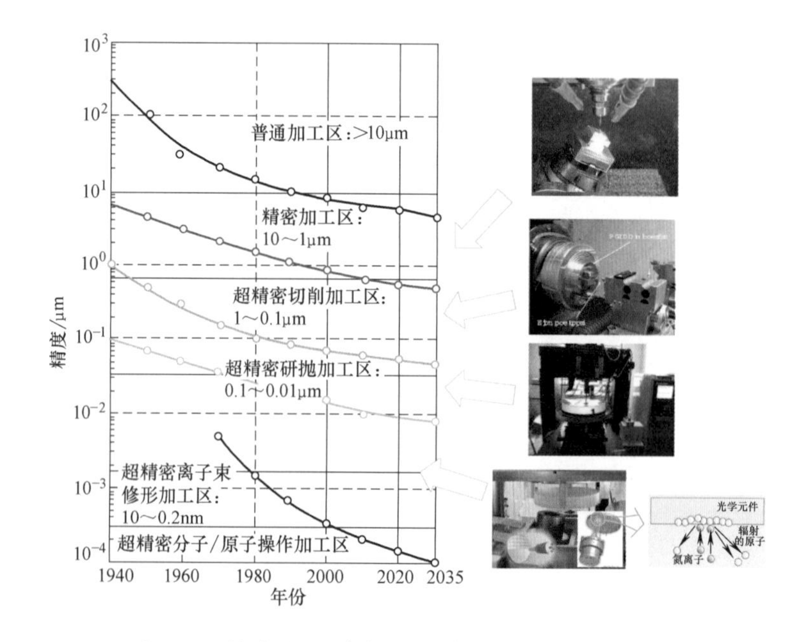

图 5-1　精密与超精密加工精度的发展变化曲线

精密与超精密制造的水平受材料、装备、刀具、工艺、检测和环境等诸多因素的影响，受篇幅和专业的限制，本章的内容仅涉及装备、工具、检测和工艺等

几个主要方面，加工对象选取比较有代表性的几种零件，表征领域的现状发展。虽然材料和环境等对精密与超精密加工的影响也很大，但其发展还是由从事材料和环境研究的专业人员来预测更好。目前涉及精密制造的零件种类繁多，比较有代表性的有高端轴承零件、航空发动机部件等，由于其零件要求精度高，同时又长时间在高温、高压等极端工况下工作，因此制造难度大。超精密加工的零件涉及阀、陀螺和光学零件等，比较有代表性的有半球谐振陀螺零件、光刻物镜光学零件、强激光和短波长光学零件等[3]。这些零件一方面要求有超高的几何精度，另一方面要求具备极高的使用性能，且这些性能不完全由设计表征来实现，还和制造过程强相关[4]。这些精密和超精密零件是国家急需的，其制造难题尚未完全攻克，需要推动相关制造技术的发展来解决，在精密与超精密制造领域具有很强的代表性。

制造精度是制造水平的重要标志，同时也是一个发展的概念[5]。正如诺贝尔奖获得者罗勒（H·Rohrer）所说：150 年前，微米成为新的精度标准，并成为工业革命的技术基础，最早学会并使用微米级精度加工技术的国家都在工业发展中占据了巨大的优势。同样，现代制造技术将属于那些以纳米作为精度标准并首先学习和使用它的国家。除了当前诸多在极端工况下使用的高端零件以外，下一代核心器件的出现也必然将制造技术推向一个崭新的阶段。可以预见，我国精密与超精密制造技术一方面将向更高的精度发展，亚纳米精度或原子及近原子尺度制造（Atomic and Close-to-atomic Scale Manufacturing，ACSM）将成为未来制造的重要发展趋势[6]。另一方面，多物理参数约束下的高性能制造亦是制造发展的迫切需求，精密与超精密制造的主要任务不再是单纯提高制造精度，而是在兼顾精度的同时考虑零件本征特性的调控，以满足极端工况下的服役要求。因此，精密与超精密加工技术内涵的发展主要表现在从高精度向高性能的变化上。以激光聚变系统光学元件为例，其工作波长为 10~380nm（紫外光波段），形状精度要求到纳米，表面粗糙度达到亚纳米。除几何精度之外，同时还要求该光学元件具有抗辐照损伤的物理性能，因为光学元件的制造过程会带来表面、亚表面的缺陷和污染物，其抗辐照损伤能力取决于缺陷和污染物的抑制程度，因此这种光学元件要求高精度、低损伤和洁净制造，实现的是多物理参数约束下的高性能。半球谐振陀螺中的半球谐振子是陀螺中的关键敏感零件，不仅要求其圆度达到亚微米，还要求控制频率裂解和品质，也是具有高性能制造要求的典型零件。

随着我国在航空发动机、强激光系统、X射线光源、光刻机、空间引力波探测、高超声速飞行器、核动力系统等领域研制需求的提出，为满足极端工况使用要求，制造高性能零件成为重要挑战，也是制造技术能否支撑高端装备研制需求的关键[7]。当然制造始终面临着批量化、低成本的要求，因此综合起来可将当前精密与超精密制造遇到的主要难点归纳如下：

（1）高精度要求 制造精度不断提高，亚纳米形状和亚埃级表面粗糙度要求成为制造精度的目标，原子和近原子尺度制造成为研究热点[8]。一方面以极紫外光刻物镜和X射线反射镜为代表的宏观尺度零件有极端精度要求[9]，另一方面以新电子器件为代表的微观尺度零件制造也需要纳米甚至亚纳米精度。除传统的去除加工外，高精度制造还融合使用增材、减材和改性等方法。

（2）高性能要求 制造要求从几何约束向多物理量约束发展，制造过程不但要提高零件的几何精度，还要求实现本征特性的调控。精密与超精密制造的零件往往在极端工况下使用，对零件性能的要求极其苛刻，这些性能又和制造过程密切相关。由制造带来的表面损伤、变质、污染、微观形貌和材料组织结构变化等将会影响零件的使用性能，这种现象在极端工况使用条件下将越来越突显[10]。所以，制造过程不仅要考虑对零件形状带来的影响，还要考虑对零件性能带来的影响。具有新的能量作用方式和能量调控手段的制造方法，将在高性能制造中发挥重要作用。

（3）高效率要求 对高精度和高性能零件进行批量化制造的要求越来越多，如何高效率实现批量化高精度和高性能制造，是个更具挑战的制造难题。长期以来，超精密加工的零件加工、检测过程比较耗时费力，所以往往批量不大、成本较高。随着时代进步，超精密零件出现大批量、低成本制造要求，实现高效制造不仅是满足社会需求的问题，也会有力地推动超精密加工技术的发展。

精密与超精密制造具有高精度、高性能和高效率“三高”特征，对于制造系统来说，是一个典型的多输入、多输出和非线性的系统。要在精密与超精密加工领域解决好“三高”问题，智能化方法的应用是必然要求。生产过程的智能化不仅要求组织管理智能化，而且要求对制造的物理过程进行智能化调控，只有大力发展精密与超精密智能化制造，才能更好地解决高精度、高性能和高效率的发展难题[11]。

近年来，我国在精密与超精密制造技术方面取得了长足的进步，有力地支撑了重大工程任务的实施，但在精密与超精密制造领域装备、软件、刀具和检测仪器等对进口的依赖性要大于其他制造领域。除了个别点上的突破，大多数一线生产和检测设备需要实现自主替代。基础材料、工艺软件（或支撑环境）和关键零部件的进口依赖性更强。只有分析现状和挑战，才能更好地预测未来，为发展精密与超精密制造技术提供帮助。

总体来看，高精度仍是精密与超精密加工的主要目标，尤其是达到原子尺度后，量子效应将起主导作用并引起制造技术变革，在提升现有技术的同时，亟需开始布局新原理与新方法的探索。在极端服役条件下，制造必须考虑多物理量约束的要求，高性能成为未来制造的重要内涵。高效率、低成本是制造领域永恒的主题，未来精密与超精密制造是高精度、高性能和高效率要求的叠加，需要对制造的物理化学过程进行精准调控，智能化是解决这一难题的重要手段。制造装备、工具、工艺和检测等方面将会产生革命性的变化，精密与超精密制造装备将向多场耦合集成方向发展；工具在多传感感知调控下具备材料去除、添加或改性能力和智能化功能；检测方面提高精度是关键，在位、高效、稳定仍是检测技术追求的重要目标。多物理量检测成为主要的新发展方向，需建立性能和工艺参数的关联，可实现对制造高性能指标的综合评价。新机理、新方法伴随新工艺及智能化将成为主要的发展特征。精密与超精密制造技术路线图如图 5-2 所示。

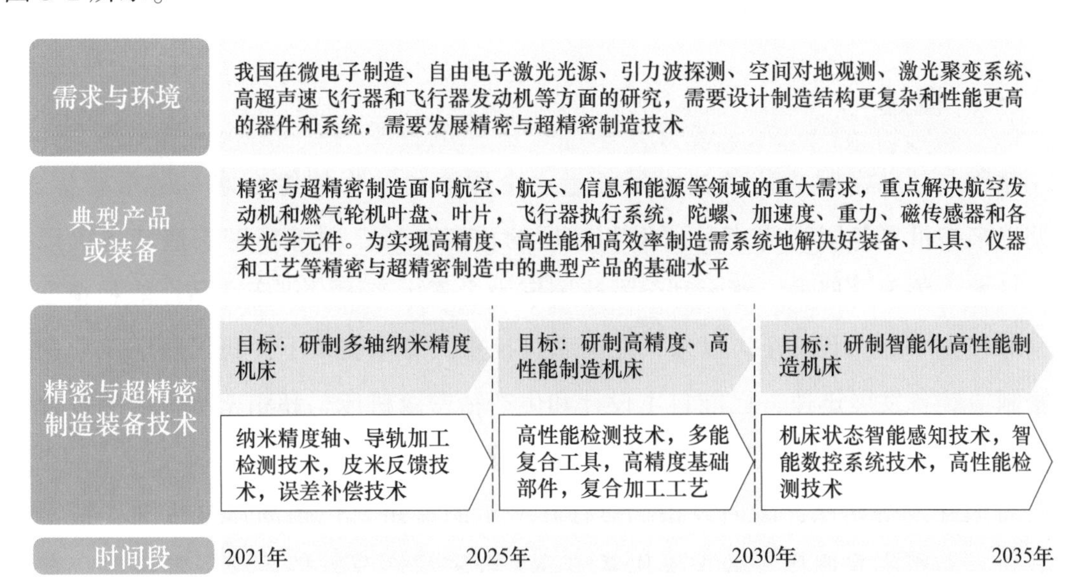

图 5-2　精密与超精密制造技术路线图

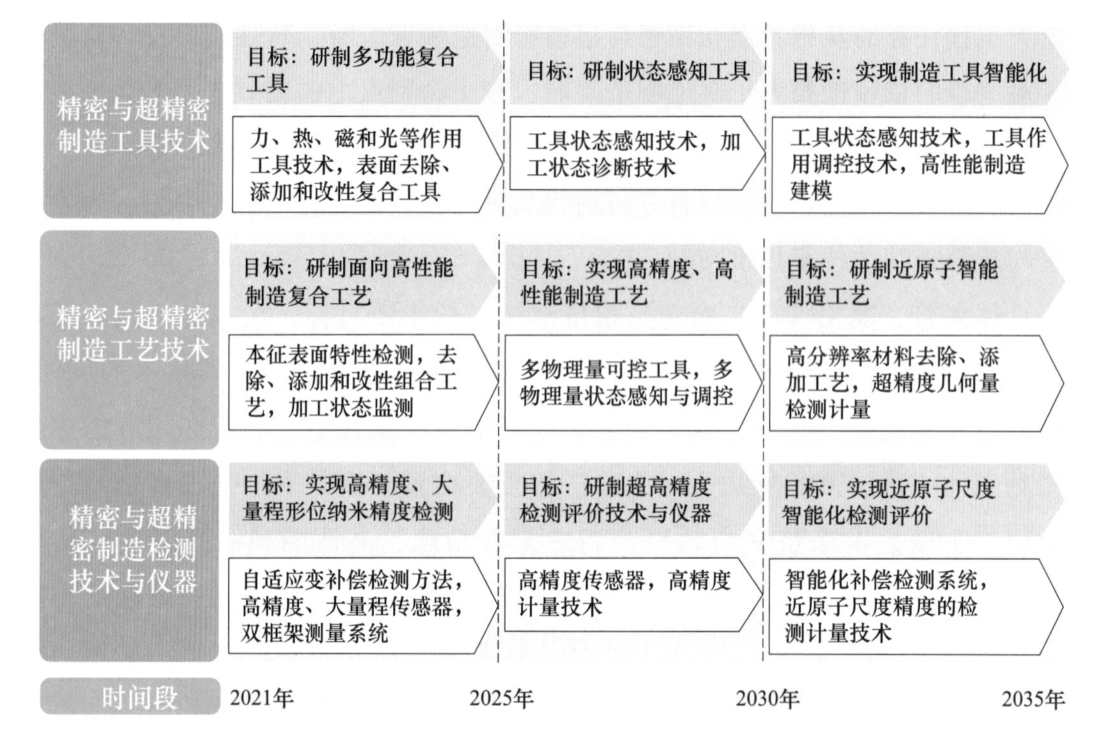

图 5-2　精密与超精密制造技术路线图（续）

第二节　精密与超精密制造装备技术

一、概述

精密与超精密制造装备技术是衡量一个国家科技发展综合水平的重要标志，长期以来被世界各国列为产品研发和应用的重点领域。国外精密制造装备仍以德国、日本、美国、瑞士、意大利等发达国家为主要生产国，机床产品性能和精度保持全球领先[12]。“十二五”以来，在国家科技重大专项支持下，我国航空工业领域精密制造装备发展迅速，已能自主设计和生产精密级机床，超精密级机床的设计和生产也有突破，但可供市场挑选的产品相对较少。

与国外设备相比，国内设备仍然存在一定的差距。包括高速电主轴、精密静压导轨、高精度光栅尺、数控操作系统等关键零部件及软件系统依赖进口，自主生产的装备在精度稳定性、设备可靠性和使用方便性等方面还有不足[13]。总体来看，我国还没有从根本上扭转大量进口精密机床的现状，在飞机、发动机等航空产品薄壁结构件的精密加工中，主要采用瑞士、日本、德国和意大利等国家的机床产品，国内自主生产的机床大部分在生产线上作为辅助设备使用。

超精密切削机床向高精度、多轴和多功能方向发展，生产母机的精度不断提高，是产品精度与质量提高的保证。以超精密单点金刚石车削为例，第一代超精密车削加工技术是20世纪60年代由美国发展的金刚石刀具及气体、液体静压轴系技术等推动发展起来的，标志性成果是1984年美国劳伦斯·利弗莫尔国家实验室研制的超精密单点金刚石车床（LODTM）和POMA精度提高计划。进入21世纪，第二代超精密单点金刚石车床采用了直线电动机驱动及快刀伺服等技术，使车削加工技术发展到非回转对称及微纳结构的加工，精度也有所提高。如美国Precitech公司的Nanoform700Ultra的空气静压主轴，其径向、轴向回转精度均小于15nm，液体静压导轨的直线度小于0.3μm/350mm，位置反馈分辨率达到32pm。新一代超精密切削机床精度更高，且向5轴和车、铣、磨复合方向发展，特别是主轴回转精度小于10nm，伺服反馈元件的分辨率提高，带动运动分辨率提高至接近纳米水平，超精密切削的表面粗糙度已经突破纳米水平。

在光学加工方面，确定性修形机床得到广泛应用。通过干涉检测完成光学元件误差建模，通过子口径抛光工具形成确定性的加工去除函数，通过对工具驻留时间的控制实现误差的有效去除。去除函数的形状、确定性和时间上的稳定性是实现高精度加工的关键。子口径抛光机床的抛光工具有沥青盘、球囊、水射流、等离子体射流、磁流变抛光轮和离子束等。这些工具各具特点，在光学抛光中发挥不同的作用。目前磁流变和离子束抛光方法的去除函数的确定性和稳定性是比较高的，是实现纳米精度光学加工的重要方法。如何解决高性能光学元件加工是下一步光学修形设备的发展方向，在高精度和高效率的前提下，实现高性能加工成为未来光学加工机床的重要发展方向。

在精密与超精密制造领域，切削加工和抛光修形加工呈现逐渐融合的趋势。金属和晶体材料一般用切削机床加工，硬脆材料常用磨削加抛光机床加工。如铝镜，KDP晶体和硅、锗等红外晶体主要用切削加工方法实现高精度制造[14]，玻璃类光学元件和陶瓷类零件常用磨削加抛光方法加工，可加工到纳米精度。为了进一步提高加工精度和效率，超精密切削、磨削和光学抛光修形方法有融合发展的趋势，铝镜切削加工后用磁流变抛光能达到可见光衍射极限精度；用超精密磨削加工玻璃光学元件可极大地提高加工效率，打破了传统超精密切削和光学加工间的分界线[15]。随着精度要求的提高，光学加工中常用的 Preston 方程调控力、时间和相对速度的加工原理将用在切削、磨削工艺中，而超精密运动轨迹控制也会越来越多地用于光学修形中，两种理论和方法呈现不断融合的趋势。机床设备面临变革性新发展，给高端机床的国产化带来机遇，若能抓住机遇，则有望在高端精密与超精密机床方面实现基本国产化。

在精密与超精密加工设备智能化方面，随着多轴、多功能、复合工艺和高性能加工要求的出现，精密与超精密机床对智能化发展的需求越来越迫切。一方面，由于制造过程中的力、热、振动、位移、加速度、流量、黏度等多物理量需要控制，机床上需要更多的传感器去感知物理量的变化；另一方面，工艺和工序的控制更加复杂和精细化，需要智能制造技术的辅助。随着智能数控系统的诞生和推广应用，满足高性能制造要求的智能化精密与超精密机床将会进一步加速发展。

二、未来市场需求及产品

我国在自由电子激光光源、引力波探测、激光聚变系统、空间对地观测、微电子制造、高超声速飞行器等方面的发展，对精密与超精密制造提出了迫切的需求，精密与超精密制造装备领域需要大力发展高档数控机床、机床设计技术、基础零部件和智能化的控制技术等。

在航空和航天工业中的很多高精度的基础零件，如高精度轴承、陀螺框架、平台及仪表壳体、导引头部件、光学支架系统等，高档控制执行机构（如液压泵和伺服阀等高精度液压元件）、传感器等都要用精密与超精密加工方法进行生产。此外，航空发动机叶盘、叶片、大型飞机整体结构件的加工，高强度薄壁类零件及精密模具复杂型面的低损伤加工，飞机起落架主筒、飞行器等复杂机械系统的制造和装配，高功率密度车辆、舰船发动机、大型发电机组、高端数控机床等重大装备的制造也都需要精密与超精密加工方法来实现。

在光学器件生产方面，我国将从低端产品生产国向高端产品生产国转变，各类非球面、自由曲面、微纳结构光学元件将广泛运用和生产。我国将在超高精度、超大尺度精度比光学零件加工领域成为世界强国，如紫外/极紫外集成电路芯片制造光刻机物镜组；红外、太赫兹、中子和 X 射线光学元件；4~8m 超大口径光学反射镜元件、大型空基或地基天文望远镜等。

提高机床的加工精度仍是未来机床发展的重要方向。目前精密与超精密机床的切削加工精度仍不能满足产品需求，误差补偿技术可以对加工过程的装夹变形、热变形等系统误差进行补偿，如果运动误差是可以分离的系统误差，则补偿后加工精度存在进一步提高的可能，但本质上补偿精度受机床运动精度的限制难以提高。要进一步提高切削机床的加工精度，可以发展运动误差以外的感知技术，如力感知和控制技术，通过控制切削力实现去除量的有效调控，则加工精度可能会优于机床运动精度。光学抛光技术是通过控制确定性去除函数的作用时间实现误差去除的，由于去除函数的分辨率可以达到亚纳米水平，所以目前光学抛光精度大于切削加工精度，达到了亚纳米水平。但抛光的效率远不能满足光学加工的需求，提高收敛比，发展高去除效率和高去除分辨率的加工设备是提高光学加工水平的发展方向。

从高效率看，专用机床成为未来精密与超精密制造设备的一个重要发展趋势。手机、导引头、无人飞机和大型科学装置等对精密和超精密零件的需求呈现大批量增加的趋势。传统通用机床制造的方法正面临向专用机床制造转变，在提高效率、降低成本、保证质量方面专用机床具有明显的优势，比如高精度磨床、快速抛光机床、高精度模压机床、小尺寸零件加工机床等。目前超精密机床品种比较单一，以单点金刚石车床、磁流变和离子束抛光机床等为代表，价格昂贵，不能满足精密与超精密加工对效率和成本控制的需求。专用机床的设计研制需要有新的设计技术、基础部件和智能化的控制系统等支撑。以高可靠性、高性能、高动态和检测加工一体化为设计目标的新的设计方法，将支撑未来精密与超精密加工专用机床的发展，而以床身、主轴、转台、导轨、驱动和检测部件为代表的机床基础部件，是快速研制高性能机床的基础。

高性能制造系统成为未来高性能制造的基础。和专用机床发展方向不同，高性能制造系统以多功能为主要特征。单点超精密车床从 3 轴发展到 5 轴和 7 轴，从单一的车削，发展到车、铣、磨和多功能复合加工，以解决复杂面形状、特殊材料和高性能制造方面的紧迫需求难题[16]。目前已经出现车、铣、磨复合的超精密机床、激光超声辅助机床、小工具及磁流变复合的光学修形机床、在位检测修形一体化机床等。伴随复杂零件高性能制造发展的需求，高性能制造系统还将嵌入智能化感知和控制单元，为进一步提升制造系统的制造性能奠定基础。

三、关键技术

（一）精密与超精密制造装备及其设计

1. 现状

精密与超精密制造装备包括机床结构、传动链、尺寸链、力流链和检测链等的设计需要创新方法和技术，如高精度要求下综合考虑刚度、强度、阻尼和动态性能的设计，还需要考虑分布性环境参数、工艺参数偏差的影响[17]；超常工况下精度如何进行传递并保持长期稳定性；超精密装备的廉价化设计也需要现代优化设计方法，包括均（等）精度设计、适度精度设计，以及精度建模、评估和验算、改进与进化等。超精密机床技术难度大，涉及的范围宽，但其生产规模小，市场驱动力相对比较小，如何建立符合国情的设计、制造、服务体系也是需要解决的关键问题[18]。

2. 挑战

（1）精密加工装备稳定性设计理论与方法　精密加工装备面临的主要问题是稳定性，需要建立机床结构、传动链、尺寸链、力流链和检测链等的稳定性设计新方法和技术。急需建立精密加工装备稳定性分析模型，开展性能影响模式和危机度分析、故障树分析、热分析、公差分析等，制定和贯彻稳定性设计准则，以显著提升精密加工装备的服役性能稳定性。

（2）多尺度加工检测一体化　以4m大镜加工为例，超大口径零件的超精密加工经历了几十微米到纳米精度的演化，由于零件口径大、质量大，在位检测显得尤为重要，检测框和加工框分离是实现检测高精度的保证。实现从微米、纳米，乃至原子及近原子精度的检测，以保证从微米到纳米精度无缝衔接的加工，加工设备面临多尺度范围的检测和加工一体化设计的挑战。

（3）超精密车床多轴高动态特性设计　以自由曲面为代表的复杂形状超精密零件加工，要求车床具备多轴和高动态特性，多轴和高动态的叠加将影响创成精度的实现，为完成自由曲面纳米精度的车削加工，机床面临同时实现多轴、高动态和高精度设计的挑战。

（4）加工装备多功能、高性能设计　以高精度、低损伤为代表的零件加工成为高性能加工的典型要求，传统以脆、塑性材料去除方式切削和磨抛加工方法无法实现高性能零件的加工，以改性加去除或添加为主要手段的加工新方法和理

论应运而生[19]，多能场耦合、多工序集成，以及基于使役性能逆推的设计成为高性能加工设备的重要发展趋势，如何发明和设计高性能设备是面临的挑战。

（5）精密加工装备加工监控设计　提升精密加工装备的状态感知、实时分析、自主决策和精准执行能力，发展多传感器信息融合、加工工艺数据实时高速通信、时变加工状态自主分析和基于现状的加工过程自主决策等关键技术，开发集实时监测与自适应控制的精密加工软硬件集成系统。

（二）精密与超精密制造装备的高精度基础部件

1. 现状

按模块化来划分，精密与超精密机床的基础部件包括床身、导轨、主轴、电动机、数控系统、刀具、反馈元件和环境控制系统等。目前我国基本实现了精密机床的基础部件自主可控，但与国际先进水平相比，我国超精密机床的基础部件制造水平尚有一定的差距。在高精度导轨方面，我国导轨加工水平还停留在 1m 长度、直线度 1μm 的水平，主轴和转台的径向回转精度在 50nm 左右，不能满足纳米级精度机床的研制要求。反馈元件光栅尺优于微米精度的主要依赖进口，国外运动检测分辨率已经达到皮米水平，其对提高运动稳定性极为重要。高性能伺服系统包括数控系统、高性能电动机等，已经能够满足精密机床需求，超精密机床的伺服控制系统还依赖进口。环境控制是超精密加工技术的重要组成部分，隔振技术国内已取得突破，能够提供优良的隔振气垫，但环境温度控制技术还有待提高。

2. 挑战

（1）高性能床身部件　床身是机床运动系统的载体，精密与超精密加工设备要求床身具备高刚度、抗振动、抗温变、轻量化和高稳定性等特点，面对高性能制造技术的发展，要实现综合性能好的床身设计与制造仍然是一大挑战[20]。

（2）高精度和运动平稳性轴承　既要实现高的精度，又要实现极小的表面粗糙度值，轴承精度和平稳性是关键。回转轴承、直线运动轴承等是精密与超精密机床核心运动部件，要求刚度高、精度高、运动稳定性好。目前滚动轴承、静压轴承仍是精密与超精密机床使用的主要轴承，我国滚动轴承的微动特性差，静压轴承的刚性低，要兼顾精度、刚度和稳定性，高性能轴承的制造仍存在挑战。

（3）高精度反馈元件　纳米精度加工成为超精密加工机床的主要目标，反馈元件是实现运动部件高精度，快、准、稳运动的检测单元，目前常用的反馈元件是光栅和激光干涉仪，我国还没有可用于超精密机床的商品化产品，反馈元件如何实现皮米分辨率、长时稳定性和空间位置感知，面临挑战。同时，机床智能化发展需要多物理量高分辨率反馈元件，反馈元件是制造过程控制多样性的前提。

（4）高性能伺服与软件系统技术　伺服系统包括宏动和微动两大主要部分。以交流伺服电动机、直线电动机为代表的宏动伺服和以压电、音圈电动机为代表的微动伺服是目前机床主要采用的伺服系统。直接驱动技术成为主流，要求伺服系统进一步提高功率密度，增加伺服阻尼，降低伺服热量。实现面向航空薄壁件复杂曲面多轴联动加工的高性能数控软件系统、加工过程实时数字孪生软件系统的开发等。伺服系统在进一步提高精度、保持稳定性和实现高功率密度方面存在挑战。

（5）超精密环境控制系统　为了达到微米甚至纳米级的加工精度，必须对其支撑环境加以严格控制，主要包括空气环境、热环境、振动环境、声环境和磁环境等。空气环境中主要应控制的品质是洁净度，热环境与加工精度有密切关系，热环境中应控制温度和湿度。普通金属在温度变化1℃时的热膨胀量约为1.6μm，所以为进行亚微米精度的加工，温度变动范围应严格控制在一定范围内。

（三）精密与超精密制造装备智能化

1. 现状

目前绝大多数精密和超精密装备只有位置感知元件，缺乏必要的传感器感知机床状态，因此还不能实现加工过程的智能化调控。装备的工艺系统之间、装备与辅助设备之间、装备与装备之间要形成一个共融的整体，才能很好地实现智能制造的要求。未来精密、超精密制造装备在智能控制理论的指导下，通过在线或在位检测、过程建模和优化，可以达到资源节约、性能优化的目的。

2. 挑战

（1）智能化数控系统　精密与超精密加工机床需要更为先进的智能化数控系统，需要高功率密度伺服电动机、智能状态感知、智能化状态控制和智能化信息处理与交互等功能，从数字化发展到智能化是精密与超精密数控系统面临的挑战。

（2）智能化工艺系统　工艺系统包括工件、夹具、刀具和环境等要素，是实

现加工的主要载体。智能化制造工艺系统面临智能化升级，工件状态、环境状态、刀具状态的感知与调控，是精密与超精密加工装备面临的挑战。

（3）人-机-环境共融　智能化装备的一大特点是具备共融性，包括装备与人、装备与环境、装备与装备间的共融。精密与超精密加工装备为满足高性能、高效率制造要求，面临共融化发展的挑战。

（四）目标

预计到2035年，我国机床业发展的重点是采用精密型机床取代量大面广的普通型机床，进一步淘汰误差10μm以上的通用机床；大力开发精密级、超精密级加工中心和专用机床，基本替代进口；逐步建立我国纳米级超精密机床和专用设备的研究、开发与产业化基地，形成产业化能力和商品化系列。

精密与超精密装备及其设计向多尺度加工检测一体化、超精密车床多轴高动态特性设计、加工装备多功能高性能设计、误差可补偿性设计方向发展，解决大型零件加工检测难题、复杂面形加工难题、多物理约束加工难题和满足高精度加工需求。

精密与超精密装备的高精度基础部件技术向高性能床身部件、高精度和运动平稳性轴承、高精度反馈元件、高性能伺服系统、超精密环境控制系统和原子及近原子尺度的操控装备方向发展，解决机床高精度、高平稳性和高动态性能发展带来的难题。

精密与超精密制造装备智能化向智能化数控系统、智能化工艺系统和人-机-环境共融方向发展，以解决复杂工况下，高性能、低成本和高效率要求带来的难题。实现轴承球加工设备的智能化，在网络、大数据、物联网和人工智能等技术的支持下，满足高效、高质量的批量生产需求，进而为工厂的智能化奠定基础。

四、技术路线图

精密与超精密制造装备技术路线图如图5-3所示。

需求与环境	装备是精密与超精密零件的制造设备的总称，以精密与超精密机床为主要代表。精密机床的加工精度在微米量级，如轴承零件加工机床、发动机零件加工机床等。超精密机床的加工精度一般达到亚微米量级，包括切削加工机床和光学抛光机床等，主要面向陀螺零件、精密阀体零件和光学零件等

图5-3　精密与超精密制造装备技术路线图

	2021年—2025年	2025年—2030年	2030年—2035年
典型产品或装备	典型精密与超精密加工机床有精密车、铣和加工中心、轴承球体研磨机床、叶片抛光机床等。典型超精密机床包括单点金刚石车床、超精密磨床、多轴超精密复合加工机床、磁流变抛光机床、离子束抛光机床和剪切增稠弹塑性抛光机床等		
精密与超精密制造装备及其设计	目标：实现多轴纳米精度加工检测一体化机床设计	目标：实现高性能机床设计	目标：实现高性能智能化机床设计
	加工检测双框架系统设计技术，系统状态感知与误差补偿技术	静动态特性正向设计，添加、去除和改性综合多能场复合设计技术	高性能制造建模及检测技术，多物理量调控机床，智能化控制技术
精密与超精密制造装备的高精度基础部件	目标：实现高精度、刚度和运动平稳性机床模块制造	目标：实现高性能机床模块制造	目标：实现智能化基础部件模块单元制造
	高精度动静压轴承制造检测技术，高精度反馈元件和控制系统技术	多物理量可调控运动部件技术和检测单元技术	多物理量状态感知技术，多物理量调控技术，精度和刚度补偿技术
精密与超精密制造装备智能化	目标：实现机床设备的状态监控多机智能化	目标：实现机床设备大数据融合检测调控	目标：加工过程的智能化控制，人-机-环境的共融
	机床状态感知、健康自诊断技术，孪生模型	机床多物理量状态感知，多物理量状态调控	设备孪生建模，人-机-环境的交互感知和融合控制技术
时间段	2021年	2025年	2030年　2035年

图 5-3　精密与超精密制造装备技术路线图（续）

第三节　精密与超精密制造工具技术

一、概述

制造工具是指制造过程实现材料去除、添加或改性的装置，如刀具、砂轮、激光束、离子束等。随着精密与超精密制造从以精度为主转向以性能为主，工具的多样性特点逐渐显现。目前，国内外在航空薄壁件精密加工领域主要使用硬质合金、高速钢、人造金刚石、立方氮化硼、陶瓷等材料及涂层刀具。低碳制造、清洁切削、抗疲劳制造、智能制造是未来制造业的发展方向，精密加工刀具正在从刀具材料、设计、制备工艺、涂层、表面微细织构等方面发生变革。传统刀具主要是指金属切削工具、金刚石工具和磨料工具等，激光加工、水切割、增材制造和光学抛光技术等使工具的内涵进一步丰富。目前，我国基本实现了传统刀具的自主可控，但在刀具的精度、稳定性和耐用性等方面还有待提高。随着精密与超精密加工制造技术的发展，新型工具也不断涌现，以力作用为主的材料去除加工转变为以力、热、光等多场作用的去除、添加和改性制造。工具的辅助功能不断增加，各种能场的复合调控技术层出不穷，比如超声辅助、激光辅助、力控辅助、控时辅助等功能在工具技术中越来越多地被使用。为了更好地调控工具加工时的能量作用，能够感知加工状态和智能化调控状态的工具将应用于智能制造过程。新原理、多功能和智能化成为当前精密与超精密制造工具的重要发展趋势。

在超精密切削方面，金刚石刀具是主要的切削工具[21]。目前我国还不能自主生产高精度金刚石工具，如单刃/多刃金刚石微铣刀、波纹度控制金刚石光学车刀、微圆弧金刚石车刀、微纳金刚石检测针尖、圆锥球头撞针、钻石生物切片刀等，所需高精度金刚石工具依赖于进口。根据“高档数控机床与基础制造技术”重大专项的要求，未来我国航空、航天、船舶、汽车制造、发电设备制造等需要的高档数控机床与基础制造配套设施必须有80%左右立足国内，技术参数总体水平应达到国际先进水平，部分指标达到国际领先。这对于以中、低端制造为主，尚处于发展中阶段的我国金刚石工具制造业来说，面临巨大挑战。当前我国高新技术、战略性产业需求的高端工具制造遭遇的现实技术瓶颈迫切需要金刚石工具的基础制造工艺实现质的突破，国产替代进口产品面临的首要巨大障碍依然是精度难题，其次才是精度与使用寿命的兼容问题[22]。金刚石工具完成机械研磨后，若能提出新的工艺对工具晶体表面进行后处理，在不破坏工具已成形精度的前提下，诱导工具表面的相变碳原子重新组合，生成有序排列的碳六环膜层，则金刚石工具表面浅层硬度将剧增至TPa级，由此将带来高精度金刚石工具使用寿命的剧增，并引领未来高精度金刚石工具的产业化发展。金刚石磨料依然是精密与超精密制造中常用的工具，随着磨削精度和损伤要求的逐步提高，金刚石磨料粒度越来越细，且对分散度要求极高，长寿命分布式金刚石砂轮和超细金刚石砂轮的研制面临挑战[23]。

在光学抛光方面，传统抛光工具是沥青盘或聚氨酯盘，利用比工件小得多的抛光工具可实现误差高点的去除，提高工件的面形精度。光学修形方法的精度主要依靠抛光工具去除函数的建模精度，为了进一步提高去除函数模型精度，出现了磁流变和离子束抛光工具。这类抛光工具利用磁流变液和离子束等可控柔体特性，控制其在加工过程中的基本参数和特性不变，来提高去除函数精度，从而提高光学修形的精度。当然，小工具还包括水射流、磁射流、球囊等，在不同的工艺阶段发挥着各自的作用，其原则是可以建立稳定去除函数的工具都可以用来进行光学修形。为进一步提高光学修形的精度和效率，新原理和新方法的抛光工具还将不断涌现，如激光抛光、剪切增稠抛光、弹性力抛光和振动抛光等，另一方面抛光工具将添加更多的传感器，感知加工过程压力、速度、流量、温度、黏度等物理量变化，并实现精确调控，提高加工的精度、效率和表面质量。

为实现碳达峰和碳中和目标，制造工具技术扮演了重要角色。用于精密与超精密制造中的激光加工、增材制造和玻璃模压技术展示了制造过程向能量精确控制、宏微结构近净成形方向发展。此外，表面改性、多能场辅助和高精度加工也对提高制造过程的低碳化发挥了重要作用。以光学高精度磨削为例，随着磨削精度的提高和损伤的有效控制，可以减少光学元件后期研磨和抛光 80% 的加工工时，有效地控制了能量消耗。工具向高精度、智能化和低碳化方向发展是当前工具技术的重要趋势。

二、未来市场需求及产品

精密与超精密加工技术的发展对工具提出了高精度、高稳定性、智能化和新原理研究等需求。精密加工方面，面向耐高温金属、陶瓷材料和复合材料等的加工需求，超硬和涂层材料刀具仍是主要发展方向，急需发展刀具材料和高精度刃磨技术。

在超精密加工方面，仍以金刚石刀具为主，人造金刚石技术迅速发展，能否以人造金刚石替代传统的天然金刚石加工刀具，是一项颇具挑战的任务。当前孪晶金刚石材料的硬度优于天然金刚石，是制造优质刀具的好材料[24]。金刚石刀具刃磨技术是金刚石刀具制造的关键技术，无论是新刀具加工还是旧刀具修复，刃磨技术在刃磨精度、表面粗糙度和材料晶向定位方面都有待提高。由于超精密切削加工方法越来越多，包括车、铣、磨等，因此迫切需要复杂刃形金刚石刀具。目前复杂刃形金刚石刀具还停留在实验室研究阶段，需要进一步提升其加工技术的成熟度，以提供货架产品。大型超精密零件的加工需要耐用和刃形精度高的刀具支撑，比如大型滚筒零件超精密车削、大面积微纳结构零件加工、混合光

学元件制造等需求，对金刚石刀具寿命提出了极高的要求，提高刃形精度、发展多刃刀具、进一步提高材料特性等都是解决这一难题的可能途径。

在光学加工方面，新材料、复杂面形光学元件的出现对光学修形工具也提出了新的要求。光学抛光中主要依靠具有确定性去除函数工具的作用时间实现修形，去除函数分辨率越高越稳定，时间控制越精准，则加工精度越高。目前光学抛光的精度有待进一步提高，特别是加工前后误差的收敛比不能满足光学制造的要求，感知去除函数变化的手段比较单一，去除函数的效率和分辨率难以兼顾，因此研发能适应复杂曲面变化，具有优良的去除函数调控能力的加工工具是解决问题的可行途径[25]。智能化修形工具能够实时检测加工过程的关键物理量，并进行有效调控，将有利于提高修形的精度，特别是提高收敛比，故其研发成为迫切需求。在大口径光学镜面加工过程中，在面形误差由几十微米向微米收敛时，缺乏有效的加工工具。磁流变抛光实际去除量都在纳米量级，相对大镜精密加工效率太低；而砂轮去除量基本不受时间控制，磨削精度由机床精度决定，难以实现大镜微米精度加工。因此需要一种加工效率大大高于磁流变工具，可实现控时修误差（控制抛光工具在被加工镜面上的驻留时间来准确修除多余的材料，使面形误差减小）的新的抛光工具，以提高大镜精密加工的效率。

中、小型口径光学零件不同于大口径光学零件，很难用子口径修形的方法提高其精度。模压法是实现小口径光学零件高精度和高效率加工的有前途的方法，未来将大力发展玻璃非球面镜模压技术，因此需要进一步提高加工精度和模具的耐用性。增材制造技术逐渐用于光学制造中，可以完成功能结构一体化制造，在实现无热化光学系统和轻量化系统制造方面具有较大优势，目前反射镜和透镜都具备增材制造的潜力。利用离子束溅射可实现材料的精确定量添加，有可能实现纳米精度光学添加加工，提高增材制造精度和寻找合适的材料是发展该项技术的重要方向。

三、关键技术

（一）金刚石刀具高精度制造技术

1. 现状

金刚石晶体是当前可用工程材料中硬度最高的，是目前精密和超精密加工的最理想工具材料。做成的工具可具备纳米级精度和最优异的耐磨损性能。由于金刚石晶体硬度高且难磨，因此高精度金刚石工具的制备对工艺技术水平要求极高，堪称行业的皇冠明珠。而我国目前的金刚石工具制造技术水平又难担重任，形成了高新技术产业对高精度金刚石工具的市场需求完全依赖进口的畸形局面。复杂曲面超精密车削精度需要从 0.3μm 向 0.1μm 发展，刀具精度急需提高。大型超精密零件如微纳结构表面，需要进一步提高刀具寿命。为了掌握高精度金刚石工具制造的核心技术，满足我国高新技术、战略性产业对下游高端工具的制造产业需求，形成国民经济发展的新增长点，国家层面对高精度金刚石工具的基础制造工艺强化支持已极为必要和迫切。聚合金刚石刀具在精密加工中、天然金刚石刀具在超精密加工中分别起着重要的作用。超高转速下的微细铣削技术中，亚毫米直径单刃/多刃金刚石微铣刀的制作技术是难点之一。未来刀具制造精度极限的突破，需要基于新原理的超精密刀具设计理论，以及刀具新材料与涂层技术的开发和应用。

2. 挑战

（1）高精度刀具刃磨技术　超精密加工使用的单点金刚石刀具对刃磨技术要求极高，要实现纳米精度切削，则刃口钝圆半径要求达到3~4nm；要实现复杂曲面的纳米精度加工，则圆弧刀具的切削刃轮廓精度要小于100nm；要实现纳米甚至亚纳米表面粗糙度的超光滑表面切削，则刀具前后刀面的表面粗糙度也要达到超光滑水平，切削刃要圆润顺滑、无纳米微崩缺陷。金刚石刀具的刃磨既要求圆润顺滑的极锋利刃口和超光滑刀面，又要求极高的刃口形状精度，这都面临高精度的挑战。

（2）高精度高耐用金刚石砂轮技术　磨削仍是超精密加工的重要手段，进一步提高磨削精度和降低表面粗糙度，降低磨削过程产生的亚表面损伤，实现以磨代抛，是超精密磨削研发的重要任务，也是超精密切削加工和抛光加工有效融合的手段。提高磨削质量的关键之一是砂轮工具制造水平，要求砂轮具有微米粒度和高轮廓精度，能够在高线速度下使用，实现纳米级表面粗糙度的表面和亚微米精度磨削[26]。

（3）刀具检测评价技术　随着金刚石刀具尺寸形状精度向纳米水平发展，传统检测评价方法难以胜任[27]。如何实现刃口、刃形和前后刀面表面粗糙度等的高精度检测，是提高刀具制造水平的关键问题，特别是复杂曲面加工中切点发生变化，刃形精度影响切削精度，进一步提高对刃形和其曲率半径的检测精度将有效提高加工和补偿精度。

（4）金刚石工具的延寿技术　精密与超精密制造技术需要高精度和长寿命兼容的金刚石工具。在突破高精度金刚石工具刃磨技术的基础上，如何延长金刚石工具的使用寿命显得尤为重要。金刚石刀具可采用负倒棱技术，在切削刃上制备出纳米宽度的负倒棱，实现负前角超薄切削，以提高切削刃强度。纳米金刚石针尖或金刚石刀具可采用表面石墨烯改性技术，使浅表层显微硬度达到 TPa 量级，强化其耐磨损性能。金刚石微铣刀可采用光学对准装配和精密动平衡技术，实现 10000～20000r/min 转速下毫克以内的偏心质量校准精度，减少刀具质量偏心产生的自激振动，减缓切削刃的破损速率。

（二）智能化工具

1. 现状

随着精密与超精密制造精度和性能的提高，单纯控制轨迹加工向控制力、控制时间和控制能量等方向发展，新一代工具应具备加工过程的自主感知功能和性能调控功能。除了传统刀具切削过程的温度、振动、切削力、磨损和破损感知外，更大的挑战来自于加工状态的感知和加工能量的智能化控制，以适应复杂加工过程。光学抛光工具方面要进一步提高去除函数的短时和长时稳定性，以提高光学修形的收敛比。切削刀具加工状态目前主要检测其健康状态、判断其磨损振动等，进一步需要判断加工参数的变化，以实现智能化的调控，提高加工效率和质量。多场耦合的刀具的使用将越来越广泛，材料去除过程伴随表面改性，以改善加工环境；激光、超声等的耦合工具已被用于精密和超精密加工中；针对不同材料的加工需求，一些新的能量耦合方法将在未来出现。

2. 挑战

（1）切削状态自动传感智能刀具的研制　精密与超精密加工要求实现高性能和高效率，金刚石刀具要始终保持良好状态，实时感知切削力、切削温度等动态信息[28]。但刀具使用过程中磨损、崩刃等状况难免发生，如何对刀具状态进行自动传感，同时进行预测，是金刚石刀具智能化发展的挑战。

（2）工具加工状态短时和长时稳定性的控制　纳米和亚纳米精度抛光要求工具保持稳定的工作状态，这种状态可能受环境、工艺参数、工具状态参数和机床运动参数等多方面的影响，有时还具有强烈的非线性。因此，实现亚纳米或近原子尺度超精密加工，将面临工具状态的稳定性控制的挑战。

（3）加工-检测一体化金刚石刀具技术的建立　随着精密和超精密切削加工精度向纳米、亚纳米发展，切削加工表面微观形貌的动态监测和实时补偿已成为本领域未来的关键技术之一，但以当前的超精密在线检测技术水平难以实现超精密切削加工表面微观形貌的实时检测。根据金刚石晶体的光学特性，可以把金刚石晶体做成刀具和聚焦透镜的集合体，即建立加工-检测一体化金刚石刀具技术面临挑战。

（4）多场耦合工具的性能调控　多场耦合工具是实现材料去除、添加和改性等综合作用的有效手段。工具的复杂性带来了使用状态控制的复杂性，为有效实现高精度和高性能制造，对加工工具作用力、能量和时间等的有效调控面临挑战。

（三）低碳制造新型工具

1. 现状

碳达峰和碳中和是制造面临的重要挑战，发展绿色可持续精密与超精密制造工具的可持续制造特征有：新型工具的能耗和环境评价指标与评价体系的建立，绿色环保的精密与超精密工具技术、精密与超精密刀具的低碳制造技术的实现。光学零件的超精密模压技术在小口径光学零件加工方面极具潜力，特别是玻璃模压工具，可以极大地提高效率，实现绿色制造。目前小于10mm量级的口径的模压技术基本实现，100mm量级的大口径玻璃模压技术瓶颈还有待突破。离子束工具除了用于高精度修形，还将用于洁净制造，解决高性能光学元件加工中的损伤和污染等问题，也能够很好地解决加工中传统抛光液等带来的环境污染问题。

2. 挑战

（1）超精密模压工具的研发　模压是相比于材料去除和添加加工更经济、高效，因此也是更绿色的加工方法。但目前大口径零件的模压工具还无法满足压力、温度均匀性控制的挑战，导致模压零件存在应力集中和收缩不均匀等现象，加工精度和性能难以控制。

（2）低碳制造工具和方法的研发　目前制造过程伴随能量消耗和加工污染等非绿色因素，例如，传统磨削精度低、损伤大，极大地增加了后续精密、超精密加工的工作量。从整个工艺过程看，超精密磨削提高了精度，控制了损伤，减少了后续工时，低碳化效果明显。传统抛光效率低、污染严重，利用离子束抛光可提高收敛比，实现清洁化制造，成为超精密低碳制造的典型代表。提供能量消耗少、加工过程无污染和近无污染的制造方法和工具，成为低碳制造面临的挑战[28]。

（3）多工具的有效融合　材料去除、添加和改性往往需要不同的工具，融合不同的工具，将去除、添加和改性等过程进行有效的组合，相比传统单一工艺方法可大大降低价格和能耗，提高效率和性能。例如，激光辅助超精密切削单晶硅，在实现高精度的同时获得纳米级的表面粗糙度，可有效地减少后续加工量。超声辅助切削在提高效率的同时降低损伤，解决了硬脆材料的超精密加工难题，但多工具的有效融合将面临挑战。

（四）目标

预计到 2035 年，将淘汰技术落后的刀具，建立我国高精度刀具、微细刀具和多能场工具的设计、研发及产品系列化体系。刀具将越来越智能化，可感知包括力、热、速度和振动等加工状态，同时具备对加工参数的调控能力，解决难加工材料、弱刚性零件和复杂形状等的高精度加工问题。刀具将具备力、光、热多能复合功能，实现材料去除、添加和改性等多种选择，解决传统加工难题或实现高性能加工。研发新一代绿色加工方法及工具，建立高精度模压、添加去除复合、超高速切削等新一代加工工具，通过提高精度、降低损伤实现短流程加工，都是精密与超精密加工绿色制造的重要手段。到时，基于绿色环保、低碳技术的精密工具制造能力和水平将达到国际先进。

四、技术路线图

精密与超精密制造工具技术路线如图 5-4 所示。

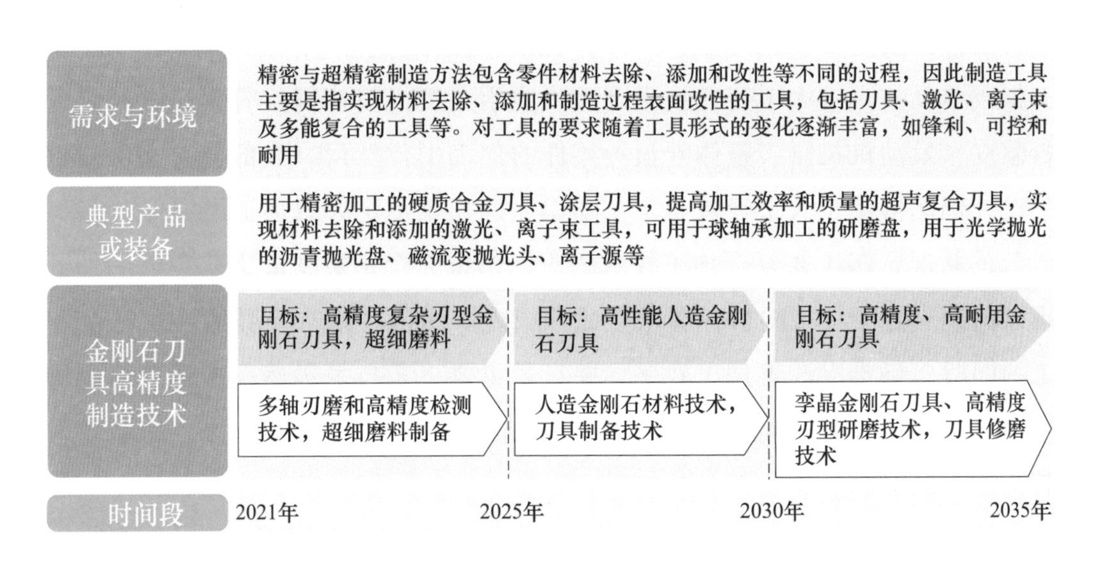

图 5-4　精密与超精密制造工具技术路线图

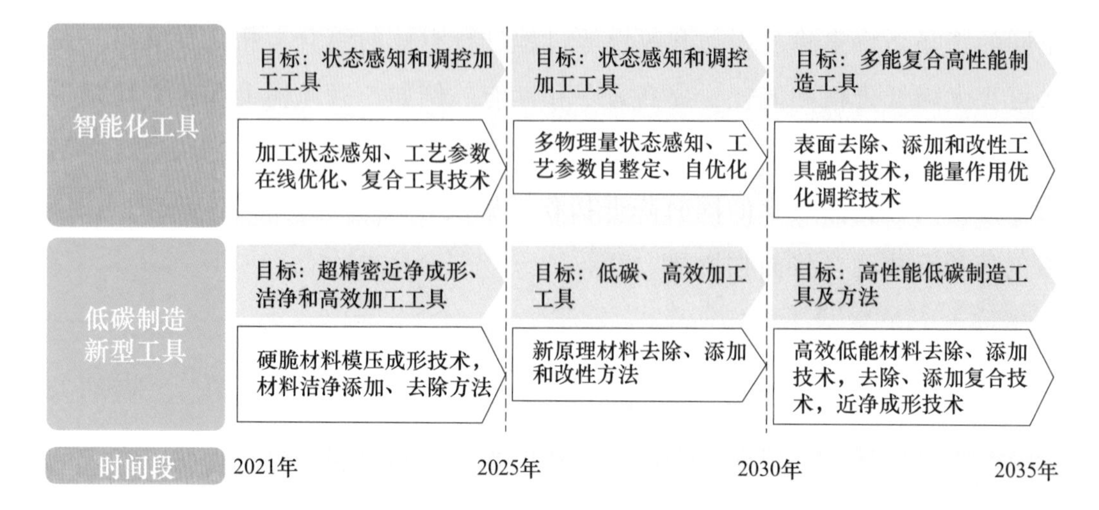

图 5-4 精密与超精密制造工具技术路线图（续）

第四节 精密与超精密制造工艺技术

一、概述

精密加工在航空工业领域的应用主要是高性能合金、硬脆材料、复合材料的弱刚性零部件的加工，涉及的加工工艺技术主要是精密车、铣、磨、镗、电加工等。目前，以航空发动机叶盘、叶片为代表的复杂薄壁零件已发展为检测-分析-加工集成单元技术，人工智能技术已逐步应用至飞机整体框梁骨架、碳纤维复合材料蒙皮、发动机机匣、整体叶盘等零件的加工中。然而，大部分航空薄壁件的工艺设计仍然依赖于人工经验，工艺知识原始积累不足导致加工出零件“形似神不似”的状况，多工艺复合加工技术的应用仍未完全掌握，多工艺集成的加工精度难以达到“1+1>1”的目标要求。此外，现有国内精密加工技术在保证高精度加工的同时，仍难以改善加工效率，并且最主要工艺技术仍然是参考和跟随国外的发展，未形成完整的自主体系，原始创新不足，从“0”到“1”的新技术研究有待多方面突破。

超精密加工在航天领域的应用主要是惯性器件、伺服机构、卫星有效载荷、导引头系统的核心零部件加工，涉及的加工工艺技术主要是超精密车削、磨削、小磨头抛光、磁流变抛光、离子束抛光等。目前以卫星有效载荷为代表的大口径非球曲面光学零件已实现超精密抛光工序数字化、自动化；智能制造技术理念已逐步应用至导引头头罩、透镜、反射镜等零件的批量加工中；伺服阀滑阀副精密偶件已实现在线数字化测量及配磨一体化。超精密制造技术虽有所突破，但面向产品的集成应用技术程度还不够，对操作人员的技能依赖性比较强、质量一致性不易保证、精度稳定性离目标还有一定差距。此外，随着应用需求的发展，现有国内超精密加工技术多专业融合趋势明显，上下游技术相互影响，需建立从原材料、制造到应用的全链路研究体系。

精密与超精密加工工艺是实现零件最终按图样要求加工的重要保证，利用传统工艺，大部分零件都能实现加工。但随着高性能制造要求的提出，单一从几何约束角度考虑的加工质量已不能满足要求，还需要从损伤、效率、环保和洁净等方面考虑加工效果。新的工艺方法应运而生，超声辅助、多能场耦合、增减材复合和表面改性制造等新工艺被越来越多地用来解决高性能制造的难题。例如，发动机叶片制造，不仅要满足高精度要求，而且要满足高温、高压极端工况条件下的使用性能，是典型的高性能制造问题，必须使用新的工艺方法。飞机起落架使用了高强钢，用传统的切削加工效率低、成本高，迫切需要新的工艺方法。目前由于我国在高性能制造领域研究才刚刚起步，对制造问题的认识有待深入，制造方法有待推陈出新。但在国家重大需求的牵引下，自主创新的工艺方法越来越多，精密加工的工艺技术正逐渐从跟跑向并跑和领跑发展[29]。

超精密加工方法主要有切削加工和抛光加工，抛光加工常指光学制造中的修形。光学超精密修形方面，确定性子口径修形工艺成为大镜加工的主流工艺，如磁流变和离子束抛光就是确定性光学抛光的典型代表，已越来越广泛地被应用。随着高性能制造要求的提出，如何控制中高频误差、提升收敛比、减少污染和降低损伤等成为新工艺要求，新的工艺方法也层出不穷。如高功率激光抛光是一种新型的非接触式抛光加工技术，可兼顾超精密加工质量和加工效率的要求，有望解决现有抛光工艺在加工效率、引入污染、表面/亚表面损伤和缺陷等方面的问题。弹性域抛光有可能很好地解决加工带来的损伤难题，离子束清洗有可能解决传统酸洗带来的污染问题，成为洁净加工的有效工艺方法。化学机械抛光的概念将被更广泛地应用，例如，用于磁流变抛光和离子束抛光时，增强化学作用往往会带来表面改性的效果。增材制造的方法可能会越来越多地用在光学元件加工中，不仅可以解决光学元件轻量化问题，甚至可以实现镜面的高精度加工，提高制造效率。同时，发展耦合光场、电场、磁场、化学与超声振动等多能场作用的新型超精密制造新原理与新方法，也是未来解决极大或极小尺度的软脆、硬脆、高辐射等难加工材料高效超精密制造的重要途径[30]。

超精密切削加工领域快轴技术的应用将会越来越广泛。快轴技术是相对快刀伺服和慢刀伺服技术而言的，快刀伺服刀具频响高，但行程短；慢刀伺服技术行程大，但机床运动惯量大，频响就低。随着自由曲面超精密元件的出现，要求有大行程、高频响的伺服刀具和工艺。快轴技术由于运动部分相对机床工作台惯量较小，能够很好地兼顾行程和频响。快轴刀具不仅能够解决复杂形状零件超精密车削问题，还能在加工复杂曲面时完成误差补偿，进一步提高制造精度，是一种有前途的新工艺。

在光学加工中，超精密切削和光学修形方法正在逐渐结合，铝等金属反射镜传统依靠超精密切削加工，长期以来不能满足可见光衍射极限精度，只能用在红外成像中。解决轻金属反射镜光学抛光工艺难题，有效提高金属反射镜的形状精度和表面粗糙度，将扩大金属光学元件的使用范围，推动光学系统的变革性发展。在传统玻璃类光学元件加工中，越来越多地融入了超精密磨削工艺。使用超精密磨削技术可以将光学元件的形状尺寸直接加工到亚微米水平，表面粗糙度达到纳米水平，实现干涉检测，取代传统研磨工艺，加工精度靠机床保证，避免了低效的反复迭代加工。同时超精密磨削可以控制在塑性域去除材料，加工损伤小，有效控制了表面亚表面损伤层厚度，有效减少了超精密抛光的加工余量。

二、未来市场需求及产品

精密与超精密加工涉及的零件种类繁多，这里选取有代表性的叶片、轴承和光学零件的制造工艺，基本能够反应精密与超精密制造工艺的发展方向。以发动机叶盘和叶片为代表的精密零件加工一直是精密切削加工工艺要解决的难点问题。除了几何形状复杂，其工艺还涉及难加工材料、多轴数控机床等问题的挑战。需要新的智能化工艺系统实现工艺优化，提供多能复合的加工方法，有效将去除、增加和表面改性等手段结合起来，解决难加工材料高效、高精度和高性能加工问题。

超精密切削加工的应用范围越来越广泛，因为其加工效率高，在高精度零件制造中相比修抛的方法有明显的优势。如何进一步提高超精密切削加工的精度，仍是这一领域未来面临的重要问题。单一运动轴精度的提高并不能解决问题，随着多轴超精密机床的出现，如何提高多轴联动精度，利用补偿方法解决运动的系统误差和装夹带来的变形误差将有效提高加工的精度。未来面临高精度零件的批量化生产需求，300mm 口径复杂形状零件的加工精度需要提升到 0.3μm 甚至 0.1μm 以内。

从大口径光学元件抛光发展来看，光学零件制造面临几大挑战，首先是超大口径光学零件加工效率的挑战。4m 甚至 8m 口径光学零件能否实现 1 年 1 片的目标，解决好微米精度的高效加工是关键。600mm 左右口径的纳米精度光学元件能否实现 1 周 1 片的生产目标，提高加工误差收敛比，降低损伤是关键。另外，高性能光学制造包括强光光学元件和 X 射线光学元件加工，需要在实现纳米精度传统工艺基础上，实现低损伤和洁净制造工艺，以提高光学元件的使用性能。全频段误差的控制仍是光学元件制造中的重要工艺难题，小工具修形和大盘光顺的结合仍是有效的方法，但需要能够实现纳米级中高频误差有效抑制的新的光顺工艺手段。

三、关键技术

（一）精密与超精密切削加工工艺

1. 现状

精密与超精密切削加工工艺是冷加工中的典型工艺，与加工装备、零件材料及要求密切相关。目前我国在高端零件制造过程中，受进口装备限制，工艺技术处于跟踪状态。随着装备技术的不断创新，工艺技术将迎来很大的发展。如发动机叶片、叶轮，高端轴承加工中复杂曲面、高精度球等的制造工艺实现国产化。超精密切削加工目前还是以单点金刚石车削为主，发展了快刀和快轴技术，可以有效解决非对称复杂形状和表面微纳结构的超精密加工[31]。高精度光学零件加工越来越多地实现了自主加工工艺，磁流变和离子束抛光等确定性加工工艺被广泛应用[32]。

2. 挑战

（1）超高精度切削加工工艺的研发　抛光精度高于切削加工精度，但切削加工效率远高于抛光加工，需要一种纳米精度的高效加工工艺，提高切削加工精度成为关注的焦点。目前切削加工精度受机床精度的限制，很难提高。利用补偿加工技术，实现对机床运动误差、装夹误差等系统误差的有效补偿，为打破机床精度限制，实现纳米精度加工提供了可能。但如何建立纳米精度切削工艺系统，实现有效补偿，是继续提高切削加工精度面临的挑战[33]。

（2）复杂形状零件的精密与超精密切削工艺的研发　面向航空薄壁结构件多品种、小批量的制造需求，立足于快速工艺设计、快速特征编程、工艺参数优化等关键方面，我们需要建立复杂薄壁零件精密加工工艺知识库，发展工艺机理精确仿真建模，开发知识驱动的智能数控编程技术，构建复杂薄壁结构零件智能工艺设计技术体系。复杂形状零件往往不具有回转对称性，车削时刀具处于高动态伺服状态，传统的快慢刀伺服加工技术，由于行程小，跟踪精度差，难以解决复杂形状表面高精度、超光滑加工的难题。进一步提高伺服跟踪精度，增大行程，是复杂曲面高精度切削工艺面临的挑战[34]。

（3）多能场复合切削加工工艺体系的建立　实现多能量场作用下的材料去除机理、加工表面损伤抑制策略、加工表面完整性主动控制等关键技术，建立硬脆材料、复合材料航空复杂薄壁零件多能量场复合加工工艺技术体系，是目前面临的挑战。

（二）精密与超精密磨削加工工艺

1. 现状

面对硬脆材料，超精密磨削技术显得越来越重要，提高磨削精度，降低磨削损伤，可以有效提高光学元件的加工效率，对实现高精度、高效率和高性能加工有实质性贡献。目前成熟的磨削技术还只能对简单零件进行超精密加工，进一步提高复杂零件的磨削精度成为迫切需求。中等零件磨削精度一般在 5μm 左右，大口径零件的磨削精度为几十微米，不能满足高精度加工的要求。磨削是损伤产生的重要工序，传统磨削工艺亚表面损伤层可达几十微米，为后续高性能加工提出严峻挑战。进一步提高磨削精度和减小磨削损伤深度，达到微米水平，是发展高精度磨削的重要目标[35]。

2. 挑战

（1）超高精度磨削工艺　精密加工中的轴承、叶片、叶盘等，超精密加工中的光学零件都迫切要求进一步提高磨削工艺的精度。以光学零件为代表的超精密加工零件需要微米甚至亚微米的磨削精度，可以直接实现干涉测量，和下一步光学抛光工艺对接，减小研磨的工作量。特别是大口径光学零件，提高其磨削精度在提高加工效率方面有显著作用。发展少轴、高刚度补偿技术和立轴磨削工艺等是提高磨削精度的有效途径。

（2）超低损伤磨削工艺　磨削工艺具有高效的特点，但大部分亚表面裂纹和划痕等制造缺陷产生于磨削工艺，在高性能制造如强光元件和微电子晶圆磨削中，要求很好地控制磨削带来的亚表面缺陷和化学结构缺陷。利用细粒度砂轮、软磨料、电解和超声辅助等方法在低损伤磨削中广泛应用，但希望在高效率加工的同时，进一步将损伤深度控制在微米以内，并有效调控化学结构缺陷，这还有待于进一步研究。

（3）控力、控时磨削工艺　传统磨削是控制运动轨迹的展成法加工，砂轮磨损、工艺系统刚度不足和磨削热的变化等会影响加工精度。磨削过程控制磨削力，可以解决弱刚性零件的高精度磨削难题。对于米级以上大口径零件微米精度磨削难题，单靠提高工艺系统运动精度很难解决。发展控时、控力磨削技术，通过进一步降低磨削效率，控制磨削力，改变驻留时间，提高磨削精度，有希望进一步提高大口径和超大口径零件的磨削精度。

（4）轴承球精密研磨、抛光技术　提高轴承球精度和表面质量的一致性是轴承球精密研磨、抛光的最大挑战，包括研究研磨和抛光过程中材料去除机理、表面形貌（微观粗糙峰的形状及分布以及表面波纹度）形成机理、表面组织和应力状态、球形误差演化；研发固着磨具和抛光介质，提高轴承球的加工效率和质量。

（三）光学零件超精密加工工艺

1. 现状

无论是切削加工还是小工具修形，都会在光学元件表面产生中、高频误差，不同光学波段使用的光学零件，其中，高频划分略有不同，这会严重影响光学性能，也制约了零件精度的进一步提高。因此发展适应复杂面形的光顺技术对抑制中、高频误差显得十分重要。微纳结构是指具有规则分布的微观几何拓扑形状与特定功能表面，在衍射光学元件、超疏水表面、微摩擦界面等方面有着重要的应用。混合光学元件是指在复杂曲面上制造微纳结构，是发展多光谱观测的重要零件，目前在简单面上加工光栅的工艺相对成熟，在复杂面上加工微纳结构的混合光学元件制造工艺亟待发展。化学机械抛光（CMP）是一种典型的化学机械作用耦合的光学加工方法，随着光学材料、光学性能的发展和加工精度效率的提升，需要多场耦合的光学加工方法，如超声、光学、热场等耦合传统光学加工方法，实现高性能光学制造。

2. 挑战

（1）复杂形面光学零件全频误差控制　全频误差针对不同光学波长定义略有不同，大约是在几十毫米到微米波长的误差，中、高频误差一般是由切削走刀轨迹、机床振动和小工具抛光路径等带来的误差，严重影响光学性能。传统简单曲面一般使用刚性大盘进行光顺加工，能够很好地抑制中、高频误差，但复杂曲面刚性大盘无法很好地贴合，中、高频误差的有效抑制面临挑战[36]。

（2）混合光学元件制造工艺　混合光学元件是指在高精度曲面上加工微纳结构，同时具有消像差和分光的作用，但如何在曲面上制造光栅或微纳结构仍是待解决的问题。微纳结构是衍射光学中的核心元器件，微纳单元几何精度与表面粗糙度可达数纳米，光学元件特征尺寸为微纳单元特征尺寸的3~5个数量级，微纳单元特征尺寸是几何精度的1~3个数量级。传统加工工艺还难以实现，相关制造技术面临挑战。

（3）强光元件的高精度、低损伤加工工艺　随着强光元件的使用条件越来越极端化，对加工精度和损伤控制的要求也越来越严。纳米损伤前驱体的抑制成为主要任务，由于缺乏有效的观测手段，对纳米量级的加工缺陷和污染认识不足，产生机理不明，因此还有待研究有效提高强光光学元件精度的低损伤加工工艺方法。同时，强激光、强辐射等极端服役环境对光学元件再制造提出迫切需求，研究光学元件服役过程中的性能表征方法与演化规律，探索其高性能、超精密再制造新原理与新方法，是光学元件在极端服役条件下运行维护面临的重要挑战。

（4）多场耦合光学加工工艺　光学元件尺度的极端化、形状的复杂化、材料的多样化，以及服役环境的极端化对其高性能、超精密制造提出新的挑战，发展基于多能场耦合作用的高效超精密制造新方法与新工艺是解决该问题的重要途径，而多能场复合超精密制造使得力、热、磁、光等多能场耦合作用与化学反应机制、材料变形断裂机制共存于表面创成过程，由此使得高精度、高性能光学表面的多场耦合创成机制与制造新工艺方法面临严峻挑战。

（四）目标

预计到2035年，将基本淘汰落后工艺，建立我国高精度、高确定性的工艺设计、研发与推广体系。实现轴承球材料的质量分级，满足不同使用要求；开发并推广新型陶瓷球烧结和钢球热处理技术和工艺，轴承球组织和物理性能均匀性及一致性达到国际先进水平。实现 G3 级轴承球的批量加工，普及小批量、多品种、高精度和高一致性轴承球制造技术和工艺，突破加工高精度轴承和超高速轴承所需的轴承球加工技术。使轴承球质量储备和精度保持性以及球面波纹度误差接近或达到国际先进水平。在切削加工方面，面临复杂表面弱刚性零件高精度加工的挑战，预计高动态、可补偿加工技术会迅速发展，实现高的跟踪精度和系统误差，以及装夹误差的有效补偿，从而提高切削加工精度，达到高于机床运动精度的加工水平。在光学加工方面，面临超大口径、超精度和强光光学元件加工的挑战。磨削精度将进一步提高，以实现大镜加工效率的提高。中、高频误差抑制始终是复杂形状零件加工的难点，影响了光学系统的效果，新的抑制中、高频误差的加工方法将会发挥重要作用。曲面光栅和强光元件的出现，将会要求光学加工解决低损伤和洁净制造难题。我国在复杂型面超精密复合加工工艺、各种功能材料的超精密加工工艺、纳米切削、大中型非球面光学零件的可控柔体研抛工艺研发能力上达到国际先进水平，形成原子及近原子尺度制造的典型工艺雏形[37]，在部分核心制造技术领域处于领先地位。

四、技术路线图

精密与超精密制造工艺技术路线图如图 5-5 所示。

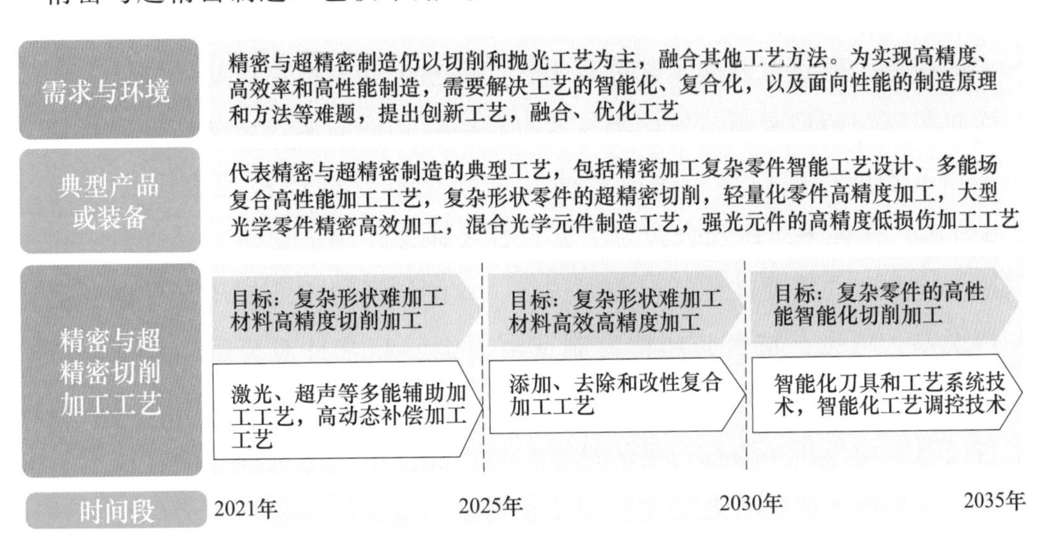

图 5-5 精密与超精密制造工艺技术路线图

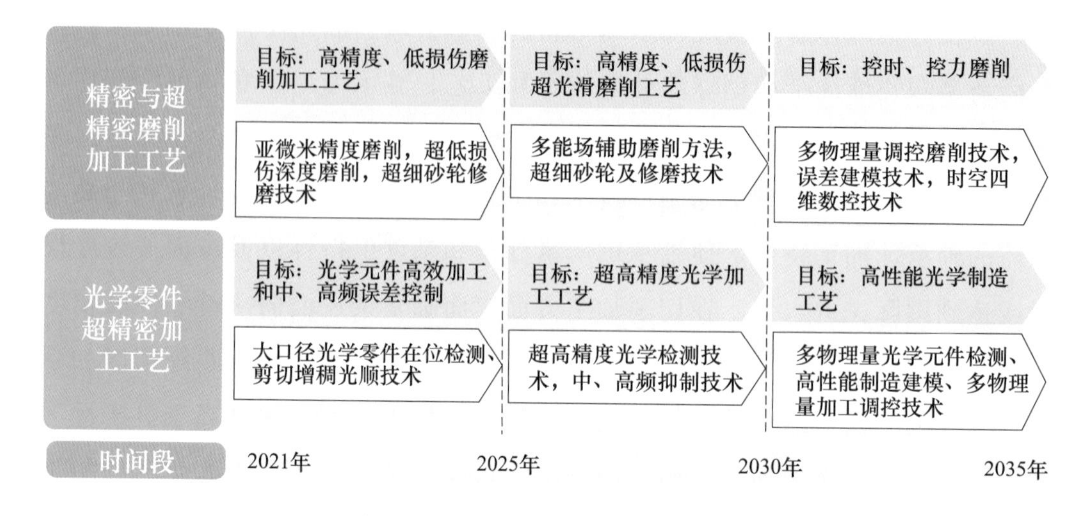

图 5-5 精密与超精密制造工艺技术路线图（续）

第五节 精密与超精密制造检测技术与仪器

一、概述

检测是保障制造装备精度要求、提高制造过程可靠性、确保产品性能不可或缺的关键技术手段。随着制造精度和产品服役性能要求的不断提升，检测在精密与超精密制造中的作用日益凸显。精密与超精密制造是基于高精度加工装备、借助特定的工具、通过可控的工艺过程来生产高精度和高性能产品的制造方法。因此，面向精密与超精密制造的检测技术也相应包括面向制造装备精度的检测、面向工具和工艺过程的检测、面向产品几何精度和性能的检测等多个方面，如图 5-6 所示。在许多应用场合，为了更为有效地保障制造质量，针对精密和超精密制造的检测往往需要在位甚至在线进行，检测结果要求能够用于反馈补偿和修正制造误差。可见，精密与超精密制造需要能够综合针对装备、刀具、制造过程、制造产品的检测与质量控制体系，而非单一的检测技术。我国在超精密检测技术与仪器方面近年来取得长足的进步，然而还仅限于个别种类测量技术和仪器的研发，尚未形成能够有效支撑精密及超精密制造的综合检测能力。特别是在用于超精密制造的具有高精度检测技术与仪器方面，我国仍处于初级发展阶段，对进口检测仪器设备的依存度过高，实现自主可控的超精密制造检测与质量保障能力和体系的构建还任重道远，面临着诸多挑战[38]。

超精密机床装备是精密与超精密制造实现的基础。当前，主要利用准直仪、激光干涉仪和光栅尺等对超精密机床进行检测校准，以此评价机床的直线度、垂直度、定位精度和动态特性等。随着高性能元器件的尺寸的极端化与形状复杂化，机床装备在保持高精度的同时，向大行程与多轴联动方向发展。随着机床轴系增加，运动误差种类增加，从装备、制造过程到工件的误差传递规律都是复杂且难以测量的，将测量结果用于补偿加工过程更是困难。对于高精度、长行程、多轴超精密机床的空间轨迹的高精度检测与误差校准技术有待进一步突破[39]。

工具和工艺过程同样需要有效的检测和感知技术进行保障。对制造过程的检测和感知包括力、温度、刀具磨损状态等。对于超精密制造来说，基于力的材料去除是最主要的方式，力是反应机械加工状态的关键因素，高精度的加工力在线监测是加工状态监控的重要途径之一。但目前高精度测力计主要依靠进口，国产仪器在稳定性和灵敏度方面还有待提高。随着超精密制造向智能化方向发展，制造过程的检测由单一参数检测向多参数智能感知与状态推理方向发展，因此，研发更加契合制造过程的嵌入式传感器用于多参数的稳定可靠和高精度智能感知是我国未来超精密检测技术发展面临的关键问题。精密与超精密制造检测技术与仪器如图 5-6 所示。

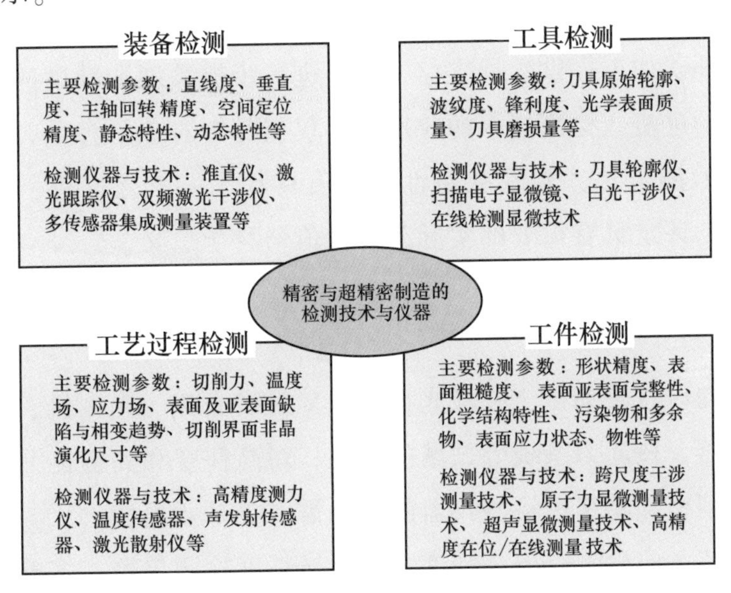

图 5-6　精密与超精密制造检测技术与仪器

对于超精密制造的工件，通常是利用波面干涉仪、三坐标测量仪、轮廓仪和扫描探针显微镜等对零件的形状、尺寸和表面粗糙度等进行检测。波面干涉仪精度高，目前仍是超精密加工零件形状精度的主要测量手段，但进行非球光学表面形状测量时需要添加补偿器，且量程有限。三坐标测量仪可以适应不同的复杂形状，但大口径面形测量精度还达不到纳米水平，纳米精度的坐标测量成为发展方向。特别需要指出的是，当前制造的精度向原子和近原子尺度发展，但仍然缺少有效的检测手段能够完全适用于原子及近原子尺度制造（ACSM），这成为制约ACSM 技术发展的瓶颈问题之一[40]。

随着制造从高精度向高性能化发展，除了几何形状，工件的表面及亚表面完整性以及性能参数也需要可靠的检测手段。特别是有些零件的性能是由制造过程决定的，发展高性能制造就需要提供多物理量检测手段，建立性能物理量和制造参数间的映射模型，为优化高性能制造工艺奠定检测基础。如何实施形性同时检测并与制造工艺过程相结合是当前检测技术面临的一大挑战。

总之，为了适应精密与超精密制造的高精度和高性能发展，精密与超精密制造需要对设备进行几何精度和运动特性检测、加工过程状态检测及零件形状和性能检测。要求进一步提高仪器的检测精度，几何参量检测精度普遍达到纳米水平，并进一步向近原子尺度方向发展。高性能制造需要针对零件的性能进行物理参量的检测，如表面和亚表面的完整性、化学结构特性、污染物和多余物，以及表面本征特性变化等。在位检测仪器将越来越多地应用到制造过程中，提高在位检测精度，为补偿加工提供数据支撑，也是进一步提高制造精度的基础。随着超精密制造技术的进步，检测技术的应用也不仅仅是针对单一参量，发展智能化的精密与超精密检测方法，实现装备性能、工具状态、工艺过程、工件品质的准确、快速测试和评定具有重要的实际工业价值与科学意义。

二、未来市场需求及产品

随着我国在航空发动机、强激光系统、X 射线光源、光刻机、空间引力波探测、高速飞行器、核动力系统等领域的发展，对高精度和高性能元器件的制造需求不断增长，精密和超精密检测仪器的市场需求也日益迫切。

面向机床装备的检测需要高精度主轴回转精度检测仪器、多轴空间定位误差检测仪器，以及相应的误差分析及补偿控制软件等。当前，我国在中、低转速主轴回转精度检测方面已经能够自主集成开发检测装置，但检测装置中所用的传感器，如高精度的电容位移传感器、色散共焦传感器等，仍然依赖国外高端产品。在高速主轴回转精度检测方面，面临着一系列瓶颈问题。能够满足高速、高精度主轴回转精度检测的传感器、仪器设备，以及相应的误差分析算法软件未来将有着巨大的市场需求。在空间多轴定位精度检测与误差分析方面，国外高精度跟踪仪等产品仍然占据市场主流，我国急需研制具有自主知识产权的满足高速、多轴、高精度机床装备精度校准的检测仪器，尤其是自主可控的误差解耦、分析及补偿软件。

面向工具和工艺过程的检测仪器的市场需求日益增长。制造精度的极端化、工艺过程的复杂化对检测技术和仪器产品性能提出了严峻的挑战。例如，为了实现原子近原子尺度（小于 0.2nm）的超精密加工，单点金刚石刀具切削刃曲率半径必须只有数纳米甚至更小，而该尺寸已经小于扫描探针显微镜探针曲率半径的大小，无法精确测量。能够实现高精度刀具复杂几何轮廓的超精密测量仪器未来将具有巨大的市场潜力。制造过程的检测仪器产品以多轴高精度测力仪最具有代表性，这一领域仍然为国外产品所垄断。未来随着超精密制造向高性能和智能化方向发展，能够与超精密制造过程集成的嵌入式力场、温度场、流场、电磁场的在线检测与监控技术与成套仪器将成为产业领域的急需产品。

面向复杂形状的高精度检测技术目前国内还比较缺乏，传统的三坐标测量技术基本上停留在微米精度，还不能解决纳米精度的测量问题。目前英国和荷兰等先进国家已经生产出纳米精度的坐标测量机，基本满足复杂形状的纳米精度测量需求，但由于装夹、基准变换等问题，在测量的稳定性、一致性等方面还有待提高[41]。在位测量是实现高精度和高效率加工的重要保证，在位测量目前受机床运动精度的限制，不能满足进一步提高加工精度补偿运动误差等需求。发展检测基准框和运动框分离的在位检测技术，使其不受设备本身运动精度的限制，从而打破在位检测自己检自己的局限，为进一步提高补偿加工精度提供数据支撑。干涉在位测量已经用于大口径光学零件抛光中，克服了环境、机床布局等的影响，进一步提高了检测精度和效率[42]。

以极紫外光刻和 X 射线反射镜等为代表的超高精度零件，目前缺乏超高精度检测设备的溯源和传递手段，从实物基准向自然常数基准转变的过程中，急需解决高精度检测设备的计量问题。高性能制造在满足零件设计精度要求的同时，还要保证其使用性能。传统制造过程主要依靠几何量测量来满足评价指导加工的需求，缺乏适应高性能制造的检测体系，因此需要通过关键物理量的检测来推断和评价制造性能，有待推出针对面形性能的新的检测方法和设备。

三、关键技术

（一）多轴超精密机床的精度校准和误差补偿

1. 现状

为满足各种高性能元器件的制造要求，机床装备朝着高速、高精度、多轴方向发展，这对机床基础部件的几何精度、机床装配精度，以及对机床热特性和热耦合的抑制提出了更严苛的要求。多轴联动的轨迹跟踪误差会造成单轴运动误差与轴间作用误差的叠加，复杂制造过程所引起的机床发热会额外增加机床的运动误差，这些误差在机床的设计与制造上很难被完全消除。因此，为保证元件的加工精度与质量，对机床装备的精度校准与误差检测，并在加工过程中进行针对性补偿是解决此难题的关键技术途径[43]。

2. 挑战

（1）主轴高速回转误差检测与补偿　超高速旋转工况下主轴回转精度和动态误差检测极具挑战性。高精度、高频响的检测传感器与仪器系统开发是实现高速主轴回转精度检测的前提与保证，主轴回转误差和标准件几何误差的分离方法与技术的发展是实现误差精确补偿的保证。

（2）长行程高精度导轨运动误差检测与补偿　机床滑轨在运动时存在多个方向的偏摆误差和直线度误差，长行程滑轨在提高行程的同时增大了自身的运动误差。多轴联动下的运动误差存在叠加效应，探究误差分解方法、误差传递规律、多轴联动轨迹下的误差模型与补偿策略将是超精密误差补偿的重要挑战。

（3）运动轴间几何误差检测　多轴超精密加工设备运动轴间的垂直度、平行度等几何误差是制造误差重要的影响因素，目前，在超精密加工和检测设备研制中，运动轴间几何误差受测量精度不高、不具有实时性等困扰。实时提高运动轴间几何误差测量精度，为机床装调和误差补偿提供了有效的数据参考，能够进一步有效提高设备精度。

（二）工具和超精密制造工艺过程的智能检测与监控

1. 现状

制造过程中力、振动、声发射、温度、工件表面粗糙度等参量的变化与刀具状态和材料去除工艺过程息息相关，可通过使用适当的传感器来检测，根据所检测的信号特征来推断和评估刀具与工艺过程状态[44]。这涉及高精度测力计、振动传感器、声发射传感器、温度场传感器等多种检测仪器。实现上述检测仪器与超精密加工装备的一体化集成，并在此基础上实现对工具和制造工艺过程的智能检测与监控，既是高性能制造和智能制造的本质需求，也是未来精密与超精密制造领域急需的关键技术[45]。

2. 挑战

（1）表面质量演化的感知与监测　在超精密制造过程中，温度场变化、应力应变、时变载荷等将影响刀具与工件加工界面的稳定性，甚至引起加工表面缺陷。驱动力、惯性力、加工力的解耦策略，制造过程多模态、多特征信号的检测及分析，表面完整性与力、振动、温度场特征信号的映射关系构建等，是实现表面质量智能在线感知的重要技术途径[46]。

（2）刀具磨损状态演化的实时感知与监测　需要通过高灵敏度切削力感知实现对刀具微小磨损的及时监测，以及换刀时间的准确判定。切削力信号与刀具磨损演化之间的映射关系、刀具尖端与参考表面接触感知的刀具磨损量定量辨识方法、精度演化评估及换刀时间的准确预测等，是实现高精度刀具磨损监控面临的重要挑战。

（3）工艺系统状态感知与调控　为实现精密与超精密加工，特别是高性能制造，整个工艺系统必须处于优化、健康和稳定的状态，从而加强对工艺系统的状态感知和调控，包括工具、运动、环境和被加工零件材料本征状态等，以确保制造质量[47]。

（三）多尺度复杂形状及产品性能的多参数超精密检测

1. 现状

目前超精密制造能够制造出具有毫米甚至数十米量级宏观尺寸、微米或纳米尺度特征结构的高性能功能器件，这些功能器件呈现复杂的跨尺度几何特征。与传统器件相比，多尺度制造器件对制造过程中的检测技术提出了全新的挑战。传统检测手段无法对大尺寸元件进行纳米精度的全域尺寸测量。飞机机翼、发动机叶片等构件广泛使用的新型复合材料由数层、甚至数十层不同材料组成，不同层之间的材料物性匹配是影响构件性能与寿命的关键因素，目前尚缺乏实现对多层材料物性进行高效、无损检测的技术与装备。高精度光学元件、新型半导体基片等的超精密制造具有严苛的质控需求，需要对表面粗糙度、面形误差、表面/亚表面/内部微缺陷等进行全域高效检测及评定，国内缺乏针对此方向的关键技术与装备，这也是制约关键部件稳定生产的关键因素。

2. 挑战

（1）多尺度复杂形状超精密检测　对于大尺寸超精密元件，从宏观几何形状到微观形貌的测量要跨越宏观、介观甚至微观多个尺度。如何实现高精度与大量程测量、形状和位置精度的测量、在位检测原理与方法的探究、制造过程可变干涉测量，以及短波长、复杂面形的超高精度测量新方法的创新提高等，是实现多尺度复杂形状超精密检测要面临的重大挑战[48]。

（2）高精度检测设备计量　微米精度的测量有相对成熟的计量体系，进入到纳米甚至亚纳米测量范畴，设备的计量问题有待解决。超精密加工精度已到极限，用于标定的标准件精度很难再进一步提高，在此前提下，高精度检测设备精度的传递、高精度检测设备精度的溯源，以及极限精度检测设备的研制都面临挑战。

（3）高性能检测方法　高性能检测是伴随高性能加工诞生的新名词，需要建立新的检测规范。目前工厂级的制造过程检测主要停留在几何量检测上，尚缺乏有效的性能检测方法和设备。如何进行多物理量的物性检测表征、高性能与制造工艺的关联关系探究、高性能检测涉及的多物理量如何计量等，是实现高性能检测要面临的挑战。

（四）目标

预计到2035年，面对高精度、高性能检测的需求，测量设备在扩大量程的基础上还将继续提高测量精度，智能化测量方法的出现将有利于解决量程和精度、系统误差和零件误差耦合等的矛盾，在位测量方法将在制造过程中普遍使用，解决大型零件加工和误差补偿加工面临的难题。高精度检测设备的计量方法面临变革，面形自然常数的溯源手段将促进高精度测量设备的研发和使用。高性能制造对高性能参数的测量表征提出迫切需求，由于对高性能的认识、多物理量间的耦合等存在认识过程，解决高性能计量方法、高精确参数表征和工艺过程的关联关系，以及多传感器测量融合等方面的难题，将有效推动高性能测量技术的发展。同时，将研发适用于精密与超精密制造在线、在位测量的新型传感器和仪器，建立我国精密与超精密机床伺服反馈检测元件的设计、研发、产品系列化体系，研发新一代智能传感器、系统运行参数检测与表征测量仪器和测量方法，并实现典型 ACSM 测量方法及相关仪器，使精密与超精密测量系统的能力和水平进入国际先进行列。

四、技术路线图

精密与超精密制造的检测与仪器技术路线图如图 5-7 所示。

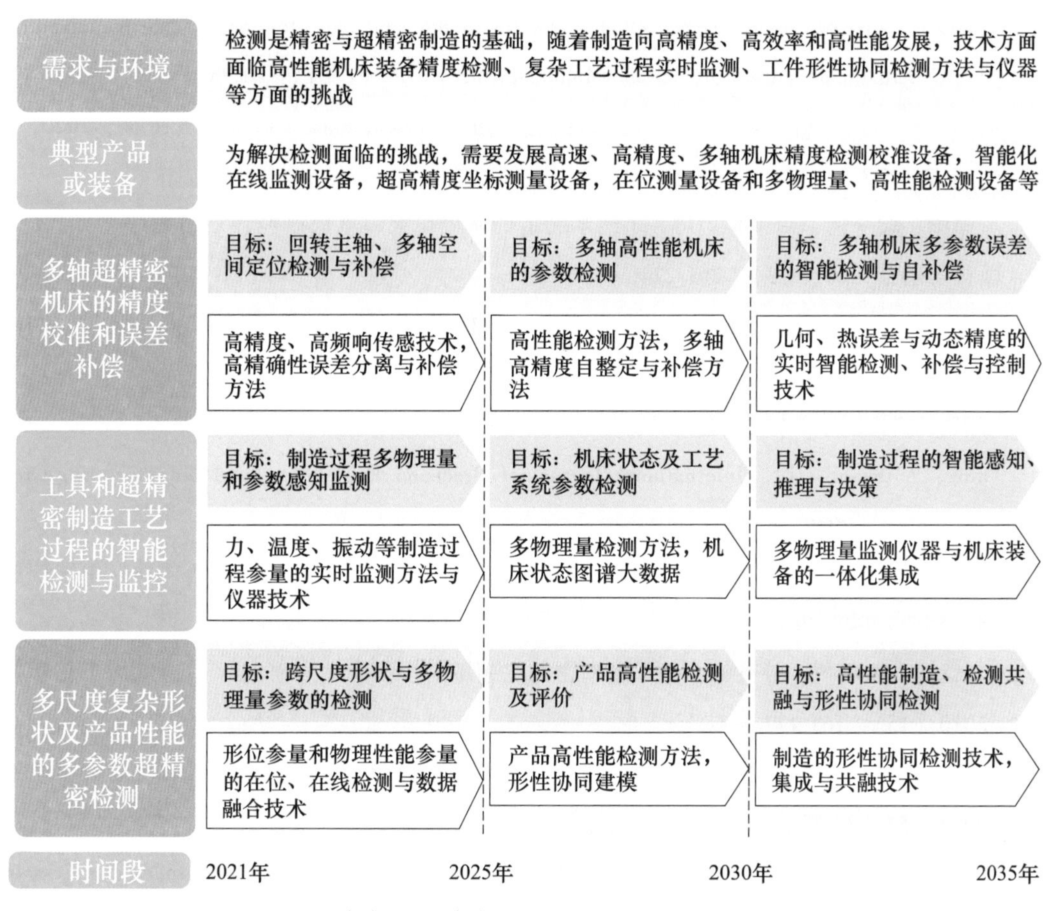

图 5-7　精密与超精密制造检测与仪器技术路线图

参考文献

[1] WANG B, LIU Z, CAI Y, et al. Advancements in material removal mechanism and surface integrity of high speed metal cutting: A review [J]. International Journal of Machine Tools and

Manufacture，2021：103744.

[2] “10000个科学难题”制造科学编委会. 10000个科学难题-制造科学卷［M］. 北京：科学出版社，2018.

[3] 戴一帆，彭小强. 光刻物镜光学零件制造技术概述［J］. 机械工程学报，2013，49（17）：10-18.

[4] 李圣怡，彭小强. 光学可控柔体的理论与制造方法［J］. 机械工程学报，2013，49（17）：1-9.

[5] ZHANG Z，YAN J，KURIYAGAWA T. Manufacturing technologies toward extreme precision［J］. International Journal of Extreme Manufacturing，2019，1（2）：022001.

[6] FANG F，ZHANG N，GUO D，et al. Towards atomic and close-to-atomic scale manufacturing［J］. International Journal of Extreme Manufacturing，2019，1（1）：012001.

[7] 徐超，彭小强，戴一帆. 复杂曲面铝反射镜超精密制造现状［J］. 光电工程，2020，47（8）：200147.

[8] 王国彪，赖一楠，卢秉恒，等. “纳米制造的基础研究”重大研究计划结题综述［J］. 中国科学基金，2019（3）：261-274.

[9] 彭小强，戴一帆，李圣怡. 大型光学表面纳米精度制造［J］. 国防科技大学学报，2015，37（16）：1-7.

[10] SCHNEIDER F，DAS J，KIRSCH B，et al. Sustainability in ultra precision and micro machining：A review［J］. International Journal of Precision Engineering and Manufacturing-Green Technology，2019，6（3）：601-610.

[11] 蒋庄德，林启敬，赵立波，等. “互联网+”时代下的传感测试技术发展［J］. 中国计量，4（505）：6-9，2017.

[12] 袁巨龙，张飞虎，戴一帆，等. 超精密加工领域科学技术发展研究［J］. 机械工程学报，2010（15）：161-177.

[13] 梁迎春，陈国达，孙雅洲，等. 超精密机床研究现状与展望［J］. 哈尔滨工业大学学报，2014（5）：28-39.

[14] LIANG Y C，CHEN W Q，SUN Y Z. A mechanical structure-based design method and its implementation on a fly-cutting machine tool design［J］. The International Journal of Advanced Manufacturing Technology，2014，70（9）：1915-1921.

[15] SHORE P，MORANTZ P，LUO X，et al. Big OptiX ultra precision grinding/measuring system［C］. Proc. SPIE 5965，Optical Fabrication，Testing，and Metrology II，59650Q-1～8（19 October 2005）.

[16] 李圣怡，戴一帆，王建敏，等. 精密和超精密机床设计理论与方法［M］. 北京：国防科

技大学出版社，2009.

[17] CHANG Y，DING J G，HE Z F，et al. Effect of joint interfacial contact stiffness on structural dynamics of ultra-precision machine tool [J]. International Journal of Machine Tools & Manufacture，158 (2020) 103609.

[18] YUAN J L，LYU B H，HANG W，et al. Review on the progress of ultra-precision machining technologies [J]. Frontiers of Mechanical Engineering，12 (2017)：158-180.

[19] LIAO W L，DAI Y F，XIE X H，et al. Deterministic ion beam material adding technology for high-precision optical surfaces [J]. Appl. Opt，52 (6)：1302-1309.

[20] YANG B，XIE X H，ZHOU L，et al. Design of a large five-axis ultra-precision ion beam figuring machine：structure optimization and dynamic performance analysis [J]. International Journal of Advanced Manufacturing Technology，2017 (4)：1-12.

[21] 袁哲俊，王先逵. 精密和超精密加工技术 [M]. 3 版. 北京：机械工业出版社，2016.

[22] ZONG W J，LI Z Q，SUN T，et al. The Basic Issues in Design and Fabrication of Diamond Cutting Tools for Ultra-precision and Nanometric Machining [J]. International Journal of Machine Tools & Manufacture，special issue on Design of Ultraprecision and Micro Machine Tools and their Key Enabling Technologies，2010，50 (4)：411-419.

[23] ZONG W J，ZHANG J J，LIU Y，et al. Achieving ultra-hard surface of mechanically polished diamond crystal by thermo-chemical refinement [J]. Applied Surface Science，2014，316：617-624.

[24] QUAN H，LI Y D，BO X，et al. Nanotwinned diamond with unprecedented hardness and stability [J]. Nanture，2014，510：250-253.

[25] IKAWA N，SHIMADA S，TANAKA H. Minimum thickness of cut in micromachining [J]. Nanotechnology，1992；3：6~9.

[26] GAO W，MOTOKI T，KIYONO S. Nanometer edge profile measurement of diamond cutting tools by atomic force microscope with optical alignment sensor [J]. Precision Engineering，2006，30：396-405.

[27] CHENG K，NIU Z C，WANG R C，et al. Smart Cutting Tools and Smart Machining：Development Approaches，and Their Implementation and Application Perspectives [J]. Chinese Journal of Mechanical Engineering，2017，30：1162-1176.

[28] CHEN X，LUO Z，WANG X J. Impact of efficiency，investment，and competition on low carbon manufacturing [J]. Journal of Cleaner Production，2017，143：388-400.

[29] 郭东明，孙玉文，贾振元. 高性能精密制造方法及其研究进展 [J]. 机械工程学报，2014 (11)：119-134.

[30] 李圣怡，戴一帆，彭小强. 光学非球面镜可控柔体制造技术［M］. 长沙：国防科技大学出版社，2015. 12.

[31] 李荣彬，孔令豹，张志辉，等. 微结构自由曲面的超精密单点金刚石切削技术概述［J］. 机械工程学报，2013（19）：144-155.

[32] 李圣怡，戴一帆，康念辉，等. 碳化硅光学反射镜超精密加工的基础理论与方法［M］. 北京：科学出版社，2014.

[33] ZHU Z W，TONG Z，JIANG X Q. Tuned diamond turning of micro-structured surfaces on brittle materials for the improvement of machining efficiency［J］. CIRPAnnals-ManufacturingTechnology，68（2019）：559-562.

[34] 李敏，袁巨龙，吴喆，等. 复杂曲面零件超精密加工方法的研究进展［J］. 机械工程学报，2015（5）：178-191.

[35] BRINKSMEIER E，MUTLUGÜNES Y，KLOCKE F，et al. Ultra-precision grinding［J］. CIRP Annals-Manufacturing Technology，59（2010）：652-671.

[36] DU C Y，DAI Y F，GUAN C L，et al. Rapid fabrication technique for aluminum opticsby inducing a MRF contamination layermodification with Ar+ ion beam sputtering［J］. Opt. Express，21（6）：8951-8966.

[37] 房丰洲. 原子及近原子尺度制造——制造技术发展趋势［J］. 中国机械工程，2020（9）：1009-1021.

[38] 谭久彬. 精密测量体系与装备制造质量［J］. 中国工业和信息化，2019（12）：58-61.

[39] 郭东明. 高性能精密制造［J］. 中国机械工程，2018（12）：757-765.

[40] FANG F Z，ZHANG X D，GAO W，et al. Nanomanufacturing-Perspective and Applications［J］. CIRP Annals-Manufacturing Technology，66：683-705.

[41] 陈善勇，戴一帆，薛帅，等. 光学自由曲面的CGH补偿干涉测量技术［M］. 北京：科学出版社，2020.

[42] GAO W，HAITJEMA H，FANG F Z，et al. On-machine and in-process surface metrology for precision manufacturing［J］. CIRP Annals-Manufacturing Technology，2019（68）：843-866.

[43] JIANG Z，YANG S. Precision Machines［M］. Berlin：Springer，2020.

[44] LI C S，SUN L，YANG S M，et al. Three-dimensional characterization and modeling of diamond electroplated grinding wheels［J］. International Journal of Mechanical Sciences，2018（144）：553-563.

[45] TETI R，JEMIELNIAK K，DONNELL G O，et al. Advanced monitoring of machining operations［J］. CIRP Annals-Manufacturing Technology，2010（59）：717-739.

[46] CHEN Y L，CHEN F，LI Z，et al. Three-axial cutting force measurement in micro/nano cutting

by utilizing a fast tool servo with a smart tool holder [J]. CIRP Annals-Manufacturing Technology, 2021 (70): 33-36.

[47] DENKENA B, BOUJNAH H. Feeling machine for online detection and compensation of tool deflection in milling [J]. CIRP Annals-Manufacturing Technology, 2018 (67): 423-426.

[48] CHEN S Y, XUE S, ZHAI D D, et al. Measurement of freeform optical surfaces: trade-off between accuracy and dynamic range [J]. Laser & Photonics Reviews, 2020 (14): 1900365.

编撰组

顾　问　蒋庄德　李圣怡

组　长　戴一帆

第一节　戴一帆　朱利民　康仁科　袁巨龙　房丰洲　杨树明

第二节　戴一帆　何建国　魏朝阳　杨　辉　张云龙

第三节　孙　涛　关朝亮　陈明君　赵正彩　许剑峰　宗文俊

第四节　彭小强　徐九华　戴一帆　兰　洁　周天丰

第五节　陈善勇　陈远流　薛　帅　胡　皓　朱志伟

第六章
Chapter 6

微 纳 制 造

第一节　概　　论

微纳制造技术指尺度为毫米、微米和纳米量级的结构、元件、零件以及由这些零部件构成系统的设计、加工、组装、集成的科学与技术。它包括纳米压印、离子束直写刻蚀、电子束直写刻蚀、自组装等自上而下和自下而上两种制造过程。微纳制造涉及材料、设计、加工、封装、测试等方面的科技问题。

微纳制造主要研究特征尺寸在微米、纳米范围的功能结构、器件与系统设计制造中的科学问题，研究内容涉及微纳器件与系统的设计、加工、测试、封装与装备等，是开展高水平微米纳米技术研究的基础，是制造微传感器、微执行器、微结构和功能微纳系统的基本手段和基础。微纳制造以批量化制造、结构尺寸跨越纳米至毫米级、三维和准三维可动结构加工为特征，解决尺寸跨度大、批量化制造和个性化制造交叉、平面结构和体结构共存、加工材料多种多样等问题，其突出特点是通过批量制造降低生产成本，提高产品的一致性、可靠性。目前微纳制造技术重点研究集成电路（Integrated Circuit，IC）制造技术、微纳器件的增材制造、微纳制造中的检测技术和装备、微纳机电器件制造技术、微流控器件制造技术等。

按照加工对象的尺寸划分，微纳制造技术包括微制造技术和纳制造技术。微制造主要指微机电系统（Microelectromechanical Systems，MEMS）微加工和机械微加工的制造。MEMS微加工是由微电子技术发展起来的批量微加工技术，主要有硅微加工技术和非硅微加工技术，包括硅干法深刻蚀技术、硅表面微加工技术、硅湿法各向异性刻蚀技术、键合技术、光刻、电铸和注塑（Lithographie Galvanoformung Abformung，LIGA）技术、UV-LIGA技术及其封装技术[㊀]等。MEMS加工以硅、金属和塑料等材料的二维或准三维加工为主。其特点是以微电子及其相关技术为核心技术，批量制造，易于与电子电路集成。机械微加工成形加工工艺包括：微细磨削、微细车削、微细铣削、微细钻削、微冲压、微成形等。在微

㊀　UV，Ultraviolet，紫外线。

纳制造的各类技术中，MEMS/NEMS是战略性、前沿性、前瞻性技术，引领了微纳制造技术方向，得到各国政府重视：1992年美国DARPA专门成立微系统办公室，支持微电子、光电子、MEMS、架构、算法及软件研究；2016年美国Future Scout发布《2016—2045年新兴科技趋势》（*Emerging Science and Technology Trends：2016-2045*）报告，新兴科技共20项，物联网排在第一，而MEMS是物联网的三项关键技术之一；2020年美国国务院发布《关键与新兴技术国家战略》（*National Strategy for Critical and Emerging Technology*），将先进传感列为20项关键与新兴技术之一。欧盟地平线2020计划（*The Horizon 2020*）中专门设立有微纳制造组（Micro-and Nano Manufacturing Community）。我国《国家中长期科学和技术发展规划纲要》（2006—2020）在前沿技术中明确指出“重点研究微纳机电系统、微纳制造等相关的设计、制造工艺和检测技术”；《国民经济和社会发展第十四个五年规划和2035年远景目标纲要》中，将MEMS列为科技前沿领域攻关方向。根据法国咨询机构Yole预测，2024年MEMS和传感器市场规模将达到约930亿美元，应用领域覆盖消费电子、汽车、医疗、工业、电信、航空航天、物联网、军事等。微纳制造技术路线图如图6-1所示。

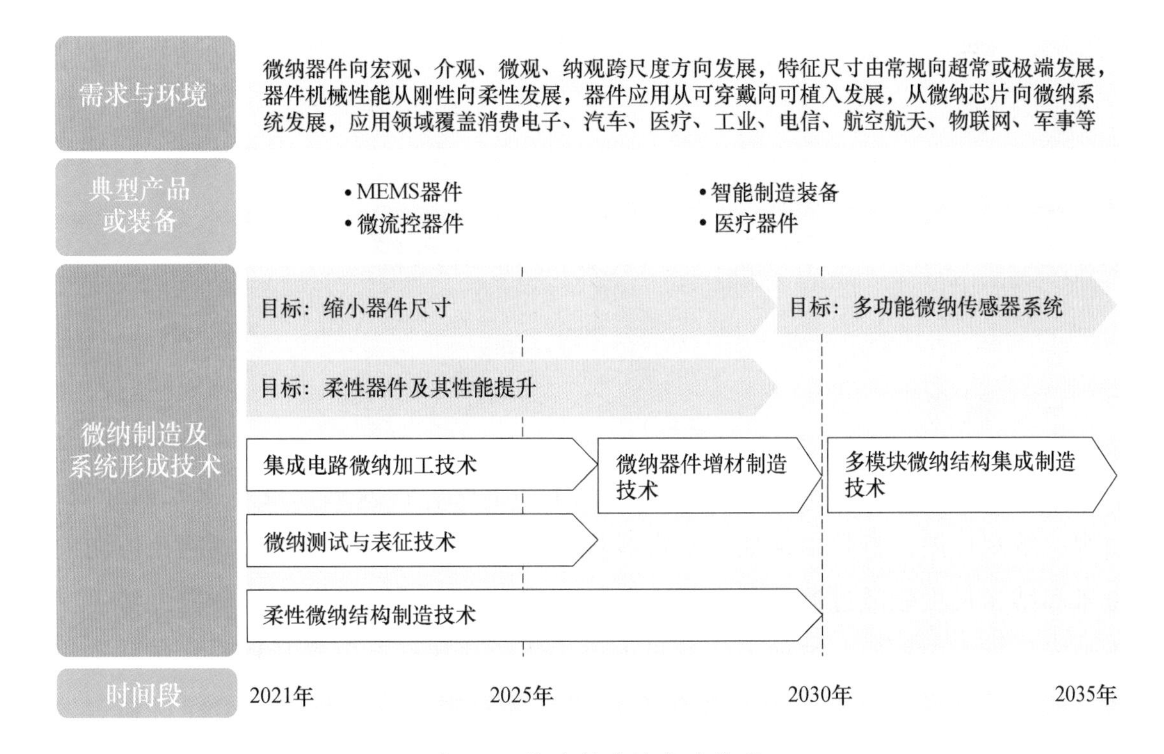

图6-1 微纳制造技术路线图

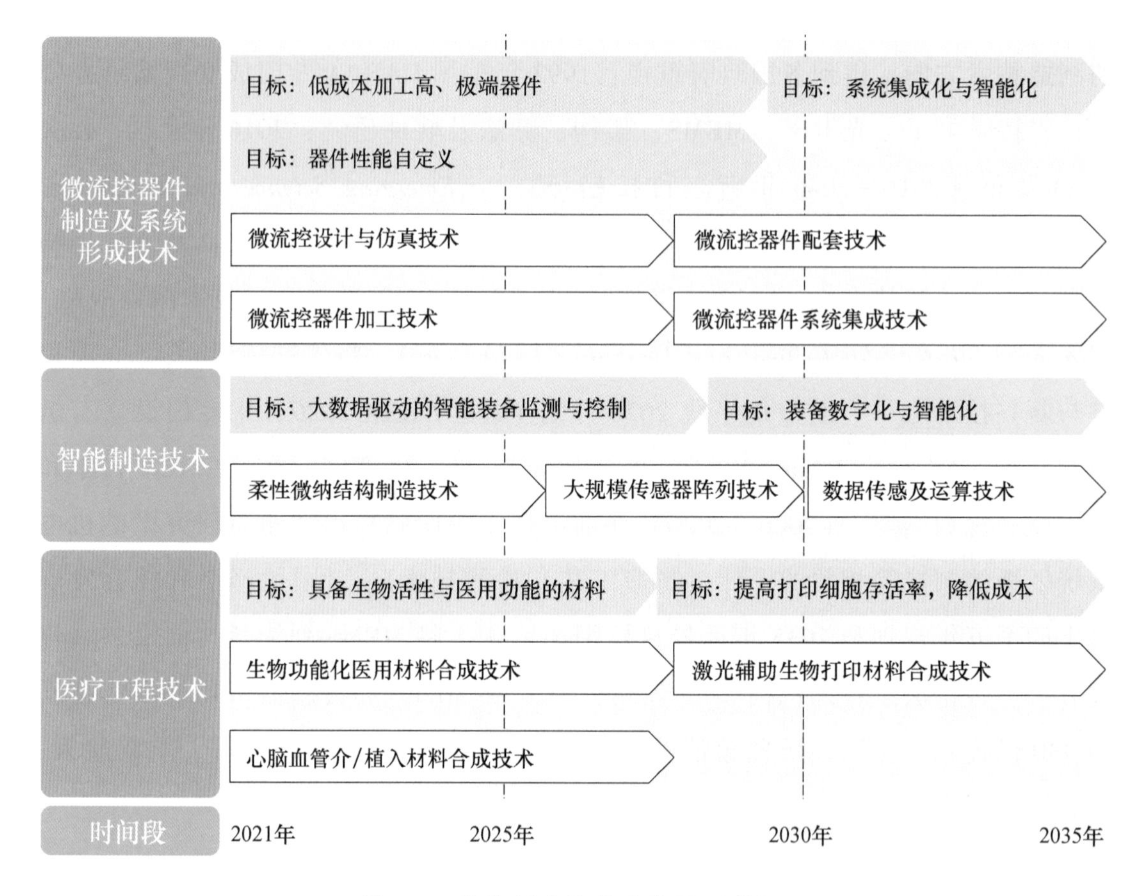

图 6-1　微纳制造技术路线图（续）

第二节　微纳制造及系统

一、概述

随着对微纳制造基础科学问题的研究不断深化，涉及的尺度从宏观向介观、微观、纳观扩展，参数由常规向超常或极端发展，以及从宏观和微观两个方向向微米和纳米尺度领域过渡及相互耦合，结构维度从一维纳米尺度逐渐向二维、三维纳米尺度方向拓展，被加工的材料也由传统的硅基材料向碳基材料、拓扑绝缘体材料、二维超导材料、第三代化合物半导体材料、有机材料、柔性材料等发展。在特征尺寸由微米到纳米的过渡过程中，制造对象与过程涉及了微纳跨尺度问题，纳米效应（尺度效应、表面/界面效应、量子效应）成为影响结构/器件性能的主要因素，宏观结构材料的物理性质和描述块体尺度下的规律面临纳米效应的挑战，特别在经典力学的连续性假设、载能子输运模式的转变以及材料自身的物理性质参数等方面都需要重新认识。同时，微纳制造涉及光、机、电、磁、生物等多学科交叉，还需要对多介质场、多场耦合进行综合研究。由于微纳器件向更小尺度、更高功效方向发展，材料的多样性，材料可加工性、测量与表征性成为重要的关键问题。

二、未来市场需求及产品

基于微纳制造技术的微纳结构、器件及系统具有微型化、批量化、集成化和智能化特征，极具应用渗透力，具体包括：

（1）消费电子应用　MEMS/NEMS 在以智能手机为代表的消费电子应用呈爆发式增长，加速了微纳制造技术发展，产品包括麦克风、加速度计、陀螺、磁场传感器、气压传感器、指纹传感器，及振荡器、滤波器、RF 开关等。

（2）汽车应用　MEMS/NEMS 在汽车应用先后是节能（如各种压力、流量、振动传感器）、安全（防撞气囊加速度传感器、胎压传感器等）、舒适（温湿度传感器等）及近年发展的自动驾驶（自主导航：惯性、磁场传感器，激光/超声/毫米波雷达）。

（3）医疗与健康应用　研发趋势是便携、可穿戴、可植入和微型化。例如，可便携案例，微流控芯片，Butterfly Network 公司 2018 年发布的 CMUT、Exo Imaging 公司 2020 年发布的 PMUT 手持医疗超声诊断仪；可穿戴案例，智能手表中血压血糖心率心电检测、助听器以及增强现实/虚拟现实/混合现实（AR/VR/MR）；可植入案例，Neuropixels 2.0 高密度微探针阵列，能够记录 10240 个神经元信息。

（4）工业应用　2013 年德国提出“工业 4.0”，是以智能制造为主导的第四次工业革命，实现制造业向智能化转型。2016 年启动 AMELI 4.0 项目（“工业 4.0”状态监测应用的 MEMS），为未来工业 4.0 开发新的传感器系统，即利用机器自身振动收集能量，机器状态、噪声监测并无线发射数据。

（5）电信应用　5G 快速发展对 RF（Radio Frequency，射频）MEMS 滤波器、双工器、振荡器、开关、可调天线等有巨大需求。

（6）航空航天应用　各类飞行器的信息化、智能化以及微型飞行器快速发展成为微纳器件与系统的重大需求牵引，如光谱成像、智能蒙皮以及微纳卫星等。

（7）物联网应用　智慧城市、智慧能源、智能家居、生态监测、重大基础设施健康监测等。

三、关键技术

（一）集成电路微纳加工技术

1. 集成电路器件的发展

集成电路芯片是现代信息技术的基石，现代电子芯片组成器件中约90%源于硅基互补式金属氧化物半导体（Complementary Metal-Oxide-Semiconductor，CMOS）器件。经过半个世纪的快速发展，硅基互补式金属氧化物半导体技术逐步走到了7nm技术节点，慢慢接近极限。堆叠纳米片晶体管是制造未来晶体管的有效方式之一，通过堆叠薄硅片，在更小的晶体管中增加沟道宽度，同时严格控制泄漏电流，从而提供性能更优、功耗更低的器件（图6-2）。纳米片可以加宽来增加电流，也可以缩窄带宽来降低功耗，如何进一步提高电子的迁移速度，使晶体管开关速度可以更快，同时将新材料引入沟道区域，如由三五族元素组成的

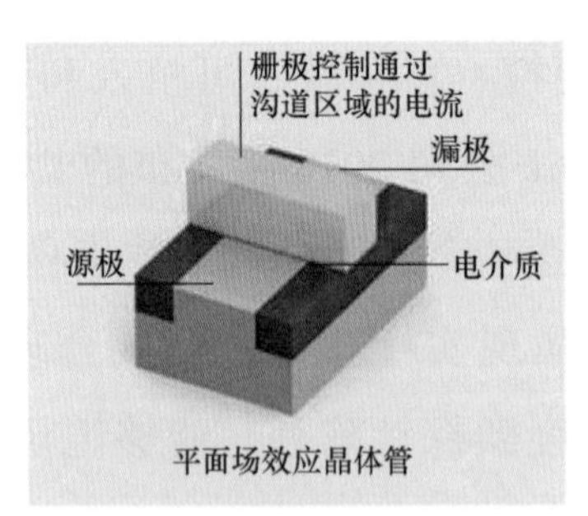

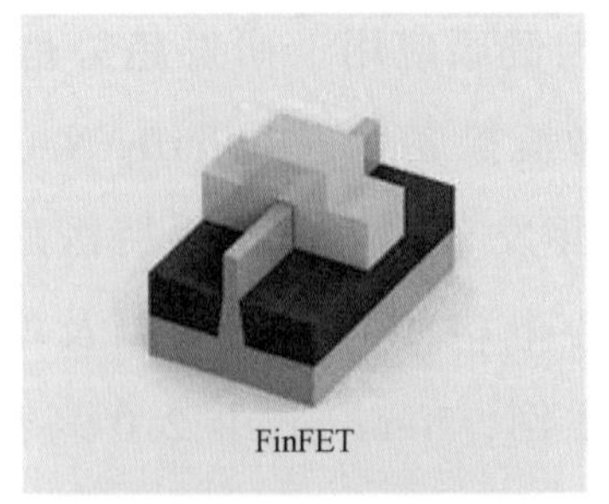

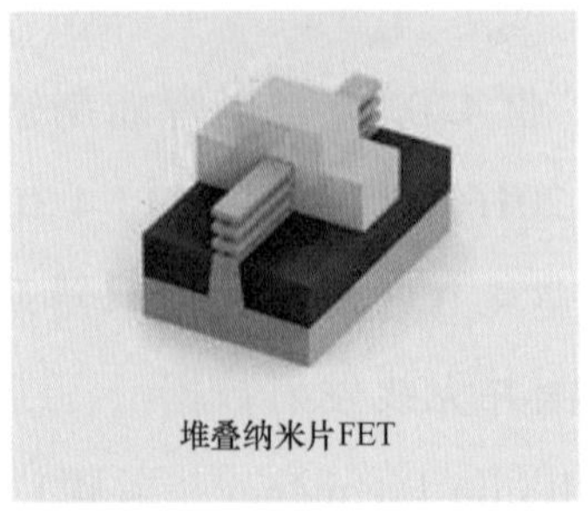

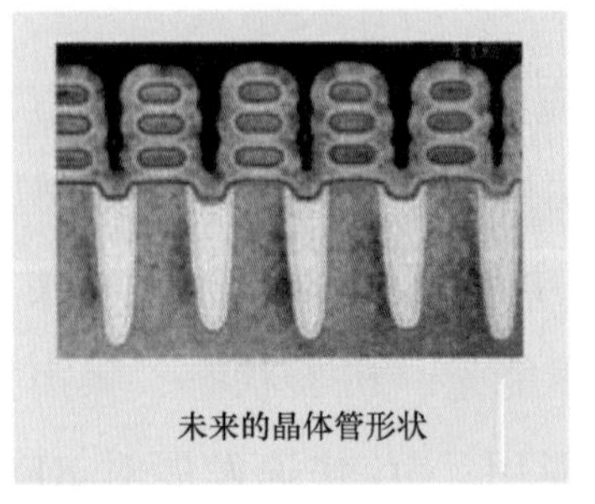

图6-2　平面场效应晶体管向堆叠纳米片晶体管结构的演变

半导体（砷化镓、砷化铟和锑化镓），是未来发展的挑战。

随着硅基微电子器件尺度进入深亚微米后，后摩尔时代非硅电子学的发展备受瞩目，目前器件的物理尺度基本达到量子力学所允许的绝对极限。新材料将通过全新物理机制实现全新的逻辑、存储及互联概念和器件，推动半导体产业的革新。例如，拓扑绝缘体、二维超导材料等能够实现无损耗的电子和自旋输运，可以成为全新的高性能逻辑和互联器件的基础；新型磁性材料和新型阻变材料能够带来高性能磁性存储器，如磁阻式随机存取内存（Magnetoresistive Random Access Memory，MRAM）和阻变存储器，三代化合物半导体材料、绝缘材料、高分子材料等基础材料的技术也在孕育突破。特别是碳基 CMOS 集成电路在结构、超薄的导电通道、极高的载流子迁移率和稳定性方面具有优势，图 6-3 所示为北京大学 5 nm 栅长碳管晶体管。然而，碳基集成电路的研制是一个庞大的系统工程，涉及材料学、微纳加工技术、电子器件的设计和制备、系统集成等多个领域，从理论与实验研究到工业应用，在碳基材料能隙控制、生长位置方向控制、电学接触、载流子浓度控制、栅介质/界面等制备工艺还面临着巨大挑战，如何实现与硅基芯片同样规模的晶体管集成也是未来研究的一个重大课题。

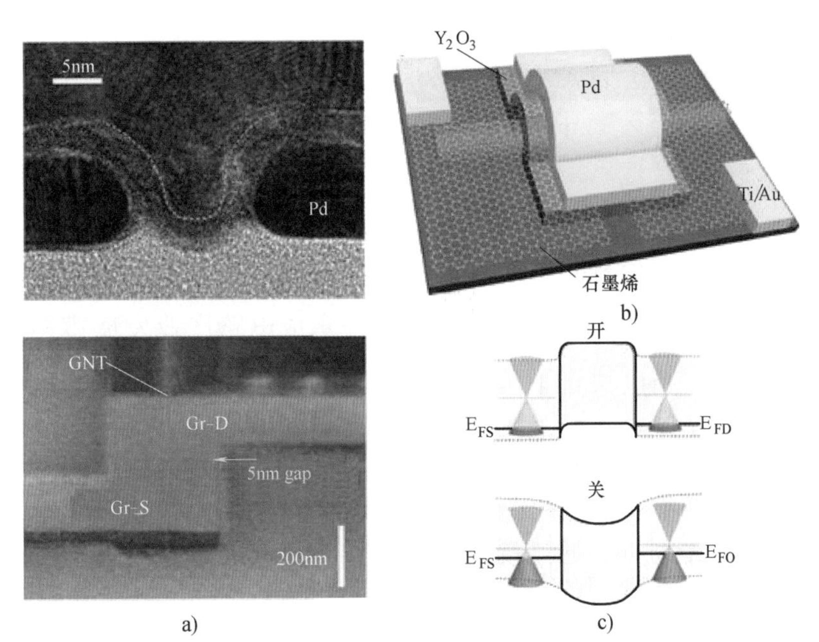

图 6-3　碳晶体管

a）5nm 栅长采用金属接触的碳管晶体管（上）和采用石墨烯作为接触的碳管晶体管（下）电镜图

b）石墨烯作为接触的碳管晶体管示意图　c）5nm 栅长碳管晶体管工作模式图[1]

2. 集成电路的制造装备与工艺

集成电路制造装备是集成电路制造中的核心，其发展呈现明显的代际化差异，以器件的特征尺寸（CD值）为标识，集成电路器件经历了从微米级、亚微米级、纳米级到亚10纳米级的发展历程，一直严格遵循着摩尔定律（图6-4）。为了实现集成电路器件集成度的快速提升与成本降低要求，集成电路制造装备必须不断提高加工精度和批量加工制造能力。摩尔定律的实现，完全取决于集成电路制造装备的发展速度。在需求的推动下，巨大的研发投入使集成电路制造装备在50年间完成了十几代的高速迭代，实现了远超其他加工制造行业的装备更新发展速度。图6-4所示为近10年半导体发展路线图。

图6-4　近10年半导体发展路线图

集成电路制造工艺流程长，芯片的制造需要几十道工艺，所需的制造装备众多。在各类制造设备中，光刻机的发展是保证集成电路产业发展遵循摩尔定律的关键。光刻机的加工精度决定了集成电路器件的特征尺寸，而光刻机的加工通量则决定了整个半导体工艺流程的产能。为了提高加工精度，人们不断减少光刻机光源的波长，目前的主流光刻机是采用193nm ArF准分子激光的深紫外线（Deep Ultraviolet，DUV）光刻机，通过浸没曝光、移相掩膜、多重曝光等工艺，实现了远低于光源波长（小于20nm）的器件特征尺寸制造。当集成电路器件向小于10nm的特征尺寸推进时，需要使用波长为13nm的极紫外线（Extreme Ultraviolet，EUV）光刻机制造。由于光学材料对极紫外光的强烈吸收，EUV光刻机不仅需要使用反光镜代替透镜，还需要提高光源功率，以保证晶圆表面获得足够的曝光强度。图 6-5 所示为光刻工艺的发展过程，图 6-6 所示为 EUV 光刻加工设备。

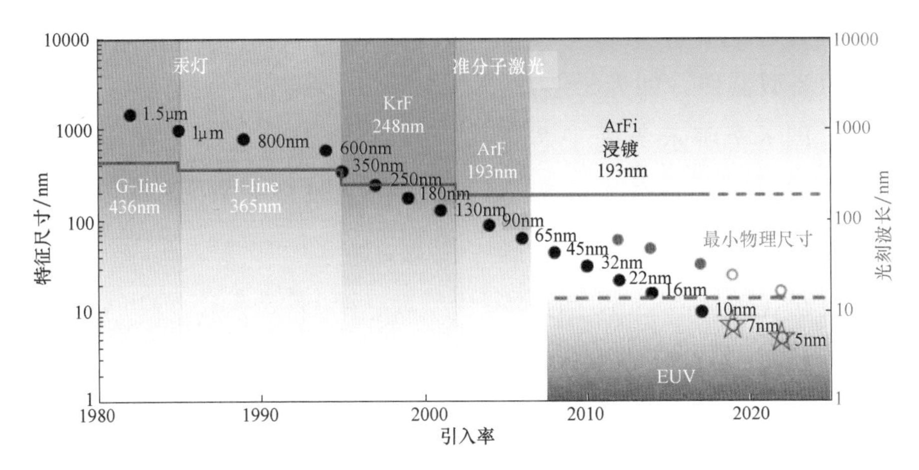

图 6-5　光刻工艺的发展过程

图 6-6　极紫外线加工设备

随着集成电路器件特征尺寸的减小，用于功能层沉积和图形转移的薄膜沉积工艺和刻蚀工艺也需要提高相应的加工精度。具有极佳工艺保形性和深度控制能力的原子层沉积工艺（Atomic Layer Deposition，ALD）和原子层刻蚀工艺（Atomic Layer Etching，ALE）成为纳米级特征尺寸芯片的主要工艺。目前，ALD 工艺已经成为高 K 值介电层沉积的主流工艺，而在 7nm 和 10nm 节点，ALD 和 ALE 工艺被用来消除 EUV 光刻带来的随机缺陷，降低线条边缘粗糙度（Line Edge Roughness，LER）。目前 5nm 芯片已经量产，2nm 芯片预计在 2024 年实现量产。2nm 仅为 10 个硅原子的大小，而 ALD 和 ALE 工艺可以精确地实现单原子层的沉积与去除。目前的器件尺寸已经接近1nm的硅基器件量子力学极限，在这样的背景下需要研制能够超越硅基电子芯片极限的新型器件，如光子芯片、碳基芯片等。图6-7所示为光子芯片原型。

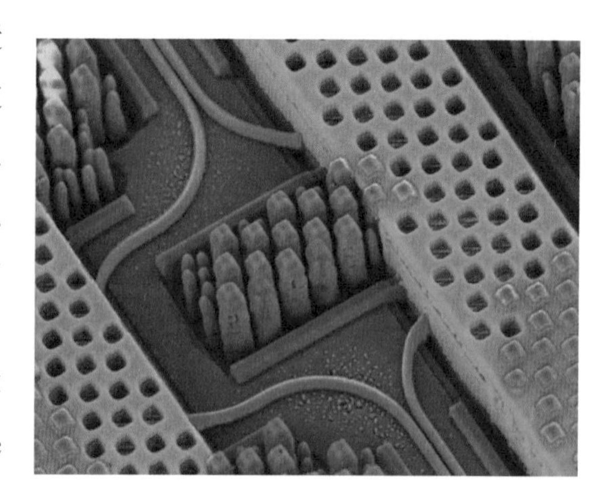

图6-7 光子芯片原型

随着显示产业的发展，主动矩阵有机发光二极管（Active-matrix Organic Light-emitting Diode，AMOLED）、高清显示等要求小线宽的同时，要增大光刻机的加工面积。开发线宽在1μm左右，加工面积接近$10m^2$的光刻设备及其配套沉积、刻蚀设备，成为半导体加工装备的另一个重要发展方向。图6-8所示为用于平板显示的大面积光刻加工设备。

图6-8 用于平板显示的大面积光刻加工设备

（二）多模块微纳结构集成制造技术

以三维/异质/异构集成为代表的先进集成技术，使得微纳加工技术能够通过架构统领，将微电子、光电子、MEMS、算法与软件等技术要素有机融合，并实现传感、处理、通信、执行等多种功能。同时，随着MEMS/NEMS等微纳器件结构的不断丰富，玻璃、绝缘体上硅（Silicon On Insulator，SOI）、金属、有机聚合物、压电材料及磁性材料等新型材料，以及三维集成封装技术（System in a

Package，SIP）、纳米压印、激光加工、微注塑、增材制造等相关专用加工技术也逐渐融入智能微系统的集成制造领域。利用 SIP 可以将不同的电路芯片、机械部件和光学元件等通过（低温）键合等手段形成三维堆叠结构，构成功能强大的集成微系统。近年来 SIP 技术得到了快速的发展和应用，在集成麦克风、多轴加速度传感器和陀螺以及多传感器智能系统中获得应用，成为未来多功能微系统发展的主要制造手段。基于芯粒（Chiplet）的模块化设计方法将实现异构集成，被认为是增强功能及降低成本的可行方法，有望成为延续摩尔定律的新路径。

随着多模块的集成加工，多域耦合建模与仿真的相关理论与方法将成为微纳设计的重要研究方向，机械、电磁、热、流体等多场耦合的工作模式成为微纳设计理论与方法要解决的主要问题，相应的多场耦合模型与仿真工具都面临着新挑战。同时，玻璃、SOI、金属、有机聚合物等多种材料在微纳尺度下的结构或机构设计问题，以及与物理、化学、生命科学、电子工程等学科的交叉与界面问题成为当前微纳设计理论与方法的重要研究方向。图 6-9 所示为多模块微纳结构的集成制造，图 6-10 所示为单片三维集成的高能效计算系统。

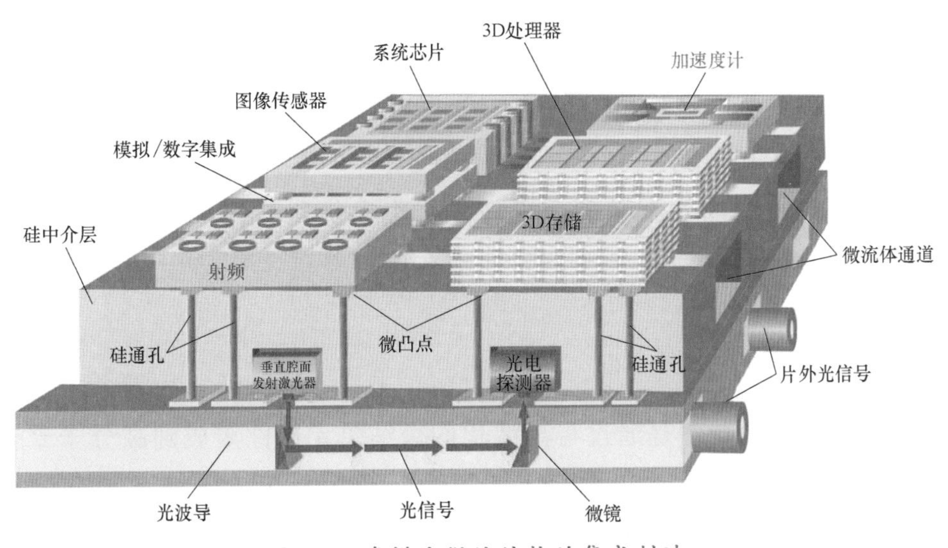

图 6-9　多模块微纳结构的集成制造

（三）柔性微纳结构制造技术

1. 大面积柔性传感器制造

大面积柔性传感器的设计及其高精度、高效制备是柔性微电子领域的关键核心技术，也是国内外柔性传感器基础研究和工程化应用面临的共性瓶颈问题。随

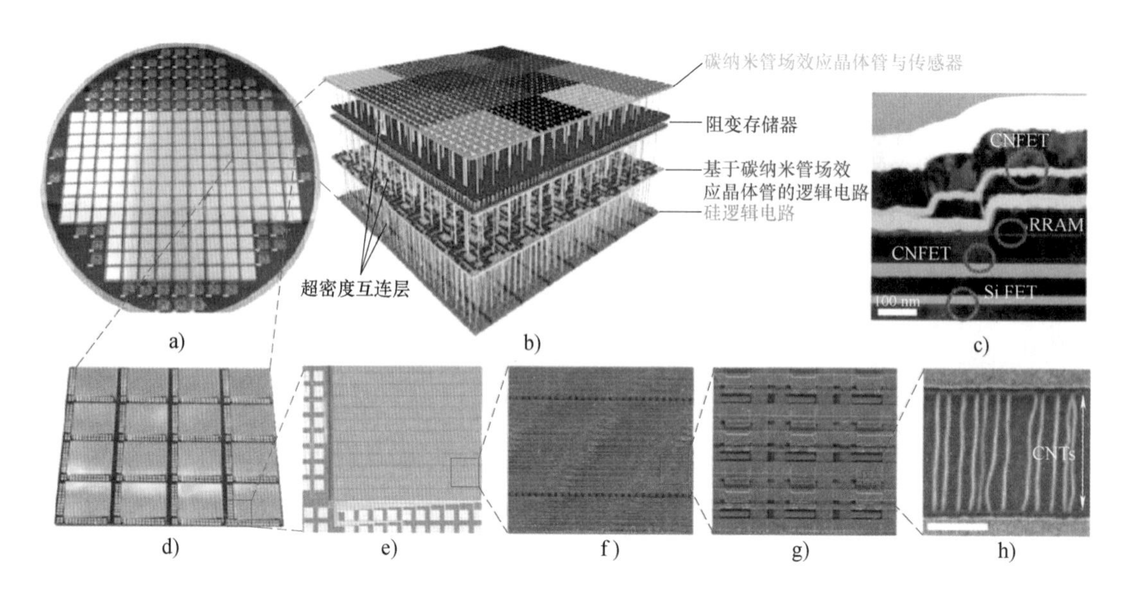

图 6-10　单片三维集成的高能效计算系统[2]

着航空航天等重大技术、人工智能装备及柔性可穿戴消费电子和医疗健康的快速发展，柔性传感器需求不断增加。柔性传感器及系统的基本科学问题是如何在柔性的有机或金属基材上集成力、热、电匹配的传感材料和传感结构，在力学形变等特殊环境下保证器件的高灵敏传感功能以及可靠性和稳定性，未来面临的主要挑战有：①与柔性衬底（有机材料和金属材料）兼容的传感材料、结构和传感机制以及不同材料的匹配和耦合机理。②集成化和阵列化的大面积柔性衬底微纳传感器的高效制备技术。③不同外部环境以及极端环境中的智能传感特性和应用。

2. 转印技术

可延展柔性微纳器件是通过将离散化的微纳单元器件集成到高分子聚合物柔性衬底上来实现柔性和延展性的。由于柔性衬底无法提供微纳器件的制备环境（如高温条件和光刻对准），可延展柔性微纳器件的制备工艺必须增加一个重要的环节——转印，即将微纳单元器件从其制备的无机半导体衬底上剥离，再印制到柔性承印衬底上。其通常包括剥离与印制两个关键过程。

转印技术的引入实现了微纳器件的柔性和可延展性，其良好的电学和力学性能突破了传统微纳器件硬脆的局限性，应用范围得到了极大拓展。但是目前纳米器件的转印，三维复杂曲面的转印和大规模、高效、精准转印方面仍存在巨大的挑战，相信随着科技的发展，科学家将在不久的将来攻克掉这些难题。

3. 柔性集成电路及系统

柔性集成电路及系统是指利用柔性芯片和多种功能元件的综合集成，实现多功能的柔性系统，本质上包含了柔性芯片技术和基于柔性芯片发展起来的柔性封装技术两大方面。柔性芯片技术构成了柔性集成电路及系统的核心基础，主要解决高品质柔性芯片规模化量产的问题；柔性封装技术是基于柔性芯片核心基础上的关键外延，是指通过在柔性衬底上大面积、大规模、多维度集成柔性功能芯片和其他核心元器件，构成可任意拉伸/弯曲变形的柔性系统。

柔性芯片技术采用递进式纳米金刚石减薄方法，将有效平衡减薄速度和减薄质量的关系。通过纳米金刚石颗粒减薄是一种高效的超薄半导体器件制备工艺，这种技术能够大批量制备超薄半导体器件，且不会影响到半导体器件性能。国内高校及研究院做了大量的研究工作，利用类球形纳米金刚石材料减薄半导体晶圆，发展出了超薄柔性集成电路的渐进式晶圆级减薄方法，制备的晶圆/芯片厚度最薄可达 15μm，图 6-11 所示为该方法制备的柔性晶圆与柔性芯片，在国际上首次发布两款柔性芯片，该成果被《科技日报》头版报道。

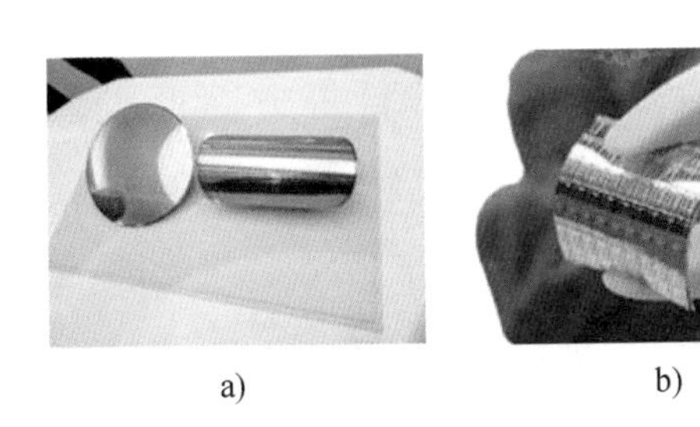

a)　　b)

图 6-11　渐进式晶圆级减薄方法制备的晶圆与芯片

a）柔性晶圆　b）柔性芯片

柔性微系统的封装技术是指将柔性芯片放置在柔性电路板上，并将芯片的引出电极利用柔性互连进行连接，最后利用柔性包封将集成了柔性芯片的柔性电路板封装保护起来，最终形成具有特定功能，且“轻薄柔小”的柔性微系统。目前有两种典型的主流柔性微系统封装技术，即柔性系统级封装（Flexible System in a Package，FSiP）和聚合物芯片技术（Chip in Polymer，CiP）。柔性系统级封装是针对柔性微纳器件的一种新型封装概念，在传统 SiP 的框架上，结合柔性电子器件特有的一些工艺，使得整个 SiP 封装体具有柔性、可延展性，并且保持超薄厚度、高集成度、低成本等特点。聚合物芯片技术，又叫埋入式板级柔性封装技术。在传统的柔性电子中，由于蛇形导线所占用的面积原本就比直导线来的大，集成度提高之后，设计难度也会急剧增大，因此芯片与芯片之间、芯片与无源器件之间的连接引线总长度也飞速提高。在这一背景下将有源芯片埋入基板的叠层式板级封装技术进入了人们的视野。

与传统的硅基集成微系统技术相比，柔性集成电路及系统技术将为半导体行业在“后摩尔时代”带来超薄化、柔性化的解决方案，为“超越摩尔”开辟新的发展路径，采用低制程工艺快速实现柔性传感、柔性电路、柔性芯片、柔性能源等多种功能器件的高密度混合集成封装，满足集成系统高性能要求。相比传统电子系统，柔性芯片与微系统技术能够实现同等性能下的极限减重，这将有利于柔性电子未来在医疗健康、通信、存储、军事等各领域的应用。

（四）微纳器件增材制造技术

实现复杂三维微米结构高效、低成本制造，尤其是大面积复杂三维微米结构，一直被认为是一项国际化难题。传统制造以满足装配需求为导向，通过零部件装配实现其复杂功能。而微型功能器件以功能需求为导向，即朝着产生完整的集成功能器件的方向发展。未来依托先进的微纳增材制造发展，可以在结构复杂性、材料多样性、尺度跨越性、功能集成性等方面形成独特优势，将对生物医疗、可穿戴设备、生物科技、微电子等领域的发展产生深远影响。图 6-12 所示

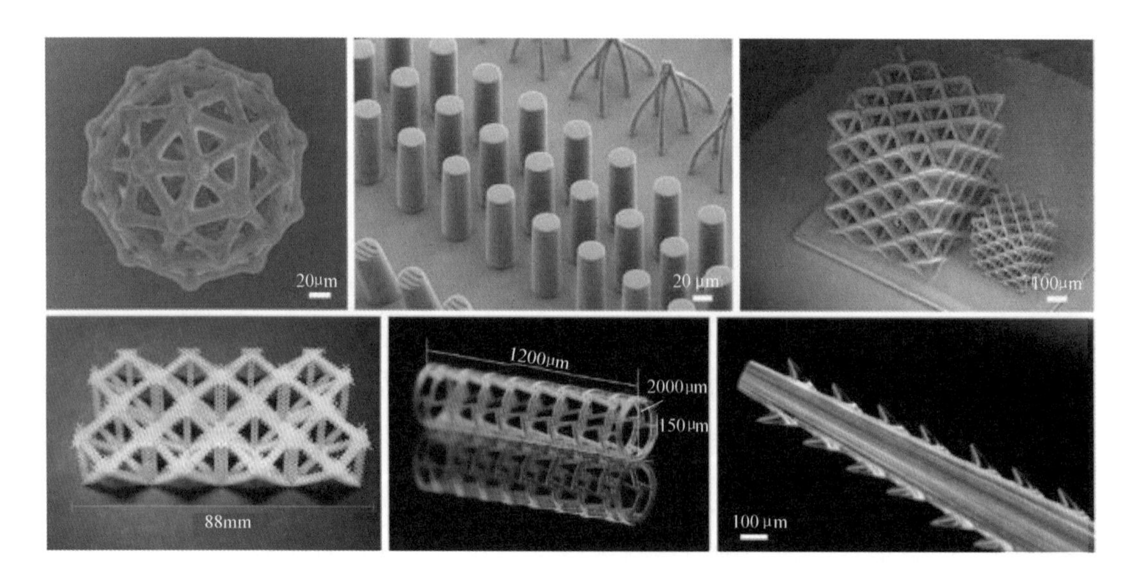

图 6-12　当前基于 PμSL3D 打印技术制作的复杂三维结构示例

为基于 PμSL3D 打印技术制作的复杂三维结构示例[㊀]。未来如何实现高精度、快速、大批量和低成本的微纳 3D 打印是增材制造的重要研究方向。

（五）微纳测试与表征技术

随着微纳制造科学内涵的延伸和微纳制造技术的突破，微纳测试与表征技术正朝着从二维到三维、从表面到内部、从静态到动态、从单参量到多参量耦合、从封装前到封装后的方向发展。探索新的测量原理、测试方法和表征技术，发展微纳制造实时在线测试方法和微纳器件质量快速检测系统已成为了微纳测试与表征的主要发展趋势。

除了特征尺寸和表面形貌等几何参数的测量外，微纳测量面临的挑战还包括表面力学量及结构机械性能的测量、含有可动机械部件的微纳系统动态机械性能测试、微纳制造工艺的实时在线测试方法和微纳器件质量快速检测等。

微纳制造技术的一大特点是多尺度集成，包括纳米-微米-介观-宏观尺度下的材料、结构和器件的集成。因此，对于微纳制造设备而言，面临的挑战包括：①如何控制三维范围内不同系统的装配，满足各项标准要求的不同功能器件间的信息互联和共享。②如何在保证微纳尺度性能和特征的前提下实现纳米器件的高速大批量生产。③如何保证产品的一致性和可靠性，并且有效检测、修复以及预防材料缺陷和污染。具体而言，微纳制造装备包括微纳生长、操作、封装、测试等过程装备。

针对微机电系统的组装、纳米互连和生物粒子等操作，需要研究基于单场或多场和尺度效应的高精度、高通量、低成本和多维操纵技术。

由于在微纳尺度下进行装配，精密定位与对准、黏滞力与重力的控制、速度与效率等面临挑战，因此高速、高精度、并行装配技术成为未来的发展方向。微纳器件或系统的封装成本往往约占总成本的 70%，高性能键合技术、真空封装技术，气密封装技术，封装材料，封装的热性能、机械性能、电磁性能等引起的可靠性等技术是微纳器件与系统制造的“瓶颈技术”。

四、技术路线图

微纳制造及系统技术路线图如图 6-13 所示。

㊀ PμSL，Projection Micro Stereolithography，面投影立体光刻。

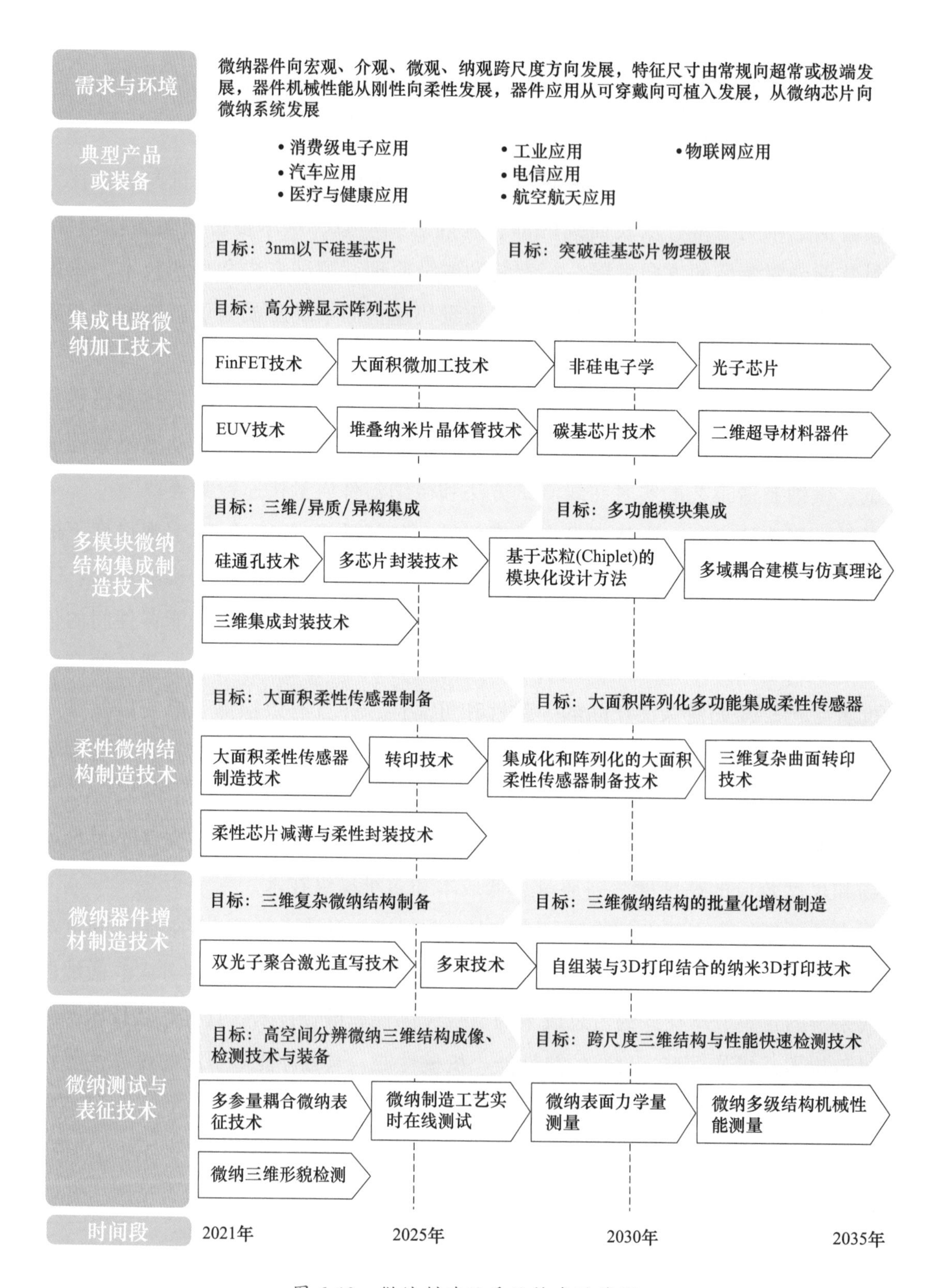

图 6-13　微纳制造及系统技术路线图

第三节　微纳制造与微流控器件及系统

一、概述

微流控器件的主要载体是微流控芯片（Microfluidic Chip）。微流控芯片是指在加工有微米级结构的芯片上，通过对微结构内微量流体的操控，实现多种化学及生物实验室的功能。微流控芯片技术起源于美国 Terry 等学者基于 MEMS 加工技术研制的硅晶片集成微型气相色谱空气分析仪和瑞士 Manz 等学者提出的微全分析系统（Miniaturized Total Analysis Systems，μTAS）概念。此外，还有一部分微流控器件的加工是利用将商品化毛细管和连接件组合构成微管路系统的方式来实现。

与常规系统相比，微流控系统具有微量、高效、快速、高通量、微型化、集成化、自动化的特点。微流控技术的研究涉及多个交叉学科，包括化学、化工、材料、机械、微电子、光学、流体力学、自动化控制、仪器仪表、信息、生物、医学、药学、环境、能源、食品、公共安全、航天等学科。目前，微流控器件及系统已广泛应用于单分子与单细胞分析，超微量生化检测，分子生物学、细胞生物学、结构生物学和合成生物学研究，高通量药物筛选，临床诊断，现场即时检测（Point-of-Care Testing，POCT），环境监测、卫生检疫、司法鉴定和生物战剂侦检中的现场检测，新材料合成与筛选，以及航天和天体生物学研究等众多领域。除常规微流控器件外，还发展出了纳流控器件（在纳米级微结构内操控超微量流体）、多相微流控（液滴微流控）器件、仿生微流控器件、光流控器件等新型器件。

二、未来市场需求及产品

微流控技术发展至今已日益成熟，但是由于微流控技术属于典型的多学科交叉技术，面对同一目标市场应用，可基于不同技术途径和迥异的产品形式对产品进行研发。微流控技术具有微量化、高通量、自动化、微型化、集成化等显著特点，在即时诊断、流式检测与分选、数字聚合酶链式反应（Polymerase Chain Reaction，PCR）、基因测序和器官芯片等方面获得了广泛应用。

（一）即时诊断芯片

即时诊断主要利用微流控系统生化反应微量化、流体操控自动化及系统微型化的特点，用集成化设备实现对病人疾病的现场快速分析诊断。具体包括分子诊断、免疫分析、生化分析及血气分析等方向，如用于分子诊断的 Cepheid GeneXpert 系统、用于免疫分析的 Alere Triage 系统、用于生化分析的 Abaxis Piccolo 系统，以及用于血气分析的雅培 i-STAT 系统。

（二）流式细胞检测与分选芯片

流式检测与分选技术是通过流式细胞仪将细胞或微粒逐个快速通过检测区域进行检测与分选的技术。传统流式细胞仪采用重复使用的流动室与高电压液滴分选技术，容易造成样品间交叉污染与气溶胶污染。日本 Sony 公司基于微流控芯片开发的 SH800 流式细胞仪采用一次性使用芯片进行检测，从源头上杜绝了样品交叉污染问题。日本 On-chip 公司开发的流式细胞仪则将分选过程也集成到一次性微流控芯片上，结合气压技术实现了细胞的无损分选。

（三）数字 PCR 分析芯片

数字 PCR 分析是依靠微流控微量、高通量样品分割技术而得以商品化推广的市场应用，在微流控技术应用于数字 PCR 前，该应用领域一直处于概念研究状态而无法实用化。目前市场上主要有两种技术方案：Thermo 和 JN Medsys 等公司以微腔或微通孔分割样品，每一个反应体积在纳升级别；Bio-Rad 和 Stilla 等公司则采用流体聚焦通道结构或阶梯乳化技术将样品以微液滴形式进行分割，该类技术被称之为液滴数字 PCR（droplet digital PCR，ddPCR）。微流控数字 PCR 系统已被成功应用于肿瘤早期检测、无创产前诊断等领域。

（四）基因测序芯片

微流控技术在基因测序多个技术分支均有着十分重要的应用。Agilent 公司推出的微流控芯片毛细管电泳仪通过在芯片上集成并行电泳通道，实现核酸和蛋白质样品的快速分离。该仪器为当前微流控技术最为成功的商品化仪器之一，为二代测序实验室不可或缺的质控设备。在单细胞测序方面，10X Genomics 公司利用微流控液滴技术实现了单细胞转录组的有效分析。Illumina 利用微流控电润湿技术对流体操控的高度灵活性，实现了二代测序中复杂的文库制备。

（五）器官芯片

器官芯片是利用微流控系统对微流体、细胞及其微环境的灵活操控能力，在微流控芯片上构建可模拟一种或多种器官生理或病理功能的集成微系统，为体外药物筛选和生物医学研究提供更接近人体真实生理和病理条件的、成本更低的筛选模型。近年来，肺芯片、肝芯片、肾芯片等单器官芯片与包含多种器官的多器官芯片相继问世，在医学研究、新药研发、个性化医疗、毒性预测和生物防御等领域展现了广泛应用前景。

目前微流控分析仪器大多采用“仪器+一次性耗材”的构成形式，一次性耗材的形式多样，核心技术各不相同，难以实现标准化。虽然德国 Chipshop 等厂商在进行微流控芯片的标准化工作，但这些标准化的芯片耗材基于模块化思想，较适用于研究领域。如果将其应用于大规模批量化市场，整体系统方案的实现往往需要包括多个模块化芯片，芯片间的接口互联仍旧面临巨大的挑战，其成本仍然过高。

当前微流控医疗体外诊断市场的产品往往面向特定的应用场景进行设计，其解决方案取决于样品来源、试剂类型、分析流程、检测方式等内在因素和分析时间、灵敏度要求、仪器尺寸等外在需求，属于高度定制化的产品研发，这对研发团队提出了很高的要求。一个产品的研发往往历时数年之久，加上很多实验室阶段的芯片制作手段难以直接应用于量产，因此进一步推高了耗材的研发生产成本。耗材成本的居高不下，很大程度上限制了微流控技术在临床体外诊断、食品安全、环境分析等成本敏感领域的推广应用。

三、关键技术

（一）微流控器件设计与仿真技术

微流控芯片主要以微量流体作为操纵对象，而流体存在湍流、表面张力、黏度等微电子系统所没有的特殊性质，因此系统设计与仿真技术远比单纯的微电子系统复杂。COMSOL 等多物理场仿真软件已经具备一定的微流控系统仿真能力，但由于微流控芯片系统的复杂性，现有软件在多相耦合仿真方面仍然存在建模困难、仿真结果与实际试验结果一致性较差等问题。此外，国产仿真软件的缺失也是微流控芯片设计与仿真的一个隐患。

（二）微流控器件加工技术

传统光刻技术具有加工精度高的特点，在单晶硅、玻璃、石英等材料中能够得到很好的应用。精密机械加工技术与电铸技术在不锈钢、镍等金属材质的微流控芯片或者微流控芯片模具加工中已经得到广泛应用。在实验室条件下，聚甲基丙烯酸甲酯（Poly Methyl Methacrylate，PMMA）、聚碳酸酯（Polycarbonate，PC）与聚苯乙烯（Polystyrene，PS）等热塑性芯片通常通过硅基或者金属基模具经热压工艺得到，而聚二甲基硅氧烷（Polydimethylsiloxane ，PDMS）等有机聚合物芯片通常采用硅基 SU8 模具通过倒模工艺获得。

单晶硅、玻璃与石英等材质的芯片通常使用光刻工艺进行批量生产。受限于高昂的成本，上述材质的芯片一般应用于基因测序等要求高且成本不敏感的领域。PMMA、PC 与 PS 等热塑性芯片通常采用微注塑工艺进行批量生产。微注塑工艺能够满足大多数微流控芯片的性能要求，同时成本低廉，适用于一次性使用的微流控芯片的批量生产。

封接是微流控芯片批量生产的一个重要环节。单晶硅、玻璃与石英等材质的芯片一般采用热键合、常温键合或者阳极键合的方法进行封接。热压键合较胶黏键合具有黏合强度高、没有黏合剂污染等优点，虽然热压键合目前仍然存在成品率不高、通道形变较大的问题，但该工艺是未来发展的方向。

飞秒激光具有超短的脉宽和极高的峰值强度，应用于材料加工时展现出了高空间分辨率、高精度与附带热损伤小的特点。在微流控芯片加工领域，飞秒激光不仅能够在各种基底上加工高深宽比、尺寸小至数百纳米的通道，还能够在玻璃、石英、透明塑料等材质内部加工 3D 通道，而这些是传统光刻工艺难以实现的。结合可编程设计性强的优势，飞秒激光技术在微流控芯片加工领域得到了日益广泛的应用，具有良好的发展前景。

增材制造（3D 打印）技术近年来发展迅速。高阶双光子增材制造（3D 打印）技术已经能够实现亚微米甚至纳米级的加工精度，能够直接加工具有一定功能的微纳流控芯片。基于面投影微立体增材制造（3D 打印）技术的商用化设备已经实现了 2μm 的加工精度，能够直接加工直径仅为 30μm 的微通道。增材制造（3D 打印）技术灵活易用，未来该技术在微流控芯片研发与小批量生产领域必将占据一席之地。

（三）微流控器件配套技术

微流控芯片的研制与生产涉及芯片材料开发、芯片表面功能化技术与试剂包埋技术等产业化配套技术。

近年来，微流控芯片的材料从传统玻璃、PMMA、PDMS已经拓展到了低离子溶出玻璃、具有良好耐水性的环烯烃共聚物（Copolymers of Cycloolefin，COC）、具有更好生物与化学兼容性的Flexdym等新一代功能材料。未来将会有更多性能更加优越的芯片材料不断涌现出来，以满足微流控芯片的各种性能需求。

芯片表面功能化是微流控芯片的核心技术之一。由于微流体的尺度效应，表面张力对芯片内的微流体运动影响显著，因此芯片通道表面的亲疏水性质调控十分重要。此外，通过在微通道表面进行接枝、镀膜等处理，可以在微流控芯片表面修饰所需的核酸、抗体或者功能材料，更好地发挥微流控芯片的功能。然而，国内产业界在表面处理工艺、表面处理试剂开发与工艺可靠性方面与国外仍有较大的差距。

对于一次性微流控芯片而言，微量试剂在微流控芯片的预封装是一个重要课题。现有的分体式和铝塑膜封装形式已经难以满足微流控芯片微量化、一体化的要求。未来，基于膜、阀的封装或将逐渐占据主流，进一步提升微流控芯片自动化与一体化水平。

（四）微流控器件系统集成技术

除了核心的微流控芯片之外，还需要配合外部的流体驱动控制系统、信号传感检测系统、电子控制及数据采集分析系统等子系统才能构建完整的集成微流控系统。流体的驱动和控制方式是关系着完整微流控分析流程的关键所在，决定着微流控芯片的结构和形式，同时也影响着配套检测器的结构和形式，因此微流控系统集成技术需要在系统构建之初就进行通盘考虑和顶层设计。

近些年来，基于增材制造的多尺度拼接微流控芯片系统集成得到了广泛的关注。通过设计外部流体接口的主板，并插入多个增材制造的核心微流控芯片组件，可以类似制作电路板的方法，制作微流控“集成电路板”[3]。

四、技术路线图

微纳制造与微流控器件及系统技术路线图如图6-14所示。

图 6-14　微纳制造与微流控器件及系统技术路线图

第四节　微纳制造与智能制造

一、概述

作为感知信息的重要核心途径，微纳智能化传感器正向着微型化、集成化、多功能、数字化、网络化方向发展。与传统制造装备不同，智能制造装备需要具备自感知、自适应、自诊断、自决策等特征，满足不同制造领域的多样化需求。例如，面向航空大型结构件加工的大型制造装备，通过微纳传感器实时感知加工工况温度变化和检测自身状态，调整系统运行状态，有效降低加工过程的静/动态误差，同时提高对切削力干扰的抵抗能力，大幅提升加工精度和稳定性。智能制造装备需要获取数据量庞大的自身状态与环境变化感知信息，智能微纳传感器作为感知信息的重要途径，是智能制造装备实现自我感知的关键和基础。

二、未来市场需求及产品

（一）智能数控机床

智能数控机床通过多参量传感器组成网络拓扑，对海量实时感知信息进行大数据分析，并通过人工智能技术形成智能决策。通过采集机床关键位置和机床运行过程中各个位置的微纳传感器的温度变化信息，获取机床实时温度场，从而实现机床的热误差补偿，提高零件加工质量。

此外，机床在运行过程中，主轴、电机、传动轴、刀具、刀库等不可避免地处于损耗状态。用于机床切削过程监测的微纳传感系统，具有尺寸小、易集成、灵敏度高、自主实时检测和无线监测等优势，可实现加工质量控制、刀具寿命预测、智能化自主决策加工等功能。国外著名机床制造厂商，如德国西门子、日本Mazak公司、Okuma公司、瑞米克朗公司等相继推出智能机床，实现主动振动控制、智能热屏蔽、智能安全、智能工艺监测等功能。国内机床企业生产的智能数控机床BL5-C，采用多传感器融合监测方法来实现智能健康保障、热温度补充、智能断刀检测、智能工艺参数优化、主轴动平衡分析、主轴振动主动避让等多种功能，并且在信息可靠性、多维性、冗余性及容错能力方面表现出显著优势。

图 6-15 所示为智能机床加工过程的微纳传感监测系统。

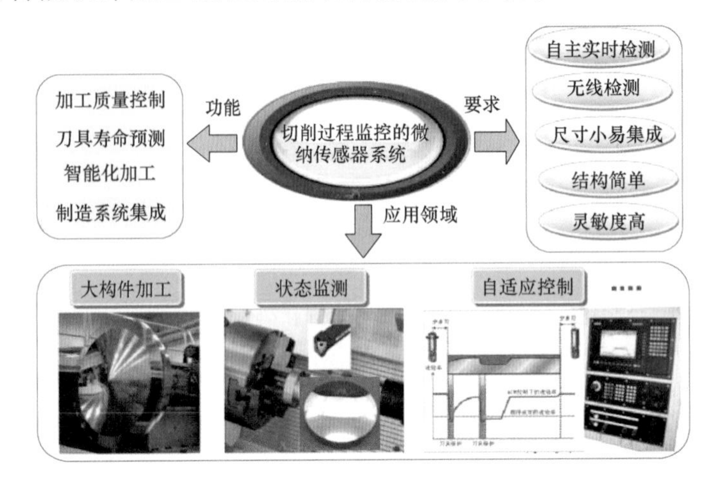

图 6-15　智能机床加工过程的微纳传感监测系统

（二）智能工厂

在实体工厂的各制造单元和生产线中，配备大量智能微纳元器件，用于制造过程中的工况感知和数据采集。通过对物联网中感知数据的分析，实现对设备运行数据的长期监测，预测设备加工精度的衰减规律、设备运行性能的演变规律，实现对智能高端装备的健康监测和故障预警。智能化生产线可以实现工艺和生产过程持续优化、信息实时采集和全过程监控的柔性化生产，其主要特点体现在感知、互联和智能三方面，其中网络化智能传感节点是实现智能和互联的核心基础。

在关系国民经济命脉的煤炭、冶金、石化、电力、交通等行业，许多工业机械装备、生产线、制造单元等长期工作在重载、高速、强振、多尘等恶劣环境中，如矿山机械、冶金机械、电力机械、工业电机、风机、空压机、水泵等。一旦设备监测维护不及时，伴随而来的是机械故障引起的生产线停产检修、生产计划延误甚至气体粉尘爆炸等，造成巨大的经济损失和重大安全事故。工业装备在线状态监测系统是获取机械设备运行状态和安全维修预警的基础，是提高生产效率和保障安全生产的必要手段。工业装备的实时网络化智能监测是智慧物联网、智能工厂发展的必然趋势，对发展我国制造强国战略具有重要意义。工业智能装备、智能生产线和智能工厂的监测点位多且分散、安装空间有限，迫切需要研发小体积集成化、低成本批量化、工况适应性强的分布式智能微纳传感监测节点。

图 6-16 所示为工业装备微纳传感监测节点的应用领域。

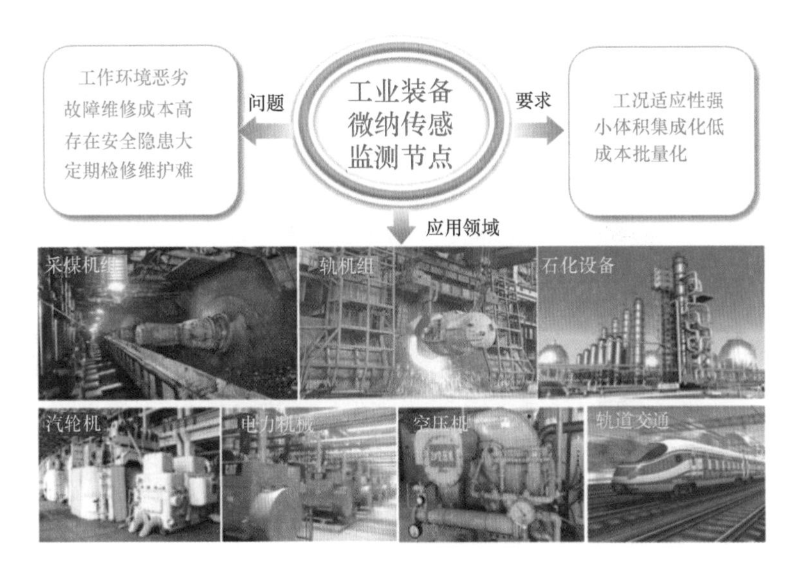

图 6-16　工业装备微纳传感监测节点的应用领域

（三）微纳集成机器人

随着我国人口红利逐渐消失，劳动力成本快速上涨，生产方式向柔性、智能、精细转变，对工业机器人的需求将大幅增长。同时，老龄化社会服务、医疗康复、救灾救援、公共安全、教育娱乐等领域对服务、医疗、特种机器人的需求也呈现快速发展趋势。大力发展机器人产业，对于推动中国制造业的转型升级和技术创新，加快制造强国战略、改善人民生活具有重要意义。智能微纳传感器作为感知信息的重要途径，是智能机器人实现周围环境感知、自身状态感知及人机智能交互的关键和基础，为智能机器人的发展与应用普及注入新的活力。

在环境感知方面，机器人通过集成多种微纳传感器对所处周围环境，尤其是非结构环境进行多种环境参量信息的获取，包括视觉、听觉、触觉、嗅觉等，结合多传感器信息融合的人工智能算法，可实现机器人对周围非结构环境的实时动态检测、自主导航作业、紧急安全避障、人机智能交互等。例如，集成了温度、湿度传感器的农业机器人，能够在完成农作物操作时，同时实现农作物生长环境信息的实时监测；基于微纳气体传感器的特种服务机器人，能够实现煤炭挖掘环境探测、核辐射及水下环境探测等。为了符合绿色发展的生产理念，未来机器人环境感知需要一种低成本、可扩展的绿色制造方式，实现多参量、多功能、柔性化的传感集成系统，通过深度学习实现自主定位、环境探索与自主导航等任务。图 6-17 所示为基于微纳环境感知的机器人。

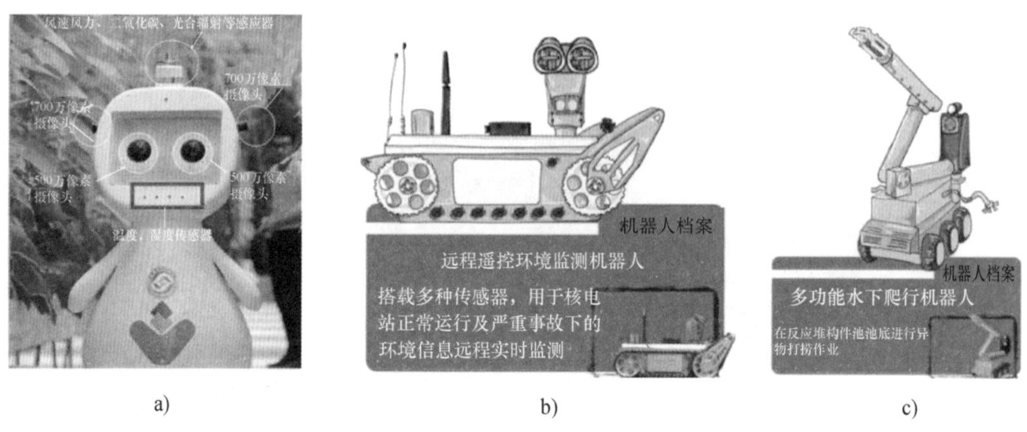

a)　　b)　　c)

图 6-17　基于微纳环境感知的机器人

a）农业机器人　b）环境监测机器人　c）水下爬行机器人

机器人触觉感知包括静动态接触觉感知、滑觉感知以及压觉感知。集成微纳触觉传感的机器人可应用于人机协作交互、物体形状和材质识别，智能假肢、微创手术机器人从手力感知与主手力反馈等。如图 6-18 所示，集成仿生的柔性电子皮肤的机器人，能够实时感知外界法向力、切向力及剪切力并进行测量，实现智能抓取和人机交互映射；基于柔性接触式/非接触式机器人感知皮肤，可以实现机器人智能安全急停和避障，能极大改善机器人对未知环境的感知能力，提高工业机器人的自主工作能力，提高人机协作的安全性；基于触觉传感器阵列的机械手，结合尺度不变特征变换方法，能够对发生旋转和平移的物体进行准确动态识别；利用集成触觉阵列传感器的机械手并结合神经网络算法，能够实现对不同质地、粗糙度材料的识别。目前，面向机器人触觉感知的微纳传感器主要向柔性、多功能、集成化、低功耗、自供电等方向发展。

目前，基于微纳传感的人机交互方法已在语音交互、手势识别、人脸表情识别、脑机接口等领域得到广泛应用。基于智能微纳传感技术，实现了 AI 技术和人类的语音互动；借助计算机识别和微纳感知技术，实现了人机交互。智能微纳感知技术使得手势识别从最初的对人类手部动作、肘部动作捕捉运动轨迹实现人机交互，发展到对人类的姿态、行为等方面的识别，人机交互也从以往的系统核心，朝向用户核心转换。

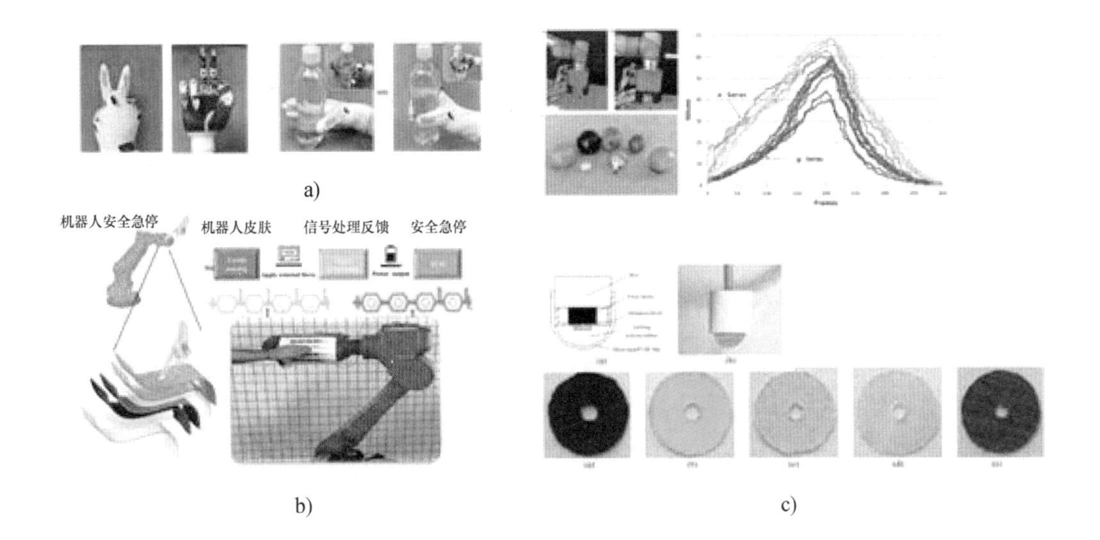

图 6-18　基于微纳触觉感知的机器人

a）人机交互　b）安全急停　c）物体识别

此外，机器人通过微纳传感装置，可以识别人类的面部表情，并根据表情分析人的情绪，则能够使交互过程变得更加自然和准确。最近随着计算机科学、神经科学、信息科学、认知科学、医学等多个领域发展，大脑和计算机多接口通过微纳传感器件连接之后，接收大脑信号传输，识别人类的脑信号，从而控制外部设备，为脑机融合发展提供了新的方式。图 6-19 所示为基于微纳传感器的人机交互。

a)

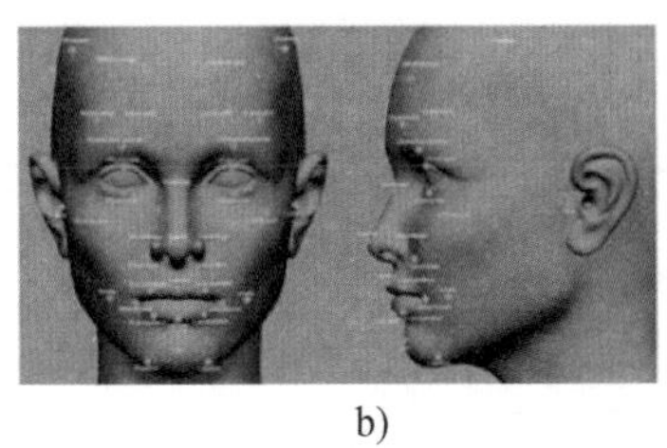

b)

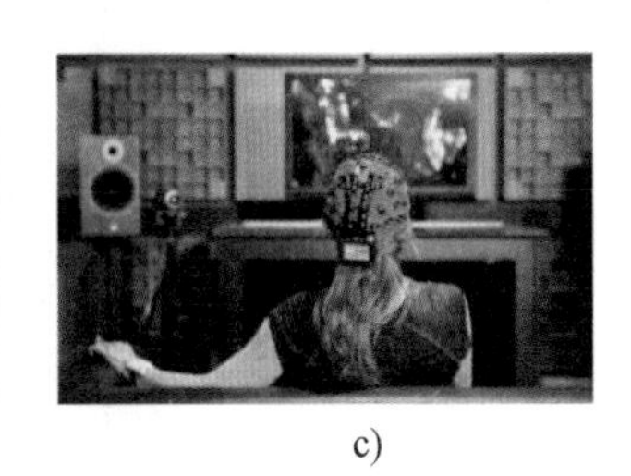

c)

图 6-19　基于微纳传感器的人机交互

a）手势识别　b）表情识别　c）脑机接口

目前主流的人机交互方式仍以图形界面交互为主，语音交互为辅。尽管手势识别、脑机接口在应用层面已经有了很大的进步，但由于技术应用范围、设备品类、社会法规和伦理道德等问题，发展受限。未来随着互联网技术和微纳传感技术的发展，人机交互的模式不断增多，从最初的文字界面交互、语音交互、手势交互、脑机接口等交互模式，逐渐变为多种交互模式融合的情况。多种交互方式相互结合，发挥各自的长处，弥补各自的不足，实现多个设备的整体性、智能设备的可感知性、交互界面的去屏幕化。

（四）数字孪生

准确可靠的数字孪生模型需要大规模且精细的传感数据的支撑。得益于微纳米传感器技术的提高，数字孪生技术的价值上升了一个台阶。相较于值守物理实体监测其状态，基于微纳米传感器的数字孪生技术使得远程、实时、不间断对实体表象及内在状态进行监测成为可能。以机床数字孪生体为例，通过在机床各个位置布置大量的温度、压力、振动、声等微纳米传感器，再辅佐以无线传输技术以及深度学习算法模型等，就可以实现远程监测机床工作状态，预测控制加工质量和追溯机床整个生命周期等功能。微纳米器件与数字孪生融合，将推动智能制造的发展。图 6-20 所示为过程中的数字孪生模型。

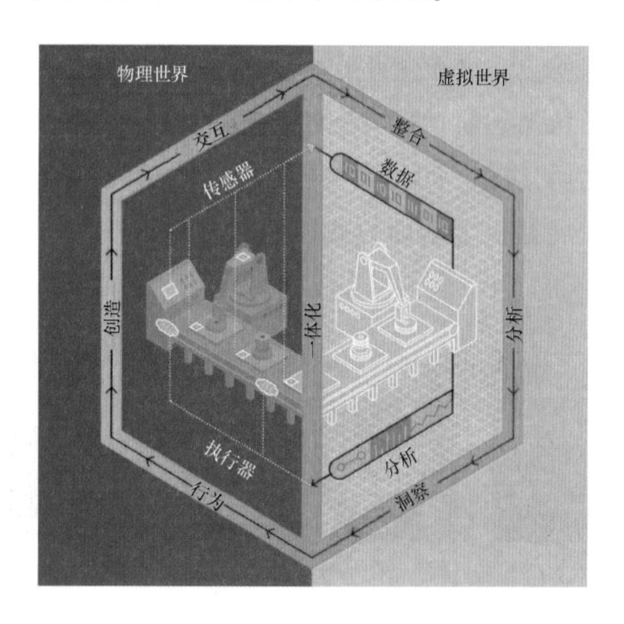

图 6-20　过程中的数字孪生模型

数字孪生构建与实际物理车间完全映射数字孪生虚拟车间，通过高速高可靠的通信技术，识别工人通过触摸、手势或者声音等下达的指令，机器人能够迅速调整工作计划以做出能够配合工人生产作业的动作，并实时更新虚拟车间的制造进程。

通过建立超高拟实度的产品、资源和工艺流程等虚拟仿真模型，以及全要素、全流程的虚实映射和交互融合，真正实现面向生产现场的工艺设计与持续优化。数字孪生驱动的装配过程将基于集成所有装备的物联网，实现装配过程物理世界与信息世界的深度融合，通过智能化软件服务平台及工具，实现对零部件、装备和装配过程的精准控制，对复杂产品装配过程进行统一高效的管控，实现产品装配系统的自组织、自适应和动态响应。

基于数字孪生的制造能耗管理是指在物理车间中，通过各类传感技术实现对能耗信息、生产要素信息和生产行为状态信息等的感知，在虚拟车间对物理车间生产要素及行为进行真实反映和模拟，通过在实际生产过程中，物理车间与虚拟车间的不断交互，实现对物理车间制造能耗的实时调控及迭代优化。在孪生数据的驱动下，基于物理设备与虚拟设备的同步映射与实时交互以及精准的健康状态监测服务，形成的设备健康管理新模式，实现快速捕捉故障现象，准确定位故障原因，合理设计并验证维修策略。图 6-21 所示为基于数字孪生的车间人机交互模型。

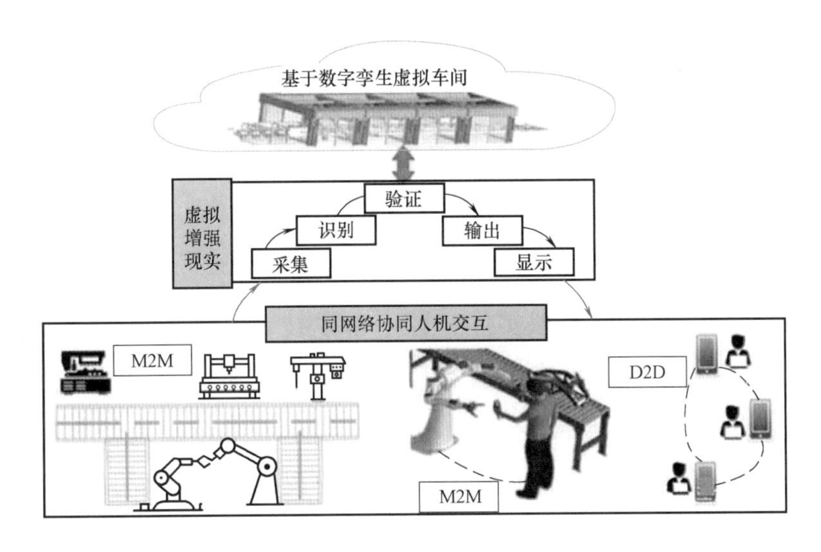

图 6-21　基于数字孪生的车间人机交互模型

三、关键技术

（一）大规模传感器阵列技术

高冗余度传感器系统是微纳器件到智能制造应用的基石。大规模传感器阵列技术目前面临两大挑战。其一，阵列单元一致性。设想在指甲盖大小的空间均匀布置几百个传感器单元，要求每个单元的灵敏度、响应曲线和稳定性等保持一致，这对传感器阵列的设计以及目前的微纳米加工技术都是一个巨大的挑战。其二，随着数字孪生技术的发展，势必会对传感器阵列的密度有着更高的要求，阵列单元将会向更小尺寸发展。然而，当器件尺寸缩小到纳米量级时，电子以波动性为主。电子波动性是一种量子效应，这时器件将在一个全新的原理下工作。此外，器件尺寸越小，加工工艺难度越大。针对以上瓶颈问题，亟需建立完善的更小尺寸器件的工作理论基础，设计匹配的器件结构、优化制备流程等。除此之外，还应改进微纳米加工工艺，提高光刻机加工精度以满足小尺寸器件发展的需求。

（二）柔性传感器技术

针对很多不规则的物理实体，需要使用自适应性强的柔性传感器去采集复杂部位的信息。柔性材料是与刚性材料相对应的概念，一般柔性材料具有柔软、低模量、易变形等属性。柔性传感器则是指采用柔性材料制成的传感器，具有良好的柔韧性、延展性，甚至可自由弯曲及折叠，而且结构形式灵活多样，可根据测量条件的要求任意布置，能够非常方便地对复杂被测量进行检测。在数字孪生技术应用外，新型柔性传感器还在电子皮肤、医疗保健、电子、电工、运动器材、纺织品、航天航空、环境监测等领域受到广泛应用。

（三）数据传输及运算技术

从海量传感数据到实时虚拟实体，数字孪生技术不仅需要传感器技术作为支撑，还对数据传输速度和运算速度有着极高的要求。而目前的无线传输技术很难兼顾高宽带、高速度的双重要求，摩尔定律也预示着继续提高计算机运算能力将面临严峻的挑战。除了进一步优化现有的传输协议、升级硬件外，还需要发展新一代的无线传输技术。比如，突破量子传输和光子传输的技术瓶颈，并将其应用到数字孪生技术中来。在提高计算机运算能力方面，不仅需要对现有的中央处理器结构及计算单元数量作进一步优化，还需要投入精力研发新一代量子计算机，实现计算能力质的飞跃。

四、技术路线图

微纳制造与智能制造技术路线图如图 6-22 所示。

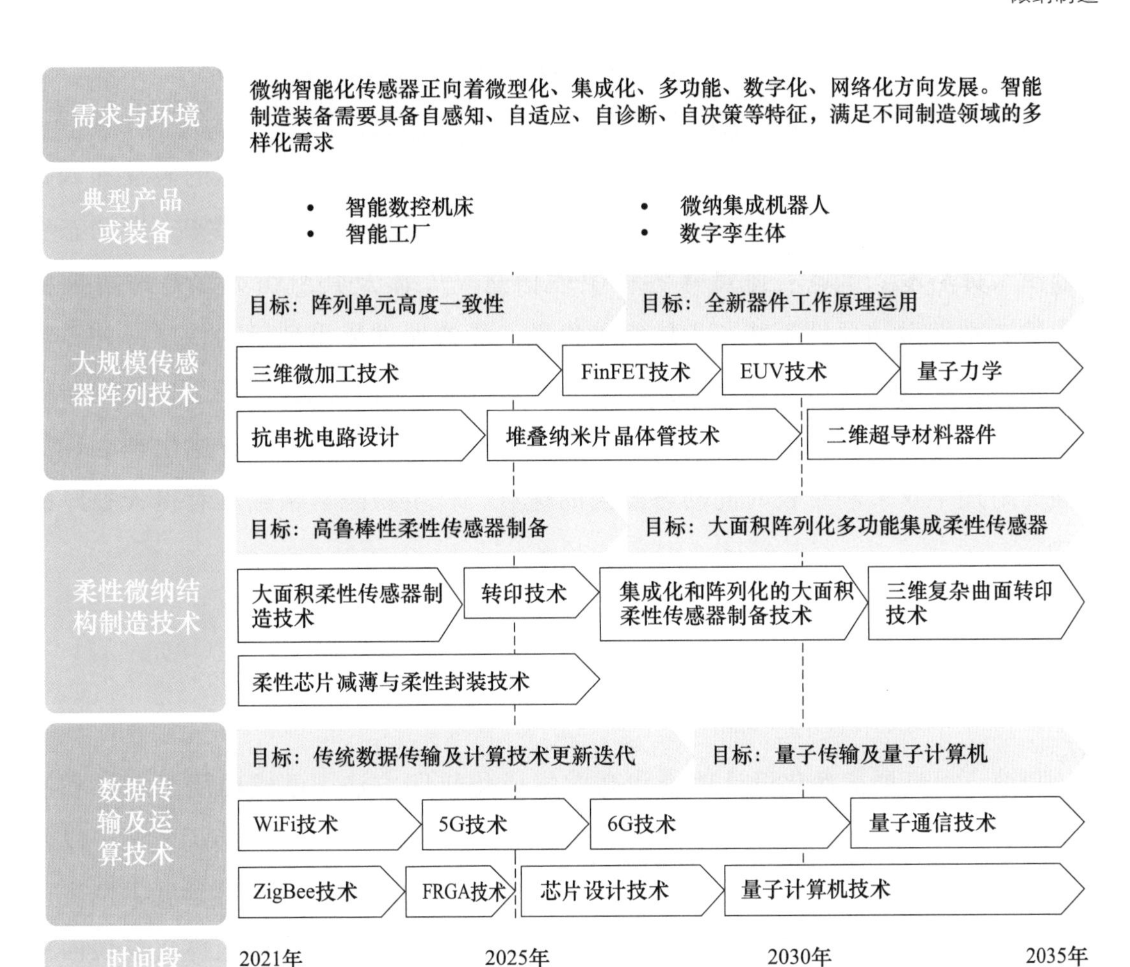

图 6-22 微纳制造与智能制造技术路线图

第五节 微纳制造与医疗工程

一、概述

健康是人类最普遍最根本的需求，党的十九大作出了实施健康中国战略的重大决策部署。随着人口老龄化、社会信息化以及生态环境和生活方式的深刻变化，维护人民健康呈现出一系列新的发展趋势：

1）诊疗模式由诊断为主转变为预防为主。

2）由重大慢性病的治疗转变为疾病的预防和健康管理。

3）人体康复医学和工程方兴未艾。

诊疗模式转变、重大慢性病管理与人体康复对于人体生理信息的表征和调控提出了关键性需求：微纳器件可对人体多模态生理信息进行精准感知，即动态实时监测人体心电、脑电、血氧等各种生理信息。人体及其组织大多是非可展曲面，传统刚性微纳器件不能与人体完美集成，导致器件易受到运动伪影、外界噪声的干扰，无法精准感知复杂人体环境下的微弱生理信号。可延展柔性微纳器件由于其易与人体及组织贴合，具有佩戴舒适性好、不对被测群体产生生理心理等方面的附加干扰、利于长时间动态监测的优点，在生物医学领域具有得天独厚的优势。

二、未来市场需求及产品

（一）体表柔性传感器

目前，可延展柔性化设计理论和高效集成化转印方法，已成功用于指导和制备不同功能的可延展柔性微纳器件，实现了可穿戴/可植入式生理指标监测，以及微流体生化指标检测。美国西北大学 Rogers 教授于 2011 年发明了可延展柔性表皮温度/应变传感器（图 6-23a），能够柔顺地贴附于人体皮肤，顺应人体皮肤表面构造，与人体皮肤共同运动。之后多种用于监测人体生理参数的柔性传感器不断被研发出来，其功能包括汗液成分/压强传感器（图 6-23b）、植入式心脏温度/pH 传感器（图 6-23c）和穿戴于体表的无线通信传感器（图 6-23d）等。国内高校研究团队制备出柔性电化学传感器（图 6-23e），通过离子导入的方式改变组织液渗透压，调控血液与组织液渗透和重吸收平衡关系，驱使血管中的葡萄糖按照设计路径主动、定向地渗流到皮肤表面。此外，可延展柔性血氧传感器（图 6-23f）、柔性压电换能器、类皮肤超柔变形传感器、类皮肤超柔温度传感器等一系列柔性传感器也被陆续研发出来。

生命体征信号一般比较微弱，因此追求器件的高性能将成为面向健康工程的微纳器件的未来发展方向，以便实现高效、实时动态感知、处理和无线传输生理信息。未来，微纳器件有望与传统的中医脉诊理论相结合，推动中医脉诊现代化，提高诊治效率。

同时，实现可穿戴/可植入式生理指标监测、微流体生化指标检测等功能的

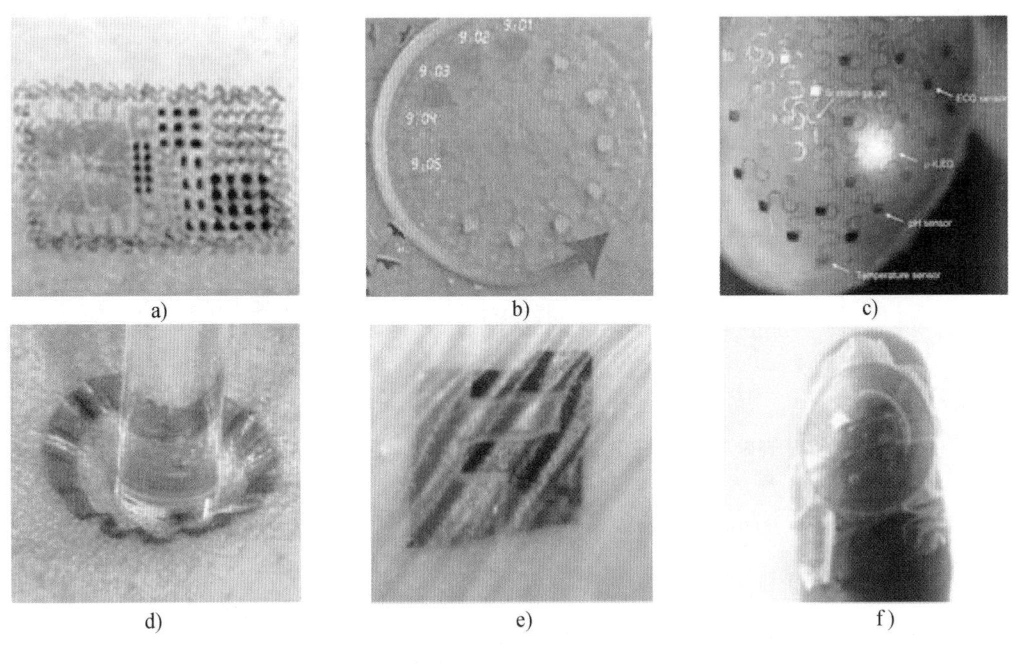

图 6-23　可延展柔性传感器

a）表皮温度/应变传感器[4]　b）汗液成分/压强传感器[5]　c）植入式心脏温度/pH 传感器[6]
d）穿戴于体表的无线通信传感器　e）柔性电化学传感器[7]　f）可延展柔性血氧传感器[7]

微纳器件，有望发展为有源医疗耗材，参与医患交互的数字诊疗系统组网，推动医疗模式向以预防为主转变。在此基础上构建的养老产业高技术体系，不仅有望实现老年群体突发疾病的及时救治、慢性疾病的长效治疗，而且能提高医疗资源的分配和使用效率，这在人口老龄化程度日益加剧的今天，具有重要的社会意义。

（二）生物医用材料

如图 6-24 所示，生物医用材料是一类用于诊断、治疗、修复或替换人体组织、器官或增进其功能的新型高技术材料，在临床应用中主要用作医疗器械，作为保障人类健康的必需品，引领着现代医疗技术和卫生事业的革新和发展。自 20 世纪 90 年代后期以来，世界生物材料科学和技术迅速发展。《2017—2021 年中国生物医用材料行业投资分析及前景预测报告》中显示：全球生物材料市场已超过 4500 亿美元，年增长率为 15.8%，充分体现了生物医用材料强大的生命力和广阔的发展前景。

生物医用材料中的生物相容性材料，也称为高技术生物材料，指直接植入人

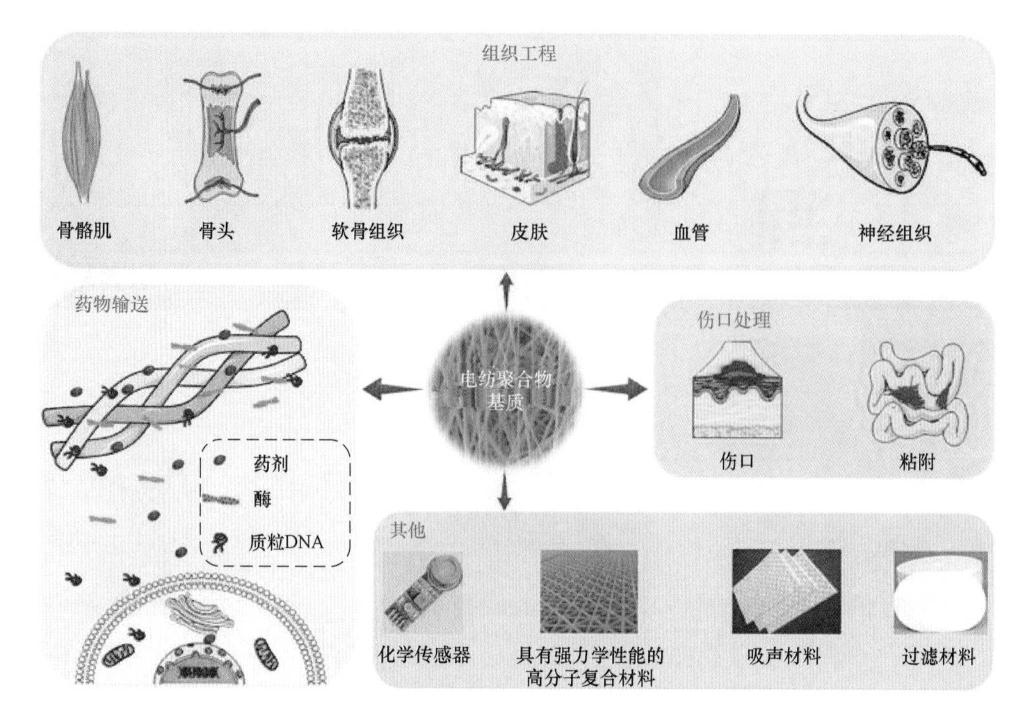

图 6-24　生物医用高分子材料及植入器械

体或与生理系统结合使用的材料及其终端产品，如医用金属和合金、生物陶瓷、复合材料等制备的骨科材料及植入器械、心血管系统介/植入材料和器械、人工器官、药物控释系统等。

目前，我国70%的高端生物医用材料依靠进口，企业只能生产中低端产品。因此，大力发展生物材料，尤其是高端生物相容性材料产业对我国医疗健康产业和国民经济可持续发展具有战略意义。

三、关键技术

（一）生物功能化医用金属材料合成技术

作为目前临床上用量最大和应用最广泛的一类生物医用材料，生物医用金属材料具有高强韧性、耐疲劳、易加工成形性等优良的综合性能，在未来仍然是不可或缺的一类重要生物医用材料。

不同于目前临床应用的生物惰性医用金属材料，未来医用金属材料将以生物功能化金属材料为主，即通过材料表面/界面生物功能化及表面改性技术，或金属材料自身离子释放等，使其具有特定的生物活性和医学功能，从而达到更佳的临床医疗效果。

钛合金具有优良的综合性能，作为医用金属材料广泛应用于临床医学，而在钛合金植入物表面进行微造型有助于提高钛合金的生物相容性，因此可以通过超快激光直写的方法，利用皮秒激光或飞秒激光在钛合金表面制得微纳结构来完成钛合金的材料改性。2017 年，国内研究团队采用 1064nm 波长的皮秒激光在钛合金（TiG6AlG4V）表面制得平行微沟槽结构，并且实验证明该微沟槽结构有助于细胞的黏附增殖并对细胞生长起到接触引导的作用。

生物材料生物学性能的改进和提高，是当代生物医用材料发展的重点。超快激光微纳制造技术可在生物材料表面产生多种表面结构和多种表面形貌，并可通过选择合适的微纳结构尺寸参数对细胞的黏附和分化进行优化。但是材料表面形貌的变化对细胞的影响比较复杂，其作用机理尚在探索之中。目前相关研究大部分仍处于实验室阶段，超快激光微纳制造对生物材料表面改性的效果还需要大量实验进行验证。

（二）心脑血管介/植入材料合成技术

血管支架植入是治疗动脉硬化等血管疾病的有效手段。然而，血管支架植入后，由于血小板过度增殖会出现血栓、再狭窄等并发症。利用超快激光对支架表面进行处理，可以控制细胞在支架表面的黏附性，从而有效避免血管支架植入所带来的并发症。

金属心血管支架植入是目前治疗血管疾病应用最多的方法。2014 年，爱尔兰国立大学 NCLA/Inspire 实验室的 Clare 等人采用脉宽为 500fs、频率为 100kHz、波长分别为 1030nm 及 515nm 的飞秒激光，在不锈钢表面诱导出两种周期性表面结构，并研究了两种周期结构对成纤维细胞和单核细胞的影响。结果表明，微结构表面不利于血细胞黏附，从而较少产生凝血的机会，提高了血管支架的血液相容性，且周期和深度的增加会降低细胞的黏附性。

2014 年，国内研究团队使用飞秒激光加工技术，辅以加工衬套的椅形设计，成功制得可降解心脏支架样品，如图 6-25 所示，样品支架结构无热损伤、切边光滑且筋宽一致性约为±6μm。但目前超快激光微纳制造的可吸收血管支架造价昂贵、产量较低，如何使用该技术实现血管支架工业化是研究人员亟需解决的难题。

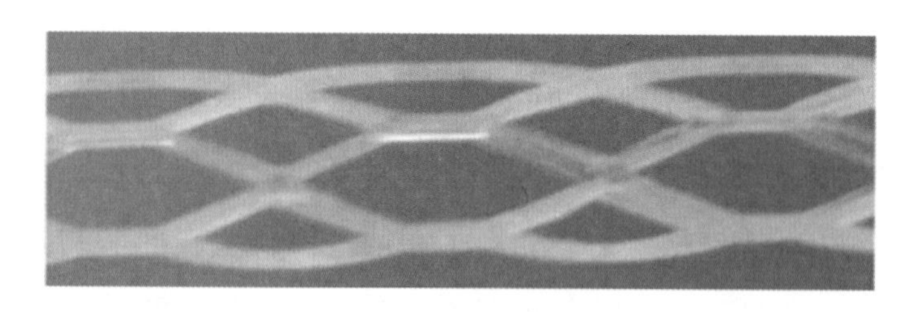

图 6-25 飞秒激光加工制备的 PLA 可降解心脏支架[8]

（三）激光辅助生物打印材料合成技术

器官损伤和衰竭是人类医学中最困难的问题之一，而全世界的器官移植都面临捐赠者严重不足的问题。生物打印技术基于快速成形原理，使用增材制造设备将细胞和生物材料混合而成的“生物墨水”制成组织和器官，虽在一定程度上解决了供体缺乏问题，由于材料中的细胞成分来自于患者自身细胞，因此也不会出现生物不相容的问题，但制造出来的细胞存活率较低。

2017 年，慕尼黑应用技术大学张军等人使用了一种超快激光对目标细胞进行诱导转移，如图 6-26 所示，该过程不需要牺牲无机材料来吸收能量，且转移后大约 95%的细胞存活并保持生命力，已达到了未转移细胞的活力。

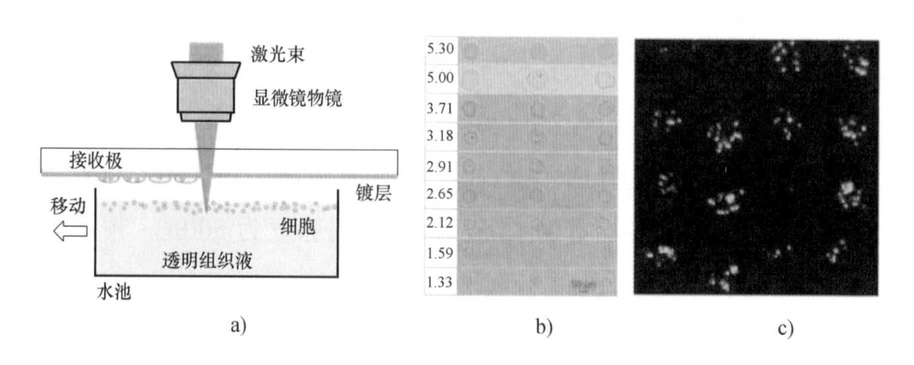

图 6-26 使用超快激光对细胞进行诱导转移

a）激光诱导活细胞向前转移示意图 b）不同激光脉冲能量时，显微镜下的打印微滴阵列图像 c）打印细胞的荧光显微镜图像[9]

除此之外，由于超快激光本身的优势，利用超快激光辅助打印的生物材料还具有横向分辨率高、3D 结构控制能力强和可同时打印微米和纳米双尺度结构的优势。超快激光微纳制造在生物医疗领域拥有广阔的应用前景，该技术可以赋予传统生物材料新的结构和功能，并可以显著提高人体的自主修复能力，实现被损伤组织或器官的快速有效复原，已逐步发展为当今生物医学极具热点和希望的发展方向。

四、技术路线图

微纳制造与医疗工程技术路线图如图 6-27 所示。

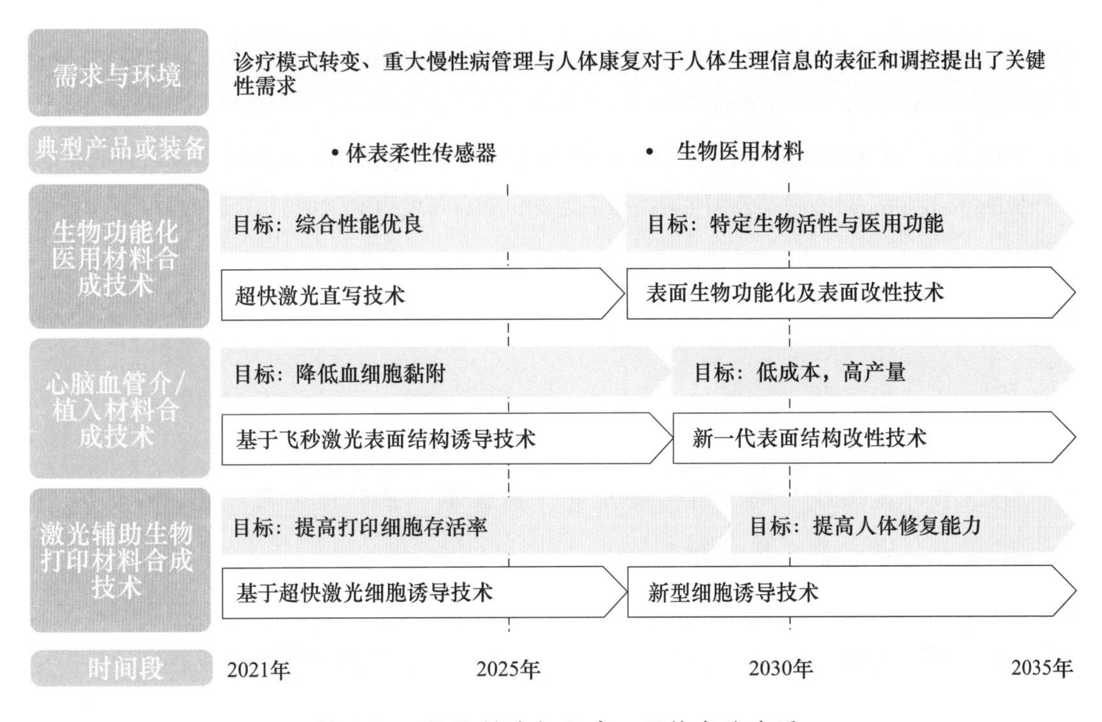

图 6-27 微纳制造与医疗工程技术路线图

参考文献

[1] LIU L, HAN J, XU L, et al. High-density semiconducting carbon nanotube arrays for high-performance electronics [J]. Science, 368 (2020): 850-856.

[2] SHULAKER M M, HILLS G, PARK R S, et al. Three-dimensional integration of nanotechnologies for computing and data storage on a single chip [J]. Nature, 547 (2017): 74-78.

[3] ZHANG J M, JI Q, LIU Y, et al. An integrated micro-millifluidic processing system [J]. Lab on a Chip, 18 (2018): 3393-3404.

[4] KIM D H, LU N, MA R, et al. Epidermal electronics [J]. Science, 333 (2011): 838-843.

[5] CHOI J, KANG D, HAN S, et al. Thin, soft, skin - mounted microfluidic networks with capillary bursting valves for chrono - sampling of sweat [J]. Advanced healthcare materials, 6

（2017）：1601355.

[6] XU L，GUTBROD S R，BONIFAS A P，et al. 3D multifunctional integumentary membranes for spatiotemporal cardiac measurements and stimulation across the entire epicardium [J]. Nature communications，5（2014）：1-10.

[7] MA Y，ZHANG Y，CAI S，et al. Flexible hybrid electronics for digital healthcare [J]. Advanced Materials，32（2020）：1902062.

[8] 卢立斌，王海鹏，管迎春，等. 激光微加工技术制备生物医用器械的现状与进展 [J]. 中国激光，44（2017）：0102005.

[9] ZHANG J，HARTMANN B，SIEGEL J，et al. Sacrificial-layer free transfer of mammalian cells using near infrared femtosecond laser pulses [J]. Plos one，13（2018）：e0195479.

编撰组

组　长　尤　政　王晓浩

第一节　黄庆安　王晓浩

第二节　苑伟政　冯　雪　黄庆安　熊继军　王跃林　张　旻

第三节　方　群　钱　翔

第四节　王晓浩　孙立宁　朱舜华　张　旻　周　果

第五节　王晓浩　冯　雪

第七章
Chapter 7

增材制造（3D打印）技术

第一节 概　　论

增材制造（3D 打印）是以三维 CAD 设计数据为基础，将材料（包括液体、粉材、线材或片材等）自动累加起来成为实体结构的制造方法。相对于以车、铣、刨、磨为代表的减材制造和以铸、锻为代表的等材制造技术，增材制造技术发展时间短而潜力巨大。增材制造可以快速高效实现新产品、新零件的制造，为产品研发提供快捷技术途径。增材制造技术降低了制造业的资金和人员技术门槛，有助于催生小微制造服务业，有效提高就业水平，有助于激活社会智慧和金融资源，实现制造业结构调整，促进制造业由大变强。增材制造技术给制造业变革和新产品发展提供了重大机遇。

《全球增材制造（3D 打印）发展报告》的数据显示，2018 年、2019 年、2020 年全球增材制造产业增长率分别为 33.3%、21.2%、7.5%。2020 年尽管受到新冠疫情影响，全球增材制造产业产值仍有较高增长，达到 127 亿美元。近年来我国高度重视增材制造技术发展，将其作为“中国制造 2025”战略的发展重点，技术和产业都取得了快速发展。据统计我国 2019 年增材制造产业产值为 157.6 亿元，增长率为 32%；2020 年产业规模为 208 亿元，实现了高速增长。目前我国已初步建立了涵盖 3D 打印材料、工艺、装备技术到重大工程应用的全链条增材制造的技术创新体系，在设备拥有量以及应用方面处于世界第二位，部分技术达到了国际领先水平。如我国采用激光熔覆沉积技术实现了世界上最大、投影面积达 $16m^2$ 的飞机钛合金整体框的增材制造，制造出了长度超过 1.5m 的世界最大单方向尺寸的激光选区熔化钛合金进气道，解决了传统方法难以实现的极端复杂结构的多结构、功能集成整体制造难题。

增材制造作为一项新型制造方法，在相关基础技术、关键工艺、核心装备、工程应用方面还存在许多问题和难点，例如其批量制造效率低、精度不够高、缺少材料体系、制造质量不稳定等问题。在技术应用方面，增材制造应用面不断扩大，尤其在航空航天、生物医疗方面取得了显著效果，但是由于技术与应用的衔接不足，其应用的广度和深度有待进一步发展。

面向未来，增材制造技术将向智能化、学科交叉、扩大应用等方向发展。增材制造过程是涉及材料、结构、多种物理场和化学场的多因素、多层次和跨尺度耦合的极端复杂系统，需要结合大数据和人工智能研究这一极端复杂系统。需要在增材制造的多功能集成优化设计原理和方法上实现突破，发展形性主动可控的智能化增材制造技术，为增材制造技术的材料、工艺、结构设计、产品质量和服役效能的跨越式提升奠定充分的科学和技术基础；发展具有自采集、自建模、自诊断、自学习、自决策的智能化增材制造装备是未来增材制造技术实现大规模应用的重要基础；重视增材制造技术与材料、软件、人工智能、生命与医学的学科交叉研究，开展重大技术原始创新研究；注重增材制造技术在航空、航天、航海、核能、医疗、建筑、文化创意等领域扩展应用。

未来增材制造技术将由 3D 结构制造向 4D 的智能结构和生命体制造发展，向“材料-设计-制造-功能”一体化发展，为控形控性制造提供了新的技术方法，为产业创新和大众创业提供技术平台。增材制造的发展遵循“应用发展为先导，技术创新为驱动，产业发展为目标”的原则，力求建立健全的增材制造产业标准体系，结合云制造、大数据、物联网等新兴技术及智能制造系统，促进增材制造设备和技术的全面革新。发展自主创新的增材制造是我国由“制造大国”向“制造强国”跨越的重要途径，是落实四个面向的颠覆性技术，对实现制造技术跨越发展具有重要的意义。

第二节　增材制造基础技术

一、概述

增材制造基础技术是指支撑该技术发展的相关核心技术，就目前来看，相关的技术包括材料、设计、控制、标准化等方面。增材制造的材料与具体工艺相关，后续均与具体材料工艺结合来描述。设计技术、智能化技术、标准化等是支撑增材制造创新发展和工程化应用的基础性关键技术。

由于增材制造技术是在材料上直接成形，不受几何形态制约，因此给设计技术带来了重大发展机遇，尤其在复杂曲面、点阵结构、中空结构等方面，给设计人员在创新设计方面提供了新的发展空间。设计技术从复杂结构、功能结构设计到支撑软件，需要不断发展，形成新的设计方法和软件技术。增材制造的优化和多功能结构设计需要建立结构-功能映射机制，实现真正的面向增材制造的设计。

智能化增材制造技术是通过装备和工艺集成，实现对制造过程的控制，保证无人化、精准化和稳定化。智能化装备是增材制造发展的方向，目前重点在于实现通过装备对工艺的在线检测，形成工艺大数据，进而通过对工艺模型的预测以及工艺大数据的修正，形成对制造工艺的精准控制，提升装备的智能化水平。

增材制造是一个快速发展的新兴技术，传统先产品化、再标准化、再产业化的模式远远不能满足产业需求，全球呈现出了通过标准布局引领发展的态势，建立增材制造标准体系才能引领技术和产业发展，因此是必须提前布局的重要方向[1]。

二、未来市场与需求

增材制造可以在微观、介观和宏观多个几何尺度下，制造出几乎任意复杂的形状。同时，可以在加工过程中通过组分的变化实现材料属性的空间调整，通过整体性的制造实现多个零部件的融合。如某通信卫星支架经过拓扑优化再设计，去掉了 44 个铆钉成为一体化结构，重量减轻了 35%，刚性提高 40%。增材制造可以满足多功能设计技术的重大需求。如利用多种材料打印技术在结构中植入电子元件或导电线路实现健康监测，打印具有零膨胀甚至负膨胀特性的力学材料，打印能够用于临床的肋骨等。设计技术带动增材制造设计软件呈井喷式发展，国外一些大型软件公司（包括 Autodesk、ANSYS、Altair、Abaqus 等）积极研发增材制造设计软件，用于构建准备、机器调度、过程建模、自动化设计等，同时也出现了一些新的专业公司，如 Materialise、ViewSTL、3D Slicer、DTU 等[2]。相比之下，国内软件开发基础薄弱，目前虽然也有一些相关软件产出，但相对较为零散，并没有形成国产品牌。

在线检测已成为增材制造领域的全球研发热点，并将成为增材制造智能化的核心技术之一。在线检测通过对工艺过程关键检测数据的逐层在线采集，既可为在线诊断和实时修复提供依据，也可为工艺过程的记录文档提供关键数据，还能为工艺研发提供帮助。

增材制造过程计算仿真在阐明不同工艺因素的作用机理、揭示缺陷的形成与修复过程、预测成形制造的质量、指导工艺优化和新工艺快速开发等方面，对于实现智能化工艺控制具有重要作用。

标准化是建立增材制造从技术向产业发展的桥梁。调查发现，50%的现行标准已不再适用于增材制造技术，37%的标准只是在某种程度上适用，仅仅12%的标准能够满足现阶段的增材制造行业。欧盟陆续发布 *Additive Manufacturing：Strategic Research Agenda* 和 *Additive Manufacturing：SASAM Standardization Roadmap* 报告书，其中增材制造标准化支持计划（SASAM）规划出标准制定的优先序列表。在工程应用中，很多领域无法有效应用增材制造技术的部分原因在于缺乏增材制造标准、技术认证及其最佳制造质量。因此，目前迫切希望开发标准系统，特别是在关键应用领域，如医疗植入物、飞机结构部件负荷和发动机组件。增材制造的标准化技术发展，势必对整个产业化发展起到积极推动作用。

三、关键技术

（一）增材制造设计技术

1. 现状

设计技术主要是实现对结构的优化和多功能的设计[3]。目前主要依靠设计师根据增材制造的特点和自身经验进行设计，增材制造结构件大都基于现有结构的直接替换或简单的改进，其分析与优化设计多基于现有的算法，在进行有限元分析和结构优化设计时，则无法摆脱几何的高度复杂性引发的技术瓶颈。设计技术在数据格式和设计工具方面都存在许多问题，如STL格式在梯度材料描述等方面存在一些限制，需要发展更合适的格式；拓扑优化设计软件目前昂贵的计算费用还难以满足复杂增材制造零部件的设计；目前涉及多个物理场的复杂增材制造工艺过程的仿真计算效率仍然不高；包含模型准备、工艺过程仿真、自动优化设计等增材制造全流程的设计平台尚未建立。

2. 挑战

在设计中需要为了实现设计与优化一体化方法。需要解决高度复杂增材制造模型与有限元分析模型的精准转换问题，实现有限元分析模型的自动生成和参数化。需要发展非均匀/多材料构成的复杂多层级结构性能的高效高精等效分析方法。注重发展面向增材制造的快速高效拓扑优化设计技术。拓扑优化与增材制造形成技术优势互补，但计算成本极其高昂，进行几何高度复杂的增材制造结构设计且保证其可制造性，仍是一个巨大的挑战。

3. 目标

预计到 2025 年，突破增材制造复杂几何结构的有限元模型自动生成技术，实现有限元分析模型的自动生成和参数化。多功能设计技术受到广泛重视，在热力耦合、流固耦合、光电耦合等领域涌现大量典型成功案例。在力、热、光、电磁等多个物理场下的多功能结构设计理论和方法初步建立，在高端装备结构设计中实现功能和形状两方面的增材制造优化设计。预计到 2030 年，建立非均匀多层级复杂几何结构的性能快速分析方法，能够实现部件级的性能分析。预计到 2035 年，非均匀/多材料的多层级复杂几何结构的优化设计方法基本建立。多功能结构设计理论和方法在深度和广度上得到进一步发展，并在工业领域进行广泛应用。形成包含模型准备、工艺过程仿真、自动优化设计等增材制造全流程的设计平台。

（二）增材制造智能化技术

1. 现状

目前增材制造过程智能化程度较低，各环节处于研究开发阶段。在线检测是工艺控制的基础，如对粉末床（PBF）成形工艺铺粉过程中刮板振动的监测、铺粉后粉末床平整度的检测、成形过程温度场/熔池的监测以及成形后沉积层形貌缺陷的检测等。检测得到的信号数据或图像，经过滤波、降噪处理后，通过标定、对比、特征识别或处理后，可以应用于成形质量分析，但主要是事后分析，还没有能够实现在线缺陷修复和成形质量控制。在模拟计算技术中有一些仿真算法和模型应用于增材制造中，例如，采用离散元算法对激光选区熔化工艺铺粉过程中的粉末与粉刷相互的接触、碰撞、摩擦进行预测和分析，近年来还增加了电磁作用、合金成分浓度扩散模拟、气孔形成与湮灭预测等更加丰富的物理作用与过程分析，以及基于有限元热力学模型对增材结构应力变形进行有效预测与工艺优化等。当前，对于增材制造成形过程中单一尺度以及单一物理场的仿真计算已经较为成熟。然而，对于多尺度多物理场方面，需要通过小尺度模拟结果的归纳和统计来与大尺度模型建立关联关系，以加快求解速度。

2. 挑战

在线检测系统对增材制造成形环境的耐受性是这一技术面临的重要挑战。针对粉末床工艺，对粉末深层状况或工件内部缺陷等重要信息尚缺乏成熟、可靠的探测手段，尤其是对工件内部孔洞、未熔合等成形缺陷的探测。同时，测量精度、分辨率与测量范围、时长之间几个数量级的差距对在线检测技术要求苛刻。增材制造过程往往需要连续工作数十小时，且在工艺过程中还存在强光辐射、电磁干扰、粉末飞溅、烟尘、羽辉等干扰因素，对在线检测技术及设备的长期、稳定、可靠运行，提出了非常严峻的挑战。在模拟技术方面，由于介观模型计算的尺度极小，计算几个毫米的扫描路径或数道、数层的熔化沉积过程需要数天的时间，尚无法对尺寸较大的构件进行成形过程模拟。而宏观模型则无法模拟成形缺陷、表面形貌等介观特征。大型结构尺度的仿真计算存在着计算量和精确度难以协调的问题。在建模精度方面，许多合金材料的高温（液态）物性参数不全，只能采用相近成分的材料或单质元素的物性参数。同时，对复杂的液体流动、润湿行为、气体流动难以描述，进而造成一定的计算误差。

3. 目标

2025 年，对增材制造逐层沉积过程开展多信息融合，突破成分、组织检测，实现“边打边测”“随打随检”的成形过程全程监测，建立增材制造工艺和复杂的多能场成形过程模型；通过对大量不同工艺参数配置的模拟，结合大数据挖掘或人工神经网络技术的运用，初步实现对工艺过程的智能化控制。

2030 年，通过突破近表层缺陷的在线无损探测，实现增材制造构件的质量完整性检测；通过与在线修复技术的结合，实现缺陷“可修即修”的在线及时修复；建立小尺度模型模拟结果的统计、函数化或数据挖掘，实现跨尺度模型的融合，进而提高实际零件成形过程的计算模拟速度与精度，实现智能化精准制造。

2035 年，将工艺过程模拟与晶粒生长、组织演化、材料性能预测和结构优化等计算模拟手段相结合，建立“设计-工艺-组织-性能”集成预测模拟系统，面向最终零件服役性能的一体化综合优化方法，实现增材制造智能监控，从而保证增材制造构件的成形质量。

（三）增材制造标准化技术

1. 现状

国际上，增材制造标准制定组织主要以欧洲 ISO/TC 261 和美国 ASTM F42 为核心，两者通过签订协议，按照“同一套标准体系、同一套技术标准”的模式共同开展增材制造标准化工作，已经联合发布 ISO/ASTM 标准 17 项。先后成立了术语、工艺、系统和材料、测试方法和质量规范、数据和设计、环境、健康和安全等工作组，主要围绕增材制造的设计指南、原材料及工艺过程、零件性能指标、标准测试样件等方面开展标准化工作。随着增材制造应用领域的不断深入，还陆续成立了应用分技术委员会，包含了航空、航天、生物医疗、轨道交通、船舶、电子、建筑、石油化工和消费 9 个应用领域，目前已经开展相关应用领域的标准化工作。我国 2016 年成立全国增材制造标准化技术委员会，全面统筹推进增材制造领域国际、国内标准化工作，已在增材制造专用材料、设备、检测和服务等领域成功主导 1 项国际标准、发布 32 项国家标准、7 项行业标准、89 项团体标准，标准引领和规范新兴行业发展的作用逐步显现。但与当前全球科技创新和产业发展的迅猛态势相比，我国增材制造领域仍然存在标准缺失、基础科研和数据积累不足、国际标准跟踪转化滞后等问题。

2. 挑战

标准化体系不完备，专用材料、工艺和设备、专用软件和服务，以及产品的检测和评价规范与标准需要尽快建立，推行完善的行业准则，使增材制造的产品符合商业化的应用。一方面需要多学科交融的增材制造体系，增材制造标准设计涉及材料、机械、信息、航空、医疗等多领域，导致标准在制定过程中需要考虑多方面因素，协调多方资源，工艺标准的制定需要考虑应用对象、设备、材料、后处理等，使工艺标准与设备标准、材料标准、后处理标准的高度协调统一。另一方面需要提升我国技术标准的质量，标准需要大量数据的积累作为基础，但目前关于增材制造疲劳、特定检测方法等相关基础科研和数据积累不足，导致标准制定难度较大。最后应高度关注当前全球增材制造技术标准一体化，我国需要基于自主的研究基础，主导制定国际标准。

3. 目标

2025 年，增材制造新型标准体系基本建立，增材制造团体标准达到 200 项以上，国家标准、行业标准达到 80 项以上，我国标准体系与国际标准体系基本实现兼容，市场自主制定标准与政府主导制定标准更加协调配套。

2030 年，标准在细分领域取得广泛应用，增材制造专用材料、基本工艺等方面基础通用标准基本满足需求，标准在航空、航天、医疗、建筑、核电、汽车、电子等行业实现深度、广泛应用。

2035 年，国内标准与国际标准基本实现互通，在增材制造服务、成形精度检测、加工过程在线监测等方面实现国际标准突破，为我国增材制造技术、产品和服务国际化提供支撑。

四、技术路线图

增材制造基础技术路线图如图 7-1 所示。

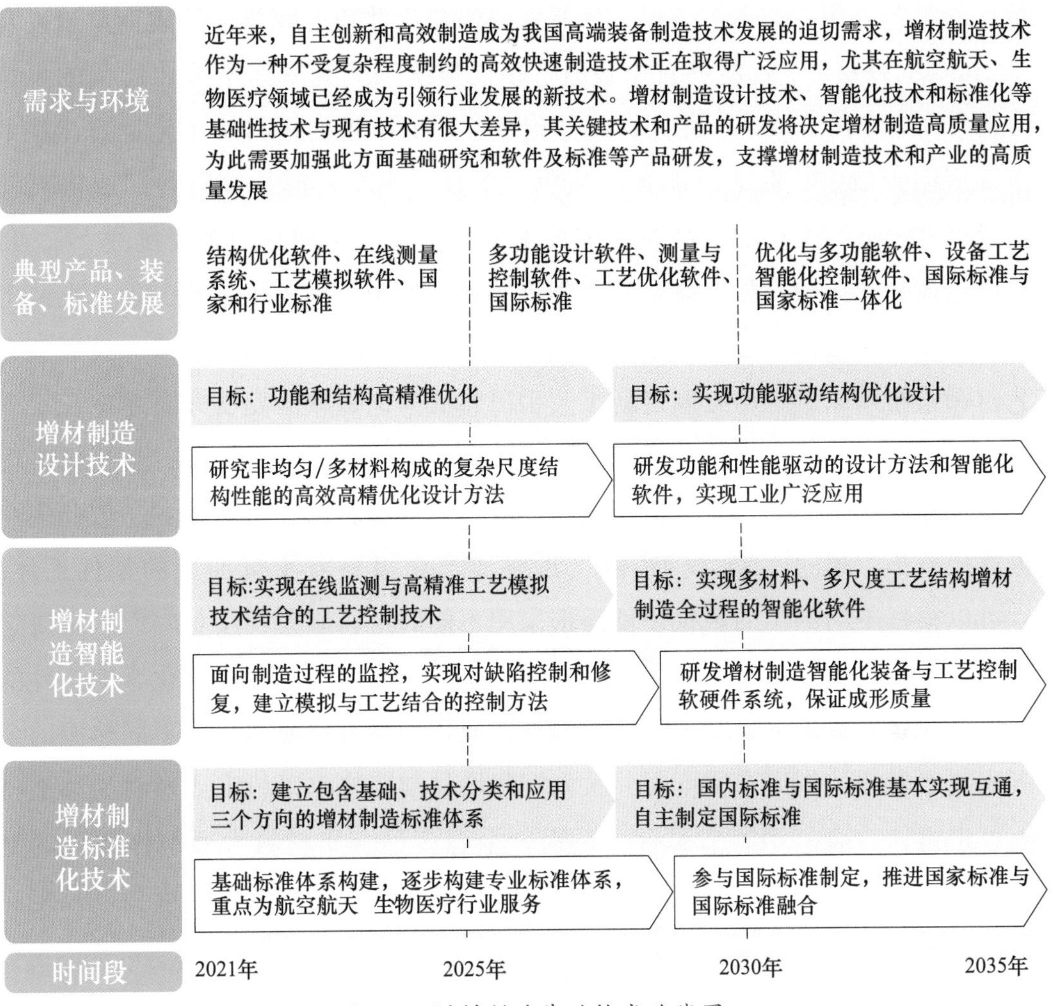

图 7-1 增材制造基础技术路线图

第三节 金属增材制造技术

一、概述

金属增材制造技术是工程需求迫切和应用价值巨大的技术，其涉及技术工艺多、材料种类宽、应用范围广。高精度、大尺寸、高效率、多材料是未来发展的方向[4]。

金属粉末床熔融增材制造技术是目前金属增材制造工艺中制件精度、综合性能优良的工艺方法。该工艺成形零件具有较高的尺寸精度和较好的表面质量以及近乎 100%的致密度，且能够自由设计，相比传统工艺其基本不需要后续的再加工，能大大缩短加工周期，避免材料的浪费，减少昂贵的模具费用。目前该技术已广泛应用于航空、航天、船舶、核电、医疗、汽车、模具等行业。成形尺寸小、成形效率低、生产成本高是当前技术实现广泛应用面临的重要挑战[5,6]。目前我国金属粉末床熔融增材制造技术发展迅速，处于国际先进水平，但是在装备稳定性方面依旧与国外存在差距[7]。进一步提升工艺稳定性和成熟度，发展复合工艺，探索粉末床熔融增材制造新工艺手段将成为该领域的发展方向之一。

金属定向能量沉积技术以激光、电子束或电弧等高能束为热源，熔化同步输送的粉末、丝材等添加材料在构件表面形成熔池，随后快速凝固沉积，依此逐点逐道逐层扫描，通过“点-线-面-体”近终成形获得只需少量加工的零件毛坯，而且可以根据不同部位的服役条件需求采用不同的材料制备梯度材料[8]。金属定向能量沉积技术可满足重大装备对高性能、大型化、整体化、轻量化金属构件的短周期高质量制造需求，对于提高我国制造业水平具有重要作用。不同热源的金属沉积技术发挥的作用有所不同，激光沉积增材制造技术以粉末或丝材为添加材料，可进行钛合金、钢、高温合金、铝合金等多种金属材料大型整体构件的制备。目前，我国在大型构件激光定向能量沉积增材制造技术、电子束和电弧定向能量沉积技术等方面具备领先水平。

增等减材复合制造（Additive/Forging/Subtractive Hybrid Manufacturing，AF-SHM）运用逐层堆叠的增材制造、随动辊压/锤击以及适时的切削加工，实现零件在同一台机床上完成“增材成形-等材锻造-减材精整”的连续或同步制造过程，如图 7-2 所示。该技术可以直接获得结构较复杂、力学性能高、形状精度和表面质量高的零件，满足对零件的性能要求。对于具有内腔、内孔、内流道的复杂零件，在工艺制定阶段，可以将其分段制造，逐段增材、逐段切削，实现内腔的加工来保证质量。增等减材复合制造技术不仅成形零件复杂、材料利用率高，而且具有比传统锻件制造流程及周期大为缩短、设备及工序显著减少、锻件成形尺寸范围大幅增加、能耗及材料消耗急剧减少等特点，同时兼顾了减材加工质量高与精度高的优势，因此已成为目前全球制造业关注的重点与焦点。

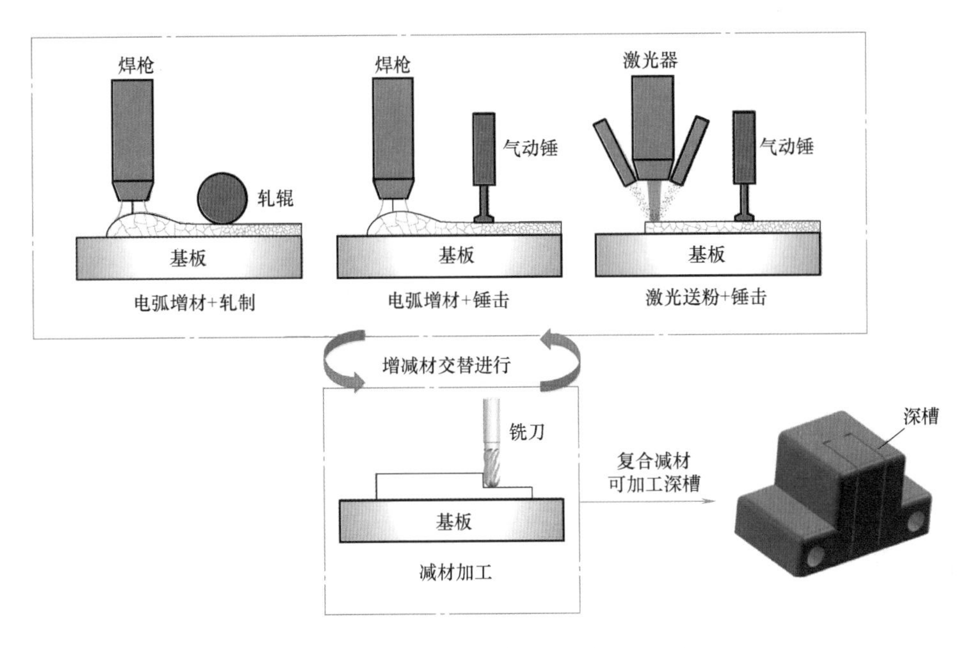

图 7-2　增等减材复合制造示意图

新型多材料金属构件增材制造是针对新型二元或多元合金、纳米颗粒改性金属基复合材料、原位增强金属基复合材料及异质金属多材料成形的一种新的实现途径。新型多材料金属构件的设计、成形及应用，目标是在同一个成形金属构件内部的不同位置布局不同的材料，并通过跨尺度结构及界面调控来满足构件不同部位的差异化性能和功能需求，即实现“适宜的材料打印至适宜位置”“独特结构打印创成独特功能”，如图 7-3 所示。

金属增材再制造是以金属增材制造技术为基础，对服役失效零件及误加工零件进行几何形状及力学性能恢复的技术，该技术通过重构损伤区域三维数模，优选性能匹配材料，利用增材制造方式进行三维实体恢复，具有成形效率高、性能优和尺寸不受限等优点[9]。

二、未来市场需求及产品

针对航空、航天、船舶等领域应用需求，进一步增大工件的成形尺寸、大幅提高成形效率、大幅降低生产成本，满足批量化生产需求，是金属粉末床增材制造技术实现工业化应用必须克服的挑战[10,11]。细分应用领域，综合考量成本、周

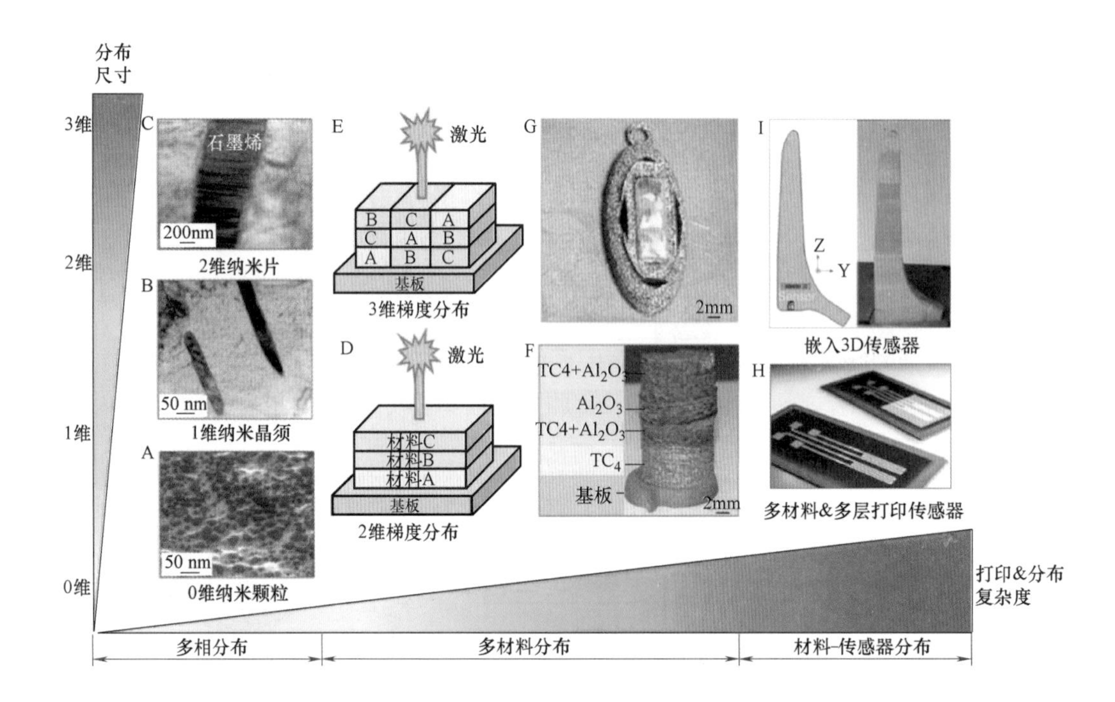

图 7-3　新型多材料金属构件的概念及内涵

期、性能、应用需求，进行专用装备开发，突破大尺寸复杂薄壁镂空结构、点阵夹层结构成形过程变形控制、发展支撑或少支撑粉末床熔融技术等将成为未来的技术发展重点[12~14]。

金属定向能量沉积技术可以快速、高效制备航空航天、船舶、能源、交通等领域重大装备中高性能大型关键金属构件，在大型整体复杂钛合金、高温合金、高强度钢、铝合金等金属构件的成形制造中具有快速响应、周期短、成本可控等优势，特别适合于研制期间小批量快速成形。未来可以满足诸如飞机主承力钛合金眼镜框、超高强度钢起落架、三维复杂钛合金框梁，航空发动机整体叶盘、进气机匣，重型运载火箭连接环、舱段，船舶螺旋桨，核反应堆耐压壳体等多领域大型整体金属构件的制造需求，市场前景广阔。

目前增等减材复合制造分为三类，一是增等材复合，二是增减材复合，三是增等减材复合[15]。目前代表性的增减材复合制造装备分为两种，一种是基于定向能量沉积的增减材，制造商包括美国洛克希德·马丁公司（LMT）、德国德玛吉（DMG）、日本马扎克（Mazak）等；另一种是基于粉末床熔融增减材，制造商包括日本沙迪克（Sodick）等。在应用方面，增减材复合制造技术具有其独特优势，在航空航天及大型装备研制方面具有巨大的应用前景。

随着我国高端装备制造领域的不断升级，对金属材料性能和功能的要求越发严苛，迫切需要设计和制备具有高性能、多功能的新型多材料金属构件以满足服役环境需求[6]。增材制造新型多材料金属构件是解决传统金属材料性能不足及功能受限的有效途径。开展面向增材制造的新型多材料金属构件设计与优化，扩展多材料体系，研发面向新型多材料金属构件的高端精密增材制造装备及智能监控-反馈系统，通过增材制造工艺进行精确的微观-介观-宏观跨尺度调控与优化，形成新型多材料金属构件增材制造“材料-结构-工艺-性能-功能”一体化关键技术工艺数据库，满足高端装备领域对高性能金属构件不同部位的不同性能和功能需求[8]，已逐渐成为新型多材料金属构件增材制造的一个技术发展趋势。

金属增材再制造是一种先进的高性能装备全流程维修技术，可直接用于精密、异型及复杂形状零件修复，实现损伤件的形状尺寸恢复、结构强度提升和表面功能匹配等[9]。在以绿色、智能、服务为发展方向的未来制造中，金属增材再制造在高端装备高附加值损伤件修复方面具有明显优势，可广泛应用于冶金、矿山、机械、交通、能源动力、航空航天等领域，如图 7-4 所示。

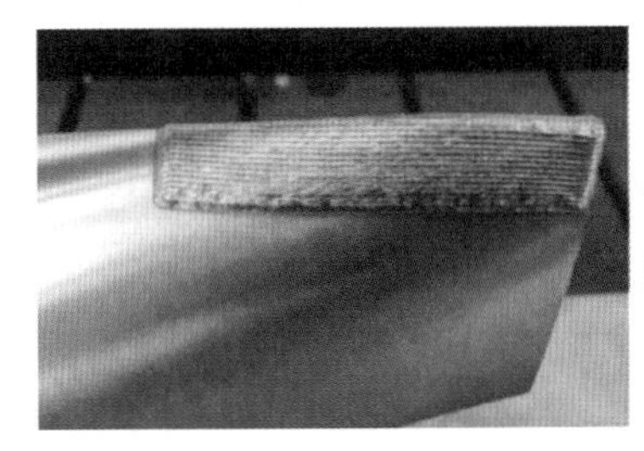

图 7-4　叶片增材再制造、曲轴增材再制造及舰体结构增材再制造

三、关键技术

（一）金属粉末床增材制造技术

1. 现状

按照能量形式的不同，金属粉末床增材制造技术可以分为：激光选区熔化（Selective Laser Melting，SLM）、电子束粉末床熔融（Electron Beam-Powder Bed Fusion，EB-PBF）和黏结剂喷射（Binder Jet Printing，BJP）。激光选区熔化技术

国内商用化 SLM 装备对外发售的最大的成形尺寸为西安铂力特增材技术股份有限公司的 BLT-S800，成形幅面 800mm×800mm×800mm。效率最高为德国 SLM Solutions 公司的 NXG XII 600 设备，配备 12 台激光器，成形效率可达 2000cm³/h。由于 SLM 工艺中激光光斑较小，层厚一般在 20~100μm，成形零件表面质量较好，一般在 *Ra*3.2 左右。

电子束粉末床熔融技术（EB-PBF）装备主要来自瑞典和我国，最大的成形尺寸为 350mm×350mm×400mm，保证了大型零件的成形。EB-PBF 制件的表面粗糙度较高，一般为 *Ra*20，符合医疗植入器械对粗糙表面的需求，被大量应用于钛合金、钴铬合金医疗植入器械的增材制造中。近年来，通过将激光集成到 EB-PBF 设备中，实现了电子束填充+激光轮廓扫描的复合选区熔化（EB-LHM）技术，改善了制件的表面质量。

黏结剂喷射金属增材制造技术（BJP）装备主要来自德国、瑞典和美国，代表性企业主要包括 Voxeljet、Digital Metal、HP、Desktop Metal 等。BJP 制件质量会受到粉末分布、粉末填充密度、黏结剂沉积、黏结剂饱和度和打印过程中黏结剂的干燥等因素的影响。黏结剂的稳定性和后期烧结工艺至关重要。目前，由于黏结剂制备技术还不成熟，加之粉体材料的批次稳定性问题，BJP 的产品精度还不能与激光增材制造相媲美。

2. 挑战

成形尺寸受限是 SLM 技术面临的最重要的挑战。增大成形尺寸的主要方式为增加激光数量，目前国内最多为四激光，一般成形幅面低于 800mm×800mm。国内外虽有提出移动振镜式扫描原理样机，但仍需进行进一步可行性试验与验证。目前，四激光的成形效率为 100cm³/h，较之前有提升，但仍面临效率低下的问题。国外已提出高功率激光器扫描以及更多激光器全幅面搭接成形装备，但仍需进行应用验证。此外，随着成形尺寸的增大，SLM 成形过程热应力变形问题严重，使得成形过程变形控制成为又一重要挑战。改善制件的表面粗糙度，并在保证热应力控制的前提下防止内部结构中的粉末因粉末床温度较高而烧结成块，是目前 EB-PBF 工艺面临的最重要的挑战。电子束轰击导电性较差的粉末床时会产生电荷滞留，进而因电荷斥力引发粉末飞散的“吹粉”现象，近年来英国 Wayland 公司提出离子“中和”方法、日本 JEOL 公司提出“电屏蔽罩”方法，但实际效果仍需验证。因此，彻底消除“吹粉”现象的发生，或将其控制在可修复范围，是一个重要挑战。

3. 目标

2025 年，研发出最大尺寸为 1~2m 的金属粉末床增材制造设备，成形效率提升 5 倍，实现设备智能化，初步建立数字孪生系统，形成 5~8 种新的材料体系。

2030 年，研发出最大尺寸为 2~3m 的金属粉末床增材制造设备，成形效率提升 10 倍，实现数字孪生系统，建立完善的成形质量保障体系，形成新材料体系和工艺规范。

2035 年，研发出最大尺寸为 3~5m 的金属粉末床增材制造设备，成形效率提升 20 倍，建立设计-材料-工艺一体化智能化装备，新型材料的综合性能能够满足重大领域关键要求。

（二）金属定向能量沉积增材制造技术

1. 现状

金属定向能量沉积增材制造技术获得了广泛应用，美国 Sandia 国家实验室利用该技术制备的 Ti-6Al-4V 构件已成功应用于 F-22 战斗机大尺寸悬臂和 F/A-18E/F 战斗机机翼拼接板。国内多家科研机构开展了大量相关研究，制备出机身起落架连接框、机翼滑轮架等钛合金主承力构件，也在飞机、运输机等重大装备中应用，至今已安全服役 10 余年。电子束熔化沉积增材制造以丝材为原材料，制造过程必须在真空室内完成。美国 Sciaky 公司的电子束沉积钛合金构件最大效率可达 18kg/h，力学性能满足 AMS4999 标准要求。我国 2012 年实现了电子束增材制造钛合金构件在飞机结构上的应用。电弧熔化沉积技术也以丝材为添加材料，具有效率高、生产成本低的优势。英国 Cranfield 大学基于熔化极电弧和非熔化极电弧（GTA/GMA）开发出的增材制造系统，熔化沉积速率达到每小时数千克，金属丝材利用率高达 90%以上。国内企业和高校开展了大量电弧增材制造的研究，制备出直径 10m 级重型运载火箭铝合金连接环。目前国内金属定向能量沉积领域仍面临专用材料短缺、设备自动化和智能化平低、缺乏评价标准等难题。

2. 挑战

金属定向能量沉积技术与粉末床增材制造技术相比，对技术人员的依赖性很强，如构件数模处理与路径规划、过程监控与工艺调整、后处理工艺等，都需技术人员依据经验进行处理，一定程度上限制了增材制造的效率，提高了生产运营成本。因此需进行增材制造工艺及装备的智能化研究，充分发挥增材制造高效率短周期的制造优势。金属定向能量沉积技术专用材料制备是重大挑战，目前金属沉积技术选用的材料多为面向传统铸锻焊技术开发的成熟牌号材料，增材制造专用材料的研发仍处于起步阶段。关于激光、电子束、电弧等高能束形成的熔池特性认识尚不清楚，如何有效利用小熔池冶金与凝固条件设计材料强化新机理非常具有挑战性，同时金属定向能量沉积技术涉及的材料范围很广，几乎涵盖了全部金属材料，其专用材料的开发也需经过多方式考核、多轮迭代优化才能形成标准规范，研究内容庞大、周期长，如何利用高通量制备与表征、机器学习、云计算等先进技术辅助专用材料研发也是需关注的焦点问题。

3. 目标

2025 年，研发出金属定向能量沉积智能化装备原理样机，能够进行无人或人员简单控制下的自动化增材成形。

2030 年，成形构件能够满足设计要求，初步建立智能化金属定向能量沉积的标准规范，研发出金属定向能量沉积专用的钛合金、高强钢、铝合金及高温合金材料各 2~5 种。

2035 年，建立涵盖材料成分、制备工艺、组织性能的金属定向能量沉积数据库，新型材料的综合性能能够满足重大领域关键构件的设计要求，确定牌号并建立行业认证标准规范。

（三）增等减材复合制造技术

1. 现状

增等减材复合制造技术已在航空航天领域取进行了初步的应用验证。美国 Relativity Space 火箭公司利用增减材复合制造技术将火箭零件数量降低到同类火箭零件数量的 1/100（Terran 1 火箭只有 730 个零件），可以在 30 天内打印出整个整流罩。中国国家增材制造创新中心于 2020 年 9 月推出了“五轴激光增减材复合制造装备”，能够实现增材成形和减材加工的自由切换，完美呈现精密复杂结构零件精整加工，满足增减材复合制造及修复再制造的需求。具有代表性的增等材复合制造包括英国克兰菲尔德大学的电弧增材+层间轧制技术，印度理工学院提出的电弧增材+层间锤击的工艺，西安交通大学以及中国国家增材制造创新中心同时也致力于电弧增材+层间锤击的研究与应用，而南昌大学主要研究激光送粉+超声微锻造技术。华中科技大学的微铸锻铣复合制造技术则包含了增等减材（电弧增材+原位轧制+铣削）三种工艺的复合，武汉天昱智能制造有限公司致力于该技术的应用，目前已应用于航空航天、高铁、舰船、核电等多个领域。

2. 挑战

需要对增等减材制造系统进行整体系统优化设计，确保激光增材制造过程中激光能量在成形平面上的均匀性和稳定性，提高机加工减材制造过程中系统刚度与加工精度，且二者能逐层无干涉切换。针对模具高强度、高硬度、高一致性要求等特点，装备需要保证其稳定性和可靠性。等材过程会引入除热源外的一个附加装置，如气锤、轧辊等，减材会使用刀具，增等减材三种工艺的适时切换，热源与附加装置的协同控制和路径规划给数控编程带来了极大困难。受制于增材制造工艺特征，所使用材料种类仍有一定的局限性，如何扩展成形材料种类，开发适用于不同能量源和材料的增等减材复合制造方法与装备仍是热点与挑战。需要认识不同工艺对成形制件的力学性能、硬度、尺寸精度以及显微组织的影响规律，获得能满足零件使用要求的工艺参数，通过控制关键影响因素获得稳定可靠的成形制件，探究材料在高能束作用下的组织、缺陷形成机理，提出合理的增等减材工艺及控制方法。

3. 目标

2025 年，初步解决增材工艺与机加工工艺的快速切换，实现金属增减材高精度复合成形。

2030 年，扩展增等减材复合成形材料种类，实现基于零件特征识别的分层数据处理、增等减材复合制造路径生成与规划、增等减材加工工艺智能化技术和支撑软件。

2035 年，实现多工艺的装备与控制系统的集成，最小化加工准备过程所需的时间，并优化加工流程和其他所需的活动，从而优化成形效率，提高整体的生产率，形成完整的工艺控制方法及理论。

（四）新型多材料金属构件增材制造

1. 现状

新型多材料金属构件能满足工程特殊需要的新材料和新结构要求，有利于发展新的增材制造材料和新工艺装备。针对新型多材料金属构件增材制造的组分设计，主要包括新型二元或多元合金、纳米颗粒改性金属基复合材料、原位增强金属基复合材料及金属层状和梯度等类型。通过调控新型二元或多元合金中的合金成分、选择合适的纳米颗粒及原位增强相，增强组织过冷能力，使因增材制造高冷却速率和高温度梯度诱导产生的柱状晶粒转变为具有完全等轴状的细晶组织，从而提高材料性能。新型多材料金属构件增材制造跨尺度结构设计可以实现从纳米或微米级显微组织至宏观毫米及以上的多层级、大跨尺度调控，从而实现材料性能的突破。在增材制造工艺装备方面，目前基于激光直接能量沉积技术与设备，可通过计算机控制集成机器人、激光器、送粉器等设备协同运作，实现构件在不同位置处用不同工艺参数及不同材料的成形，获得具有独特的微观结构和相的结合。利用多送粉器直接能量沉积系统，通过原位合金化可在特定结构中实现微观组织、相组成和性能的空间梯度分布。对于激光粉末床熔化技术，目前采用的点对点送粉及吸粉多材料激光增材制造工艺，可实现层内和不同层的多材料结合。

2. 挑战

对于金属层状结构与梯度结构多材料设计，重点关注异质材料之间的相容性及其界面结合问题。目前已制备出组织致密、具有一定性能的多种金属层状和梯度多材料。新型多材料金属构件增材制造跨尺度界面调控涉及亚晶界、晶界、相界面、增强颗粒与基体界面及金属多材料界面调控，其关键在于构建梯度界面或过渡层。考虑到不同材料之间的热物理性能差异及宏观和微观尺度激光增材制造多材料结构的变形与应力控制难等问题，揭示新型多合金材料增材制造过程中原位反应、界面反应及微观组织演变机制是一项重要挑战。借助增材制造技术的复杂结构和多材料一体化成形能力，在金属构件三维空间不同位置处成形不同的材料，对激光增材制造的工艺和装备提出了更高的要求。成形工艺上依赖于更为精准的微观和宏观尺寸调控与优化，成形装备上的粉末输运系统、铺粉系统、粉末收集系统及对应的软件控制系统均需重新设计。

3. 目标

2025 年，掌握多相材料精准设计技术，定量研究材料成分和组元对激光加工性能、增材制造构件性能的影响规律，开发新型多材料金属构件增材制造专用装备与成形环境智能控制闭环系统，研制出金属多材料成形、微观及宏观大跨尺度结构成形、多工艺混合、多进程增材制造等创新增材制造技术，实现构件不同部位的性能及功能需求。

2030 年，实现对增材制造工艺进行精确的微观-介观-宏观跨尺度调控与优化，包括微观尺度的材料组织与界面调控，介观尺度的粉末熔凝及致密化工艺控制，宏观尺度的构件结构与性能精准调控。

2035 年实现增材制造材料-结构-性能与功能一体化成形关键技术，实现在复杂整体构件内部同步多材料设计与布局、多层级结构创新与打印，实现金属增材制造构件的高性能和多功能需求。

（五）金属增材再制造技术

1. 现状

金属增材再制造是采用增材制造原理对缺损零件进行精确修复的技术，主要由缺损数据测量、修复材料选择和修复装备工艺设计等技术环节组成。目前，金属增材再制造数模处理的三维扫描、点云处理、模型构建、分层切片、轨迹规划等环节主要依赖人工操作，精度不高、效率较低，无高质量专用软件支撑，难以实现批量化作业。金属增材再制造具有材质种类多、性能需求各异等特点，如何采用少数几种成形材料来同时满足多种损伤再制造的材质匹配需求，对成形材料的集约化程度提出了更高要求。目前，增材制造应用的大部分合金都是针对铸造或变形加工设计的成分，数百种合金中满足增材再制造要求的仅有少数几种，且由于冶金过程的复杂性，极易产生缺陷。金属增材再制造性能的提升主要是以牺牲部分成形效率为前提。激光增材再制造精度通常可达±(0.5~1.0) mm，而电弧、等离子相对较低。再制造件拉伸强度基本可达锻件水平，但因热应力等因素导致的抗疲劳、抗冲击等性能与使用要求差距较大。目前，金属增材再制造装备通常以机器人、数控机床等为执行机构，基本都是采用固定式结构布局，刚性好、强度高，较好地满足了车间环境下的作业需求。但是，对于大型结构件或现场增材再制造需求，该类型装备面临组装工作量大、机动性差等不足。

2. 挑战

在缺损测量方面，为提升再制造数模构建精度和处理速度，需探索与装备零件结构复杂性、损伤随机性、修复区域不确定性等相适应的高效处理方法，主要面临着三维形貌快速测量、关键特征准确提取、再制造模型精确重构、复杂构型科学分层及路径规划等难题。为提高再制造成形质量，探索适于增材再制造工艺特性的集约化材料设计方法，主要面临着冶金相容性、界面匹配性、性能稳定性及工艺适配性等问题。为兼顾金属增材再制造的高性能和高效率，需探索高能效增材再制造技术及成形过程动态监测及反馈方法，主要面临着热源特性表征、几何精度调控及工艺特性-成形特征关联关系揭示等挑战。为提升金属增材再制造装备的现场适应性，需突破传统设计理念，主要面临着与现场多约束条件相适应的装备系统架构设计、部组件研制等挑战。

3. 目标

2025年，实现多模式复合快速三维测量技术，精度达到±0.02mm/m；建立集约化成形材料设计准则；认清热-应力-组织演化规律；建立增材再制造装备创新性设计方法，研制出高柔性移动式设备。

2030年，完善适合多种再制造工艺的模型分层及路径规划技术；形成材料快速合成及粉材、丝材稳定化制备方法；建立增材再制造综合性能评价体系及寿命预测方法；研制出复杂狭小空间作业设备。

2035年，开发出集成化增材再制造数据处理软件，包含损伤模型获取及处理、成形策略数据库等功能；构建出相应牌号体系，满足钛合金、铝合金、铜合金、镍基合金及特种钢等基材体系再制造需求；揭示机器学习等智能化技术赋能增材再制造的作用机理；研制出人机协作式设备，推动其在航空、航天、船舶、海工等领域应用。

四、技术路线图

金属增材制造技术路线图如图7-5所示。

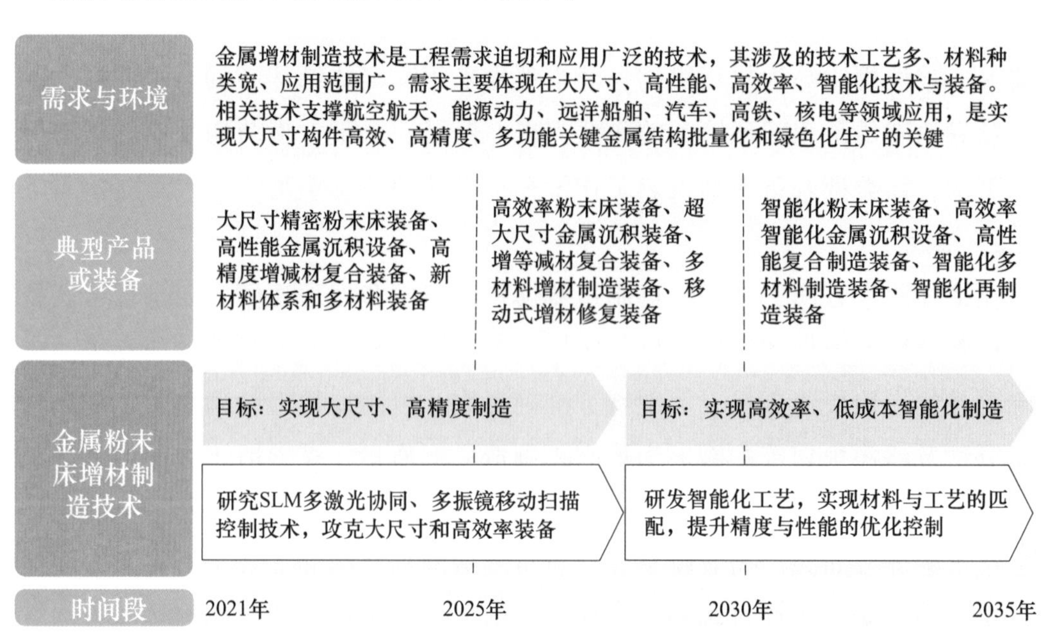

图7-5 金属增材制造技术路线图

图 7-5　金属增材制造技术路线图（续）

第四节　非金属增材制造技术

一、概述

非金属增材制造主要包括聚合物、陶瓷及复合材料的增材制造技术。其中，聚合物增材制造工艺中固化离散材料所需的能耗更低，成形过程中翘曲变形比金属更容易控制，因此聚合物增材制造技术更早产生，种类也更多。据不完全统计，目前应用最多的增材制造工艺还是光固化增材制造技术，我国市场中光固化成形设备占到39.8%，材料挤出设备占到19.3%，粉末床熔融设备占到13.9%，加上黏结剂喷射技术设备，非金属工艺占有率接近80%。近年来，非金属增材制造技术有很多新的发展，如基于光固化原理的面曝光固化技术（Digital Lighting Proceesing，DLP）、双光子聚合光固化技术以及连续生长光固化成形技术（Continuous Liquid Interface Production，CLIP）等；此外还有新型材料的增材制造，如陶瓷3D打印、石墨3D打印以及水泥等无机材料打印。

光固化（Stereo Ligthography，SL）增材制造技术利用了液态光敏树脂中的光引发剂在一定波长光源的照射下会吸收能量并发生光解反应，产生活性基团，如自由基，从而激活并引发低聚物交联聚合，使其分子量快速上升固化为固体的特性。从早期的树脂原型件的制造到如今高性能结构功能复合材料部件的制造，光固化技术、装备与产品的研发与革新始终贯穿增材制造领域的发展。与其他非金属增材制造技术相比，光固化技术具有极高的制造精度，加上近年来其装备和材料价格大幅降低，已经在轻工电子、医疗健康、消费文创等领域获得了广泛应用，也成为了目前使用最多的一类增材制造工艺。

聚合物粉末床熔融增材制造技术（Polymer-based Powder Bedfusion）主要指激光选区烧结（Selective Laser Sintering，SLS）技术。SLS利用高能激光束的热效应使粉末材料软化或熔化，逐层粘接获得三维实体零件。SLS成形材料广泛，在非金属领域，主要包括高分子、陶瓷、砂等多种粉末材料，材料利用率高、无需支撑，能够缩短产品周期，降低生产成本，实现结构复杂的构件一体化成形，特别适应医疗领域个性化、定制化以及航空航天单件小批量的生产需求。例如，成形塑料手机外壳，可用于结构验证和功能测试，也可直接作为零件使用；制作复杂铸造用熔模或砂型（芯），辅助复杂铸件的快速制造；制造复杂结构的聚合物和陶瓷零件，作为功能零件使用，精度可达±0.2 mm，与精密铸造工艺相当。聚合物粉末床增材技术领域未来的发展，需要为SLS研发高强高耐热特种聚合物复合材料，以满足航空航天零部件的实际应用需求；在工艺与装备方面，研制具有监测和智能控制粉末床温度功能和高温预热的大尺寸多激光粉末床增材装备，以提升成形效率、技术成熟度和工艺可靠性。

材料挤出（Material Extrusion）增材制造主要包括热塑性材料熔融挤出工艺和膏体/浆料类材料挤出或直写成形工艺。随着增材制造技术在航空航天、船舶、汽车、医疗等领域应用的不断深入，极端环境条件对于零件性能的要求不断提高，高性能聚合物材料是发展方向。例如，聚醚醚酮熔点334℃，拉伸强度132~148MPa，具有极好的耐温、耐腐蚀、耐冲击、阻燃、耐疲劳等综合特性。膏体/浆料类材料挤出或直写成形，主要通过直接挤出细丝的方法来制造复杂的三维结构，可用于液态或凝胶态材料的打印成形，这种挤出成形方式可实现树脂基体中纤维或颗粒增强材料的纤维定向排列，达到增强、增韧或功能化改性的目的，近年来发展起来的体素化多材料增材制造系统，可实现多达8种材料的快速切换，实现多材料结构一体化成形，并大幅提高了挤出成形效率。

黏结剂喷射技术（Binder Jetting，BJ），又称三维喷印（Three-dimensional Printing，3DP），该技术使用喷头，根据二维截面信息将粘结剂选择性的喷射在粉末床，并黏结粉末形成当前层，具有成本低、效率高、材料类型广泛、可实现多彩色制造等特点。BJ技术在原型制作、快速制模、快速制造、医学模型、制药工程、组织工程、微纳制造等领域具有广泛的应用前景。尽管BJ技术近年来发展迅速，但其工艺本身还存在一些缺点和不足，如BJ成形初始件的强度较低，需要进行后处理得到足够的机械强度；成形精度尚不如激光设备；打印喷头易堵塞，使得设备的可靠性、稳定性降低。BJ技术代表着低成本高效率增材制造技术发展的一种趋势，零件生产将逐步满足低利润制造业零件生产需求。BJ技术优势在于设备、材料成本低，成形速度快，可实现砂型、陶瓷型、高分子零部件的高效低成本快速制造。

二、未来市场需求及产品

高精度、高效率和大幅面光固化技术是重要发展方向。连续和一次性体成形光固化技术的出现则大幅提高了光固化增材制造的效率，可将打印效率较传统SL提升上百倍。近年来具有突破性的光固化增材制造工艺主要有：基于氧阻聚效应的连续生长光固化成形技术（CLIP）；基于轴向计算光刻的光固化体成形技术（CAL）；基于移动液面的大面积高速光固化打印技术（HARP）；基于双色光聚合的光固化体成形技术（Xolography）。由于上述连续或体成形光固化技术在成形过程中不再引入物理成形单元的叠加，因此其打印精度特别是打印方向精度得到很大提升，这样也能够更有利于提高打印件表面光洁度和各向同性性能，具有极高的应用前景和价值。光固化材料是该技术发展的核心，当前光固化增材制造基本采用单一材料体系进行，由于其他不溶无机填料粉体在树脂中引发的分散性和光散射等问题，目前光固化技术在制造具有一定性能差异的多材料混合体系的应用方面不成熟，随着当今工业科技发展对复杂材料组分陶瓷零部件需求的与日俱增，如何能够同时制造具有异种材料的结构，成为领域内的一个研究前沿。

聚合物粉末床熔融增材制造技术在未来市场需求中主要涉及产品原型、模具或母模和聚合物功能零件三个方面。产品原型主要包括日用消费品、电子产品、艺术品等；航空航天、汽车等工业领域产品开发过程中所使用的设计、装配验证性模型，如飞机叶片、发动机等复杂零件模型；个性化定制辅助医疗器械，如外科手术模型、导板等辅助器械，满足个性化、定制化高端医疗应用需求。模具或母模主要包括满足低熔点材料的注塑成形，如蜡、聚氨酯等材料的注塑成形；或作为母模使用，用来代替熔模铸造工艺中的蜡模或聚氨酯母模，实现单件或小批量产品的快速制造。聚合物功能零件主要包括尼龙汽车仪表盘、聚醚醚酮（PEEK）人工植入物等复杂结构塑料功能零件的直接制造，有望在航空航天、汽车等领域替代金属获得轻质高性能零件，在生物医疗领域替代钛合金，制造个性化植入物。

多功能集成聚合物及其复合材料产品在未来市场的需求是挤出成形增材制造的重点发展方向，由于材料挤出成形工艺具有良好的材料兼容性，可通过添加增强相进行聚合物改性，实现除力学性能之外的光、电、磁、热等多功能构件的一体化成形，采用材料挤出成形制备的短切碳纤维增强 PEEK 梯度多孔结构，实现电磁场调控与吸波功能。

纤维增强复合材料是一种用于先进结构制造的重要材料，与金属合金材料相比，具有轻量化、高承载、高强度及可设计强等优点，逐步成为先进飞行器设计的首选材料。采用挤出成形工艺实现多层级复杂结构连续纤维增强复合材料构件低成本快速制造，成为突破传统复合材料成形工艺周期长、成本高、结构简单等瓶颈问题的关键技术。

基于膏体/浆料挤出成形的功能陶瓷产品，采用陶瓷膏体挤出成形工艺可实现多层级多孔陶瓷结构的一体化成形，通过原材料体系改性、工艺优化、后处理等工艺流程，可实现如生物陶瓷支架、催化剂载体等多孔陶瓷结构的快速制备，采用陶瓷膏体挤出成形制备的多孔陶瓷催化剂载体，在石油化工领域具有重要的应用前景。

喷射增材制造技术是一种高效低成本的增材制造技术，目前该技术主要应用于原型制作，还存在初始强度低，制造精度不令人满意的问题。其工艺和装备研发尚不充分，商业化销售的粉材及黏结剂也未针对BJ工艺进行大量的优化，喷印成形工艺因素对零件表面质量、初始强度等也没有系统的研究。因此BJ技术需要关注两个方面：一是高分子直接功能零部件制造，针对现有增材制造技术成型高分子零件时的低效率问题，开发出利用BJ技术喷射熔融剂，再配合原位红外加热融化，快速获得可直接使用的高分子零件；二是装备软件一体智能化，目前BJ成形不同粉末时，需要进行多次实验来确定喷液量、分层厚度、铺粉速度等的最优工艺参数，这些问题不利于设备的使用和推广。针对这种情况可以建立工艺数据库，实现制造过程-工艺参数-材料特性的智能化，便于设备普及。

三、关键技术

（一）陶瓷光固化增材制造技术

1. 现状

陶瓷光固化成形技术以光敏树脂-陶瓷粉体混合浆料或者有机前驱体陶瓷树脂为原料[16]。已成功应用于能源环保领域（如多孔催化剂载体结构）、生物医疗领域（如牙齿和骨骼植入物）、机械电子领域（如传感器、压电元件及光子晶体）及高温结构部件（如涡轮叶片）等[17]。目前国内外陶瓷光固化增材制造设备厂商较多，成形的形性可控精密多孔复杂陶瓷结构如图7-6所示。

2. 挑战

与传统的制造技术相比，当前光固化增材制造技术所用的陶瓷原料存在品种较少、品质较低且制备成本较高等问题，难以满足陶瓷零件增材制造的需求。对我国来说，在高性能陶瓷粉体方面仍然依赖于进口。陶瓷增材制造工艺还不够成熟，陶瓷零件增材制造工艺直接影响着制品的宏观和微观结构、性能以及生产周期与成本。陶瓷粉体与树脂折射率差大、紫外线吸收强，且陶瓷颗粒容易发生散射和沉淀，导致高精度复杂陶瓷构件成形难、尺寸小、易开裂。

3. 目标

陶瓷光固化增材制造研究的重点应放在材料开发和工艺控制领域。

2025年，在材料开发方面，能够研究发展出新型光固化成形机理和材料。

2030年，研发出面向大尺寸陶瓷制件增材制造的材料体系，实现多尺度下

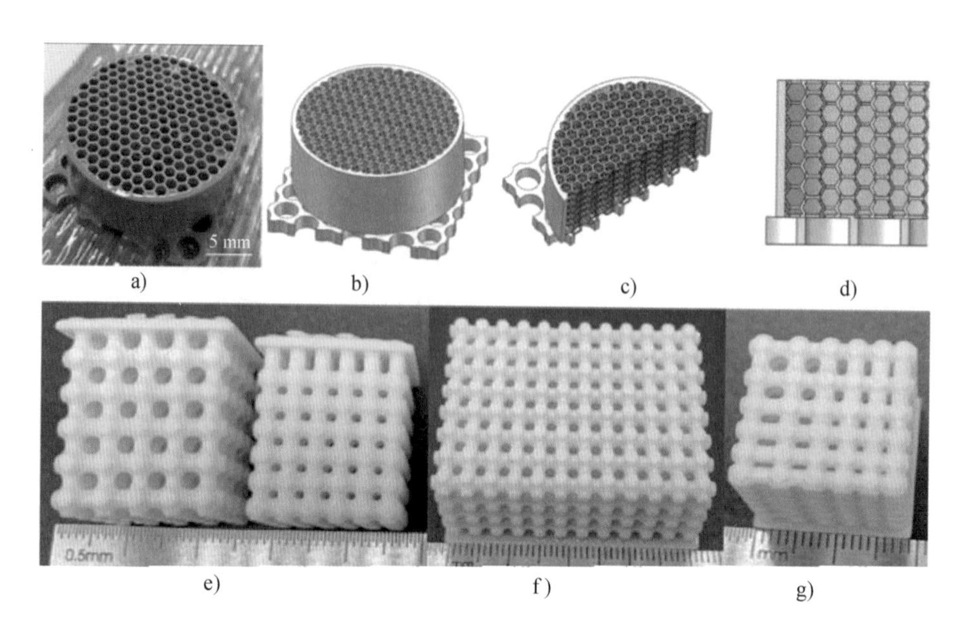

图 7-6　光固化增材制造的形性可控精密多孔复杂陶瓷结构

结构-性能一体化调控，以更低成本和更短时间生产出大尺寸、高致密度、低内应力的高性能陶瓷零件。

2035 年，在制造工艺方面，陶瓷光固化成形技术向更高精度、更高效率增材制造方向发展，向规模化、低成本商业化应用方向发展，实现多样化、个性化和可编程化产品制造。

（二）聚合物粉末床激光增材制造技术

1. 现状

目前，尼龙是使用最广泛、成形效果最好的材料之一，国内湖南华曙高科和广东银禧科技是尼龙及其复合材料研发的领军企业，产品主要有尼龙粉材、尼龙与玻璃微珠复合粉材和尼龙与碳纤维复合粉材等，但通用型聚合物材料的耐温性和强度等综合性能具有一定的局限性[18~20]。近几年来，聚醚醚酮（PEEK）、聚醚酰亚胺（PEI）等高性能聚合物材料受到广泛关注，具有良好的强度、耐热性和热稳定性，但 PEEK 粉末在成形前需预热到 200~300℃，因此需要一个密闭的恒温环境系统，对装备也提出了非常高的要求。我国研发出高温激光选区烧结技术及装备，实现了 PEEK 点阵结构和内嵌均匀点阵的椎间融合器及椎体的成形。

2. 挑战

现阶段聚合物粉末床增材制造存在材料强度低、耐高温性差、装备工艺控制不成熟等突出问题。如何提升材料性能以及探索材料强化方法，解决耐温性、强度等综合性能的局限性问题，是目前面临的重要难题。在工艺方面，控温技术是关键，高性能聚合物一般熔点较高（超过 250℃），极易出现因温度场不均和表面张力过大造成的翘曲变形、分层明显等缺陷，导致精度和性能下降，如何精准控制成形面温度场，建立合适的智能扫描策略，是性能提升面临的重要挑战。在应用方面，聚合物成形件材料老化、缺乏循环与再利用能力，难以应用在特殊环境中，如何从概念设计转向应用，实现复杂结构聚合物功能零件的直接制造，是产业化应用的重要挑战之一。

3. 目标

2025 年，在材料方面，研发耐高温、高强度、轻量化的聚合物（如 PEEK 等）体系，发展纤维增强的复合材料，实现增材制造的材料标准化和成形零部件的认证。

2030 年，在装备方面，发展多激光扫描技术实现高效率成形，研发在线测量系统，实现温度场和扫描策略精确控制，监测成形过程沉积层的热分布，减少或避免翘曲变形、裂纹等缺陷，并减小不同装备间工艺和产品性能的差异性。

2035 年，在工艺方面，提升成形件性能，拓展和推广其在航空航天、生物医疗等领域的应用，如针对航天应用领域研发适应空间环境的高性能聚合物及其改性材料超过 20 种，拉伸强度大于 150MPa，弯曲强度大于 200MPa，拉伸和弯曲模量大于 5GPa，在超过 150℃高温环境下长期有效服役等。

（三）材料挤出增材制造技术

1. 现状

复合材料是材料挤出增材制造技术的发展方向，其中连续碳纤维增强热塑性复合材料增材制造技术是具有创新性的方向，该技术具有材料利用率高、结构设计与制造一体化、无需模具等优点，可以实现复合材料制备与构件成形制造一体化。我国已实现连续纤维增强热塑性复合材料构件的快速制造，并在发动机壳体、卫星翼板、无人机支架等处应用[19,20]。面对航空航天领域大尺寸构件的高精度、高性能、高效率的制造需求，亟需研究大尺寸复合材料增材制造成形的新理论、新方法，研制大尺寸连续纤维复合材料成形装备，解决增材制造过程中的界面强度弱、层间强度差、工艺参数匹配难等瓶颈问题，提高成形构件的层间力学性能，推动热塑性复合材料在航空航天、生物医疗等领域的应用。

2. 挑战

在大尺寸复合材料增材制造过程中，如何实现纤维和树脂界面的结合控制，解决纤维表面光滑、缺乏极性基团、活性低等问题，提升界面间的载荷传递能力，发挥纤维优异的承载性能，是面临的挑战之一。增材制造逐层堆叠的成形方式导致增强纤维只能沿平面内方向放置，在垂直于成形面的方向无法实现有效的三维连接，层间是富树脂区，是孔隙缺陷和纤维折断、磨损的聚集处，容易成为微观损伤和破坏的起源，成为使用过程中的薄弱环节。此外，大尺寸构件在成形过程中，易产生内应力和翘曲变形。如何通过多物理场的耦合工艺优化、层间缺陷控制和界面黏合质量调控，提升复合材料构件的性能是面临的挑战。

3. 目标

2025 年，实现大尺寸、变曲率、变截面、多材料、多结构的复合材料构件的增材制造成形技术，包括多材料的性能匹配、界面结合及制造工艺等相关研究。

2030 年，能够精确调控空间物理场，建立材料-工艺-性能的映射模型，揭示增材制造成形过程中纤维形态演变规律、多工艺多参数耦合、成形件翘曲变形机理等。

2035 年，研发出大尺寸、超大尺寸复合材料构件的增材制造成形装备，不断提升复合材料构件性能，更好地应用到航空航天、轨道交通、汽车、船舶等行业，助力高端装备创新发展。

（四）喷射增材制造技术

1. 现状

喷射增材制造技术正向高性能发展，其中喷射烧结技术是新方向[21,22]。其与现有的激光烧结技术相比，使用喷头与辐射灯的组合代替激光器与振镜，将激光逐点扫描的热量施加方式替换为喷头施加熔融助剂后辐射灯一次性加热整个粉床，实现高分子粉末的选择性烧结。助剂喷射烧结技术显著缩短单层打印时间、提高了成形效率，并且核心器件的改变还降低了成形装备的制造和维护成本，同时相比于激光烧结技术，也更容易突破成形尺寸和打印速度方面的限制，是一种极具竞争力的高分子粉末增材制造技术。主要的应用材料包括聚酰胺（PA）及其复合增强材料、热塑性弹性体材料（TPE）、聚甲基丙烯酸甲酯（PMMA）、聚丙烯（PP）、乙烯-醋酸乙烯共聚物（EVA）等多种聚合物材料体系，在定制机械工程结构件、个性化鞋类组件、精密铸造熔模等方面有大量使用案例。

2. 挑战

喷射增材制造技术成形过程逐层叠加的本质容易造成生产出的零件层内与层间粉末结合强度不同，零件的宏观整体上表现出力学性能的各向异性。有关喷射液中辐射吸收材料的选择以及喷射液配制方法的研究较少，喷射液成分与不同高分子材料体系的相互作用仍待探索。在增材制造过程中，粉末床需要被加热到接近聚合物熔点的温度，而喷头需要近距离接触增材制造平面以将喷射液精确喷射在粉末表面。而市面上大多数的打印喷头及附属的电路板等硬件在设计时并未考虑到高温环境下使用的可靠性，这就造成了部分高熔点聚合物无法通过这项技术进行加工，同时高温也对喷射液体系的稳定性提出了要求。

3. 目标

2025 年，在材料方面，针对不同的聚合物材料体系，开发出相适应的喷射液，同时根据实际应用场景对成形件性能的要求，探究相应的性能增强助剂，借助喷头的高精度喷射能力实现零件的力学、光学、电磁等方面性能的体素级控制。

2030 年，实现在增材制造过程中实时监测粉末床的温度分布，并通过算法控制助剂的施加以及加热模块的工作方式等，即时调整粉末床的热量吸收，自动控制成形过程的温度场。

2035 年，在工艺方面，通过对打印流程与加工参数的控制，提升成形件性能与精度，保证其质量的一致性，降低粉末老化以提高材料的回收率。

四、 技术路线图

非金属增材制造技术路线图如图 7-7 所示。

	2021年—2025年	2025年—2030年	2030年—2035年
需求与环境	非金属增材制造主要包括聚合物、陶瓷及其复合材料的增材制造技术。非金属设备是实际使用占有比例最大的技术，市场占有率接近80%。高性能、大尺寸、高精度、智能化是其发展方向，在对高性能、轻量化、低成本迫切需求的航空航天、汽车、家用电器、化工、生物医疗等方面具有巨大的市场前景		
典型产品或装备	高效光固化材料体系、高温聚合物粉末床设备、挤出型复合材料装备、喷射高性能增强助剂	大尺寸光固化陶瓷设备、高精度粉末床装备大尺寸挤出复合材料设备	光固化陶瓷医疗与化工应用、高性能智能化粉末床设备、高性能复合材料装备、智能化喷射制造装备
时间段	2021年	2025年 2030年	2035年

图 7-7 非金属增材制造技术路线图

图 7-7　非金属增材制造技术路线图（续）

第五节　生物增材制造技术

一、概述

生物增材制造技术是利用增材制造的原理和方法，将生物材料、细胞、基因等单元可控组装成具有个性化或活性化特征的生物医疗产品的过程。和其他增材制造技术相比，生物增材制造技术要求所使用的材料、装备、工艺环境及最终产品均具有良好的生物兼容性，其发展目标是打印出可修复或治疗人体病损组织与器官的个性化生物产品。生物增材制造的产品与装备是实现个性化精准医疗的重要手段，是增材制造技术从传统为制造业服务转向为人类健康服务的重要方向，将引领生物医疗技术的变革与创新发展。

生物增材制造技术研究涉及机械、材料、生物、医学、药学等多学科的交叉融合，是人类利用工程技术手段解决生物医学问题的重要探索。目前，生物增材制造技术研究主要集中在个性化植入假体增材制造技术、可降解组织工程支架增材制造技术、活性细胞增材制造技术、药物增材制造技术等[24~27]。其中，生物增材制造在个性化植入假体方面的研究已进入产业转化阶段，实现了较大规模的临床应用；增材制造的可降解乳腺支架、气管外支架、耳廓支架等已进入临床试验阶段；通过细胞增材制造的体外活性三维组织模型已成功应用于新药研发，并在血管化复杂内脏器官，如心脏、肺脏等增材制造方面取得了显著的学术进展。随着生物增材制造与生物材料、基础生物医学的深度融合与创新发展，医疗技术正展现出从单纯结构形态修复向组织功能再生方向的发展趋势，相信具备个性化和复杂结构成形能力的生物增材制造将迎来广阔的发展空间和前景，催生未来高利润、高技术的个性化医疗产业。

二、未来市场需求及产品

生物增材制造技术与装备作为实现个性化医疗的重要手段，成为各国竞相发展的前沿制造技术，如美国、欧盟、日本、中国、新加坡等在制订增材制造国家发展战略时均将生物增材制造列为优先发展方向之一。仅 2014 年，大约有超过 20 项生物增材制造的个性化植入物获得或申请了美国食品药品管理局的注册，涵盖颅骨、关节、脊柱等产品，有近 5 万多件个性化髋关节用于患者的个性化治疗。2017 年增材制造的个性化 PEEK 胸肋骨在国际上首次进入临床试验；2018 年，增材制造的定制化钛合金下颌骨获中国药品监督管理总局的产品注册证；2020 年，中国药品监督管理总局发布了“定制式医疗器械监管管理规定”，从而为增材制造个性化医疗器械的产业转化铺平了道路。软组织与器官病损修复临床需求巨大，我国每年有 200 万人需要器官移植，但只有不到 1%的患者能够获得合适的供体得到治疗。增材制造是解决软组织与器官修复的理想途径。2013 年，增材制造的可降解气管外支架进入临床试验，2016 年增材制造可降解乳腺支架进入临床试验[28]；2019 年，*Science* 期刊报道了采用胶原生物增材制造技术实现全尺寸血管化心脏瓣膜结构的制造，以及具有血管与气管网络结构和“呼吸”

功能的肺脏单元增材制造[29]。这些研究体现了增材制造从个性化假体向活性化功能器官增材制造技术方向发展的趋势[30]。此外，药物是最常用的疾病治疗手段，全球的药物市场超过1.1万亿美元，其增率持续高于GDP增长水平。药物增材制造技术是生物增材制造的重要发展方向，可以实现个性化和缓释等功能，是急需发展的方向[31]。生物增材制造的发展趋势体现在三个方面：向智能化、专业化生物增材制造系统方向发展；向可降解软组织的生物增材制造技术方向发展；向活性智能材料增材制造技术方向发展。可降解乳腺组织工程支架的个性化设计与增材制造如图7-8所示。生物增材制造的产品主要包括个性化植入假体、可降解组织工程支架、细胞增材制造及药物增材制造，在设计、制造和工艺装备上都面临新的发展机遇与技术挑战。

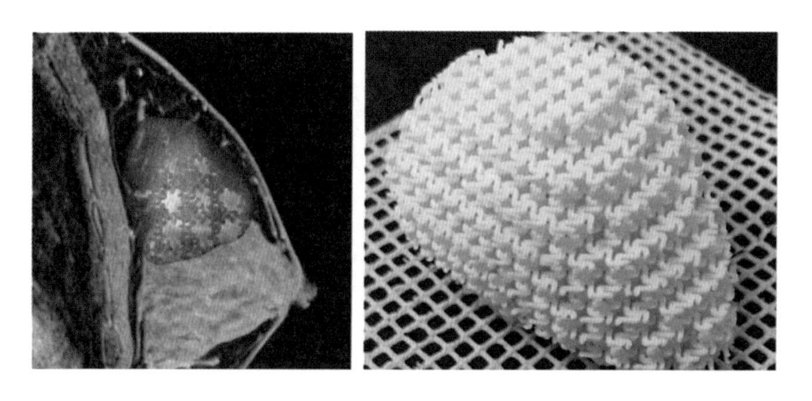

图7-8　可降解乳腺组织工程支架的个性化设计与增材制造

三、关键技术

（一）个性化假体增材制造技术

1. 现状

增材制造技术为设计制造与患者骨缺损区域精确适配的个性化假体提供了重要的技术手段。自2001年基于增材制造技术的个性化下颌骨全球首例临床应用以来，增材制造技术逐渐被用于人体关节、颅颌面、脊柱、胸肋骨、盆骨、肩胛骨等假体的定制化制造。2018年“个体化下颌骨重建假体”获得我国首个个性化增材制造假体的注册证，成为我国增材制造假体领域发展的里程碑。近年来，随着增材制造技术的发展与完善，越来越多新型医用金属材料（例如镁合金、锌合金）[26]和高性能聚合物（如聚醚醚酮）假体[27]已进入研究或用于临床实践，逐渐成为增材制造假体领域的研究和应用热点。随着增材制造个性化假体的质量评价和监管体系的不断健全，基于增材制造技术的个性化假体将逐渐从临床试验阶段走向产业化应用阶段。

2. 挑战

个性化假体不仅体现在对人体组织宏观几何形状的仿形，更需要能与宿主软组织和骨组织形成长期的融合共生，因此个性化假体设计中需实现缺损功能重建、力学性能和生物功能化的复杂需求，发展面向增材制造的个性化假体设计理论是未来的主要方向和挑战。增材制造假体逐渐向聚合物、多材料和梯度化方向发展以期满足人体复杂的力学和生物学功能需求，因此高精度形性可控的聚合物复合材料增材制造技术将是假体增材制造技术领域发展的主要挑战。由于个性化假体独一无二的特殊性，目前行业和监管部门缺乏系统的质量评价方法和标准化体系，成为个性化假体走向产业化应用的壁垒，因此制订个性化增材制造假体的科学监管方法是其走向产业化应用的重要挑战。

3. 目标

2025 年，建立增材制造个性化假体宏微结构和材料组分的一体化设计理论体系，研发出面向新型假体材料如 PEEK、多孔钽及其复合材料的增材制造工艺与装备，逐步建立个性化假体增材制造工艺的质量控制体系。

2030 年，开发出个性化假体的形性可控的精确设计专用软件系统，通过装备发展提高增材制造精度和分辨率，满足最小微观特征尺寸为 50μm 以下的个性化多孔假体的制造需求，逐步完善个性化假体质量评价方法。

2035 年，建立健全的个性化增材制造假体的设计规范、制造工艺过程质量控制和假体质量测评的标准体系，推动增材制造个性化假体的产业化应用。

（二）组织工程支架增材制造技术

1. 现状

可降解组织工程支架增材制造是实现人体软硬组织缺损个性化修复的理想途径。当支架植入体内后，自体细胞与组织会沿着支架微结构进行生长，从而实现材料降解过程中机械结构向自体活性功能组织的转化。增材制造技术为组织工程支架宏观微观结构的可控制造提供了实现手段。目前，国际上已实现增材制造的可降解气管外支架、乳腺支架、耳廓软骨支架的临床试验，但软质血管化器官支架的增材制造技术受生物材料、复杂结构、成形精度的限制尚处于研究探索阶段[25]。

2. 挑战

缺乏材料纯度、尺寸和形态与增材制造工艺相匹配的专用生物可降解材料体系与功能化修饰方法，难以满足生物相容性、降解性、力学特性与可打印性的多重需求。软组织的个性化功能修复需要从微观结构仿生、动态力学适配、组织诱导再生等多层次发展可降解软组织支架宏观微观结构的仿生设计理论与增材制造技术。单一材料或结构的组织工程支架难以满足组织再生过程对力学、组织生长与软硬组织固定的需求，急需发展异质异构支架的设计与多材料设计增材制造技术。微纳结构对组织再生具有积极作用，现有组织工程支架增材制造技术的精度普遍较低（>200μm），无法满足活性纳米材料与仿生微纳结构的可控制造需求，需要发展面向组织工程支架的微纳生物增材制造工艺与装备。

3. 目标

2025 年，建立面向人体软组织再生的组织工程支架材料、设计的增材制造工艺、装备与评价的系统技术方法体系，形成技术规范与标准。

2030 年，突破软质器官支架复杂微流道系统的增材制造技术瓶颈，研制出多材料、跨尺度的组织工程支架生物增材制造工艺与装备，支持功能纳米材料、智能导电材料与微纳纤维结构的三维可控打印。

2035 年，实现组织工程支架在心肌、神经等功能性软组织修复方面的应用，部分血管化器官支架进入临床试验阶段。

（三）细胞打印技术

1. 现状

细胞打印技术是将细胞、生长因子、基因等活性材料与生物水凝胶相结合进行活体组织的直接打印。2015 年美国 Organovo 公司基于细胞打印技术研发了商业化的体外人体肝组织模型 exVive3D™ Liver，成功应用于新药研发；2019 年 *Science* 期刊报道了基于细胞打印技术的活性心肌、肺脏单元等血管化气管模型[29]。虽然细胞打印的类组织结构体与自然组织尚有一定差距，但相信随着干细胞、生物打印及活性材料的突破，在体外打印出生物活性的三维组织模型、器官芯片乃至可移植的活性人体器官将是未来的前沿发展方向。

2. 挑战

面向细胞打印的活性生物墨水研发滞后，缺乏精准可控且稳定的生物墨水体系，无法同时满足微结构打印成形、细胞活性、长期结构稳定性及功能化生长的需求。需要发展高精度、高活性、高效率的细胞打印工艺，将复杂组织器官内部的细胞类型多样性、细胞因子多样性和细胞外基质成分多样性简化到可打印级别，实现多种材料（细胞、生长因子、基因）、多种细胞的空间精确定位与三维排布。利用细胞打印构建大块活性组织器官或类器官芯片，实现高效营养传输网络的设计制造及其与宿主血液循环系统的融合生长是关键。现有的细胞技术尚未考虑类生命结构体与宿主神经系统的融合生长，类脑组织及神经网络的细胞打印技术等前沿发展方向。现有的细胞打印理念是在体外打印培养后植入人体缺损区域，未来将和微创及无创手术机器人技术相结合实现体内原位打印，将面临体内细胞固定技术、生长调控及与周围组织的融合生长等问题。

3. 目标

2025 年，研制出打印环境精确可控的多细胞、多基质打印装备，满足复杂器官多细胞体系打印、复杂微血管结构三维打印以及体内原位打印需求。

2030 年，开发出能兼容结构成形与细胞活性的新型细胞打印墨水材料，通过细胞打印工艺创新，将细胞打印的精度提高至单细胞乃至基因尺度。

2035 年，细胞打印的三维肿瘤、肺单元、心肌单元等类器官模型较大范围应用于新药研发与精准医疗，推进细胞打印的活性肝脏、心脏、肺、神经等血管化组织进入大型动物实验阶段。

（四）药物增材制造技术

1. 现状

增材制造技术为发展先进制药技术提供了新手段，有望引领制药技术领域取得重大突破，可用于药物研发及生产的各个环节，包括药物制备装置、释药系统、药物制剂等，在合成药物、改善药物功效及成药性等方面有重要应用。2015 年，美国 FDA 批准了世界上首个增材制造药物上市，即 Aprecia 制药公司的用于治疗癫痫的左乙拉西坦药物制剂 SPRITAM[31]，我国企业研发的增材制造药物也已进入临床试验阶段，这为发展增材制造药物提供了示范和经验借鉴。

2. 挑战

增材制造药物的性质受设备、材料、结构、配方、工艺等多种因素的影响，决定了增材制造药物设计的复杂性，增材制造药物的设计原理方面的研究有待进一步加强。目前常用的增材制造设备不能满足药物制备的所有技术要求。增材制造药物常常具有传统药物不具有的一些新特点，如个性化、特殊释药行为等，为增材制造药物的评价、审批、监管及定价等带来了新挑战，迫切需要建立适用于增材制造药物的评价、审批及监管体系，既充分保障药物的有效性和安全性，又促进更多的3D打印药物进入临床试验及上市。

3. 目标

2025年，建立增材制造药物设计的基本理论，研制药物研发与生产的增材制造技术、装备及材料，出台增材制造药物的评价、审批及监管政策。

2030年，建立增材制造药物的设计理论与研发技术体系，健全增材制造个性化药物的评价、审批及监管体系，增材制造的创新药物进入临床试验或上市。

2035年，建立较完善的增材制造药物创新体系，增材制造药物进入临床应用服务患者。

四、技术路线图

生物增材制造技术路线图如图7-9所示。

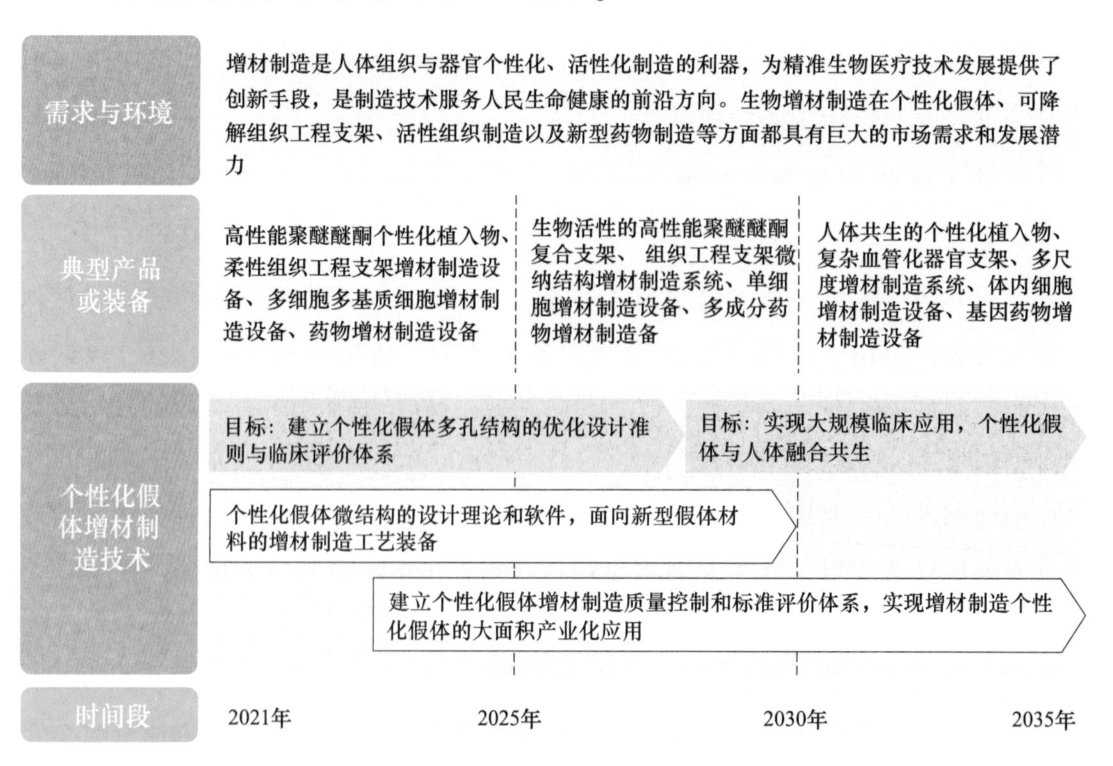

图7-9 生物增材制造技术路线图

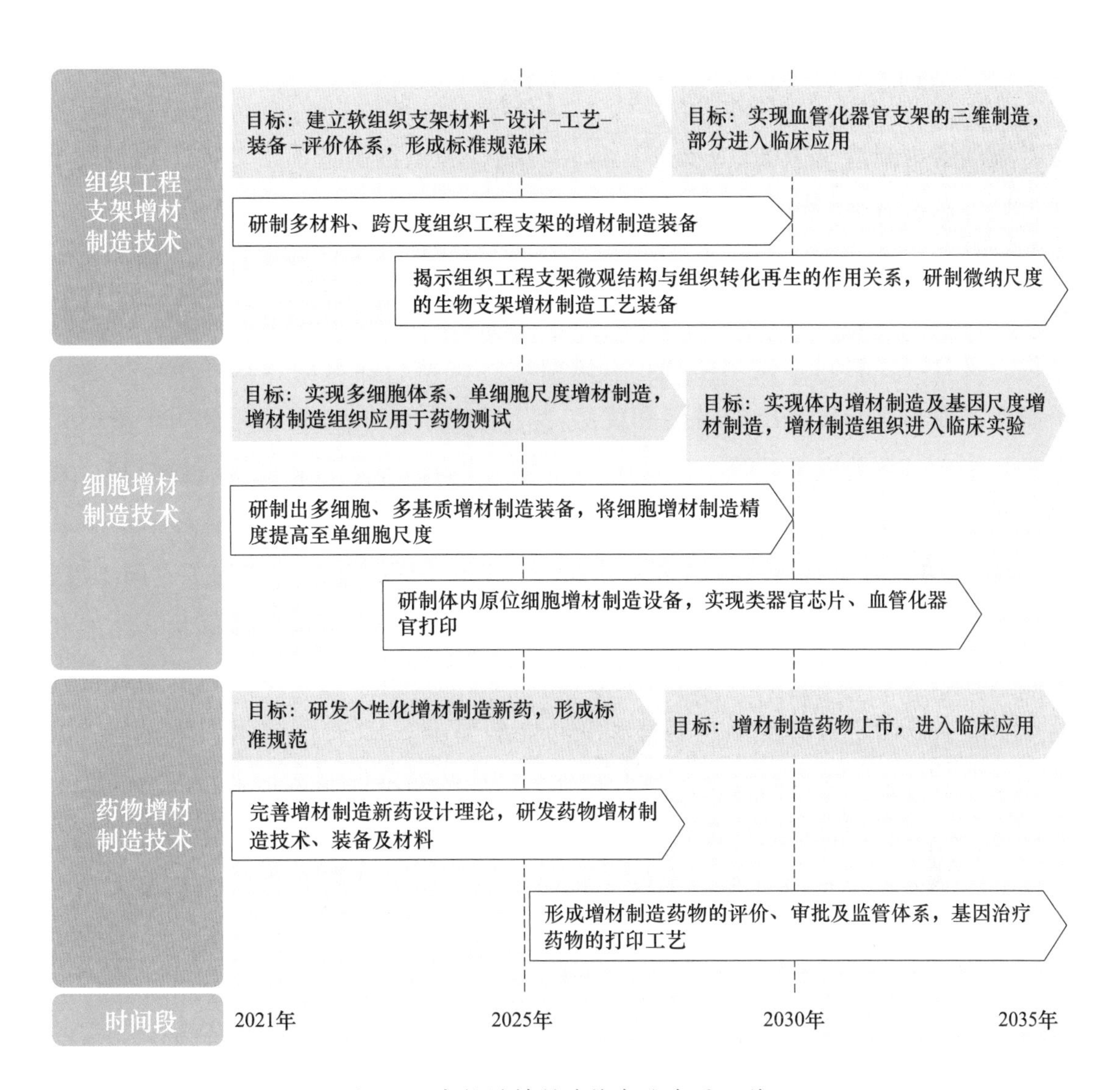

图 7-9 生物增材制造技术路线图（续）

第六节 特种增材制造技术

增材制造相对于传统增材的特殊优势体现在三维复杂结构的自由制造，因此，在一些特定的应用领域，尤其能够体现出优势，由此也形成了新的应用和拓展领域。其中有三个方向发展迅速，并在未来有巨大应用前景，将对制造技术产生变革性影响，包括微纳增材制造、4D 打印技术、太空增材制造。

一、概述

微纳增材制造（微纳 3D 打印）属增材制造和微纳制造前沿方向，它是基于增材原理制造微纳结构或者包含微纳尺度特征功能性产品的新型微纳加工技术。与传统微纳制造相比，它具有成本低、工艺简单、适合硬质和柔性以及曲面等多种基材、材料利用率高、可用材料广、直接成形的优点，尤其是在复杂三维微纳结构、复合（多材料）微纳结构、宏微纳跨尺度结构以及嵌入式异质结构及电子制造方面具有非常突出的潜能和优势[32~34]。微纳增材制造已经被用于新一代电子和信息、微纳机电系统、生物医疗、大尺寸高清显示、新能源、超材料、智能传感等诸多领域，显示出广阔应用前景。

4D 打印（智能材料增材制造）是在 3D 打印成形的基础上增加了时间维度，在外界预定的刺激（热、水、光、电、磁、pH 值等）下，实现其形状、性能和功能在时间和空间维度上的可控变化，从而具有自感知、自诊断、自驱动或自修复等功能，以满足构件变形、变性和变功能的要求。4D 打印技术作为材料、机械、力学、信息等学科高度交叉融合基础上产生的颠覆性制造技术，以功能需求为导向，将智能材料与结构设计融入制造过程，为实现复杂智能构件制造提供了一种全新的技术[35]。其在航空航天、智能交通、软体机器人等领域有着非常广泛的应用[36~38]。

太空增材制造是在太空环境下（高真空、微重力、高低温交变环境等）通过增材方式制备功能零件或者产品的新型太空制造技术[39]。其是支撑人类长期在轨活动和可持续探索太空的重要技术基础，也是各航天强国竞相探索的前沿技术领域。太空增材制造实现在太空环境中对备品备件按需快速制造，显著减轻航天器载重，节约航天任务成本，节省航天器内部贮存空间。实现空间站应急所需工具、物品的快速响应制造，提供临时性替代方案，并为重大突发性事件提供重要的救生手段支撑。

二、未来市场需求及产品

微型化、集成化（结构与电子）、柔性化、多功能化是目前许多产品的发展趋势，但现有制造技术却难以满足这些新需求，已成为制约产品创新的瓶颈[35]。微纳增材制造技术提供了一种全新的有效解决方案，铺平了产品创新道路。伴随微纳增材制造技术进步，未来市场需求及典型产品包括：新型电子电路（共形电路及天线、3D 立体电路、柔性透明电极、柔性 PCB 等）、3D 结构（嵌入）电子、大尺寸高清显示（OLED、QLED、MicroLED）、生物医疗（组织支架、毛细血管、组织器官等）、柔性和可拉伸电子元器件[36]；智能传感（电子皮肤、智能可穿戴设备、3D 传感器）、5G 天线、软体机器人等。

随着高端装备对构件的要求不断提高，组成高端装备的构件从传统的机械性与功能性逐步向智能化发展。智能构件能够实现形状、性能、功能的可控变化，为产品高性能和多功能化提供了一种有效实现手段。目前航空航天、车辆工程、生物医学、软体机器人等诸多领域对于智能构件有着非常迫切的需求，4D 打印为智能构件产品的实现提供了一种强有力支撑工具，伴随着 4D 打印技术快速发展，未来市场需求及产品主要包括：变形机翼飞机、折叠式卫星天线、自适应轮胎、记忆合金节温器、可调节的天窗和扰流板、生物支架、软体机器人等。

太空增材制造为空间微重力环境下大型结构制造开辟新途径[39]。改变以往大型结构必须先收拢再展开的传统理念，通过太空在轨直接制造能够有效增加大型结构的空间尺寸，同时省去了结构的折叠收拢和展开环节，大幅降低制造费用。月球基地和火星基地等地外驻留平台是人类探索更加广阔的宇宙、拓展生存空间的重要途径，太空增材制造有望成为建立地外驻留平台，拓展人类太空活动的重要技术途径之一。因此，太空增材制造的应用需求和未来产品主要包括：舱内存储类零部件替换、舱外结构类部件替换、太空结构受损部位修复与空间任务辅助工具、废弃材料回收利用、太空环境大型结构建造辅助、地外行星基地建造、在轨维护与维修服务。

三、关键技术

（一）微纳增材制造技术

1. 现状

微纳增材制造技术已经日趋成熟，生产效率和成形精度不断提高，适合成形材料不断扩展，部分技术和装备已经进入规模化工业应用。微细电路和共形电路（天线）是目前微增材制造最具有代表性的应用和产品。美国 Optomec 气溶胶喷射具有打印最小线宽 10μm 微细电路能力，可实现共形天线和 3D 传感器制造，已用于手机 3D 天线、汽车和医疗 MIDs 电路批量化生产。在金属微结构增材制造方面，德国3D MicroPrint微激光烧结制造的金属微结构分辨率已经达到15μm，表面粗糙度达 $Ra1.5\mu m$，高宽比达到300，烧结材料的相对密度高于95%。在3D结构电子、柔性混合电子和3D微传感器制造方面，德国Neotech、美国nScript和Next-Flex，以及Voxel8已经开展了基于多材料宏观与微观增材制造的探索性研究，国内通过微纳3D打印制造的大高宽比微细电路和嵌入式金属网格透明电极等如图7-10所示。

亚微米和纳米尺度增材制造代表微纳增材制造发展方向，近年在分辨率、效率、材料（尤其是金属、陶瓷、纳米材料等）、成形尺寸等方面不断取得突破，成为当前增材制造最活跃和创新性最强的领域。双光子聚合微纳增材制造是亚微米尺度增材制造最具代表性的工艺，它能实现亚微米尺度任意复杂三维结构制造，目前最高分辨率是120nm。电流体动力喷射增材制造技术目前实验室精度已达到50nm，结合自组装其分辨率可以达到15nm。瑞士科学家已利用增材制造制造出了5nm厚的传感器。其他诸如等离子3D纳米增材制造、基于空气动力学聚焦纳米增材制造、聚焦电子束诱导沉积、激光诱导向前转移、弯月面约束电沉积（MCED）等新兴纳米尺度增材制造技术不断涌现。但亚微米尺度和纳米尺度增材制造目前还停留在实验室和原型阶段，距离普遍工业化应用尚有一定距离。

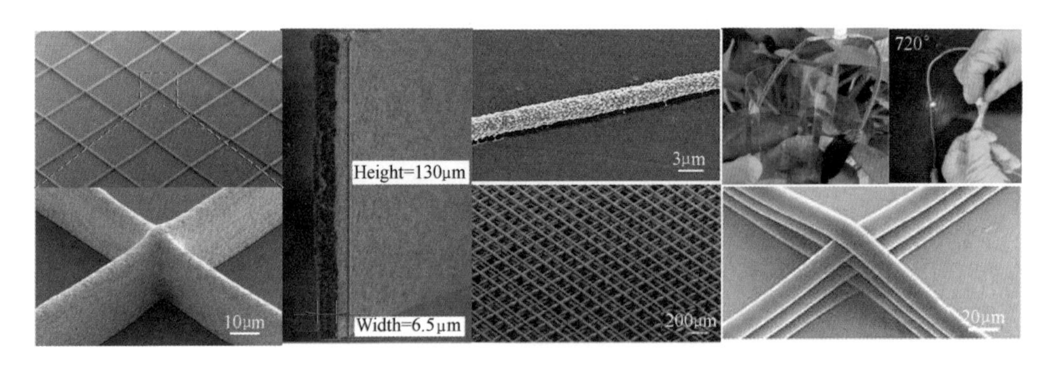

图7-10　微纳增材制造的大高宽比微细电路、嵌入金属网格柔性透明电极、组织支架

2. 挑战

成形效率低，难以实现多喷头（阵列喷头）并行微纳增材制造；材料兼容性差；缺少适合亚微米尺度增材制造的低成本和环境友好型导电材料；难以实现兼容多种打印材料的宏/微/纳跨尺度制造工艺；难以实现多喷头皮升/飞升微液滴高效率和均匀一致打印。

3. 目标

2025 年，建立系统的微纳增材制造体系结构，包括设计和模拟、工艺和装备、材料及应用，研制出适合微细电路增材制造的低成本环保型导电（纳米银、纳米铜等）墨水。

2030 年，研制出工业级大尺寸多喷头并行微尺度增材制造装备，实现线宽小于 5μm 微细电路高效低成本制造。

2035 年，多层电路结构柔性混合电子一体化制造成套装备，实现多材料宏微纳跨尺度增材制造。

（二） 4D 打印技术

1. 现状

现有 4D 打印研究大多集中在将智能材料应用到增材制造工艺中，仅处于形状变化的现象演示阶段，如何实现性能变化和功能变化，相关的研究成果还较少，还没有形成较为成熟的技术方案和解决策略。目前缺乏针对智能构件设计的理论与方法体系，缺乏材料与工艺的匹配性研究，尚无对智能构件功能的评测与验证方法。针对 4D 打印的模拟仿真研究在国内尚属空白，国外的报道也较少，尤其缺少有效的仿真分析工具对 4D 打印过程进行定量分析。4D 打印使用材料分为智能材料和非智能材料，其中智能材料包括智能金属（如形状记忆合金）、智能聚合物（如形状记忆聚合物）和智能陶瓷（如压电陶瓷）等。镍钛（NiTi）合金因其稳定的形状记忆效应成为目前 4D 打印领域研究最广、应用最多的智能金属材料，其增材制造主要采用基于粉体或丝材的逐点熔融叠加法。形状记忆聚合物（包括水凝胶、热固及热塑性塑料、共聚物等材料）按其激励方式可分为热敏型、光敏型、化敏型，其增材制造主要采用喷墨打印、光固化成形、熔融沉积成形等。智能陶瓷是无机非金属成形领域最具前瞻性的研究方向。现有的 4D 打印仍以传统的 3D 打印工艺和装备为主，缺乏多种成形手段的协同创新，尚未开发出面向 4D 打印的专用工艺和装备。目前，构件变形驱动方式单一，驱动源主要是温度场。

2. 挑战

目前 4D 打印智能构件变形、变性、变功能的形式简单，驱动方式单一，还没有形成较为系统的设计理论与方法。传统有限元模型难以准确模拟 4D 打印工艺和智能材料的特性，亟待开发新的 4D 打印模拟仿真技术。建立能够同时表达智能构件的几何、材料、结构、内应力和预置信号等信息的全生命周期、全维度、全工艺信息模型。现有的智能材料经过 4D 打印成形构件后，其变形、变性、变功能特性无法达到预期值，需要开发面向 4D 打印的新型材料。现有的单材料变形能力有限，亟待开发多种材料协调变形的 4D 打印技术。智能构件具有自适应变化特性，其验证方法区别于常规构件，亟需建立有效的评测方法与验证体系。

3. 目标

2025 年，设计具有多种变形、多种驱动方式的智能构件，构建智能构件设计基础理论。实现 4D 打印在线监测，建立有效的评测方法与验证体系，包含以精度和表面完整性为主的“变形评测”、以成形件性能为主的“变性评测”和以功能特性为主的“变功能评测”。

2030 年，实现智能构件变形、变性和变功能的准确表达以及成形过程精确仿真，研制出 4D 打印新型材料。

2035 年，建立可以同时表达智能构件的几何、材料、结构、内应力和预置信号等信息的全生命周期、全维度、全工艺信息模型。研制 4D 打印后具有智能特性的新材料，面向 4D 打印新工艺和新装备，建立材料-工艺-性能-功能的一体化制造体系。

（三）太空增材制造技术

1. 现状

2014 年，美国 NASA 与 Made in Space 公司合作，向国际空间站发射了第一台增材制造设备，它被安装在微重力科学手套箱内，在轨共计完成 14 种 21 个样件打印。2016 年，他们将第二代空间增材制造设备送往国际空间站，目前已经完成一百多个样件的打印。欧洲航天局对在轨增材制造开展了相关研究，采用与 NASA 相同的熔融沉积成形工艺，研制出 MELT 增材制造设备，可以打印 ABS、聚醚醚酮等热塑性材料，并通过多方位（正、倒、立）试验验证了层间结合性能。2020 年 5 月 6 日，我国研究院所和高校联合研制的复合材料空间增材制造系统，搭载新一代载人飞船，采用连续碳纤维增强复合材料，成功实现了 2 个样件在轨打印。系统历经上升段、在轨微重力状态，以及返回高速冲击后，开舱提取设备和样件状态完好，无分层卷曲，重量、线宽、精度在预定范围内，纤维与树脂结合良好。该项在轨打印试验，验证了复合材料空间增材制造的关键技术，为太空环境增材制造技术的工程化应用奠定了基础。

2. 挑战

太空环境增材制造首先面临空间环境适应性的挑战，太空环境既是制造环境又是使用环境，高真空、微重力、高低温交变环境、宇宙高能粒子流辐射等多因素耦合作用于增材制造成形过程。同时空间增材制造是即造即用的模式，材料成形过程与使用环境相同，成形过程中需要考虑高低温环境引起的成形变形、真空环境导致的分子溢出、辐照引起的材料失效等。空间微重力环境是地面制造所不具有的因素。其次，空间增材制造效率低，层间结合强度较弱。最后，还面临能源功耗、重量体积、机械控制等多方面的限制。

3. 目标

2025 年建立系统完善的太空增材制造技术体系，完成适合空间增材制造的结构设计准则。

2030 年完成太空环境下多因素耦合下的高精度增材制造技术，制成高效率自主化长寿命增材制造装备。

2035 年，实现空间站废旧材料回收再利用，实现太空环境下的大型结构在轨增材制造，太空增材制造部件原位质量分析与表征。

四、技术路线图

特种增材制造技术路线图如图 7-11 所示。

需求与环境	增材制造相对于传统制造的特殊优势体现在三维复杂结构的自由制造，在一些方向将对制造技术产生变革性影响，其中包括微纳增材制造、4D打印技术、太空增材制造。微纳增材制造在复杂三维微纳结构、大高(深)宽比微纳结构、复合(多材料)微纳结构、宏微纳跨尺度结构以及嵌入式异质结构制造方面具有非常突出的潜能和优势。4D打印技术在航空航天、生物医疗、软体机器人、仿生、智能驱动等领域具有广泛的需求。太空增材制造实现在太空环境中对备品备件按需快速制造，显著减轻航天器载重，节约航天任务成本，是能支撑人类长期在轨活动和可持续探索太空的重要技术		
典型产品或装备	柔性混合电子增材制造装备、曲面3D共形电路、可编程驱动器、国家和行业标准	多喷头并行亚微米尺度增材制造装备、变体机器人、工艺优化软件	多材料宏微纳跨尺度增材制造设备、智能变体飞行器
时间段	2021年 — 2025年	2025年 — 2030年	2030年 — 2035年

图 7-11 特种增材制造技术路线图

图 7-11 特种增材制造技术路线图（续）

参考文献

[1] 卢秉恒. 增材制造技术——现状与未来［J］. 中国机械工程，2020，31（1）：19-23.

[2] Wohlers Report 2021-3D Printing and Additive Manufacturing Global State of the Industry［R］. Fort Collins Colorado：Wohlers Associates，Inc. 2021.

[3] OLAF DIEGEL，AXEL NORDIN，DAMIEN MOTTE. A Practical Guide to Design for additive Manufacturing［R］. Springer Nature Singapore Pte Ltd. 2020.

[4] DEBROY T，MUKHERJEE T，WEI H L，et al. Metallurgy，mechanistic models and machine learning in metal printing［J］. Nat. Rev. Mater. 6（2021）：48-68.

[5] 国家标准化管理委员会，工业和信息化部，科学技术部，等. 增材制造标准领航行动计划（2020-2022年）［Z］. 2020-02-21.

[6] 王华明. 高性能大型金属构件激光增材制造：若干材料基础问题［J］. 航空学报，2014，35（10）：2690-2698.

[7] 林鑫，黄卫东. 高性能金属构件的激光增材制造 [J]. 中国科学：信息科学，2015，45 (9)：111-116.

[8] 汤慧萍，王建，逯圣路. 电子束选区熔化成形技术研究进展 [J]. 中国材料进展，2015，34 (3)：225-235.

[9] 朱胜，姚巨坤，王晓明. 再制造工程基础 [M]. 北京：机械工业出版社，2020.

[10] GU D，SHI X，POPRAWE R，et al. Material-structure-performance integrated laser-metal additive manufacturing [J]. Science，2021，372：eabg1487.

[11] ZHANG D，QIU D，GIBSON M A，et al. Additive manufacturing of ultrafine-grained high-strength titanium alloys [J]. Nature，2019，576 (7785)：91-95.

[12] WANG Y，VOISIN T，MCKEOWN J. et al. Additively manufactured hierarchical stainless steels with high strength and ductility [J]. Nature Materials，2018，17 (1)：63-70.

[13] RAABE D，KÜRNSTEINER P，JGLE E A. High-strength Damascus steel by additive manufacturing [J]. Nature，2020，582 (7813)：515-519.

[14] WANG Z H，LIN X，KANG N，et al. Strength-ductility synergy of selective laser melted Al-Mg-Sc-Zr alloy with a heterogeneous grain structure [J]. Additive Manufacturing，2020，34：101260.

[15] WEBSTER，SAMANTHA，LIN H，et al. Physical mechanisms in hybrid additive manufacturing：A process design framework [J]. Journal of Materials Processing Technology，2021：117048.

[16] 刘雨，陈张伟. 陶瓷光固化 3D 打印技术研究进展 [J]. 材料工程，2020，48 (9)：1-12.

[17] CHEN Z，LI Z，LI J，et al. 3D printing of ceramics：A review [J]. Journal of the European Ceramic Society，2019，39 (4)：661-687.

[18] CHEN P，CAI H S，LI Z Q，et al. Crystallization kinetics of polyetheretherketone during high temperature-selective laser sintering [J]. Additive Manufacturing，2020，36：101-615.

[19] 史玉升，闫春泽，魏青松，等. 选择性激光烧结 3D 打印用高分子复合材料 [J]. 中国科学：信息科学，2015，45 (2)：204-211.

[20] 田小永，等. 高性能纤维增强树脂基复合材料 3D 打印及其应用探索 [J]. 航空制造技术，2016 (15)：26-31.

[21] SKYLAR SCOTT，M. A.，et al.，Voxelated soft matter via multimaterial multinozzle 3D printing [J]. Nature，2019. 575 (7782)：330-335.

[22] MOSTAFAEI A，STEVENS E L，HUGHES E T，et al. Powder bed binder jet printed alloy 625：Densification，microstructure and mechanical properties [J]. Materials & Design，2016，

108：126-135.

[23] ZIAEE M，CRANE N B. Binder jetting：A review of process，materials，and methods [J]. Additive Manufacturing，2019，28：781-801.

[24] 李涤尘，贺健康，王玲，等. 5D 打印—生物功能组织的制造 [J]. 中国机械工程，2020，31 (01)：83-88.

[25] GRIGORYAN B，PAULSEN SJ，CORBETT DC，et al. Multivascular networks and functional intravascular topologies within biocompatible hydrogels [J]. Science，2019，364 (6439)：458-464.

[26] LI Y G，JAHR H，ZHOU J，et al. Additively manufactured biodegradable porous metals [J]. Acta Biomaterialia，2020，115：29-50.

[27] 李涤尘，杨春成，康建峰，等. 大尺寸个体化 PEEK 植入物精准设计与控性定制研究 [J]. 机械工程学报，2018，54 (23)：121-125.

[28] MENG Z，HE J，LI J，et al. Melt-based，solvent-free additive manufacturing of biodegradable polymeric scaffolds with designer microstructures for tailored mechanical/biological properties and clinical applications [J]. Virtual and Physical Prototyping，2020，15 (4)：417-444.

[29] LEE A，HUDSON A R，SHIWARSKI D J，et al. 3D bioprinting of collagen to rebuild components of the human heart [J]. Science，2019，365 (6452)：482-487.

[30] MURPHY S V，DE COPPI P，ATALA A. Opportunities and challenges of translational 3D bioprinting [J]. Nature Biomedical Engineering，2020，4 (4)：370-380.

[31] TRENFIELD S J，AWAD A，GOYANES A，et al. 3D Printing Pharmaceuticals：Drug Development to Frontline Care [J]. Trends in Pharmacological Sciences，2018，39 (5)：440-451.

[32] SAHA S K，WANG D，NGUYEN V H，et al. Scalable submicrometer additive manufacturing [J]. Science. 2019，336：105-109.

[33] BEHERA D，CHIZARI S，SHAO L A，et al. Current challenges and potential directions towards precision microscale additive manufacturing - Part IV：Future perspectives [J]. Precision Engineering. 2021，68：197-205.

[34] ZHU X，LIU M，QI X，et al. Templateless，plating-free fabrication of flexible transparent electrodes with embedded silver mesh by electric-field-driven microscale 3D printing and hybrid hot embossing [J]. Advanced Materials. 2021，33：2007772.

[35] 李涤尘，刘佳煜，王延杰，等. 4D 打印-智能材料的增材制造技术 [J]. 机电工程技术，2014，5：1-9.

[36] GLADMAN A，MATSUMOTO E，Nuzzo R，et al. Biomimetic 4D printing [J]. Nature Materials，2016，15 (4)：413-418.

[37] 史玉升，伍宏志，闫春泽，等. 4D 打印—智能构件的增材制造技术 [J]. 机械工程学报，2020，56 (15)：15-39.
[38] MA S，ZHANG Y，WANG M，et al. Recent progress in 4D printing of stimuli-responsive polymeric materials [J]. Science China Technological Sciences，2020，63：532-544.
[39] 宋波，卓林蓉，温银堂，等. 4D 打印技术的现状与未来 [J]. 电加工与模具，2018，343 (06)：1-7.

编撰组

组　长　李涤尘
第一节　李涤尘
第二节　史玉升　林　峰　刘书田　李海斌　薛　莲　刘婷婷
第三节　林　鑫　顾冬冬　林　峰　朱　胜　何　蓓　闫春泽　林开杰
　　　　康　楠　王晓明
第四节　闫春泽　田小永　陈张伟　魏青松　吴甲民　战　丽
第五节　贺健康　苟马玲　孙畅宁　贺　永　毛　茅　王　玲　连　芩
第六节　兰红波　张志辉　宋　波　祁俊峰　朱晓阳　王书鹏

第八章
Chapter 8

智 能 制 造

第一节　概　　论

智能制造是基于新一代信息技术，贯穿设计、生产、管理、服务等制造活动各个环节，具有信息深度自感知、智能优化自决策、精准控制自执行等功能的先进制造过程、系统与模式的总称。智能制造以智能工厂为载体，以关键制造环节智能化为核心，以端到端数据流为基础，以网络互联为支撑，可有效缩短产品研制周期、降低运营成本、提高生产效率、提升产品质量、降低资源能源消耗等[1]。其技术体系主要包括制造智能技术、智能制造装备技术、智能制造车间技术、智能制造工厂技术和智能制造服务技术，如图 8-1 所示。

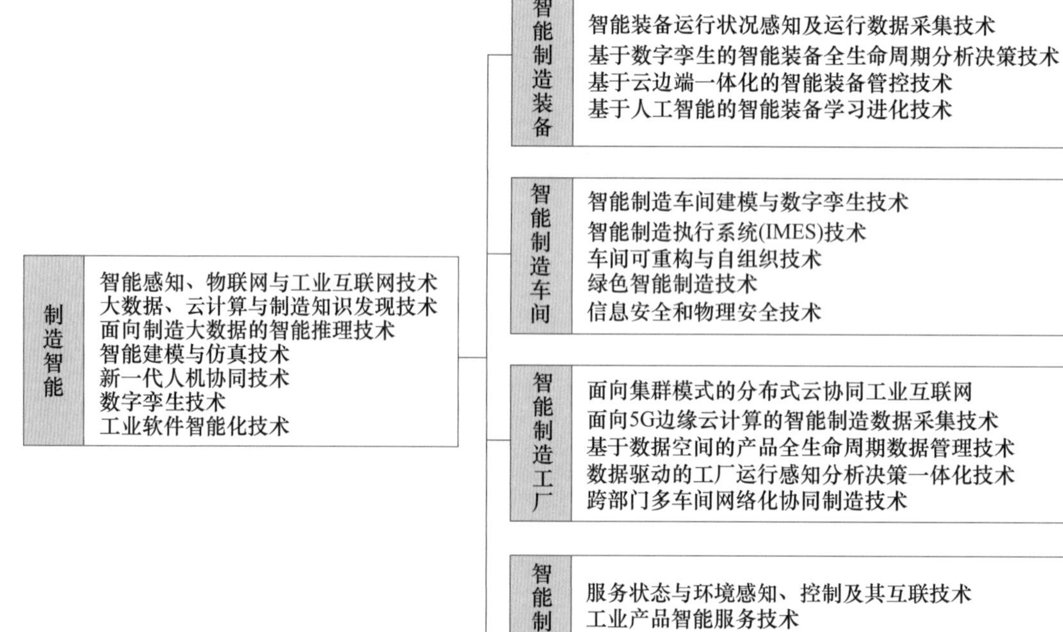

图 8-1　智能制造技术体系

传感与控制技术的发展和普及，为获取大量制造数据和信息提供了方便快捷的技术手段，智能感知和识别是智能制造首先要解决的问题。新型光机电传感技术、无线射频识别技术等极大地提高了对制造数据与信息的获取能力，强化了信息在制造技术中的核心作用，有效支撑了运行过程中多源工况信息的实时精确检测、多源工况传感信息的实时同步获取与采集、智能装备感知信息的高速存储，以及与制造执行系统和制造服务中心等多种外部系统的高效网络传输等。

物联网、工业互联网的发展及其与智能制造技术的融合，产生了制造大数据，促进了分布式智能制造技术的发展。分布式云协同工业互联网能聚合多个智能制造工厂的各类物理和虚拟资源，形成企业间的互联互通，进而在产业集聚区，利用分布式云协同平台实现跨工厂的用户定制协同设计、企业资源协同配置和生产过程协同管理。

制造活动中包含着大量的数据、信息和经验，它们是专家知识在不同制造活动中的具体体现，是维持企业运行和创新的重要基础。研究多种数据和知识分析、处理与表示技术，面向多源异构信息的机器学习与知识发现技术以及大数据智能管理技术已成为制造业的重中之重，基于大数据与人工智能技术的智能推理与智能决策必将在工艺规划、设备与过程控制、装配过程控制、生产调度、故障诊断、加工质量检测、系统管理与客户服务等不同制造环节中大量应用。

新一代人工智能技术是推动智能制造技术形成与发展的重要因素。其中知识表示、知识图谱、机器学习、深度学习、智能推理、智能计算、智能建模与仿真技术、数字孪生技术、信息物理系统等与制造技术相结合，不仅为生产数据和信息的分析与处理提供了新的有效方法，而且直接推动了对生产知识的研究与应用，促进了智能制造全生命周期建模、仿真、监控与预测等技术的发展。

数控技术、计算机辅助设计、计算机辅助工艺规划、计算机辅助制造和现代生产管理等技术的发展，产生了大量的工业软件，不仅涉及各个工业垂直领域，同时涉及生产过程的各个流程环节，加速了制造技术与信息技术的融合。传统工业软件在向云化、数字化和智能化转变的过程中，与工业数据、工业知识、工业场景深度融合，催生了工业互联网平台、工业微服务、工业 APP 等。

数学作为科学技术的共性基础，是通向科学大门的钥匙，它直接推动了制造活动从经验到技术、从技术向科学的发展。近几十年来，数理逻辑与数学机械化理论、随机过程与统计分析、运筹学、计算几何、微分几何、非线性系统动力学等数学分支正成为推动智能制造技术发展的动力，并为数字化分析与设计、数字孪生、智能建模与仿真、过程监测与控制、产品加工与装配、故障诊断与质量管理、制造中的几何表示与推理、机器视觉、制造业大数据挖掘和分析等问题的研究提供了基础理论和有效方法。

智能制造技术是市场的必然选择，是先进生产力的重要体现，是实现我国“碳达峰”与“碳中和”目标的重要支撑。智能制造技术在我国的应用和普及，必将催生一批具有世界先进水平、引领世界制造业发展的龙头企业，促进我国制造业实现自主创新、跨越发展、由大变强。智能制造技术路线图如图8-2所示。

需求与环境	随着知识经济的到来，世界经济已从设备、资本竞争转向知识竞争，知识正逐步成为生产力中最活跃、最重要的因素。以知识为核心的智能制造正成为制造技术的重要发展方向，是提高企业创新能力和竞争力的重要使能技术		
典型产品或装备	智能传感器与工业互联网；制造知识库及大数据智能管理系统；制造过程智能推理与决策支持系统 智能机床；智能成形制造装备；特种智能制造装备；智能机器人；智能柔性制造产线 智能生产线；面向大批量定制的智能制造车间；面向超常制造的智能制造车间；面向绿色制造的智能制造车间 研发制造运维一体化智能工厂；精密生产管控智能工厂；全流程自主可控智能工厂；分布式异地协同智能工厂 工业技术软件化；工业产品智能服务平台；生产性服务智能运控平台；智能制造服务云平台；社群化智能制造开放网络		
制造智能技术	目标：智能感知、学习、推理、决策、执行	目标：大数据决策、智能建模与仿真	目标：智能集成、即插即用、人机协同、数字孪生系统
	智能传感器与传感网络及智能终端、大数据与云计算及制造知识发现技术、复杂对象的智能控制系统	大数据智能分析与管理技术、面向制造大数据的综合推理技大、智能建模与仿真技术	即插即用技术、实时网络操作系统技术、M2M技术、制造物联网技术、全息人机协同系统、数字孪生技术
智能制造装备技术	目标：智能感知、运行数据采集	目标：智能分析决策、智能管控	目标：智能、自主学习进化的统一
	数据信息采集的标准与规范、全息信息感知技术、基于5G的运行感知和数据采集技术	智能装备高保真数字孪生模型、全生命周期映射仿真、过程决策、基于云-边-端和数控系统平台化的新一代数控系统架构	基于智能装备运行全生命周期的预测性维护智能进化算法、智能装备自我进化、知识图谱
智能制造车间技术	目标：智能感知、智能调度	目标：智能管控	目标：可重构、自组织、数字孪生系统、绿色制造
	智能检测和感知技术、智能和协同建模技术、智能制造车间调度技术、资源可重构制造技术	质量分析和控制智能技术、智能设备自主协同技术、设备预测性维护技术、数字孪生人机协同技术	可重构与自组织技术、数字孪生自主进化技术、环境自适应技术、绿色智能制造技术、安全防护智能技术
时间段	2021年	2025年	2030年　　2035年

图8-2　智能制造技术路线图

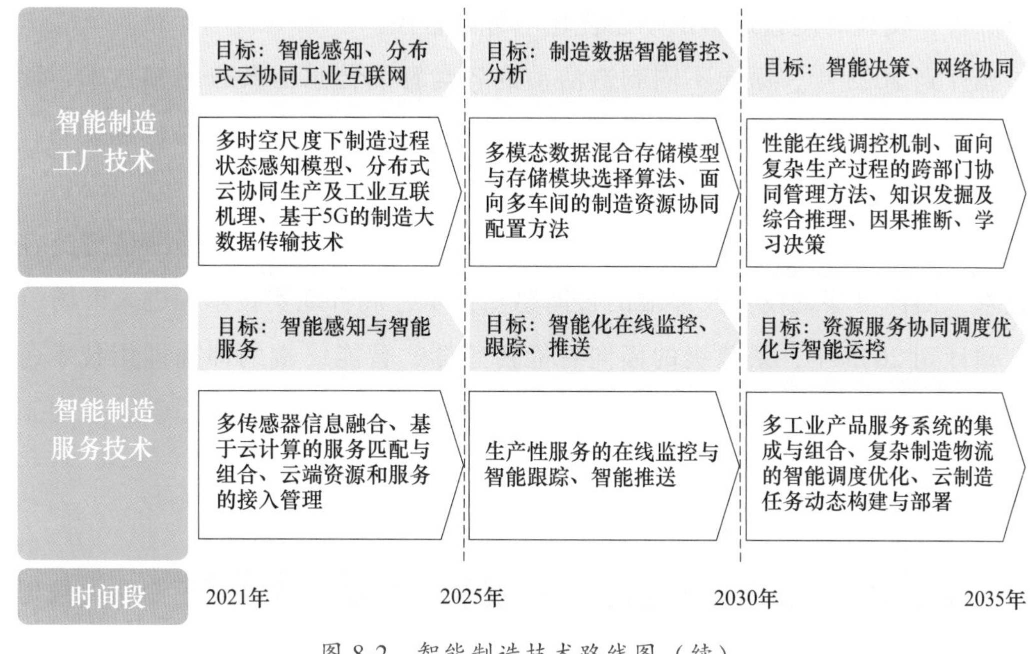

图 8-2 智能制造技术路线图（续）

第二节 制造智能

一、概述

制造智能主要指制造活动中的知识发现与推理能力、智能系统演化能力等，包括智能感知与测控网络技术、知识工程技术、计算智能技术、大数据处理与分析技术、智能建模与仿真技术、智能控制技术、人机协同技术、数字孪生技术等[1]。工业互联网、大数据和云计算、人机协同技术、数字孪生技术等为制造智能的实现提供了动态互联、协同操作、异构集成的分布式计算平台。

二、未来市场需求及产品

（一）智能传感器与工业互联网

智能传感器与工业互联网是智能制造的基础。从关键部件到装备、从单机到生产线、从车间到企业、从公司到客户，智能传感器将实时感知全生命周期制造信息，并在工业互联网、大数据与云计算、人机交互等产品的支持下对制造信息实时分析，实现对制造过程的动态优化与智能管控。

预计到2025年，面向不同制造活动的各类智能传感器及自感知技术，面向工业现场的智能终端及嵌入式操作系统，基于5G技术的数据实时传输设备，工业可穿戴设备及多感官交互技术等广泛应用。

预计到2030年，智能传感器与智能终端技术标准，工业传感网络与泛在感知技术，面向可穿戴设备及终端的智能感知技术，混合现实技术等进入市场。

预计到2035年，系统级的面向智能传感器、智能终端的即插即用技术，支持制造系统即插即用和系统重构的实时操作系统和实时网络操作系统，面向工业的智能可穿戴系统等得到应用。

（二）制造知识库及大数据智能管理系统

大数据和知识库是智能制造的核心。制造活动的复杂性决定了制造大数据和知识具有海量、异构、多来源、多维度、多噪声等特性。因此，制造大数据和知识库的智能管理技术将成为市场需求的热点。

预计到2025年，出现面向产品全生命周期的多源异构、分布式制造大数据智能存储、组织和管理系统，面向特定制造活动的各类大数据智能分析平台。

预计到2030年，面向多源异构、分布式制造大数据的具备学习能力的智能数据库系统，面向特定制造活动、特定产业的制造大数据平台与知识发现技术及相应标准得到应用。

预计到2035年，多源异构分布知识发现与管理系统、基于云计算及去中心化的边缘计算的多源异构分布式知识发现与管理系统快速发展。

（三）制造过程智能推理与决策支持系统

智能推理是智能制造的灵魂，是系统智慧的直接体现。制造信息的非完整、不精确、不确定、非结构及异构特性，需要不同的推理模型、推理技术以及决策支持系统。面向特定制造环节和产业的智能推理技术与系统，成为解决复杂制造对象自动推理和决策支持问题的必然选择。

预计到2025年，基于大数据与人工智能技术的智能推理与决策支持系统在工艺规划、设备与过程控制、装配过程控制、生产调度、故障诊断、系统管理与客户服务等不同制造环节中大量应用。

预计到2030年，几何物理混合约束的复杂曲面数控加工自动编程系统，机器人规划与执行系统，面向制造全生命周期的智能建模与仿真集成开发系统，基于产品、生产和性能的数字孪生应用模型进入市场。

预计到2035年，基于制造大数据的推理与支持决策系统在典型制造问题上取得成功应用，数字孪生系统在产品设计、生产过程、机器性能监控等制造过程中广泛应用。

三、关键技术

（一）智能感知、物联网与工业互联网技术

1. 现状

目前的智能感知主要基于视觉传感器、触觉传感器和激光雷达等。CAN、Profibus、CC-Link和WorldFIP等开放式工业现场总线标准及符合这些标准的各种工业传感器、智能控制器等在不同领域得到应用，集中、分布、混合式智能制造体系结构将继续存在并不断完善。

2. 挑战

1）技术标准关系企业核心利益和发展战略问题，因此多种标准与协议将长期并存，系统级的异构资源的集成与管理是需要长期面对的挑战。

2）智能传感器、智能终端、工业互联网设备仍需加强研究，面向智能终端的支持即插即用和系统重构的实时操作系统和工业网络操作系统技术尚待深入研究和继续完善。

3）基于大数据和云计算的分布式[2]智能制造体系结构、任务描述及管理技术还处于概念与原型阶段。

3. 目标

1）核心技术标准与协议的统一与协同，智能传感器、智能终端、工业互联网设备等核心技术标准与协议的统一与协同。

2）研究基于新材料技术、信息技术、人工智能技术的微型多功能集成智能传感与传输技术、工业可穿戴设备技术[3]、RFID和物联网智能终端技术。

3）构建基于M2M、制造物联网及工业互联网的全新分布式制造模式，开发基于M2M和制造物联网及工业互联网的产品设计、生产、管理和服务技术。

（二）大数据、云计算与制造知识发现技术

1. 现状

通过智能传感与新一代信息技术，制造业获取并存储了产品设计、生产过程、车间及企业管理、客户服务等整个产品全生命周期所产生的大数据[4]。目前，已开发了大量的数据库管理系统，实现了对企业不同信息资源的自动化管理。针对具体应用对象的数据挖掘、机器学习、深度学习等已有一定的应用。

2. 挑战

1）制造大数据的多来源、多维度、多噪声，各信息系统之间数据交流困难，随着企业各类大数据的不断累积，现有的数据存储、组织与管理技术难以处理飞速增长的制造业大数据，导致日益严峻的数据灾难，迫切需要研究新的大数据存储、组织与管理技术。

2）多源异构数据库/知识库的交互访问、分析、处理技术难以应对现有数据规模，直接导致数据分析及知识推理的高延迟，亟需研究和解决多源异构数据库的交互访问的实时性、准确性以及知识挖掘的及时性。

3）现有数据挖掘技术难以对积累的大数据进行深度挖掘，亟需突破面向制造大数据的各类知识库管理技术、分布知识库管理、深度学习、云计算技术、分布式计算与学习、边缘计算等关键技术。

3. 目标

1）解决异构数据库/知识库之间的冲突及一致性维护问题，研究及突破面向多源异构制造大数据的存储、组织与管理技术、研究多源异构知识与经验表示技术。

2）研究并开发面向多源异构知识库的实时交互访问技术，实现多源异构数据库/知识库之间透明访问，开发网络环境下异构系统平台的数据库/知识库的API和统一用户界面，实现对异构数据库/知识库的直接Web访问。

3）研发面向云计算平台的多源异构知识库智能挖掘系统，针对特定制造活动，在云计算平台上进一步研究高效、分布式、多源异构数据挖掘技术与知识发现技术，开发多源异构知识库智能挖掘系统。

（三）面向制造大数据的智能推理技术

1. 现状

为解决制造活动中的不确定、不精确、非完整信息的自动推理问题，已开发

了大量的基于智能计算的切削控制、故障诊断、工艺规划、质量检测、生产调度等系统，部分已投入应用并取得较好效果。

2. 挑战

1）深度神经网络[5]的结构设计和学习效率问题、模糊隶属函数、模糊规则和去模糊化问题等，缺乏客观、系统的设计方法；由于不能证明收敛性，智能算法在切削控制、机器人控制、实时调度等实时系统中的应用，存在系统发散的风险。

2）数理逻辑推理、运筹学理论在解决面向制造大数据的复杂推理问题时面临指数爆炸问题。如何在抽象代数、几何推理模型中融入力、温度等物理约束，基于视觉的控制与推理问题等需深入分析。

3）基于新一代人工智能的推理技术的理论研究尚处于初步阶段，面向多源异构制造大数据的智能推理理论和技术亟需深度研究。

3. 目标

1）研究深度神经网络的收敛性及可解释性，开发稳定可靠的新一代工业人工智能系统，实现深度学习等新一代人工智能技术在制造业的广泛应用。

2）开发面向力与振动、位移与速度、功率、温度、压力、视觉等多传感器信息融合的智能控制技术与实时智能推理技术。

3）突破面向制造大数据的分析与智能推理理论和技术，建立制造大数据的分布与混合智能推理技术。

（四）智能建模与仿真技术

1. 现状

建模与仿真技术已被广泛应用于各行各业，智能制造的发展对建模与仿真技术的需求也更为迫切，促进了建模与仿真技术的快速发展。Simulink、ADAMS 等提供了图形化建模、仿真和分析方法，InteRobot、Robot Art 等广泛应用于机器人离线编程仿真，组态软件在流程工业、电力系统等智能建模与仿真中取得成功应用。

2. 挑战

1）由于制造过程的复杂性，模型的组成更复杂、生命周期更长、高度异构性、可信度难以评估、更高的可重用性，面向复杂制造过程的全生命周期的智能建模方法亟待研究与解决。

2）商品化的仿真软件所包含的知识是一般性的通用知识，无法解决具体的新产品和新零部件设计及制造问题。

3）随着云计算技术的发展，在云平台上进行相关制造活动是制造企业进行升级和转型的重要手段。如何在云环境下，通过仿真支持制造全生命周期的协同优化，成为仿真技术面临的新挑战。

3. 目标

1）面向制造全生命周期的智能建模技术，突破面向制造全生命周期的智能建模理论，建立面向更复杂、生命周期更长、高度异构性、更高可信度级、更高可重用性的智能建模研究方法和技术。

2）面向大数据的仿真技术，获取和积累制造过程的数据、经验与知识，通过机器学习算法建立逼近真实系统的“近似模型”，在大数据的基础上，仿真将从对因果关系的分析转向对关联关系的分析。

3）云环境下的智能仿真技术，在突破制造云平台技术的基础上，将智能建模与仿真技术搬到云平台上，以达到实时的建模与仿真。

（五）新一代人机协同技术

1. 现状

微软的 Kinect、百度 AI 平台中的手势识别、苹果的 Siri、宝马 X5 iDrive 7.0 以及智能音箱等产品颠覆了我们与机器的交互方式[6,7]。数据手套、数据头盔已在装备、汽车、航空航天器、医疗设备的设计、仿真中取得应用。触觉反馈装置、三维显示技术、人-信息-物理系统（HCPS）技术[8]等受到广泛研究和关注。

2. 挑战

1）视网膜直接显示技术、三维全息几何信息的建模及其在真三维显示装置的应用、三维场景重构和显示技术等仍处于实验室研究阶段，还有待完善。

2）真实感知物理作用效应的新一代人机交互技术与装置基本处于萌芽状态，如使操作者真实感知所被施加的运动、力、温度、振动等物理作用效应。

3）基于机器视觉的刚体及柔体空间状态感知与运动识别、HCPS 技术、脑机接口、生机信号接口技术等仍处于初级阶段。

3. 目标

1）面向自然行为的多感官交互技术，利用虚拟现实技术、增强现实技术、混合现实技术、新型显示技术等实现真三维场景显示，开发出更具直觉性的感知技术手段。

2）面向穿戴的新型终端产品及技术，突破可穿戴移动终端的人机交互理论，研究穿戴式触觉交互、多元触觉交互、主动式电子皮肤、力觉交互、柔性可穿戴传感器等技术，开发可穿戴新型终端产品。

3）智能全息人机协同系统，研究 HCPS 技术，完善脑机接口、生机接口与生理信号模式识别技术，利用电与磁场力效应原理、融合温度、振动等物理信息开发具有物理作用效应的新一代人机协同技术，最终实现全浸入式的“人在场景中”智能全息人机协同系统。

（六）数字孪生技术

1. 现状

数字孪生是以数字化方式创建物理实体的虚拟模型，通过虚实交互反馈、数据融合分析、决策迭代优化等手段，为物理实体增加和扩展新的能力[9,10]。ABB 公司借助于 CAD/CAE、VR 等技术开发了物料堆放场的数字孪生，PTC 公司和 ANSYS 公司建立了水泵的数字孪生，欧盟领导的欧洲研究和创新计划项目开发了机床的数字孪生体。

2. 挑战

1）产品的每个物理特性都有其特定的模型，如何有效将这些基于不同物理特性的模型关联在一起，继而充分发挥数字孪生模拟、诊断、预测和控制作用是个亟待研究的问题。

2）在产品生产制造过程中，对产品制造过程的精细化管控，包括生产执行进度管控、产品技术状态管控、生产现场物流管控以及产品质量管控等仍面临严峻挑战。

3）当前，产品设计、工艺设计、制造、检验、使用等各个环节之间仍然存在断点，并未完全实现数字量的连续流动。

3. 目标

1）多物理模型关联技术，基于多物理集成模型的仿真结果能够更加精确地反映和镜像物理实体在现实环境中的真实状态和行为，同时还能够解决基于传统方法预测产品健康状况和剩余寿命所存在的时序和几何尺度等问题。

2）全生命周期数字孪生技术，突破面向制造全生命周期的数字孪生建模理论，并将这些过程数据与生产线数字孪生进行关联映射和匹配，建立面向更复杂、生命周期更长的全生命周期数字孪生技术。

3）融合数字线程和数字孪生技术，数字线程技术作为数字孪生的使能技术，用于实现数字孪生全生命周期各阶段模型和关键数据的双向交互，是实现单一产品数据源和产品全生命周期各阶段高效协同的基础。

（七）工业软件智能化技术

1. 现状

工业软件是智能制造的大脑，不仅涉及各个工业垂直领域，同时涉及生产过程的各个流程环节。传统工业软件在向云化、数字化和智能化转变的过程中，与工业数据、工业知识、工业技术、工业场景深度融合，催生了工业 APP 和工业微服务。

2. 挑战

1）中国工业软件高端用户市场仍被国外大型企业垄断，且技术门槛较高，自主研发的工业软件主要集中在中低端领域，工业软件市场国产替代、高端化、定制化需求迫切。

2）工业软件大多功能单一，无法完成生产过程的多个流程环节。如何有效集成工业软件仍是一个亟需解决的问题。

3）在云平台上，数据交互实时性和互联互通要求较高，如何在云环境下，将多个工业软件协同，以支持制造全生命周期的实时优化，成为工业软件面临的新挑战。

3. 目标

1）关键领域高端工业软件的开发，加大工业软件的开发投入力度，对软件知识产权更有效的保护，加强工业和软件的复合型高端人才的培养，对工业软件进行标准化、模块化、流程化开发。

2）工业软件系统平台化，有效集成并运用各类工业软件，打通并关联工业工艺多个流程环节的软件，为客户打造基于统一平台的各类智能制造解决方案。

3）面向云计算的工业 APP，将传统工业软件以更细的功能颗粒度建设成为工业微服务，直接将工业技术和知识转化为工业微服务。

四、技术路线图

制造智能技术路线图如图 8-3 所示。

需求与环境	设计、生产、管理和服务中的数据、信息和知识是企业长期积累的宝贵智力财富，它们可能是定性和定量的、精确和模糊的、确定和随机的、连续和离散的、显性和隐含的、具体和抽象的，它们的表达模型可能是同构和异构的，存储形式可能是集中和分布的。需求与环境有效地感知、分析、描述、获取、创建与应用制造中的数据、信息和知识是提高企业运行质量和创新能力的必由之路		
典型产品或装备	智能传感器、物联网、工业互联网、制造资源中间件及制造资源库	制造知识及知识库管理系统、智能建模与仿真系统	大数据分析与决策支持系统、智能全息人机协同系统
智能感知、物联网与工业互联网技术	目标：智能传感器、传感网络、智能终端	目标：工业可穿戴设备、物联网、工业互联网	目标：支持即插即用和系统重构的实时网络操作系统
	MEMS及智能传感技术、智能终端技术	工业实时传感、测控网络和物联网技术、人机协同技术	即插即用技术、工业设备驱动技术、可重构技术、实时网络操作系统技术
	智能传感器、智能终端、工业互联网设备等核心技术标准与协议的统一与协同		
大数据、云计算与制造知识发现技术	目标：多源异构、分布式数据库分析与管理	目标：多源异构知识库的实时交互访问	目标：多源异构分布知识发现/知识管理系统
	冲突消解与一致性维护技术，多源异构知识与经验表示技术	多源异构数据库/知识库之间透明访问，直接Web访问技术	大数据分析与挖掘技术，云计算技术，分布异构机器学习与知识发现技术
面向制造大数据的智能推理技术	目标：复杂对象的智能控制系统，新一代工业人工智能系统，基于大数据的智能计算与决策支持系统		目标：多源异构分布知识综合协同推荐系统，几何物理混合约束推理系统
	面向大数据的深度学习技术，基于大数据的分布决策技术		针对数控加工、自动装配、逆向工程、机器视觉等问题的综合协同推理与几何物理约束推理技术
	复杂对象的协同控制技术，基于多物理信息融合的智能控制技术		
	面向制造大数据的分析与智能推理理论和技术		
智能建模与仿真技术	目标：面向制造全生命周期的智能建模技术	目标：面向大数据的仿真技术	目标：云环境下的智能仿真技术
	面向更复杂、生命周期更长、高度异构性、更高可信度、更高可重用性的智能建模研究方法和技术	大数据技术，机器学习技术，关联关系分析技术	云平台技术，实时建模与仿真技术
时间段	2021年—2025年	2025年—2030年	2030年—2035年

图 8-3　制造智能技术路线图

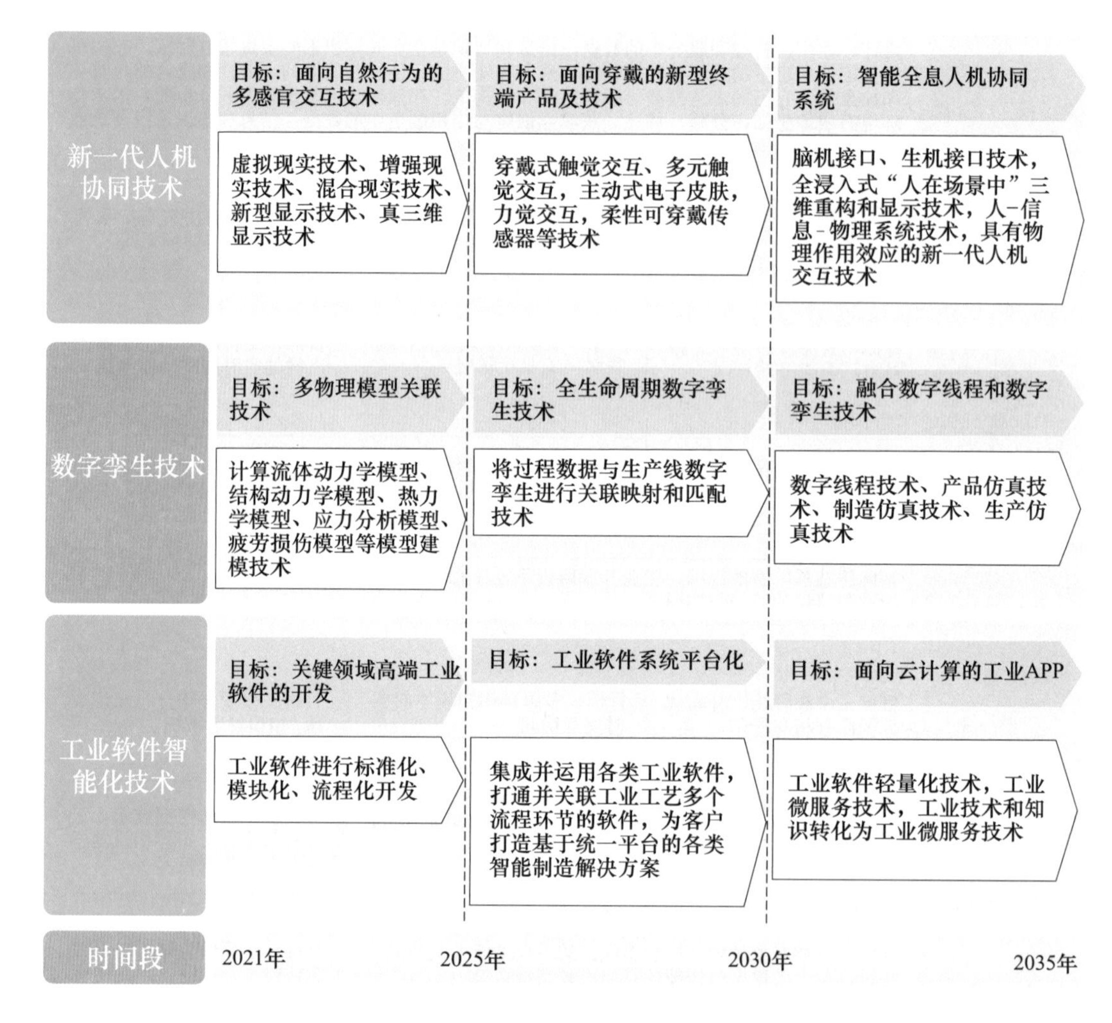

图 8-3　制造智能技术路线图（续）

第三节　智能制造装备

一、概述

智能制造装备是具有感知、分析、决策、管控、互联、学习进化能力的制造装备。即通过大数据技术、工业物联网技术、人工智能技术、数字孪生技术以及云边端管控技术与先进制造技术的深度融合，使制造装备具备制造质量和绿色运行的实时管控、健康状态的实时感知与预测维护、多装备协同制造过程与学习进化等智能化能力[11]。

本节所指的智能制造装备包括智能机床、智能成形制造装备、特种智能制造装备、智能机器人、智能柔性制造产线。智能制造装备是工业物联网和工业大数据的重要基础节点，其发展趋势正由单一物理实体向虚实融合的智能体形式发展，由孤立加工单元向跨域分布式共享协同方向发展，由基于可编程的现场端控制向基于云边端管控的可学习进化方向发展[12]。

二、未来市场需求及产品

（一）智能机床

智能机床是制造设备的工作母机，是一切装备的基础。未来智能机床通过大数据、工业人工智能以及数字孪生与数控技术的深度结合，成为具有加工状态实时感知与交互、产品工艺自主决策与优化、加工精度持久保持能力的机床[13,14]。

预计到 2025 年，智能机床将在“增等减材”功能混合、轻量化结构设计、智能化驱控技术与云边端一体化架构上取得突破。进一步复合焊接、热处理、检测工艺，开发新型“增等减材”复合智能机床。智能机床将由单一的物理机交付形式向物理机与数字机一体化形式转变。

预计到 2030 年，智能机床将在工业人工智能及数字孪生技术融合方面取得突破。集成振动、热变形等工况自感知、振动抑制、误差补偿等自决策和自执行功能。完成基于数字孪生的智能机床全生命周期映射仿真，初步实现智能机床健康状态预测性维护、低碳降耗运行评估、运行性能优化与管理。

预计到 2035 年，智能发育技术将与智能机床深度融合。云边端智能数控系统平台与定制 APP 将构建智能机床全开放生态。基于生物智能驱动的人机物群协同决策与作业方法使智能机床更稳定、轻量化、更可靠。数字孪生系统将进一步提高机床健康和性能劣化预测精度及预测性维护准确性。

（二）智能成形制造装备

智能成形制造装备是用于材料成形加工的智能化等材与增材制造装备的统称。智能成形装备正往优质、高效、低耗、绿色、智能化方向发展。智能成形装备具有信息获取、模型预测、决策控制功能，通过加工过程应变、温度、速度、力等物理场自感知及材料微观结构信息对加工过程进行实时精确控制[15]。

预计到2025年，智能工艺自适应、增强模型预测以及工艺控制技术将与智能成形制造装备融合。单晶及定向凝固叶片等熔炼和凝固工艺将具备智能化适应能力，实现基于成形工艺的变速、变载智能成形模式及控制功能，开发智能铺放工艺规划系统提高复合材料铺放装备的灵巧性、适应性。

预计到2030年，大型模锻装备、大型压铸装备、精密成形装备将具有自学习、自适应等功能；大型复合材料铺带、铺丝装备等将具有完善的工艺感知和决策功能，且能实时主动设置铺放工艺参数、实现智能控形控性铺放。智能成形制造装备将通过感知网络全面获取力、速度、应力、应变、温度等信息，实现监视控制、在线无损检测及激光跟踪测量，提高成形精度。

预计到2035年，智能成形制造装备将深度应用数字孪生技术，建立成形装备数字孪生模型，实现全生命周期的动态模拟、监测与控制。取代传统材料制备与加工过程中的“试错法”设计与工艺控制方法，以实现材料组织性能的精确设计与制备加工过程的精确控制，获得最佳的材料组织性能与成形加工质量。

（三）特种智能制造装备

特种智能制造装备，是采用特殊能量或特殊工艺，涉及超精密加工、难加工材料加工、巨型零件加工、高能束加工等极端环境加工的一种智能制造装备。在航空航天、高端芯片制造装备、能源装备、生物医疗产品等特殊行业的加工需求将不断增大，对高精度、高品质、高柔性加工的特种智能制造装备提出了更高的要求[16]。

预计到2025年，智能感知技术与多传感器融合技术将与特种智能制造装备深度融合，多维状态参量辨识、解耦、监测等学习及优化算法得到大幅度发展，将在航空发动机单晶叶片加工、跨尺度精细微纳加工、大型复合材料自动铺带及铺丝、高端芯片制造、非晶材料成形、复合材料激光大尺度加工等特种制造装备上得到应用。

预计到2030年，特种智能制造装备将进一步深度融合工业人工智能、大数据以及工业物联网技术，具备装备级自动决策与远程规划；深海、高空、强核辐射等极端环境下网络化远程决策与协同制造控制。

预计到2035年，特种智能制造装备将与增强装备级智能技术结合，扩大到系统级应用，贯通特种智造装备的集群网络集成与协同管控，提升装备超高温、超高压等超常工作环境适应性和超精密、高能束等超常工艺适应能力，形成自主可控的高端装备品牌。

（四）智能机器人

随着智能机器人技术的不断发展，人类智慧将不断物化于机器中并组成人机合作系统，辅助甚至替代人类完成危险、繁重、复杂的工作，扩大、延伸人的活动能力及范围。未来智能机器人在焊接、打磨、精细装配、机加工、柔顺控制等高精、高端制造领域的需求不断增大[17]。

预计到2025年，具有视觉感知、视觉伺服、力位混合控制等功能的工业机器人将广泛应用于航空航天、集成电路、汽车、3C等自动化产线，智能AGV将在非结构环境中广泛应用。生机电一体化融合、工业人工智能、高功率密度驱动与传动、柔性可变材料等新技术将使共融机器人进一步发展。人机协作工作安全性将得到保障。

预计到2030年，机器人可进行自主学习和自主规划，人机共融安全保障技术基本成熟。具有多模态感知、智能高效驱动、弹性软体结构、自然交互的仿生工业机械手或机器人将在实际生产中得到进一步的应用。智能机器人从设计、制造、使用到销毁的全生命周期数据可通过制造大数据中心进行监控与管理。

预计到2035年，智能机器人将更具有“人”的属性，进入拟人态发展阶段，能与人脑进行生物、肌电等多模态信息交互，并进行智能判断与行为决策。机器人之间、机器人与人、机器人与其他设备之间的协同技术以及智能学习进化技术，可完成部分场景群体协同作业自主控制和群体智能。

（五）智能柔性制造产线

智能柔性制造产线是具有多制造功能单元、制造岛结合协作的高度柔性化、智能化能力的制造装备。随着个性化产品需求不断增加，制造产线需具备快速重构能力，适应动态需求。同时，随时间演化的制造产线精度、性能与动力学特性的数字孪生技术快速发展[17]。

预计到2025年，柔性制造单元及智能产线将在多功能集成以及多模块融合方面取得突破，并初步构造云边端体系架构。加工中心、数控系统以及设备检测装置、机器视觉检测、PLC控制、柔性装配等功能模块将越来越广泛集成到柔性产线。基于数字孪生的快速重构组线技术在新能源汽车、动力电池、电子、3C等行业进行应用示范。

预计到2030年，数字孪生同步映射、多元智能感知、深度学习等技术在智能调度、产线重构以及远程调试等方面广泛应用。云边端技术实现岛加工，智能产线各模块间将实现更加柔顺的控制、全过程信息可视化、数据实时分析与异常状态预警，进一步实现加工过程无人值守。

预计到2035年，数字孪生将贯穿“设计-工艺-制造-调试”全流程，在产线主体研发完成和工程实施前进行设计校验，对产线设备动力学特性进行实时健康监测与评估，实现智能产线的全生命周期管理，低碳制造也将显现成效。

三、关键技术

（一）智能装备运行状况感知及运行数据采集技术

1. 现状

智能装备的运行状态实时感知与数据采集是实现智能制造的基本条件，当前数控装备已具备了基本的运行状况感知和数据采集功能，如装备起停、加工速度、装备运动I/O、装备故障报警等，还有一些数字化升级企业的部分装备具备了功耗、质量检测等实时数据采集功能。但总体来看，制造装备的运行感知和数据采集技术相对制造装备智能化的需求还处在初级阶段。

2. 挑战

1）智能装备在运行过程中需要考虑加工工艺、产品质量、运行能耗、装备性能等多个过程要素。采集的数据具有高维度、高动态、多样性（振动、图像、温度等）特点，不同设备或系统的数据格式、接口协议都不相同，数据采集缺乏统一规范，对智能装备自感知信息准确性、稳定性提出了新要求。

2）随着智能装备的进化，数据采集量不断增加，承载复杂任务的各类数据中心也日益增多，对数据采集的实时性、高效采集与传输速率、可靠性及成本控制方面提出了更高要求。

3）传统的数据采集系统无法满足智能装备运行感知和数据采集的需求，5G具有高可靠性、低时延优势，需要研究基于5G的运行感知和数据采集技术。

3. 目标

1）制定数据信息采集的标准与规范，基于数字孪生技术，利用全息信息感知、工业人工智能技术完成对工业现场全信息状态数据的连接融合，建立统一的融合理论，数据融合架构和广义融合模型，实现智能装备全生命周期全息的数据融合与状态感知。

2）设计基于高效能数据中心的数据采集机制，根据不同服务资源特点设计统一数据采集框架、定义数据采集格式，实现对多元、复杂的动态数据进行分类采集和监控。将大数据技术与强工业安全保护的实时业务敏捷连接边缘计算系统进行结合，解决数据实时性、资源分散性、网络异构等工业应用场景的边端处理问题。

3）研究多接入网络互联互通技术、微服务技术与服务计算迁移技术、应用计算卸载技术、边缘智能技术，实现5G边缘侧轻量级、低延迟、高效的人工智能计算框架。通过以上技术的协同可在边缘侧运用智能算法模型库、强化学习和迁移学习等技术实现智能制造装备智能化。

（二）基于数字孪生的智能装备全生命周期分析决策技术

1. 现状

当前智能装备面临绿色生产与管理、可靠性和安全性、节能降耗等全新挑战，在数字化升级过程中，大部分装备实现了数字化控制、信息化管理，但是对智能装备的全生命周期各个阶段的动态呈现、数字化管理分析以及装备安全可靠运行保障、产品运行绩效提升、可视化改进等方面还处于起步阶段。

2. 挑战

1）目前装备相关智能化产品和功能模块的资源要求高，预测精准低；复杂环境中智能装备全生命周期、全价值链的各阶段关键数据同步技术研究尚不成熟，以致难以动态、实时地管理装备状态。

2）智能装备的工艺系统、机械结构和能源供给系统的性能演化机制研究还处于起步阶段，各功能模块之间缺乏有效的交互连接，难以面向智能装备的运行过程建立准确的关联模型。

3）智能装备的功能模块与运行状态间存在复杂关系，实验方式获取的数据样本难以实时准确地表征运行状态和加工状态的重要特性。

3. 目标

1）基于模型工程构建智能装备高保真数字孪生模型，对智能装备全生命周期全流程仿真优化实现过程监控，建立过程状况关键参数表征体系及其与装备性能表征指标的映射关系，实现复杂环境中智能装备全生命周期、全价值链各阶段关键数据镜像同步。

2）基于数字孪生的装备工作现场动态数据驱动模型，对制造装备、制造过程中物理实体的过去和目前行为进行动态呈现，实现基于数字孪生的多学科、多物理量、多尺度、多概率的智能装备对象全生命周期映射仿真。研究基于数字孪生的故障识别与预测性维护技术，实现复杂工况下设备故障特征的准确识别和预测。

3）基于工业人工智能增强的知识增长技术，研究交互学习与协同决策方法、融合领域知识的跨模态多粒度不确定性推理模型与方法，开展智能装备全生命周期优质高效、绿色低碳的过程决策。

（三）基于云边端一体化的智能装备管控技术

1. 现状

智能数控系统是智能装备的核心部件，在智能装备向智能协作、自我进化发展的趋势下，数控系统除在高速、高精、高可靠性的运动控制技术上持续提升外，还需解决云边端一体化架构设计、工业 APP 平台系统开发以及高速安全通信、非代码信息（如图形、图像）识别、智能编程、多智能体协作、工况过程闭环等智能化功能，工业人工智能技术与新一代信息技术的快速发展为智能数控技术提供了支撑。

2. 挑战

1）数控系统分布式架构和多通道控制方式解决了部分多机协同工作问题，但对不断出现的新工艺、新功能、新装备，现有架构在功能快速定制、自制配置、自制运行方面仍很困难。

2）目前智能工艺决策以专家经验与人工智能融合内置数控系统的实现方式为主，随着跨尺度、高精密、异形型面等多样化零件高效率和高质量加工要求的不断提升，对数控系统的开放扩展性、精度持久稳定性提出了挑战。

3）智能数控系统作为数字孪生技术的信息节点，工业信息安全受到了严峻考验，数控系统接入外部网络的接口与技术标准需要新的发展。

3. 目标

1）研究云边端一体化智能计算引擎工作机理，突破深度学习模型压缩、认知理论，重点研究知识表达、推理、持续学习等机器人自主智能科学问题，研究边缘端深度学习方案推理，制定云边协同数据体系和云边计算层次协同方案，构建新型智能装备云脑平台系统。

2）研究基于云边端和数控系统平台化的新一代数控系统架构，通过云边端分层架构实现数控系统在跨时间和跨空间维度的资源和功能整合，通过系统软件平台化与个性化 APP 定制功能构建智能装备可持续拓展的生态圈。

3）研究基于低代码、脚本等低级语言的工业用户 APP 开发体系、方法与标准，研究云边端构架下的数控系统数据安全与控制安全保障技术。

（四）基于人工智能的智能装备学习进化技术

1. 现状

智能装备各部件及整机结构的健康状态与运行性能随运行时间累积逐渐劣化，受结构部件自身磨损、环境温湿度、干扰等因素影响，性能状态也会发生不同规律演变，因此，智能装备全生命周期的运行控制需要不断进化，以自主调节并适应变化的动态工作环境和情况。未来智能装备与人无缝协作，需要具备交互自学习、智能增长与进化能力。

2. 挑战

1）智能装备进行分析、决策、管控时使用大量模型，智能制造装备全生命周期中的不同阶段，其数据库中收集的数据格式和语义会随之改变，以适应特定的业务环境。在无缝协作和即时加工的未来制造场景下，对其建模效率与自优化构建复杂度、自主进化的模型持续维护能力具有较大挑战。

2）智能制造对产品质量的实时观察和控制是优化加工的重要手段，目前数字孪生技术虽然可用于多尺度的质量监测、分析和产品质量控制，但由于缺乏对产品多尺度质量的细粒度表达和基于长周期的演变规律生成方法，难以对产品质量进行长期变化的分析，无法准确实施预测性维护。

3. 目标

1）建立基于知识图谱的多目标质量优化算法，建立尺寸精度和表面粗糙度等加工参数优化算法，研究基于智能装备运行全生命周期的预测性维护智能进化算法，建立智能装备对环境变化的快速适应能力。

2）构建基于数字孪生的多尺度细粒度产品质量知识模型表达与工况相关的质量因素演化模型，提出数字孪生在宏观、介观和微观多尺度知识生成方法，建立智能装备对工况变化的快速适应能力。

3）将工业人工智能发育理论与智能装备进化能力深度融合，研究基于装备全生命周期性能变化的数据驱动本体演化机制，实现对制造环境变化的本体即时响应演化，建立智能装备自我进化能力。

四、技术路线图

智能制造装备技术路线图如图 8-4 所示。

	2021年—2025年	2025年—2030年	2030年—2035年
需求与环境	智能制造装备具有自感知、自预测、自决策、自配置、自执行、自维护和主动交互能力。智能制造装备正突破制造装备物理实体化界限向虚实融合的智能体形式发展，由孤立加工单元向跨域分布式共享协同方式发展，由能耗不敏感向低碳可持续制造发展，由单一场景智能化制造向多场景自我学习与自我进化制造发展		
典型产品或装备	智能机床 特种智能制造装备 智能柔性制造产线	智能成形制造装备 智能机器人	
智能装备运行状况感知及运行数据采集技术	目标：多源工况信息实时精确检测	目标：装备状态自感知与自辨识	目标：全信息数据融合增强
	新型传感基础设备研发	实时业务敏捷连接边缘计算系统	
	深度三维图像识别技术	人工智能增强的数据融合算法	
基于数字孪生的智能装备全生命周期分析决策技术	目标：全生命周期数据镜像同步	目标：复杂工况故障特征准确识别和预测	目标：全生命周期优质高效过程决策
	高保真数字孪生建模技术	基于数字孪生的故障识别与预测性维护技术	
	大数据驱动的动态模型仿真技术	自主交互学习与协同决策	
基于云边端一体化的智能装备管控技术	目标：构建新型智能装备云脑平台系统	目标：机群调度管理、故障预警与可靠性管理	目标：多场景复杂系统下机群协作安全运行
	云边端一体化智能计算引擎工作机理研究	机群性能演化、故障预测技术	
	云边协同数据体系和云边计算层次协同技术	群体智能驱动的分布式制造决策与协同优化技术	
时间段	2021年	2025年	2030年　2035年

图 8-4　智能制造装备技术路线图

图 8-4　智能制造装备技术路线图（续）

第四节　智能制造车间

一、概述

智能制造车间（Intelligent Manufacturing Workshop，IMW）是一种由多种智能制造装备和人类专家共同组成的人机一体化智能系统，能完成零部件以及产品的多工序加工和装配以及质检、库存和运输等辅助活动，实现比较完整的零部件以及产品制造过程。其主要特点是在制造过程中具有进行智能活动的能力，诸如分析、推理、判断、构思和决策等。通过人与智能制造装备的协作，扩大、延伸和部分取代人类在制造过程中的体力和脑力劳动，提高制造质量、效率和产品交付能力[1,8,18]。

数字化制造车间、网络化制造车间是智能制造车间的初级形态[2]。首先是车间数字化，车间的各种设备，如机床、仓库、检测设备、运输装备等实现数字化管理和控制，获取其运行数据，对产品信息、工艺信息、资源信息和加工过程进行数字化描述、集成、分析和决策，进而对各种设备进行数字化控制，快速、低成本生产出满足用户要求的产品；然后是网络化，将车间的各种数字化装备联网，集成装备和制造过程的运行数据，进而对整个制造过程进行数字化控制，实现各种资源的集成、共享与协同；最后在数字化和网络化的基础上，基于集成的数据进行智能分析和决策，实现制造车间管理、控制与决策的智能化，智能地使各种制造装备协同工作，智能地优化整个制造过程，使资源得到最合理的配置。

制造车间有不同层次，如单元、生产线、车间，乃至多个车间组成的工厂，分别对应智能制造单元、智能生产线、智能车间及智能工厂[18]。制造车间又可分为离散制造车间和连续制造车间，机械制造工业主要对应离散制造车间。针对不同制造工艺，制造车间分为铸造、锻压、冲压、焊接、冷加工、热处理、装配等不同种类的车间，其智能化难度和当前发展水平也不尽相同。

需要指出的是，智能制造车间并不等同于无人车间，而是人-信息-物理系统集成融合的智能大系统，需要采用人-信息-物理融合技术，通过人、信息系统与物理系统的交互，充分发挥人与机器的各自优势以及人机协同的友好性，突出人机一体化和人机协同智能，保证智能制造车间的最终控制权掌握在人的手中，使智能制造车间运行具有可控性、各种数据具有可信度，从而应对复杂车间环境和任务的不确定性[8,19,20]。

二、未来市场需求及产品

（一）智能生产线

多台智能装备（如数控机床、智能机器人、增材制造装备、智能运输车辆、智能立体仓库等）集成的智能制造生产线，不仅使智能装备的效率得到提升，也可使整个制造过程实现智能化，如物流、上下料、加工、质量检测、包装、出入库等相互衔接与配合，可快速适应不同产品的加工和装配，具有稳定的质量控制能力。由于其显著减少对一线人力资源的需要，具有降低制造成本的潜力。

预计到2025年，数字化生产线、网络化生产线将在全国大规模推广应用，在发达地区和重点行业实现普及。

预计到2030年，工业互联网、物联网、大数据分析、5G通信、人工智能等新一代信息技术将在重点领域智能生产线试点示范应用中取得显著成果，在部分企业推广应用。

预计到2035年，分布式智能制造[20]、新一代智能生产线将在全国制造业实现大规模推广应用。

（二）面向大批量定制的智能制造车间

产品的个性化定制需求越来越高，同时要求产品的成本尽可能低、交货期尽可能短，这就需要面向大批量定制的智能制造车间的发展，其不仅需要快速适应不同定制产品制造和装配的需求，还要求成本低、质量好且稳定。这就需要定制产品的高度标准化、模块化和系列化，以降低智能制造车间的复杂性、建设成本和运行成本，也需要智能制造车间具有可重构、柔性化的特点。开展大批量定制，还需要企业利用智能制造技术和专业化分工协同技术以及产品模块化和标准化技术。这方面未来市场需求十分旺盛。

预计到2025年，服装、家具、眼镜等消费品在产品高度模块化和标准化以及生产过程初步智能化的基础上，进一步提高智能化水平，从简单产品的智能制造到复杂产品的智能制造，从某些工序的智能制造发展到全生产过程的智能制造，提高个性化产品的快速反应能力、降低生产成本，缓解“用工荒”。

预计到2030年，手机、家电、电动玩具等机电一体化产品中的电子零部件的装配将在产品高度模块化和标准化的基础上，实现大批量定制智能装配，使大量工人摆脱重复单调、乏味枯燥的工作，降低成本、提高质量和效率。工程机械、机床、汽车等模块化程度较高的复杂产品的大批量定制装配系统相继出现；传统的单件、小批量生产的复杂产品，如船舶、飞机、运载火箭、卫星等将在模块化和标准化的基础上，建立大批量定制加工装配系统，有效提高加工装配质量和效率。

预计到2035年，跨企业、跨行业的产品标准化、模块化和系列化，以及产品设计和制造的分工专业化和协同化的范围和深度都将达到较高水平，形成开放式、模块化、可重构的大批量定制智能制造车间，使产品的成本和资源消耗显著降低，同时满足产品个性化的需要。

（三）面向超常制造的智能制造车间

超常制造又称极端制造，是指在超常条件下，制造或装配超常尺度或功能的产品和零部件，如汽车安全气囊、医疗用的微管道试剂测试设备、智能传感器、高性能芯片等，具体对应微纳制造、超精密制造、巨系统制造等的智能制造车间，如智能超精密制造车间、大飞机等智能超大装配车间等。超常制造难以依靠传统制造方法，迫切需要智能化的手段。

预计到2025年，智能传感、智能规划、智能控制、智能质量检测技术等将在超常智能制造车间中开始采用，如超大规模集成电路制造车间、大功率半导体激光制造车间、大飞机装配线等。

预计到2030年，精密视觉、微力传感装置等将在电子制造、MEMS制造等精密装备和系统中的智能规划、高速高精运动控制、产品质量检测与分析等领域得到推广应用。

预计到2035年，超常智能制造车间的关键——检测各种超常尺度或功能的智能传感器，以及超常功能智能执行器，将有重大突破和应用。具有各种超常尺度或功能的智能传感器以及超常功能智能执行器的超常智能制造车间将大量涌现。

（四）面向绿色制造的智能制造车间

随着劳动者保护法规的日益完善、企业社会责任的不断加强和员工素质的不断提高，对含高浓度有害物质、强辐射、高温等有害环境中的无人化智能制造车间的需求越来越强烈。同时，我国正在实施“双碳”计划，即二氧化碳排放力争2030年前达到峰值，力争2060年前实现碳中和。为此，需要大力开发低能耗、低资源消耗、零污染、零排放的绿色智能制造车间，具体包括：①智能制造车间的低能耗、清洁化与绿色化；②绿色制造车间的数字化、网络化与智能化[21]。

预计到2025年，在染织、涂覆、电镀、化工、冶炼、粉碎、焊接、核电站维修、电子电器废品回收处理等作业现场将广泛采用智能制造技术。固体废弃物智能分选装备、智能化除尘装备、智能污水处理系统、智能工业清洗系统等开始全面推广应用。

预计到2030年，面向化工、冶金、建材、印染、造纸等行业的现场总线分布智能控制系统、生产线在线协调优化智能控制系统、产品质量智能控制系统、智能企业管控系统与安全生产系统将开始推广应用。

预计到2035年，面向智能制造系统的低能耗、低排放技术将全面推广应用，智能制造车间广泛使用绿色能源，对环境的不良影响基本消除。近零排放、近零污染的绿色智造车间大量出现。

三、关键技术

（一）智能制造车间建模与数字孪生技术

1. 现状

智能制造车间涉及多机协同，以及大量的制造对象及物流，是一种复杂的离散动态系统。因此首先需要对智能制造车间进行建模描述，以便仿真、分析和控制。目前智能制造车间建模还处于起步阶段。

2. 挑战

智能制造车间模型应是系统描述、仿真和控制一体化的模型，不仅支持全流程多层次多尺度多场景耦合的一体化建模、支持智能生成车间模型，还要求支持利用模型对智能制造车间进行智能调度和智能控制，进而根据智能制造车间调度和控制的反馈数据对车间模型进行优化。同时，智能制造车间建模应能将来自多传感器、多尺度的信息和数据，在一定准则下加以自动分析和综合集成，并进行多源异构数据的智能融合，实现机理模型和数据模型的融合，使模型与车间实际运行情况高度吻合。

3. 目标

1）实现数字孪生建模技术和模型优化技术，实时、精确再现数字智能制造车间各装备的运行状态和协同工作情况，并且可以有效管控各装备及员工的运行过程和动作。

2）实现车间层的虚拟世界和实际物理世界的互联与协同，持续对整个智能制造车间运作进行优化，提高智能制造车间信息集成能力和大数据的智能分析能力。

3）实现智能制造车间数字孪生系统自主进化和优化，快速适应环境和任务的变化，提高数字孪生系统的自学习、自适应和自优化能力，使智能制造车间数字孪生系统越使用越聪明。

（二）智能制造执行系统技术

1. 现状

智能制造执行系统（IMES）是智能制造车间的主要信息系统，包括车间生产管理、库存管理、物流管理、设备管理、人员管理、生产调度等功能。IMES是企业资源规划（ERP）和装备控制的桥梁。智能制造执行系统采用工业互联网技术与人工智能技术实现ERP与生产现场各种智能装备的无缝连接。目前处在研发应用阶段。

2. 挑战

传感技术和物联网技术的发展将显著提高IMES数据实时获取能力，云计算、分布式数据库技术与大数据分析技术的发展将提高海量数据的智能分析能力，各种群体智能、仿生智能算法、并行计算方法、边缘计算技术和数字孪生技术的发展将提高车间智能调度和控制能力。

3. 目标

1）实现智能制造车间状态的实时监测、智能分析和知识挖掘，为不同用户提供定制化数据分析和实时显示功能，通过制造知识表示与应用，实现制造执行过程的智能决策。

2）根据智能制造车间状态和优化目标，实现对各种任务、装备、能源、物流和人员的智能调度。

3）对制造质量进行智能监控，及时发现潜在的质量问题，并提出智能化解决方案。

4）对各种设备进行智能监控，开展预测性维护。

5）针对制造环境和制造流程变化，通过智能制造车间计划层与控制层的智能互联与系统重构，实现大批量定制。

（三）智能制造车间可重构与自组织技术

1. 现状

现代制造车间规模日益庞大和复杂，影响智能制造车间运行性能的因素多，如建模周期长，鲁棒性差，难以适应快速多变的市场环境，迫切需要智能制造车间具有可重构和自组织能力，并具有很好的鲁棒性、可扩展性、自适应性。

2. 挑战

现有的集中控制模式难以适用这种需求，需要一种智能制造分布化模式，即各种设备具有较强的自主智能，同时又是高度自律的，能够相互协同完成复杂的任务，适应新的环境，能够不断自优化、自进化，越使用越聪明。

3. 目标

1）通过智能制造车间各种设备的模块化以及产品的模块化和标准化，提高制造资源的即插即用和可重构制造能力。

2）开展智能装备的自主智能协同，实现复杂环境下的多设备智能协同，提高面向任务和环境约束的智能制造车间自组织与自协同能力。

3）建立基于分布式组织模型的智能制造车间动态运控体系，使智能制造车间具有短时间尺度的快速自组织和自适应能力、长时间尺度的可持续自主进化能力。

（四）绿色智能制造技术

1. 现状

绿色智能制造需要在智能制造的同时考虑绿色化，即智能制造的资源消耗要小、对环境的负面影响要小，满足社会可持续发展的目标。

2. 挑战

绿色制造，尤其是低碳制造对于实现我国的“碳达峰”“碳中和”的目标具有重要意义，而低碳制造又需要智能化、低成本、高效的技术实现路径。例如，在流程生产过程中的节能装置、排污处理装置等的智能化趋势已经显现。

3. 目标

1）研究和推广应用面向节能减排的高性能智能传感器、传感网络、仪器仪表、边缘计算、大数据智能等技术，实现车间制造过程、设备排放与污染的智能检测和智能感知。

2）研究和推广应用面向节能减排的高性能智能变送器、调节阀、执行器、边缘计算、大数据智能等技术，实现减少和消除车间制造过程中设备排放与污染，以及预测维修、决策优化、智能控制等功能。

3）开发资源循环利用和绿色节能环保的生产技术，实现优质、高效、低耗、清洁、敏捷、柔性的智能生产。

（五）智能制造车间信息安全和物理安全技术

1. 现状

智能制造车间需要全面联网，包括内部与外部的联网，接受外部的信息和服务等。

2. 挑战

信息和物理安全风险将会显著提高，一旦发生网络攻击，将严重危害数据安全、程序安全、网络安全、设备安全、控制安全、生产安全、环境安全和社会安全。

3. 目标

1）研究智能制造车间安全防护体系，促进互联网安全技术与工业安全技术的深度融合。

2）研究智能制造车间信息安全和物理安全技术，保证智能制造车间的可靠性、保密性、完整性、可用性和隐私保密。

3）研究构建智能制造车间信息安全和物理安全平台，汇聚安全数据、积累安全知识和攻防经验，开展大数据分析，进行安全预警、识别、审计、安全漏洞管理、防御、杀毒等。

四、技术路线图

智能制造车间技术路线图如图 8-5 所示。

需求与环境	智能制造车间的出现是技术驱动和需求拉动双重作用的结果。在新一代信息技术的驱动下，在个性化、绿色化、高端化和全球化的背景下，智能制造车间从数字化、网络化向智能化方向发展，从集中制造模式向分布制造模式方向发展，从小数据驱动向大数据驱动方向发展，从他组织向自组织方向发展，具有自我持续改进能力		
典型产品或装备	服装、家具、眼镜等的面向大批量定制的全生产过程、全产品系列的智能制造车间；超大规模集成电路制造系统、大飞机装配线等超常智能制造系统；化工/冶金/建材/印染/造纸等行业的现场总线分布智能控制系统、生产线在线协调优化智能控制系统、产品质量智能控制系统、智能企业管控系统与安全生产车间	工程机械、机床、汽车、手机、家电、电动玩具等产品的机电一体化部分的面向大批量定制的智能装配车间；精密视觉、微力传感装置等的电子制造、MEMS制造等精密装备；染织、涂覆、电镀、化工、冶炼、粉碎、焊接、核电站维修、电子电器废品回收处理等无人化智能制造车间	跨企业、跨行业的产品标准化、模块化和系列化，以及产品设计和制造的分工专业化和协同化的范围和深度都达到较高的水平，开放式、模块化、可重构的大批量定制智能制造车间；具有各种超常尺度或功能的智能传感器，以及超常功能智能执行器的超常智能制造车间；近零排放、近零污染的智能制造车间
智能制造车间建模与数字孪生技术	目标：模型和实况一致化	目标：车间数字孪生集成化	目标：车间数字孪生智能化
	智能和协同建模技术	数字孪生系统集成化技术	数字孪生系统自优化技术
	模型与系统一体化技术	数字孪生人机协同技术	数字孪生自主进化技术
时间段	2021年 — 2025年	2025年 — 2030年	2030年 — 2035年

图 8-5　智能制造车间技术路线图

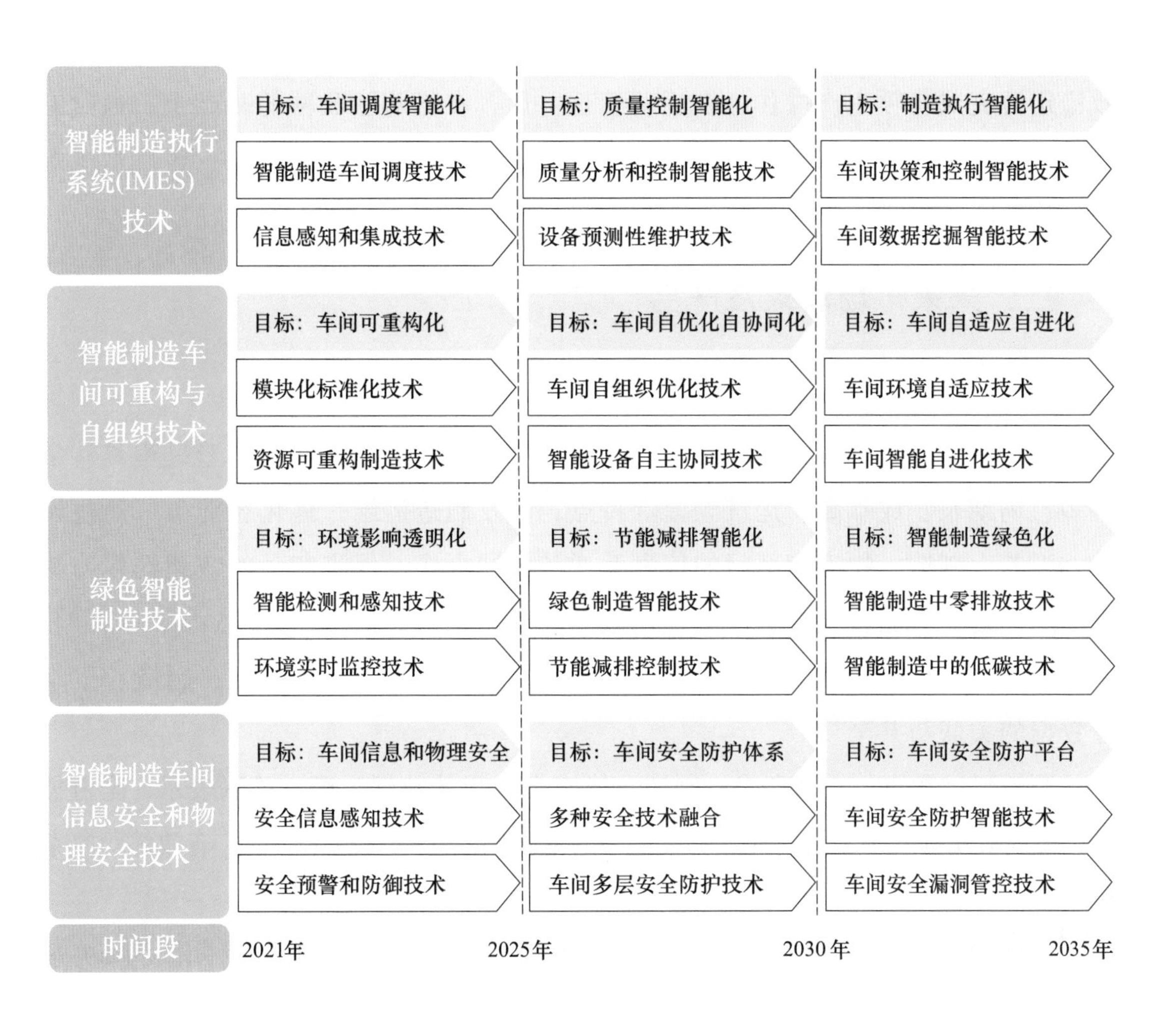

图 8-5　智能制造车间技术路线图（续）

第五节　智能制造工厂

一、概述

智能制造工厂是智能制造的典型代表，是通过将智能制造装备与计算机信息技术在工厂层级全面融合，涵盖企业的研发、生产、质检、售后等环节，实现设计、制造、服务等产品全生命周期各个环节的综合管控[22-24]。在产品设计方面，通过制造工艺与成品性能的三维模拟与仿真优化，实现计算机辅助的精确可靠规划设计；在生产制造方面，利用工业机器人、数控机床和其他智能装备，自动高效稳定地完成各项生产操作；在运营管理方面，在工业互联网的基础上，通过有效组织和融合制造领域知识，满足供应管理、生产营销、质量追溯、售后运维等全价值链增长需求。

二、未来市场需求及产品

（一）研发制造运维一体化智能工厂

航空航天装备、海洋工程装备、电力装备等复杂产品的研发制造过程具有学科多、周期长、成本高、运维频繁等特点，研发制造运维一体化智能工厂通过设计、工艺、制造、物流等部门的信息互通与协同合作，促进产品的快速迭代与持续保障，提升产品研发到量产的整体效率与服务水平。

预计到2025年，构建多源异构数据集成平台，实现产品研发、制造、运维等数据的关联与共享。

预计到2030年，形成研发、制造、运维全过程的数据追溯、关联表示、全链搜索、集成演化等技术体系，开发基于模型的研发制造运维一体化平台，有效缩短复杂产品研发周期。

预计到2035年，推出具备研发知识发现与管理、研发制造一体化协同决策的数字化智能工厂。通过建立跨域协同模型规范，设计多域弱耦合建模语言，实现模型驱动的产品全生命周期协同优化。

（二）精密生产管控智能工厂

半导体芯片、传感器件等精密产品的市场需求庞大且工艺流程复杂，对生产效率与产品质量都提出了较高要求，精密生产管控智能工厂从工艺、生产、质检、仓储、售后等方面进行产品全生命周期数据管理，并在数据驱动下进行生产管控，以实现高效率高质量生产目标。

预计到2025年，广泛采用智能传感、智能检测与智能监控技术，研发智能互联嵌入式终端，实现智能工厂运行状态实时感知。

预计到2030年，形成对关键工艺装备或产能瓶颈设备的在线控制与维护规划能力，研发制造大数据分析算法与工具软件，辅助提升产品质量与工厂产能。

预计到2035年，智能控制技术、智能维护技术在精密生产中得到全面推广，构建产品质量画像、设备异常检测、质量缺陷修复等数据治理体系，实现精密生产智能管控。

（三）全流程自主可控智能工厂

钢铁、化工、医药等产品制造过程具有工艺连续强、生产波动大、动态响应要求高等特点，全流程自主可控智能工厂通过全面感知设备、人员、物料等各类资源状态，构建面向生产全流程的智能控制体系，使工厂持续处于安全稳定运行状态。

预计到2025年，形成面向产品制造全流程的工业互联网络体系，全面实现从物料投放到工艺执行，以及到产品质检的数据采集。

预计到2030年，构建物流供应链管理、生产全流程监测、产品全生命周期追溯和工艺自主化控制等业务软件支撑平台系统，形成智能工厂透明化监控中心。

预计到2035年，打通产品“设计-控制-迭代”一体化数据链，研发智能设计、智能规划、智能预测、智能控制、智能决策等服务构件，形成面向全价值链集成的自主可控智能工厂解决方案。

（四）分布式异地协同智能工厂

飞机、火箭等大型复杂产品需要通过设计、加工、部装、总装车间等多个部门、车间或工厂的异地协同生产，以实现产品最终交付，分布式异地协同智能工厂以工业互联网为基础，利用产品全生命周期数据主线，实现供应链内及跨供应链间的产品设计、制造、运行、维护等各环节的高效协作。

预计到2025年，构建基于工业互联网的分布式工厂互联互通体系，以形成面向跨部门、跨车间大数据集成平台。

预计到2030年，研发面向供应链管理需求的异地协同制造技术，重点形成生产资源配置协同优化、产品质量全流程追溯以及运维服务高效管理能力，实现订单驱动下的产品全生命周期协同目标。

预计到2035年，形成基于工业互联网互联互通体系的智能工厂应用服务体系，利用业务化封装与模块化组件技术，实现研发设计协同、供应链协同、加工装配协同、运维服务协同的全面集成。

三、关键技术

（一）面向集群模式的分布式云协同工业互联网技术

1. 现状

面向集群模式的分布式云协同工业互联网以整合利用智能制造工厂各类物理和虚拟资源为发展方向，亟需突破分布式云协同工业互联网平台、集群式结构优化、工业互联网安全保障等技术。

2. 挑战

1）产业链上下游关联紧密，需要实现供应链和销售的协同、供应链和研发的协同、采购和供应商的协同，并根据共享信息，形成快速响应能力。

2）工业互联网涉及数据采集、传输、存储和分析等多个环节，在复杂多变工业环境中，如何保障网络安全可信是巨大挑战[25]。

3）围绕工厂间生产资源互联、生产协同执行与质量高效管控等需求，工业互联网平台需对智能工厂的分布式管控提供有力支撑。

3. 目标

1）研究生产要素动态配置与供应链全面集成机制，重点突破跨工厂定制化设计、生产资源优化配置和生产过程协同管理，实现集群式供应链结构优化。

2）研究跨域业务数据可信传递机制，通过生产安全评估、预警与应急的一体化集成，实现工业互联网安全防护，以避免生产故障、操作失误及网络瘫痪带来的经济损失。

3）研究面向集群模式的分布式云协同工业互联平台研发与应用技术，探索分布式云协同运作体系与工业互联网应用框架，开发面向服务应用的相关软件组件。

（二）基于5G边缘云计算的制造数据采集技术

1. 现状

基于5G边缘云计算的制造数据采集技术在边缘端数据预处理、云计算等方面取得了一定进展，但在分布式数据传输、多源异构数据融合等方面还需进一步深入和拓展。

2. 挑战

1）智能工厂产生的设备状态参数、工况负载分布和作业环境情况等数据的体量呈爆发式增长，对数据传输造成极大过载风险。

2）边缘侧收集到的数据种类繁多，同时呈现出冗余、不精确、不确定等特点，需要通过多源异构数据的融合与集成等处理操作，以支撑更为准确、可靠的决策过程。

3）完全依赖于云计算的制造数据采集与处理过程存在着网络时延大、成本高以及安全隐私等一系列问题，无法适应工业大数据的实时性需求[26]。

3. 目标

1）研究基于5G的制造大数据传输技术，通过建设5G网络基础设施，突破5G带宽接入的智能终端技术，满足制造大数据高速率传输、高性能处理及大容量存储的要求。

2）研究基于边缘与云计算协同的制造数据采集技术，通过将时延敏感数据和原始数据保存在边缘节点上，将非时间敏感数据存储在中心云上，从而实现边缘与云计算协同的制造数据智能采集。

3）研究多源异构制造数据融合与集成技术，设计面向复杂信息系统的数据融合与集成机制，实现统一时空框架下以业务场景为中心的多源异构数据的融合表达与有效集成。

（三）基于数据空间的产品全生命周期数据管理技术

1. 现状

随着信息化技术不断发展，在产品的研发设计、生产制造、经营管理、销售服务等各个阶段，智能制造工厂中的数据规模、种类和复杂度都呈现爆炸式增长趋势，使得产品全生命周期数据管理难度加大。

2. 挑战

1）由于缺少用于采集、集成、关联、分析、应用与智能制造工厂主要业务场景相关联数据的一系列技术方法，导致智能制造工厂数据的可获取性、可用性、质量保障和一致性存在较大挑战。

2）智能制造工厂在研发、设计、制造、测试、使用、维保等独立环节产生的数据大多分散保存在各个系统中，难以将业务相关数据汇聚后，进一步挖掘数据价值。

3）产品全生命周期的数据分析与知识集成研究较少，使得智能制造工厂相关人员难以借鉴各种知识服务，亟需知识的获取、表达、应用与业务场景的有机结合。

3. 目标

1）研究面向产品全生命周期的数据空间设计方法，设计智能制造工厂数据的建模、集成、关联、因果及演化机制，突破数据生成、汇聚、存储、归档、分析、使用和销毁全过程的制造大数据体系及其关键技术，实现对智能制造工厂价值链各项活动的数据化描述。

2）研究数据空间管理引擎设计方法和管理系统架构，建立构建可扩展、高可用的数据空间管理系统，组建定制化专业管理引擎，设计支持复杂语义要素定义的数据空间查询语言，解决工厂数据存储困难、管理混乱、查询能力弱等问题。

3）研究数据空间驱动的制造全流程知识获取与智能服务方法，重点突破基于数据空间的知识表征、知识发掘及综合推理、因果推断、学习决策和智能服务的方法及技术，实现数据空间产品全生命周期数据的高效利用。

（四）数据驱动的工厂运行感知分析决策一体化技术

1. 现状

随着智能制造工厂复杂程度不断提高，传统的工厂感知、分析、决策模型和方法难以适用，需要发展数据驱动的工厂运行感知分析决策一体化技术，形成具有强鲁棒性与及时响应能力的智能制造工厂运行决策机制[27]。

2. 挑战

1）制造数据及其复杂的相互关系随时间、空间不断动态演化，工厂运行状态呈现出跨时空尺度特性，使其感知、分析面临挑战。

2）大数据理论与算法难以对智能工厂的运行机理挖掘提供有力支撑，现有算法模型中的工程意义仍不清楚。

3）智能工厂运行过程中不断地更换原材料、产品工艺、生产资源等状态变量，使分析决策过程呈现出统计复杂性，难以精确描述运行状态参数与智能工厂性能之间的因果关系。

3. 目标

1）研究跨时空尺度的智能工厂运行状态混合感知方法，实现工厂运行全过程、全要素、跨时空状态的混合感知。

2）研究面向业务应用的制造大数据分析方法，重点建立跨时空尺度制造数据关联分析方法，开发面向个性化、服务化和智能化的制造大数据分析算法库。

3）研究大数据驱动的制造全流程智能决策技术，建立数据与机理融合的智能工厂运行优化与决策模型，深层次挖掘生产性能演化规律，设计生产性能在线调控机制，实现运行过程智能决策。

（五）跨部门多车间网络化协同制造技术

1. 现状

针对现有工厂普遍存在的各职能部门相互独立、各生产车间信息沟通困难、生产管理缺乏全局性等问题，需要突破面向跨部门多车间的网络化协同制造技术，以生产信息共享与制造资源集成手段，实现整体经济效益和生产效率最大化。

2. 挑战

1）为提高资源利用率、降低生产成本，对智能工厂中的供应协作和资源共享水平提出了更高要求。

2）围绕智能制造工厂中的工艺设计、生产计划、供应管理、质量追溯、售后运维等各项业务，需要在跨部门业务流程管理、多车间生产任务协作等方面，提升沟通与管理效率。

3）从智能制造工厂的开放性、可扩展性角度考虑，需要建立可兼容、组件化、可升级的网络协同制造平台，探索智能制造工厂的敏捷制造模式。

3. 目标

1）研究智能制造工厂的网络协同制造运行模式[28]，重点突破用户订单驱动的产品生产全过程供应协同技术，形成制造资源共享管理与敏捷配置能力。

2）研究数据驱动的跨部门多车间运行状态在线预测与智能决策方法，在产品工艺、生产流程、物流配送、质量追溯、远程运维等方面，实现生产管理的高效率协同目标。

3）研究跨部门多车间网络协同制造开放式平台，在现有部门与车间信息系统之上，开发面向业务场景的协同管理支撑工具软件，建立面向云计算服务的工业 APP 生态系统。

四、技术路线图

智能制造工厂技术路线图如图 8-6 所示。

需求与环境

智能制造工厂是智能制造的典型代表，是通过将智能制造装备与计算机信息技术在工厂层级全面融合，涵盖企业的研发、生产、质检、售后等环节，实现产品设计、制造、服务等产品全生命周期各个环节综合管控的一种先进制造模式

典型产品或装备

研发制造运维一体化智能工厂
精密生产管控智能工厂
全流程自主可控智能工厂
分布式异地协同智能工厂

面向集群模式的分布式云协同工业互联网技术

- 目标：集群式供应链结构优化（2021—2025年）
- 目标：工业数据安全可信（2025—2030年）
- 目标：分布式云协同工业互联平台研发（2030—2035年）
- 生产要素动态配置与供应链全面集成机制（2021—2025年）
- 跨域业务过程数据可信传递机制（2025—2030年）
- 分布式云协同运作体系与工业互联网应用框架（2021—2025年）
- 面向服务应用的相关软件组件（2025—2035年）

基于5G边缘云计算的制造数据采集技术

- 目标：制造数据高效传输（2021—2025年）
- 目标：制造数据实时采集（2025—2030年）
- 目标：多源异构制造数据融合与集成（2030—2035年）
- 基于5G的制造大数据传输技术（2021—2025年）
- 基于边缘与云计算协同的制造数据采集技术（2025—2030年）
- 面向复杂信息系统的数据融合与集成机制（2030—2035年）
- 以业务场景为中心的时空数据模型（2021—2030年）

基于数据空间的产品全生命周期数据管理技术

- 目标：数据空间设计（2021—2025年）
- 目标：数据空间管理（2025—2030年）
- 目标：制造全流程知识获取与智能服务（2030—2035年）
- 制造数据建模、集成、关联、因果、演化机制（2021—2025年）
- 多模态数据混合存储模型与存储模块选择算法（2025—2030年）
- 基于数据空间的知识表征、知识发掘及综合推理、因果推断、学习决策和智能服务的方法及技术（2030—2035年）
- 可扩展、高可用的数据空间管理系统（2021—2025年）
- 支持复杂语义要素定义的数据空间查询语言（2025—2030年）

数据驱动的工厂运行感知分析决策一体化技术

- 目标：工厂运行状态混合感知（2021—2025年）
- 目标：制造大数据分析（2025—2030年）
- 目标：制造全流程智能决策（2030—2035年）
- 多时空尺度下运行状态混合感知模型（2021—2025年）
- 跨时空尺度制造数据关联分析方法（2025—2030年）
- 数据与机理融合的智能工厂运行优化与决策模型（2021—2030年）
- 生产性能在线调控机制（2030—2035年）

时间段：2021年　2025年　2030年　2035年

图 8-6　智能制造工厂技术路线图

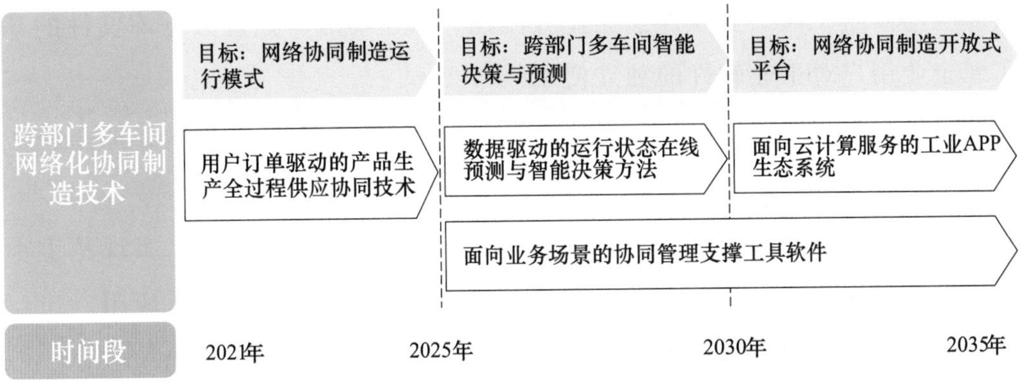

跨部门多车间网络化协同制造技术	2021年—2025年	2025年—2030年	2030年—2035年
	目标：网络协同制造运行模式	目标：跨部门多车间智能决策与预测	目标：网络协同制造开放式平台
	用户订单驱动的产品生产全过程供应协同技术	数据驱动的运行状态在线预测与智能决策方法	面向云计算服务的工业APP生态系统
		面向业务场景的协同管理支撑工具软件	

时间段 2021年 2025年 2030年 2035年

图 8-6 智能制造工厂技术路线图（续）

第六节 智能制造服务

一、概述

与制造服务相比，智能制造服务侧重于采用智能算法和新一代信息技术（物联网、社交网络、云计算、大数据技术等），提高服务的状态环境感知、服务规划、决策和控制水平，提升服务质量，扩展服务内容，促进现代制造服务业的产业业态发展和壮大[29]。

二、未来市场需求及产品

在现阶段智能制造服务发展与实际应用的基础上，分别从服务用户交互维度、服务资源节点维度、服务资源配置与运行流程维度、服务资源网络维度以及服务资源空间五个维度预测智能制造服务在未来可能的市场需求及产品。

（一）工业技术软件化

互联网、物联网、智能计算、社交计算等技术的发展，正促使轻量化、智能化、内嵌制造服务场景及业务流程工业技术的网络化工业软件成为智能制造服务技术发展与应用的新趋势之一。

预计到 2025 年，开发具有 ERP/MES 等大型制造服务软件子功能的网络化工业软件应用商店，在工业软件独立业务流程、独立功能、独立数据库文件的基础上实现企业用户对工业软件的独立使用。

预计到2030年，通过使用深度学习算法、大数据挖掘等技术，加强网络化工业软件对服务业务处理的智能化水平。

预计到2035年，通过云计算、云数据库、云服务器等技术，实现基于不同语言、不同服务器、不同数据库开发的网络化智能工业软件的集成应用。

（二）工业产品智能服务平台

“重大装备+智能服务平台”提高了装备的运行性能、利用率和服役时间，是实现绿色制造和可持续发展的重要途径，在大型装备、高附加值装备、重大成套生产线等领域有较大的市场需求。

预计到2025年，实现面向典型重大装备的远程运维服务平台，据此支持重大装备产品的运行状态远程可视化监测、运行维护、故障诊断。

预计到2030年，完成典型重大装备远程运维服务平台的智能化升级，实现平台自感知、自交互、自适应优化的智能化服务配置。

预计到2035年，开发面向加工成形装备自动线、化工和冶金生产线等重大成套装备的工业产品智能服务平台。

（三）生产性服务智能运控平台

生产性服务智能运控平台用于实现生产性服务过程的跟踪、智能调度和优化控制，将在制造物流，仓储服务，第三方加工、检测、装配服务等领域有较大的市场需求。

预计到2025年，开发基于社交计算、云计算的生产性服务搜索与匹配交易平台，为智能制造服务提供方与需求方之间的交互提供支持；开发MES/ERP系统与数控机床、刀具库存管理系统等接口服务平台。

预计到2030年，实现基于动态知识图谱的生产性服务智能动态调度，以及基于区块链3.0的服务过程记录、追溯、分布式服务交互共识，并应用于典型制造物流服务、加工及装配服务等领域。

预计到2035年，建立面向大型成套设备的生产性智能服务运行管控相关标准，在此基础上开发生产性服务智能运行管控平台，结合人工智能新技术完善相应的服务智能调度、运行管控与决策。

（四）智能制造服务云平台

目前，网络化制造在制造资源服务化建模与封装、资源配置与调度、协同设计、工作流管理等领域取得了一定成果，但当前的网络化制造无论在技术上还是运营模式上还存在着一些瓶颈问题，包括服务模式、制造资源的共享与分配技术以及信息安全等问题，而基于云计算的云服务平台模式为解决上述问题提供了新的思路，因此智能制造服务云平台具有较大的市场应用需求[30]。

预计到2025年，构建智能制造服务云平台的体系架构、组织与运行逻辑、制定智能制造服务云平台的相关标准、协议、规范等。在此基础上开发多主体智能云制造服务全生命周期管理系统，实现复杂产品多主体云制造服务的智能化管理、监控与评估。

预计到2030年，建立面向集团企业内部的智能化私有云制造服务云平台，支持制造资源的智能化感知、动态协同、优化配置，从而实现企业内或集团内制造资源和制造能力的智能化服务整合。

预计到2035年，开发面向跨企业的智能化公有云制造服务云平台，通过跨企业云制造服务智能化整合，实现全社会制造与服务能力的集成与共享，并以典型产品为依托进行应用推广。

（五）社群化智能制造开放网络

在以物联网、大数据、云计算以及社交网络技术为代表的新兴信息技术环境下，产品开发与生产组织模式呈现出海量社会化服务资源互联协作、资源组织与服务配置社区化、核心能力与议价主导权向社区集群转移、协同过程控制全面化等特征，带来了社会化服务资源的社区化自组织、企业商务社交协同、产品开发生产生命周期服务过程管控等问题，因此供企业或个人用户商务社交和生产性服务交互的社群化制造服务平台具有较大的市场需求[31]。

预计到2025年，开发面向社会化服务资源的设计、制造、物流资源管理平台，建立智能化生产外包、众包服务系统，以及智能化制造社区订单管理与调度系统，在社区内部实现订单智能化分配与调度。

预计到2030年，建立生产商务社交中心，提供企业级、社区级两层社交协同空间和应用工具集，以实现企业、社区之间的信息共享与协同交互。

预计到2035年，开发面向海量社会化制造资源的智能化制造服务商务社交开放式社群化服务平台，实现社会化服务资源的组织与利用，多企业间的无缝社交与协同生产以及智能化产品运维服务支持等。

三、关键技术

（一）服务状态与环境感知、控制及其互联技术

1. 现状

制造服务状态与环境的智能感知、控制及其互联技术是智能制造服务的基础。当前，上述技术在离散与流程制造、物流服务等领域已有初步应用，但在嵌入式传感网络设计、传感网络与运动控制系统的智能互联等方面仍存在应用障碍[32]。

2. 挑战

1）感知与传感装置及数据的无线传输受到制造服务环境的约束，感知与传感装置的可靠性还有待提高。

2）受感知与传感装置的智能互联受到通信协议的约束，建立感知与传感装置的互联与智能集成标准仍是巨大挑战。

3）当前制造服务状态与环境的智能感知与传感装置（如高性能RFID、嵌入式传感器、高精度激光位移传感器等）价格高，引入制造服务过程中会增加服务成本。

4）针对部分特殊监测指标仍缺乏高精度、实时监测专用传感器（如混料均质度监测、表面划痕监测等）。

3. 目标

1）建立智能制造服务状态描述标准，为制造服务状态智能感知与控制提供基础支持；提高传感网络的鲁棒性，突破数据智能过滤、状态演变、多传感器融合等计算技术。

2）建立通信协议，在感知与传感装置、运动控制间的智能互联、集成等方面取得突破。

3）建立典型制造服务状态与环境的智能感知、传感及其与控制系统的智能互联模型，并推广应用到数控机床工业产品服务系统、制造物流服务等领域。

（二）工业产品智能服务技术

1. 现状

21 世纪初，联合国环境规划署（UNEP）报告了产品服务系统在可持续发展过程中的重要作用，工业产品服务理念的延伸对提高制造业可持续发展具有重要意义[33]。当前工业产品服务系统已在通用电气、法国液化气、大众汽车等工业巨头集团获得了初步成功应用，但在智能工业产品服务系统技术研发与深化应用方面仍有待进一步研究。

2. 挑战

1）企业同时需要多种工业产品服务系统的支撑，如何实现多工业产品服务系统之间的智能集成与组合，确保工业产品服务流程与用户自有制造流程的集成与融合，是智能化工业产品服务系统应用的首要问题。

2）除智能配置与接入外，工业产品服务系统的智能化还包括智能运控与维护，而当前产品自诊断与远程智能维护智能体水平不高，阻碍了工业产品服务系统的智能化运作。

3）工业产品服务系统模式让第三方参与用户制造过程，因此在知识产权和保密方面存在挑战；工业产品服务系统延伸了制造商的责任，制造企业接受这种转变尚需时间。

3. 目标

1）研究智能工业产品服务系统相关标准，探索工业产品服务系统的智能配置与运作技术并开发相应的系统，实现产品驱动的智能化服务工程应用目标。

2）研究机械产品全生命周期监控的 RFID 技术与传感器，对现有的 MES/ERP 进行智能化升级，开发可供工业产品服务系统智能接入的接口，实现工业产品服务系统在用户车间与工厂的“即插即用”，确保服务流程与制造流程的融合运行。

3）探索重大装备类多工业产品服务系统的智能运行、诊断与维护方法，开发相应的自主智能服务平台，提升工业产品服务系统在用户车间与工厂的智能运行、诊断与维护水平。

（三）生产性服务过程的智能运行与控制技术

1. 现状

生产性服务过程渗透于产品全生命周期的各个环节。当前，我国生产性服务大部分仍处于“代工服务”的低端。延伸服务产业链、发展高端智能化生产性服务、实现生产性服务过程的增效已成为共识。据此需要研究高端生产性服务过程的智能化服务配置与运控技术，优化生产服务链。

2. 挑战

1）当前我国生产性服务在设计制造领域应用的广度和深度与国外有较大差距，大多聚焦于制造阶段“代工服务”，欠缺智能化“知识服务”“技术服务”。

2）生产性服务可涵盖产品全生命周期的各个方面，导致其分类方法以及表达方式复杂，增加了生产性服务智能匹配的难度。

3）生产性服务过程的智能跟踪与优化需要多方协同参与，因此增加了统一管控的难度。同时，生产性服务过程通常由多方协同执行，而知识产权问题制约了多方的深度协同与知识共享。

3. 目标

1）建立生产性服务的智能匹配与交付模型，使生产性服务交易像网上购物一样高效快捷，并为设计制造服务资源的高效聚集提供软件平台支持。

2）研究车间制造过程信息采集与传感技术、加工装备性能在线监测与故障预诊断技术、产品制造能耗测量、评估与优化技术。

3）探索生产性服务的跟踪与在线监控技术，开发相应的智能化服务支撑平台，实现对多服务商协同参与、多种生产性服务并存情况下的跟踪与监控的目标。

4）探索生产性服务活动链的智能调度优化技术，开发相应的软件系统，实现对多种生产性服务并存情况下整个过程链的调度优化。

（四）制造服务资源云配置与智能管控技术

1. 现状

制造服务资源云端综合管控是提高云制造资源利用率、实现制造过程价值增值的关键途径之一，对云制造模式下的智能制造服务实施与开展具有重要作用。由于目前关于云制造的研究主要集中在概念、体系架构等方面，现有的服务管理主要围绕计算资源和 Web 服务展开，对于虚拟化云端制造服务的智能化综合管控技术研究亟需加强。

2. 挑战

1）云制造服务涉及产品全生命周期的各个环节，其种类繁多，而当前云制造服务缺乏统一的接口定义与认证机制等，增加了云制造服务资源智能化综合管控的难度。

2）随着云计算、物联网、智能计算、服务计算等信息技术的快速发展，云制造服务系统和平台本身存在安全隐患，严重阻碍了云制造模式下智能制造服务的推广应用。

3. 目标

1）云服务运营商对制造服务资源进行虚拟化接入、发布、组织与聚合等，开发云端服务智能化综合管理与调度系统，实现云端资源和服务的接入管理。

2）探索高效、动态的制造云服务组织、聚合、存储方法，研究高效、智能化云制造服务搜索与动态匹配技术，实现云制造服务的智能化定向推送、评估、记录以及交易支持。

3）研究制造服务资源池动态构建与部署、资源服务协同调度优化配置方法，开发智能制造服务云端综合管理平台。

（五）海量社会化服务资源的智能配置与运控技术

1. 现状

当前制造服务业呈现服务需求个性化、服务提供专业化、服务资源社会化和服务组织分散化的新发展趋势。为适应顾客需求主导、灵活多变的服务市场，地缘分散的社会化制造服务资源通过互联、商务社交和自组织聚类形成多形态服务交互社群以及服务资源社区，并依托社群与社区整体的制造服务资源能力，参与网络化服务交互活动[34]。

2. 挑战

1）社会化制造服务资源包含各种形式、产品全生命周期的服务资源，具有量大、异构、复杂等特点，增加了对海量社会化制造服务资源进行有效组织与合理选择的难度。

2）对海量社会化制造服务资源在应用过程中的自组织聚类与多形态（指稳态、动稳态、暂态等）问题，仍需要引入更为有效的信息计算技术，如粒度计算、服务计算、社会计算和大数据分析技术等，以解决资源高效整合的问题。

3）社会化制造服务资源由于其自驱动、自组织、动态参与等特性，导致服务资源配置以及服务运行过程管控困难。

3. 目标

1）探索社会化制造服务资源本体建模、资源形式化描述与Web服务封装技术、企业资源自组织分类技术以及资源全局安全共享机制等，开发面向社会化服务资源的制造及物流资源管理平台。

2）研究基于服务搜索的需求与能力匹配、企业多样化博弈与外包服务决策、基于服务计算与云计算的商务社交关系表征、动态产品生产社区的创成等技术，开发社会化服务需求与能力智能匹配系统。

3）研究基于动态知识图谱以及动态因果网络的社会化服务资源智能推荐与选择决策。

四、技术路线图

智能制造服务技术路线图如图8-7所示。

图8-7 智能制造服务技术路线图

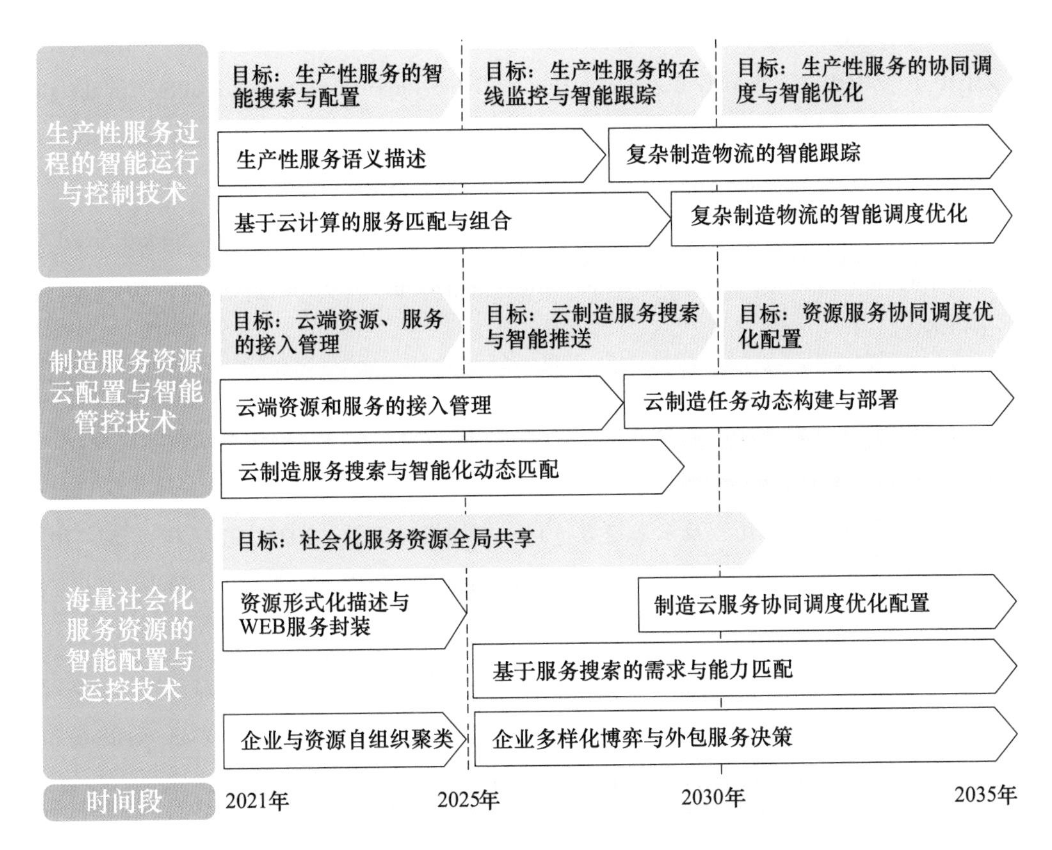

图 8-7 智能制造服务技术路线图（续）

参考文献

[1] ZHOU J, LI P, ZHOU Y, et al. Toward New-Generation Intelligent Manufacturing [J]. Engineering, 2018, 4 (1): 11-20.

[2] GHEMAWAT S, GOBIOFF H, LEUNG S-T. The Google file system [C] //Proceedings of the nineteenth ACM symposium on Operating systems principles. New York: ACM, 2003: 29-43.

[3] SIM K, RAO Z, ZOU Z, et al. Metal oxide semiconductor nanomembrane-based soft unnoticeable multifunctional electronics for wearable human-machine interfaces [J]. Science Advances, 2019, 5 (8): 1-11.

[4] KUSIAK A. Smart manufacturing must embrace big data [J]. Nature, 2017, 544 (7648): 23-25.

[5] LECUN Y, BENGIO Y, HINTON G. Deep learning [J]. Nature, 2015, 521 (7553): 436-444.

[6] 李培根，高亮. 智能制造概论 [M]. 北京：清华大学出版社，2021.

［7］ 周济，李培根．智能制造导论［M］．北京：高等教育出版社，2021.

［8］ ZHOU J，ZHOU Y，WANG B，et al. Human-Cyber-Physical Systems（HCPSs）in the Context of New-Generation Intelligent Manufacturing［J］. Engineering，2019，5：624-636.

［9］ TAO F，QI Q. Make more digital twins［J］. Nature，2019，573（7775）：490-491.

［10］ TAO F，QI Q，WANG L，et al. Digital Twins and Cyber-Physical Systems toward Smart Manufacturing and Industry 4.0：Correlation and Comparison［J］. Engineering，2019，5（4）：653-661.

［11］ 刘强．智能制造理论体系架构研究［J］．中国机械工程，2020，31（01）：24-36.

［12］ 国家制造强国建设战略咨询委员会．《中国制造 2025》重点领域技术创新绿皮书：技术路线图［M］．北京：电子工业出版社，2016.

［13］ 刘强．数控机床发展历程及未来趋势［J］．中国机械工程，2021，32（7）：757-770.

［14］ CHEN J，HU P，ZHOU H，et al. Toward Intelligent Machine Tool［J］. Engineering，2019，5（4）：679-690.

［15］ 卢秉恒．增材制造技术——现状与未来［J］．中国机械工程，2020，31（01）：19-23.

［16］ CHEN S B，LV N. Research evolution on intelligentized technologies for arc welding process［J］. Journal of Manufacturing Processes，2014，16（1）：109-122.

［17］ 孙容磊．中国战略性新兴产业研究与发展：智能制造装备［M］．北京：机械工业出版社，2016.

［18］ 制造强国战略研究项目组．制造强国战略研究（三期）·综合卷［M］．北京：电子工业出版社，2020.

［19］ 路甬祥．走向绿色和智能制造——中国制造发展之路［J］．中国机械工程，2010（04）：379-386+399.

［20］ 顾新建，顾复，代风，等．分布式智能制造［M］．武汉：华中科技大学出版社，2019.

［21］ 顾新建，顾复．产品生命周期设计——中国制造绿色发展的必由之路［M］．北京：机械工业出版社，2017.

［22］ 周济．智能制造——“中国制造 2025”的主攻方向［J］．中国机械工程，2015，26（17）：2273-2284.

［23］ 制造强国战略研究项目组．制造强国战略研究·智能制造专题卷［M］．北京：电子工业出版社，2015.

［24］ 张益，冯毅萍，荣冈．智慧工厂的参考模型与关键技术［J］．计算机集成制造系统，2016，22（01）：1-12.

［25］ 刘智国，张尼，秦媛媛，等．面向工业互联网的云与终端安全可信协作技术［J］．信息通信技术，2017，11（05）：35-40.

[26] TRAN T X, HAJISAMI A, PANDEY P, et al. Collaborative mobile edge computing in 5G networks: New paradigms, scenarios, and challenges [J]. IEEE Communications Magazine, 2017, 55 (4): 54-61.

[27] 吕佑龙，张洁. 基于大数据的智慧工厂技术框架 [J]. 计算机集成制造系统，2016，22 (11): 2691-2697.

[28] 李亚宁，任禾. 工业互联网协同化制造体系应用发展研究 [J]. 信息通信技术与政策，2020 (10): 35-37.

[29] 陶飞，戚庆林. 面向服务的智能制造 [J]. 机械工程学报，2018，054 (016): 11-23.

[30] 李伯虎，张霖，王时龙，等. 云制造——面向服务的网络化制造新模式 [J]. 计算机集成制造系统，2010，16 (01): 1-7+16.

[31] 江平宇，丁凯，冷杰武，等. 服务驱动的社群化制造模式研究 [J]. 计算机集成制造系统，2015，21 (06): 237-249.

[32] JIANG P. Social Manufacturing Paradigm: Concepts, Architecture and Key Enabled Technologies [J]//Social Manufacturing: Fundamentals and Applications, 2019 (3): 24-31.

[33] 孙林岩，李刚，江志斌，等. 21世纪的先进制造模式——服务型制造 [J]. 中国机械工程，2007 (19): 2307-2312.

[34] GUO W, JIANG P. Manufacturing service order allocation in the context of social manufacturing based on Stackelberg game [J]. Proceedings of the Institution of Mechanical Engineers Part B Journal of Engineering Manufacture, 2018, 233 (5): 095440541880819.

编撰组

组　长　高　亮
第一节　高　亮
第二节　高　亮　李新宇
第三节　李　斌　尹　玲　毛新勇
第四节　顾新建　王柏村　顾　复
第五节　张　洁　吕佑龙
第六节　江平宇

第九章
Chapter 9

绿色制造与再制造

第一节 概 论

我国作为制造大国，尚未摆脱高投入、高消耗、高排放的发展方式，资源与能源消耗和污染排放的总量控制与国际先进水平仍存在较大差距，工业排放的二氧化硫、氮氧化物和粉尘分别占排放总量的90%、70%和85%。我国已承诺二氧化碳排放力争于2030年前达到峰值，努力争取2060年前实现碳中和，推进以低消耗、低排放为目标的绿色制造刻不容缓。全面推行绿色制造，对缓解当前资源环境瓶颈约束、加快培育新的经济增长点具有重要现实作用。

绿色制造（Green Manufacturing）的内涵和技术体系自提出以来不断延拓，已发展成为一种综合考虑环境影响和资源与能源效率的制造模式，其目标是通过绿色设计及制造工艺的改进，使产品从设计、制造、包装、运输、使用、废弃处理的全生命周期中减少资源环境负荷，同时使经济效益和社会效益得到协调优化[1]。再制造（Remanufacturing）是指对废旧产品进行专业化修复或升级改造，使其质量特性（包括产品功能、技术性能、绿色性、经济性等）不低于原型新品水平的制造过程[2]。再制造面向产品生命周期的后半生，以废旧产品资源利用率最大化、再制造产品性能最优化、生产资源消耗和环境污染最小化为目标，打通“资源-产品-报废-再制造产品”的循环产业链条，构筑了节能、环保、可持续的工业绿色发展模式[3]。相较于传统的新品制造模式，绿色制造与再制造在成本、节能、节材、减排等方面优势明显，高度契合国家绿色发展战略和制造强国战略，是制造业转型升级的重要方向，也是我国实现“双碳”目标的最佳技术手段之一。绿色制造与再制造的技术体系与关键技术如图9-1所示。

随着碳达峰、碳中和“双碳”目标的提出，我国社会经济发展对制造业资源与能源使用效率提升的要求不断提高，当前绿色制造与再制造相关技术仍存在以下问题。

1）在绿色制造评价与服务方面，未来绿色制造评价、标准建设服务、认证认可服务和产业链绿色服务将成为制造业服务化的重要内容，但是当前绿色制造评价与认定的体系和标准尚不健全，相关方法、技术与支持工具仍有待完善。

2）在绿色制造工艺与系统方面，随着我国绿色制造工艺技术研究与应用的

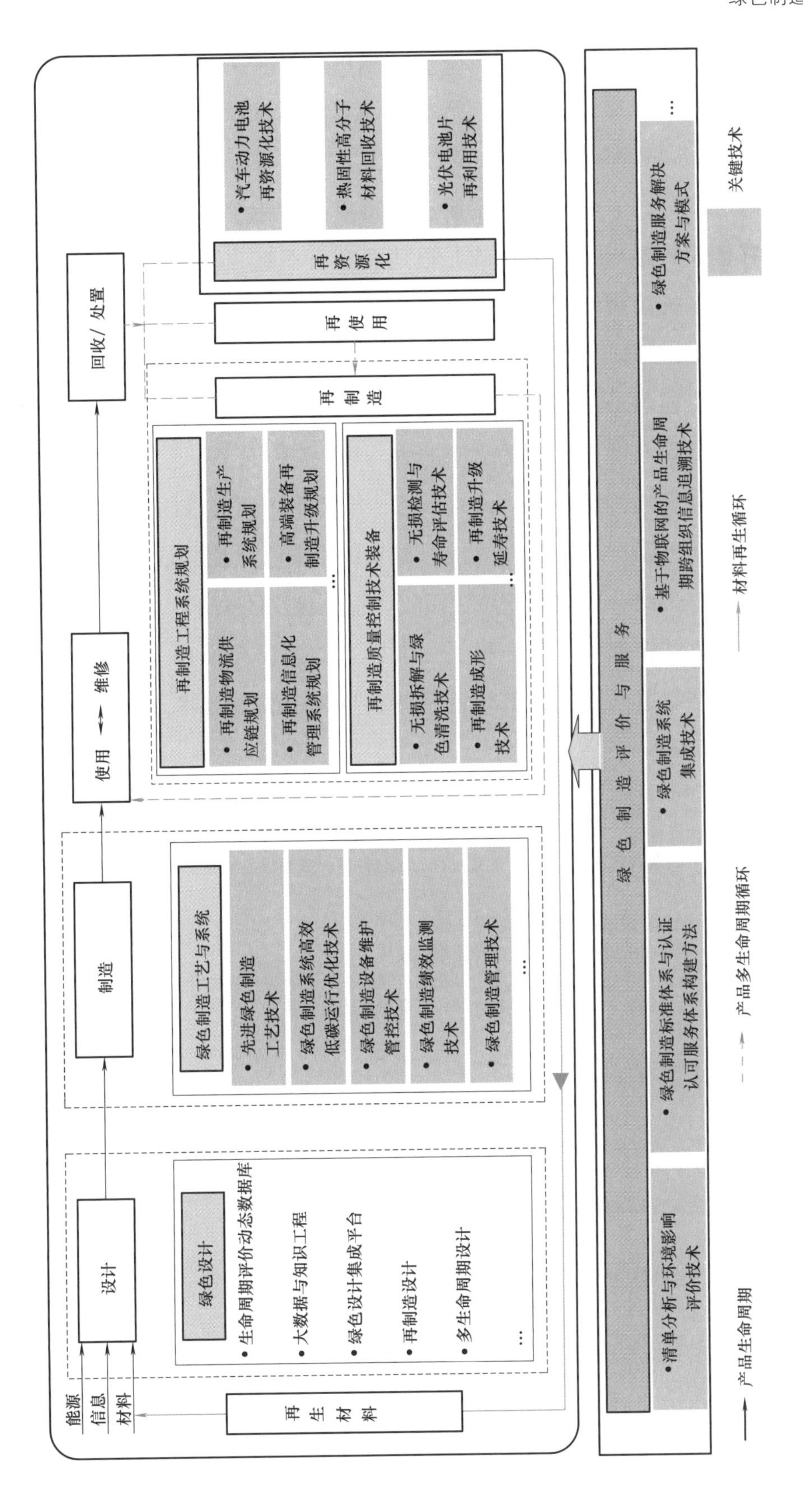

图 9-1 绿色制造与再制造的技术体系与关键技术

不断深入，系统、管理手段并未同步发展，绿色设计、工艺、服务等难以得到全面落实，制造效率难以提高，绿色制造的内涵与目标难以全面实现。

3）在再制造工程系统规划、质量控制技术与装备方面，高端机床、航空航天产品大多具有多品种、小批量的定制产品特点，对传统的以大批量产品作为生产基础的再制造模式提出了巨大挑战，迫使要在再制造工程系统规划领域提供更多的技术方法，来提高再制造效益并适应未来个性化再制造生产需求。

4）在再资源化技术与装备方面，废旧动力电池、光伏发电板、热固性塑料制品三类产品呈快速增长的趋势，但是其回收难度高，环境影响大，难以满足制造系统快速降低资源与能源消耗的需求。

如何充分利用现代传感技术、网络技术、自动化技术与智能制造技术，提升产品设计与制造、再制造与回收（处置）过程的绿色性能，成为绿色制造发展的技术瓶颈问题。为此，面向未来15年的绿色制造发展需求，需通过技术创新、制度创新促进产业结构调整，加速相关标准体系的建设与推行，大范围普及智能化的绿色制造和再制造系统，突破绿色制造和再制造关键技术。绿色制造与再制造技术路线如图9-2所示。

需求与环境	我国作为制造大国，尚未摆脱高投入、高消耗、高排放的发展方式。随着碳达峰、碳中和“双碳目标”的提出，我国社会经济发展对制造业资源与能源使用效率提升的要求不断提高，如何充分利用现代传感技术、网络技术、自动化技术等智能制造技术，提升制造、再制造与回收/处置过程的绿色性能，成为绿色制造发展的技术瓶颈。		
典型产品或装备	• 绿色制造服务与供应链服务平台 • 绿色制造管理工具与智能预测维护系统 • 高度柔性化、智能化且质量可控的再制造生产系统与升级决策平台 • 电动汽车、光伏电池等关键部件再资源化技术与装备		
绿色制造评价与服务	绿色制造与服务平台	较完善的绿色制造与服务平台	成熟的绿色制造与服务平台
	绿色制造重点行业数据库	行业特征数据的绿色数据库	较为完备的绿色制造数据库
	绿色制造标准体系	绿色制造解决方案与定制服务	更完善的绿色制造解决方案与定制服务
	精细化环境影响评价	绿色制造认证、认可服务	完善的绿色制造认证、认可服务
	绿色制造与服务解决方案	绿色制造系列标准	健全的绿色制造标准体系与标准
时间段	2021年	2025年	2030年 2035年

图9-2　绿色制造与再制造技术路线图

类别	2021年—2025年	2025年—2030年	2030年—2035年
绿色制造系统管理	高效低碳模型、能量流模型；高效低碳评价体系	高效低碳运行优化	绿色物流网络；绿色供应链优化
	设备性能衰退预测模型	近零故障仿真和推理技术	多平台远程智能维护可视化技术
	能源和资源信息采集、协同模型	可视化能源流仿直；能源与资源效率协同优化	绿色能源与资源管控系统
	绿色管理集成	绿色管理工具集成	
再制造工程系统规划	再制造物流优化技术；信息化再制造物流供应链体系	稳健型再制造逆向物流供应链体系	
	柔性再制造生产集约化系统设计规划	复杂条件下智能再制造系统规划方法体系	
	再制造业务管理信息系统	基于互联网的再制造管理信息系统	再制造物联网信息管理系统
	再制造升级方案设计与评价支撑平台	高端装备再制造升级策略体系	再制造升级生产质量规划与评估平台
再制造质量控制技术与装备	机械产品无损拆解与绿色清洗技术	机电一体化装备智能化深度拆解技术装备与高效绿色清洗材料技术	
	多物理参量融合的产品损伤智能检测与寿命评估技术及设备	再制造产品结构健康与服役安全智能监测技术	
	复合能场柔性再制造成形技术与装备	智能化再制造成形加工技术与装备	高端装备(现场)再制造技术与装备
	机械产品零部件低碳再制造	机电复合装备零部件高效再制造	高端、智能、在役装备绿色再制造
再资源化技术与装备	动力电池回收政策、标准和回收体系	动力电池高效再资源化技术装备	较完备的动力电池再资源化技术体系
	光伏电池板实验室级的回收与再利用	光伏电池板回收技术产业化转化	光伏电池板的产业化回收
	碳纤维增强热固性复合材料超临界法成套回收技术及装备	对橡胶、酚醛塑料、聚氨酯规模化回收	橡胶和碳纤维增强热固性复合材料回收产能与新增消费量相当
时间段	2021年	2025年	2030年 2035年

图 9-2　绿色制造与再制造技术路线图（续）

1）在绿色制造评价与服务方面，随着绿色制造评价与服务的开展，相关评价与服务平台的建设将更加完善并走向商业化。预计到 2025 年，将初步完成重点行业绿色制造、服务平台和绿色制造标准体系的构建，将培养一批专业公司提供绿色制造解决方案、绿色制造数据库建设、生命周期环境影响精细化评价等服务；预计到 2030 年，将建成较为成熟的绿色设计集成服务平台，提供环境数据服务、生命周期评价、认证认可、方案定制等绿色制造一揽子服务；预计到 2035 年，将建设完成成熟的绿色制造评价与服务平台，可以提供完善的评价与服务。

2）在绿色制造系统管理方面，预计到2025年，建立设备、工艺、车间碳排放模型及其能流模型，形成基于适应性、多维度、多层次车间制造系统高效低碳评价体系，完成制造系统高效低碳运行优化、绿色物流网络、可视化能源流仿真技术；预计到2030年，构建制造装备和生产过程的能源和资源协同信息模型，建立设备未来性能衰退状态全程预测模型，开发多场景下制造系统“近零故障”运行的仿真和推理技术，研发绿色管理工具集成和绿色供应链优化技术；预计到2035年，研发基于多智能体协商的能源与资源效率协同优化，多平台的远程智能维护可视化技术，完成绿色能源与资源集成管控系统，绿色管理工具集成和绿色供应链优化技术。

3）在再制造工程系统规划方面，预计到2025年，构建科学完善的再制造物流优化技术体系，形成柔性再制造生产系统的规划方法，健全产品再制造业务管理信息系统，构建开展再制造升级方案设计与评价的标准化程序与支撑平台；预计到2030年，研究构建信息化再制造物流供应链体系，提供集约化再制造生产系统规划方法，建立基于互联网的再制造全过程业务管理信息系统，形成科学的高端装备再制造升级策略体系；预计到2035年，形成稳健型的再制造产品逆向物流供应链体系，构建智能再制造系统规划方法体系，构建具有自适应能力的再制造物联网信息管理系统，开发面向再制造升级目标的生产质量规划与评估平台。

4）在再制造质量控制技术与装备方面，预计到2025年，构建完善的无损拆解与绿色清洗、损伤检测与剩余寿命评估、复杂零件增材修复与柔性再制造成形、服役安全评价等再制造全流程技术体系，实现典型机械产品及零部件的高效低碳再制造；预计到2030年，开发智能化再制造深度拆解及复合增材修复技术与装备，研发再制造成形集约化系列新材料，开发绿色高效再制造清洗技术，实现机电一体化装备的多生命周期循环再制造；预计到2035年，构建再制造产品服役寿命数据挖掘理论与评估方法，研制超大功率（十万瓦级、百万瓦级）能束能场智能化加工系统，研发再制造产品结构健康与服役安全智能监测技术设备，实现典型高端、智能、在役装备的整机绿色再制造。

5）在再资源化技术与装备方面，针对废旧动力电池、光伏发电板、热固性塑料制品三类回收市场前景好、回收难度较大的产品，预计到2025年，初步建成其再资源化标准体系和实验室级的再资源化技术；预计到2030年，基本完成其再资源化的产业转化和工程示范；预计到2035年，将实现三类产品的产业化回收，建成较完善的回收产业链。

第二节　绿色制造评价与服务

一、概述

绿色制造与服务融合发展是未来制造业发展的新型产业形态，可分为绿色制造评价与服务两个方面。绿色制造评价是指对企业相关制造活动与技术的运行效率、环境排放的评价活动。绿色制造服务包括向企业和个人提供与绿色制造相关的政策法律法规、理念理论、知识和技术的活动。未来，绿色制造评价、标准建设服务、认证认可服务和产业链绿色服务将成为制造业服务化的重要内容。

绿色制造评价是指从产品层面、企业层面和产业链层面提供技术先进性、环境友好性和经济可行性评价。标准建设服务是指制订与修订覆盖制造业各个领域和产品生命周期各阶段与绿色制造相关的技术和管理类标准，逐步形成和完善绿色制造标准体系。认证认可服务分为认证服务和认可服务，其中，认证是指由认证机构证明产品、服务、管理体系符合绿色制造相关的技术规范、强制性要求或标准的合格评定活动；认可是指由认可机构对认证机构、检查机构、实验室以及从事与绿色制造相关的评审、审核等认证活动的人员的能力和执业资格予以承认的合格评定活动。产业链绿色服务则是为产业链中各利益相关方在生产要素投入和产出的绿色化建设中提供的信息、知识、技术、金融类服务活动。

随着绿色制造评价与服务的开展，相关评价与服务平台的建设将更加完善并走向商业化。预计到2025年，将初步完成重点行业绿色制造与服务平台和绿色制造标准体系的构建，培养一批专业公司提供绿色制造解决方案制订、绿色制造数据库建设、生命周期环境影响精细化评价等服务；预计到2030年，将建成较为成熟的绿色制造系统集成服务平台，提供环境数据服务、生命周期评价、认证认可、方案定制等绿色制造一揽子服务；预计到2035年，将建设完成成熟的绿色制造与服务平台，可以提供完善的评估与服务。

二、未来需求及产品

（一）绿色制造标准体系及认证认可服务平台建设

绿色制造标准体系及认证认可服务平台建设一方面致力于绿色制造与服务标准体系的建设与完善，另一方面致力于推动绿色产品、绿色工厂与绿色供应链的认证认可。绿色制造标准体系及认证认可服务平台建设有助于规范产品生命周期全过程的企业行为，引导绿色消费，具有广阔的应用前景。

绿色制造标准体系的建设在我国已有相当的基础，不仅形成了从团体标准、行业标准和国家标准多层次的标准体系，还成立了全国绿色制造技术标准化技术委员会等与环境、绿色相关的标委会。与此同时，绿色产品、绿色工厂、绿色供应链方面的认证认可服务工作范围也在逐步扩大，全国认证认可信息公共服务平台也在逐步完善。

预计到 2025 年，构建制造业绿色制造标准体系框架，制订和完善重点行业的绿色制造技术、管理标准，确定重点行业认证认可服务的内容和形式，建设认证认可服务平台，在应对气候变暖的“碳达峰”“碳中和”行动中，以及重点行业实现从绿色产品到绿色工厂、绿色供应链的认证认可服务中得到应用。

预计到 2030 年，持续改进和完善绿色制造标准体系及认证认可服务平台，拓宽标准体系建设的行业范围，扩展认证认可服务平台的业务范围，支撑制造业“碳达峰”“碳中和”行动，实现制造业更大范围、更大程度的绿色发展。

预计到 2035 年，完成绿色制造评价与服务体系的建设，提供完善的标准体系及认证认可服务平台，全面支撑制造业“碳达峰”“碳中和”行动，实现制造业高质量的绿色发展。

（二）生命周期评价服务平台

生命周期评价（Life Cycle Assessment，LCA）是一种对产品、过程及活动的环境影响进行评价的客观过程，它是通过对能量和物质利用以及由此造成的环境排放进行辨识和量化来进行的。其目的在于评价能量和物质利用，以及废物排放对环境的影响，寻求改善环境影响的机会以及探索如何利用这种机会，为产业、政府或非政府组织的决策者提供环境信息，选择有关的环境绩效参数，以辅助战略规划，开展绿色设计，支持绿色营销。作为目前绿色设计、绿色产品、碳足迹等评价公认的标准方法，生命周期评价涉及产品从产生到废弃的整个生命周期，时间和空间跨度大，海量的数据需要生命周期评价服务平台为支撑。

生命周期评价服务平台应基于生命周期评价系列国际标准，开发生命周期评价软件，建立制造行业数据库。需要研发可实现生命周期动态评价的方法，并实现静态评价 LCA 与动态评价的集成。

预计到 2025 年，生命周期服务平台能够为某些重点行业提供产品生命周期重要阶段的、具有可靠数据质量的环境数据库和行业生命周期评价服务软件。能够与重点行业的技术系统和经济系统集成，完成技术、经济和环境的综合评价。

预计到 2030 年，提供较完善的生命周期服务平台，包括具有行业特征的数据库，能够提供清单分析、生命周期评价服务。扩大评价服务范围至汽车、机械、电器、电子等更多行业，开发可实现生命周期动态评价的软件工具。

预计到 2035 年，提供静态和动态集成的生命周期服务平台，可以更准确地评估产品及生命周期系统的绿色性能，应用范围扩大至整个制造业。

（三）绿色制造集成服务平台

从时间维度讲，绿色制造涵盖了产品生命周期全过程；从空间维度讲，涉及与产品系统相对应的材料制造、产品设计、生产经营、用户使用、社会化回收等各种活动；从人员和组织维度讲，又和设计者、生产商、销售商、维修商、回收商等不同角色、不同组织关联。绿色制造必须在综合考虑信息、物料、能量、组织、环境、成本、社会等跨组织跨时空问题的基础上，进行优化和决策。毫无疑问，绿色制造是一个并行的、多学科交叉的复杂系统工程。因此，必须从系统的角度来研究绿色制造，从集成的角度来实施绿色制造，才能为绿色制造的推广应用提供有效的服务支撑。

目前，在国内国际政策、标准法规、用户需求，以及资源环境约束等多重驱动力下，企业迫切需要绿色评价、绿色设计使能方法和工具、绿色制造过程和供应链管理等绿色制造集成服务。在绿色制造集成服务平台中，绿色设计、绿色工艺是其中的核心技术和核心服务内容。当前，绿色设计与工艺在面向产品特定绿色性能或生命周期特定阶段已逐步形成了一些方法和工具，如绿色材料开发和材料选择、节能设计与工艺、减量化设计与工艺、有毒有害物质替代工艺、产品绿色性评价。但这些方法和工具优化目标缺乏融合，易造成设计参数、工艺参数之间的冲突。同时，在业务流程上，绿色制造也缺乏与现有 CAD、PDM、CAE、

CAPP、CAM、ERP 等应用系统有效集成。

预计到 2025 年，结合行业特点完善绿色制造的单元技术和工具，形成重点行业的绿色设计方法集、绿色工艺集和工具集，绿色制造部分融入产品开发、生产流程，并面向典型企业开展绿色制造集成服务。

预计到 2030 年，绿色制造集成服务平台得以持续改进和完善，绿色制造将有机地融入产品生命周期业务流程中。绿色制造集成服务在数据、方法、工具和流程管理上获得有力支撑，并开始在典型行业、企业中获得示范应用。

预计到 2035 年，基本形成面向典型行业的绿色制造集成服务平台，能够向行业、企业提供评估、设计、生产、流程管理、供应链管理乃至产业链管理等集成服务。

（四）绿色供应链服务平台

绿色供应链是将环境问题纳入供应链（包括逆向物流）管理的组织间实践。为了实现可持续发展，组织管理发挥着至关重要的作用。供应链是运营管理的一个重要分支，通过将环境关注纳入其供应链运营中，可以有效减少对环境的影响。

绿色供应链管理是一种集成的管理思想和方法，它执行供应链中从供应商到最终用户的物流计划和控制等职能，以从业务效率、商品数量和品质、环境及成本等维度实现对链上企业业务流程的协同优化。

要从全生命周期角度保障绿色供应链的实现，不仅要重视供应链自身的绿色发展，还要重视关联产业的资源、能源消耗和环境影响。与关联产业的融合与协同，加大绿色供应链建设的难度，因此，构建绿色供应链服务平台是迫切而重要的。

预计到 2025 年，深化绿色供应链的概念和理论、驱动力和障碍、供应链建模、绩效评估等核心研究工作，着手建立绿色供应链相关数据库，研发供应链绿色度评价工具，启动绿色供应链服务平台设计与建造。

预计到 2030 年，形成绿色供应链研究成果的知识体系，完善绿色供应链相关数据库建设，完成绿色供应链评价与生命周期评价工具的集成，初步建成绿色供应链服务平台，完善具有行业特征的绿色供应链评价体系。

预计到 2035 年，建成功能完善的绿色供应链服务平台并进行普遍推广，服务于供应链的绿色转型和重构，服务于国家可持续发展战略。

三、关键技术

（一）绿色制造标准体系与认证认可服务体系构建方法

1. 现状

标准化是规范绿色制造的技术和管理支撑，贯穿绿色制造研究和应用的全过程。为此，国家标准化管理委员会于2008年批复组建全国绿色制造技术标准化技术委员会，开展绿色制造体系研究，并完成包括绿色制造术语、绿色设计、绿色供应链等在内的二十余项国家标准。在国标、行标、团标多层次的标准体系形成过程中，随着国家对绿色制造的重视，我国不仅开展了针对能效、ISO14000、ISO18000、环境标识等的产品和组织认证，还在多个行业开展了绿色产品、绿色工厂、绿色园区和绿色供应链的认证认可服务。但是我国制造业体量大，制造企业众多，产品种类繁多，虽然投入了大量人力和物力，仍存在绿色制造标准体系、认证认可体系不完善，认证认可服务有待进一步拓展的问题。

2. 挑战

绿色制造是一个复杂的体系，覆盖的范围极广，内容交叉多，故绿色制造标准体系构建方法本身就是挑战。例如标准体系可以按行业，如汽车、机床、家用电器、电工电子产品来构建，也可以按照铸造、焊接、锻造、机械加工、热处理及表面处理、拆解、回收处理等工艺过程来构建。在标准体系建设过程中，甄别不同行业的共性技术与专门技术，是标准体系建设需要解决的重要问题，同时，根据绿色技术特点，从国家标准、地方标准、行业标准和团体标准多层次构建绿色标准体系，以保证标准体系的可扩展性和完善性，也存在体系架构上的挑战。

在认证认可服务方面，由于绿色制造技术多解决的是产品生命周期的新问题，因此面临标准体系、评估体系、监测体系和计量体系等不健全的问题，这也就给认证认可服务体系的建设提出了挑战。资质和技术能力要求高和相关标准缺乏的问题使得认证服务存在较大难度，难以满足行业日益增长的需求。

3. 目标

以生命周期为主线，以各种产品、过程、服务或管理为中心，建设针对产品、工厂、园区和供应链的多层级绿色制造标准的内容体系，形成从国家标准、地方标准、行业标准和团体标准多层次构建绿色制造标准的组织体系，提高绿色制造标准体系的完整性和系统性。

在完善绿色制造标准体系的同时，建立面向产品、工厂、园区、供应链多层级的计量体系、监测体系和绿色评估体系，形成绿色制造认证认可的运行机制，建立健全认证认可服务体系。

（二）清单分析与环境影响评价技术

1. 现状

清单分析和环境影响是生命周期评价的核心，是实现产品生命周期的废物排放和资源消耗监测、统计和测算，并进行环境影响量化评价的关键环节。目前虽然国际标准对清单分析和环境影响评价给出了规范性的方法和流程，但在全生命周期数据的采集、处理，以及环境影响分类，不同污染排放的潜在环境影响评价方法等方面尚未成熟。

2. 挑战

生命周期评价涉及产品及生命周期。生命周期中大量环境数据难于甄别。跨时空、跨组织的多源数据特征决定了其在数据的可获得性、数据质量、数据不确定性、数据分配与合并等方面存在技术挑战。

产品生命周期中污染物排放种类繁多，各污染物在环境中的迁移、转化及其对环境的影响规律尚不明确，因此在不同时空跨度下污染物与环境影响之间的映射关系及其敏感性在方法上尚不完备，存在较大的理论和技术挑战。

环境影响评价所涉及的清单数据时空跨越大、环境影响权重难以确定，这也导致在应用清单数据进行生命周期评价时结果分歧大，目前仍然没有找到一种合理的解决方法。

3. 目标

建立和完善计量体系，提出可靠的清单数据分配与合并方法，从数据采集和处理角度确保数据质量。分行业建立可靠的清单数据质量数据库和开发相应的生命周期软件，并定期对所获得的数据进行不确定性分析、有效性分析以确保数据的可靠性。

研究污染物在环境中的迁移、转化及其对环境的影响规律，探索污染物与环境影响之间的映射关系及其敏感性。建立面向行业和区域的环境影响评价指标与方法。

开发具有通用性、高透明性及高可靠性的产品评价数据库系统，实现产品清单数据的收集、整理、实时更新与维护管理。确立适合制造业的通用生命周期评价方法与规则，支撑生命周期评价工具的开发、应用和推广。

（三）绿色制造系统集成技术

1. 现状

绿色制造系统集成服务的核心是绿色技术的系统集成，这也是当前企业开展绿色制造的迫切需求。目前，绿色制造的单元技术、方法和使能工具已经初步具备应用条件，但因缺乏多目标、多属性的集成优化和决策方法，故在集成应用时，信息难以很好融合，技术之间甚至产生冲突。同时，制约绿色技术在企业应用的另一关键是各种绿色技术不能充分融入企业的业务流程中，绿色制造的数据、方法、工具往往独立存在，未能实现有效融合、集成。

2. 挑战

制造业产品种类繁多，因产品功能、性能不同，产品生命周期各环节关注点也有所差异。单一的绿色技术、方法和工具，难以解决企业的实际需求，因此迫切需要将单一的绿色制造技术集成，需要基于多学科优化去解决决策中的冲突消解问题，形成综合的、集成的解决方案。绿色制造系统集成技术是目前制约行业绿色发展的重要挑战。

构建绿色制造系统集成服务平台，突破异构数据交换、多元方法融合，离散流程集成等技术，将绿色技术、方法和工具融入企业业务流程中，并实现与常规主流CAD、PLM、CAE、CAPP、CAM、ERP等应用系统的有效集成，是绿色制造在企业得以推广应用的技术挑战。

3. 目标

完善绿色制造数据、方法、工具、流程等领域支撑技术，融合物联网、云服务、机器学习等智能化、网络化技术，逐步构建、完善绿色制造集成服务平台，结合企业、行业、产业的不同需求，提供专业化、柔性化、定制化服务，实现绿色智能制造目标。

预计到2025年，研发突破多学科优化、多属性多参数冲突消解等技术，实现单元绿色技术、方法和使能工具的集成，面向典型产品和企业提供绿色数据库、知识库和工具集。

预计到2030年，进一步构建绿色设计集成服务平台，突破绿色技术与企业业务流程的融合技术，实现平台与企业主流CAD、PLM、CAE、CAPP、CAM和ERP等应用系统的有效集成。所建平台能够为典型行业开展绿色制造提供系统服务。

预计到2035年，面向不同行业乃至产业链提供绿色制造集成服务解决方案，支撑相关产业的低碳、绿色发展。

（四）基于物联网的产品生命周期跨组织信息追溯技术

1. 现状

绿色制造所需的资源环境数据跨越产品的整个生命周期，涉及供应链上各层级的供应商、生产商、用户、回收商、处理商。跨时空、跨组织的多源数据特征，决定了企业在评估决策中能够有效地实现信息的收集、协同和追溯。信息追溯技术目前在农产品、医药类产品中有较多的应用，但对于复杂机电产品，信息追溯主要集中在生产和物流环节，且追溯的主要目的在于质量和交货期，而关于资源和环境方面的信息追溯在应用上相对较少。

2. 挑战

对于复杂机电产品从设计、生产到退役后的回收处理，其生命周期可能长达数年，甚至数十年，且资源、环境数据分散在不同地域的企业内部。因此从数据采集、聚集到处理、融合和追溯需要跨越时空和跨越组织，这是信息追溯技术在物联网技术方面的挑战。

资源环境数据涉及材料、生产、物流、品质管控、运维、回收处理等业务活动，统一的数据规范是众多企业信息融合、追溯的挑战。

资源和环境信息追溯的有效性需要从计量体系、监测体系、评估体系等多方面来保障，这与企业经济性、安全性之间存在矛盾，研发经济、安全的信息追溯技术是其广泛应用的技术挑战。

3. 目标

面向供应链上企业构建资源和环境数据标准与规范，建立基于物联网的资源、环境指标计量体系、监测体系和评估体系，在数据层面实现信息追溯、融合，以支撑优化与决策。

基于区块链等软硬件技术，构建面向资源环境信息的安全技术，形成跨组织的、安全可控的信息集成与追溯技术。

（五）绿色制造服务解决方案与模式

1. 现状

发达国家工业化进程完成之后，制造业在国民经济中的占比逐年下降，经济活动的服务化趋势是推动生产性服务向制造价值链的上游（研发与设计服务）、中游（仓储物流与供应链管理服务）、下游（销售与售后服务等环节）渗透，全链条方向发展。服务型制造成为了制造业发展的趋势。在中国，服务型制造在国家一系列政策文件如《中国制造 2025》、《发展服务型制造专项行动指南》、《关于深化制造业与互联网融合发展的指导意见》、《关于深化“互联网 + 先进制造业”发展工业互联网的指导意见》等的支持下取得了较大的发展。但其方向集中在引导企业向“专业化、协同化、智能化”发展。作为可持续发展背景下制造企业升级转型的生产模式，绿色制造也必然会与服务融合，这是制造业发展的趋势所在。

2. 挑战

无论是制造业服务化还是服务型制造，其主体是经济活动，针对的是价值链的增值，这与绿色制造关注资源、环境的可持续发展存在一定程度的冲突，因此将绿色化与制造活动、服务活动有机融合，是实现绿色制造服务化的挑战。

绿色制造服务化不仅需要制造企业提供绿色产品服务，还需要将绿色服务的产品化，因此综合整个供应链中与资源、环境相关的产品、技术、数据、知识形成行业解决方案，构建绿色制造服务平台，是支撑绿色制造服务化的迫切需求。

3. 目标

基于制造业价值链构成，研究绿色化与制造、服务等业务活动有机融合的机制和方法，形成面向供应链的绿色制造服务模式。

形成面向供应链的绿色制造服务解决方案，建立基于云平台的绿色供应链服务平台，实现绿色产品和绿色技术的服务化以及绿色服务的产品化，并实现定制服务。

四、技术路线图

绿色制造评价与服务技术路线图如图 9-3 所示。

需求与环境	针对产品全生命周期各阶段和绿色供应链整体进行有效的绿色评价，建立完善的覆盖制造业各领域和产品生命周期各阶段的技术标准体系以及提供权威的认证服务，是当前重要的课题。同时，将绿色化与制造、服务活动的有机融合，面向供应链研究绿色制制造服务解决方案和模式已成为制造业发展的迫切需求
典型产品或装备	绿色制造标准体系及认证认可服务平台建设 生命周期评价服务平台 绿色制造集成服务平台 绿色供应链服务平台

图 9-3　绿色制造评价与服务技术路线图

图 9-3 绿色制造评价与服务技术路线图（续）

第三节　绿色制造系统管理

一、概述

绿色制造系统管理是确定绿色制造方针、目标和职责，并通过绿色制造体系中的绿色制造规划、制造过程控制、制造过程保证和制造过程评价与监测等活动，使得企业经济效益、社会效益和环境效益协调优化。绿色制造是一种理念、思想，需要管理和技术两种手段给予保障和支撑。随着我国绿色制造技术的研究与应用的不断深入，系统、管理手段并未同步发展；绿色系统管理对降低制造过程环境负面影响、提高资源利用率、保障技术手段发挥作用具有重要作用。没有系统、科学的管理手段，绿色设计、工艺、服务、再制造等技术难以得到全面落实，制造效率难以提高，绿色制造的内涵与目标难以全面实现。在新一代信息技术的驱动下，世界各国政府、国际组织、企业、专家学者从不同角度、不同领域提出了清洁生产、循环经济、精益生产、5S 管理、再制造、全生命周期管理和综合利用等绿色制造管理模式，以实现企业绿色制造、生态工业和可持续发展。

未来绿色制造系统管理需要以产品全生命周期为主线，对企业清洁生产、循环经济、质量管理、环境管理、精益生产、能源管控系统、制造执行系统、再制造等多种绿色制造管理工具、系统与方法的整合集成和融合，建立符合我国国情的标准化绿色制造管理体系，实现生态工厂、绿色工业和可持续制造。

二、未来市场需求及产品

1）车间制造系统多层次、分布式碳排放模型及其能流模型构建，研发高能耗企业工艺路线、工艺参数能效提升优化技术，研究多场景生产模式下的高效低碳车间调度优化技术，开发能源管控系统、制造执行系统、绿色物流系统集成融合技术，实现绿色制造系统高效低碳运行优化。

2）先进维护技术能延长装备的生命周期、确保持续的加工质量、预防事故和故障、降低资源和能耗消耗，使得智能预测性维护技术成为制造企业绿色制造的一项重要技术手段。开发设备全生命周期管理平台，设备性能衰退预测与维护，支持多平台的远程智能维护可视化平台，支持全局自动协同优化的维护决策支持工具。

3）研发面向绿色制造设备、工艺、车间的在线监测技术，以及面向设计、工艺、包装、回收处理、再制造的产品生命周期过程高效智能监测方法与技术，实现整条供应链产品全生命周期监测信息的集成。同时，随着产品数据的急剧增长，开发大数据环境下的智能绿色制造绩效监测系统。

4）建立车间设备层能耗知识库和数据库，包括有级调速设备空载功率和载荷系数数据库、无级调速设备空载功率和载荷系数函数库。面向不同目标的多源异构数据的采集、集成与融合，基于高端嵌入式系统车间运行状态数据采集和信息交互终端，开发面向能效（或碳排放）车间制造执行系统。

5）针对现高耗能制造行业能源管理系统与MES、ERP等资源管理系统形成各自独立的“信息孤岛”现象，研发绿色能源与资源信息管控系统，支持不同方式的轻量化部署。

三、关键技术

（一）绿色制造系统高效低碳运行优化技术

1. 现状

现代制造业面临全球市场竞争和资源环境压力，对同时提高制造车间运行效率和降低能耗（或碳排放）提出迫切需求。在制造车间运行优化方法，国内外学者做了大量富有成效的工作，不仅促进了优化调度算法的发展，而且取得了一些研究成果。但是，在离散型制造行业，调度优化算法的研究成果没有能够得到很好的实际应用。离散型制造业生产模式的多样性、所处环境的复杂性、计划的不确定性、任务变更、制造资源不配套、加工/等待/运输时间的模糊性等因素，导致现在的调度算法面对这些不确定性的原因时，无法得出合理、具有可操作性的结果，使得调度理论还不能完全适应这种复杂的制造环境。此外，离散车间制造系统运行优化方面，主要研究时间、质量和成本指标，对于同时考虑车间、企业和供应链，提高运行效率和降低能耗（或碳排放）多维优化的研究则较少。

2. 挑战

1）为实现可持续发展，各行业均提出了严格的节能、环保和成本控制目标，在满足低碳约束的情况下，如何实现从设备级的集散控制到工艺级的生产调度管

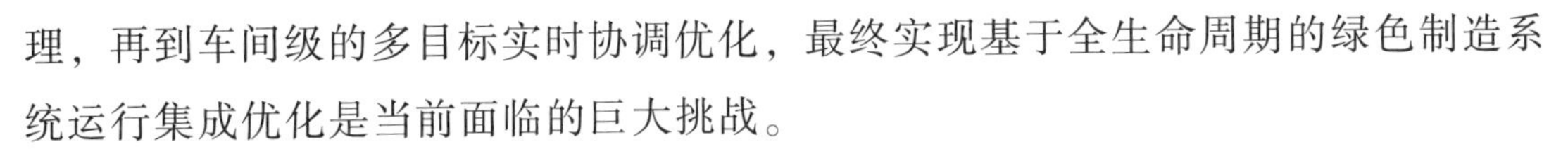

理，再到车间级的多目标实时协调优化，最终实现基于全生命周期的绿色制造系统运行集成优化是当前面临的巨大挑战。

2）绿色制造模式下的企业内物流网络规划、产品营销设计、供应链管理体系等不完善。

3. 目标

1）建立车间制造系统多层次、分布式碳排放模型及其能流模型，揭示能流状态的过程特性，建立能流评估指标体系，研究工艺路线和工艺参数能效提升优化技术。

2）建立基于适应性、多维度、多层次车间制造系统高效低碳体系结构；研究动态随机环境下的车间制造系统运行鲁棒性和可适应性，提高系统运行效率。

3）研究绿色制造模式下设备、工艺、车间的在线协调优化控制技术，开发高效智能生产调度技术方法；完善包括设计、工艺、包装、回收处理、再制造的产品生命周期过程技术体系，实现车间级数据采集、评估、反馈控制绿色制造评估与监控的协同优化。

4）总结绿色制造企业的生产设计管理特点和内容，分析绿色制造企业的物流网络特点，构建制造物流网络优化设计的选址模型，解决绿色制造的产品营销设计管理问题。

5）针对绿色制造模式下基于物流、信息流、资金流与知识流的供应链结构特征，构建绿色制造系统中企业利润最大化情况下的闭环供应链生产优化决策模型。加大供应链内的知识创新，建立健全的运行与控制机制，形成绿色供应链系统的理论、方法和技术体系，为绿色制造模式下的供应链运行提供制度环境，提高企业的竞争力。

（二）绿色制造运维技术

1. 现状

先进预测维护技术能延长装备的生命周期、保证持续的加工质量、预防故障或事故、降低资源和能耗消耗，使得智能预测性维护技术成为制造企业绿色制造的重要技术手段。此外，在制造系统中，不仅同一设备不同部分之间相互关联，紧密耦合，而且不同设备之间也存在着紧密联系，形成一个整体。经常单处故障就会引起一系列连锁反应，导致整个制造系统不正常运行。因此，采用故障预测和健康状态分析，开展未来故障做出预测，对制造系统的可持续性具有重要意义。

2. 挑战

为了减少设备故障带来的经济损失，提高系统运行的可靠性和安全性，如何实现从设备诊断和健康管理，到制造系统运行仿真和推理，再到制造系统的全局自动协同优化，最终实现基于全生命周期的绿色制造设备维护是当前面临的巨大挑战。

3. 目标

建立设备全生命周期管理平台，获取设备各个阶段的多维异构数据，对设备未来性能衰退状态进行全程预测，构建能同时支持非移动端和移动端的远程维护系统和可视化平台，开发多场景下制造系统"近零故障"运行的仿真和推理技术。

（三）绿色制造效率监测技术

1. 现状

产品绿色制造效率监测，包括对产品整个生命周期的能耗消耗监测、资源消耗监测、污染物排放及回收利用监测、产品质量及有害物质限量监测等，是验证绿色制造管理实际效果、明确绿色制造改进方向的重要工具，也是推进绿色制造管理体系持续运行的手段。随着环境、资源与社会发展之间矛盾的不断加剧，绿色制造已逐渐成为全球共识，企业对绿色制造的要求越来越高，迫切需要采用适宜的手段、频次对绿色制造各过程、结果进行效率监测，为实现企业经济效益、社会效益和环境效益的协调优化、社会可持续发展的目标提供信息来源和技术支持。

2. 挑战

1）产品整个生命周期包括从原材料采集，到产品生产、运输、销售、使用、回用、维护和最终处置等所有阶段，要实现对整个生命周期的效率监测，耗时长，信息量大，成本高。

2）由于制造业可分为过程制造业和离散制造业，加之产品类型多，不同类型产品所需资源（原材料、加工设备等）相差很大，如何开发可以实现对不同种类产品全生命周期的效率监测系统是当前面临的一个巨大挑战。

3）产品制造阶段能耗高、废弃物多、成本高，如何实现从设备级-工艺级-车间级的监测信息采集，最后到整条供应链产品全生命周期监测信息的集成也是当前面临的一个巨大挑战。

3. 目标

1）研究绿色制造模式下设备、工艺、车间的在线监测技术，开发高效智能监测方法，完善包括设计、工艺、包装、回收处理、再制造的产品部分生命周期过程监测技术体系，实现整条供应链产品全生命周期监测信息的集成。

2）随着产品数据的急剧增长，开发大数据环境下的智能绿色制造效率监测系统。

（四）绿色能源与资源管控系统

1. 现状

在能源与资源效率提升方面，目前国内外大部分研究人员将能源和资源作为两个独立的系统进行研究。然而，能源与资源拆分为两个独立子问题的优化提升效率有限，集成能源效率与资源效率并进行协同优化具有重要的理论与实践价值。现国内外许多研究机构与企业也推出各自的能源管理系统，但这些能源管理系统（EMS）没有与 MES、ERP 等资源管理系统集成，形成各自独立的“信息孤岛”。因此，需研究能源与资源效率协同运行优化、面向可持续制造的价值链提升等瓶颈技术，开展能源与资源管控系统关键技术与应用示范，形成行业级解决方案。

2. 挑战

1）建立能源与资源效率提升的多目标优化模型，构建多场景生产模式下的能源系统供需匹配关系，能源与资源效率动态协同优化技术。

2）异构能源介质和资源类型的数据同步采集处理技术，多种智能化检测设备的优化部署策略，以及采样率优化设计的 OPC-UA 异构数据采集等。

3）制造全流程的可视化能源流仿真，包括供能系统仿真建模、生产过程能源仿真建模、运行管理和调度策略仿真。

3. 目标

1）制造装备和生产过程的能源和资源协同信息进行模型建模，研究机理与数据混合驱动的动态调度优化技术，基于多智能体协商的能源与资源效率协同优化；开发基于数字化仿真技术的可视化监控功能为能源和资源管控提供精准的决策辅助，实现典型高能耗企业能源与资源效率的全面提升。

2）针对拥有 EMS/ERP/MES 等系统的大型企业，研究基于多智能体的“弱中心化”协同优化方法，实现现有能源资源信息管理系统的集成。

3）针对信息化基础薄弱的中小企业，研究基于虚拟云的软件定义技术，实现对能源和资源效率的测量、评估、模拟及优化，以及轻量化快速管控。

（五）绿色制造管理技术

1. 现状

制造环境的复杂性，尤其是产品需求的多样性、产品生命周期的短暂性和系统运作过程的不确定性，迫切要求研究实施新型的、更为灵活高效和易于运行维护的制造组织方式及相应的运作控制机制。现有企业管理包括产品研发和设计管理、生产管理、库存/采购/销售管理、精益生产、敏捷制造、服务管理等。绿色制造管理包括清洁生产、循环经济、再制造管理、OHSAS18001 职业健康安全管理体系、ISO50001 能源管理体系标准等。但随着管理多元化的增强，其与管理效率的矛盾不断加剧且已严重困扰了企业积极性。

2. 挑战

1）为适应动态变换的环境与任务，需研究动态多变环境下可适应制造系统结构行为和运作控制策略等方面的适应性机制，以及基于上述运作优化机理性研究的可适应制造系统的运作控制支撑技术与系统。

2）在绿色制造管理体系建设与运行中，企业存在效率低下，绿色制造的法律法规和环境管理体系不健全，企业和公众的环境意识有待增强。管理多元化以及与管理效率的矛盾不断加剧已严重困扰了企业积极性。因此，需采取措施使企业管理和绿色制造管理集成和融合，提高企业制造过程的可适应性和可持续性。

3. 目标

1）借助可适应制造系统全面的规划设计和综合优化，做到在相当长的时期内，即使遭遇相当大程度的内外部环境波动因素影响，也不会出现系统行为效能显著下降。无需频繁地进行系统结构和设备布局的重新规划调整，仅需在必要时适当调整部分运作控制策略与系统行为参数。或者，仅需在必要时通过对系统结构进行小范围的变动调整，配合相应的运作控制策略进行逻辑重构，即可维持预期的产能与其他效能输出。

2）以产品全生命周期为主线，对企业清洁生产、循环经济、质量管理、环境管理、职业健康安全管理、能源管理、精益生产、5S 管理、再制造、综合利用等多种制造管理工具与方法的整合集成和融合，建立符合国情的标准化体系，实现企业绿色制造、生态工业和可持续发展。

3）形成完整的社会法律、法规、标准体系，提高公众和企业的环境意识。以环境标准引导企业创新，促进更有效地利用原料、能源等资源，降低成本，提高产品价值，而产业也将更具竞争力，破解环保与竞争力的僵局。

四、技术路线图

绿色制造工艺与系统技术路线图如图 9-4 所示。

需求与环境	在研发绿色制造工艺技术的同时，需要积极推行绿色制造系统管理技术，包括清洁生产、循环经济、环境管理、精益生产、能源管理、再制造等解决措施，逐步完善绿色制造管理体系，使其向集成化、智能化的管理模式发展。	
典型产品或装备	设备、工艺、车间碳排放模型及其能流建模，绿色物流网络，设备智能预测维护，异构能源和资源数据同步采集技术，可视化能源流仿真技术，绿色制造管理工具与方法集成	绿色生态工厂、绿色制造系统高效低碳协同优化、绿色供应链技术、多平台的远程智能维护可视化技术、制造系统智能预测维护系统，绿色能源与资源集成管控系统
绿色制造系统高效低碳运行优化技术	目标：制造车间低碳运行优化	目标：产品全生命周期运行优化
	设备、工艺、车间碳排放模型及其能流模型	制造系统高效低碳运行优化技术
	绿色物流网络	绿色营销设计管理技术
	物流、信息流、资金流、知识流集成	绿色供应链技术
绿色制造运维技术	目标：设备智能预测维护	目标：制造系统智能预测维护
	设备全生命周期管理平台	设备性能衰退智能预测与维护
		多平台的远程智能维护可视化技术
	多场景下制造系统 近零故障“运行维护技术”	
绿色制造效率监测技术	目标：设备智能预测维护	目标：制造系统智能预测维护
	制造企业设备智能监测	制造系统智能预测维护系统
	产品绿色制造全生命周期监测信息集成	
时间段	2025年　　　　2030年	2035年

图 9-4　绿色制造工艺与系统技术路线图

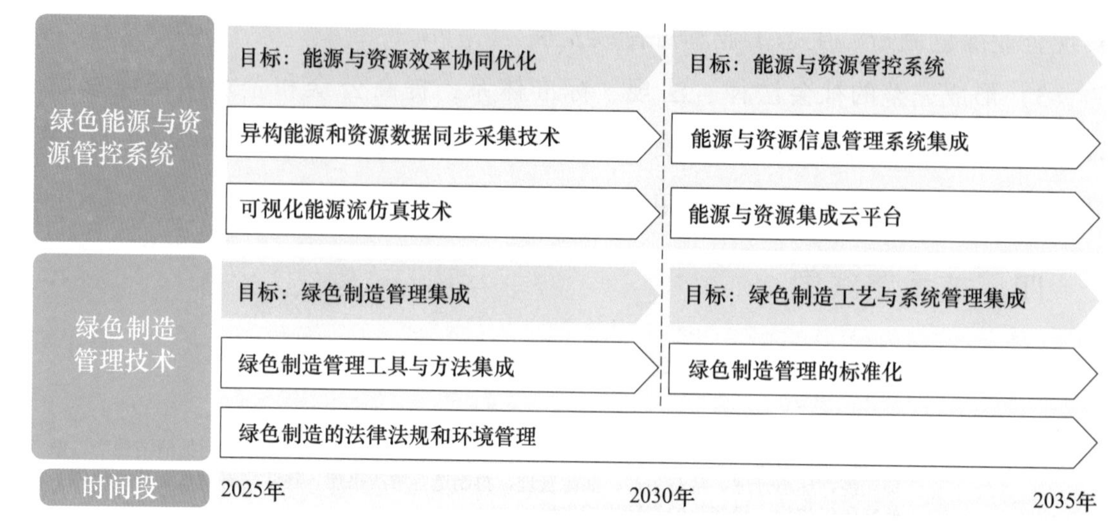

图 9-4　绿色制造工艺与系统技术路线图（续）

第四节　再制造工程系统规划

一、概述

再制造工程系统规划以提高再制造生产效益为目标，运用科学决策方法和先进信息管理技术，面向产品再制造的全系统过程，对再制造工程中的废旧产品回收物流、再制造生产系统资源及再制造产品市场营销等所有生产环节、技术单元和生产资源进行全面设计规划，最终形成最优化再制造方案的过程。

再制造工程系统规划需要考虑再制造全系统过程[4]，采用现代科技方法和手段，优化再制造保障的总体设计、宏观管理及工程应用，促进再制造保障各系统之间资源达到最佳匹配与协调，以实现及时、高效、经济和环保的再制造生产[5]。科学合理的再制造工程系统规划，能够明显提升再制造生产效率，优化再制造生产模式，保证再制造产品质量，增强再制造生产效益。

再制造系统规划管理与新品制造系统管理的区别主要在于毛坯来源和生产过程不同，制造过程是以新的原材料作为输入，经过加工制成产品，供应是一个典型的内部变量，其时间、数量、质量是由内部需求决定的[6]。而再制造是以废弃产品作为毛坯输入，其中可以继续使用或通过再制造加工后可使用的零部件供应属于外部变量，影响因素多，很难做到精确预测。在毛坯从消费者流向再制造商的过程中，相对新品的制造活动，具有逆向、流量小、分支多、品种杂、质量参差不齐等特点。这种毛坯的不同导致了再制造生产与新品生产过程具有许多的不同，即由一个稳定可知的生产系统过渡到一个非确定性生产系统。因此，对再制造系统进行规划，可以显著提高再制造生产效率和质量、提高再制造生产过程的可控性。

对于废旧产品开展再制造工程系统规划设计，自 20 世纪 90 年代开始，国内外大量学者对再制造的逆向物流、生产规划、信息管理及典型产品再制造规划应用的体系与模式，以及再制造设计、再制造升级、精益再制造生产等领域的关键技术与方法进行了较为深入的研究，提出了不同客户需求情况下的产品再制造工程系统规划方法等，并在实际工程中得到了初步应用[7]。近几年我国在再制造生产系统规划领域的研究得到迅速发展，这将会进一步推动改变废旧产品再制造难度大、成本高、效益低的困境，适应再制造作为我国战略型新兴产业的高效益发展要求。

二、未来市场需求及产品

在产品生产领域功能个性化、产品定制化、信息网络化、市场全球化、工艺智能化、制造绿色化发展的大背景下，高端机床、航空航天产品、大型医疗产品、燃气轮机等机电产品大多具有多品种、小批量的定制产品特点，对以大批量产品作为生产基础的传统再制造模式提出了巨大挑战，迫使再制造系统规划设计领域提供更多的技术方法，以提高再制造效益并适应未来个性化再制造生产需求[8]。可以结合再制造企业实际情况和废旧产品的品质状况，对再制造工程系统进行合理的再制造生产方案规划设计，为再制造生产提供直接的支持。

与制造系统相比，由于再制造生产逆向物流更多的未知性，包括毛坯时间与质量的随机性、动态性、工艺时变性、时延性和产品更新换代加快等，为再制造生产带来许多特殊的工程规划问题。通过正确有效地对再制造工程系统的逆向物流、生产作业、信息管理等内容进行科学规划，能够获得高效益再制造生产方案，不但可以为再制造商提供再制造生产保障资源配置安排，生成相对完善的再制造生产方案，同时为再制造商实现机械产品再制造的可行性评估提供有效的帮助。因此，需要构建形成稳健的废旧产品逆向物流体系，建立科学的再制造生产系统规划方法，研发形成再制造信息化管理决策系统，创建高端装备再制造升级决策平台，以实现再制造工程系统规划效益。

三、关键技术

（一）再制造物流供应链规划

1. 现状

再制造生产所需废旧产品的逆向物流属于社会资源的静脉工程，当前还未能建立较为完善的逆向物流体系，当前针对逆向物流品质的检测及决策等技术还有待进一步增强。面向个体客户回收的废旧毛坯，具有回收数量、质量、时间的不确定性，尤其是未来的小批量产品生产方式，对进一步废旧产品的回收提出了巨大难题，同时，再制造物流包括生产过程和再制造品销售的物流，废旧产品来源的不确定都会导致再制造生产和销售供应链的不确定性。

2. 挑战

再制造供应链的信息不确定性对再制造生产规划管理带来了明显难度。因此，加强再制造物流供应链的研究，构建基于互联网与物联网的再制造物流体系，可以提升再制造物流信息的精确度，直接为再制造生产规划和生产管理提供可靠的信息和资源保证[9]。

3. 目标

2025 年前，通过研究运筹学、大数据分析、信息挖掘等方法，构建基于不同条件下的再制造逆向物流选址建模方法和规划实施技术，研究再制造毛坯信息特征快速分析技术，以及自动化的再制造毛坯检测、分级等技术应用方法，揭示逆向物流的不确定性对再制造生产和销售物流的影响规律，建立基于不确定生产目标的再制造生产物流供应模式，构建科学完善的再制造物流优化技术体系。

2030 年前，通过研究相关废旧产品的存储、运输、包装等高品质逆向物流技术，形成废旧产品的先进再制造逆向物流技术方法集，面向再制造逆向物流全流程，研究建立再制造物流体系决策建构方法，研究建设基于互联网、物联网的废旧产品信息预测及管理体系，并开展基于物联网的再制造供应链信息管理系统设计与开发应用研究，构建信息化再制造物流供应链体系。

2035 年前，能够实时根据废旧产品物联网物流信息进行采集及决策，实现物流全过程的优化调控，开展产品退役信息的科学确定和应用，并分析再制造产品用户心理及售后服务模式，形成再制造产品生产及售后一体化再制造物流供应链，构建再制造逆向物流标准化，形成稳健性的再制造产品逆向物流供应链体系，满足不确定废旧产品物流信息条件下废旧产品稳定回收体系建设要求。

（二）再制造生产系统规划

1. 现状

再制造生产面临着废旧产品各要素的不稳定性，造成了再制造生产中拆解、清洗及性能恢复等工艺过程的个性化和不确定性，这对再制造生产系统规划提出了更复杂的要求。目前许多企业直接借鉴采用制造生产模式，造成对再制造生产设备、场所、人员、技术等保障资源优化利用的不合理，迫切需要建立能适应不同特点的柔性化、集约化、智能化的质量可靠、资源节约的高效再制造生产系统。

2. 挑战

随着数字化、智能化生产技术的发展应用，以及产品小批量、个性化生产方式的发展应用，再制造生产系统面临着更大的再制造物流及工艺过程不确定性所带来的影响，迫切需要引入智能监控、工程优化、精益生产、智能制造等新技术新理念，建立再制造生产系统规划方法，实时调控再制造生产系统，来提高再制造生产系统柔性化、集约化水平，满足少量废旧产品情况下的个性化再制造生产需求。

3. 目标

2025 年前，面向未来小批量的再制造生产方式，研究模块化、信息化、智能化等技术方法，促进产品再制造性保持与增长，加强再制造生产资源保障的配置效益、人员、技术等保障资源利用方式，借鉴吸收先进的制造技术领域的思想和方法，重点研究再制造成组技术、虚拟再制造设计与加工技术、清洁再制造生产技术等工程技术规划应用，构建柔性再制造生产系统的规划方法。

2030 年前，研究多因素约束下废旧产品再制造生产控制方法，研究在线质量检测技术设备和决策系统平台，研究集约化再制造生产系统规划技术，建立绿色高效再制造生产体系，提供集约化再制造生产系统规划方法。

2035 年前，面向未来再制造系统的综合高效生产需求，研发再制造物联网信息采集与应用技术，形成基于数字化的先进再制造生产系统规划方法平台，研究数字化无人再制造生产系统规划与控制技术，开发无人再制造工厂，构建智能再制造系统规划方法体系。

（三）再制造信息化管理系统规划

1. 现状

再制造信息化管理系统规划是再制造工程管理规划的重要内容，需要综合考虑废旧产品工况、技术发展、市场需求、消费心理等信息，明确其独有的复杂性、多元化等特征属性，通过合理的基于信息化的系统规划手段，来提升再制造系统管理规划效益。目前再制造管理主要采用制造企业的管理模式，针对毛坯来源的不确定性缺乏有效精准的管理方法。

2. 挑战

因再制造信息的不确定性和复杂性，使其生产管理难度更大，需要研究废旧产品再制造的信息特征及采集源，基于云计算、大数据技术等，构建再制造信息化管理系统，提供再制造科学管理手段，解决再制造面临的毛坯问题、技术问题、市场问题和资源问题，保证可以选择最佳的再制造生产策略。

3. 目标

2025年前，利用管理信息系统开发的基本要求，结合再制造工程系统中的信息特征，构建面向再制造的产品获取、使用、服务规划的再制造信息管理系统规划与设计平台，开发面向再制造全过程的再制造信息管理系统，健全产品再制造业务管理信息系统，为再制造生产的信息化管理提供规划方案。

2030年前，利用互联网平台，建立分布式再制造信息采集方法手段，研究再制造资源库、知识库开发及企业应用集成技术，面向再制造全周期的产品设计规划，不断提高信息化协同管理能力，建立基于互联网的再制造全过程业务管理信息系统，为再制造信息管理与决策提供依据。

2035年前，深入研究分析再制造信息特征及来源，进行再制造物联网系统传感单元设计与规划，研发基于传感网络的再制造信息采集系统，并形成信息分布及筛选技术手段，开展基于云计算、大数据技术的信息高度共享的再制造物联网规划及平台建设，构建具有自适应能力的再制造物联网信息管理系统。

（四）高端装备再制造升级规划

1. 现状

再制造升级是再制造的重要发展方向，高端装备再制造升级是实现技术集成度高、附加值高的高端退役装备再利用的有效途径，目前已经在航空航天发动机、大型医疗食品、高端机床等装备再制造升级中得到了应用。但当前相应的再制造升级设计及再制造升级策略选择方案的论证体系不完善，导致再制造升级方案科学性以及再制造效益还有很大提升空间，影响再制造升级的产业化应用。

2. 挑战

高端装备再制造升级规划需要综合考虑旧品工况、技术发展、市场需求、用户心理等因素，进行再制造升级的分析决策及方案规划，并且运用先进的材料技术、信息技术、控制技术、管理技术等，既要考虑技术发展现况，又要面向装备发展未来，再制造升级系统规划论证具有复杂性、集成性、智能化等特点，迫切需要开展系统研究。

3. 目标

2025 年前，研究高端装备的再制造升级性指标系统，构建产品设计中的再制造升级需求论证与方案评价的技术方法，建立基于标准化设计和模块化设计等再制造升级设计标准，构建面向装备全寿命周期的再制造升级设计与方案评价决策技术体系，研发以表面技术为代表的高效清洁环保的装备损伤零件升级性修复技术，构建开展产品再制造升级方案设计与评价的标准化程序与支撑平台。

2030 年前，研究多因素约束下废旧产品再制造升级的决策影响因素，根据再制造升级技术、生产设备及产品本身服役性能特征来建立多因素的产品再制造升级决策方法，建立再制造升级费用预测及再制造方案规划决策模型及实现方法，研究装备损伤零件性能与功能一体化升级修复技术，形成科学的高端装备再制造升级策略体系，为再制造升级技术方案优化提供支撑。

2035 年前，面向高端装备再制造升级的再制造毛坯质量、再制造升级过程生产质量、再制造生产资源的品质等影响再制造质量的重要环节及要素进行规划控制与评价，建立高端装备再制造升级技术方法集，构建高端装备再制造升级信息数据库与规划模型方法，开发面向再制造升级目标的生产质量规划与评估平台，减少毛坯与工艺的不确定性对高端装备再制造升级质量的影响。

四、技术路线图

再制造工程系统规划技术路线图如图 9-5 所示。

图 9-5　再制造工程系统规划技术路线图

第五节　再制造质量控制技术与装备

一、概述

再制造是指以废旧产品作为生产毛坯，通过专业化修复或升级改造的方法来使其质量特性不低于原型新品水平的制造过程[2]。再制造产品在功能、技术性能、绿色性、经济性等质量特性方面不低于原型新品，而成本仅是新品的50%左右，可实现节能60%、节材70%、污染物排放量降低80%，经济效益、社会效益和生态效益显著。再制造是我国实现碳达峰、碳中和目标最有利、最直接的技术手段之一。再制造流程如图9-6所示，主要包括废旧产品的拆解、清洗、检测、再制造成形、装配、性能测试等步骤[10]。

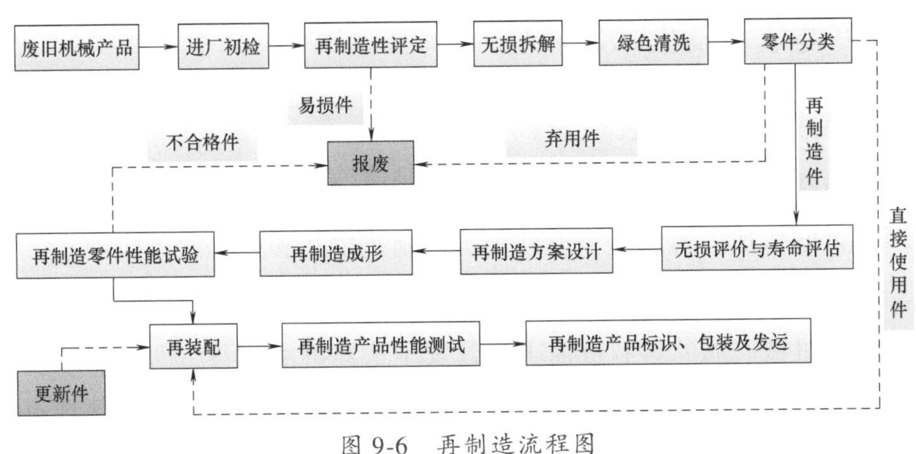

图9-6　再制造流程图

再制造质量是从服役性能、寿命，零部件几何尺寸、材料组织等多方面的综合评价，主要考虑再制造寿命能否经历下一个服役周期、零件是否存在气孔和裂纹等缺陷、性能是否达到服役条件要求等。保证再制造零件质量应把控再制造毛坯质量评价、再制造生产过程监测、再制造零件/涂层质量检验、再制造产品安全评价等环节[11]。

二、未来需求及产品

通过技术创新和产业应用，再制造技术国家重点实验室徐滨士院士团队提出的“尺寸恢复和性能提升”为主要特征的中国特色再制造产业模式有效地推动了国内从事汽车、工程机械、机床、矿采设备、化工设备、冶金装备、船舶、铁路等领域的再制造产业取得了重要突破，支持再制造产业示范基地与技术研发中心建成发展。

围绕制造强国发展战略，未来再制造领域的重点产品将聚焦盾构机、航空发动机与燃气轮机、医疗影像设备、远洋钻井平台、重型机床、油气田等高端智能装备；未来再制造质量控制技术与装备主要包括：加强绿色清洗、检测评估、增材制造等智能再制造关键工艺技术装备和绿色新材料的研发应用与产业化推广，创新增材制造、特种材料、智能加工、无损检测等高端智能共性技术研发及装备应用，加快高端智能再制造产业标准研制，实施高端智能装备再制造的示范工程，培育高端智能再制造产业协同体系，推动形成再制造与新品设计制造的有效反哺互动机制，探索符合中国国情的高端智能再制造产业发展新模式，推进我国再制造产业发展壮大[8]。

三、关键技术及技术路线图

（一）无损拆解与绿色清洗技术

拆解和清洗是产品再制造过程中的重要工序，是对废旧机电产品及其零部件进行检测和再制造加工的前提，也是影响再制造质量和效率的重要因素。

1. 现状

针对传统机械产品的再制造需求，开发了快速拆解工具，实现了手工和半自动化拆解，但快速无损拆解率相对较低，拆解过程产生的固、液、气废弃物环保处理能力较低。

在传统机械行业采用的再制造清洗手段中，物理法主要以水射流、喷砂、机械打磨、抛丸为主；化学法主要以高温焚烧、化学酸洗、超声清洗等手段。上述方法清洗效率低、清洗成本和污染物排放相对较高，对人员和环境负面影响大。

2. 挑战

未来的挑战主要是面向大型机械装备、高端数控机床以及汽车、工程机械、医疗设备、海洋工程装备与船舶、铁路装备等废旧机电产品中零部件的大型化、复杂化、精密化和机电一体化发展趋势。

再制造拆解需要开展模拟仿真和计算机辅助规划，通过三维结构建模、力学分析，优化再制造拆解路径，开发在线、快速、无损和自动化深度拆解装备，从而形成产业化应用。

再制造清洗需要解决传统物理、化学和电化学等清洗手段导致环境污染严重、清洗效率较低、对环境和人员的负面影响难题，从而提高清洗效率，降低清洗成本，减少对人员和待清洗表面的负面作用，实现再制造清洗过程的绿色、高效与自动化。

3. 目标

通过计算机仿真建模、产品结构干涉分析等方法面向再制造的废旧机电产品拆解工艺规划与路径规划设计，开发针对大型、复杂和高端装备大规模再制造生产的高效、深度拆解技术与自动化、智能化装备，提高再制造拆解的无损率和拆解效率，实现拆解过程中有害废弃物的环保处理和有效控制[12]。

通过对生物质等环保清洗新材料与绿色化学清洗装备的研究，提高清洗效率，降低清洗成本，减少清洗过程中化学试剂和有毒物质的使用，避免清洗设备工作过程中对操作人员的人身伤害（振动、噪声、粉尘污染等）；通过激光清洗、绿色磨料喷射清洗、紫外线清洗等物理清洗技术与装备研发，有效降低物理清洗成本，提高清洗效率，实现再制造表面的清洗与表面粗化、活化、净化等一体化预处理过程，提高再制造成形加工质量；通过绿色清洗材料开发，清洗装备小型化与便携式设计，以及清洗废弃物环保处理技术研究，实现在役装备的快速绿色清洗。

4. 技术路线图

无损拆解与绿色清洗技术路线图如图 9-7 所示。

（二）无损检测与寿命评估技术

再制造对象种类繁多，再制造毛坯材质、性能、结构及服役条件各异，失效形式复杂多样，与制造相比，再制造产品的质量控制更多依赖先进无损检测技术，再制造检测需在机械零部件失效分析的基础上，面向未发现宏观缺陷的再制造毛坯进行早期损伤诊断，主要包括再制造毛坯损伤评价及剩余寿命预测技术、再制造产品服役运行监测及安全评价技术。

1. 再制造毛坯损伤评价与剩余寿命预测技术

现状

完成常规机械零部件不同服役工况下的失效模式和失效规律分析，研究提出了基

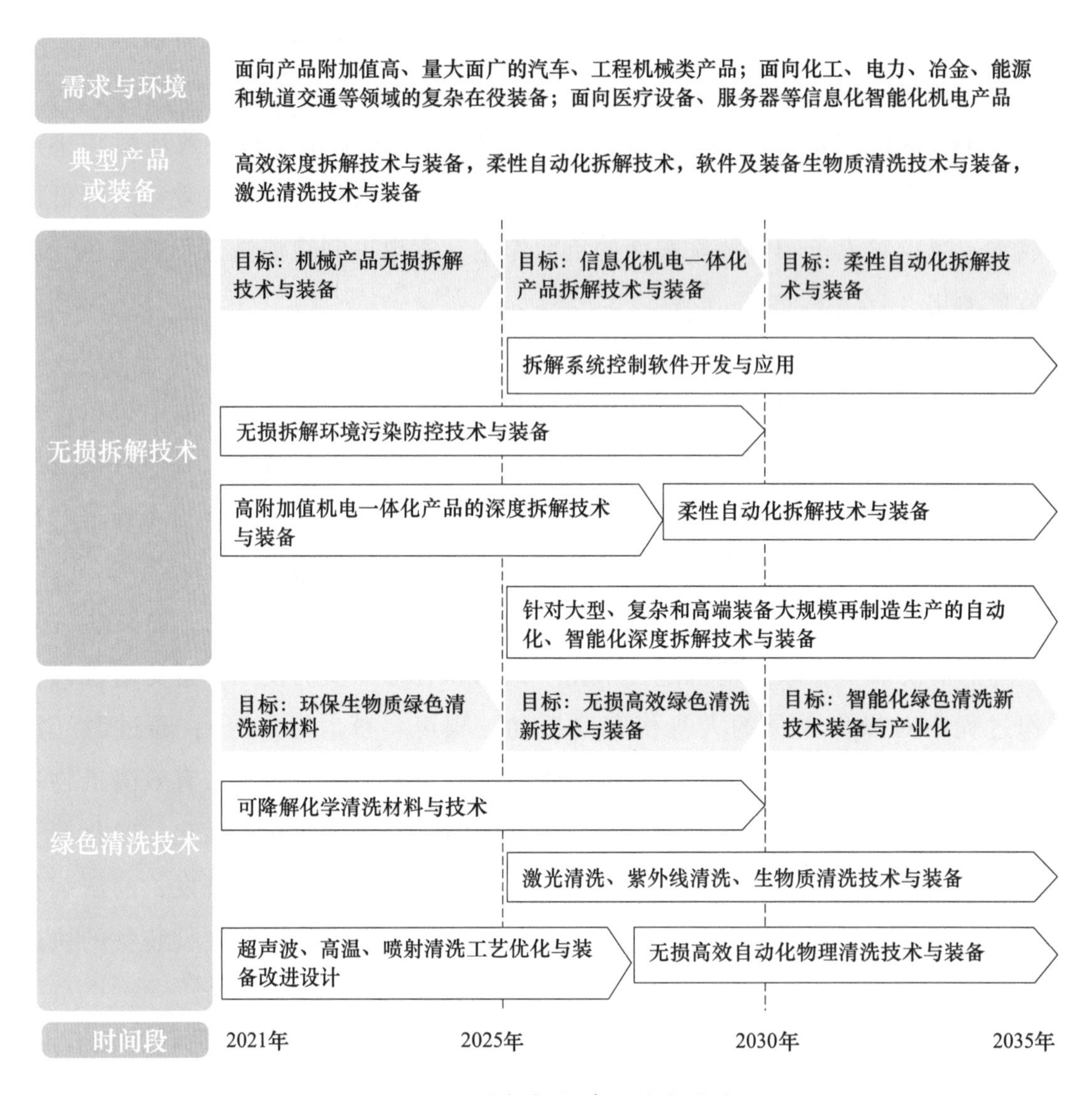

图 9-7　再制造拆解与清洗技术路线图

于材料、力学、物理等方法的寿命预测理论，提出了不同服役环境下寿命评价因素，建立了不同范畴的寿命预测模型，根据再制造产品服役环境要求，开发了匹配适宜的寿命监检测技术[13]。

挑战

再制造毛坯材质、性能、结构及服役条件各异，确定零件的薄弱部位，明确其损伤发展规律和发展速率，建立特定类型废旧件的损伤信息数据库，揭示损伤累积演化的主控因素是当务之急。

再制造毛坯回收渠道多，服役历史不清晰。在不损伤再制造毛坯质量的前提下，根据确定损伤演化的主控因素，如何设计研发能够提取劣化程度的智能传感元件是制约再制造毛坯剩余寿命预测的瓶颈。

目标

未来重点分析机械零部件服役工况下出现的不同失效模式和失效规律，结合材料学、力学、数学、物理学、信息技术、计算机技术和寿命预测基础理论，建立模拟仿真与考核验证相结合的方法，分析复杂服役环境下机电产品寿命劣化的影响因素，研发匹配适宜的寿命监测、检测技术与装备。

未来需要研发多参量多信息融合的先进无损检测理论与方法，建立高可靠度的再制造毛坯剩余寿命预测模型，根据再制造产品服役工况要求，加快研发应用基于声、光、电、磁多物理参量融合的再制造旧件损伤智能检测与寿命评估设备。建立各行业典型再制造毛坯件剩余寿命评估技术规范和标准，研发剩余寿命评估设备，推动产业化应用。

2. 再制造产品服役运行监测及安全评价技术

现状

建立再制造产品不同服役工况下的再制造成形技术制备的涂覆层的残余应力、硬度、结合强度等力学性能指标，综合涂层孔隙率、微观裂纹等缺陷信息，通过模拟计算，进行接触疲劳试验及台架考核，综合评估再制造产品的服役寿命。

挑战

再制造产品由再制造涂覆层与毛坯基体二元或多元复杂异质材料体系组成，二者的作用机制直接影响涂覆层耐磨、耐蚀及抗疲劳等优良性能的发挥。研究异质界面结合问题、应力应变传递效应及机理，在不同力、热、电、磁等强场耦合作用下的劣化机制，是进行再制造产品服役运行监测的首要环节。

针对典型再制造零件，研究全生命周期链条下二次服役运行的大数据挖掘理论与方法，研发智能化服役寿命评估技术及设备是面临的重要挑战。

目标

研究再制造产品表面/界面寿命演变机制，开发监控涂层及涂层下基体微损伤演化的新型传感器，推动新型残余应力测试技术在再制造产品中的应用，提取表征服役条件下再制造零部件损伤行为的特征参量，建立特定再制造零部件服役寿命数据挖掘理论方法及评估模型。

研究多传感器智能监控技术，精确控制再制造过程中的缺陷与变形，开发高效智能化再制造成形设备，提升再制造过程质量控制的自动化效率，推动产业化应用。

研究基于智能传感技术的再制造产品结构健康与服役安全智能监测设备等，推动智能再制造检测与评估装备的研发与产业化应用，为实现废旧机电产品多生命周期循环再制造提供技术基础和科学判据。

3. 技术路线图

无损检测与寿命评估技术路线图如图 9-8 所示。

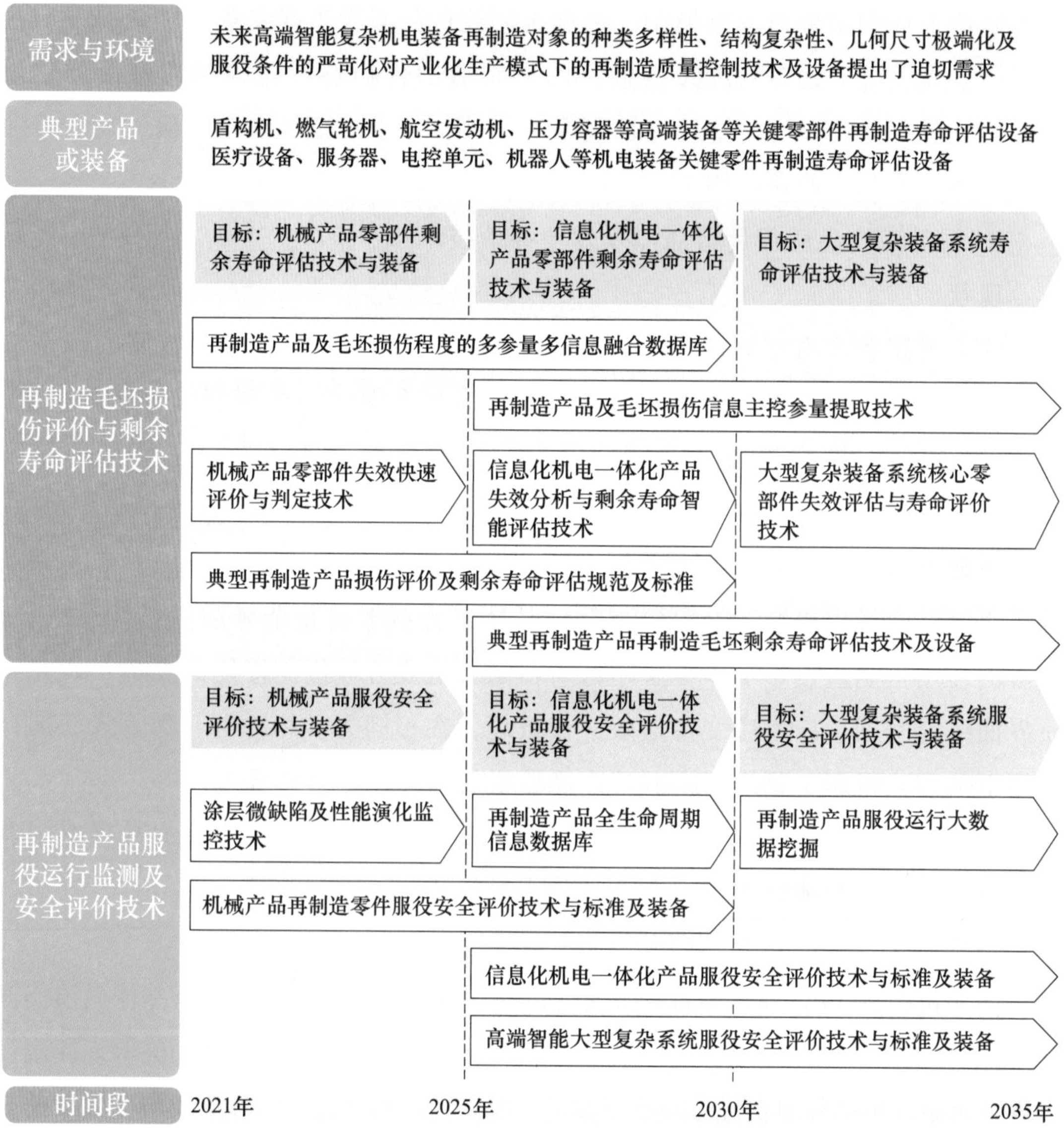

需求与环境

未来高端智能复杂机电装备再制造对象的种类多样性、结构复杂性、几何尺寸极端化及服役条件的严苛化对产业化生产模式下的再制造质量控制技术及设备提出了迫切需求

典型产品或装备

盾构机、燃气轮机、航空发动机、压力容器等高端装备等关键零部件再制造寿命评估设备
医疗设备、服务器、电控单元、机器人等机电装备关键零件再制造寿命评估设备

再制造毛坯损伤评价与剩余寿命评估技术

目标：机械产品零部件剩余寿命评估技术与装备
目标：信息化机电一体化产品零部件剩余寿命评估技术与装备
目标：大型复杂装备系统寿命评估技术与装备
再制造产品及毛坯损伤程度的多参量多信息融合数据库
再制造产品及毛坯损伤信息主控参量提取技术
机械产品零部件失效快速评价与判定技术
信息化机电一体化产品失效分析与剩余寿命智能评估技术
大型复杂装备系统核心零部件失效评估与寿命评价技术
典型再制造产品损伤评价及剩余寿命评估规范及标准
典型再制造产品再制造毛坯剩余寿命评估技术及设备

再制造产品服役运行监测及安全评价技术

目标：机械产品服役安全评价技术与装备
目标：信息化机电一体化产品服役安全评价技术与装备
目标：大型复杂装备系统服役安全评价技术与装备
涂层微缺陷及性能演化监控技术
再制造产品全生命周期信息数据库
再制造产品服役运行大数据挖掘
机械产品再制造零件服役安全评价技术与标准及装备
信息化机电一体化产品服役安全评价技术与标准及装备
高端智能大型复杂系统服役安全评价技术与标准及装备

时间段　2021年　2025年　2030年　2035年

图 9-8　无损检测与寿命评估技术路线图

（三）再制造成形技术

再制造成形技术是实现废旧产品再制造产业化的基础。近年来，在大量吸收新材料、信息技术、微纳技术、先进制造等领域新成果的基础上，我国再制造成形技术体系已初步形成，在增材再制造、自动化及智能化再制造、集约化再制造成形材料以及现场快速再制造等技术方面取得了突破性进展[14]。

未来将针对高端、智能、在役再制造的需求，一是将纳米材料、纳米制造技术等与传统再制造成形技术复合，研发纳米复合再制造成形技术与装备，实现高稳定性、高精度、高效率的高端装备再制造；二是加快研发应用再制造旧件损伤三维反求系统以及等离子、激光、电子束、电弧等复合能束能场自动化柔性再制造成形材料、技术与装备，推动智能再制造成形与加工装备研发与产业化应用；三是针对大型复杂系统和零部件野外或现场作业环境和制约因素复杂、再制造成形难度大、后加工处理效率低的现状，重点开展面向装备零部件材料种类繁多的集约化再制造材料体系和具有移动作业、伴随保障功能的先进智能再制造装备系统，加快推动在役再制造。

1. 柔性增材再制造成形技术

现状

实现了激光、电子、离子（等离子）以及电弧等能量束和电场、磁场、超声波、火焰、电化学能等能量作用下损伤零部件的再制造。目前利用基于机器人的堆焊熔敷再制造成形技术可对缺损零件进行非接触式三维扫描反求，规划成形路径，成功实现了典型装备备件的再制造成形。

挑战

开展装备零部件的快速成形与近净成形技术，对输出能量及工艺参数的稳定性提出了更高的要求，研制高稳定性的能束能场再制造成形系统是当前技术发展的当务之急。如何利用自动化再制造技术实现零部件的高质量、高效率、高可靠性再制造是该技术面临的重要问题。超大零部件远距离加工技术是解决大型装备、重型机械再制造问题的重要途径，如何利用超高功率能束实现大型零部件的再制造成形是该技术面临的新挑战[15]。实现不同形式能量的复合再制造成形工艺将对提高再制造效率、拓宽再制造应用范围有着重要意义。

目标

将激光、等离子、电弧及磁场等不同的能量形式进行复合，实现不同材料、不同形状零部件的再制造。利用激光、电子束可实现材料微纳米尺度加工的特性，实现零部件表面织构化及微纳米器件的再制造。研发零部件损伤反演系统和自动化再制造成形加工系统，实现装备再制造成形、加工的一体化。研制超大功率（十万瓦级、百万瓦级）能束能场加工系统，实现超大工程零部件的现场再制造。

2. 现场应急再制造成形技术

现状

开展了工业大型装备和野外服役装备的现场应急再制造，中国“一带一路”倡议推动海外装备设施对现场应急再制造成形技术需求日益迫切。目前的再制造成形技术和工艺设备主要针对车间作业需要而开发，装备现场应急再制造技术难以满足再制造产业发展需求。现场应急再制造成形技术，尤其是对野外作业的设备进行现场再制造，不仅涉及再制造装备的运输和安装，能源的供给以及相关后处理设备，同时需综合考虑受损部位三维形貌快速测量、工装卡具设计、再制造路径规划、再制造材料选用、再制造工艺方法选择等多种因素。

挑战

集约化再制造材料技术难度大。装备零部件材料种类繁多，现有集约化材料难以满足现场应急再制造的巨大需要。野外或现场作业环境和制约因素复杂，应急再制造成形及其产品质量控制难度大。大型零部件野外或现场再制造成形后加工处理效率低、实施困难。

目标

建立集约化的再制造材料体系和具有移动作业、伴随保障功能的先进再制造装备系统，并在主要行业领域应用；建立适用于野外作业环境的应急再制造工艺实施规范和质量检验标准；实现大型装备零部件局部损伤部位的现场应急再制造成形和加工，快速恢复装备服役性能。

3. 技术路线图

再制造成形技术路线图如图 9-9 所示。

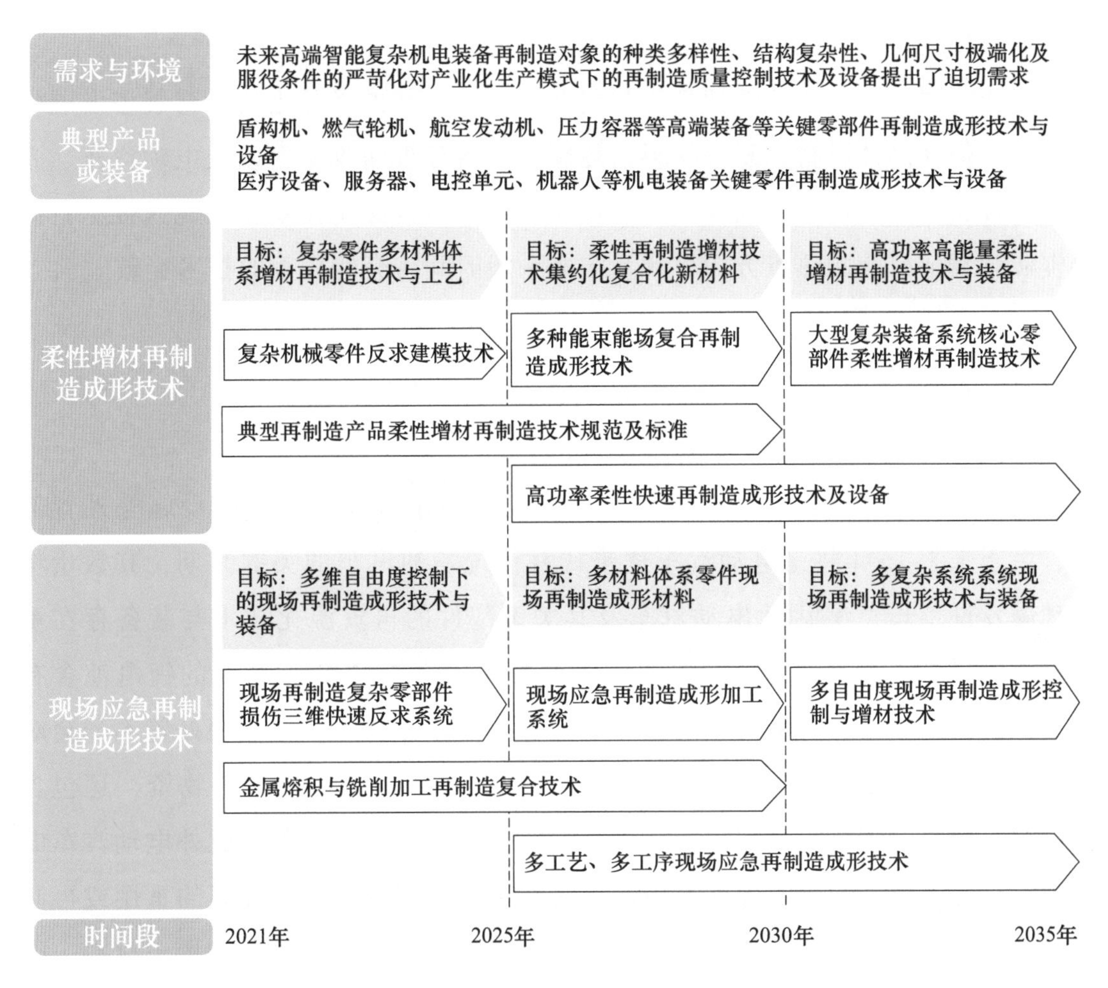

图 9-9　再制造成形技术路线图

第六节　再资源化技术与装备

一、概述

再资源化也称资源化，指对无法重用或再制造后重用的废旧产品，通过环境友好、高效的工艺技术，最大限度地回收其可再利用的零部件和材料，或转化为其他可再利用物质与能源。再资源化是绿色制造的关键技术之一，是缓解资源短缺、降低碳排放以及环境负荷的关键举措。2015 年，国务院提出“坚决贯彻减量化、再利用、资源化的生态文明发展道路”，将再资源化作为国家可持续发展的战略目标之一。

对于金属材料、热塑性塑料等材料及其制品，其再资源化技术与装备发展较为成熟，但对高纯材料、复合材料、热固性塑料等难回收材料以及电动汽车、光伏发电设备等复杂产品，还缺少可产业化应用的再资源化技术，因此这也是目前再资源化领域研究的热点方向，预计未来一段时间将会有较大的技术突破。

二、未来市场需求及产品

（一）电动汽车关键部件再资源化技术与装备

电动汽车的关键部件包括动力电池、电机等车身部件及充电设施等外置部件，由于未来 15 年将是电动汽车逐步代替传统燃油汽车的关键时期，其数量将呈现爆发性增长[16]，因此电动汽车及其关键部件的再资源化技术与装备存在重大的市场需求。汽车动力锂电池的使用寿命一般为 5~7 年，废弃的锂电池含有大量钴、铜、锂等有价金属和六氟磷酸锂等有毒有害物质，如处理处置不当会对环境造成严重污染[17]，同时其中的金属钴、镍是国际公认的战略物资，还包含大量易于回收的铜、铝、钢铁等金属及塑料，资源性特点显著。此外电动汽车电机和汽车充电设施的核心部件寿命均显著长于产品本身，存在较高的重用或再制造后重用的价值，即使不能重用的部分也可回收大量的有色金属和稀土材料。因此，对电动汽车关键部件进行资源化处理，既具有经济效益，同时兼有显著的社会效益和环境效益。

（二）光伏电池再资源化技术与装备

光伏发电作为清洁能源行业的典型代表，其市场规模在过去二十年里呈快速增长态势[18]。光伏发电设备的寿命为 20~30 年，在未来十五年将逐渐进入报废期，大量的光伏发电设备亟待回收，如不能得到有效回收，将极大降低光伏发电所带来的环境增益，其中光伏电池的高效资源化目前还存在较大的技术短板。光伏电池按材料可分为单晶硅、多晶硅、砷化镓等多种类型，其中多晶硅材料的光伏电池由于性能较为优越且综合成本较低，应用最为广泛。由于多晶硅材料的提纯与结晶过程能耗很大、污染较大，而光伏电池板属于高纯度的多晶硅材料，因此对光伏电池进行回收再利用具有重要的经济价值和环境价值。此外生产光伏电池板时的棒料切割工艺产生了大量由多晶硅和碳化硅磨料粉末组成的废弃物，其中的多晶硅回收价值很高，但由于将两者彻底分离的难度很大，很多光伏电池生产企业都将其封存起来等待将来技术发展后再回收。因此，对废旧光伏电池及其生产废弃物的资源化，成为光伏发电行业可持续发展的重要支撑。

（三）热固性高分子材料回收技术及装备

我国橡胶、热固性塑料、热固性纤维增强复合材料等热固性高分子材料的年消费量超过两千万吨，且还在逐年递增。然而，这些热固性高分子材料在废弃后的再利用难度很大，部分废弃的橡胶和热固性塑料得到破碎后降级利用或热解法回收，部分热固性塑料被焚烧后回收能量，但绝大部分热固性高分子材料及其复合材料仍缺少经济而环境友好的回收技术，被填埋处理或集中堆放以待在未来得到回收，不仅占用了大量的自然资源和工农业用地，而且长期填埋或露天堆放对环境也构成了一定威胁，这些问题正在成为阻碍热固性高分子材料进一步应用和发展的瓶颈，加之法律法规对废弃物处理日渐严格的规定，热固性高分子材料行业要持续健康地发展下去，就必须着手解决其废弃物的回收与再利用问题[19]。

三、关键技术

（一）汽车动力电池再资源化技术

1. 现状

目前汽车动力电池都属于锂离子电池，主要包括磷酸铁锂电池和三元锂电池两类。由于锂离子电池相对其他电池对环境污染小，回收处理的成本高，所以对锂离子电池的回收处理工艺一直处于研究的初级阶段。干法回收技术、湿法回收技术和生物回收技术，这些工艺研究也适用于大部分锂电池。当前使用的回收工艺大多是几种方法的组合，各有利弊。干法回收技术能耗较高并且得到的产物大多为混合物，仍需后续的湿法冶金等方法进行精制，以获得高纯度的目标产品。湿法回收工艺发展得较为成熟且效率较高，对于含有贵金属的镍钴锰三元材料等可采用湿法进行有效的元素回收，但因消耗大量的酸、碱及沉淀剂等而易形成二次污染。相比而言，生物回收技术可实现有机废物与废旧电池的综合治理，但技术尚不成熟，有待进一步研究发展。此外通过再生处理，使失效电极材料重新作为电池材料二次使用也有很大的优势。现有的废旧锂离子电池的资源化回收利用方法主要集中在钴、锂、镍等少数贵重金属元素上，需要进一步拓展回收范围。同时，对于电池中的电解质缺乏相应的无害化和资源化利用技术，需要进一步的关注。

2. 挑战

基于资源再利用以及环境保护的长远发展考虑，废旧汽车动力电池资源化技术研究应该朝着有效降低成本、减少二次污染、增加回收物质种类和提高回收率方向发展，同时以低能耗、低污染为特点的方法在回收工艺中的应用也将成为今后研究的重点。

3. 目标

至 2025 年，将进一步完善汽车动力电池回收的政策、标准和回收体系，减少其回收成本和政策阻碍。主要技术途径包括：

（1）加快健全相关法律法规，规范回收体系，明确电池生产者、整车制造商、消费者、回收企业、再生企业等不同主体在回收利用体系中应承担的责任和义务，建立动力电池梯级利用技术和标准体系，制定动力电池回收利用技术的标准法规。

（2）加强动力电池回收利用行业管理，创造良好的市场环境，动力电池回收企业应具备一定资质或由生产企业授权。

至 2030 年，将形成汽车动力电池的高效再资源化技术与装备。主要技术途径包括：

（1）研发各类型汽车动力电池的自动拆解和检测装备，并使其朝着智能化、高柔性化方向发展。

（2）形成废旧动力电池安全储存、运输的技术与标准。

至 2035 年，将形成较完备的汽车动力电池再资源化技术体系。主要技术途径包括：

（1）建成一批动力电池再资源化企业，形成动力电池回收产业链。

（2）初步建成动力电池的回收利用市场交易体系，建立废旧动力电池回收与交易服务平台。

（3）研发新型动力电池及其材料，如更易拆解的电池结构，更易提取的电极材料、电解液材料等，使其易于回收处理。

（二）光伏电池片再利用技术

1. 现状

光伏电池板是光伏发电设备的核心，一般是由玻璃面板、EVA 胶、电池片、线路网格、塑料背板、铝合金框架、密封硅胶等组成的复合结构，由于其中EVA胶和线路、背板等材料在紫外线下逐渐老化，其正常使用寿命仅有20~25年，随着早期投建的太阳能发电设备逐渐达到设计寿命，未来将有大量的光伏电池板需要进行再资源化。光伏电池板中回收价值最高的是电池片，由纯度高达99.99%~99.9999%的单晶硅或多晶硅片经过掺杂、镀膜制成。由于经过掺杂和镀膜工序，面板破碎后其回收价值将大幅降低，因此需要首先将电池片从光伏电池板中无损拆解出来，再通过化学处理清除其表面残留的EVA胶和铜线，最后检测其表面的氮化硅镀膜，镀膜性能良好的电池片可用于生产新的光伏电池，镀膜性能不合格的需磨去氮化硅膜后重新镀膜。

2. 挑战

1）电池片的自动无损拆解技术与装备。由于电池片薄而脆，因此实现无损拆解的难度极大，手工拆解效率极低且破碎良率低，人力成本很高，难以实现规模化生产，因此需要开发高度自动化的电池板无损拆解技术与装备。

2）回收电池片的性能高效检测装备。由于回收电池片在长期使用后性能存在少量衰减，不同电池片的衰减程度不同，重新组装成光伏电池时易产生电流失配缺陷。新品生产时是通过硅片分选机检测掺杂元素的分布，保证将初始光衰率一致的电池片组装在一起，而对于回收电池片不存在初始光衰问题，因此只能一一检测所有电池片的输出功率，按尺寸和功率将电池片分档，保证生产的光伏电池中所有电池片的功率相匹配，由于检测量巨大，需要研发回收电池片的性能高效检测装备。

3. 目标

1）至2025年，实现光伏电池板实验室级的回收与再利用，开发自动拆解装备的原理样机，制定废旧电池片再利用的相关标准。

2）至2030年，完成可产业化应用的光伏电池板自动拆解装备及电池片高效检测设备研发，实现光伏电池板回收的工程示范。

3）至2035年，建成一批光伏发电设备的回收线，实现光伏电池板的产业化回收。

（三）热固性高分子材料回收技术

1. 现状

回收热固性高分子材料最大的技术难点在于其具有三维交联网络结构，其黏度比热塑性材料高500~1000倍，不熔不溶。破坏热固性高分子复合材料的网状交联结构是实现其再资源化的关键。目前，热固性高分子材料的回收方法主要有机械物理法、能量回收法、热解回收法、化学回收法[20]。机械物理法是将其切碎到一定的粒径后再利用，该方法通常获得的回收产品价值很低且用途很窄，但也有一些研究发现采用合理的粉碎工艺可以部分破坏橡胶、热固性聚氨酯、酚醛塑料等热固性高分子材料的网状交联结构，使其重新获得较强的化学活性从而产生较高的回收价值。能量回收法是通过焚化和焚烧热固性高分子材料获得热量加以利用，处理后的残渣也可作为制作水泥或混凝土的原材料使用，但焚烧过程中会产生有毒烟雾，尾气处理成本很高，且不适用于环氧树脂材料。热解回收法是通过热裂解、气化和氧化将热固性高分子材料分解为小分子物质，但能量消耗大，设备成本高，且设备容易结焦，需定时清理。化学回收法主要用于复合材料的回收，通过气体或化学试剂将复合材料中的树脂基体转变为小分子去除，最终获得其中的纤维材料，该方法包括低温溶解法和超/亚临界流体溶解法，低温溶解法中使用的化学溶剂会对环境产生二次危害，而超/亚临界流体溶解法降低了使用溶剂的环境影响性，是一种清洁生产工艺，具有巨大的发展潜力，但该方法很难回收热固性高分子材料本身，且生产效率较低。

2. 挑战

1）面向回收的新型热固性高分子材料。从设计源头考虑，研发可降解固化剂，在常压下通过环境友好的试剂或微生物破坏其大分子链段的交联键，从根本上解决热固性高分子材料难回收的问题。

2）效率更高、环境友好的机械物理法回收装备。重点突破基于水射流磨碎或机械粉碎的热固性高分子材料规模化回收关键技术与装备，包括粉碎效率与回收收益的协同优化、官能团活化程度随工艺参数变化的规律、规模化回收装备的研发等。

3）超临界流体产业化回收碳纤维增强热固性复合材料的装备。研发可连续回收复合材料的小试和中试设备，采用LCA技术对超临界流体回收工艺进行经济性、生态影响性及环境影响性评估，通过改进结构设计和优化系统布局，并以成本控制为基础，以回收高品质纤维以及回收过程的高效、环境友好为目标，研发可产业化回收碳纤维复合材料的装备。

3. 目标

1）至2025年，将形成规模化的碳纤维增强热固性复合材料超临界法成套回收技术及装备。

2）至 2030 年，实现对橡胶、酚醛塑料、聚氨酯的规模化回收，全面推广相关技术成果，形成其资源循环再利用产业。

3）至 2035 年，基本实现橡胶和碳纤维增强热固性复合材料的回收产能与新增消费量相当，从理论上实现其废弃物的保有量不再增加。

四、技术路线图

再资源化技术与装备技术路线图如图 9-10 所示。

需求与环境
通过环境友好、高效的工艺技术，最大限度地回收废旧产品中可再利用的零部件和材料，或转化为其他可再利用物质与能源

典型产品
电动汽车关键部件再资源化技术与装备
光伏电池再资源化技术与装备
热固性高分子材料回收技术及装备

汽车动力电池再资源化技术
目标：回收政策、标准和回收体系
目标：高效再资源化技术装备
目标：较完备的汽车动力电池再资源化技术体系
动力电池梯级利用技术标准体系
智能化、柔性化的汽车动力电池的自动拆装备
形成动力电池回收产业链
动力电池回收利用技术的标准法规
废旧汽车动力电池及其组件的自动检测装备
动力电池回收利用行业管理政策
废旧动力电池安全储存、运输技术与标准
研发新型动力电池及其材料
动力电池的回收利用市场交易体系建设

光伏电池片再利用技术
目标：电池板实验室级的回收与再利用
目标：光伏电池板回收技术的产业化转化
目标：光伏电池板的产业化回收
开发自动拆解装备的原理样机
可产业化的光伏电池板自动拆解装备
制定废旧电池片再利用的相关标准
回收电池片性能的高效检测设备
光伏电池板回收的工程示范
建成一批光伏发电设备回收线

时间段
2021年　2025年　2030年　2035年

图 9-10　再资源化技术与装备技术路线图

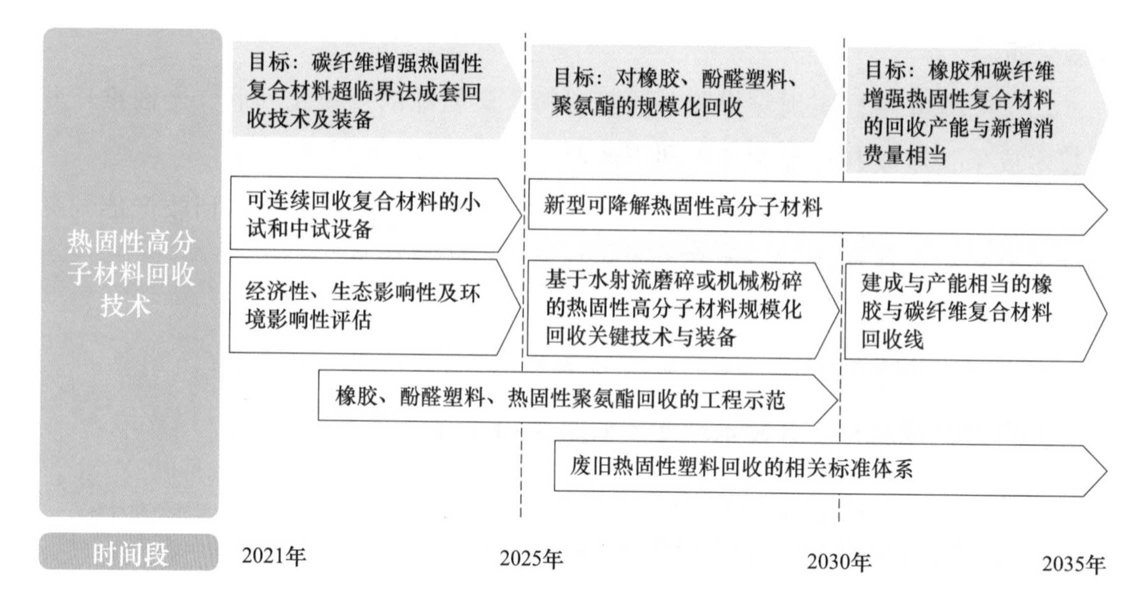

图 9-10　再资源化技术与装备技术路线图（续）

参考文献

[1]　刘志峰，黄海鸿，李新宇，等. 绿色制造理论方法及应用［M］. 北京：清华大学出版社，2021.

[2]　全国绿色制造技术标准化技术委员会. 再制造 术语：GB/T 28619—2012［S］. 北京：中国标准出版社，2012.

[3]　徐滨士. 新时代中国特色再制造的创新发展［J］. 中国表面工程，2018，31（1）：1-6.

[4]　中国机械工程学会. 中国机械工程技术路线图［M］. 北京：中国科学技术出版社，2016.

[5]　朱胜，姚巨坤. 装备再制造设计基础［M］. 哈尔滨：哈尔滨工业大学出版社，2019.

[6]　姚巨坤，朱胜，等. 再制造性工程［M］. 北京：机械工业出版社，2020.

[7]　中国机械工程学会再制造工程分会. 再制造技术路线图［M］. 北京：中国科学技术出版社，2016.

[8]　京津冀再制造产业技术研究院. 中国再制造产业技术发展（2019）［M］. 北京：机械工业出版社，2020.

[9]　冯亮. 基于物联网的再制造物流系统协同管理研究［D］. 西安：西北工业大学，2017.

[10]　全国绿色制造技术标准化技术委员会. 机械产品再制造 通用技术要求：GB/T 28618—2012［S］. 北京：中国标准出版社，2012.

[11]　徐滨士，董世运，史佩京. 中国特色的再制造零件质量保证技术体系现状及展望［J］. 机械工程学报，2013，49（2）：84-90.

[12] 张伟，于鹤龙. 装备再制造拆解与清洗技术［M］. 哈尔滨：哈尔滨工业大学出版社，2019.
[13] 徐滨士，王海斗，朴钟宇，等. 再制造热喷涂合金的结构完整性与服役寿命预测研究［J］. 金属学报，2011，47（11）：1355-1361.
[14] 朱胜. 柔性增材再制造技术［J］. 机械工程学报，2013，49（23）：1-5.
[15] 徐滨士，董世运，朱胜，等. 再制造成形技术发展及展望［J］. 机械工程学报，2013，48（15）：96-104.
[16] 中华人民共和国国务院办公厅. 新能源汽车产业发展规划（2021—2035 年）［Z］. 2020.
[17] 王光旭，李佳，许振明. 废旧锂离子电池中有价金属回收工艺的研究进展［J］. 材料导报 A：综述篇. 2015，29（4）：113-123.
[18] 李佳艳，蔡敏，武晓玮，等. 多晶硅太阳能电池片的回收再利用研究［J］. 无机材料学报. 2018，33（9）：987-992.
[19] 王官格，张华宁，吴彤，等. 废旧锂离子电池正极材料资源化回收与再生［J］. 化学进展. 2020，32（12）：2064-2074.
[20] 刘志峰，黄海鸿，李新宇，等. 绿色制造理论方法及应用［M］. 北京：清华大学出版社，2021.

编撰组

组　长　刘志峰　朱　胜

第一节　刘志峰　朱　胜　黄海鸿　姚巨坤　史佩京　李新宇　李　磊　于鹤龙

第二节　向　东　于随然　李方义

第三节　张超勇　刘　琼

第四节　朱　胜　姚巨坤　杜文博　韩国峰　崔培枝

第五节　史佩京　于鹤龙　韩国峰

第六节　李新宇　李　磊　胡嘉琦　邓梅玲

第十章
Chapter 10

仿 生 制 造

第一节 概 论

近二十年来，仿生制造取得了显著进步。例如，吉林大学研制的仿生石油钻头比同类钻头寿命提高近一倍，研制的仿生微结构表面发动机的活塞平均磨损量减少35%。清华大学研制了仿贝壳液态金属基超灵敏电子皮肤，研制的拟人学生华智冰惊现校园。浙江大学用自己研制的生物墨水及生物3D打印装备初步实现了皮肤、血管、骨骼等的仿生制造。上海交通大学研制的仿人假肢手已开始用于临床。

模仿生物的组织、结构、功能和性能，制造仿生结构、仿生表面、仿生器具、生物组织及器官、仿生装备，以及利用生物加工成形的过程称为仿生制造（Bionic Manufacturing），它包含仿生机构与系统制造、仿生表面制造、生物组织及类器官制造、仿生医疗器械及生物加工成形制造等。

仿生制造是制造科技与生命科技的融合。同时，仿生制造还要与材料、信息、微纳、新能源等技术融合。仿生智能是模仿生物的自组织、自适应、自修复、自调控性能为特征的智能技术。仿生制造的发展趋势是：体现以仿生智能为特征的多学科融合，走向结构、功能及性能耦合的智能耦合仿生制造。

未来，我国国防、工业及民生领域对高性能仿生制造产品有更急迫更广泛的需求，如具有仿生智能减阻、隐形性能的舰船/飞行器；高性能仿生智能机器人/智能车辆/智能康复机器人；智能仿生微纳肠道/血管检测及手术机器人；表面仿生机构及器件，以及智能仿生加工器具及仪器等。据《2020年中国残疾人事业发展统计公报》数据，中国每年约有200万人需要器官移植，但仅有1%的患者进行了此项治疗，仿生假肢/关节/骨骼及人体类器官有广泛的市场。

人类要求仿生制造提供性能越来越优越的产品，仿生制造技术不断面临新的挑战。由于生物进化是一个漫长的过程，仿生制造却要求在短的时间里实现生物进化几十万年才具备的功能及性能，难度之大可想而知。随着现代科技发展，多学科融合仿生技术日新月异，使仿生产品越来越接近生物体的功能及性能，以满足国家及人民的需要。

展望2025，我国的“十四五”规划中，提出加快航空航天航海、高端装备、新能源汽车、生物技术、绿色环保等产业的高性能高质量发展。具有自主控制的仿生智能机器人及仿生假体技术、具有优越减阻及光/热/电功能的仿生表面结构技术、柔性蒙皮技术、仿生骨/皮/器官制造技术，以及仿生医护器具等将取得突破性进展。

展望2030，具有自主感控的仿生智能机器人、微纳仿生医疗检测及手术机器人、高性能表面仿生器具、脑控假肢、自适应仿生椎间盘植入体等关键技术取得创新突破、走向应用并形成产品。仿生自主感控飞行器/航行器将在国防和工程中得到应用，满足国家需求。智能作业及服务机器人、智能无人机械系统、智能无人机等将逐步替代人的生产并进入人们的日常生活。

展望2035，随着仿生制造和生物组织工程技术的发展，包括仿生飞行器和航行器在内的未来智能机器人、表面仿生器件及装备、仿生关节及假肢、仿生皮肤及肝脏等器官将逐步具有自组织、自适应、自修复、自感控等仿生智能。仿生智能机器人将会越来越接近人的真实结构、外观和功能。生物组织及类器官将具有自组织、自愈合、自生长功能并将在修复和替代人类受损器官中发挥作用，为人类谋幸福。

仿生装备制造产业将在我国制造业中占相当的比重，相关产品与装备将成为21世纪人类认识自然规律、改变社会面貌、提高生活质量的重要标志。

仿生制造技术路线图如图10-1所示。

需求与环境	未来市场对装备功能和性能要求越来越高；随着我国经济和社会的发展，人民对生活质量改善的需求日趋增加 仿生产品具有惊人的效果和作用。仿生装备/仿生器具/仿生表面/假肢/类器官等仿生产品具有广阔市场前景	
典型产品或装备	仿生机器人/仿生航行器/仿生器具/太阳能仿生电池/活性骨/仿生假体/仿生医护装备等 装备表面/航行器表面仿生减阻/隐形柔性蒙皮等产品	仿生智能机器人/航行器/表面减阻/隐形蒙皮等产品 脑控假肢/仿生皮肤/心脏/仿生眼等类器官/仿生智能医护装备
仿生机构及系统制造	目标：高性能仿生器具/航行器；自主可控机器人/假肢	目标：仿生智能机构/器具/机器人/航行器/脑控假肢
	仿生航行器/机器人/假手、假肢等仿生原理及自主可控技术	仿生智能机器人/航行器/脑控假肢等自适应/自修复/自调控技术
时间段	2025年	2030年　　2035年

图10-1　仿生制造技术路线图

功能表面仿生制造	目标：高性能减阻/散热/聚光等功能可控仿生表面器件	目标：仿生智能功能（变阻/变光/变热等）表面器件
	高性能表面微结构仿生制造技术	动态自适应性表面仿生制造技术
生物加工成形制造	目标：仿生柔性蒙皮部件、仿生感知阵列化部件	目标：生物成形智能蒙皮仿生感知一体化系统
	仿生蒙皮加工制造技术仿生感知器件阵列贴/封装技术	智能蒙皮成形加工技术仿生感知结构一体化制造技术
生物组织与类器官模型制造	目标：人工关节/骨骼等植入物活性骨/皮肤/血管等活性组织	目标：自组织/自生长/自修复仿生骨/皮肤/血管/类器官
	高品质金属植入物制造技术软组织生物制造技术	聚合物植入物制造技术脏器等类器官制造技术
仿生医疗器械制造	目标：仿生微创手术工具、仿生感知医护装备	目标：仿生智能微创手术工具及多体征医疗护装备
	低损伤柔性微创工具制造技术仿生多传感器融合感知技术	手术工具界面自适应调控技术；智能仿生多体征医护调控技术
时间段	2025年 — 2030年	2030年 — 2035年

图 10-1 仿生制造技术路线图（续）

第二节 仿生机构与系统制造

一、概述

仿生机构与系统制造是基于生物系统的结构特性、能量转换和信息控制原理等，采用工程仿生学原理与方法，设计制造出具有生物特征或功能的机构或系统的过程。

随着科学技术和经济社会快速发展，人们对智能化、人性化、功能化仿生产品的需求迅速增加。在工业、农业、军事、医疗和健康等领域，仿生机械功能部件、仿生健康机械系统和仿生机器人等产业发展迅速，如寿命提高 50% 以上的仿生制动毂[1]和寿命提高93%的钻井用泥浆泵仿生活塞[2]等。同时，智能化、低能耗的绿色仿生机构与系统制造技术也得到了广泛关注。

未来15年，仿生机构与系统制造的主要发展方向是智能耦合仿生。耦合是仿生机构实现生物功能特性的关键，而智能化是集成化的提高和发展，其主要产品如自适应仿生机械及构件、仿生智能假肢和仿生机器人等。多元耦合仿生设计使仿生产品智能化与功能化程度得到极大提升，为智能制造提供全链条仿生技术、产品与装备。同时，智能耦合仿生产品可在水下、深空及地面等极端环境下应用，有望成为国民经济发展新的增长点。

二、未来市场需求及产品

（一）仿生机械构件和机构及功能部件

机械装备构件和机构及功能部件由功能模拟到结构仿生，再到智能仿生，对制造技术提出了越来越高的要求，而制造技术的不断发展也促进了机械结构及功能部件设计的仿生程度。

为满足多物理场、多载荷耦合的复杂服役工况，模拟典型生物应对复杂环境的自适应特性，经仿生设计与制造，将智能耦合仿生技术应用于机械构件与装备，获得良好的环境适应性，在未来先进制造、社会服务和航空航天领域发挥重要作用。如适应复杂摩擦工况的传动系统、超强防护与抗冲击壳体、自变形驱动采样器等高效延寿节能产品。重点发展增材制造与增/减材混合制造，满足三维动能结构和复杂仿生结构与构件生产需求。

因仿生变体飞行器的功能与任务模式的多样性，在军工及民用领域有广阔的应用前景[3]。陆空两栖变体无人机率先实现武器化，仿生变体机构及驱动技术将在大型商用变体飞机及高超声速飞行器上推广应用，如图10-2所示。

深海、远海的探索使得机械装备面临更为严苛的污损、腐蚀环境，对于高效、防污、防腐仿生机械部件的需求更为旺盛[4]。

大力推进仿生技术在农业机械关键核心部件、重大产品中的应用，以降低能耗、延寿增效、机收减损、智能作业，并开展典型应用示范，将引领未来农业发展方向，保障国家粮食安全[5]。

预计到2025年，智能耦合仿生技术可在航天器骨架、机械复杂摩擦系统部分得到应用，为系列仿生关键部件和仿生摩擦学带来创新突破；吸能减振和高效抗冲击技术可显著提升新型装甲、吸能装置和防护构件的服役效能和使用寿命；仿生变体飞行器技术将取得重大突破，支撑变体飞行汽车、多任务模式无人机的创新发展；提出可用于海洋环境作业的高效、防污、防腐仿生泵产品设计；突破农业耕种、植保、收获无人化生产技术及装备参数智能调控。

预计到 2035 年，具有自变形驱动、多激励响应和环境感知功能的智能构件技术将有新突破。变体飞行汽车等未来交通工具开始介入人们的生活，新型变体飞行器实现武器化，用于执行特种任务。高效、防污、防腐泵产品取得市场化应用。智能农业机械作业实现作物及土壤信息自动获取与智能解析、作业机械与耕作环境自适应、作业效果自修正的低耗高效耕种收全链条生产。

（二）仿生健康机械系统

面向“健康中国”发展战略，我国对仿生健康机械系统的迫切需求主要体现在康复、养老及健康工程等领域。目前，多种人工肌肉、上肢假肢、下肢假肢已实现自主设计，主要成果包括智能健康机器人、智能动力踝关节、生机电一体化假肢手、运动储能脚、仿生植入体、助力外骨骼等[6]。

预计到 2025 年，智能型健康机械系统关键技术和产品将得到快速发展，如图 10-3 所示，膝关节假肢已具备人体生物力学的仿生结构设计和高能效的智能驱动系统。届时，集成了驱动、传动和感知功能的智能健康机器人、多功能膝踝一体化假肢、多关节多自由度高灵巧性仿生手、高性能仿生椎间盘、脑控假肢、脑控柔性外骨骼等技术将开始商业化。

预计到 2035 年，仿生健康机械系统朝着智慧型方向快速发展，智慧型意味着系统可自主识别人体运动意图，能重建人体残缺的运动功能，具备自感知、自学习、自调整、自修复的特性，如假肢与人体在活动作业中的实时信号感知与智能控制交互。同时，智慧型仿生健康机械系统将与人工智能、大数据、数字孪生技术进行融合，数字映射与智能交互能力显著增强，人体的身体数据和健康情况可通过健康机械设备，产生更高效的虚拟现实交互。届时，具备数字交互能力的智慧型仿生健康机械系统将成为必备的生活产品，可进一步提高人们的生活健康水平。

（三）仿生智能机器人

近年来，智能控制、多传感器融合、功能仿生等技术明显提高，促进了机器人在自主控制、自主感控及仿生智能方面的快速发展，扩大了市场应用，突破了机器人本体、驱动器、传感器、控制器、伺服电动机等关键零部件及系统集成设计制造等技术瓶颈，面向未来海洋、陆地、深空等广域和极端环境开展仿生智能机器人制造[7]。

预计到 2025 年，具有自主控制的仿生机器人产业化进程加速，成本得到有效控制，自主控制水平提高，应用领域所处环境由常规向极端转换，水下安防与清障、国防应用、深空探测及交通监控机器人将逐渐占有较大市场份额。可能的突破点及主要方向：高性能仿生驱动器、智能化伺服系统、关键零部件设计制造、可自由编程自动化设备、海洋与深空探测自主控制机器人。

预计到 2030 年，模拟生物感知与智能柔性驱动技术[8] 将得到快速发展。自主感控的仿生机器人关键技术，包括仿生感知元件、自适应仿生变构、仿生多感知技术、高性能柔性驱动等取得创新性突破，并将产生走向市场的应用产品，完成更加复杂和精密的任务。仿生深海自主感控仿生机器人可实现跨介质、多个体协同作业，并可多介质超远距离自主识别目标物。图 10-4 所示为具有柔性驱动关节的仿生智能感知机器人。

预计到 2035 年，仿人化程度极高的仿生智能机器人将出现，仿生智能机器人与人类真实外观、结构、功能及性能十分接近，具有更高的环境适应性及人机交互能力，仿人皮肤感知、仿人脑智能处理、仿人情感交互等仿生智能技术得到快速发展，产品及功能多样化，能够满足海、陆、空等多域极端环境作业需求。仿生深空机器人可作为航天员感官和肢体的扩展和延伸，将在极端环境预先探测、人机联合作业、科研站的长期值守与维护方面发挥有益的作用。

图 10-2 所示为自适应仿生变体飞行器；图 10-3 所示为智能驱动型仿生膝关节假肢；图 10-4 所示为仿生智能感知机器人。

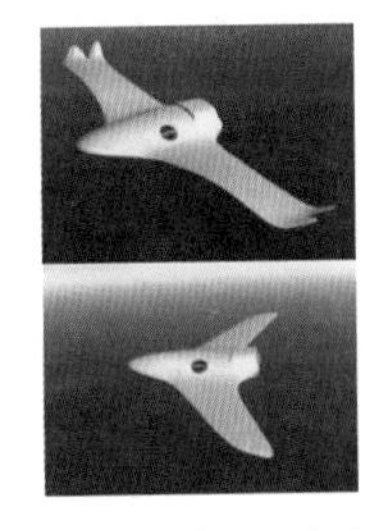

图 10-2 自适应仿生变体飞行器

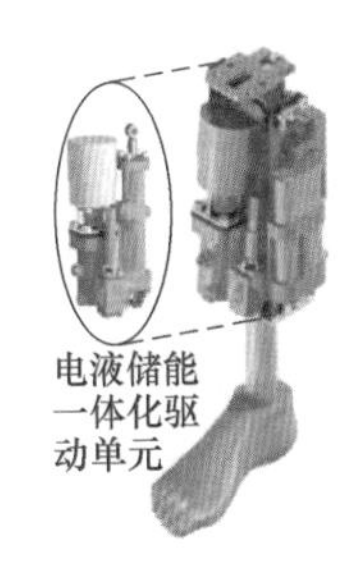

图 10-3 智能驱动型仿生膝关节假肢

图 10-4 仿生智能感知机器人

三、关键技术

（一）自适应功能结构仿生制造技术

1. 现状

基于多元耦合、刚柔协同和智能响应的智能耦合仿生原理，发展多功能、智能型的仿生功能产品是未来机构设计和高端制造的主要目标需求，围绕上述需求的智能耦合仿生制造技术需要解决由智能材料驱动的智能仿生变体机构技术、仿生精细结构4D打印技术、智能多功能材料制备技术以及智能闭环反馈作业实现等关键问题。

2. 挑战

1）面向复杂工况约束和多功能需求的仿生设计尚需解决多因素、多目标的仿生优化和数字建模问题，高精度按需导向的仿生制造尚需加强。

2）以智能材料驱动方式变形的飞行器仿生变体机构，其力学性能尚存在一定缺陷，制备工艺也不够成熟，目前尚不能在变体飞行器上取得实际应用。

3）高效、防污、耐蚀泵由于本体结构复杂，进行仿生设计时，需进一步加强其在复杂结构基础上实现仿生结构的精细制造技术。

4）农业机械作业过程涉及运动构件和触土部件的摩擦磨损、高耗低效等综合问题，仍需要智能化、信息化和自适应机械设计等方面的匹配优化技术的发展。

3. 目标

1）面向2025年，对于关键部件仿生技术难题，需解决仿生自适应理论与关键技术；设计高效、防污、耐蚀泵，完善防污防腐仿生技术，为深海、远海探测提供技术支撑；创成仿生技术在农业机械构件及功能部件设计、制造以及产业化方面得到全面发展，实现农业机械构件及功能部件的智能化、绿色化、高效化的目标。

2）面向2030年，对于机械系统仿生加工及产业化关键技术难题，需开展智能耦合仿生设计，实现复杂工况下机械构件的功效提升及寿命延伸；依托3D/4D打印以及多物理场融合等先进手段与制造技术，获得形性协调的仿生功能产品；开发数字孪生等数字化技术，为新一代智能制造提供全链条仿生技术、产品与装备，实现智能、自适应机械构件仿生加工、制造产业化。

3）面向2035年，对于机械系统智能耦合仿生制造关键技术难题，需解决高效、绿色、自适应智能耦合仿生制造技术，结合信息智能解析、环境自适应、智能闭环反馈等关键技术，应用于智能构件制造及其产业化。

（二）仿生健康机械系统制造技术

1. 现状

仿生健康机械系统，主要指可为人体提供康复辅助、健康维护和健康增强的仿生机械系统或技术装置。仿生健康机械系统利用其精巧仿生机械结构和先进驱动感知系统来补偿或增强部分肢体功能，重建人体的运动生物力学功能[9,10]。目前，此类系统普遍存在机械结构和控制系统复杂、能量效率低、人-机-环境的智能交互性差、运动不自然等关键问题。

2. 挑战

1）现有系统大多依赖电动机和液压等驱动单元进行制动，对系统本体的机械智能特性利用和开发不足，同时驱动单元普遍存在功率质量比小、关节柔性不可调、能量效率相对较低等关键问题，这是实现其稳定、节能、自然运动功能的主要障碍。

2）目前的健康机械系统为保证高速和高精度的性能，结构设计多为刚性机构，无法满足人-机-环境的安全交互性需求。同时，其运动意图识别率低、运动智能调控能力尚不足。因此，仿生健康机械系统刚-柔-软耦合的运动映射机制及人-机-环境的智能交互原理与关键技术，是未来仿生健康机械系统发展面临的主要挑战。

3）神经系统与假肢系统间的信息通道重建与高效可控原理，及其功能集成可控的关键技术亟待突破。获取并精准解析脑神经活动信号，进行脑-机接口的高效通信，实现仿生健康机械系统的“随心所欲”模块化功能，全球范围内均处于探索阶段，其研究非常具有挑战性。

3. 目标

1）面向2025年，对于智能型健康机械系统的仿生设计制造和智能驱动关键技术难题，需结合人体骨骼肌肉系统交互作用原理和运动机制，进行精细化设计，开发具有机械智能特性的仿生健康机械系统本体，进行驱动传动感知一体化仿生柔性驱动单元的集成可控制造，实现仿生健康系统的高效、节能、灵活、自然运动。

2）面向2030年，关于智慧型健康机械系统的自感知、自学习、自调整、自修复要求，需开展复杂环境下仿生健康机械系统的意图识别研究，寻找适用范围更广的意图识别模型。开发新感知替代技术，实现仿生健康机械系统的本体感受，使之真正成为人体一部分。新一代的高分辨率非侵入式双向脑机接口，是实现人体和外部信息高水平交互能力的重要手段。

3）面向2035年，对于智慧型健康机械系统与人工智能、大数据、数字孪生技术融合的趋势，需实现仿生健康机械系统与数字技术的物理数字信息交互，发展仿生健康机械系统与虚拟现实结合技术，匹配相应的触觉、视觉等传感技术，提升系统的认知功能、运动功能和日常训练功能。同时强化仿生健康机械系统与大数据技术、数字孪生技术结合，扩大仿生健康机械系统的使用范围与使用数据，提升人体意图识别的准确率，实时评估和检测使用者的健康状态，提供高质量的运动能效数字健康服务。

（三）仿生智能机器人制造技术

1. 现状

现有仿生机器人已具备基本的自主控制和环境适应能力，但其产业化进程以及适应极端环境的仿生感知、柔性驱动和仿生控制仍显不足，随着科技水平发展与应用环境拓展，仿生机器人的智能化、环境适应性、人机交互能力及拟人化程度需要不断提高，仿生机器人将具有多种复杂极端环境下的感知能力、驱动能力、协作能力、学习能力和执行能力。

2. 挑战

1）因关键零部件、高性能驱动器、智能伺服系统、自由编程控制器等国产化仍显不足，自主控制仿生机器人的产业化进程和成本控制仍面临巨大挑战。

2）自主感控仿生机器人的多传感器信息融合技术、智能柔性驱动技术、自主识别技术、仿生变构技术及执行机构机器人系统集成等将面临挑战。

3）仿生技术和人工智能在智能机器人领域应用有限。接近真实人类的仿生皮肤、仿生脑控、仿生情感表达、仿生人机交互的技术发展缓慢，智能机器人与仿生模本的神似仍有差距，如何提高智能机器人的智能水平和环境适应性将是未来15年面临的挑战。

3. 目标

1）面向2025年，对于自主控制仿生机器人技术提升、产业化加速及成本控制需求，重点突破高性能仿生驱动器、智能化伺服系统、关键零部件设计制造及自由编程自动化设备等关键技术，应用领域向水下安防与清障、国防应用、深海与深空探测及交通监控等极端环境拓展。

2）面向 2030 年，对于自主感控仿生机器人的拟生物感知与智能柔性驱动技术难题，将重点实现仿人脑智能处理、智能感知与控制，提高其观察环境的能力。通过仿生多感知技术融合，实现机器人的智能化运动。通过智能柔性驱动技术，提高仿生机器人的环境适应性。同时，实现跨介质航行器与飞行器跨界面关键技术突破，获得多介质环境的智能识别、自主变构、自适应感控等关键技术。

3）面向 2035 年，对于仿生智能机器人的仿人化程度进一步提升需求，重点突破仿生机器人系统的仿人化智能技术，在仿人体材料与结构、仿人体功能与性能、仿人脑自主学习与适应、仿人情感信息交互等方面取得突破性进展，预计将实现仿生智能机器人需求的个性化和模块化制造。

四、技术路线图

仿生机构与系统制造技术路线图如图 10-5 所示。

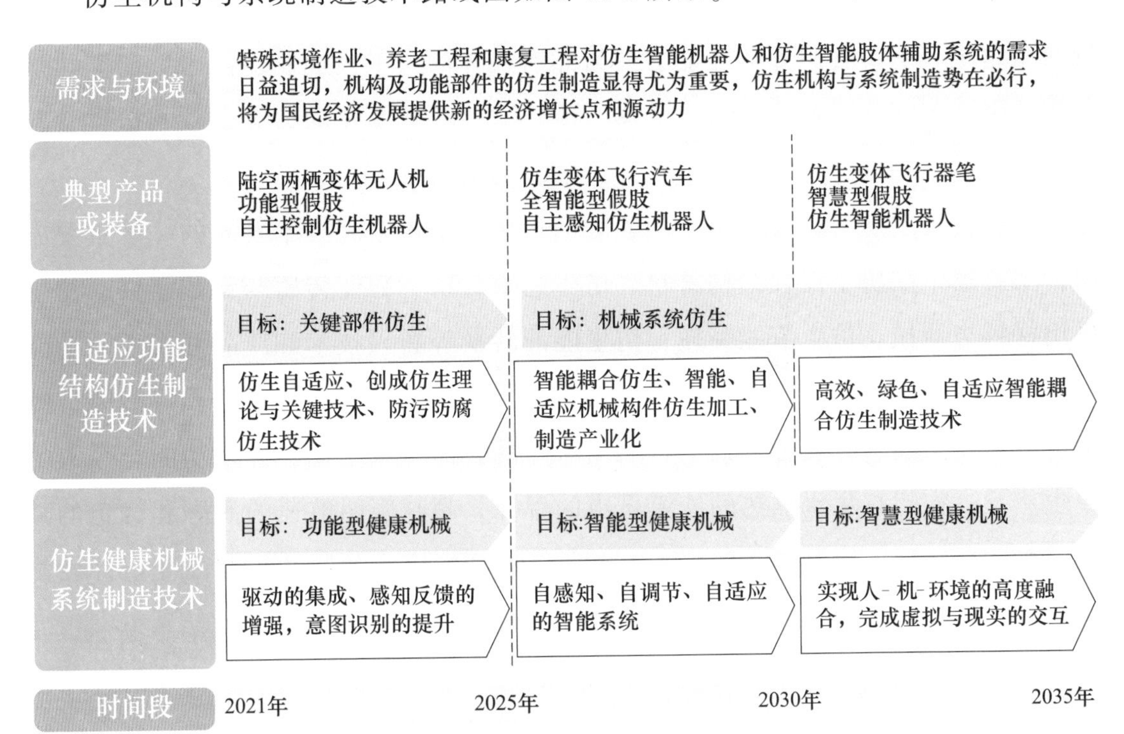

图 10-5　仿生机构与系统制造技术路线图

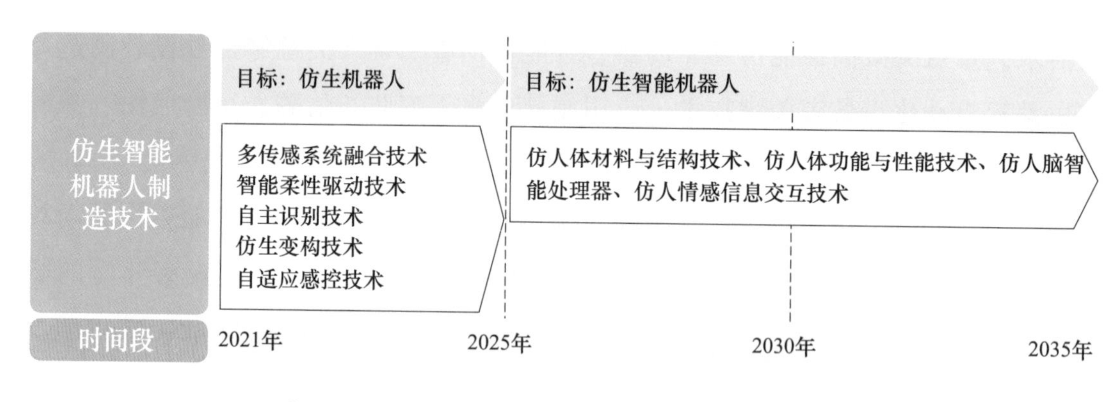

图 10-5　仿生机构与系统制造技术路线图（续）

第三节　功能表面仿生制造

一、概述

功能表面仿生制造是基于工程仿生学原理，致力模仿自然的结构与过程，重现乃至超越具有最佳感知响应能力的自然有机体的人工表面制造技术。研究热点包括减阻、湿润、光电、隐形、散热、传感、能源转换及动力等，是制造科学与生物、医学、物理、化学等多学科交叉融合的前沿领域。

随着科技发展与社会进步，功能表面仿生将是未来高技术发展的一个重要方向，主要集中在仿生工程结构材料、仿生建筑材料、智能传感与穿戴器件、仿生医用材料与器械、仿生节能降耗、仿生能源转换等新兴技术和产品开发上。功能性表面产品结构上具有高度有序、多尺度的层次结构特点，功能上具有智能、动态、可修复、独有或复合特征。自然生命体的表面精致绝伦，许多功能至今人类望尘莫及，如超高集水隔热的沙漠昆虫的甲壳，超越舰船航速的海豚和鲨鱼的减阻表面，高度环境协调的光、声、电、磁传感和响应的生物表皮，高度选择性物质输运的细胞膜等，它们对当今科学研究和技术开发具有重要意义。

未来功能表面仿生的主要发展方向是表面功能仿生的智能系统设计与产品开发，实现感知、行动和适应的功能高度有序集成。关键技术包括表面材料和微结构仿生、表面功能和性能仿生。该技术的发展有望加速智能表面到智能系统的转化，为许多尖端技术领域的发展起推动作用，如远程医疗、微流体、药物靶向、生物分离、清洁发电、环境监测、智能建筑、智能汽车、智能穿戴、仿生无人系统等，可望成为国民经济发展新的增长点。

二、未来市场需求及产品

（一）仿生表面结构及功能部件

仿生表面结构的设计与制备是基于生物体在长期进化与自然选择过程中形成的特定结构。通过人工材料增强、替代形成仿天然结构，是获得其独特功能的重要手段。整体而言，仿生表面结构材料往往具有优异的综合力学性能和其他特殊功能。典型的研究对象包括蜘蛛丝、贝壳、动物鳞片等高强度纤维或片层结构，植物杆组织中的高弹性网络结构以及蝉翅、壁虎皮肤等抗菌微结构等。基于此研发的轻质高强材料、抗冲击抗剪切材料、高弹性气凝胶材料、表面抗菌材料等，在结构强化、防弹防刺装备、表面功能材料领域将具有广阔的应用前景和市场需求。图 10-6 所示为仿生表面结构及功能部件。

预计到 2025 年，面向市场的主要产品有：应用于机械工业、交通运输、体育器械等领域的高性能仿生纤维材料；应用于安全防护、军事装备等领域的防刺防弹材料。同时，在仿生气凝胶和仿生复合材料的高效制备等方面取得突破。

预计到 2035 年，成功实现纳米纤维素等可替代塑料、钢等现有工程材料的高性能仿生材料；在医疗场所、特种装备、应急管理等场合广泛采用表面抗菌材料制品；开发出应用于航空航天、环境保护、电子设备等领域的功能化仿生气凝胶材料器件。

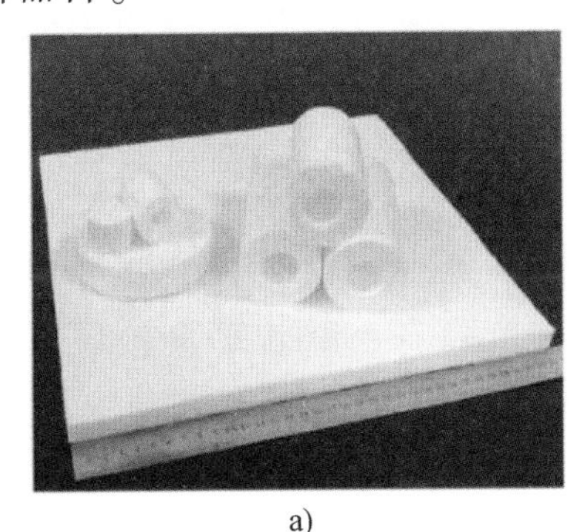

a)

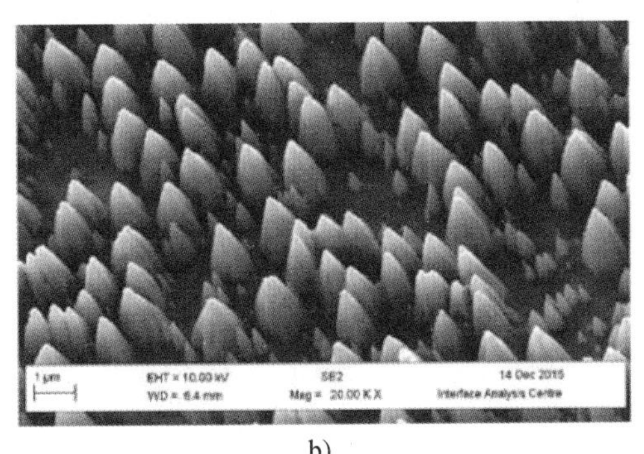

b)

图 10-6 仿生表面结构及功能部件

a）仿生 SiO_2 纳米纤维气凝胶[1] b）仿生微结构抗菌表面[2]

（二）仿生智能表界面材料与器件

仿生智能表界面材料主要通过各种独特的仿生微纳结构，实现润湿、黏附、传感、光电磁热等功能，典型研究如仿翠鸟跨介质航行器表面防浸润减阻、“蘑菇型”黏附传感一体智能拾取机械手、仿贝壳液态金属基超灵敏电子皮肤、受头足类动物启发的自适应红外反射系统等。到 2035 年，仿生功能表面界面在自清洁、仿生智能穿戴传感、仿生电磁隐身、仿生热管理、仿生显示、仿生纺织材料与柔性器件、仿生医学健康材料（仿生医用器械、修复敷料、仿生皮肤、血管）等领域将具有重大市场需求。图 10-7 所示为仿生智能表界面材料与器件。

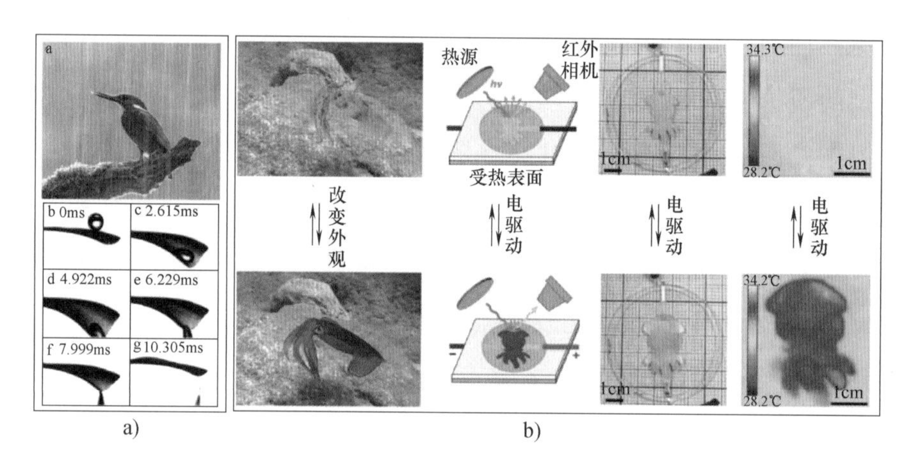

a)　　　b)

图 10-7　仿生智能表界面材料与器件

a）仿翠鸟跨介质防浸润减阻[3]　b）仿头足动物自适应红外反射系统[4]

预计到 2025 年，面向市场的主要产品有温度、湿度、触觉等各类单一特征的仿生传感器，柔性可穿戴健康监测器件、动态可控润湿材料、仿生医疗器械、仿生皮肤血管等。通过模仿生物伪装以及利用光、电子等对材料微结构的加工和调控，结合生物制造技术将会制备出一系列仿生自适应伪装材料及多种自适应伪装产品。例如，模仿生物皮肤表面的微观结构和斑纹，提升迷彩隐身技术、提高隐身能力；通过对变色龙身体表面颜色改变原理的学习，开发自适应变色贴片或者涂层，实现装甲车等设备依据环境的自适应变色隐身；随着军事领域对隐身技术需求的不断扩大，仿生自适应伪装材料和伪装技术的发展也将日趋成熟。图 10-8 所示为仿生智能表界面材料与器件发展趋势。

预计到 2035 年，随着智能技术和智能制造的不断发展，将开发出智能传感、人工智能的多种知觉复合传感的电子皮肤、软体机器人，电磁隐身的仿生自适应

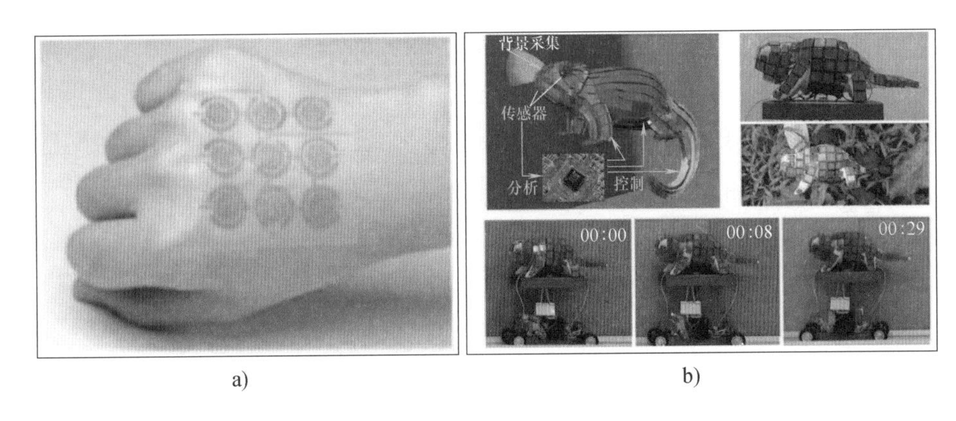

a)　　b)

图 10-8　仿生智能表界面材料与器件发展趋势

a）电子皮肤[5]　b）仿生自适应变色贴片[6]

材料将能够实现真正适应不同温度、湿度及场景的多种环境，以及可见光、红外等多种波段的隐身，真正实现军事设备在战场上的“消失”。仿生自适应伪装材料还可以被应用到日常生活中，通过颜色的改变实现居住环境的多样性变化以及减小特定有害波段的吸收，提高居住环境的舒适性。

（三）仿生表面能量转化与动力部件

随着人类对能源的依赖性逐渐增强，提高能量利用率成为了关注焦点。一方面，生物的能量转换效率仍高于现有技术。例如，荷叶表面具有良好的疏水性能，液滴不易润湿表面，使表面具有良好的自清洁性能，鲨鱼表面高度有序的鳞状脊结构可改变流场的运动状态，使其具有优异的减阻性能。因此，进行结构设计与功能优化，将大大提高能量利用率，典型研究对象包括章鱼爪、鲸鱼鳍、动物牙齿等，研发高效能仿生驱动与传动机构在未来新能源发电、特种机器人、药物缓释等领域具有广阔的应用前景。

另一方面，人类亟需寻找新的替代能源，近年来核能、风能、太阳能电池、潮汐能、锂电池和燃料电池等替代能源技术蓬勃发展。由于目前传统的电极材料无法满足人们对高功率、大容量、高倍率循环性能的能量储存介质不断增长的需求，因此利用仿生结构探索具有高比容量、高倍率循环性能、长循环寿命的电极材料成为研究热点。

预计到 2025 年，面向市场的主要产品有：交通运输领域易抓持仿生机械手、新能源发电领域仿生风机叶片、医药行业的仿生自驱动及药物缓释凝胶等。同时，在高超飞行体表面减阻、热电转换、高比容量、长循环性能仿生电池方面将取得技术突破。

预计到2035年，在应急管理、特种装备等场合广泛使用仿生特种机器人；在医疗场所广泛使用仿生自驱动材料以及人工皮肤、人工肌肉；在军事上基本实现飞机蒙皮表面减阻和水下深潜探测器表面减阻。

三、关键技术

（一）仿生表面结构及功能部件技术

1. 现状

近年来，各类仿生材料表面结构研究不断取得进展。中国科学技术大学开发新型仿生纳米纤维制造方法，获得低密度、高强高韧的尺寸稳定结构材料；Buehler等采用增材制造技术制备仿海螺壳的交叉叠层结构，增强抗冲击性能并揭示其阻止裂纹扩展机制；基于不同的仿生机理，如依靠仿蜘蛛丝、仿类穿山甲鳞片结构等开发系列防弹衣。根据鱼鳞叠层结构设计，湖南大学制备陶瓷-超高分子量聚乙烯（UHMWPE）复合防弹材料；东华大学制备出具有高弹性、耐疲劳以及表面耐火隔热性能的SiO_2纳米纤维气凝胶材料；国内外不同研究团队基于蛾眼、蝉翅、壁虎皮肤等制备的具有微结构的仿生表面均具有一定的抗菌性能。

目前存在的主要问题包括：针对结构、强度与功能协同化机理研究有待深入；仿生材料存在制备难度大、成本高、稳定性不足的问题，不利于工业化生产和大规模应用。

2. 挑战

（1）仿生制造技术复杂、成本高　微纳制造技术不能满足工业化生产，刻蚀方法不易控制，精确性难以保证，光刻对模板的需求也导致工艺进一步复杂。而借助超临界方法或冷冻干燥技术的气凝胶材料制备工艺也存在效率低、成本高的问题。

（2）仿生功能表面材料环境适应性不足　材料性能往往与成分和微观结构联系紧密，工作环境中的热量、光照、振动、磨损等因素都会导致性能降低，甚至器件失效。

3. 目标

（1）三维结构仿生材料规模化制造技术　改进加工设备或寻求新的制备方

法，优化生产工艺以实现高效低成本的工业化生产。如三维结构的多尺度精确制造，开发适用于常压干燥技术的仿生气凝胶体系。

(2) 环境适应型与环境调控型仿生表面制造技术　提升复杂环境下的表面性能稳定性，减少服役损耗导致的材料失效，延长仿生器件使用寿命，实现对光照、温度、湿度等环境自适应调控。

（二）仿生智能表界面材料与器件技术

1. 现状

目前，仿生智能表界面材料与器件的研究主要集中在仿生器件的结构设计、柔弹性材料、阵列集成上，成果颇丰。浙江大学研发出柔性三维力触觉传感器；清华大学仿照贝壳研制出液态金属基超灵敏电子皮肤；中国科学院王中林团队研制了系列基于动态摩擦自发电型的可拉伸电子聚合物材料，实现了电子触觉皮肤传感器自供电。仿生自适应伪装技术是将具有自适应伪装特性（如表面形貌、功能结构等）的生物作为参考样本，通过模仿来制造具有自适应伪装性能的材料或者相关结构件。其相关理论初步建立，如生物复制、光电调控、智能感知等，部分关键技术有所发展并成功制造出相关材料，在军事迷彩等方面获得应用。

总体来说，目前还存在以下主要问题：对生物原型理解不够深入，完全仿造生物特性难度极大；仿生表面性能较为单一，结构与功能复合集成是技术难点，智能化产品是发展新趋势。

2. 挑战

1）对生物体表面结构与特殊功能的对应关系研究不够深入，传感原理较为简单，灵敏性差、响应速度较慢、稳定性差、能耗高；柔弹性不够，不能很好地覆盖在复杂三维表面；难以剪裁和拼接，可扩展性能较差；自修复性能有限，难以实现智能修复。

2）性能较为单一，亟待智能表界面物理感知、高效响应与驱动、智能修复、自供电等创新设计及多性能集成。

3）已有研究主要集中在材料、传感单元结构设计及制造上，对信息化和智能化关注较少，需要研究更多智能算法以实现智能识别与感知。

4）目前仿生电磁隐身材料结构较为复杂，制备成本较大且无法满足大尺度制备，需解决制备难度较大的问题。光电调控目前依旧针对特定频段进行调控，很难做到多频段乃至全频段调控，进而实现多频段或者全频段自适应隐身。在仿生电磁隐身材料使用过程中需配合外部装置一起使用，无法满足应用与实际需求。

3. 目标

1）深入开展仿生传感原理研究，设计更多类型的仿生传感器件，对传感的灵敏度、响应速度、鲁棒性等进行提升，以获得可商业应用的柔性传感器件。

2）结合纳米材料、水凝胶等新兴材料，依托精密增材制造以及多物理场融合等先进手段，实现多种智能表界面物理感知、高效响应与驱动、智能修复等创新设计与集成。

3）与信息通信、人工智能等技术融合，实现智能识别和感知。

4）优化仿生电磁隐身材料，降低现有材料结构的复杂程度，突破跨尺度、大尺度制备。探究先进光电调控技术，实现材料微观领域的精确调控，达到材料对全频段的自适应隐身。探究并设计新的改变仿生材料电磁特性的方式，简化附加的外部装置，甚至不再需要外部装置配合使用，使其满足应用需求。

（三）仿生表面能量转化与动力部件技术

1. 现状

近年来，仿生表面能量转化与动力部件的研究取得了多方面进展。加拿大布鲁克大学设计焦耳热控制液晶弹性体柔性表面，能够模拟出不同生物运动形式的电驱动软体机器人，驱动表面具有大幅度宏观可逆形变。中科院苏州纳米所从材料核仿生结构出发，构筑离子液体充填的电化学人工肌肉纤维，具有理化性能稳定性。青岛大学研制出一种响应性水凝胶片材，具有转换预存储的热能或化学能来积聚弹性能，并具有通过超快捕捉变形快速释放能量的能力，有望应用在组织工程、软体机器人和有源植入物中制造驱动材料。东华大学开发了光热效应驱动的智能游动装置，关键技术是光热驱动仿生表面张力梯度即马兰戈尼效应驱动微流体自循环。美国麻省理工学院等设计了仿生太阳能驱动高效界面蒸发系统，将光能吸收、树形蒸发、绝热体核热集中器集成设计界面蒸发层，有望广泛应用于海水淡化、污水处理、工业蒸馏领域。南方科技大学通过水热工艺制备了仿生稻草状的Co掺杂Fe_2O_3束，并用作锂离子电池的负极材料，表现出超高的初始放电比容量和循环稳定性。图10-9所示为捕捉变形的图解说明，图10-10所示为太阳能蒸发装置的仿生设计示意图。

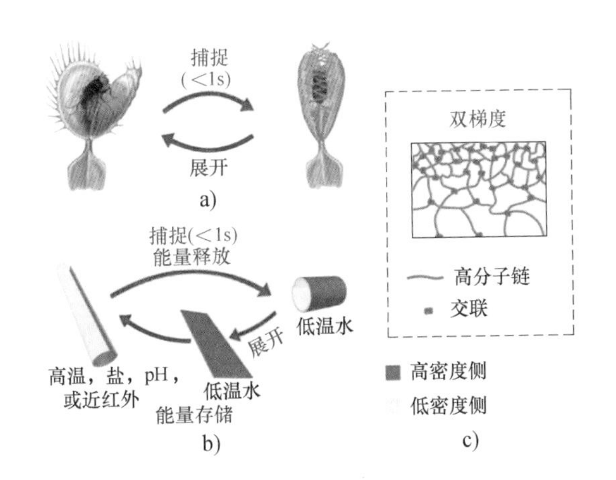

图 10-9 捕捉变形的图解说明[7]

a）捕蝇草的捕捉行为 b）双梯度水凝胶片的储能和释放 c）双梯度水凝胶的横截面

图 10-10 太阳能蒸发装置的仿生设计示意图[8]

a）植物中水的蒸腾过程 b）表面碳化的双层木结构在有水时会抽水并产生蒸汽

2. 挑战

1）仿生能量吸收转换输运表面技术在大能量输入、低电压驱动、快时间响应、宽温域服役、长时自驱动等关键技术尚需取得突破。

2）在智能表面系统中，从质量/能量流与产生/传输信息，以及外部物理/化学的输入智能响应，努力实现感知、行动和适应功能的有序集成。

3）仿生表面能量转化和动力部件的工程化，包括材料、结构与性能一体化的集成设计与制造技术。

3. 目标

1）深入揭示仿生表面能量转换驱动机制，实现仿生结构“形神统一”。

2）优化仿生表面能量转化部件的结构和提升动力学性能。

3）开发系列高效、低成本的仿生智能驱动、智能感知、智能行动和智能适应的仿生动力部件。

4）在仿生机器人、海水淡化、智能穿戴等领域，形成重大产业化突破，如太阳界面蒸发系统仿生设计、大面积量产、自然条件下高效自运转。

四、技术路线图

功能性表面仿生制造技术路线图如图 10-11 所示。

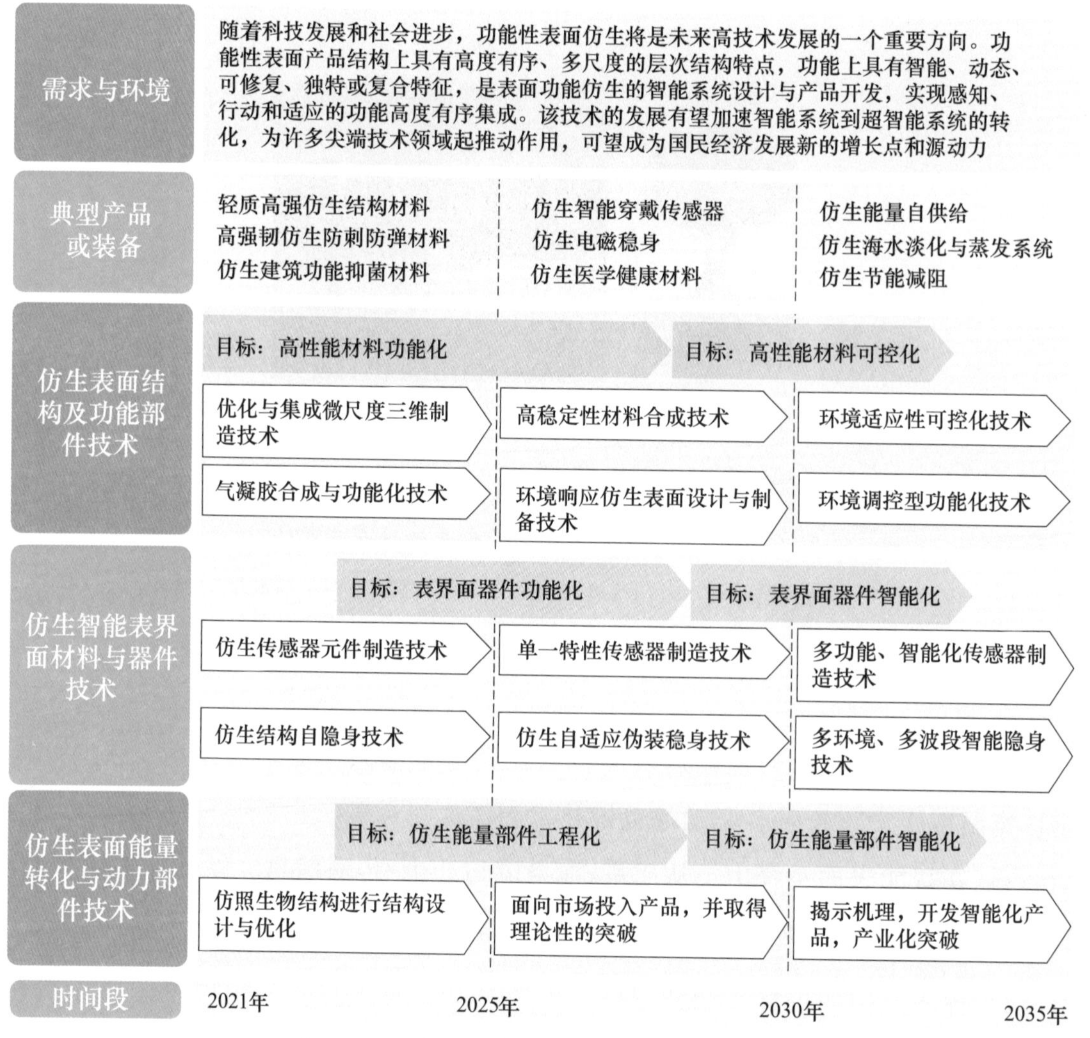

图 10-11　功能性表面仿生制造技术路线图

第四节　生物加工成形制造

一、概述

资源利用与环境恶化已经成为亟待解决的现实矛盾，人类对自然的不合理改造行为正以前所未有的速度使环境恶化，急需寻找与自然环境相融的新途径，以保证人类可持续发展。生物作为自然界中最复杂、最珍贵的物质形式和自然资源，智能使自然界发生两个阶段的人为变化，一个阶段是人类认识、改造自然的发展延伸，产生不断丰富的人工产品；一个阶段是人类认识自身发展的可持续性，生产环境友好的替代品和资源可循环的副产品。生物加工成形制造正是在这种大循环基础上产生和发展起来的新制造领域，目前呈现三方面发展趋势：一是利用生物形体结构，低消耗、可再生、可循环制造产品，即基于生物结构原型的生物加工成形制造[19]；二是利用生物过程原理，低消耗、高质量、高效率制造产品，即基于生物过程原理的仿生加工成形制造[20]；三是利用生物感知原理，智能、高效、平稳地调控制造与产品过程，即基于生物感知原理的仿生感知制造系统。

近年来，为提升航空航天等高端装备的制造水平，深化发展了生物加工成形制造新技术。如北京航空航天大学发展出细胞内约束成形纳米功能微粒技术，促进锂电池电极效率提高 20%；发展出的仿生波动加工技术，使钛合金、高温合金的切削速度提高 3 倍以上；发展出的仿生凸起感知结构制造技术，使流场感知能力提高 30%以上。

生物加工成形制造与智能制造及微纳制造交叉，促使生物加工成形向智能微纳仿生制造方向发展，体现在智能可更高效适应自然、微纳可更细化利用自然、仿生可更持续融合自然的新理念。生物加工成形制造向智能化、微细化、系统化方向发展的宗旨是不断深入系统挖掘自然生物各层次、各属性的新知识与新资源，变为可设计、可利用的绿色工具，不断提升人类与自然和谐相处的效能与水平。

二、未来市场需求及产品

陆海空交通工具依然是人类活动的必备工具，自然生物运动体的柔性化、轻量化、智能化结构给交通工具仿生设计制造提供了自然绿色的参考范本。未来在产品结构性能设计、制造性能设计、回收性能设计全生命周期性能设计中，将不断深化利用生物生存原理、生物生长原理、生物感知原理，利用生物仿生制造交通工具的柔性化蒙皮、轻量化构件、智能化部件等产品。

（一）生物构造变体柔性化蒙皮

基于生物结构原型的生物加工成形制造，是直接利用自然生物在长期进化过程中形成的最佳环境适应性、能效最优性的微纳多尺度结构与表面来制造高效能、多功能的产品。如直接利用微生物标准外形以及内部亚结构制造出高性能的电磁微粒[21]、基于微生物的微机器人、鲨鱼皮复制减阻表面、猪笼草复制液体定向搬运表面等。

自然生物具有独特的外形、多尺度的表面形貌、复杂的功能结构，可以实现减阻、自洁、电磁波吸收与感知、防附着、防护等一系列功能。生物加工成形制造的生物形体基产品与常规产品相比，具有更复杂的微结构（如多级结构、多尺度结构、多层阵列结构等）和更丰富的功能（如轻质高强、减阻功能、耐磨功能、光学功能等），在高端生物资源产品中具有广泛的应用前景。而且，生物材料来源方便、可循环再生，将其直接应用于机械产品中可开发出功能齐全、应用范围广泛的生物基蒙皮材料。以生物基材料来制造电磁吸波蒙皮、减阻节能蒙皮等产品，在低能耗、低污染、低成本以及产品高性能等方面已经显示出诸多优势，因此生物基功能蒙皮材料的应用前景广阔。图 10-12 所示为轻质高强变体柔性吸波蒙皮。

预计到 2025 年前，利用生物成形技术，通过对生物基功能微粒、功能表面可控制造，可制备出一系列生物基功能蒙皮产品，如轻质高强变体柔性吸波蒙皮可提高未来航空器隐身性以及增升减阻性能；减阻自洁蒙皮可降低航行器航行阻力，提高航行速度；防护透气保温宇航服，可提高服装舒适度；隔热散热防护涂层可提高产品耐环境性能等。随着市场需求不断加大，生物成形制造将逐步规模化和产业化。

预计到 2030 年，生物成形技术将与智能材料技术更有效的结合，通过对生物基材料形貌、结构等智能控制，生产出自适应智能生物基蒙皮产品。智能生物基蒙皮作为高科技产品的重要组成部分，将进入商品市场及人们日常生活。

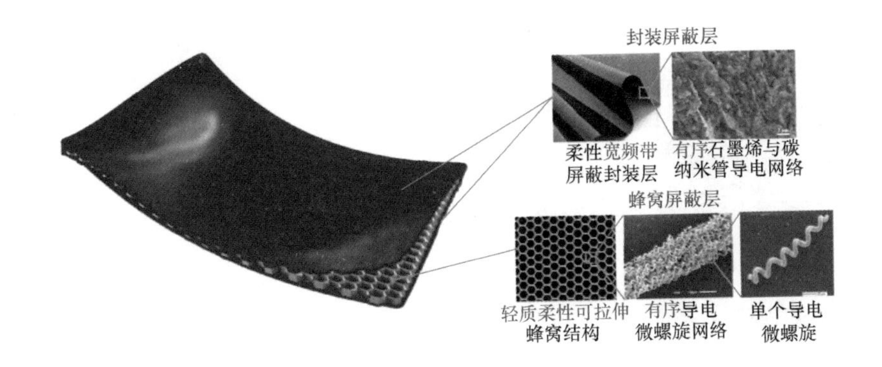

图 10-12　轻质高强变体柔性吸波蒙皮

（二）仿生加工成形轻量化构件

生物体具备多级分形组织结构，其仿生设计材料的构形能够在同等质量条件下得到更高的动、静强度，从而在同等动、静强度要求条件下通过减轻质量来实现轻量化的目标。未来的陆海空交通工具组成构件的制造主要通过仿生材料成形和仿生切削加工来实现。图 10-10 所示为仿生加工成形轻量化构件结构要素。

预计到 2025 年，通过仿生结构机理的揭示、仿生结构与制造工艺路线的设计，实现轻量化构件构形的功能化。针对复合材料的成形工艺，形成具备仿生结构特征的立体结构单元，实现其静强度、抗冲击、抗压缩和抗弯曲等力学性能的功能提升；针对金属材料的切削加工工艺，形成具备仿生结构特征的表面及亚表面结构单元，实现其静强度、疲劳寿命等力学性能的功能提升。

预计到 2035 年，以特定产品的功能需求为牵引，通过与智能制造技术融合，实现轻量化构件构形的可控与智能化。针对复合材料的成形工艺，形成针对集中载荷区、结构薄弱区的特定仿生结构增强的智能立体结构单元，实现特定部位和结构的定向增强与轻量化；针对金属材料的切削加工工艺，形成针对集中载荷区、结构薄弱区的特定仿生结构增强智能表面及亚表面结构单元，实现特定部位和结构的定向增强与轻量化。仿生加工成形轻量化构件结构要素如图 10-13 所示。

（三）仿生感知制造智能化部件

面对自然环境和生物间的复杂生存竞争，生物进化出功能特异的感知器官以

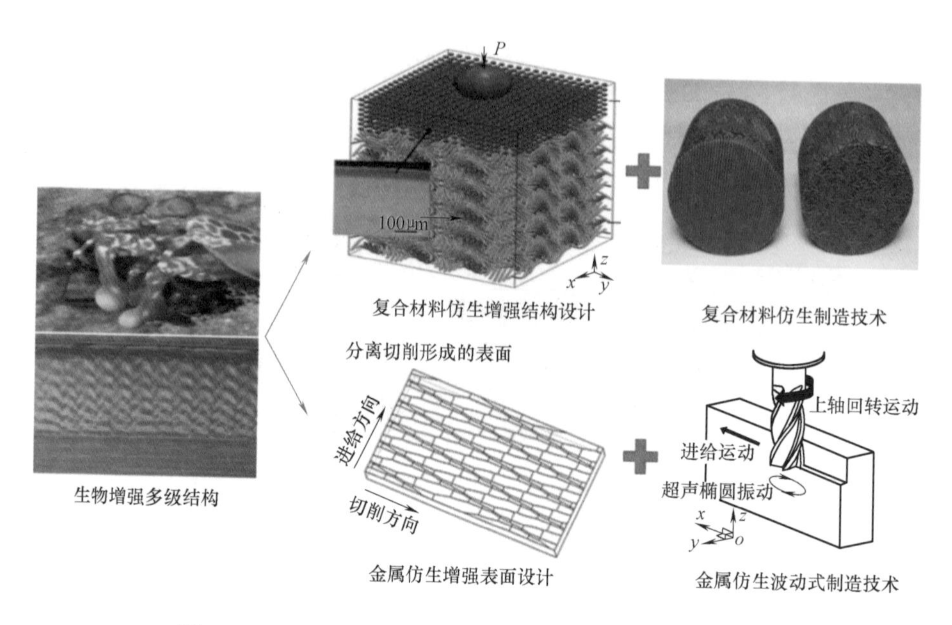

图 10-13 仿生加工成形轻量化构件结构要素[22]

实现对外部环境和自身状态的实时感知，并展现出高灵敏、阵列化、低能耗等特征，为仿生制造智能化部件提供灵感源泉[23]。仿生感知的智能产品基于其创新感知原理、复杂增敏微结构、分布式智能单元，可以实现触觉感知、流场感知、仿生视觉、仿生听觉、生化分析等一系列功能。而且在微机电系统、智能物联网、柔性混合电子技术等高速发展的基础上，仿生感知智能部件必将在高灵敏、宽量程、高冗余、低能耗、低成本等方面显示出诸多优势。图 10-14 所示为典型仿生感知制造的智能化部件结构要素。

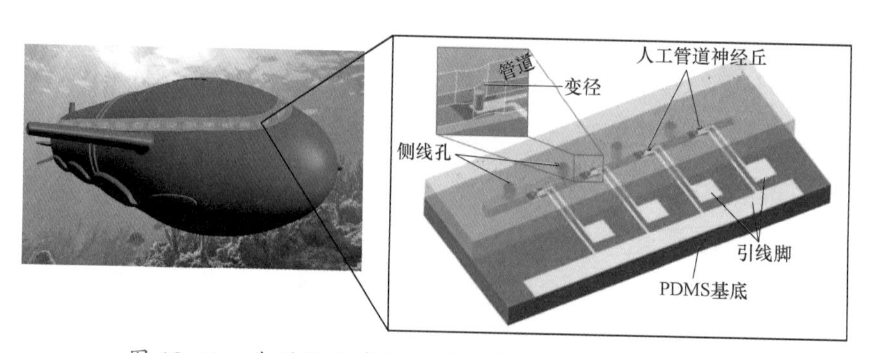

图 10-14 典型仿生感知制造的智能化部件结构要素

预计到 2025 年，利用仿生感知制造技术，传感器性能将进一步提升，并制备出一系列仿生智能单元与部件，如仿生触觉智能部件以实现集成压/滑/温多模式感知人机交互；仿生电场感知单元辅助机器人协作控制；仿生味嗅觉感知的化学传感器用于河流和大气环境监测；仿昆虫复眼光学导航器件提升航空航天监测与光学导航能力。随着市场需求不断加大，仿生感知制造产品逐渐进入人们的日常生活。

预计到 2035 年，通过嵌入体智能或柔性混合电子的手段，仿生感知制造技术与人工智能技术将得到更有效结合，形成仿生分布式智能系统。如仿生红外和视觉系统成为无人驾驶的核心组件；仿生分布式大气数据系统成为无人机的必备系统；仿鱼类侧线的水下流场传感系统实现对水下航行器的流场辅助控制；融合仿生传感器与硬件 AI 技术产品广泛应用于物联网终端。

三、关键技术

（一）生物智能成形构造技术

1. 现状

生物成形技术是将具有优势特性（如标准外形、多尺度亚结构、功能表面等）的生物样本直接引入成形过程，作为构形模板来制造功能微粒、结构、表面及器件。其基本理论框架已初步建立，如生物约束、生物复制、生物变形、生物组装成形等，部分关键技术已经获得突破并在功能材料、减阻表面、功能蒙皮等方面获得工程应用。下一步需发展有序复杂结构与功能可控的资源循环型生物智能成形技术，提高生机电复杂智能产品的性能和自然相容性。

2. 挑战

1）对生物原型样本形状、尺寸、强度的可控性较差；面向应用对象的生物原型样本自适应、自匹配、可控制备及智能成形能力需提升。

2）生物复杂形体、结构、表面的有序自组装成形技术仍待突破；智能感知、自修复等功能蒙皮性能有待提高。

3）将生物成形拓展到不同目标产品后，参与生物种类增多导致系统匹配设计与低成本制造难度增加。

3. 目标

1）实现对生物模板复杂形体的可控制备、有效筛选和批量成形，直接获取满足后续加工成形需求的生物复杂功能结构。

2）建立功能高度集成的复杂表面结构生物成形技术，制备出智能感知、自修复新型复合功能材料结构及器件。

3）在产品制造中实现生物成形技术的智能化和无人化，最终实现机械制造的高性能以及节能、环保目标。

（二）仿生智能加工装备技术

1. 现状

仿生加工技术是运用仿生学原理，从几何、物理、材料等角度借鉴生物体的能场效应和创成规律设计构建加工工具进行加工的方法，是制造方面的新领域。仿生加工技术自问世以来，从最初的对生物表面的简单模仿（仿植物叶片表面刀具、仿蜣螂背板刀片等），到对生物几何构型（仿蚊子口器针头、仿蚯蚓肌肉钻头等）、材料结构（仿贝壳珍珠层陶瓷刀具、仿河狸牙齿切刀等）、波动界面（仿食虫波动加工、仿口器波动加工）以及移动系统（仿生爬壁加工）的模仿，以自然万物为研究对象，尺度从宏观到微观，力求高性能、长寿命、低能耗、智能化仿生加工。今后仿生加工技术需要加强工具表面形态仿生、几何构型仿生、能场智能仿生，以提高加工装备生产高附加值产品的制作能力。

2. 挑战

1）自然生物加工过程中机械要素微观、复杂，其工作原理细微、动态表征困难，需要不断发展先进测试方法与仪器。

2）仿生加工工具界面能场极端、复杂，其内部规律精准、动态测试困难，需要不断发展仿生加工过程中的仿真技术。

3）仿生加工装备系统运动柔性、结构复杂，其运动过程精密、快速控制困难，需要不断发展仿生加工装备智能控制技术。

3. 目标

1）深化研究并揭示生物加工机理与生物加工系统工作机制。

2）系统建立仿生加工工具设计理论，优化仿生加工参数，提升仿生加工效能。

3）形成仿生加工能量、装备结构运动的智能控制方法，开发高效、低成本仿生智能加工装备。

（三）仿生智能感知制造技术

1. 现状

为实现类似生物感知的高灵敏度、高分辨率、低能耗等功能，需要神经生物学与微纳制造领域交叉融合，带来智能感知的设计创新和性能突破。然而，现阶段仍面临生物感知的微结构增敏新机理有待深入揭示、智能感知系统的低能耗仿生方法有待突破、仿生感知结构的三维集成制造能力有待提升等方面的问题。

2. 挑战

1）自然生物感知结构的增敏原理揭示是难点，神经感知的融合信息解调运算机制分析也是难点，相关表征与分析手段需加强。

2）分布式嵌入体仿生传感、人工智能硬件的专用功能与低能耗设计方法也是难点，相关耦合设计与智能控制理论需加强。

3）基于多能场的多尺度、大面积、三维化仿生感知结构制造是难点，相关微纳材料、微纳器件、微纳系统一体化制造技术需加强。

3. 目标

1）突破超灵敏仿生感知的基础理论问题。

2）实现仿生传感器与硬件 AI 系统的一体化融合设计，实现系统功能与低能耗方面的突破。

3）突破大面积微纳三维结构制造及其在智能化部件上的嵌入成形与封装技术。

四、技术路线图

生物加工成形制造技术路线图如图 10-15 所示。

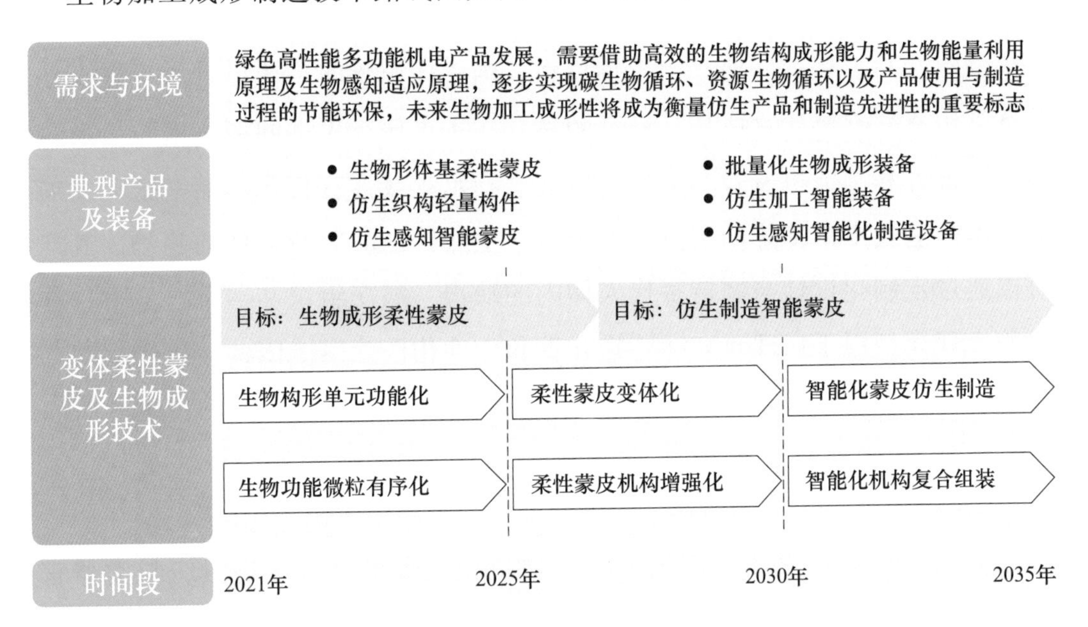

图 10-15　生物加工成形制造技术路线图

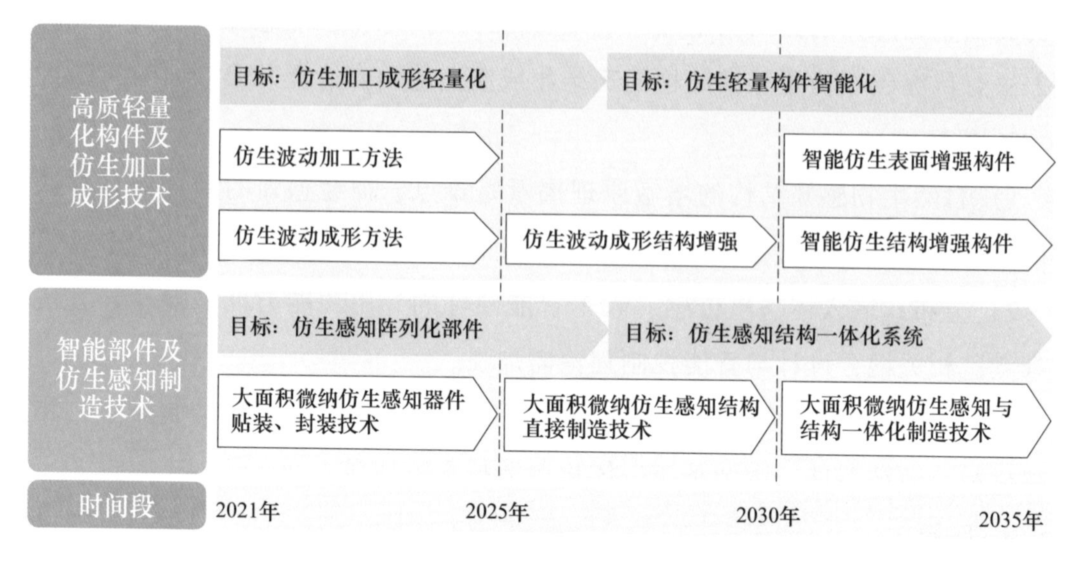

图 10-15　生物加工成形制造技术路线图（续）

第五节　生物组织与类器官制造

一、概述

生物组织与类器官制造是用生物材料、细胞和生物因子构建具有生物学功能的人体组织或器官替代物或仿生模型的过程。重点研究先进制造技术与生命科学相结合，设计和制造机械式和类生命体的生物组织或器官替代产品。这一发展方向显示出制造技术由传统的工业产品制造向生命体产品制造拓展的趋势。其产品既可以通过定制化设计与制造替代人体内的缺损、病变组织和器官，又可以作为人体的生理模型用于病理研究、药物开发和个性化医疗等。因此，生物组织与类器官制造将极大地推动医疗器械产业发展，为人民健康提供新型的仿生产品。

二、未来市场需求及产品

21 世纪，生命科学和生物技术将引领科技发展潮流。生物组织与类器官制造是制造技术与生物技术密切结合形成的一个新兴交叉方向，临床需求巨大。例如，中国每年约有 200 万人需要器官移植，但只有不到 1%的患者能够获得治疗，世界发达国家将其确定为优先发展方向给予重点支持。例如，美国哈佛医学院与麻省理工学院合作成立了组织工程与器官制造实验室，研究心脏、肝脏、皮肤、骨骼、膀胱等组织与器官的生物制造方法。美国国立卫生研究基金、药监局、国防部联合40余家制药企业成立类器官模型芯片研究联盟，直接投入超过5亿美元，用于建立基于类器官芯片的新一代药物测试体系。目前，除了脑及部分内分泌器官外，人体大部分组织器官几乎都有了可替代的人工组织，其产值约占全球生物医学工程产业的15%，人造组织器官的潜在市场每年高达4000亿美元。

生物组织与类器官制造的发展趋势体现在三个方面。一是所制造的组织类型从硬组织拓展至软组织。在过去数十年中，以金属或陶瓷材料制造的各类骨组织替代物迅速发展，并得到广泛应用，而肝脏、心脏等器官中软组织的力学特性对制造技术提出了更大的挑战，准确构建这些活性软组织成为生物制造领域发展的重要趋势。二是设计主题从结构向生物活性与功能性方向发展。制造技术不但要制造出组织和器官的外形支架结构，满足外形结构和力学性能的需求，还要制造出满足细胞和组织生长所需的支架内部微结构，满足生命体生长的生物循环系统的需要，支持再生医学的发展。三是应用目标从替代人体组织和器官拓展至构建体外类器官模型。这一新型生物制造产品在药物开发、病理研究和生物学研究中得到应用。生物组织与类器官主要包括植入物（非活性组织）、活性组织和类器官模型三类，在设计、制造和临床应用上都面临新的发展机遇，未来会有越来越丰富、高性能的相关产品出现在市场上。

（一）植入物

植入物是当前仿生制造领域在临床应用最广泛的产品类别，它采用非活性的生物材料制造人体骨组织的替代物，植入后可替代缺损骨组织的功能。随着精准医疗理念的深入，未来临床对高性能、低成本、个性化植入物具有显著需求。

预计到2025年，将形成面向金属材料植入物的设计、制造和临床全流程的质量评价体系和标准规范，个性化金属植入物产品走向产业化应用；以聚醚醚酮为代表的高性能聚合物材料及其复合材料、梯度材料等伴随制造技术新工艺发展应用于植入物，逐步建立相关质量评价体系。

预计到2035年，以聚醚醚酮为代表的高性能聚合物植入物将实现大规模产业化应用；发展出能够在植入后感知自身和周围组织状态或植入后可与人体组织自适应匹配的智能化植入物产品。

（二）活性组织

活性组织如人工皮肤、眼角膜、脑膜、骨、软骨、膀胱、血管等目前已有产品应用于临床或进入临床试验阶段。例如，可降解血管支架已经上市，这些活性组织植入体内后能促进或诱导宿主组织生长，并最终转化为人体组织。近年来生物制造技术的发展为复杂器官的制造提供了基础，如美国科学家采用浸没式打印技术构造了一颗活性心脏的主要结构。

预计到 2025 年，将实现典型内脏器官（肝脏或心脏）三维结构的设计，实现多细胞体系的微结构制造和细胞组装技术，在实验室制造出功能简单组织支架或活性类内脏器官。

预计到 2035 年，将完成大部分内脏器官三维结构设计，在新型生物材料研发与干细胞定向诱导分化技术突破的基础上，通过体外培养环境调控，制造出具有复杂结构和特定生理功能的类内脏器官（如具有代谢功能的肝组织），并开始进行大型动物试验研究。

（三）类器官模型

类器官模型是通过仿生制造技术构建的具有器官特定结构和功能特征的三维组织培养模型，在准确复现人体生理环境和器官功能的同时，避免动物模型的诸多问题，极大地提升医学研究和药物开发等的效率，因而在生物医学领域有重要的应用前景。类器官模型常与微流控芯片结合，由培养腔和微流道系统支持多个独立模型或互动模型的培养与观测，进一步提升模型培养与观测的效率和准确性。类器官模型，特别是类器官芯片诞生，作为一大类平台技术已被应用于多种单独器官和多器官互动模型的构建，在药物开发与评价相关产业得到长足发展。未来十余年内，这些产业将对类器官模型的准确性、集成性、可靠性等方面提出更高的要求。

预计到 2025 年，将构建准确模拟天然器官和组织层级结构与力学特性的微观环境，促进类器官模型的成熟度，并使其功能更接近于天然器官和组织；类多器官芯片将融合高性能的生物分子检测系统，从而实现对各个器官生理状况和对所施加药物的实时、高精度监测。

预计到 2035 年，单一类器官模型在药物评价中成为药物开发和监管中的常规手段；类器官模型的制造将不仅实现活性组织结构，还将实现组织中复杂的活性血管网络结构，复现器官发育和疾病发生、发展的复杂机理；甚至可以模拟人体生理系统的类多器官芯片，这将成为药物开发和评价中的常规工具和个性化精准医疗的标准工具。

三、关键技术

（一）植入物设计与制造技术

1. 现状

传统标准化植入物的制造技术已十分成熟，个性化钛合金植入物（图 10-16）在增材制造技术的支撑下已实现较大范围的临床应用，现已处于产业化发展的关键阶段。而新型高性能材料和制造工艺的发展将提高植入物的安全有效性，降低个性化植入物成本。例如，聚醚醚酮个性化植入物（图 10-17）已进入临床，相比于传统钛合金材料，聚醚醚酮成本低、力学性能与骨接近，有效避免了钛合金植入物存在的应力屏蔽等问题。

图 10-16　多孔钛合金植入物

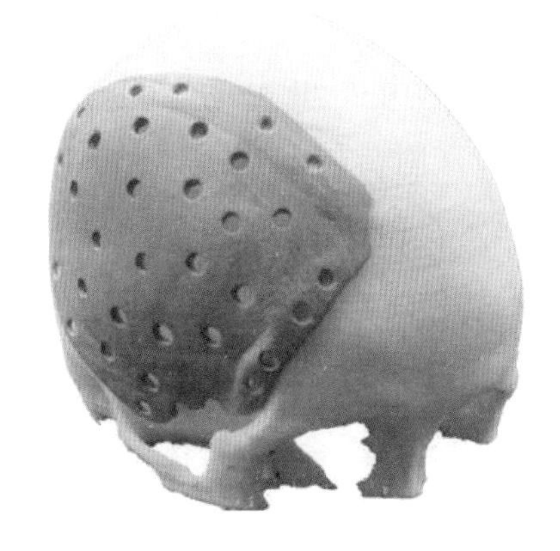

图 10-17　聚醚醚酮颅骨植入物

2. 挑战

1）植入物在植入人体后难以快速与人体骨组织和周围软组织形成生物融合，需解决植入物材料性能和生物功能与人体组织匹配的问题。

2）现有个性化植入物制造方法的精度不足，尚不能用于人工关节等需要加工精度和表面质量的植入物的制造。

3）植入物的智能感知和自适应调控机理认识不足，需开展智能化植入物的设计和制造技术研究。

3. 目标

1）建立多材料、复合材料和梯度材料植入物的设计理论与制造技术，实现植入物与人体组织的生物融合，使植入物在人体内长期有效服役。

2）研制出增减材一体化制造等适用于个性化高精度植入物的加工技术，在表面质量和制造精度上满足含关节摩擦面植入物的制造要求。

3）研制出能够在人体内部检测植入物应力、应变、温度等的智能化植入物，实现植入物在人体内服役状态的长期原位检测。

（二）活性组织设计与制造技术

1. 现状

简单活性组织的制造已取得长足发展并有诸多应用，但复杂内脏器官支架的设计与制造仍面临挑战，这促使新的技术概念开始应用于复杂器官制造。2019年 *Science* 期刊连续报道了基于细胞打印技术的心肌、肺脏单元等血管化器官的制造。细胞与器官打印技术目前已成为复杂器官制造的有效方法，特别是随着新型生物材料的研制成功与干细胞研究的持续突破，如结合诱导性多能干细胞（Induced Pluripotent Stem Cells，IPSC）打印技术与诱导分化调控技术有望成为复杂内脏器官制造的前沿技术方向。从临床应用角度，由于细胞、生物因子来源等基础生物学和伦理等问题，细胞打印技术向产业发展将面临医疗安全等制度制约，需要研究形成支撑医疗器械监管的科学体系。未来10年，无细胞组织支架是产业化的主要技术方向。国内通过对无细胞气管支架的设计制造，实现其在气管狭窄治疗的临床应用，保证了临床的安全有效。图10-18所示为3D打印气管支架修复气管狭窄。

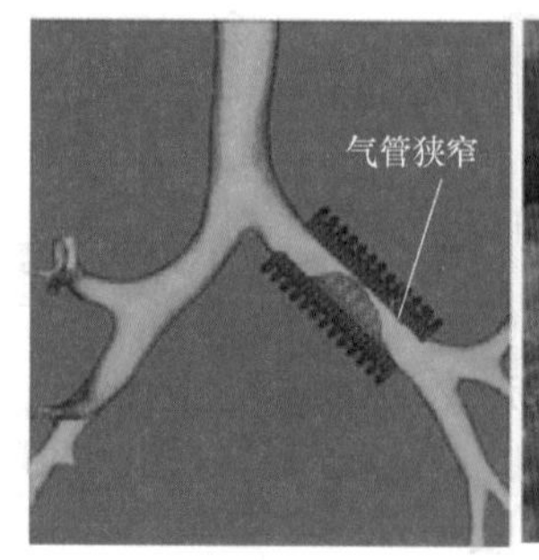

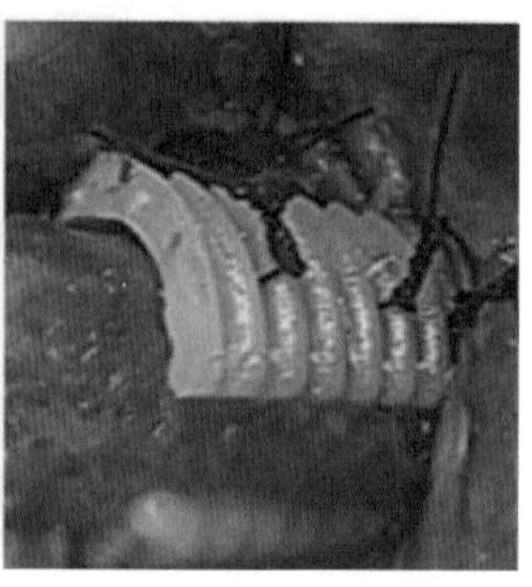

图10-18　3D打印气管支架修复气管狭窄

2. 挑战

1）复杂组织器官微结构系统仿生设计技术。需要认识微结构系统与其生物学功能的关系。如研究微观结构设计对营养传递、细胞增殖与血管化的影响。需要基于对结构-组织相互作用机理的认知，开展复杂活性组织宏微纳多尺度结构设计方法的研究。

2）细胞、支架的一体化制造仍然困难，限制了活性组织的制造效率，需要研究多基质、多结构、多细胞体系的可控制造技术与装备。

3）临床应用中，生物安全和生产质量是国家药品监管部门关注的重点。在产品发展过程中，需要建立监管科学体系，支撑药监部门对产品有效性和安全性的评价和注册。

3. 目标

1）活性软组织的功能和可靠性得到充分验证，实现大规模的产业化应用。

2）实现复杂内脏器官支架微结构系统的仿生设计、制造以及多细胞体系的可控组装，构建出具有生物活性和仿生循环系统的类内脏器官前体。

3）通过支架结构调节干细胞的分化，培育出具有特定生理功能的活性类器官。

（三）类器官模型设计与制造技术

1. 现状

类器官模型可以在体外复现器官的特征结构与生理功能，正在发展成为病理研究、药物筛选等领域的重要工具。这些模型可与微流控芯片结合构成类器官芯片，实现高通量的检测。在类器官芯片中，三维活性组织主要通过细胞自组装和细胞/生物材料打印的方式构建（图 10-19），功能性微纳结构（如培养腔、微流道、驱动器和传感器）主要通过增材制造、光刻和软光刻、激光加工、热压印等方法制造。类器官芯片需要保证模型在结构及物理、化学因素的长期作用下按照设计分化、生长、发挥生理功能，芯片中的动态、传感结构等还应按照设计以实

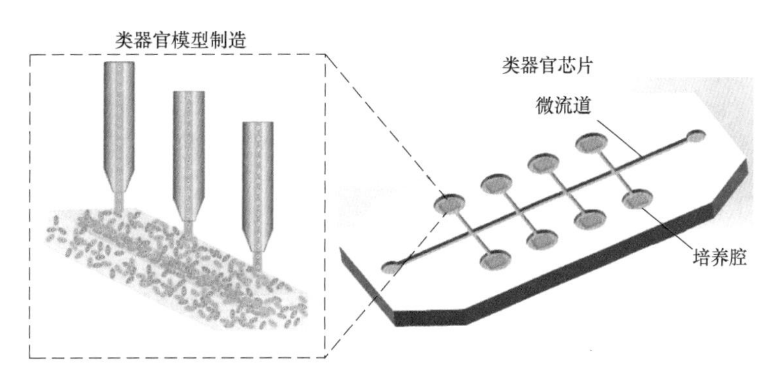

图 10-19　类器官模型制造与类器官芯片

现对活性模型的主动调控与监测。因此，类器官芯片这一多功能微纳结构/活性生命系统融合的特性对三维类器官模型和芯片结构的设计和制造研究提出了极高的要求。

2. 挑战

1）微纳结构与三维组织模型的相互作用机理有待深入研究，由于其难以指导芯片中微纳结构的合理设计，从而限制了类器官模型的分化、生长和功能表达。

2）由于类器官芯片要求在三维微纳空间中构建多种材料的复合结构，其高精度、高效率制造仍是一大难题，这就要求发展新的生物制造技术。

3）在类器官芯片中融入实时原位监测系统是其推广应用的一大需求，这就需要在芯片中设计和制造出与三维组织模型结构特征和力学特性等方面匹配的微纳尺度传感元件和检测单元。

3. 目标

1）基于微纳结构及微环境对三维组织模型影响机理的认知，运用多种生物制造技术，设计并制造出能准确诱导类器官模型分化和功能表达的芯片结构。

2）发展具有原位检测功能的多器官芯片制造技术，验证类器官模型芯片替代传统动物模型、二维细胞培养的可行性和评价、检测、评价结果的准确性与可靠性。

3）建立类器官模型芯片发展成为药物评价与病理研究基本工具的标准规范。

四、技术路线图

生物组织与器官制造技术路线图如图 10-20 所示。

需求与环境	随着人口的老龄化，工伤、交通事故和自然灾害的增多，各种组织与器官的需求量日趋增加。如何提供满足人体功能需求的生物组织与器官、准确构建人类器官的体外模型成为制造技术面临的挑战和机遇
典型产品或装备	植入物（非活性组织，如人工关节、金属人工骨等）；活性组织（如活性骨、人造血管和人造皮肤、人工肝组织、人工心脏组织等）；类器官模型（如类肝脏芯片、类心脏芯片、类多器官芯片等）

图 10-20　生物组织与器官制造技术路线图

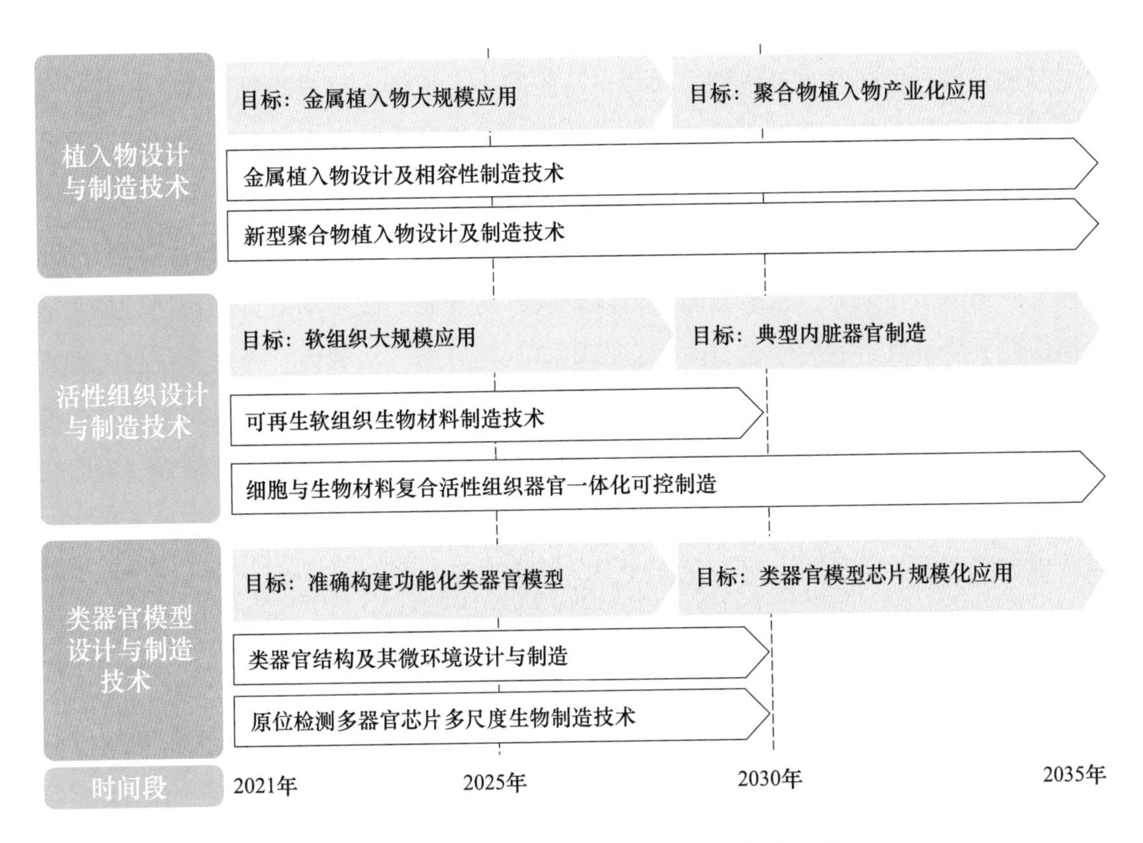

图 10-20　生物组织与器官制造技术路线图（续）

第六节　仿生医疗器械制造

一、概述

中国每年的手术数量居全球首位，对医疗器械的需求量极为庞大。然而我国的高端医疗器械市场一直被国外企业垄断，国产设备所占比例不足10%，因此，亟待自主创新发展高端医疗器械。我国老年人口年均增长将超过1000万，医疗健康带来的医疗器械与装备市场需求十分广阔，国家“十四五”规划也提出要突破高端医疗设备核心技术。对于柔软或坚硬的人体组织、封闭或曲折的人体空间、自由或复杂的人体运动，医疗器械的设计不能沿用传统的机械设计理念，必须医学与多种学科交叉，特别是与仿生学科交叉，以推进技术及仿生产品的创新。

近年来，我国加大了高端医疗器械的自主研发，取得了显著的技术突破，如天津大学与山东威高公司联合开发的“妙手S”腹腔手术机器人已进入临床试验阶段；上海交通大学研制的仿人假肢手已开始用于临床；北京航空航天大学研制的骨科手术机器人已进入产业化培育阶段。

仿生医疗器械制造体现三方面发展趋势：在手术工具方面，从机械上、界面上、载能上向仿生柔性关节、精准刀面、智能控制方向发展，使手术工具抵达性、加工表面损伤性、能量供给适应性显著改善；在靶向工具方面，从载体、释放、位控方面向生物活性载药、精确靶向释药、定点趋向场控方向发展，使靶向工具组织相容性、有效吸收性、有效抵达性显著改善；在监护系统方面，从人体适应性、携带性、融合性方面向仿生自由任意活动、人机一体便携、代谢通透舒适方向发展，使监护系统工具运动相容性、生活便利性、持久安全性得以显著改善。

二、未来市场需求及产品

人们对高端医疗器械的需求不断扩大，对器械灵活性、生理相容性以及控制智能性等提出了更高要求。自然生物体的柔性、亲和性、自适应性结构给医疗器械仿生设计制造提供了人体相容的优势模本[32,33]。未来在器械结构、操作、生理等性能设计中，将不断深化利用生物机械原理、生物活性载体、生物感知原理制造仿生手术工具、靶向给药工具、健康监护系统等医疗器械产品。

（一）仿生智能化手术工具

随着国民健康需求不断提升，精准医疗已成为国家战略，对手术器械提出了器械表面功能化、微创手术精准化、器械智能化的高要求。目前，功能化表面技术已广泛应用到电刀、植入物等表面，使其具有防粘、生长诱导等功能；以达芬奇系统为代表的手术机器人已成为微创手术的主体；超声骨刀采用高强度聚焦超声技术，缩小微创手术的创口，极大地提高了手术的精确性、可靠性和安全性。近年来随着材料学、微纳制造技术的发展，智能化、精准化逐步成为手术工具器械的发展趋势。图10-21所示为仿生智能化手术工具及相关场景。

预计到2025年，面向智能化的发展方向，使传感、驱动技术日趋小型化、集成化。按需集成力觉、嗅觉、视觉等感知的手术器械，可以减轻医生负担并提升手术质量。面向生/机接触表界面的功能化需求，界面黏附、湿滑等调控机制将日益普及，依靠微纳结构/材质协同调控的仿生手术器械将广泛应用。

预计到2035年，术中物理、化学量的原位检测技术进一步提升，分子原子级实施检测分析将成为现实，手术器械趋于多功能集成智能智慧化和表面结构材料智能化，按术中环境条件实施功能自适应调控。

图 10-21 仿生智能化手术工具及相关场景

（二）生物载药智能化工具

靶向给药相对于传统化疗，能更高效地将药物输送并富集在病患部位，延长药物作用时间，降低了药物在全身的不良反应，为肿瘤治疗提供新的发展方向[34,35]。其中，生物混合的靶向载药体系以生物材料（细胞、藻类、细菌等）或者仿生结构（仿精子、仿螺旋藻、仿细菌鞭毛等）为基础，经过不同程度的设计与巧妙“伪装”，因充分利用其固有的本质特征而具有更大优势：取材方便，生物相容性好，大多为软材料，可最大限度地降低对周围组织的损伤等。目前需要发展建立可在生物流体内实现可控导航到达深层的病灶、针对不同生理或病理情况完成刺激-响应型的智能化释控、可正常代谢分解，充分发挥药物疗效的靶向体系。图 10-22 所示为生物载药智能化工具应用场景。

预计到2025年，主要研发稳定的高通量制备方法；探究新的主动靶向、理化靶向方法；提高药物包覆率与降低载药体系的整体细胞毒性；完成对载药系统的均一化筛选；进一步明确靶向过程与靶向机制；探索远程触发、多重响应的控制方法。

预计到2035年，主要研究人体内复杂环境生物载药体系的靶向与治疗效果；整合导航与定位技术，实现高分辨率、高运动精度的控制。

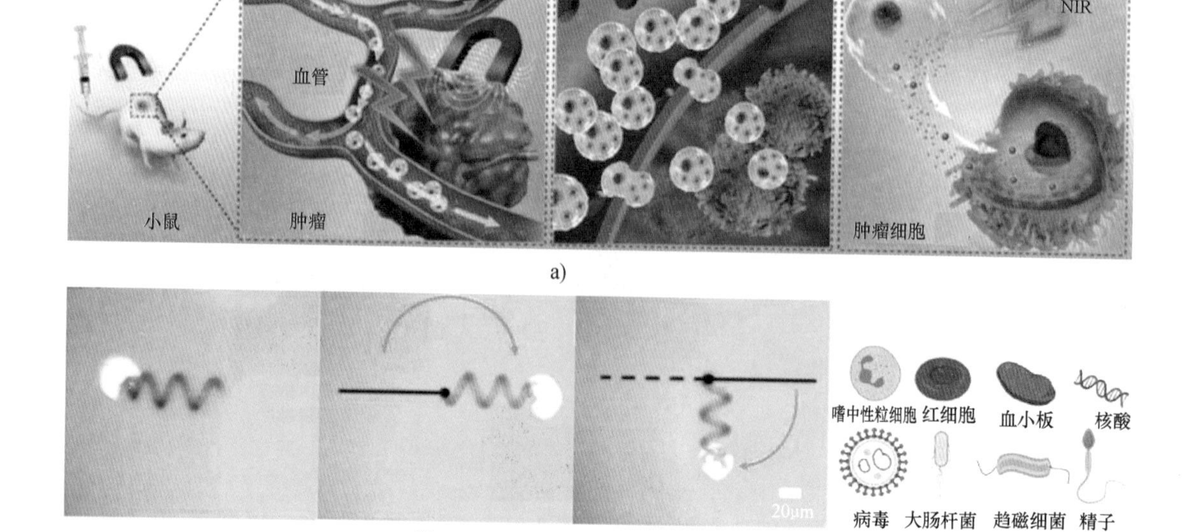

图 10-22　生物载药智能化工具应用场景

a）磁化细胞机器人在小鼠体内靶向与治疗过程　b）光电镊旋转基于螺旋藻构建的微机器人

c）其他智能化生物载药的生物材料与创意原型

（三）穿戴感知智能化系统

传感器、微电子和生物技术的高速发展，使穿戴感知智能化系统，生机融合、脑机交互器件和系统取得持续突破[36]。目前，集成了呼吸、心率、血糖传感与无线通信功能的柔性电子器件已应用于早产儿监护、运动健康监测等方面。美国 Second Sight 公司所开发的 Argus Ⅱ的网膜假体仿生眼 2013 年就获得美国食品和药物管理局批准，并已应用于临床。2020 年脑机接口初创公司 Neuralink 将集成了各种传感器和无线通信功能的脑机接口芯片植入猪脑，脑机交互硬件与人工智能技术的高度融合，为脑疾病的监护与治疗奠定了基础。图 10-23 所示为穿戴感知智能化系统应用场景。

图 10-23　穿戴感知智能化系统应用场景

（香港科技大学的 3D 人工眼球）

预计到 2025 年，脑机接口方面的神经电极、信息与能量刺激及人工微生机电系统技术高速发展，植入式柔性脑监护、脑康复的健康监护完成临床试验；极高像素的仿生视网膜植入式产品向临床普及；可穿戴汗液体液监测获得广泛应用。

预计到2035年，人脑解码完成，能完成多种脑和神经系统疾病的治疗；高性能仿生眼和仿生耳等植入式系统在临床中普及，达到接近人类眼睛和耳朵的感知能力。

三、关键技术

（一）手术智能仿生工具技术

1. 现状

手术工具的工具头与人体组织直接接触，目前主要依靠人手操作器械进行手术，手术的安全性得不到保障，包括：利用手术工具夹持软组织时存在表面结痂黏粘、撕裂出血、烫伤而导致手术事故；利用手术工具切割硬组织时存在切割效率低、切割稳定性差、切缘组织碳化结痂。提高手术工具的智能化水平，并引入仿生理念，是解决这一问题的有效途径，如利用高频电刀仿生界面防黏实现“电烧止血而不结痂”；利用超声骨刀仿生高频冲击提效实现“高效切割而不失稳”；通过智能载能控制实现“柔性精准切割而不烫伤”[37]。因此，发展高质高效的智能仿生手术器械是未来手术工具发展的需求与挑战。

2. 挑战

1）手术工具与软组织、骨组织等生物组织间的能量交互控制难，容易出现组织损伤。

2）手术工具界面多场设计理论复杂，其性能稳定性很难得到全面保障，易产生安全隐患。

3）手术工具的使用场合对其形状、体积和功能有特殊要求，全自动智能化精准控制实现困难。

3. 目标

1）深化工具-组织界面的生物表征及交互作用机理，借助仿生理念，解决手术工具“界面滑黏、碳化结痂”的关键技术问题。

2）深入研究手术工具仿生设计理论，准确把握设计参数对手术工具的影响机制，确保器械性能稳定，降低安全隐患。

3）研究智能化手术机械臂，将机械臂与手术工具高效融合，针对不同对象自动选取合理工作参数，从而实现柔性、精准的智能化手术操作。

（二）给药智能操作工具技术

1. 现状

随着微纳米技术、材料科学、生命科学的不断发展，越来越多的纳米药物与微纳机器人在靶向给药方面表现出巨大的应用潜力。生物安全性、运动可控性、足够的穿透深度与可控释药是影响靶向给药的关键问题。目前的生物靶向递送系统大多处于实验室探究阶段，主要包括利用靶部位自身的病理生理环境进行内源性驱动或磁场、光场、电场等外源性的驱动，完成对抗癌药物、生物制剂与工程化干细胞等的递送，其中大多进行到动物的体内实验阶段，缺少人体体内实验。因此，发展适合应用于人体的安全高效、易于精准控制的给药系统是未来给药智能操作工具技术的需求与挑战。

2. 挑战

1）在工程化制备方面，需要结合组织工程与纳米工程完成稳定的量产，并需探究微纳机器人均一化（活力好、载药率高、易驱动等）筛选方法。

2）在精准控制方面，亟需探究更多的适用于人体部位的控制机制；运动速度需要提升并结合导管、内窥镜等穿透深层组织；配合多种成像方式进行可视化追踪；深入规划智能和机器学习完善路径。

3）在生物安全性方面，面临药物泄露、载体引起易位血管栓塞与滞留、发生免疫反应与代谢问题。

3. 目标

1）建立适用于人体体内的集驱动/生物安全性/载药率高一体化的智能给药系统制造方法。

2）在复杂、动态的人体临床实验中，规避障碍物到达靶向部位，通过群控实现定量、可视的药物释放，实时监测及智能靶向给药。

（三）监护智能穿戴感知技术

1. 现状

随着社会老龄化的日益加剧和个性化医疗的发展趋势，面向医疗健康的智能感知器件与系统成为人类社会的普遍需求。基于可穿戴技术的血压、脉搏、心电监测逐渐成熟，亟需向标准化方向发展。而基于体液、汗液、尿液的智能穿戴感知，因其电化学监测原理的局限，仍面临检测灵敏度、准确性、长时可靠性方面的挑战；集成光学原理的柔性电子技术具有高精度的感知能力，但面临集成化、小型化等方面的技术难题[38]。

2. 挑战

1）在体征健康监护方面，面临血压、脉搏、血糖等常规监测信息的标准化挑战。

2）在感觉器官康复方面，面临仿生眼、仿生耳、植入式电刺激器的高分辨率、长时可靠性与生物兼容性问题。

3）在脑机接口控制方面，亟待高密度神经电极及可植入人工智能芯片技术的突破。

3. 目标

1）实现多体征感知融合的传感及专用集成电路的集成制造与封装。

2）实现面向脑健康与脑存储的高速、高精度智能穿戴感知系统。

四、技术路线图

仿生医疗器械仿生制造技术路线图如图10-24所示。

需求与环境	人口老龄化、工伤、交通事故和自然灾害等因素，使得人们对医疗技术有紧迫的需求。微创手术与健康监护为解决该需求提供了可能，而关于微创手术工具优化与健康监护系统的仿生技术及产品将惠及千家万户	
典型产品及装备	仿生智能化手术工具(仿生微创手术工具，包括软组织低黏附电刀、硬组织强力超声骨刀、防滑脱夹钳等) 生物载药智能化工具(生物靶向给药工具，包括磁场操作式、化学诱导式、生物识别式等) 穿戴感知智能化系统(健康监护感知系统，包括体征穿戴式、感觉器官仿生式、脑机接口式等)	
手术智能仿生工具技术	目标：工具表面功能化制造，能量精准低损伤控制	目标：智能化表面介质调控，能量无损伤控制
	结构功能能量一体化仿生设计制造及控制技术	智能化界面介质、能量传输结构制造及控制技术
时间段	2021年　2025年	2030年　2035年

图10-24　仿生医疗器械仿生制造技术路线图

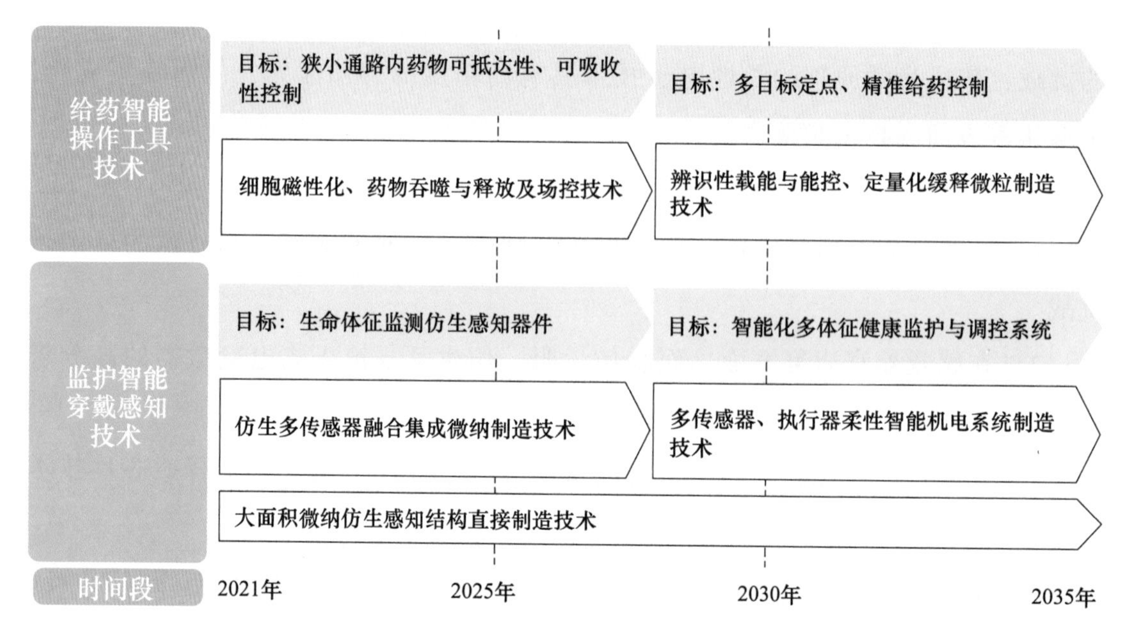

图 10-24　仿生医疗器械仿生制造技术路线图（续）

参考文献

［1］ 宋起飞，刘勇兵，周宏，孙娜，任露泉．激光制备仿生耦合制动毂的摩擦磨损性能［J］．吉林大学学报（工），37（05）：1069-1073.

［2］ 孙艺文，汝绍锋，丛茜．仿生凹坑形钻井泥浆泵活塞磨损寿命试验［J］．石油学报，2017，38（002）：234-240.

［3］ LI D C，ZHAO S W，ANDREA DA RONCHB，et al. A review of modelling and analysis of morphing wings［J］. Progress in Aerospace Sciences，2018，100：46-62.

［4］ LI Z H，GUO Z G. Bioinspired surfaces with wettability for antifouling application［J］. Nanoscale，2019，11（47）：22636-22663.

［5］ LI M G，RAO U M，DEEPAK B B V L. Review on application of drone systems in precision agriculture［J］. Procedia Computer Science，2018，133：502-509.

［6］ ASANO Y，OKADA K，INABA M. Design principles of a human mimetic humanoid：Humanoid platform to study human intelligence and internal body system［J］. Science Robotics，2017，2（13）：eaaq0899.

［7］ 门宝，范雪坤，陈永新．仿生机器人的发展现状及趋势研究［J］．机器人技术与应用，2019，5：15-19.

［8］ 宋爱国．机器人触觉传感器发展概述［J］．测控技术，2020，39（5）：2-8.

[9] MENDEZ J, HOOD S, GUNNEL A, et al. Powered knee and ankle prosthesis with indirect volitional swing control enables level-ground walking and crossing over obstacles [J]. Science robotics, 2020, 5 (44): eaba6635.

[10] WITTE K A, FIERS P, SHEETS-SINGER A L, et al. Improving the energy economy of human running with powered and unpowered ankle exoskeleton assistance [J]. Science Robotics, 2020, 5 (40): eaay9108.

[11] WANG F, DOU L Y, DAI J W, et al. In situ Synthesis of Biomimetic Silica Nanofibrous Aerogels with Temperature-Invariant Superelasticity over One Million Compressions [J]. Angewandte Chemie, 2020, 132 (21).

[12] FISHER L E, YANG Y, YUEN M F, et al. Bactericidal activity of biomimetic diamond nanocone surfaces [J]. Biointerphases, 2016, 11 (1): 011014.

[13] ZHANG C, ZHENG Y, WU Z, et al. Non-wet kingfisher flying in the rain: The water-repellent mechanism of elastic feathers [J]. Journal of colloid and interface science, 2019, 541: 56-64.

[14] XU C, STIUBIANU G T, GORODETSKY A A. Adaptive infrared-reflecting systems inspired by cephalopods [J]. Science, 2018, 359 (6383): 1495-1500.

[15] JIANG Y, DONG K, LI X, et al. Stretchable, Washable, and Ultrathin Triboelectric Nanogenerators as Skin-Like Highly Sensitive Self-Powered Haptic Sensors [J]. Advanced Functional Materials, 2021, 31 (1): 2005584.

[16] WANG G, CHEN X, LIU S, et al. Mechanical Chameleon through Dynamic Real-Time Plasmonic Tuning [J]. Acs Nano, 2016, 10 (2): 1788.

[17] FAN W X, SHAN C Y, GUO H Y, et al. Dual-gradient enabled ultrafast biomimetic snapping of hydrogel materials [J]. Science Advances, 2019, 5 (4).

[18] CHEN C, KUANG Y, HU L. Challenges and Opportunities for Solar Evaporation [J]. Joule, 2019, 3 (3): 683-718.

[19] ZHANG D Y, WANG Y, CAI J, et al. Biomanufacturing technology based on diatom micro- and nanostructure [J]. Chinese Science Bulletin. 2012, 57 (3): 3836-3849.

[20] 张德远，蒋永刚，陈华伟，等. 微纳米制造技术及应用 [M]. 北京：科学出版社，2015.

[21] LIU C, CAI J, DANG P Z. Highly Stretchable Electromagnetic Interference Shielding Materials Made with Conductive Microcoils Confined to a Honeycomb Structure [J]. Acs Applied Materials & Interfaces. 2020; 12 (10): 12101-8.

[22] YARAGHI N A, GUARÍN-ZAPATA N, GRUNENFELDER L K, et al. A Sinusoidally-Architected Helicoidal Biocomposite [J]. Adv Mater. (2016) 28 (32): 6835-6844.

[23] JIANG Y G, ZHAO P, MA Z Q, et al. Enhanced flow sensing with interfacial microstructures

[J], Biosurf. Biotribol., 2020, 6 (1): 12-19.

[24] 杨华勇，赖一楠，贺永，等. 生物制造关键基础科学问题 [J]. 中国科学基金，2018，32 (02)：208-213.

[25] SI M M, HAO J Y, ZHAO E D, et al. Preparation of zinc oxide/poly-ether-ether-ketone (PEEK) composites via the cold sintering process [J]. Acta Materialia, 2021, 215.

[26] LEE A, et al. 3D bioprinting of collagen to rebuild components of the human heart [J]. Science (New York, N. Y.), 2019, 365 (6452): 482-487.

[27] TAKEBE T, SEKINE K, ENOMURA M, et al. Vascularized and functional human liver from an iPSC-derived organ bud transplant [J]. Nature, 2013, 499: 481-486.

[28] GERRY L. KOONS, MANI D, ANTONIOS G M. Materials design for bone-tissue engineering [J]. Nature Reviews Materials , 2020, 5: 584-603.

[29] 杨清振，吕雪蒙，刘妍等. 器官芯片的制备及生物医学工程应用 [J]. 中国科学：技术科学，2021，51 (01)：1-22.

[30] YU S R, ZHANG K, et al. Multisensor-integrated organs-on-chips platform for automated and continual in situ monitoring of organoid behaviors [J]. Proceedings of the National Academy of Sciences, 2017, 114 (12) : E2293-E2302.

[31] SANGEETA N BHATIA, DONALD E INGBER. Microfluidic organs-on-chips [J]. Nature Biotechnology: The Science and Business of Biotechnology, 2014, 32 (8) : 760-772.

[32] CHEN H W, ZHANG Y, ZHANG L W, et al. Applications of bioinspired approaches and challenges in medical devices [J]. Bio-Design and Manufacturing, (2021) 4: 146-148.

[33] ZHANG L W, LIU G, CHEN H W, et al. Bioinspired Unidirectional Liquid Transport Micro-nano Structures: A Review [J]. J Bionic Eng 18 (2021) 1-29.

[34] LIN F, DI P, ARAI F. High-precision motion of magnetic microrobot with ultrasonic levitation for 3-D rotation of single oocyte [J]. International Journal of Robotics Research, 2016, 35 (12): 1445-1458.

[35] LI J, EFDÁ BERTA, GAO W, et al. Micro/nanorobots for biomedicine: Delivery, surgery, sensing, and detoxification [J]. Science Robotics, 2017, 2 (4): 6431.

[36] CHU B, WILLIAM BURNETT, JONG WON CHUNG, et al. Bring on the bodyNET [J]. Nature, 2017, 549: 328-330.

[37] YANG Z C, ZHU L D, ZHANG G X, et al. Review of ultrasonic vibration-assisted machining in advanced materials [J]. International Journal of Machine Tools and Manufacture, 156 (2020): 103594.

[38] HA UK CHUNG, BONG HOON KIM, JONG YOON LEE, et al., Binodal, wireless epidermal

electronic systems with in-sensor analytics for neonatal intensive care [J], Science, 2019, 363: 947.

编撰组

顾　问　任露泉
组　长　雷源忠
第一节　雷源忠
第二节　韩志武　孙霁宇　钱志辉　张　锐　田为军　李因武　张志辉
　　　　王坤阳
第三节　周　明　程文俊　杨名扬　张之勋　李旭胤　陶浩楠　张毅博
第四节　张德远　蔡　军　蒋永刚　姜兴刚　张翔宇
第五节　贺健康　李　骁　王　玲　贺　永　张　婷　李涤尘
第六节　张德远　陈华伟　蒋永刚　姜兴刚　冯　林

第十一章
Chapter 11

机械基础件

第一节 概 论

机械基础件主要指液压、液力、气动、密封、轴承、齿轮、模具和刀具等零（元）件、部件或由其组成的功能单元。机械基础件是重大装备的核心和基础，直接决定着重大装备与主机的性能、质量和可靠性，是制约装备发展的瓶颈。我国要成为装备制造强国，首先要成为机械基础件制造强国。

近年来，在国家强基工程和重点研发计划的推动下，我国机械基础件行业取得了一批高水平的创新成果，创新能力还有为重大装备、主机的配套能力均得到了显著提升。例如，攻克了大型硬齿面齿条高效高精度制造等技术，解决了大型铸钢齿条感应淬火齿根开裂的世界性难题，保证了世界最大的三峡升船机正常运行；突破了35MPa压力等级轴向柱塞泵/马达、多路阀、油缸等三大核心液压元件的设计、检测与批量化制造技术，解决了高端工程机械装备与重大工程的“卡脖子”难题；开发应用了卫星微波同轴开关的高精度、高灵敏、高真空固体润滑轴承，火箭发动机涡轮泵高速、低温、重载自润滑轴承等，满足了航天工程的需要。但是，机械基础件制造水平与国际先进水平的差距还很大，如航空发动机轴承、高速动车组轴承、大直径盾构机主轴承、航空发动机和直升机旋翼齿轮及其传动装置、大型舰船齿轮传动系统、汽车自动变速器、民用航空用超高速液压泵、大型装备用高压大流量电液比例插装阀和核电站常规岛液力偶合器等产品仍大量依赖进口。

我国机械基础件行业主要存在如下问题：①缺乏基础技术、工艺研究和基础数据积累，产品设计和制造缺少数据支撑；②缺乏面向行业的关键共性技术研发、重要科技成果转化创新平台，以及为行业提供的产品性能试验测试服务平台；③自主创新能力薄弱，核心技术受制于人，导致高端产品大量依赖进口；④高端产品研发和制造能力不足，中低端产品产能严重过剩；⑤产品质量及其稳定性差，产品使用寿命短、可靠性低；⑥先进的适用标准少，贯标率低，不能满足产业发展的需要。

新材料、数字化和智能化等先进技术将对高端基础件的设计制造及应用产生重要影响。更高强度材料能够提高轴承、齿轮、模具等基础件的可靠性、寿命和功率密度；利用数字化和智能设计制造技术进行机电液复合设计及流固热多场耦合分析，能够提高齿轮、密封件等产品全生命周期的设计水平，提高制造精度、生产效率和质量稳定性。

抗疲劳制造技术是指控制关键构件表面完整性和表面变质层，以提高构件疲劳强度的先进制造技术，是材料冶金质量“控制-设计-制造”三位一体的技术集成。抗疲劳制造技术能够最大限度地发挥材料的潜力，提高材料的使用极限应力；能够大幅提高关键构件的服役寿命，从根本上解决机械装备可靠性低、寿命短的问题。例如，应用抗疲劳制造技术可使某先进战机起落架寿命超过 5000 飞行小时，寿命提高 10 倍以上，并在十多个型号飞机上应用无故障[1]。再如，某机翼主梁螺栓孔壁仅挤压强化（表层改性）就可使其寿命提高 5 倍[1]。

电驱动技术的发展能够使传统汽车的内燃机驱动系统变为新能源汽车的电驱动系统，使工业领域的“电机+联轴器+减速机”传动方式变为永磁电机直驱或半直驱传动方式，从而改变齿轮、轴承、液压件、液力件和模具等机械基础件的市场需求和技术发展方向。新能源汽车电机、电控、电池技术和工业用低速大转矩永磁电机技术的不断进步，加速了汽车电动化和电机永磁化的进程。电驱动技术将促进动力和传动机械向高可靠、高效节能和智能化方向发展。

机械基础件正向着高性能、高可靠性、长寿命、低噪声等方向发展，设计制造正向着数字化、模块化、绿色化、智能化的方向发展。未来 15 年，越来越多的智能轴承、智能齿轮、智能密封件等智慧型零部件将具有自诊断、自预测、自控制和自修复等功能，以保证重大装备安全高效运行。机械基础件行业将以市场需求尤其是高端装备配套需求为导向，以创新驱动和两化深度融合为抓手，以核心技术和高端产品突破为主攻方向，加强基础技术研究，加速创新能力建设，加大先进技术开发和推广应用，着力推进产品质量升级，提升整体水平和国际竞争力。

第二节　流体传动与控制

一、概述

利用流体介质传递、控制或转换能量的技术称为流体传动与控制技术，包括液压、液力和气压传动与控制技术。流体传动与控制一般被认为属于“机械基础件”范畴，由各个流体传动与控制元部件组成的功能单元或控制系统也属于基础件范畴。流体传动与控制产品是装备制造业的基础，直接决定了机械装备的性能、质量和可靠性，其价值通常是自身价格的几千倍，堪称“四两拨千斤”，具有很强的产业辐射能力和影响力，其关键技术反映了一个国家工业和装备制造业的技术水平，具有十分重要的战略地位[2]。

流体传动与控制产品凭借其功率重量比大、控制灵活、响应快等特点，而广泛应用于工业装备、行走机械、航空航天装备等领域。流体传动与控制技术是支撑我国由“制造大国”转变为“制造强国”，顺利实现产业结构调整、转型升级和提质增效的关键技术。“十三五”期间，在我国“工业强基”工程支持下，尤其是在整机装备企业与“四基”企业协同发展措施推动下，我国流体传动与控制技术取得了显著进步，多项产品成功批量配套于国家重点工程和重大装备，有效降低了部分行业主机装备对国外高性能流体传动与控制产品的依赖程度。但目前依然存在产业创新能力薄弱、产品质量不稳定和可靠性差等问题，这制约了我国装备制造业的自主化创新发展。从国际发展趋势来看，在“工业 4.0”、工业互联网和人工智能等技术的推动下，流体传动与控制技术与微纳传感、无线通信、大数据、人工智能等技术深度融合，流体传动与控制行业产品开始出现革命性变化[2]。未来十五年，在“国家中长期科技发展规划（2021—2035）”指导下，实施产业基础再造工程，加强应用牵引、整机带动，增强产业链供应链的自主安全可控能力，依然是我国流体传动与控制技术发展的重中之重。

二、未来市场需求及产品

围绕制造强国战略目标，重点针对高档数控机床和机器人、航空航天装备、海洋工程装备及高技术船舶、先进轨道交通装备、农业机械装备领域，研发配套的高端流体传动与控制产品，例如，高压大排量液压泵、液压马达减速总成、低速大转矩马达、电液比例/伺服阀、高集成度多路阀、高压大行程液压缸等液压传动元件；大功率液力变矩器、大能容高效率液力变矩器、液力缓速器等液力传动元件；空气压缩机、数字化气/电控制平台、电/气比例阀、滑动平台、摆动气缸/气爪、真空泵、隔膜泵等气压传动元件。只有提升核心流体传动与控制基础件的自主设计与制造能力，才能解决高端装备“空心化”问题，将高端装备制造业培育成为国民经济的支柱产业。

流体传动与控制技术的发展目标是满足主机装备绿色化、高可靠、智能化与极端化的需求，为我国重大装备自主化提供高性能、高可靠和长寿命的流体传动与控制产品[3-6]。未来15年，流体传动与控制技术发展也面临着严峻的挑战：①环保、排放、能耗、机器安全法律法规日趋严厉，对流体传动与控制产品的效率、噪声、污染、可靠性等提出日益严格要求；②以电传动为代表的其他传动技术与流体传动技术的竞争日益激烈，流体传动技术需要扬长避短，并积极推进与电动化技术的深度融合；③极端环境工况的技术要求更加苛刻，流体传动与控制技术需要在强振动冲击、强辐射、强腐蚀、高温高湿、高热流等极端环境下突破产品功率密度、极限功率、可靠性等指标极限；④基于互联网技术的全球范围内协同设计、生产制造和服务竞争更加激烈。

流体传动与控制产品要满足主机装备的发展需求，应具备高效节能、高可靠长寿命和智能化三大特征，依赖于机械学科与材料、信息、数理等多学科的深度交叉融合，推动流体传动与控制产品的技术革新。例如，采用轻质高强度非金属复合材料代替传统金属材料，实现流体传动元件的轻量化；通过金属材料强韧性升级及表面形性调控，提升流体传动元件极端工况耐受阈值；结合拓扑优化技术及增材制造新工艺，推行动力元件、控制元件及执行元件的一体化设计与制造技术，实现流体传动系统的集成化与紧凑化[7,8]；在电动化趋势的背景下，综合发挥流体传动、电气传动和机械传动在功率密度、响应速度、传动效率等方面各自优势，积极推动电力-机械-流体复合传动系统及混合动力系统的构型设计与协同控制技术。加强电子控制与流体传动技术的深度融合，通过对多种非线性时变因素的辨识、补偿、控制等，实现能量在流体传动系统内部的高效传递及末端执行器的精密运动控制[9]。结合微纳传感、网络通信、大数据、人工智能和数字孪生等新技术，赋予流体传动元件状态监测、故障诊断、寿命预测等新功能，推动智能装备传动系统的风险评估与预测性维护技术进步[9]。总之，流体传动与控制产品技术革新是实现“工业4.0”和智能制造的重要基石。

三、关键技术

（一）高效节能流体传动与控制技术

1. 现状

流体传动与控制系统目前在航空航天装备、行走机械和工业设备等典型行业应用中的平均效率不超过22%，具有较大的提升空间。工业车间使用广泛的气动喷嘴喷气系统，其空气使用量占空压机供气量的50%以上，但效率不到10%，喷嘴形状不合理、供气压力偏大、连续喷气是产生无效能量消耗的主要因素。目前国际上在流体传动与控制领域的科研和技术投入主要集中在混合驱动与能量回收、数字控制、轻量化、分布式系统、供气源及管网优化、适压驱动等方向。工业实际中的演示验证和工业示范表明，先进高效的流体传动与控制元件及系统可有效地实现装备的节能减排，发展高效节能的流体传动与控制技术已经成为国家能源战略的重要组成部分。

2. 挑战

其与电气传动的竞争，不但集中在传统的优势领域，也将拓展到新的应用领域。提高流体传动与控制产品效率的核心在于：

1）提高流体传动元件的高效率工作域。高压化是提高流体传动元件功率密度有效手段，但是会给低摩擦低泄漏摩擦副界面设计带来挑战，尤其是对于以海水、淡水或可降解生物油为传动介质的液压传动元件，以及宽温低黏度介质航天航空液压传动元件。随着机器装备的原动机“去内燃机”或“电动化”的发展趋势，液压泵等元件日益高速化，油液高速搅拌紊流能量耗散凸显。数字式变排量与变转速泵控单元功率调节技术，低阀口节流损失数字开关控制阀岛技术，液力减速器空转功率损失抑制技术及动态转速转矩智能控制技术，以及液力变矩器的多功能叶轮、新结构流道和仿生叶形技术等，都是流体传动与控制行业提高产品效率的重要手段。

2）降低流体传动系统节流/溢流损失。流体传动与控制系统能量管理是研究各子系统之间的动力匹配、能量转化和传递的全局优化方法，包括系统构型拓扑优化、参数匹配、能量回收与利用、控制策略等。电气传动、机械传动与流体传动的串联、并联、混联构型优化及自适应在线重构技术，多动力源及多执行机构的全局在线能量最优动态规划控制策略，分布式流体传动系统多维度多参数自适应控制技术，以及高功率密度和高能量密度能量存储技术等，均是行业重要技术挑战。

3）流体传动系统的轻量化和集成化是减小移动装备（如飞行器、车辆、机器人等）能耗的重要手段。金属增材制造、新型轻质复合材料为流体传动元件制造轻量化、集成化及紧凑化提供了重要手段，油箱小型化和异形化则对散热、气泡快速析出和杂质高效分离带来了挑战。

3. 目标

未来流体传动与控制技术在能量利用、存储、调节等方面需要做出更大努力，实现基于需求的能量供给，通过闭环控制降低功率传递过程中的能量消耗；通过高能量密度的蓄能装置、高速重载摩擦副减摩抗磨、高速流场规整减阻、机-电-液系统构型优化及紧凑型设计、负压卷吸式喷嘴及间歇喷气技术等，提高流体传动与控制系统的能量效率。例如，轴向变量液压泵与马达在小排量工况下的总效率预计要达到85%以上，液力变矩器最高效率提高到90%以上，气枪的耗气量降低30%以上。单泵控制单执行器、数字液压控制技术的应用，预计将使机械装备80%的势能或动能得到回收。

（二）高可靠长寿命流体传动与控制技术

1. 现状

流体传动与控制产品的可靠性和寿命问题涉及全生命周期，包括设计、制造工艺、材料、试验方法、标准及供应链管理等，缺一不可。目前，流体传动与控制产品的寿命和可靠性指标，与电气和机械传动相比差距较大，流体传动与控制产品的可靠性与寿命规范和标准较少，其一般都作为技术秘密或诀窍掌握在企业手中。近年来，国际标准化组织和美国流体动力协会开始重视流体传动与控制产品可靠性与寿命的标准与规范制定。

我国流体传动与控制产品的可靠性和寿命问题是行业发展的瓶颈，“十三五”期间，我国流体传动与控制行业的少数龙头企业在关键摩擦副材料、热处理工艺控制及高品质制造与管理方面逐项突破，产品可靠性逐渐获得量大面广的工程机械等主机装备企业认可。但是国内流体传动与控制产品缺少令人信服的可靠性和寿命指标的基础数据支撑，产品可靠性和寿命如何评价、综合和对比鲜有积累，无法形成能被装备制造商广泛接受的规范和标准。

2. 挑战

流体传动与控制产品常常应用在高真空或负压、强冲击振动、高压高速、高温高湿、易腐蚀、强电磁干扰及核辐射等环境中，对可靠性和寿命指标要求日益苛刻，给产品的设计与制造带来了严峻挑战。由于我国企业对极端工况下流体传动与控制元件产品失效机理及全生命周期内高可靠设计技术积累不足，在航天航空装备、轨道交通设备、高技术船舶及海洋工程装备等领域，国产流体传动与控制产品在可靠性、寿命方面与国外先进产品差距较大，依然主要依赖进口。

提高流体传动与控制产品可靠性的途径包括传动介质清洁度控制、耐磨材料与热处理工艺、精密压铸工艺、实时诊断与预测系统及可靠性测试方法与装备等。近年来，已有介质多参数复合传感器产品面世，能够监测传动介质的污染度、黏度、介电常数、温度、含水量及含气量等，通过介质实时在线状态监控评估流体传动与控制产品的可靠性。可视化泄漏检测成为巡检的有效手段，为及时发现泄漏和维护正常运营提供了便利。流体传动与控制系统的故障诊断及寿命预测是行业热门发展方向，可显著提高产品的可靠性和系统安全性。流体传动与控制产品在极端工况载荷谱作用下会产生磨损、疲劳、卡滞和断裂等多种失效状态，其动态演化过程中的耦合性或因果关系是重要的科学和工程挑战。具有工程应用价值的低摩擦长寿命摩擦副形性调控缺乏成熟的设计准则，考虑几何公差和表面粗糙度的摩擦副界面油膜弹性流体润滑机理研究仍待完善，多场强耦合界面的微观性能退化与元件剩余寿命的映射关系还不清楚。国内流体传动与控制元件的可靠性和寿命设计规范和标准缺失，产品没有令人信服的可靠性和寿命指标，应尽快制定元件加速试验的评判标准，探索拟实工况下故障模式模拟及真实表征失效因子的综合应力测试方法。

3. 目标

通过对精密元件的制造工艺、精密铸件的质量稳定性、高耐磨材料及热处理工艺、零部件清洗及高一致性装配等大批量高品质制造技术的攻关，使流体传动与控制元件的寿命和平均无故障工作时间（Mean Time Between Failure，MTBF）大幅度提高，达到国外同类产品的性能指标。加强在可靠性测试方法与设备方面的研发，建立完善的流体传动与控制元件可靠性和寿命指标的基础数据库，提高设备的系统级可靠性研究与设计水平。开展流体传动与控制系统的在线实时监控与预测性维护等研究，避免发生意外停机、缩短计划停机时间，最大限度地延长设备使用寿命，在一些重要和新兴的应用领域达到与电气传动、机械传动相同或更高的可靠性和寿命指标。

（三）智能化流体传动与控制技术

1. 现状

“工业 4.0”和智能制造强调信息化与工业化的深度融合，流体传动与控制厂商不再局限于元器件制造，而是以运动控制和力控制为主线，通过与传感器、微电子、控制科学和计算机网络技术进一步融合，成为整套解决方案的供应商，推动流体传动与控制系统向数字化、网络化和智能化方向发展。

流体传动与控制系统采用多传感器信息融合进行机器的状态监控，监测压力、流量、位移、温度等，用于精确补偿和闭环控制；监测磨损、泄漏、振动、清洁度等状态信息，并结合高带宽的以太网现场总线、大数据与云计算等技术，用于系统故障诊断与预测性维护。大容量高速微处理器技术也促进了先进控制算法的应用，针对流体传动与控制系统的强非线性和参数不确定性等特点，多输入、多输出复杂系统的先进控制理论已能够在控制器中实现。目前电子控制逐步由模拟放大器向配置总线的数字放大器过渡，并设置蓝牙等无线传输接口，在手机等客户终端实现运行状态监测，并根据工艺需求等实现控制参数的优化配置。国外已推出智能化程度很高的数字式伺服执行器，它集成了位置传感器、一体式油缸、控制阀、集成式数字控制器、油箱和变速泵等元件，可实现闭环控制且“即插即用”，并配置了故障诊断和预测性维护功能接口。嵌入式智能气/电控制平台可集成阀与传感器，以先进总线形式进行数据传输、比例控制及故障诊断监测，同时辅助软 PLC 实现分布式控制。

2. 挑战

现代流体传动与控制系统的复杂性促进分布式智能控制技术的应用，但是大量的传感器和控制单元受到功率、尺寸等物理特性，以及成本和市场等经济因素的制约。面对未来的复杂工况和环境，采用先进总线技术、集成式终端传感和控制单元，提高运动控制品质，降低成本，是流体传动与控制元件和系统智能化进程面临的挑战。

未来智能装备具有感知、分析、推理、决策、控制的功能特点。这些功能特点的实现，需要流体传动与控制元件与电子传感控制技术深度融合，感知不同关键位置的温度、压力、振动、润滑和介质清洁度等状态信息，对多物理量集成感知及同步传输技术，以及海量高维时变数据的智能压缩与多源异构信息数据融合分析技术是重要技术挑战，需要综合考虑系统当前状态与历史数据，探索数据驱动与机理模型融合的流体传动与控制元件故障诊断和寿命预测方法。分布独立式流体传动技术作为行业发展方向，具备高抗污染能力和冗余安全等固有属性，但也显著增加了控制系统的复杂性，需要探索独立分布式流体传动系统的智能时序控制策略与容错调节机制，实现流体传动与控制系统的容错控制与预测性维护。

3. 目标

流体传动与控制技术将进一步扩大与电子领域的结合，实现“有头脑，会说话”，做到六大控制——动力控制、逻辑控制、运动控制、解耦控制、信息控制和健康控制，构建智能型元件与系统，能够完成自诊断/自预测与故障自修复，获得易于集成的“即插即用”功能。流体传动与控制元件和系统采用总线控制，发展无线传输与远程控制元件与系统，减少电气接线。研制性能更加优良、交互更方便的数字放大器，采用先进的控制策略与算法及更先进的传感器反馈方式，适应系统工况变化，达到最佳的控制性能和效率。发展基于大数据与云计算的远程系统诊断技术，普及流体传动与控制系统的工况监测、故障诊断和寿命预测，推行预测性维护，减少主机装备停机时间和降低维修费用。预计未来 50% 的流体传动与控制产品都将具有故障诊断和寿命预测功能。

四、技术路线图

流体传动与控制技术路线图如图 11-1 所示。

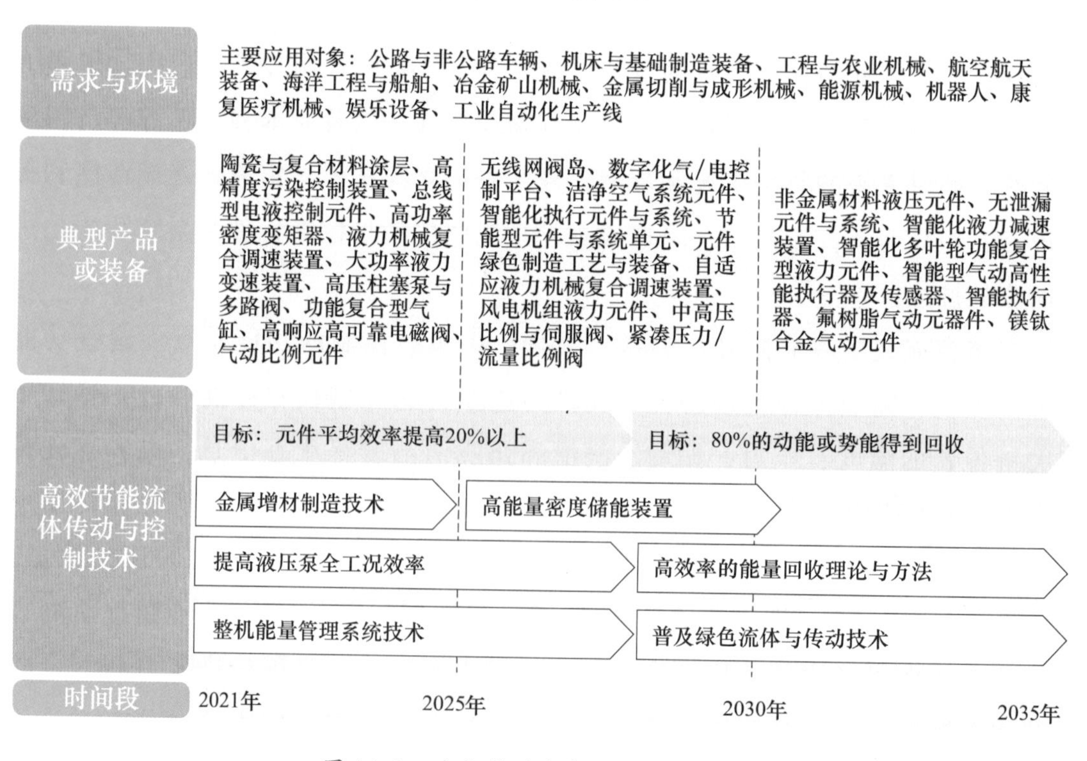

图 11-1　流体传动与控制技术路线图

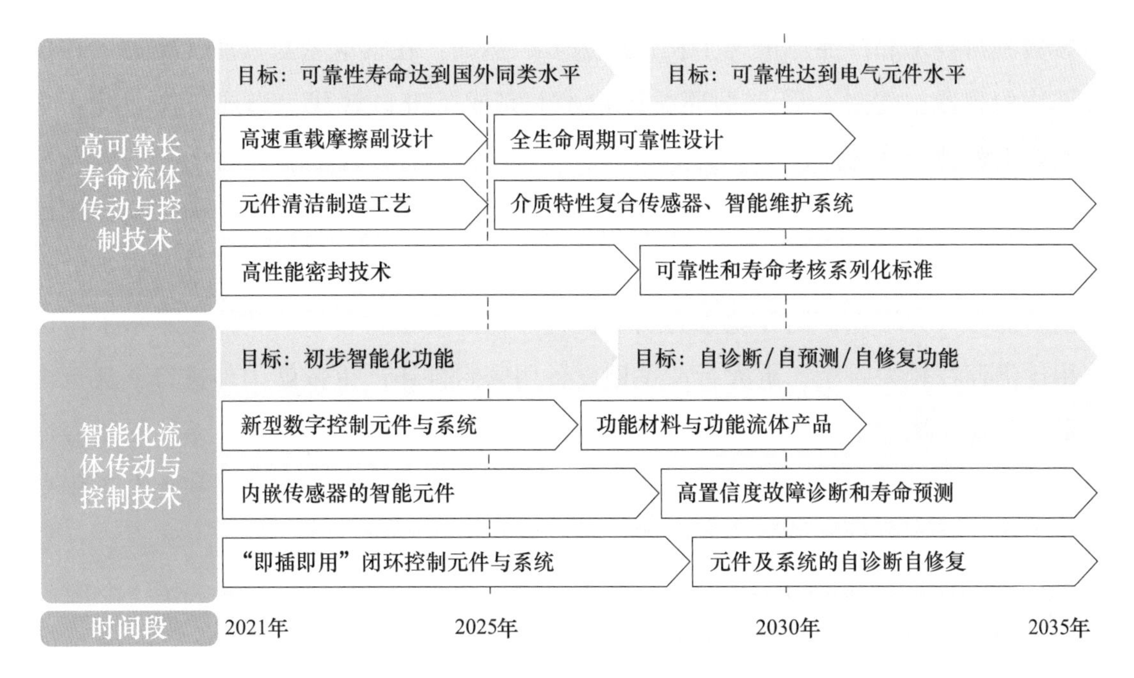

图 11-1　流体传动与控制技术路线图（续）

第三节　密　　封

一、概述

密封技术是防止机械装备中的流体介质泄漏及外界杂质、灰尘、水分等侵入，保证机械装备安全、高效运行的关键技术。密封技术集合流体力学、固体力学、材料学、热力学、摩擦和润滑学等多学科知识，是储运、输送、传动与控制技术的重要组成部分[10]。密封件直接影响甚至决定机械装备的性能、水平、质量和可靠性，是机械装备安全、经济、可靠、长周期运行的重要保障。密封失效不但会造成资源浪费、环境污染、效率下降、质量异常等问题，还可能导致装备停机或报废，甚至引起重大设备和人身安全事故，造成巨大的经济损失[11,12]。

我国密封技术随着装备制造业的发展而快速发展。以橡塑密封、机械密封、填料静密封和磁性液体密封为主的密封产业经过多年的发展和积累，已初步建立起较完整的密封技术支撑体系，中、低参数密封技术和产品已基本满足国内市场需求，高参数密封技术和产品亦取得了长足的进步。例如，在核电密封领域，突破了核反应堆压力容器主密封金属C型环关键技术，完成了进口替代，形成了产业化；在石油化工领域，开发研制了压力20MPa、线速度180m/s的压缩机用干气密封及控制系统技术；在水电能源领域，攻克了超大直径水轮机转轴用橡塑密封。这些都填补了国内空白。这表明，我国重大技术装备用密封自主化配套水平已显著提高，自主创新能力大大增强，国际竞争力明显提升。但高端密封领域的整体技术水平与国外相比仍存在较大差距，重大行业关键设备用密封件还严重依赖国外进口，甚至个别重大装备领域完全依靠进口。国产密封件存在质量不稳定、可靠性差、使用寿命短的问题，密封性能的评定体系尚不完善，这成为制约我国高端装备和重大工程自主化生产和安全服役能力的重要因素。

我国实现由“制造大国”向“制造强国”“质量强国”转变，由“中国制造”升级为“中国智造”，离不开密封等关键基础件的支撑。密封技术的同步发展，甚至先期发展，可逐步形成整机牵引和基础支撑协调互动的密封产业创新发展格局。

二、未来市场需求及产品

在2030年前实现碳达峰、2060年前实现碳中和的发展目标下，我国将大力发展清洁能源，积极研发新型发电技术。一方面，将稳步推进和积极建设核电工程，因此对核级密封产品和密封材料的需求旺盛。既要在已有创新成果基础上加大核级密封的国产化进程，又要加强对核级密封的安全运行、监测控制、故障预防与诊断等关键技术的系统性、针对性研究[13]。另一方面，发电技术朝着高参数、大功率方向发展，在高温高压工况下，超临界二氧化碳（S-CO_2）布雷顿动力循环能够很好地兼顾效率与安全问题[14-17]，其高速轻型的压缩机、透平设备用轴端密封技术是制约超临界二氧化碳布雷顿循环成套发电技术发展的关键技术之一，迫切需要开展满足高压、高速、高温、复杂性工况条件的压缩机、透平设备轴端密封研制。

在“技术升级改造、品种结构调整、产能布局优化”的大背景下，石油化工终端用户对泄漏率控制、运行稳定可靠和长寿命的高端密封需求持续增加。大型石化成套装备、大型LNG（Liquefied Natural Gas，液化天然气）成套装备、深海深地油气资源开采等装备中的通用机械设备趋向大型化、规模化、极端参数化，并向无污染、长周期、低能耗和高效益等方向发展。我国在高参数密封技术方面与国际先进水平还存在较大差距，尤其是对极端条件下高参数密封的共性关键技术缺乏系统性和基础性研究。同时，为满足石化对易燃、易爆、强腐蚀、剧毒类介质零逸出、高可靠、实时监控和在线故障诊断等安全、高效、可靠性运行的需求，智能化密封是未来发展的重点方向[12,18,19]。

航空发动机、大型燃气轮机和舰船燃气轮机等国防和战略技术装备正处于技术升级革新的重要阶段，对碳环密封、刷式密封、指尖密封等特种密封的需求日益强烈。密封产品面临高温、高速、高压、氧化、腐蚀，以及工况环境复杂多变等诸多挑战[20]。密封原理、结构、材料和工艺的优化及创新已成为突破现有技术瓶颈，满足极端和超常工况需求，实现低泄漏、长寿命和高可靠性能的关键。在海洋工程装备和高技术船舶领域，伴随着我国海洋油气资源由浅海向中深海、超深海的勘探开发，海底油气混输增压技术的发展对我国海洋能源战略的实施及进程的加快具有重要意义。随着船舶的排水量、续航能力及远洋要求的不断提高，各类动静设备用密封件的工作条件越来越苛刻，对密封性能的要求也越来越高，迫切需要开展海底油气混输泵密封等关键密封件的研制。在氢能及新能源汽车领域，随着对氢能储运技术的深入研究，高压气态储氢、低温液态储氢及燃料电池中的静密封技术亟需攻克。

未来 15 年，以国家产业政策和重大技术装备需求为导向，围绕高性能制造、绿色生态、节能环保及极端环境、苛刻工况的设备特点，重点针对长寿命、高可靠和微/零泄漏性能的密封要求，加快高性能密封件及其密封材料的研发，推进技术标准体系建设，促进密封产业的可持续发展，使我国密封技术达到国际先进水平，为重大装备的安全可靠运行提供坚实保障。

三、关键技术

（一）密封设计与测试技术

通过数值仿真等手段对密封结构参数、材料性能、介质特性和界面微观形貌特征的建模描述，可以精确分析密封界面在复杂工况下的液固耦合特性，进而优化密封系统设计，缩短产品开发周期和试验成本。密封的摩擦与润滑界面设计非常复杂，产品性能和寿命一般只能通过台架模拟试验和装机考核的方式进行验证，但实验室模拟测试的结果偏差较大，实际装机考核的费用较高、周期较长。

1. 现状

国外在20世纪90年代就把智能制造决策支持系统（IMDSS，Intelligent Manufacturing Decision-making Support System）引入到机械密封的研发、设计、检测、制造和服务系统的产品全生命周期中，建立了系统知识库和智能推理决策系统，实现了产品全生命周期的高度柔性化和集成化，并利用先进的数字仿真技术和全面的试验台测试和现场测试数据库，根据客户需求提供最优化的密封产品设计方案。

我国围绕干气密封、核泵密封等重大产品，完成了密封原理、设计理论及密封界面的优化设计、模拟测试等系列攻关任务，已成功设计研发出“八”字形螺旋槽气体端面密封、双列单向和双向螺旋槽气体润滑密封等系列产品，部分摆脱了长期依赖进口的困境，但高参数密封的国产化率仍较低。

国内已完成了美国API标准的转化，以及《机械密封通用规范》《机械密封试验方法》《机械密封循环保护系统》等标准的研制和修订工作。国内产品标准的服役寿命指标还没有达到国外标准规定的25000h，且缺乏密封可靠性检测和寿命测试等方面的评价方法及标准。在承压设备静密封方面，国外从20世纪70年代开始进行基于泄漏率控制的垫片性能测试、法兰密封结构设计方法研究，部分研究成果已形成标准。国内目前在用的法兰设计方法一直沿用美国20世纪40年代的Waters法，密封垫片两个关键特征参量——预紧比压y和垫片系数m几十年未变，且只考虑连接系统的强度、刚度和密封性，无法预知其泄漏率，导致我国石化承压设备泄漏率较高。

2. 挑战

密封界面的摩擦学特性复杂，尤其是现代橡塑、机械、填料密封和磁性液体密封的界面变形控制、界面液膜控型控性、界面材料匹配、抗外部环境干扰及热平衡等方面的理论与实践工作，还存在很多难题需要解决。

密封设计技术正在向满足极端尺寸、组合化、集成化、系统化、轻量化、精细化、智能化方向发展。掌握密封服役机理，形成密封正向设计方法，开发专业密封设计软件，通过流固热多物理场耦合分析等手段，对密封装置的强度、韧性、寿命、应力应变、稳定性等性能进行全方位的模拟分析和改进，以创新结构形式，减摩降耗，大幅提高产品可靠性及使用寿命。例如，微型液压系统和超大型盾构机的研发提出了密封件微细和超大尺度的需求；大型石化装置用高压高速干气密封、超临界二氧化碳透平发电压缩机用密封、超低温液氧液氢泵用动密封件、航空发动机用耐高温金属密封环、高压储运氢系统静密封件，提出了高压（25MPa 以上）、高速（30000r/min 以上）、高温（≥500℃以上）、低温（≤-183℃）等极端参数要求；工程塑料、低摩擦自润滑塑料、橡胶弹性体、高性能陶瓷、硬质合金、碳石墨等材料，因其性能差异，在密封系统中扮演着各不相同的重要角色，如何充分利用不同材料的性能进行组合式密封件设计是面临的挑战。同时，密封产品的结构形式也在向多功能集成方向发展，如向着将密封件智能化、密封系统集成化、性能可控化等集于一体的方向发展。此外，密封件的使用寿命及其可靠性不仅取决于密封件本身的性能，还与润滑系统、摩擦副磨损性能的微观表面形态、工况环境、密封材料等诸多因素相关[21]。如何满足主机装备对高端密封件的迫切需求，从密封理论突破、整体优化设计、先进测试评价方法等技术层面来解决高端密封的技术难题是我国正在面临的重要挑战。

3. 目标

形成重大装备配套用密封的自主设计研发及技术标准体系，掌握密封正向设计方法、先进的设计手段和工具，建设高质量的密封拟实测试试验平台，形成先进的测试方法及标准，积累大量密封试验数据，并建立密封故障与失效案例数据库，在设计阶段即可对密封产品的全生命周期进行服役性能的评估和预测，满足重大装备配套用密封的需求。

1）掌握高速、高压、高温、低温、高腐蚀、真空等极端条件下密封的服役机理和优化设计技术，高性能、高参数密封产品的性能指标和使用寿命达到国际先进水平。

2）形成密封正向设计方法，开发密封专业设计软件，实现密封的数字化设计和多学科耦合设计技术的推广应用，完成极端工况条件下密封的试验检测方法、数据库建设及标准体系建立等工作，形成完整的设计、研发和试验检测的技术标准体系。在此基础上，设计开发原创性密封系统结构，如高压自紧式连接静密封结构等。

3）掌握核电、风电、新型发电、石化、半导体、航空航天、海工装备、生物医疗和真空等领域重大装备，以及节能与新能源汽车配套用典型密封产品的设计与测试核心技术。

（二）密封材料制备工艺与方法

密封的技术进步和性能提升，有赖于各种高性能材料的应用和推广，材料直接或间接地影响了密封技术的发展。在密封材料及其制造工艺方面的研究积累不足，是造成国内密封产品技术水平与国际先进水平存在较大差距的主要原因。

1. 现状

随着装备的服役工况和环境极端化，能够满足要求的高性能密封材料的开发越来越迫切，包括碳石墨、硬质合金、碳化硅陶瓷等密封摩擦副材料，以及聚四氟乙烯（PTFE，Poly Tetra Fluoroethylene）复合材料、金刚石复合材料、超纯柔性石墨、橡塑复合新材料和磁性液体密封新材料等。

国外密封基础原材料牌号多，能适应不同工况条件要求，尤其在高性能（耐高低温、高耐磨、高强度等）密封材料方面占据绝对优势，如高性能碳石墨、硬质合金、碳化硅陶瓷、碳-碳复合材料、耐超高温的全氟醚橡胶和高性能聚氨酯密封材料，以及密封材料的表面处理新工艺和新材料的跨界应用技术研究等，对于部分材料甚至限制我国进口。目前我国中、低参数密封用的材料基本可以满足要求，但高参数密封材料普遍存在强度低、可靠性差和不耐磨等缺陷，尤其是高性能碳石墨、耐超高温的全氟醚橡胶等原材料，以及大规格和高性能密封材料，严重依赖进口。

密封新材料的应用推动了密封技术的进步。如耐高温低摩擦聚氨酯（TPU/CPU）[（Thermoplastic Polyurethane，热塑性聚氨酯弹性体）/（Castable Polyurethane，浇注型聚氨酯弹性体）] 材料、高性能碳石墨、硬质合金、增强增韧碳化硅陶瓷、耐蠕变聚四氟乙烯材料、耐低温氟橡胶、耐辐射耐腐蚀氟醚油基磁性液体、耐低温硅油基磁性液体等，以及安全、低毒、多功能、绿色和高效橡胶助剂的研发与应用，改善了设备的运转效能，提高了密封件的可靠性及使用寿命。在密封新材料、高性能助剂、精密模具加工和自动化、一体化装备开发等方面，国内相关技术的研究、应用水平与国外相比仍存在较大差距。

2. 挑战

密封材料向具有低摩擦、低压缩永久变形、高耐磨、高强度、耐高低温、耐复杂介质、耐各种天候老化性能等方向发展[10,22,23]，同时使用工况越来越苛刻，如环境温度范围可达-253℃～1000℃，因此对密封材料的耐高、低温及适应超宽温域方面提出了高要求。

开发利用具有低摩擦、高耐磨、自润滑、耐高低温、耐复杂介质的密封材料，如碳石墨、碳化硅加碳、硬质合金、聚四氟乙烯及其改性材料、金刚石复合材料等；开发超高温（≥550℃）高回弹软填料密封材料；研发超高压氢气密封用高性能橡胶材料及系列产品；创新密封微织构技术，改善密封端面润滑状态，优化摩擦副配对，降低摩擦转矩；利用表面技术（如微纳技术、喷涂技术、钎焊技术等）改变密封端面的形貌及其摩擦特性；研发大型和异型件的整体及分段式成形技术。攻克航空发动机、燃气轮机等高端装备用W型等异型金属密封环精密成形及表面镀层技术。

对于密封的服役复杂工况而言，各类流体泵和马达等的转速可达每分钟几万转甚至更高，动密封压力提高到70MPa，要求密封材料具有优异的耐压、抗挤出、低摩擦磨损的性能和抗压缩永久变形的能力[24]。密封结构既能承受高压还要满足动态的要求。此外，空间设备真空度已达10^{-7}Pa甚至10^{-10}Pa，配套的磁性液体密封材料饱和蒸气压至少达10^{-11}Pa，高压储氢系统氢气压力≥100MPa，要求橡塑密封材料不但具有良好的抗压缩永久变形能力，还要具有优异的抗气透性、抗气体膨胀性和真空失重小的特点，以避免特殊或突发情况下的突然爆破失效。

3. 目标

1）研发出符合航空航天发动机、燃气轮机等要求的W型金属密封环等材料及制品，性能指标达到国际先进水平。研发面向石油、石化等量大面广行业的高温高压填料静密封材料及制品，实现国产化。

2）制造高性能碳石墨、碳-碳复合、硬质合金、碳化硅、金刚石复合材料、氟醚油/硅油基磁性液体、磁粉等密封材料，性能指标达到国际先进水平。形成完整的密封材料系列产品，满足极端环境、极端应用条件下的需求。

3）高分子复合密封材料的关键生产工艺和生产效率达到国际先进水平，材料损耗率下降50%。形成多种材料牌号种类和规格，达到高分子复合密封材料在极端应用环境下的要求，满足未来月球资源开采与利用相关装备及工程的密封应用需求。

（三）密封智能监测与控制技术

实现密封件的在线监测-运行-调控，可调整密封能力、监测密封泄漏水平、预测密封寿命，大幅提高密封件的可靠性及使用寿命，减少泄漏、停机维修成本和能源消耗，是当今密封领域的前沿技术。将传感、大数据、检测、信息等技术与传统的密封结构设计、密封材料研发相结合，实现密封系统的智能监测与控制，服务于主机装备的智能化发展趋势。

1. 现状

近年来，国外在智能系统密封的检测技术、信息技术、微能源技术等相关功能模块开发方面进展显著，已有部分产品投放市场应用，国内在“十三五”期间虽已启动相关技术的研究，但距离实际应用尚有较大差距。例如，瑞士苏尔寿（SULZER）公司研发出的核主泵用平衡定子密封不仅具有优良的密封性能，而且能通过自动控制系统有效消除泵轴的偏斜、温度和压力的瞬变等工况变化对密封性能的影响。德国西姆瑞特（Simrit）公司推出的 PNEUKOM 密封结构，集成了密封、导向、减振、感应定位的多种功能。洪格尔（Hunger）推出可调节密封件，实现了持续可靠的密封，在大型水电站液压系统、海洋钻井平台等不易拆装、更换密封件的场合得到了应用。Simrit 公司的 simmerring 产品，通过光电传感系统，可实现密封件温度和密封泄漏的实时监测，提高机器系统运行的可靠性和预防性。

2. 挑战

智能密封系统对重大装备的安全起到至关重要的作用。实现密封系统的智能监测与控制，可通过故障预防与诊断，提高密封产品的运行安全性和可维护性。但智能密封自补偿系统的设计，包括开发小型温度、压力、泄漏和润滑油质量检测传感器，并集成在密封系统中，是我国正在面临的重大挑战。同时，智能密封材料的开发亦是不可缺少的重要环节。此外，还需要研发检测分析单元、微能源单元等密封控制系统组件。

核电安全是发展核电、利用核能的根本基础，国外在核级密封的安全运行、智能监控、故障预防与诊断等关键技术的研究已较为全面，但国内目前还缺乏系统性和针对性的研究。

压缩机处理的大多是高温高压及具有可燃性、腐蚀性、有毒、复杂物性的气体，因此对干气密封装置的安全性和可靠性要求很高。随着石化、油气开采集输装备的大型化、规模化，以及超临界二氧化碳透平发电新技术等的压缩机及其配套干气密封向大型化、高参数化及复杂化发展，运行状态智能监控和故障智能诊断等技术是高参数干气密封的未来主要发展趋势。

航空发动机涡轮叶尖间隙的控制直接影响着发动机的效率、油耗，以及热端部件的可靠性和耐久性等关键性能。为克服飞机机动飞行、着陆过载等恶劣工况和叶片高温、高载、蠕变等因素带来的叶尖间隙异常和密封性能劣化，发展适用于苛刻工况的快速、可靠的叶尖间隙智能监测和控制技术是航空发动机密封研究的热点。

大型水轮发电机、大型风力发电机、大型盾构机、大型模锻压机、大型石化承压设备和重型齿轮箱等重大装备的密封系统对可靠性要求很高，密封失效带来的停机损失和维修成本巨大，同时会带来严重的环境污染，开发智能密封系统是解决这一问题的有效途径，但也面临着重大技术挑战和困难。

3. 目标

在电力、石化、再生能源、工程机械、成形机床、航空航天和海洋装备等领域的重大装备中，研制出具有调整密封能力、监测密封温度和泄漏状态、预测密封寿命等功能的密封产品，构建智能型密封的基础理论体系，攻克智能密封的感知、分析、行动各环节的关键技术问题，在重大装备上实现智能密封的初步工业应用，满足重大装备安全运行及调控方面的要求。

四、技术路线图

密封技术路线图如图 11-2 所示。

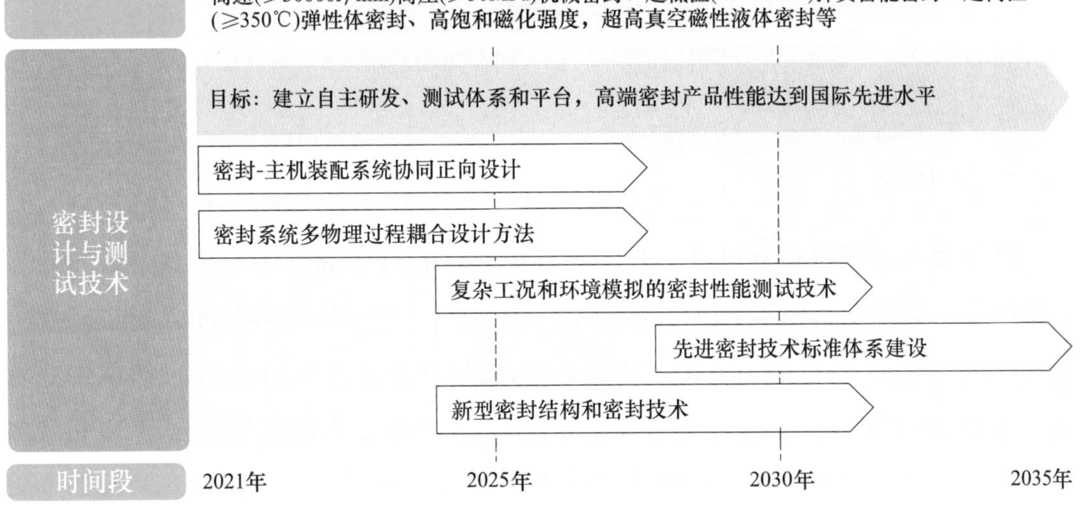

图 11-2　密封技术路线图

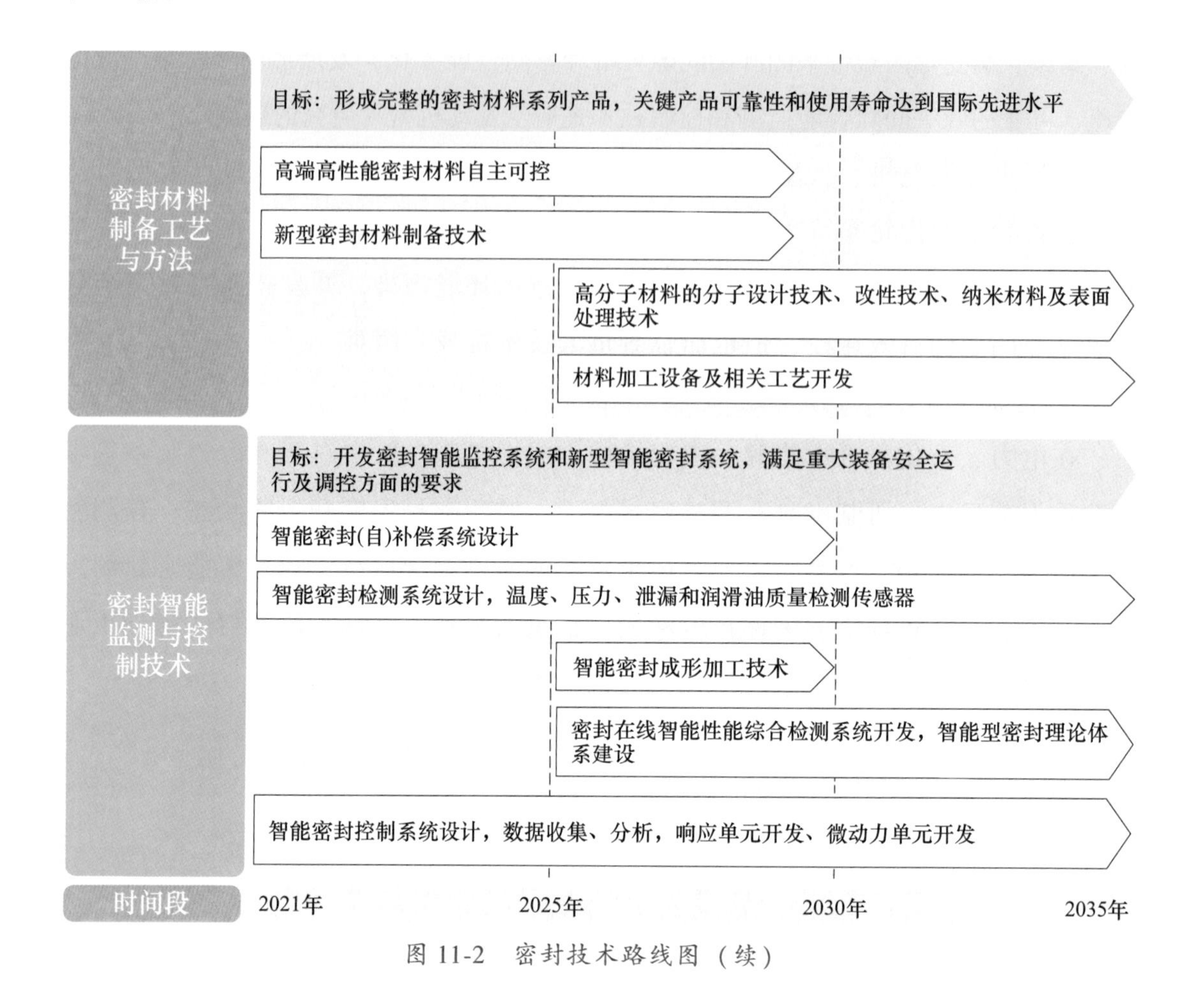

图 11-2　密封技术路线图（续）

第四节　轴　承

一、概述

轴承作为关键机械基础件，是主机性能、寿命与可靠性的重要保证。轴承工业是国家基础性、战略性产业，我国轴承工业经过 70 多年的发展，形成了独立完整的工业体系，我国也已成为轴承销售额和产量居世界第三位的轴承生产大国。据 2020 年统计，全行业规模以上企业约 1300 家，主营业务收入 1930 亿元人民币，轴承产量 198 亿套；能够生产小至内径 0.6mm、大至外径 12.37m 的 9 万多个品种规格的各种类型轴承[25]。我国是世界轴承制造大国但不是轴承制造强国，每年仍需进口价值约 50 亿美元的轴承，其中 70%为民用高端轴承。

国际上，高端轴承基本上被瑞典 SKF 集团，德国舍弗勒（Schaeffler）集团，日本精工（NSK）公司、东洋精工（NTN）公司、捷太格特（JTEKT）公司，以及美国铁姆肯（Timken）等跨国公司垄断。虽然这些公司在中国设立制造工厂和研发中心，但高端轴承的研发与制造仍设在这些公司本国，对高端轴承制造技术严密封锁。

随着“十三五”规划的实施，我国轴承行业技术创新体系和能力建设取得较大进展。例如，“高性能滚动轴承加工关键技术与应用”成果荣获国家科技进步奖，“高速精密数控机床轴承产品升级及产业化关键技术研发”“高性能轻量化高端大型滚动轴承关键技术研究及产业化”“3.6MW 以下风电装备系列轴承关键技术研究与应用”等项目荣获省部级科技进步一等奖，一批具有较高技术含量和市场前景的产品研发成功，并部分产业化，增强了其为重大装备配套的能力，6m 级盾构机主轴承、高档数控机床轴承、城市轨道交通轴承、风电机组增速器轴承、大功率机车轴箱轴承和工业机器人轴承等产品技术取得突破。与世界轴承制造强国相比，我国轴承行业在科技方面仍存在着“三弱三少”现象，即基础研究弱、创新能力弱及试验技术弱及主持国际标准少、发明专利少、试验装备少。主要差距表现包括：

1）基础理论与设计技术的差距。缺少系统的理论分析和试验研究，缺乏具有自主知识产权的设计分析软件。

2）制造技术的差距。在高精度加工装备及工艺稳定性，检测与试验技术及装备，数据的采集、处理与积累，以及数字化和智能制造技术方面存在差距。

3）轴承产品质量的差距。在公差的一致性、动态性能（如摩擦、振动与噪声）、寿命与可靠性方面存在差距。

4）此外在轴承钢、陶瓷、塑料、尼龙、铜合金、橡胶和复合材料等轴承材料，以及润滑、密封、热处理和传感技术等方面的研究滞后。

未来 15 年，我国将针对国家重大装备发展需求，围绕满足航空发动机主轴轴承、高档数控机床主轴轴承与机器人轴承、高速动车组轴承、汽车高端轴承、风力发电机组轴承、盾构机主轴承、高性能医疗器械轴承、悬浮类轴承和智能轴承等的需求，形成系统的高端轴承设计制造基础理论、方法及设计软件，建立高端轴承性能及可靠性的试验理论、技术及数据库，开发研究高端轴承制造关键共性技术并实现产业化应用。

二、未来市场需求及产品

（一）航空发动机主轴轴承

航空发动机主轴轴承是制约航空发动机寿命和可靠性的主要瓶颈。航空发动机主轴轴承需要适应大推力（轴承接触应力≥3000MPa）、高速度（*dn* 值最高可达 3.0×10^6mm·r/min）、持续高温（≥300℃）的工况条件，需要满足载荷、速度、温度的突变及高可靠性的要求，需要攻克特殊材料、精准制造、检测试验、全生命周期管理等一系列技术[26]。与国际先进水平相比，航空发动机主轴轴承的技术差距主要表现在材料及热处理、精准设计制造、检测试验、性能指标与技术成熟度评价、失效分析和表面处理等方面。

（二）高档数控机床主轴轴承与机器人轴承

1. 高档数控机床主轴轴承

目前，国产高档数控机床主轴轴承的自主配套率约为10%，市场主要被跨国公司占据。国产数控机床主轴轴承在精度、寿命、稳定性、平均无故障间隔时间（MTBF）、产品品种、结构与性能指标等方面与国际先进水平差距较大。需要在高速性能、精度寿命、动态性能、温升与热传导、预紧力（刚度）润滑技术等方面进行深入研究，集成化、单元化、智能化已成为数控机床主轴轴承技术的发展方向。

2. 工业机器人轴承

我国是工业机器人国际第一大市场，与之配套的机器人轴承需求量快速增长。预计到2025年，需配套轴承1190万套、价值10.2亿元人民币[27]。工业机器人轴承主要包括等截面薄壁类轴承、薄壁交叉圆柱滚子类轴承、RV减速机用轴承和谐波减速器用轴承等。国内机器人配套轴承仍然大部分依靠进口，虽然有部分科研机构和企业进行了研究开发，但批量小、品种规格少，且质量不够稳定[28]。

（三）高速动车组轴承

高速动车组轴承对产品的一致性、寿命和可靠性要求极高，为此需要大量的试验和使用数据来进行验证。我国高速动车组轴箱轴承全部由SKF、舍弗勒、东洋精工、日本精工等跨国轴承公司供应，我国需要尽快解决高速动车轴承自主配套的问题。

（四）汽车高端轴承

汽车轴承占我国轴承市场总量的30%左右，汽车离合器轴承、涡轮增压器轴承、变速器轴承、轮毂轴承和驱动电机轴承等是汽车轴承高端产品的代表。近年来，汽车动力传动电动化及复合传动技术得到了快速发展，预计到2035年新能源汽车年销售量将占汽车总销量的50%以上。近几年国内乘用车产量徘徊在2500万辆左右，为其配套的高端轴承需求量约为160亿元。

乘用车轮毂轴承及新能源汽车电动轮毂轴承单元主要为单元化角接触球轴承。我国在轮毂轴承单元的载荷谱、模拟与仿真等数字分析处理技术，以及动态性能、寿命与可靠性、传感器及集成技术、动密封技术等方面，与国际先进水平还有较大差距。

（五）盾构机主轴承

主驱动轴承是盾构机关键的部件之一，其性能、质量、可靠性及使用寿命直接影响盾构机的施工进度、掘进里程和安全性。主驱动轴承主要采用三排三列滚柱式、三排四列滚柱式和双列圆锥滚子结构。许多施工场合不具备更换和维修主驱动轴承的条件，因而对主驱动轴承材料及热处理、轴承刚性、强度、寿命和可靠性都提出了极高要求。盾构机主轴承的年需求量约为400套，产值约12亿元人民币[29]。

主驱动轴承主要由SKF、罗特艾德（Rothe Erde）和FAG等跨国公司生产，这些轴承可以无故障使用10000h（或累计掘进10km）以上。目前中、小型盾构机主驱动轴承基本由国内自主配套，但6m级以上大型盾构机主驱动轴承仍依赖进口。国内目前6~7m级盾构机主驱动轴承才完成工程化应用，尚未形成核心竞争能力。

（六）风力发电机组轴承

我国风电装备中的偏航、变桨轴承已能自主生产，但技术含量高的增速器轴承和主轴轴承基本依赖进口。主轴轴承的结构主要是高性能的三排圆柱滚子轴承、双列圆锥滚子轴承或调心滚子轴承。随着风电装备向大型化发展，风电场逐步从陆上向近海转移，功率也从2~3MW扩大到了5~12MW。风电轴承需要满足载荷的随机性、服役安全性与稳定性、长寿命与高可靠性、表面防护及终身免维护等苛刻要求。为了保证风电机组安全、高效工作，工程实际对轴承的工作温度、运转状态等提出了远程实时智能监控和运维管理的要求。

（七）高性能医疗器械轴承

医用CT（Computed Tomography，电子计算机断层扫描）机市场需求旺盛，我国总装机量已超过3万台，年市场需求增量接近2000台[30]。轴承是保障CT机成像精准、清晰的核心部件，其匀速性、低摩擦及灵敏度是保证CT机重复性、均匀性、低噪声的关键。目前市场上具有代表性的是第3代CT机主轴承，转速通常为120~180r/min，主要结构为钢丝滚道球轴承和等截面薄壁角接触球轴承，以及同步齿形带传动的单排四点接触或双排角接触球轴承。突破医用CT机技术的关键是突破CT机主轴承的精准制造技术。目前国内CT机主轴承已有批量产品进入主机配套[26]。

（八）悬浮类轴承

悬浮类轴承是指气体介质轴承、液体介质轴承、磁悬浮轴承，主要用于高端装备及国防领域。

1. 气体介质轴承

气体介质轴承是以气体为介质的新型滑动轴承，具有结构紧凑、回转精度高、摩擦功耗小、振动小、零污染，以及极高转速下摩擦热低、极低运动速度时无爬行、可在特殊环境中稳定工作等一系列优点。其广泛应用于空天装备、精密超精密工程、微细工程、电子精密仪器、医疗器械及核工程领域。高速运转的大型高精度转台轴承、多轴转台轴承，其动力学和热力学问题、变形影响使实际应用变得特别复杂，需要构建强相互作用的流、固、热多物理场耦合分析模型，研发轴承表面微纳结构与超滑表面工艺，改善摩擦表面形貌以实现优良润滑特性，借助微纳传感器和制动器，实现优化工作状态的自动调整，以提升轴承的智能化水平[31]。

2. 液体介质轴承

液体介质轴承（主要指水介质轴承）在船舶、核电等领域备受关注。美、英等工业发达国家在20世纪80年代就研制出压力14MPa、流量45L/min的海洋作业工具；芬兰研制的高压水泵轴承、日本研制的锥式水润滑轴承转速可达到或超过1.0×10^5r/min，寿命达12500h。水悬浮轴承材料包括橡胶、陶瓷、石墨

（硅化处理）、不锈钢或合金钢。由于水的阻尼特性，水介质轴承的密封设计十分重要和困难[32]。

3. 磁悬浮轴承

磁悬浮轴承在高端装备及军工等领域具有较广泛的应用前景。天然气输送压缩机、需要主动消音的潜艇和航空航天武器装备、储能飞轮系统、人工心脏泵、真空分子泵等都使用磁悬浮轴承。美国通用电气（General Electric）（GE）公司、德国西门子（Siemens）公司、日本日立（HITACHI）公司、法国S2M公司等在磁悬浮技术与磁介质轴承方面技术占据领先地位，我国还处在实验研究阶段，且只有少数高校涉足此技术研究[33]。

三、关键技术

（一）轴承关键设计技术

1. 现状

目前国内轴承设计多以结构参数为基本目标，尚未采取以性能参数为设计目标的方式。多数中小型企业设计方法则以经验、类比为主，计算机辅助设计尚处于结构参数优化水平，缺乏对其设计理念和细节的深入系统研究。少数大型骨干企业和高校院所自主开发了设计分析软件，具备一定的试验验证手段，而国外FAG公司已开发出第十代轴承设计分析软件，技术差距明显。

2. 挑战

由于基础理论与基础技术研究薄弱，主机工况分析及载荷谱的编制、轴承现代设计方法（减摩设计、轻量化设计、可靠性设计、仿真设计等）、高性能润滑与密封等技术，以及轴承性能与耐久性试验技术和规程欠缺，均需要长期的数据积累和试验验证，因此轴承设计技术还需要较长的过程才能走向成熟。

3. 目标

建立行业共享的轴承大数据系统，普及低摩擦与轻量化技术，掌握高端轴承典型载荷谱和数值仿真及分析技术；轴承热力学分析、热参考转速理论与试验方法、轴承动力学与运动学理论分析进入实用阶段；磁悬浮轴承、水介质轴承、气体介质轴承、薄壁轴承、新能源汽车轮毂电机轴承单元和内嵌式传感器智能轴承实现工业化应用。

（二）轴承精密加工技术

1. 现状

随着数控技术的普及，轴承零件加工自动生产线已被广泛采用，全行业目前在用的自动化生产线超过10000条。从轴承套圈的磨削与超精研生产线、装配生产线逐步延伸到热处理、车削及滚动体、保持架与密封件制造的生产线，在线检测与SPC（Statistical Process Control，统计过程控制）已成功应用，仅在关键工步设置机外检测校核[34]。

现行加工技术能够保障通用轴承产品的各项技术要求与公差，但公差的一致性有待提高；高端精密轴承产品及零件的某些特殊加工要求尚且无法保障，为精密高端轴承配套的0级圆柱滚子、I级圆锥滚子均不能实现稳定批量生产。我国在高端加工装备、精密加工工艺、工装、模具、夹具、刀具、磨料和冷却润滑介质等方面与国际先进水平也存在较大差距[34]。

2. 挑战

要加工出高精密轴承，使其在服役期保持低温升、长寿命、高可靠性，提高设备的加工精度与稳定性是基础，微纳成形制造工艺技术是关键，光电机一体化主动测量控制是保证。

3. 目标

精度和精度保持性、性能和性能稳定性、使用寿命和可靠性、加工效率、自动化智能化程度达到国际先进水平；主要技术指标满足批量加工高端轴承和为高端轴承配套的0级圆柱滚子、I级圆锥滚子的要求；关键轴承专用装备国产化率达80%以上；实现高精度加工、精密控形控性制造技术与装备在重要轴承产品制造中的应用；普及自动化在线检测、统计过程控制技术、现场成组技术、小批量产品高效率制造技术；突破静音及超静音轴承制造技术。

（三）轴承检测试验技术

1. 现状

轴承检测与试验是当前行业最薄弱的环节。检测仪器仪表正逐步向非接触式、数字化逐步转型，但进展缓慢。国产仪器检测精度不稳定，检测数据的存储处理基本上由人工完成。轴承性能试验（如出厂基本试验、台架模拟试验、重要产品装机试验）的试验设备和试验规程都不规范，数据的记录、处理、分析与积累各自为政，不能有效集成和共享[35]。

2. 挑战

实现检测仪器在向非接触式、数字化转型，提高检测精度，部分零件及工序需要精准到纳米级水平。数据库建设与数据处理系统建设，轴承性能试验与试验规程的规范化、标准化、常态化，以及将企业级的数据系统汇集到行业大数据库系统的数据源建设都是行业急需的技术。

3. 目标

研发应用能达到国际先进水平的数字化、智能化的试验检测设备仪器，实现传感器微型化、精密化，以及检测仪器非接触式和数字化。提高检测精度，部分零件及工序精准到纳米级水平。通过汇聚企业数据和创新试验积累，建立行业共享的轴承试验分析数据库，使轴承性能试验规范化、标准化、常态化。

（四）轴承寿命评估技术

1. 现状

对轴承寿命评估技术的研究基本围绕试验方法与数据处理、寿命考核、延寿技术应用等方向。大型轴承生产企业设有轴承寿命试验室，开展基础试验、台架试验、专项试验。虽然行业关于轴承寿命有一系列相关标准规范，但总体重视程度不够，且企业封闭运行，试验各自为政，试验安排也缺乏系统性，数据结果不能共享，导致轴承寿命评估技术跟不上主机发展需求，远远落后于国际先进水平。

2. 挑战

轴承寿命的离散性、服役环境的复杂性和多变性使准确预测评估轴承寿命极其困难，必须通过大量、长期试验，积累足够大的数据量，才有可能分析研究影响轴承寿命的规律性因素，建立预测寿命的数学物理模型并得出评估结果。

3. 目标

通过寿命评估技术研究，显著提高国产轴承寿命，达到或接近国际先进水平。掌握修正寿命与无限寿命理论与试验方法，普及轴承失效机理与分析技术，实现轴承剩余寿命预测与评估技术并进入应用阶段。

四、技术路线图

轴承技术路线图如图 11-3 所示。

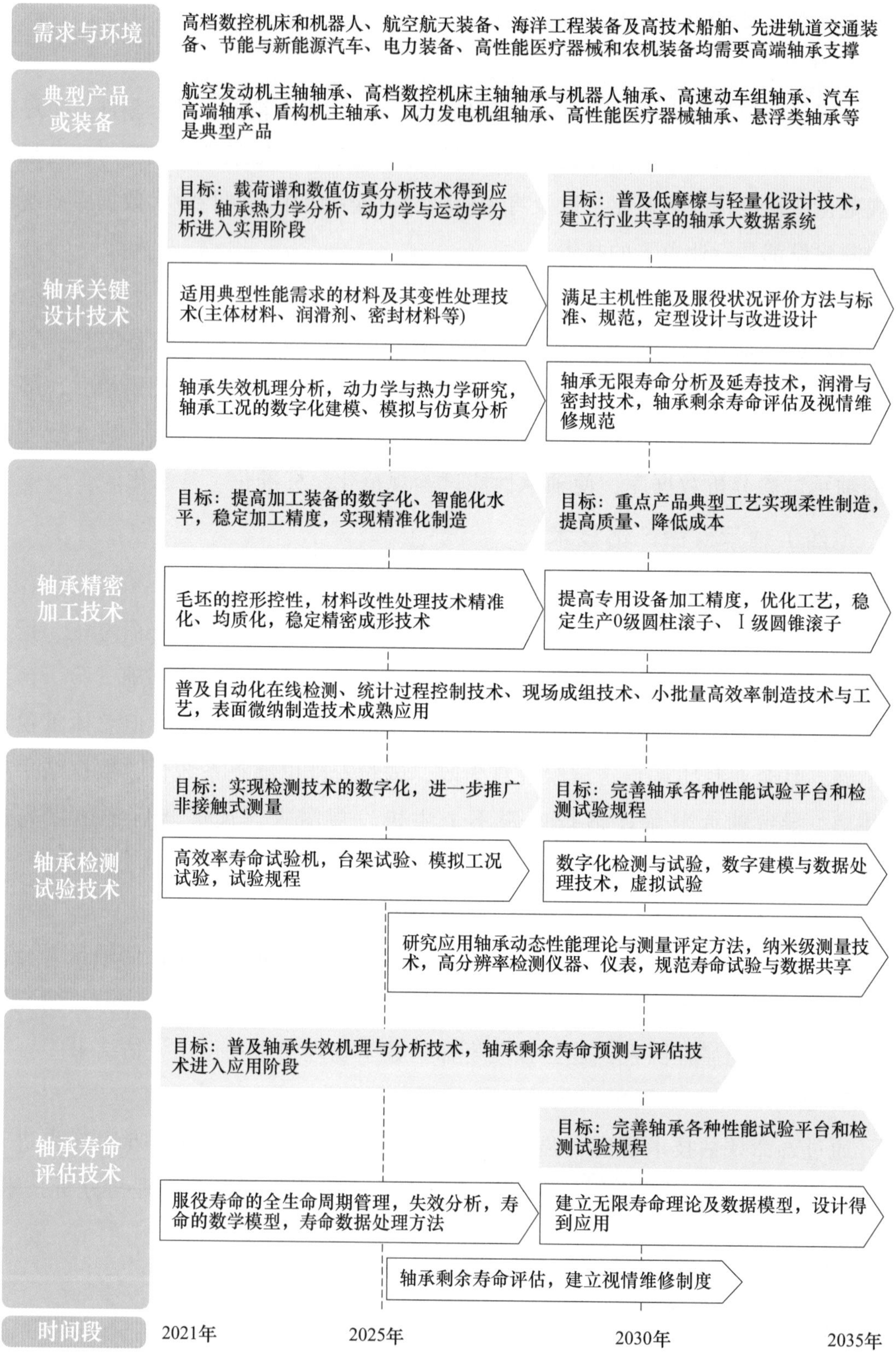

需求与环境

高档数控机床和机器人、航空航天装备、海洋工程装备及高技术船舶、先进轨道交通装备、节能与新能源汽车、电力装备、高性能医疗器械和农机装备均需高端轴承支撑

典型产品或装备

航空发动机主轴轴承、高档数控机床主轴轴承与机器人轴承、高速动车组轴承、汽车高端轴承、盾构机主轴承、风力发电机组轴承、高性能医疗器械轴承、悬浮类轴承等是典型产品

轴承关键设计技术

目标：载荷谱和数值仿真分析技术得到应用，轴承热力学分析、动力学与运动学分析进入实用阶段

目标：普及低摩擦与轻量化设计技术，建立行业共享的轴承大数据系统

适用典型性能需求的材料及其变性处理技术(主体材料、润滑剂、密封材料等)

满足主机性能及服役状况评价方法与标准、规范，定型设计与改进设计

轴承失效机理分析，动力学与热力学研究，轴承工况的数字化建模、模拟与仿真分析

轴承无限寿命分析及延寿技术，润滑与密封技术，轴承剩余寿命评估及视情维修规范

轴承精密加工技术

目标：提高加工装备的数字化、智能化水平，稳定加工精度，实现精准化制造

目标：重点产品典型工艺实现柔性制造，提高质量、降低成本

毛坯的控形控性，材料改性处理技术精准化、均质化，稳定精密成形技术

提高专用设备加工精度，优化工艺，稳定生产0级圆柱滚子、Ⅰ级圆锥滚子

普及自动化在线检测、统计过程控制技术、现场成组技术、小批量高效率制造技术与工艺，表面微纳制造技术成熟应用

轴承检测试验技术

目标：实现检测技术的数字化，进一步推广非接触式测量

目标：完善轴承各种性能试验平台和检测试验规程

高效率寿命试验机，台架试验、模拟工况试验，试验规程

数字化检测与试验，数字建模与数据处理技术，虚拟试验

研究应用轴承动态性能理论与测量评定方法，纳米级测量技术，高分辨率检测仪器、仪表，规范寿命试验与数据共享

轴承寿命评估技术

目标：普及轴承失效机理与分析技术，轴承剩余寿命预测与评估技术进入应用阶段

目标：完善轴承各种性能试验平台和检测试验规程

服役寿命的全生命周期管理，失效分析，寿命的数学模型，寿命数据处理方法

建立无限寿命理论及数据模型，设计得到应用

轴承剩余寿命评估，建立视情维修制度

时间段　2021年　2025年　2030年　2035年

图 11-3　轴承技术路线图

第五节　齿　　轮

一、概述

齿轮传动是利用齿轮轮齿之间的啮合传递动力和运动的一种机械传动方式，其广泛应用于航空航天、船舶、汽车、工程机械、能源、石油化工及机器人等领域。齿轮产品包括各种齿轮及由齿轮组成的各种减速器、增速器、车辆变速器和驱动桥、齿轮泵等传递运动、动力或输送介质等的装置，是机械装备的重要基础件，其性能和可靠性决定了机械装备的性能和可靠性[36-38]。

2020年我国齿轮产品销售额达到3000亿元人民币，其产业规模连续多年位居全球首位。近年来，我国齿轮制造技术水平和制造能力持续提升，一些制造技术和高端产品已达到国际先进水平。例如，三峡升船机用铸造齿条关键制造技术研究取得重大突破，解决了大型铸钢齿条感应淬火齿根开裂的世界性难题，确保了三峡升船机通航；“高端重载齿轮传动装置关键技术及产业化”“大功率船用齿轮箱及推进系统关键技术研究及应用”“高铁列车用高可靠齿轮传动系统”等项目连续获得国家科技进步奖。但是，我国机器人精密减速器、汽车自动变速器、高速机车齿轮驱动单元等高端产品仍依赖进口，齿轮产品进出口逆差约100亿美元。总体来看，我国齿轮行业主要存在以下问题[36,39]：

1）缺乏对齿轮材料的疲劳强度、工艺应力、金相组织等的基础试验研究，缺乏新传动方式、载荷谱测试、先进制造工艺等的基础研究，使得产品设计和制造缺少数据支撑。

2）高效制齿机床、高档数控成形磨齿机、高端齿轮量仪等基本依赖进口，高端锥齿轮加工装备仍被国外技术封锁。

3）由于装备、制造工艺、生产管理等方面的差距，齿轮产品质量的稳定性和一致性有待进一步提高。

4）我国大多数齿轮标准从国外标准转化而来，缺乏基础研究和基础数据，一些关键数据与国内技术水平不相适应。

未来15年，齿轮行业及齿轮产品主要发展目标[40]：

1）建立国家级的齿轮共性技术研究、重要新产品研发、重大科技成果工程化、技术推广应用的创新和技术服务平台，推进我国齿轮传动技术的全面发展。

2）建立先进完善的齿轮标准化体系，齿轮标准化工作进入世界前两强。

3）提高齿轮类零件近净成形比率，年均提高齿轮材料利用率2%以上，到2035年总体提高50%左右。

4）齿轮产品功率密度年均提高5%左右，到2035年功率密度提高1倍。

5）稳步减少齿轮传动的功率损耗，到2035年功率损耗减少50%。

二、未来市场需求及产品

1. 航空航天装备

航空航天装备的快速发展，对高参数齿轮传动装置的需求持续增加。随着低空的逐渐开放，直升机旋翼传动系统、微飞行器用齿轮传动装置等将有广阔的市场前景。太空的高真空、大温差、微重力环境对齿轮传动装置提出了苛刻的要求。高可靠性、高功率密度、微型化是产品的显著特点，功率分流、合流及余度技术，以及无润滑状态的可靠性是关键技术。

2. 车辆与工程机械

未来汽车自动变速器、新能源汽车变速器、盾构机主驱动系统等齿轮产品有很大的进口替代空间，驱动桥、同步器、电动轮传动装置需要提升产品档次，新型坦克、装甲车需要更可靠的齿轮传动装置。驱动-传动-控制一体化、高可靠性、高精度、低噪声、大转矩是这类产品的主要特点。

3. 能源装备

6MW及以上风电增速齿轮箱、百万kW级核电齿轮箱、生物质及光热发电传动装置等是重要的能源装备齿轮传动装置。高可靠性、长寿命、大功率、高功率密度、恶劣复杂的服役环境、机电液复合传动是这类产品的特点，远程监测控制等是未来的发展趋势[41]。

4. 船舶及海洋工程装备

军民用舰船发展潜力大，配套齿轮装置需求旺盛。海洋石油钻井平台齿轮齿条升降装置的需求将随油价上涨而持续增长。5MW以上大功率舰船齿轮传动系统优化及减振降噪、特大模数齿条高效高精度加工和功率分流与合流技术等是未来研究的重点。

5. 轨道交通装备

时速 350kW 及以上高铁、城际轻轨及地铁将持续快速发展，配套齿轮驱动单元市场需求强劲。驱动单元的特点主要包括：安装空间受限、工作环境恶劣；轻合金箱体或耐低温球铁箱体，薄壁件多；大功率、高速、高可靠性、高功率密度是技术发展重点。

6. 机器人与智能产品

工业机器人用摆线减速器、谐波齿轮减速器等市场需求快速增长，智能产品（如智能家居用扫地机减速器、高端智能电子锁齿轮传动）及医疗设备中的微小齿轮传动装置发展前景广阔，高精度、低噪声、微小型化、小回差、大传动比是此类产品的主要特点。

三、关键技术

（一）齿轮传动关键设计技术

齿轮传动设计技术正逐渐与流体传动、电气传动等传动技术相复合，与计算机技术、网络技术等现代技术相融合，数字化、智能化、集成化将成为齿轮传动设计技术的发展方向。

1. 现状

渐开线齿形将长期处于主导地位，微线段齿形、非对称齿形等新齿形及新型分流方式的研究取得了一些阶段性成果。随着设计手段的完善、数控加工技术的提高，空间曲面的加工变得比较容易，这奠定了研究开发更优齿形的基础。

美国、欧洲各国及日本是齿轮技术强国，设计水平向着以降低啮合冲击与噪声、提高传动性能为目标的先进分析技术、主动设计方法、可靠性设计方法的方向发展。近年来，我国齿轮产品的设计水平不断提高，但在多学科耦合设计分析专业软件开发、动力学分析、减振降噪设计、多余度合流与分流设计、传动系统效率和热平衡计算、机电液复合传动集成设计等方面与国际先进水平的差距仍然明显。

2. 挑战

基础研究和基础数据匮乏、自主创新能力薄弱仍是我国高端齿轮产品大量依赖进口的重要原因。因此，应加强基础理论研究和基础数据积累，提高自主创新能力。

3. 目标

1）开发出传动效率高、承载能力强、制造和检测比较容易的新齿形或新传动技术。

2）开发先进的多学科耦合设计分析软件，建立基于大数据和云计算的齿轮设计制造云服务平台，开展数字化正向设计，提高齿轮传动功率密度。

3）攻克机电液复合传动核心技术，使高端汽车自动变速器等产品立足国内制造。

4）在功率分流、合成及余度设计技术方面取得突破，解决舰船、飞机等重要装备功率分流、合成及备份的问题。

5）加强小模数齿轮失效机理等基础研究，解决塑胶齿轮在智能产品应用中的寿命、噪声问题，完善小模数齿轮标准体系。

（二）齿轮关键制造技术

齿轮关键制造技术包括齿轮类、轴类、箱体类等零件的材料热处理与机械加工技术。高精度、高效率、绿色环保及网络化、智能化是未来齿轮制造技术的重要特点。齿轮材料及热处理技术涉及齿轮材料种类及冶金质量、毛坯的制造方式和内在质量、热处理方式及热处理质量等。齿轮材料向着多品种、高品质、经济性的方向发展，齿轮热处理技术向着控制精准化、高效生产、低耗环保的方向发展。

1. 现状

1）制齿效率和精度不高；磨削余量大、效率低，而且磨削烧伤还难以完全避免；齿轮轮齿加工精度还有较大提升空间；内齿圈等薄壁件和复杂零件的加工变形较大。

2）齿轮渗碳淬火变形大，渗碳周期较长且能耗高；渗氮渗层薄，应用范围受到限制；感应淬火齿轮易出现淬火开裂倾向。

3）与国际先进水平相比，我国齿轮制造技术存在能耗高、材料利用率和生产效率低、绿色化和智能化程度不高等问题；齿轮近净成形技术、高效精密加工技术、硬齿面刮削技术、干切技术、极限制造技术和轮齿强化改性技术等缺乏深入系统研究，亟待加强。

4）现有的堆焊、激光熔覆等齿轮修复技术多限于软齿面轮齿修复。齿轮再制造技术缺乏必要的评价体系和规范。

2. 挑战

材料质量稳定性差、制造工艺技术落后是造成我国齿轮产品承载能力低、可靠性低的主要原因。抗疲劳制造技术能够最大限度地发挥材料的潜力，提高材料的许用应力极限，大幅度提高零部件的可靠性、寿命和功率密度。再制造技术能够提升机械零部件的服役寿命，改善核心部件修复后的使用性能。加强抗疲劳制造技术和再制造技术的深入研究和推广应用是我国齿轮关键制造技术面临的挑战。

3. 目标

1）攻克高温渗碳、真空渗碳，以及高压气淬、等温淬火、分级淬火等精准控制技术，提高生产效率与品质；攻克化学催渗与深层渗氮技术，提高渗氮齿轮承载能力，扩大应用范围；研究齿轮感应淬火工艺应力形成机制和规律，优化淬火工艺，控制残余应力。

2）研究齿轮精密热处理技术，减小热处理畸变、提高齿轮强度和生产效率。

3）攻克齿轮干切削及超硬加工技术，年均提高齿轮干切削及超硬加工率 5% 左右。

4）研究微齿轮等微零件制造技术，满足超小体积传动装置的需求。

5）加强强力喷丸、激光冲击、滚磨光整、磁流变抛光、超声加工、功能涂层等物理化学表层改性方法在高功率密度齿轮制造中的应用研究，形成抗疲劳制造技术体系。通过材料品质提升、精密热处理、齿面改形改性等抗疲劳制造技术的应用，使高端工业齿轮产品的寿命提高 5~10 倍。

6）提升小模数齿轮塑胶材料的性能，开发新的复合材料，提高模具设计制造水平，提高塑胶齿轮的寿命和可靠性。

7）通过齿轮修复再制造技术，建立高性能齿轮轮齿再制造全生命周期评价体系，延长服役寿命，改善修复后使用性能。

（三）齿轮关键工艺装备技术

齿轮工艺装备包括滚齿机、插齿机、铣齿机等各类切齿机床，以及磨齿机、热处理装备、检测装备等。齿轮工艺装备对提高齿轮产品性能、保证产品质量的作用越来越大。我国机床软件编程技术、在线测量技术、精度保持技术、超精密分度技术及刀具涂层技术等关键工艺装备设计制造技术与国际先进水平相比差距很大，高端工艺装备大量依赖进口[42,43]。未来数控机床的发展趋势是直线电机驱动、智能化、复合化、生产线化及清洁加工。

1. 现状

1）滚齿机、插齿机、铣齿机等圆柱齿轮制齿机床在生产效率、制造精度、复合化、大型化等方面与国际先进水平有较大差距，直径 3000mm 大型弧齿锥齿轮加工机床、等高齿锥齿轮铣齿机等已开发成功。

2）砂轮自动对刀、自动修整、在线测量及智能纠正等先进技术得到应用，高精度、高效率、高可靠性是其显著特点，磨齿精度可以稳定达到 3~4 级。我国数控成形磨齿机经历了从无到有、从有到精的过程，但在可靠性、加工效率、自动化水平等方面与国际先进水平相比还有较大差距，磨齿 4 级及以上精度的数控成形磨齿机仍依赖进口。

3）我国高端齿轮感应淬火机床、大型真空热处理装备仍依赖进口。渗碳装备自动化程度低、能耗较高，淬火冷却控制与国际先进水平相比差距大。

4）国外 CNC（Computer Numerical Control，计算机数控）齿轮测量中心得到普遍应用，测量精度高于 3 级；大型齿轮测量中心和三坐标测量机可测直径 6000mm 齿轮；齿轮在机测量系统已成为机床的组成部分；机器视觉在齿轮测量中已得到应用；齿轮生产线上的机械手自动上下料的齿轮快速分选测量机成为车辆齿轮现场测量的主导装备。国内中模数齿轮测量中心相对成熟，小模数齿轮测量仪器和大直径齿轮测量仪器几乎全依靠进口。

2. 挑战

根据未来齿轮制造对关键工艺装备的需求，我国需要通过攻关重点解决以下三个方面的问题：①切齿、磨齿机床重点解决高效、高精、智能、复合化、大型化等方面的问题；②热处理装备重点解决大型、数控、高效、低耗、环保等方面的问题；③测量装备重点解决测量精度与范围、在机测量、在线测量等方面的问题。

3. 目标

1）高精、高效、大型数控圆柱齿轮磨齿机和弧齿锥齿轮磨齿机立足国内生产；国产干式滚齿机、硬齿面滚齿机、大型锥齿轮铣齿机和等高齿锥齿轮铣齿机等专用铣齿机床在齿轮行业得到较广泛应用。

2）高档数控感应淬火机床和精密感应器、智能渗碳及渗氮热处理装备满足高效、低耗、环保要求，国产化率达到30%以上。

3）基于激光跟踪测量技术和室内激光雷达等技术的特大型齿轮在线测量系统、基于光纤测头的微型齿轮测量机，以及耦合在齿轮生产线上的齿轮快速分选测量机等装备达到或接近国际先进水平，并在行业得到较广泛应用。

4）开发数种集齿轮热前加工、热处理及热后加工于一体的数字化（智能化）生产线，满足齿轮批量生产高效、高精、节能、节材、环保的要求。

（四）齿轮试验与运维技术

齿轮基础试验、性能试验、服役状态监控不可或缺，由这些试验和监控得到的基础数据是齿轮技术研发和创新的基础，也是故障诊断准确性和可靠性的重要支撑。

1. 现状

德国、英国等发达国家不断进行齿轮材料性能测试、载荷谱搜集及基础试验研究，我国近年来也在一定程度上进行了恢复。一些企业虽建有性能优良的试验台，但几乎不为行业服务，试验数据处于不公开状态。齿轮装置的在线运维技术逐步得到应用，但缺乏健全的齿轮产品运维规范及标准，缺乏大量运行数据的支撑。

2. 挑战

缺乏基础研究及数据成为制约我国齿轮产品设计的重要因素。缺乏为全行业服务的高水平测试服务平台，导致许多齿轮新产品得不到第三方检测及设计合理性评定，直接影响产品设计水平的提高。齿轮传动系统运维技术直接影响设备的运行质量和成本，运维标准和服役数据的缺乏使齿轮箱运行状态监控的准确性难以得到保障。试验和运维技术的落后直接影响了高端产品的开发和服役。

3. 目标

预计到2035年，建成面向齿轮行业的、达到国际先进水平的齿轮基础技术试验研究和测试服务平台，建立比较完善的齿轮材料应力极限、金相组织图谱及载荷谱等基础数据库，健全数据共享服务机制。

加强试验测试能力和人才队伍建设，制定产品试验测试标准和规范，形成齿轮几何精度、表面质量、内在质量、服役性能试验与评价综合服务能力，满足企业产品测试、评价和改进服务等方面的要求。

开发基于5G网络与智能运维的云平台，形成重要齿轮传动装置的在线故障诊断与远程运维管理系统，提高装备服役的可视化监测、智能诊断及主动控制。

四、技术路线图

齿轮技术路线图如图 11-4 所示。

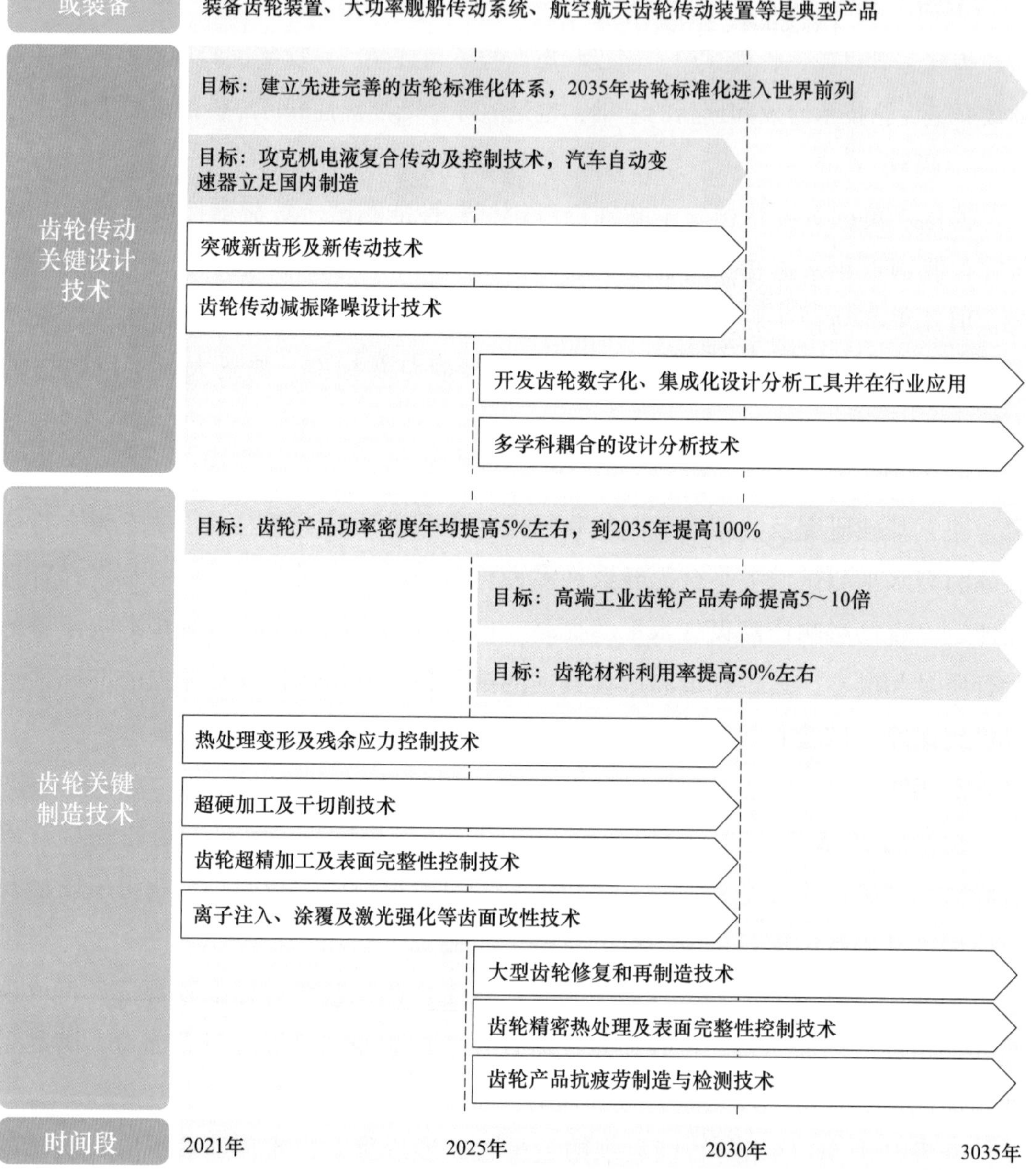

图 11-4 齿轮技术路线图

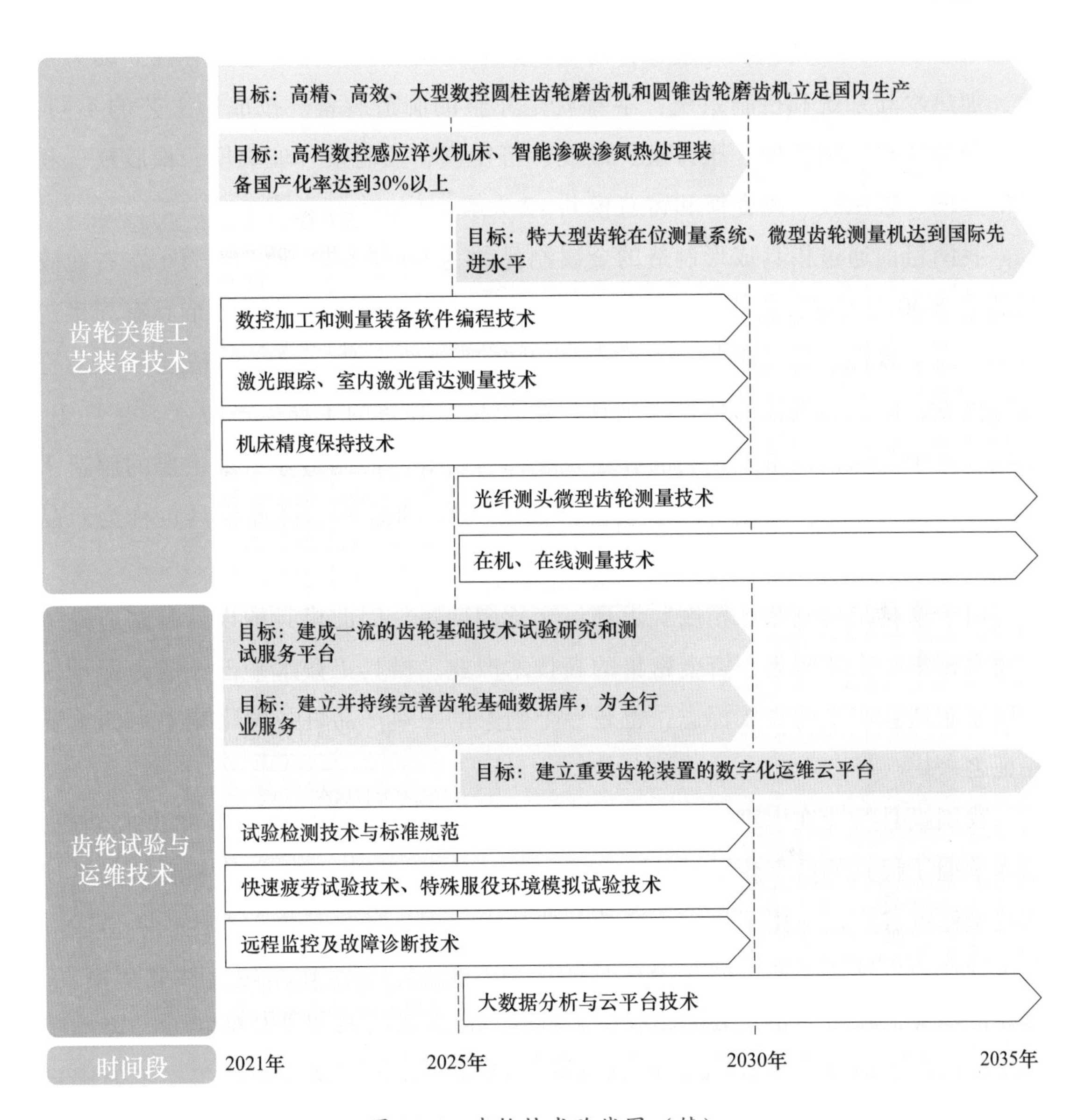

图 11-4　齿轮技术路线图（续）

第六节　模　具

一、概述

模具是模具成形的重要工艺装备，素有“工业之母”的称号[44]。模具一般由上模、下模和模具标准件组成，而现代大型复杂模具，往往包含有独立动力系统、加热冷却系统和控制系统，本身就是完整的制造装备。按成形工艺的不同，模具分为冲模、塑料模、压铸模、锻模、挤压模、拉制模、玻璃模、橡胶模、粉末冶金模、辊压膜、陶瓷模和铸造模共 12 大类、196 个细类[45]。

我国目前通过模具成形制造的金属制品约为 9000 万 t，而 700 万 t 左右橡胶制品和 9000 万 t 左右塑料制品则几乎由模具成形技术制造。模具成形具有高生产效率、高一致性、低耗低成本，以及可以实现制件（品）较高的精度和复杂程度等优点，已成为现代社会关乎国计民生产品与装备的主导生产技术，是汽车、家电、电子与通信设备、包装品和建筑装饰材料等产品制造业中最主要的制造手段。而且模具费用仅为这类产品整机销售收入的 1%左右，因此模具也称为产品制造业的效益放大器。

由于模具结构复杂、精度要求高、交货周期短，因此模具的设计、制造是一个技术密集、人才密集、资金密集的高技术产业。模具工业水平已经成为衡量一个国家制造业水平的重要标志，也是一个国家的工业产品具备国际竞争力的重要保证之一。

我国模具行业在引进技术、装备基础上，通过消化吸收再创新和集成创新，基本掌握了模具的数字化设计技术，建立了模具材料研发、生产体系和模具热处理技术体系，广泛应用了先进、高效制造技术，逐步具备了自主设计、制造适应我国制造业发展需要的精密复杂模具的能力。例如，D 级轿车覆盖件成套模具，高强板热成形模具，轿车变速箱壳体及缸体、缸盖等大型复杂压铸模具，高端子午线轮胎活络模具，以及 7800 腔精密塑封模具等高难度精密模具等，不但满足了我国对模具的需求，而且还具有了批量出口的能力[46]。

2019 年我国模具消费量接近 2600 亿元，占世界模具消费量的近 30%；模具产量近 2900 亿元，超过世界模具消费量的三分之一；模具出口额达到 62 亿美元。我国已经连续三年的模具消费、模具生产和模具出口均排世界第一。

二、未来市场需求及产品

“十四五”开始，我国经济将加快形成以国内大循环为主体、国内国际双循环相互促进的新发展格局。作为给制造业提供工艺装备的模具行业，未来 10 年我国国内模具市场的总体前景良好。我国以汽车为代表的交通工具，以家电、消费电子和塑料制品为代表的轻工产品，以通信终端、网络终端为代表的 IT 产品，以仪器仪表、电机电器、集成电路为代表的机电装备和基础元器件产业，以及建材家居产业，模具总量都位居世界首位并有一定的增长空间。我国的轨道交通装备、医疗器械、商用飞机、卫生健康及养老等产业的发展，也会为模具行业提供新的市场需求。另外，新能源汽车暨汽车轻量化制造所需要的（超）高强钢板冲压模具、纤维增强及多料多色注塑模具、大型及特大型轻合金压铸及铸造模具和电池极板精密成形模具，电子与通信设备、智能网络终端配套的高速多工位级进冲压模具和精密注塑模具，以及轨道交通、船舶、新能源、环保设备等战略新兴产业所需要的新特模具将有较大的增长空间。

针对未来市场需求，我国需要大幅度提高模具制造技术的自主创新能力、装备水平及自主知识产权的比重，需要在模具设计制造中广泛应用信息化技术、云计算技术和智能制造技术，需要开发应用与新工艺、新材料相对应的新型模具、智能模具。预计到 2035 年，我国模具产业大而不强的局面将得到改变，在技术水平、产品水平、市场竞争力等方面进入世界强国行列。

三、关键技术

模具技术包括模具的设计技术，模具的加工、装配及检测技术，模具材料与处理技术，以及模具的应用、维护和再制造技术等。目前制造业使用的模具中，金属与非金属材料成形用模具的数量比例各占 50%左右。未来 15 年，模具技术发展趋势主要是进一步提升精密、复杂、高效、多功能模具的设计制造精度和效率。由于材料与成形工艺的不同，不同模具的结构设计、制造技术和使用条件差异巨大，其中共性关键技术是模具数字化设计技术、模具材料与热处理及表面处理技术、模具精密与高效制造技术。

（一）模具数字化设计技术

1. 现状

模具数字化设计技术的主要内容是采用计算机和相应的软件进行模具的计算机辅助设计（CAD，Computer Aided Design）、计算机辅助制造（CAM，Computer Aided Manufacturing），以及模具成形过程的计算机辅助工程分析（CAE，Computer Aided Engineering）。随着计算机和软件性能的不断提高，模具 CAD/CAM/CAE 及其一体化设计技术成为提高设计精度、缩短模具开发周期、降低生产成本、提高服务水平，即提高模具企业的时间质量成本服务（TQCS，Time Quality Cost Service）水平最重要的技术。

我国模具行业在规模以上企业的CAD技术应用率目前达到95%左右，CAD/CAM一体化技术应用率在80%以上，CAD/CAE技术应用率达到70%以上。目前使用的设计、编程、分析软件85%以上由国外厂家提供，自主知识产权的设计软件应用率则不到15%。

当前，模具设计、制造工艺数据库建设滞后，企业设计人员数字化设计工具应用水平不高，以及模具成形的工艺-成形设备-模具协同创新机制不完善，仍是我国与世界模具强国在模具设计技术方面的主要差距。

2. 挑战

模具的数字化设计将建模、分析和优化集于一体，需考虑多学科的协同和材料的宏观、介观和微观特性，以及成形过程中多物理场的耦合，进一步提高分析和设计精度。需要构建以云计算技术和网络技术为基础的模具数字化设计、制造技术公共服务平台，并实现市场化运行，需要实现零件或制品模具成形的工艺-成形设备-模具整体解决方案的协同创新。

3. 目标

1）通过并行工程、协同设计和成形仿真，模具设计人员介入产品的开发过程，从而保证产品零件的可成形性。

2）将模具设计置于知识驱动的设计平台上，实现知识资源共享的智能化设计和高效率的模具设计。

3）完善模具成形工艺的数字孪生技术体系，建立模具成形工艺数据库，形成具有自主知识产权的细分领域零件（或制品）模具成形解决方案；建立模具设计制造的网络化、智能化、标准化体系，推动离散制造智能化的进程。

4）预计到2035年，我国模具数字化设计技术总体上达到国际先进水平。

（二）模具材料与热处理及表面处理技术

1. 现状

模具材料是模具设计、制造的重要基础。以钢铁材料为主导的金属材料（如钢铁、铜及铜合金、铝及铝合金等）在相当长时间内是模具材料的主体。我国建立了以热作模具钢、冷作模具钢、塑料模具钢为主体的工模具用钢国家标准体系，目前可以生产绝大部分模具用钢，并在国家项目支持下正在开展高性能工模具钢的研发，但国产模具钢的纯净化、超细化水平仍待进一步提高。我国在大截面、高性能硬质合金材料的制备技术方面虽有了较快的进步，但与国际先进水平相比还有差距，影响级进冲模、冷温锻模等高效精密模具服役性能的提升。金属增材制造技术必将成为精密模具制造的重要技术之一，但其中关键的模具钢粉目前主要依靠进口，国产钢粉在品种、规格及价格上还未形成竞争优势。

热处理技术是提高复杂、精密、长寿命模具水平的关键技术。真空热处理和保护气氛热处理技术在模具基体热处理方面已普遍应用，氮化技术也已广泛用于提高模具的表面耐磨、耐蚀等性能，PVD（Physical Vapor Deposition，物理气相沉积）、CVD（Chemical Vapor Depostion，化学气相沉积）等高能束硬化膜涂层技术开始在我国模具行业应用，但技术装备和应用水平与国际先进水平相比还有差距。

大型无氧化热处理装备技术、微变形热处理工艺技术和高效清洁的表面改性技术将在未来15年内得到较快发展和应用。

2. 挑战

建立模具使用条件、失效特征、寿命指标与材料性能特点等的关系图，在此基础上完成模具材料的规格系列化、性能系列化和应用系列化。进一步提高模具钢的纯净化和其组织的超细化程度。开发针对模具处理的大型真空高压气淬炉和高精度可控气氛保护热处理设备，为实现大型复杂模具的微变形、无氧化处理创造条件；开发智能化模具热处理工艺控制软件，实现高效率、清洁、大型化模具的表面改性，大幅度提高模具的使用性能。开发适合增材制造用的20~40μm模具钢粉的制备技术，实现工业化生产。

3. 目标

1）通过对模具材料的系列化开发，实现各类模具使用条件与材料性能特点的匹配，充分发挥材料的性能特点，提高模具的使用寿命，降低生产成本。

2）国产高性能特种模具材料全面应用于工业生产，满足各种极端工况条件下的模具性能要求。

3）实现大型复杂模具热处理后表面无氧化、微变形。

4）实现渗层组织、厚度、结合力、耐磨性能与模具寿命的协调控制。

5）解决设备和工艺问题，对模具材料进行精确预处理和预硬化，并实现规模化生产，提高模具的制造效率，降低生产成本。

6）开发模具增材制造用钢粉的制备技术及增材制造模具热处理技术，以实现优于传统方法加工模具的综合性价比。

（三）模具高精与高效制造技术

1. 现状

为了满足产品更新换代加快的市场需求，模具制造周期必须尽可能缩短，但模具的结构复杂、模具零部件加工和装配精度要求高，而模具制造特点是多规格、小批量，许多模具甚至是单件生产，这促进了精密、高效模具制造技术的开发与应用。目前我国模具行业引进并应用了国际先进的主流制造技术，如关键工序数控（NC、CNC）加工和测量设备的应用率达到90%以上，高速切削技术应用率达到80%，预硬化塑料模具钢应用率70%，标准件采用率达到70%以上。激光加工技术（如表面强化、纹饰加工）、金属增材制作技术开始应用，三坐标测量技术已经普及，白光测量技术和激光在线检测技术作为两种较为先进的检测方法正逐步得到推广运用。

目前我国模具行业应用的关键工序数控加工和测量设备85%由国外厂商提供，三维加工、测量的编程水平还比较低，高速及硬面切削刀具主要依赖国外厂商提供；模具增材制造用钢粉的品种和价格仍是制约金属增材制造技术快速应用的主要因素。虚拟装配和虚拟试模还缺乏基础理论的突破和工艺数据库的建立。

2. 挑战

1）要保证模具制造的高精度和高效率，必须要实现依靠先进技术装备的零部件加工、检测与技能，以及经验的装配和试模有机结合。

2）虚拟装配和虚拟试模技术基础理论的突破和工艺数据库的建立。

3）建立适应不同类型模具制造产业链的技术支撑体系，实现我国模具制造产业链的现代化。

4）发挥金属增材制造技术最适合模具设计制造的特点。虽然我国这一技术在模具制造中的应用水平基本与世界同步，但是还需要投入人力、物力推进装备、钢粉和工艺研究，尽快实现批量生产。

3. 目标

1）高速切削、高精度电加工、激光表面强化和纹饰加工技术得到广泛应用，并形成稳定供应链；建立起具有自主知识产权的以金属增材制造为主的模具增材制造技术体系，实现该技术在模具制造领域的应用，发挥世界领先优势。

2）采用柔性自动化制造技术和基于仿真的虚拟制造技术，提高模具加工效率，减少物理试模次数。

3）建立起细分模具类型的高效、高精度数控加工编程技术体系。

4）预计到2035年，我国模具以金属增材制造技术为主的增材制造技术达到国际先进水平。

四、技术路线图

模具技术路线图如图11-5所示。

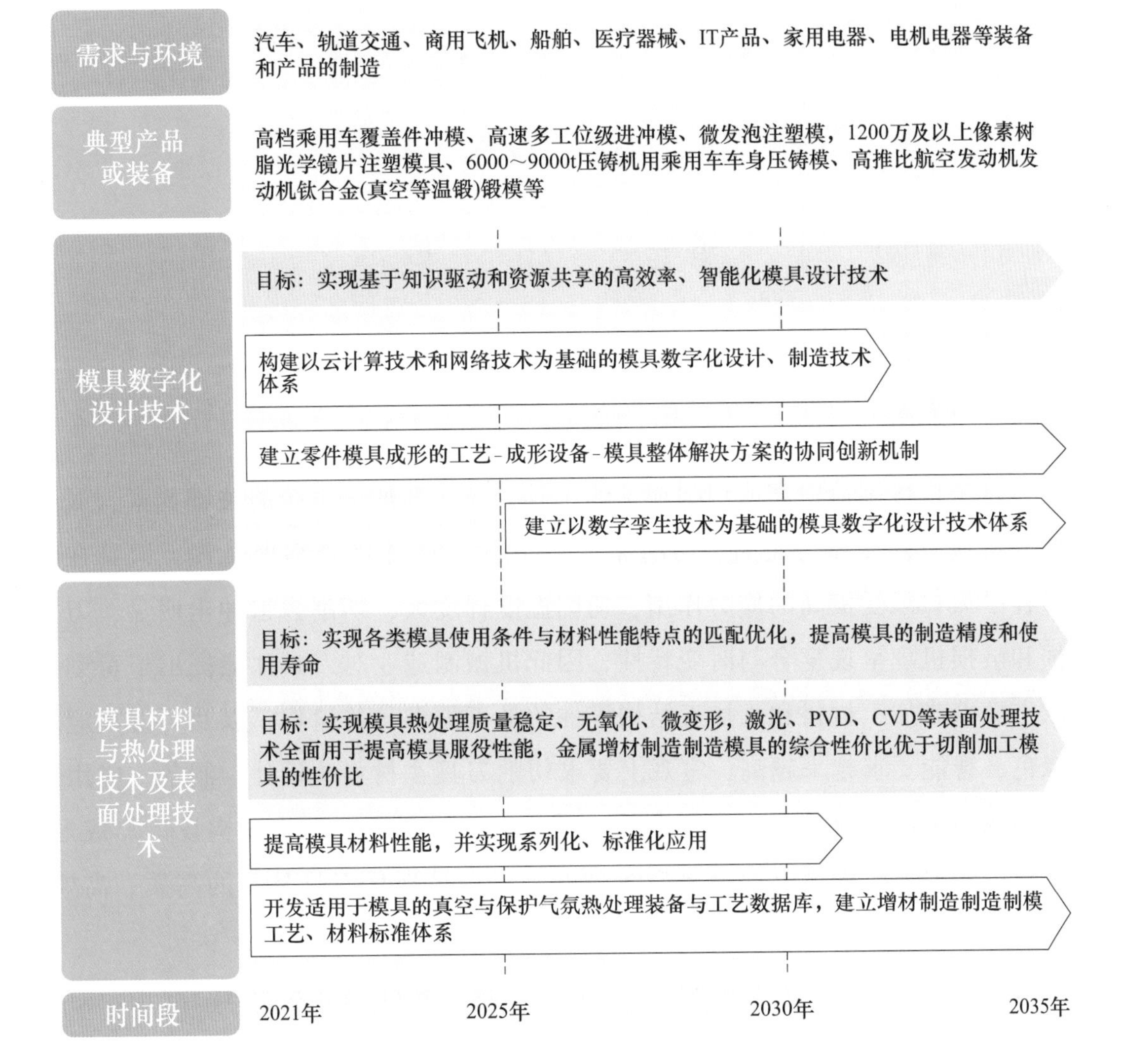

图11-5　模具技术路线图

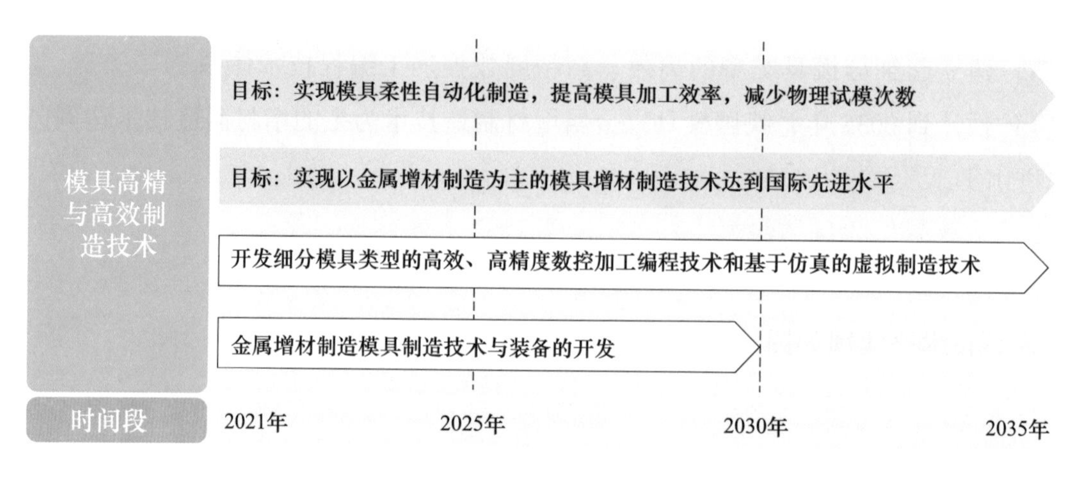

图 11-5 模具技术路线图（续）

第七节 刀 具

一、概述

刀具是机械制造中完成切削加工的工具，是切削加工系统的关键要素，属于重要的机械基础件和消耗品。切削加工是动态的力-热耦合物理过程，刀具在切削过程中刃口承受极高的应力作用，切削温度梯度大，切削强迫冲击明显，刀具磨损和破损机理呈现复合与时变特性，因此机械制造业对刀具性能提出了苛刻的要求。随着难加工材料和难加工结构零件的加工需求日益迫切，以及对刀具应用的绿色、智能要求越来越高，客观上要求切削刀具在材料、设计、制备、应用等环节形成闭环信息流和全生命周期技术链，在刀具材料、刀具结构设计与成形、刀具涂层、刀具应用等方面需要持续创新，以满足现代刀具具备的高质、高效、精密、智能、绿色的特性需求。

切削加工正处于重大变革期。一方面，金属的精准成形方法日益增多，如精密铸造、精密锻造、增材制造成形，均能预制出非常接近于最终轮廓的工件，这显著减少了切削加工的余量。工艺流程中对切削加工的需求在转变，高速及大进给下的小余量高效、高精度加工将显著增加，机械制造业将需要覆盖领域广泛的更高精度、更高效率的刀具。社会的发展和技术的进步必将对行业生态产生颠覆性变革，例如，全球汽车主要生产国已制订燃油车停止生产销售的时间表，这将深刻影响刀具行业的发展和技术走向。另一方面，智能制造已关联到切削端，刀机一体化的信息流与工业物联网系统融合，影响刀具结构设计与成形技术。切削加工更趋于数据化、自动化和闭环自适应。

刀具作为加工链的一环，其价值的升级关键已向本环节中的相关技术链转移，刀具应用服务技术的概念随其技术链的不断发展和深化，已远远超出了传统“产品+参数”提供的服务范畴，即从硬的产品向软的数据，进而到对应刀具的加工方法和刀具路径的 NC 代码生成数控程序提供方发展，以确保正确的刀具路径，实现最佳生产率、最大的刀具寿命和加工安全性。现代制造业需要工具制造商提供的高性能刀具具有实时更新的信息组成，这种实物与虚拟世界之间的有机组合已成为刀具应用服务技术的方向，并定义了刀具的智慧水平。CIRP（The International Academy for Production Engineering，国际生产工程科学院）（CIRP 是法语缩写）的一项研究报告显示，美国制造业刀具的正确选择只有 50%左右，只有 58%的切削时间是在最佳切削速度下工作的，并且仅有 38%的刀具完全使用到其寿命[47]。刀具应用技术可以通过刀具整体解决方案、刀具全生命周期管理、刀具智能管理和刀具服务互联网来提升刀具的价值。

二、未来市场需求及产品

（一）刀具材料

通过硬质相晶粒的纳米化，硬质合金可具有优异的综合性能。高熵合金的设计思想给合金设计带来新的思路，以硬质相、黏结相共高熵化为特征的硬质合金将在难加工材料的切削加工中得到应用。通过超细化、纳米化等手段提高金属陶瓷的强韧性和可靠性之后，我国 Ti（C，N）基金属陶瓷必然会得到快速发展。以 Al_2O_3 为主体的陶瓷刀具通过添加氮化物和硼化物等，以及进行相变增韧、晶须增韧、第二相颗粒弥散增韧和纳米化等，将提高韧性，以 Si_3N_4 为主体的陶瓷刀具通过与金属、金属碳化物、Al_2O_3 等氧化物复合，将显示出更高的使用性能。未来高性能的金刚石材料向高致密化、大尺寸单晶粗化、多晶细化方向发展，聚晶立方氮化硼向高 CBN 含量、整体化方向发展，超硬材料表面的涂层将成为重要的发展趋势。未来粉末冶金高速钢将向高致密、高均匀化、纯净化和大尺寸方向发展，铝代钴高速钢等资源友好的高速钢品种将得到更多认可。

（二）刀具结构设计与成形

与智能制造、工业物联网相匹配的智能刀具，与复合加工机床高效低成本加工相匹配的复合刀具和切削全程无隙连接的全序刀具，与个性化、多样化加工相匹配的“柔性”模块化刀具，适应高速高质量加工和难加工材料、复合材料高效加工的高性能刀具，适应干切削和微量润滑的绿色环保刀具将得到广泛应用。刀具结构设计无缝转化的刀具成形制造数字化自动生产技术、刀具性能参数化设计技术、刀具结构设计与成形专用工业软件和 3D 打印增材制造刀具技术将取得新的突破。

（三）刀具表面涂层

纳米层及其微纳米多层复合金刚石薄膜技术，超低压化学气相沉积（UL-PCVD，Ultra Low Pressure Chemical Vapor Deposition）刀具涂层工艺及装备制造技术[48]；物理气相沉积涂层过程的智能精准调控技术，针对高温难加工材料的涂层体系的搭建及工业化生产技术；等离子体化学气相沉积（PCVD，Plasma Chemical Vapor Deposition）、高性能类金刚石薄膜（Diamond-Like Carbon，DLC）、CBN 涂层技术。

（四）刀具应用服务

无线智能刀具数据传感系统，非接触快速自动识别和数据采集，中央信息系统数据处理的表达与交换自动集成，实现生产过程中信息流闭式传递和存储、在线实时处理。基于互联网的刀具智能化管理软件及服务设备，对刀具配给和成本进行无人化管理，并根据加工目标和专家数据、仿真数据等构建的刀具匹配方案数学模型，完成加工现场信息和物理量的获取。基于互联网的刀具全生命周期模型，利用大数据和云计算进行刀具寿命预测和切削参数优化、切削数据挖掘，并融入信息物理互联网进行刀具剩余寿命智能化管理。

三、关键技术

（一）刀具材料制备技术

1. 现状

我国的超细硬质合金在过去 10 年中已经得到高速发展，市场上 0.4~0.6μm

的超细硬质合金制备技术已日渐成熟，但与国际先进水平相比，在一致性和稳定性方面仍有较大差距，纳米硬质合金相关技术目前尚未取得突破。硬质合金的硬质相和黏结相的复杂多元合金化研究较多，且在硬质合金产品中得到应用。高熵合金设计思想也已经开始引入硬质合金，但目前市场上尚无相关的产品。日本的切削刀具中金属陶瓷已经占到30%以上，我国金属陶瓷刀具占1%左右，有很大的发展空间。陶瓷是有发展潜力的刀具材料，在我国它的制造技术还处于起步阶段。我国聚晶金刚石（Polycrystalline Diamond，PCD）、聚晶立方氮化硼（Polycrystalline Cubic Boron Nitride，PCBN）超硬刀具材料与国际先进水平相比尚有较大差距，在航空航天、汽车等领域应用的国产超硬材料刀具仍然很少。粉末冶金高速钢在精密复杂刀具中应用广泛，而我国仍需要大量进口。

2. 挑战

纳米级WC等优质原料的规模生产与控制技术，以及纳米硬质合金的制备过程中的粉末分散、致密化、晶粒抑制等是需要解决的技术问题[49]。满足硬质合金生产要求的高品质高熵合金粉末原料制造技术，硬质相、黏结相全高熵化的硬质合金烧结控制技术也存在技术突破问题。高性能的Ti（C，N）基金属陶瓷刀具材料制备也面临着如何实现通过超细化、纳米化和金属碳化物添加等提高其韧性的难题。同时优质稳定的原料粉末和制备过程中涉及的分散、N分解控制等也是需要解决的问题。利用各种形式的增韧技术，以及通过与金属、金属碳化物、硼化物复合解决陶瓷刀具材料的韧性不高的问题，是其未来发展最大的挑战。高致密化、大尺寸、高性能的金刚石薄膜和厚膜材料，高CBN含量、整体化、超细化的聚晶立方氮化硼刀具制造是未来超硬材料发展所面临的关键技术问题。粉末冶金工艺中面临着实现致密化和均匀化的问题，同时由于钨、钴、钼等资源的稀缺而寻找新的合金元素添加剂变得十分迫切。

3. 目标

生产具有纳米晶粒的硬质合金，解决硬质合金强度、韧性与硬度、耐磨性之间的固有矛盾，提高我国纳米硬质合金制备技术水平并扩大其应用领域。生产具有硬质相、黏结相全高熵化的硬质合金，获得强度、韧性与硬度、耐磨性优异的高性能硬质合金材料。制备高性能的Ti（C，N）基金属陶瓷，提高其使用稳定性和可靠性，扩大国内金属陶瓷的规模和应用领域，带动钛资源的深度开发利用。提高陶瓷刀具材料的韧性、稳定性和可靠性，提高我国陶瓷刀具的生产规模和技术水平，解决难加工材料的切削难题。进一步推广超硬刀具材料在我国的应用范围，提高超硬刀具在切削刀具中所占的比例。提高国产超硬刀具材料的质量，并加大基础原材料的开发研究力度。提高国产粉末冶金高速钢的质量，降低其生产成本，开发新的粉末冶金高速钢品种。

（二）结构设计与成形技术

1. 现状

汽车和航空生产线上的刀具正从加工条件的被动适应向主动自适应转变，刀机一体可自动测量、自动报障、自动补偿等的智能刀具应用逐步从单点到多点到线扩展，并与智能制造的信息流与工业物联网系统融合。我国在智能刀具领域还处探索阶段。

体现高精度、高效率、高可靠性的高性能刀具，针对各行业产品切削加工特性，以组合刀具、复合刀具、全序刀具、专用化刀具、高速刀具、高效刀具等多样的方式追求切削加工的高效率、低成本。难加工材料（如蠕墨铸铁、超级合金、高强度合金、复合材料）等新材料不断涌现，迫切需要高性能的刀具。我国生产的高性能刀具仅占该市场的20%。

目标市场产品开发周期不断缩短、个性化要求越来越高，刀具要能适应加工多样化的需求，结构变换组合使其性能具有多样性（即“柔性”）的模块化刀具已覆盖到车、槽、切、铣、钻、镗和铰等各个刀具品种及刀-柄-机整个系统。

具有绿色环保理念的无切削液或微切削液切削刀具的应用，不仅影响了切削加工成本，也影响着刀具材料和刀具结构的发展。该类刀具的应用在我国尚处在起步阶段[50]。

先进工业国采用的数字化刀具制造技术，可以柔性而快捷地实现最佳设计目标，高效加工成形出产品，而且已将增材制造技术应用于刀具成形制造中。我国在数字化制造技术方面，已可根据刀具参数化设计系统转化成CAPP（Computer Aided Process Planning，计算机辅助工艺设计）制造系统，实现工艺技术的快速生成，三维快速成形制造技术也已普遍得到应用。但数字驱动闭式自动制造还未形成，增材制造成形制造刀具还处在研发阶段。

2. 挑战

我国刀具结构的数字化设计和成形技术在下列研究方向亟需突破：建立在线

切削状态实时数据采集、监测、处理、响应和挖掘数学模型，融合几何与物理的仿真及优化，非接触式能量和数据传输集成，切削端-连接端（传感端）-控制端与机床数控系统的闭环融合，以及交流、互动和动态自适应。利用有限元（FEM，Finite Element Method）等 CAE 技术综合平衡和优化刀具材料、几何参数、刃区形式和结构参数及仿真、虚拟化设计技术，进行刀具高性能创新设计和高可靠性设计。高精度、高刚性、高可靠性和高快换的刀机一体化结构；刀片-刀体-刀柄等各功能模块与机床和切削功能的匹配性和覆盖性。刀具结构高温条件下的高强度高容热技术，少切削热的刀具几何参数和刃区形式，内喷微量润滑刀具结构及其成形，低温切削装置现场适应性。刀具磨削成形过程数学模型和软件，计算机图像处理和 CAD-CAM 快速自动数字转化技术，刀具数控成形专用设备和增材制造刀具设计程序和成形工艺。

3. 目标

搭建我国基于互联网技术的自主智能刀具研发平台，掌握切削过程仿真和模拟的虚拟设计与分析等现代设计方法，开发出能满足智能制造和自动化生产要求的智能刀具产品。

形成以干切削、微润滑切削、低温切削和自润滑切削刀具为主的绿色环保刀具技术体系，使我国汽车、航空航天、轨道交通、船舶等重大领域的绿色环保切削刀具的应用比例达到国际先进水平。建立基于无线切削数据反馈网络，能够根据数据反馈完成刀具、工具系统、工艺服务等的技术响应体系。

（三）表面涂层技术

1. 现状

目前我国 CVD 刀具涂层技术的应用仍然十分广泛，CVD 设备已实现自我设计制造，涂层工艺技术已能满足常规生产要求，包括厚膜 α-Al_2O_3 的关键工艺技术、薄膜物相织构控制技术、微粒光滑的 Al_2O_3 膜的制备技术已取得实际的突破。HFCVD（Hot Filament Chemical Vapor Deposition，热丝化学气相沉积）法金刚石薄膜制备技术趋向成熟，但其质量有待进一步提高。

目前 PVD 涂层技术的发展较快，在高速钢、模具钢领域已开发出 AlCrN 系列涂层设备及工艺，其产品性能已达到了目前国际先进水平；在硬质合金刀具应用领域，PVD 装备已实现了功能多元化，包括阴极电弧与磁控溅射的组合、离子源辅助沉积技术等，多元涂层达到了产业化生产水平，性能已逼近目前的国际先进水平。此外，PVD 氧化物涂层技术也取得了突破。

PCVD 工艺技术主要应用于模具涂层，在刀具领域内的应用还不十分广泛。类金刚石涂层、CBN 涂层、大面积等离子涂层技术尚处于研究阶段。

2. 挑战

纳米层及其微纳米多层复合金刚石薄膜技术、ULPCVD 刀具涂层工艺及装备制造技术在国内尚处于研发起步阶段，低温 PCVD 涂层技术、高性能 DLC、CBN 涂层技术和等离子氮化技术及其装备制造技术处于研究阶段。

我国 PVD 涂层技术还存在工艺稳定性和产品性能一致性的问题。相对于目前国际先进水平，国内技术仍有较大差距，主要体现在关键功能部件品质及工艺过程控制方面。在面对奥氏体不锈钢、高温合金、钛合金及含有碳纤维复合材料等的切削加工时，PVD 技术仍有许多亟待解决的问题。PVD 刀具涂层未来面对的挑战是突破涂层过程的智能精准控制、高温难加工材料涂层工业化生产的关键技术。

3. 目标

实现超低压化学气相沉积技术（ULPCVD）的技术突破，并具备装备制造能力，大幅提高我国 CVD 刀具涂层装备的制造水平及能力，使我国 CVD 涂层技术与装备进入世界强国行列。

在现有 PVD 技术基础之上，实现对涂层过程的智能精准调控，主要体现为沉积工艺参数的实时调控、涂层厚度的在线检测，重点突破关键功能部件开发与集成。针对高温难加工材料的特性，以多元复合涂层的开发为主，从材料元素、薄膜结构的角度重点解决涂层的高温化学惰性问题，以期提高涂层本身抗高温相转变能力，以及润湿性能；针对多元复合涂层工艺的特点，在保障涂层硬度的前提下，寻求有效降低涂层应力的方法，通过增大涂层厚度尺寸（大于 10μm），进而提高涂层刀具寿命。

大幅提高我国 PCVD 涂层工艺技术和设备开发制造能力，实现 PCVD 与 PVD 的技术组合。

（四）应用服务技术

1. 现状

ISO 标准《切削刀具数据的表达与交换》（ISO 13399）实现了各刀具产品以数字的形式被计算机解读，并能够以数字驱动各环节刀具，使刀具数据在不同的软件平台之间无缝转换，获取刀具信息准确、快捷，成本更低，管理更简单[51]。先进工业国主要刀具企业产品编程信息已发生了重大变化，数字孪生系统已完全采用ISO 13399标准，包括虚拟装配仿真选项、优化刀具选择的软件、刀具牌号优化推荐器、各种来源的持续信息更新。我国进行了ISO 13399标准的转化工作，个别企业已开始应用此标准建立自己的刀具数据的表达和交换，但在实际应用中，刀具信息基本还是以非数字化形式提供，刀具图纸、性能和技术数据等并未采用数字化形式，而且不同系统的工艺文件相互隔离，数字化系统无法获取和解读加工中实际在用刀具的相关信息。

先进工业国基于互联网运用专家系统大数据构建的刀具选用软件及设备已在生产现场中应用。根据加工目标把刀具本性数据、专家数据、经验数据、实验数据和案例数据等大量的数据，通过特殊的数学算法构建的刀具智能选择系统，最大限度地提高了生产率和降低了加工成本，而且其应用程序还可以上传到任何移动终端，用户可以通过互联网、Wi-Fi或移动连接访问和获取相关的技术信息，我国在这一领域刚开始起步。

目前刀具的应用管理主要侧重于加工阶段的最佳适配，刀具全生命周期内的其他重要信息，如服务目标刀具的需求计划、加工策略、实时状态、修磨报废、优化升级等，缺乏有效的全程管理。对刀具寿命预测和诊断、刀具监测和调整控制、刀具智能适应等功能，以及刀具系统与智能加工分布式数字控制系统的集成也未形成支持。

2. 挑战

我国刀具应用服务的技术体系尚不完善，亟需规范刀具数字化描述，构建刀具数字化结构体系，完善并简化切削刀具数据的表达和交换，并形成计算机可解读的行业产品数字化标准体系。个性化加工条件和不同的加工目标与刀具资源多样性、复杂性、分散性等复杂情况的智能化匹配模型尚需构建。面向智能制造的刀具实时信息采集和管控系统，建立包括刀具寿命预测、切削参数优化的数字模型，完成刀具信息跟踪系统和刀具知识管理系统的各功能模块和总体结构。

3. 目标

构建刀具数字标准体系。利用互联网、大数据、云计算等技术构建刀具智能化选刀系统，实现作为智能加工重要资源的刀具在各层级间的无缝共享和供需双方远程管理。设计出基于互联网技术的刀具寿命优化数学模型，准确而实时地掌握刀具全生命周期的相关数据，并能从已有的数据中获得学习样本，利用大数据技术为切削加工过程提供优化方案，包括优化切削参数、追溯刀具及设备故障原因、改进刀具性能等，形成刀具全生命周期智能化管理系统[52]。

四、 技术路线图

刀具技术路线图如图 11-6 所示。

需求与环境	随着难加工材料和难加工结构零件加工需求的日益迫切，以及对刀具应用的绿色、智能要求越来越高，客观上要求切削刀具在材料、设计、制备、应用等环节形成闭环信息流和全生命周期技术链，在刀具材料、刀具结构设计与成形、刀具涂层、刀具应用等方面需要持续创新，以满足现代刀具应具备的高效、精密、智能、绿色特性需求
典型产品与装备	材料方面：纳米硬质合金、高熵硬质合金、金属陶瓷、陶瓷材料、超硬材料、粉末冶金高速钢 结构设计与成形方面：智能刀具、高性能刀具、模块化刀具、绿色切削刀具、刀具数控成形设备 表面涂层方面：CVD、PVD、PCVD刀具涂层技术与装备等 刀具应用服务方面：无线智能刀具数据传感系统、基于互联网的刀具全生命周期模型、基于互联网的刀具智能化管理软件及设备
刀具材料制备技术	目标：提升纳米硬质合金、高熵硬质合金、金属陶瓷的强度韧性、硬度耐磨性、稳定性和可靠性的制备技术 目标：提高陶瓷刀具材料的韧性、稳定性和可靠性，聚晶立方氮化硼刀具材料高含量、整体化、超细化生产技术取得突破 目标：提升高性能粉末冶金高速钢致密化、均匀化技术 硬质合金优质超细、纳米级原料粉末制备技术，晶粒长大控制技术 高品质高熵合金粉末原料制造技术，硬质相、黏结相全高熵化的硬质合金烧结控制技术 金属陶瓷优质超细、纳米级原料粉末制备技术，粉末均匀分散技术，晶粒长大控制技术 陶瓷材料相变增韧、晶须增韧及第二相颗粒弥散增韧、纳米化技术，金属及其碳化物、Al_2O_3等氧化物复合技术 聚晶立方氮化硼超细粉末分散技术，超硬刀具焊接技术和刃磨技术，超硬材料的涂层技术 高致密、高均匀化、纯净化和大尺寸粉末冶金高速钢制备技术，铝代钴高速钢制备技术
时间段	2021年　2025年　2030年　2035年

图 11-6　刀具技术路线图

刀具结构设计与成形技术	目标：实现智能刀具工业物联网大闭环融合
	目标：实现复杂结构、难加工材料切削的刀具和刀机一体化模块化结构高精度、高刚性、高可靠性、高效率、低成本的创新设计
	目标：构建干切削、微润滑切削、低温切削和自润滑切削的绿色环保刀具技术体系
	目标：建立刀具数字化闭环成形制造系统，刀具增材制造技术取得重大突破
	自适应刀具结构技术及驱动系统，智能传感器与刀具状态功能映射系统
	刀具数字化集成技术，切削刀具状态数据实时传感、检测、计算、处理、优化技术
	典型功能刀具结构虚拟化设计技术，形状控制设计技术和高可靠性刀具几何结构精准设计技术
	难加工材料和复合材料的刀具材料、几何参数、刃区形式、断屑槽型及刀具结构平衡匹配和综合优化技术
	模块与基体高刚性高精度连接和调整技术，模块化刀具功能模块标准化技术
	低切削力低切削热刀具结构参数、几何参数和刃区参数优化技术，高温条件下干式切削刀具结构高强度高容热和高热扩散结构技术
	微量内冷、自润滑刀具结构及其成形技术
	CAD/CAM/CAE集成技术，计算机图像处理和数字控制技术，虚拟数字化制造及仿真软件
	“无接触”和“程序化”测量运行虚拟数字化磨削成形制造软件，开发刀具自动检测数字化自动磨削成形专机及其闭环控制网络
	融合物联网技术、云计算和大数据的刀具增材制造专机研发
刀具表面涂层技术	目标：突破超低压化学气相沉积(ULPCVD)技术和涂层过程的智能精准控制的技术
	目标：提高高性能PCVD刀具涂层技术与装备制造能力，实现PVD、PCVD组合技术
	纳米层及其微纳米多层复合金刚石涂层关键工艺技术，ULPCVD关键工艺及设备制造技术，CVDAlTiN关键制备工艺技术
	沉积工艺参数实时调控技术，涂层厚度实时检测技术，涂层设备集成及工业化生产体系构建
	多元材料技术，抗高温相变及不润湿薄膜技术，薄膜结构控制技术，高温难加工材料涂层生产技术，低应力薄膜涂层技术，厚膜涂层技术
	PCVD工艺技术，超硬膜与DLC、CBN膜的集成技术，低温等离子氮化技术，大功率等离子体技术，模具低温氮化+PVD涂层技术，PCVD与PVD设备制造技术
时间段	2021年　2025年　2030年　2035年

图 11-6　刀具技术路线图（续）

刀具应用服务技术	
	目标：创建数字化刀具结构体系、数字化标准体系、刀具数字化基础平台、刀具全生命周期智能化管理系统、刀具应用云服务平台
	数字驱动刀具结构体系及标准体系，刀具动态数据采集传感器，非接触自动识别系统，知识数据、物理图形数据及切削数据等集成系统，刀具信息采集、跟踪和管理系统功能模块及总体结构
	刀具寿命预测和优化数学模型，刀具大数据库及其分析处理和云计算数学模型，互联网切削刀具最优适配整体解决方案，刀具知识自我更新智能系统
	构建刀具物体与参数、知识与服务、成本与效率、机床与工艺等系统集成和刀具各作业层级无缝连接系统，构建具有无线切削刀具全生命周期实时监测、调整、远程特征的补偿、自适应学习优化管控信息与物理融合智能系统
时间段	2021年　2025年　2030年　2035年

图 11-6　刀具技术路线图（续）

参考文献

［1］ 赵振业. 抗疲劳制造与长寿命关键构件［R］. 院士专家校园行报告，2013.

［2］ XU B，SHEN J，LIU S，et al. Research and development of electro-hydraulic control valves oriented to industry 4.0：a review［J］. Chinese Journal of Mechanical Engineering，2020，33（02）：13-32.

［3］ “10000个科学难题”制造科学编委会. 10000个科学难题：制造科学卷［M］. 北京：科学出版社，2018.

［4］ 闫清东，魏巍，刘城. 液力传动技术发展与展望［J］. 液压气动与密封，2021，41（02）：1-8.

［5］ 王雄耀. 探索我国气动产业“十四五”发展的路径［J］. 液压气动与密封，2021，41（01）：4-9.

［6］ BARASUOL V，VILLARREAL-M O，SANGIAH D，et al. Highly-integrated hydraulic smart actuators and smart manifolds for high-bandwidth force control［J］. Frontiers in Robotics and AI，2018，5：51.

［7］ LEE W，LI S，HAN D，et al. A review of integrated motor drive and wide-bandgap power electronics for high-performance electro-hydrostatic actuators［J］. IEEE Transactions on Transportation Electrification，2018，4（3）：684-693.

［8］ HELIAN B，CHEN Z，YAO B，et al. Accurate motion control of a direct-drive hydraulic System with an adaptive nonlinear pump flow compensation［J］. IEEE/ASME Transactions on Mechatronics，2020，99：1.

［9］ NFPA. Technology roadmap，improving the design，manufacture and function of fluid power components and systems［Z］. National Fluid Power Association，2019.

[10] 彭旭东，王玉明，黄兴，等. 密封技术的现状与发展趋势 [J]. 液压气动与密封，2009，29 (04)：4-11.

[11] Chen X D, Cui J, Lu Y R, et al. Structural design, manufacturing and maintenance technology of flange of pressure equipment based on leak rate control [C]. Asme Pressure Vessels & Piping Conference. 2015：1-7.

[12] 郭飞. 基于老化和磨损的旋转轴唇封性能动态演化规律研究 [D]. 北京：清华大学，2014.

[13] 刘军生. 百万千瓦级压水堆核主泵故障模式研究和应用 [D]. 上海：上海交通大学，2009.

[14] YOONHAN A, BAE S J, KIM M, et al. Review of supercritical CO_2 power cycle technology and current status of research and development [J]. Nuclear Engineering and Technology, 2015, 47 (6)：647-661.

[15] BRIAN D I, CONBOY T M, PASCH JAMES J, et al. Supercritical CO_2 Brayton cycles for solar-thermal energy [J]. Applied Energy, 2013, 111 (4)：957-970.

[16] SABAU A S, YIN H, QUALLS A L. Investigations of supercirticial CO_2 Rankine cycles for geothermal power plant [R]. Oak Ridge National Laboratory, 2011.

[17] 丰镇平，赵航，张汉桢，等. 超临界二氧化碳动力循环系统及关键部件研究进展 [J]. 热力透平，2016，45 (02)：85-94.

[18] 尹源，黄伟峰，刘向锋，等. 机械密封智能化的技术基础和发展趋势 [J]. 机械工程学报，2021，57 (03)：116-128.

[19] 任宝杰. 机械密封在线监测及智能控制系统研究 [D]. 北京：中国石油大学，2010.

[20] 黄荔海，李贺军，李克智，等. 碳密封材料的研究进展及其在航空航天领域的应用 [J]. 宇航材料工艺，2006，36 (04)：12-17.

[21] 吴琼，索双富，刘向锋，等. 丁腈橡胶O形圈的静密封及微动密封特性 [J]. 润滑与密封，2012，37 (11)：5-11.

[22] 赵文静，金杰，孟祥铠，等. 涉海装备用机械密封技术研究现状及发展趋势研究 [J]. 摩擦学学报，2019，39 (06)：126-136.

[23] 王玉明，马将发，陆文高. 高速透平压缩机的轴端密封 [J]. 化工设备与防腐蚀，2002，(03)：227-231.

[24] 黄兴，郭飞，叶素娟，等. 橡胶密封技术发展现状与趋势 [J]. 润滑与密封，2020，45 (06)：1-6.

[25] 中国轴承工业协会，全国轴承行业“十四五”发展规划 [R]. 2021.

[26] 何加群. 中国战略性新兴产业研究与发展：轴承 [M]. 北京：机械工业出版社，2012.

[27] 何加群. 我国高端轴承的技术与市场 [C]. 天津：第十届中国轴承论坛论文集，(2019) 13-14.

[28] 叶军，等. 工业机器人轴承技术发展综述［R］. 工业机器人轴承技术专辑，2020.

[29] 何加群，中国战略性新兴产业研究与发展：轴承［M］. 北京：机械工业出版社，2019.

[30] 何加群，我国高端轴承的技术与市场［M］. 北京：机械工业出版社，2019.

[31] 熊万里，侯志泉，吕浪，等. 气体悬浮电主轴动态特性研究进展［J］. 机械工程学报，2011，47（5）：40-58.

[32] 王家序，李太福. 用水为润滑介质的摩擦副研究现状与发展趋势［J］. 重庆工业高等专科学院学报，1999，14（03）：9-10.

[33] 中国工程院. 高端轴承发展战略研究报告［R］. 中国工程院咨询研究项目，2013.

[34] 卢刚. 关于轴承科技发展与工业文化的思考［R］. 轴承前沿技术国际研讨会，2015.

[35] 卢刚. 长寿命高可靠性度轴承制造的关键技术［J］. 金属加工：冷加工，2013，（16）：30-36.

[36] 刘忠明. 中国战略性新兴产业研究与发展：齿轮［M］. 北京：机械工业出版社，2013.

[37] 王长路，王伟功，张立勇，等. 中国风电产业发展分析［J］. 重庆大学学报，2015，38（1）：148-154.

[38] 秦大同. 国际齿轮传动研究现状［J］. 重庆大学学报，2014，37（8）：1-10.

[39] 中国机械通用零部件工业协会齿轮分会. 中国齿轮工业年鉴［M］. 北京：中国轻工业出版社，2018.

[40] Gear Industry Vision. A vision of the gear industry in 2025［Z］. 2004.

[41] 刘忠明. 中国战略性新兴产业研究与发展：风电齿轮箱［M］. 北京：机械工业出版社，2019.

[42] 曹华军，杜彦斌 机床装备在役再制造的内涵及技术体系［J］. 中国机械工程，2018，29（19）：2357-2363.

[43] 石照耀，徐航，韩方旭，等. 精密减速器回差测量的现状与趋势［J］. 光学精密工程，2018，26（9）：23-31.

[44] 武兵书. 中国战略性新兴产业研究与发展：模具［M］. 北京：机械工业出版社，2018.

[45] 中国国家标准化管理委员会. 模具 术语：GB/T 8845—2017［S］. 北京：中国标准出版社，2017.

[46] 中国模具工业协会. 中国工业史：机械工业史卷［M］. 北京：机械工业出版社，2020.

[47] 赵炳桢，商宏谟，辛节之. 现代刀具设计与应用［M］. 北京：国防工业出版社，2014.

[48] EIJI S，FILIMONOV S N，MAKI S. Growth Rate Anomaly in Ultralow-Pressure Chemical Vapor Deposition of 3C-SiC on Si（001）Using Monomethylsilane［J］. Japanese Journal of Applied Physics，2011，50（1）.

[49] ZHAO Z W. Microwave-assisted synthesis of vanadium and chromium carbides nanocomposite and

its effect on properties of WC-8Co cemented carbides [J]. Scripta Materialia, 2016, 120: 103-106.

[50] 刘志峰，张崇高，任家隆. 干切削加工技术及应用 [M]. 北京：机械工业出版社，2005.

[51] 贾荣华，田良，肖文俊. ISO 13399《切削刀具数据表达与交换》标准解读 [J]. 工具技术，2021 (12): 51-55.

编撰组

组　长　王长路
第一节　王长路
第二节　徐　兵　张军辉　闫清东　王　涛　熊　伟　魏　巍
第三节　李　鲲　郭　飞　谭　锋　丁思云　黄伟峰
第四节　刘桥方　叶　军　刘耀中　马　伟　顾家铭
第五节　刘忠明　李纪强　王伟功　颜世铛　王征兵　李优华　朱帅华　裴　帮　张志宏
第六节　武兵书　李志刚　林建平　张　平　蒋　鹏　褚作明　方健儒
第七节　商宏谟　辛节之　陈　明　熊　计　吴　江　赵海波　郭智兴

第十二章
Chapter 12

服务型制造

第一节　概　　论

一、概述

在市场需求的强力牵引和智能制造技术的大力驱动下，制造业的生产技术、生产组织方式、企业管理方式及竞争策略都将面临重大调整，为服务型制造的形成提供了可能。本章认为，服务型制造以产品为载体、以生产为根基，制造企业向客户提供覆盖产品设计、产品加工与生产、产品服务等全生命周期的增值服务，从而提高产品附加值，提高企业竞争力，形成“以用户为中心、以市场为导向”，实现先进制造业与现代服务业的深度融合的一种制造模式。通过把服务融合到制造各个环节之中，制造企业从供给“产品”向供给“产品+服务”“产品即服务”乃至“整体解决方案”的发展路径转变，与此同时获取自身的利益[1]。

二、服务型制造的特征

服务型制造强调以客户为导向，强调企业不仅要销售产品，还要提供服务，而且是覆盖产品全生命周期的服务；强调加强或分化企业内部的服务部门，或寻求与独立的第三方服务企业的合作，提高基于并高于产品质量的服务质量和客户满意度。服务型制造作为一种新的制造模式，具有以下特征：

1. 市场牵引和技术驱动成为核心驱动力量

一直以来，客户对产品服务具有强烈需求，但受到科学技术发展的局限，制造企业总是无法满足客户的旺盛需求。在第四次工业革命的浪潮中，人们日益增长的对美好生活的需要和智能制造技术快速发展，推动制造业从以产品为中心向以客户为中心转变。以智能制造技术为依托，覆盖产品设计、产品生产和产品服务的全生命周期的制造模式成为服务型制造发展的主要特征。

2. 客户导向和需求导向贯穿整个生产组织

传统制造企业内部往往强调产品和工艺导向，客户需求和产品技术之间信息传导慢、有效衔接难。而服务型制造模式通过流程再造和信息支撑，使内部生产经营各个环节都能够围绕客户导向和需求导向开展业务，实现了企业内部生产经营目标的一致性和管理节奏的协同性。只有这样，企业在与外部环境的交流互动中，才能不断优化生产环节、改进产品服务系统，创造更大价值。

3. 面向客户的主动协同成为企业运作的重要模式

传统的制造模式在生产组织上强调自上而下的组织方式。而服务型制造模式改变了原来的管理方式，从产品设计、产品生产到产品服务，都需要按照新的产品价值链加以整合，增加固定资源要素的产出效率。围绕客户需求，以各自业务功能及协作流程为契合点，实现制造资源、知识资源和服务资源的有效整合。

4. 实体价值和服务价值都成为重要的价值来源

传统制造企业主要通过物质投入和产品生产实现价值增值，但实体价值的增值空间有限。服务型制造基于生产并向客户提供具有高附加值的产品服务，以产品为载体，重构原有价值网络，为客户提供个性化、定制化、及时响应的产品和服务。这种实体价值与服务价值混合的实现方式，大幅度拓宽了制造业的价值实现空间，构建并形成了不易模仿、不易复制的企业核心竞争优势。

三、服务型制造发展现状

当前，我国制造业供给体系呈现出中、低端产品过剩而高端产品供给不足的结构性矛盾，正处于“提供数字化增值服务，发展数字化网络化增值服务，探索数字化、网络化、智能化增值服务”的阶段，其价值创造和增值方式是一种中、低端模式。服务型制造是制造业多目标优化的结果。制造业发展是产品制造的质量（Q）、成本（C）、交付时间（T）和服务（S）等竞争力要素持续优化带来的。

第一次、第二次工业革命是动力革命，制造企业利用先进的动力技术，提升了原有动力系统的边际生产力，实现了以提高制造质量（Q）和降低成本（C）为主要目标的多目标优化，在保障质量的前提下使产品制造效率得到大幅提升。第三次工业革命是信息革命，制造企业利用数字技术，实现了以缩短交付时间（T）为主要目标的多目标优化，客户的多样化产品需求开始得到满足。第四次工业革命仍然是信息革命，制造企业的优化目标在确保产品质量、降低制造成本和缩短交付时间的基础上，更多地着眼于多元化产品服务，实现以提升服务（S）为主要目标的多目标优化[1]。

服务型制造是把服务融合到制造的各个环节当中，使得 QCTS 的优化目标更明确，实现产品由中低端向中高端转变；强调以客户需求为中心、以市场需求为导向，促进供给侧和需求侧合理匹配，赢得客户和更大的市场份额，从而带动制造业的转型升级。目前，大型跨国企业纷纷凭借资金、技术、人才、市场等多方面优势，加快向服务型制造转变；通过制造与服务的融合创新、流程再造等，实现差别化竞争，开发新的利润来源，培育开发企业竞争新优势。

四、服务型制造典型模式

制造产品全生命周期包括客户需求分析、设计、工艺、生产、市场销售乃至售后服务等阶段，制造产品全生命周期示意图如图 12-1 所示。随着市场需求的强力牵引和智能制造技术的大力驱动，越来越多的企业意识到服务在制造产品全生命周期的重要作用。越来越多的制造企业通过为客户提供产品设计、产品加工与生产、产品服务等，满足客户的多样化需求，进而提高产品竞争力。为此，需要企业实现组织结构优化、运行机制调整、业务流程再造和工作模式更新，从而出现了诸多新模式——规模定制化生产、远程运维服务、共享制造等[2]。

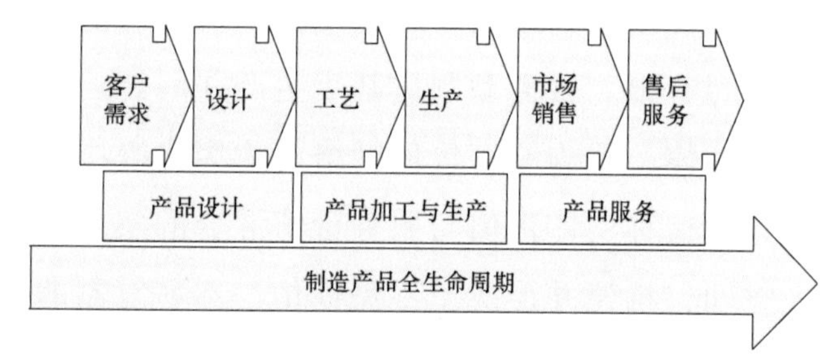

图 12-1 制造产品全生命周期示意图

1. 规模定制化生产

当前，产品的设计系统与最终用户之间，基于网络渠道建立关联，采集大量用户数据和信息，从而设计“个性化”的产品以满足客户需求。同时，传统生产流程从集中式中央控制向分散式增强控制转变，以云计算、物联网、大数据等为代表的新一代信息技术的快速发展，有效地破解了科技创新的“信息孤岛”，以及资本、人才等创新资源的区域壁垒，大大缩短了颠覆性技术变革的周期，制造企业前端研发、设计环节逐渐从单一封闭式转向开放型、协同创新型的模式。

规模定制化生产通过对工业大数据的挖掘，实现流行预测、精准匹配、社交应用和营销推送等目标。同时，利用大数据帮助制造企业提升营销针对性，提高仓储、配送和销售效率，降低物流和库存成本，减少生产资源投入的风险。利用销售数据、产品传感器数据和供应商数据库，制造企业可以准确地预测全球不同

市场区域的商品需求。

2. 产品远程运维服务

产品远程运维服务是售后服务的重要内容。随着客户体验需求的提升和智能制造技术在产品中的应用，产品可以在售出后通过嵌入式系统的升级大幅改变功能，提升产品效能，从而改善用户体验。制造企业作为系列产品的设计和生产平台，拥有数据资源优势，可以基于大数据挖掘与智能决策为用户企业提供运行优化服务和升级服务，帮助用户学习和规划如何更好地使用产品。

尤其是针对大型复杂装备，产品远程运维服务能够最大限度地提升产品的安全性和可靠性，降低产品全生命周期的运行和维护成本，从而减少紧急（时间要素）维修事件和千里（空间要素）驰援事件的发生，保证人员、财产安全和经济效益。随着数字化、网络化、智能化技术在远程运维服务中的应用，产品远程运维服务逐渐发展为覆盖状态实时感知、健康评估检测、健康预测性维护和全生命周期综合管理等方面的产品全生命周期健康保障服务。

3. 共享制造

经济全球化的深入发展和信息技术推动下的产业组织模式变革，使得全球制造业分工日益专业化和精细化，单个制造企业从事全部产品开发和生产的模式已不再必要。更多企业选择专注于具有自身优势的生产活动，而将制造流程的某一环节众包给其他服务企业，通过企业间更紧密的分工协作方式完成零部件生产，以及加工和组装等环节，以更低成本、更快反应速度来赢得市场竞争优势。

在共享制造中，可以借助工业互联网打破企业壁垒、打通信息不对称，实现制造业闲置设备、先进制造工艺技术和人才的供需匹配合理化、高效化。在制造流程众包和共享制造模式下，企业之间互相提供服务，互为服务型生产企业，在动态协作中实现制造资源的配置优化。

第二节　规模定制化制造模式

一、概述

定制生产方式在大型机械行业中一直都有着广泛的应用，然而在年产量较大的民生消费品行业，利用传统的技术手段实现小批量、多品种、短交付周期的定制化产品生产却十分困难。新一代信息技术为定制产品的规模化生产奠定了技术基础，能够有效地降低成本、节约能耗、缩短交付周期。

1. 规模定制化制造模式的特点

规模定制化制造模式是指通过产品结构和制造流程的重构，汇集定制化生产和大规模生产的优点，在现代生产、管理、组织、信息和营销等技术平台的支持下，满足客户的个性化需求，它是制造与服务深度融合的产物。

大规模生产模式在牺牲消费者多样、多变需求的基础上，具有高效率、低成本的优势。定制生产能够一定限度地满足消费者的个性化需求，然而不利于进行时间、原材料、能源和人力成本的控制。规模定制化制造模式采用了柔性的生产过程和组织结构，能够为客户提供更多样化、个性化的产品和服务，并使这些产品和服务能够与标准化、规模化生产模式制造的产品相竞争，具有满足客户的多样化需求、适应多元化的细分市场、以低成本和高质量定制产品和服务、大大缩短产品开发周期等特征。

2. 规模定制化制造模式发展现状

供给侧改革深刻影响着制造业的经营模式和理念。家电、家具、服装企业价值链逐步由以产品为中心向以客户为中心转变，规模定制化制造模式正在影响着这三个行业的发展。为了适应消费结构升级的需要，其产品结构正在向多层次、定制化方向发展。

应用于规模定制化制造模式的信息网络技术主要包括大数据、物联网、云计算和移动互联。利用来自企业系统数据、商场客流数据、电子商务数据、国际贸易数据及网络评论数据等，与适用环境模型数据、地域特征与文化需求数据、流行趋势相关数据及设计模板数据等多维度数据进行集成，基于数据挖掘工具形成发展趋势动态分析报告、网络舆情报告、销售分析报告等，为企业定制生产服务需求提供决策依据。在产品、制造车间及单元制造设备等环节应用射频识别技术和微纳传感技术，形成流通销售生产环节的透明化大数据，为制造数据共享和客户查询提供基础条件。利用云计算实现数据的备份、查询、分析及挖掘的模块化和服务化，降低企业硬件设施及软件的投入成本，加快大数据应用的进度。此外，利用移动互联网平台实现需求分析、交互设计及销售服务的网络化和个性化。

在新一代信息技术的引领下，企业一方面利用用户交互平台，将碎片化、个性化需求汇聚成批量订单，另一方面通过信息物理系统，促进制造工艺和流程的数字化管理与产品个性化消费需求的柔性匹配，实现规模定制化模式。目前，家电、家具和服装行业的规模定制化生产模式基本完成了数字化、网络化的试点示范，个别企业对人工智能技术的应用也做了初步探索[3]。

二、未来市场需求及产品

目前，规模定制化制造模式主要在消费品行业应用，且定制深度以浅、中的有限选择为主。规模定制化制造模式根据规模定制化的水平不同，可以分为三个层次:[1] ①面向用户的需求挖掘与市场创造，即制造商通过对用户需求的深度挖掘、主动适应和快速响应，完成规模定制化制造；②用户参与选配的规模定制化生产，即将用户包容到产品设计和生产的过程中，使企业更接近消费者，生产更符合顾客要求的产品；③随着客户的个性化需求越来越强烈，单批规模越来越小，产品制造成为“单件流”，同时兼具规模化生产的成本优势，即个性化定制生产。

面对经济全球化、消费需求多元化，以及我国制造业面临的高能耗、低价值和环境污染压力等客观环境的约束，发展规模定制化制造模式存在结构性、可持续性、人员素质问题[4]。消费品行业的问题主要包括：①绝大多数企业仍以面向库存的生产为主，库存居高不下；②对消费者需求把握不准，订货盲目性大。工业品行业的问题主要包括：①客户关系管理主动性差、客户黏性低；②仍以粗放式生产运营为主，国际高端品牌少；③供应链衔接松散，生产周期偏长，定制成本偏高。对应规模定制化制造模式的定制化水平发展趋势，未来需求主要体现在以下五点：

1）对基础数据的需求。

2）对大数据分析技术的需求。

3）对智能数据快速获取技术的需求。

4）对产品智能设计与智能建模创新技术的需求。

5）对单件制造及个性化快速加工技术的需求。

三、关键技术

支撑不同行业规模定制化制造模式发展的技术具有相似性、重要性和全局性的特点，主要分为面向规模定制化制造的开发设计技术、面向规模定制化制造的管理技术、面向规模定制化制造的制造技术三类。

1. 面向规模定制化制造的开发设计技术

面向规模定制化制造的开发设计技术主要需要推进产品设计模块化及构建用于开发设计的多源异构数据库，实现适应生产工艺的定制化设计。

模块化设计，在对产品进行市场预测、功能分析的基础上，划分并设计出一系列通用的功能模块；根据用户的要求，对这些模块进行选择和组合，就可以构成不同功能或功能相同但性能不同、规格不同的产品。随着定制化程度的不断加深，模块化设计的要求越来越高，应发展全系列和跨系列模块化设计。

多源异构数据库建设，异构集成产品数据库、使用环境数据库、解决方案数据库和生产工艺数据库，开发网络化智能测量系统和客户需求在线交互平台采集客户数据，将客户数据、设计数据、虚拟制造数据和生产数据构建在云端，成为神经网络、深度学习等算法运行的基础。

2. 面向规模定制化制造的管理技术

面向规模定制化制造的管理技术涉及面向客户个性化需求的智能决策技术及对于全流程供应链的协同优化技术。

基于大数据的设计需求特征挖掘与智能决策，基于社群生态，对客户来源信息、基本信息、个性化需求信息（包括可选性信息和产品物理信息）及定制产品的服务信息进行采集汇聚，与异构数据库进行匹配，利用机器学习算法、深度学习模型、模式识别、文本挖掘、三维模型识别、产品使用环境模型匹配和图像处理等智能分析技术实现深度数据挖掘，实现智能解决方案推荐、智能设计师推荐、智能优化产品设计及智能原材料采购预测等。

全流程信息自动采集、生产管控与协同优化，通过虚拟制造、微纳传感、条码标签等手段，在规模定制产品柔性制造混流生产中，实现生产工艺、生产计划、生产状态、生产设备和品质分析等信息的在线查询和实时管控，优化仓储、设备、质量、物流管理和销售，并完成对研发设计环节的数据反馈，达到全流程协同优化的目的。

3. 面向规模定制化制造的制造技术

实现规模定制化制造模式的关键制造技术是虚拟体验系统和虚拟制造。

虚拟体验系统，采用多种虚拟现实技术、云渲染平台、VR（Virtual Reality，虚拟现实）互动体验技术快速实现设计方案的虚拟仿真，实现设计阶段的客户完整产品体验。

虚拟制造，采用多种调度模型和求解算法，将不同材质、不同类型的定制产品订单快速拆分再合理组织成批次，在虚拟制造系统中实现订单管理和智能排产。打通研发设计与虚拟制造之间的边界，彻底解决个性化设计与规模化生产之间的矛盾。

四、技术路线图

预计到2025年，实现以下发展目标：

1）在制造业中形成专项工程引领、典型企业示范、企业积极探索的格局。

2）在家电、家具、服装等消费品行业加强人工智能技术在规模定制化制造模式的应用，初步建成行业定制服务平台，形成智能研发设计平台和基于虚拟制造系统的智能排产的试点示范。

预计到2035年，实现以下发展目标：

1）全面应用数字化、网络化、智能化技术，规模定制化制造模式成为制造业各行业新的竞争优势与重要利润来源。

2）重点领域的规模定制化制造模式水平达到世界领先水平，并在其他领域进行大规模范围推广，制造业生产模式发生颠覆性变化。

规模定制化制造模式技术路线图如图12-2所示。

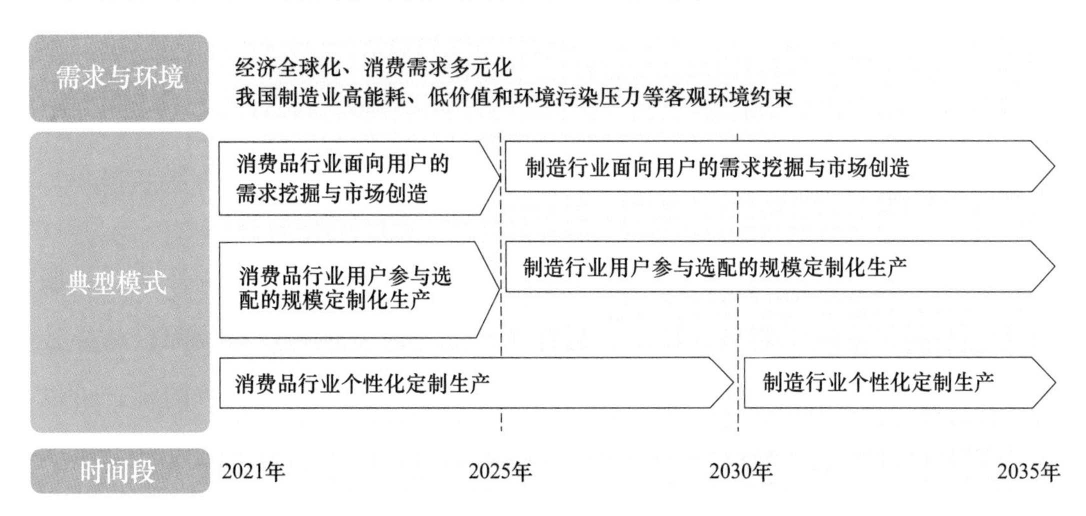

图12-2　规模定制化制造模式技术路线图

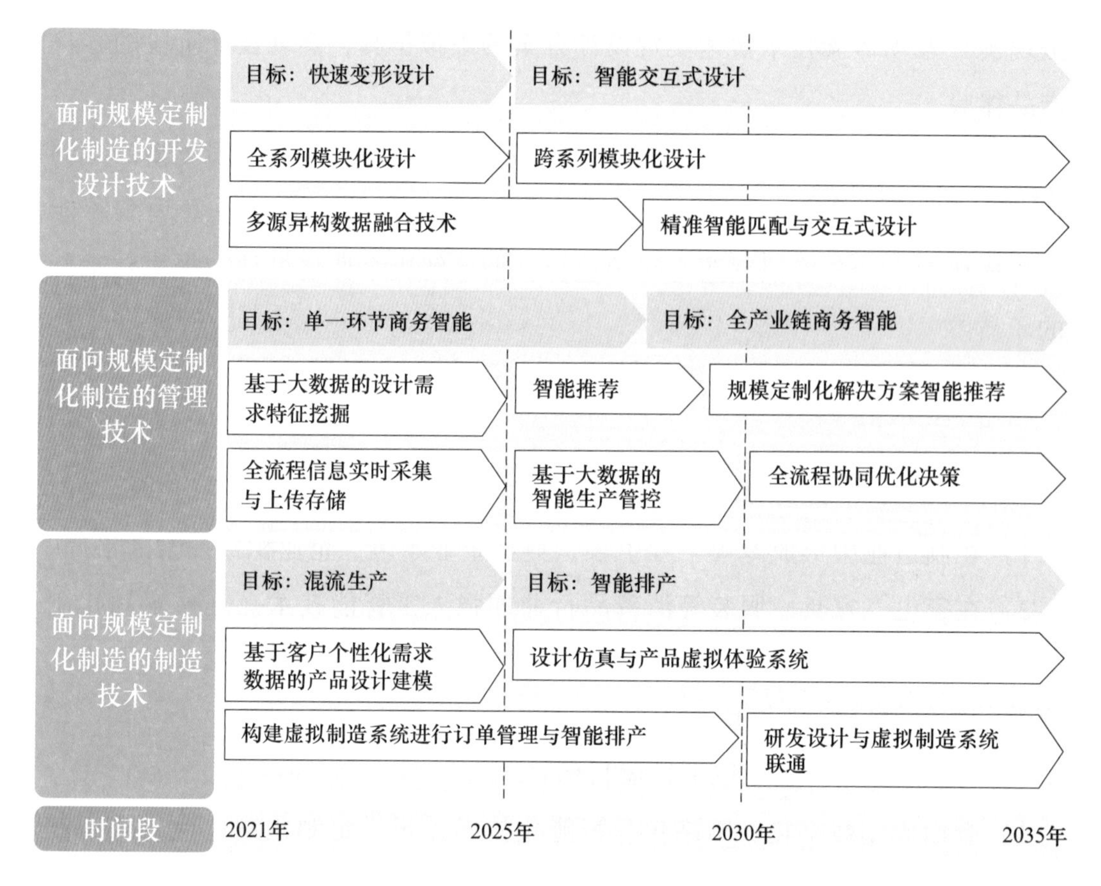

图 12-2　规模定制化制造模式技术路线图（续）

第三节　远程运维与健康保障模式

一、概述

国民经济领域的重大装备，如航空发动机、风电装备、高速列车等，其服役期可占据产品全生命周期90%以上，运行中未能及时发现的严重故障极易导致灾难性事故，如何针对其运行安全开展及时监控至关重要。工业设备的维护可以大致分为修复性维护、预防性维护和预测性维护三类，区别就在于修复性是事后修理，预防性更多的是凭借经验判断故障，而预测性维护可以做到在机器运行的同时，对某些重要部位进行定期或连续的状态监测和故障诊断。

远程运维服务是服务型制造核心要素之一，主要通过传感采集技术、通信技术、自动化技术和大数据分析等先进技术，对生产过程的关键工艺参数实时在线监测，实现对关键设备的状态实时感知、健康评估监测、故障诊断预示、远程通信控制、运营维护优化和全生命周期综合管理[4]。例如，GE 的 Predix 负责将各种工业资产设备和供应商相互联接并接入云端，为各类工业设备提供完备的设备健康和故障预测，以实现生产效率优化、能耗管理、排程优化等。Predix 采用数据驱动和机理结合的方式，旨在解决质量、效率、能耗等问题，帮助工业企业实现数字化转型。

经过 40 余年的高速发展，状态感知手段不断丰富，监测诊断理论日趋完善，诊断预示精度不断突破，运维管理水平显著提升，为装备远程运维服务准备了扎实的理论基础和技术手段。伴随着人工智能再度兴起，通过与智能、互联、VR 等技术深度融合，远程运维必将不断突破时间、空间的局限，显著提升甚至创造更多运维服务价值，实现基于智能运维的制造与服务深度融合。

二、未来市场需求及产品

在同质化竞争和供大于求的全球市场环境下，制造业产业价值链的高端向产品运维服务转移，更多的制造企业成为提供产品和运维服务的综合体。运维服务与制造相互渗透融合，从生产型制造走向服务型制造是大势所趋，产业模式向“定制化的规模生产”和“服务型生产”转变特征明显，从而催生更多产品服务产业。

运维大数据平台涌现，高附加值增值服务成为重要产业[5]。远程运维过程中，数据是关键。而关于数据如何获取和采集，传感器虽必不可少，但最终还需要对收集上来的数据进行整理和分析，将其变成真正有价值的内容，这就必须对其进行可视化、评估和处理。运维服务大数据爆炸式增长，成为制造企业高附加值增值服务的来源，制造企业运维服务数据化在对产品运行数据采集和分析形成业务数据闭环的基础上，将有效支撑企业创新设计、制造过程、个性化服务优化，促进企业对市场、用户的精准供给和企业间的资源分享、利用，从而显著提升用户体验与产品维护管理水平。

基于此，远程运维也给数据采集、分析、评估等领域的细分专业企业带来了机遇，其中包括基础及关键硬件供应商，一方面是状态监测类型的企业（提供测量机械参数（如振动或温度）的传感器和状态监测解决方案的公司）；另一方面是工业控制系统类型的企业（用于过程处理和机器相关数据处理的PLC/DCS系统）。近年来，许多知名企业早已将远程运维纳入公司的战略轨道，通过应用嵌入式软件、微电子、互联网、物联网等信息技术，提升产品智能化程度和远程运维服务的智能化水平，抢占制造服务制高点[6]。同时，装备监测诊断与控制技术的极大提高，使制造装备的自诊断、自维护、自恢复成为现实。制造企业通过远程运维和健康保障，为消费者、用户及其自身创造了显著的增量价值。

目前市场上已有不少做得相当出色的平台提供远程运维服务，如GE、西门子、ABB、菲尼克斯电气、施耐德电气、霍尼韦尔等。

三、关键技术

远程运维服务旨在最大限度提升产品安全性和可靠性，具有迫切的现实需要和重大的工程应用价值。远程运维与健康保障模式的关键共性技术主要包括以下四项：

1. 物联网和大数据技术

多源信息智能感知，运行模式智能控制。目前测试技术仍存在需要人为参与获取，数据识别、测试与运行模式之间缺乏智能联动机制，测试大数据难以与设备失效机理关联，以及人为建立大数据样本库费时费力等问题，通过智能筛选和感知控制，则可实现机械系统状态的自适应建模和主动控制。先进传感器和智能测试系统的开发，将实现多源信息智能感知、基于边缘计算的特征信息主动筛选、特征信息前期辨识，以及特征信息云存储；传感特征信息与装备先验信息的特征智能匹配，将实现基于特征演化趋势实现状态主动预测；基于实时感知信息与特征演化规律，实现运行模式智能控制，以及主动运行模式调节，将实现装备状态监测与主动调控，从而确保装备安全可靠运行。

工况协议智能解析，多源异构数据融合。除了数值外，数据的表示方法还存在着语言或符号等其他描述形式，多种描述导致数据信息在结构和语义上的模糊性、差异性和异构性。其次，对于大型复杂装备，单一特征和单一类型信息往往难以清晰、准确地表征装备运行工况，综合考虑多源多物理场监测信息成为最佳选择。随着工况协议与数据结构标准化、工况协议机械与适配技术、多源异构数

据自适应融合技术等的发展，工况协议与数据结构将从同类型装备、装备集群向复杂装备群辐射，实现工况协议智能解析、多源异构数据自适应融合，为远程运维提供标准规范监测信息。

2. 分析与建模技术

突破尺度多场限制，极端服役环境建模。目前故障机理研究不足，多沿用经典的失效模式分析与故障表征。随着机械装备的大型化、复杂化、高速化、自动化和智能化，针对新型旋转和往复机械的复杂机电液系统，其特殊服役环境下系统的失效机理和故障演化规律有待深入分析与研究。未来拟突破多尺度建模与多物理场建模技术，构建多维和多参数复杂系统模型，描述电-磁-力-热多场耦合机理及耦合环境下材料结构力学行为，以及服役环境下结构由微观发展到宏观的损伤失效机制，实验验证失效机理；突破原位监测与小样本加速失效测试，揭示复杂受力、多场作用下零件与结构失效规律，描述耦合失效行为，以及零件与结构破坏的临界值、形成设备的失效判定准则并构建故障演变模型，还有预测相关产品寿命；突破极端服役环境测试，突破运行环境复杂化和零部件尺寸极端化导致材料材质差异评估、蠕变、疲劳、氧化、腐蚀和变形失效机理分析，掌握极端复杂工况下零件和结构基础性能、损伤机理及损伤演化规律，形成基于失效机理的全生命周期设计、预测性维护新理论。

3. 健康评估和故障预示技术

随着各领域信息化、网络化、智能化的发展，如何有效处理海量实时数据，管理系统的运行状态、优化系统的控制、运行和维修决策等成为当前亟待解决的问题之一。

针对早期微弱故障及复合故障的特征提取，通过将复杂信号分解成若干组成单元，实现噪声信息、耦合特征信息等的有效分离，从而获得便于分析和处理的有效信息，基于装备运行特性与响应机理实现信号特征提取和运行状态判断。

针对大型复杂装备广域互联、互相影响的特点，发展基于海量数据的信息数据、数据挖掘、特征学习、信息共享和安全与隐私保护等技术，推动远程监测与诊断、健康管理与预测维护等技术的进步，实现智能维护，提高设备的运行效率、延长检修和服役时间，从而极大地提高我国设备安全性与可靠性。同时，推动自主交互技术和多机协同技术，可实现多台设备之间的数据通信交互及实时共享，为设备集群的协同作业提供支持。根据设备故障诊断与维护的结果，通过设备集群之间的博弈竞合，并进行协同调度优化，在人-机-环境共融条件下实现以不间断作业为目标的异常或扰动响应，为设备远程自主运营管理提供可行的解决方案。

针对设备远程运维过程中对运行状态监控、作业效率与柔性的需求，预测性维护技术通过对采集的设备实时状态数据进行分析挖掘，发现设备运行中的潜在故障信息，给出设备远程维护的预测性建议。

4. 远程监测中心与全生命周期管理平台

大数据稀疏可视表达，人机协同混合增强智能。目前，国内已建成若干设备运维平台，然而仍然缺乏能够进行实时智能通信的平台，以对关键设备数据收集、实时监测和状态评估。应用云计算技术，研发关键设备状态监测与故障诊断“云计算”平台，最终实现对关键设备的数据收集、实时监测、大数据分析、状态评估、故障诊断和终端可移动检测等功能，为大型复杂的关键设备进行在线监测提供技术支持，对于确保设备安全可靠运行具有重要的理论和实际意义。突破大数据可视化、大数据异构数据解析、海量数据云存储和数据安全，海量数据稀疏和降维、大数据特征挖掘和大数据状态趋势预测，以及大数据深度学习、人机协同混合增强智能和类脑智能等技术瓶颈。

大数据分析中心系统完善，全生命周期智能综合管理。远程监控中心平台，具有实时在线监测诊断分析、远程协助、报警分级发送、诊断建议即时发布和设备异常报警等常规诊断等功能。在保证设备运行安全的前提下，确定最小的维修需求，合理分配维修资源。产品大数据库，包括加工数据库、材料数据库、装配数据库、试验数据库（工艺参数）、振动数据库等，实现企业数字化管理。全生命周期管理，基于产品健康管理、大数据、云计算、物联网技术，以提升设备全生命周期价值为出发点，实现产品的规划、设计、制造、装配、调试、使用、维护、大修、改造、直至报废的全生命周期的监测、追溯、故障诊断、远程维护等在线服务模式。

四、技术路线图

预计到2025年，实现以下发展目标：

1）在制造业中形成专项工程引领、典型企业示范、企业积极探索的格局，积极探索以大数据、云计算为代表的新一代信息技术与制造业各行业深度融合的模式。

2）在轨道交通、风电装备、航空发动机、工程机械、通用机械、电梯等已开展远程运维服务的行业，探索应用数据挖掘和自学习知识库建设，从而实现高效、准确、实时的远程自诊断。加快推进我国远程运维数据标准化，实现“车同轨、书同文”，并根据行业和产品特点的不同构建若干分行业远程运维服务数据中心，应用人工智能技术提高预警预测的实时性、准确性，减少人力、降低成本、提高效率，保障重大装备制造和运行优质、高效和安全。

预计到2035年，实现以下发展目标：

1）全面应用人工智能技术，实现产业基础高级化、产业链现代化，实现故障混合预测技术水平、故障预测精度和可靠性显著提高，实现设备全生命周期健康管理，实现工业大数据驱动的智能故障诊断、大数据智能诊断技术。

2）通过远程运维服务的探索与发展，使制造业整体竞争力大幅提升，在全球产业分工和价值链中的地位明显提升，远程运维与健康保障模式成为制造业各行业新的竞争优势和重要利润来源。

远程运维与健康保障模式技术路线图如图12-3所示。

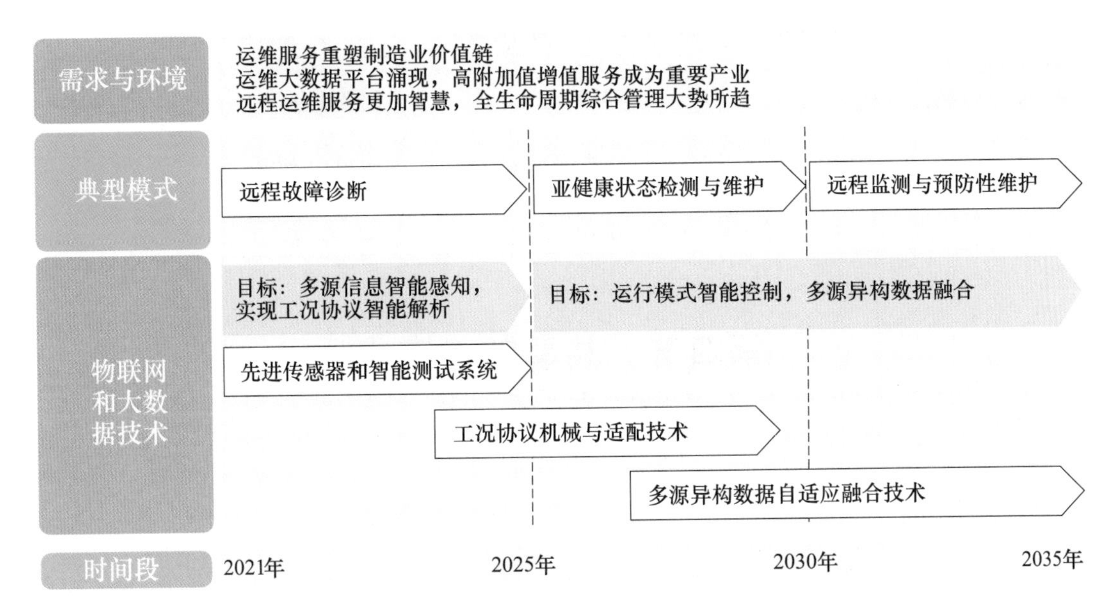

图12-3 远程运维与健康保障模式技术路线图

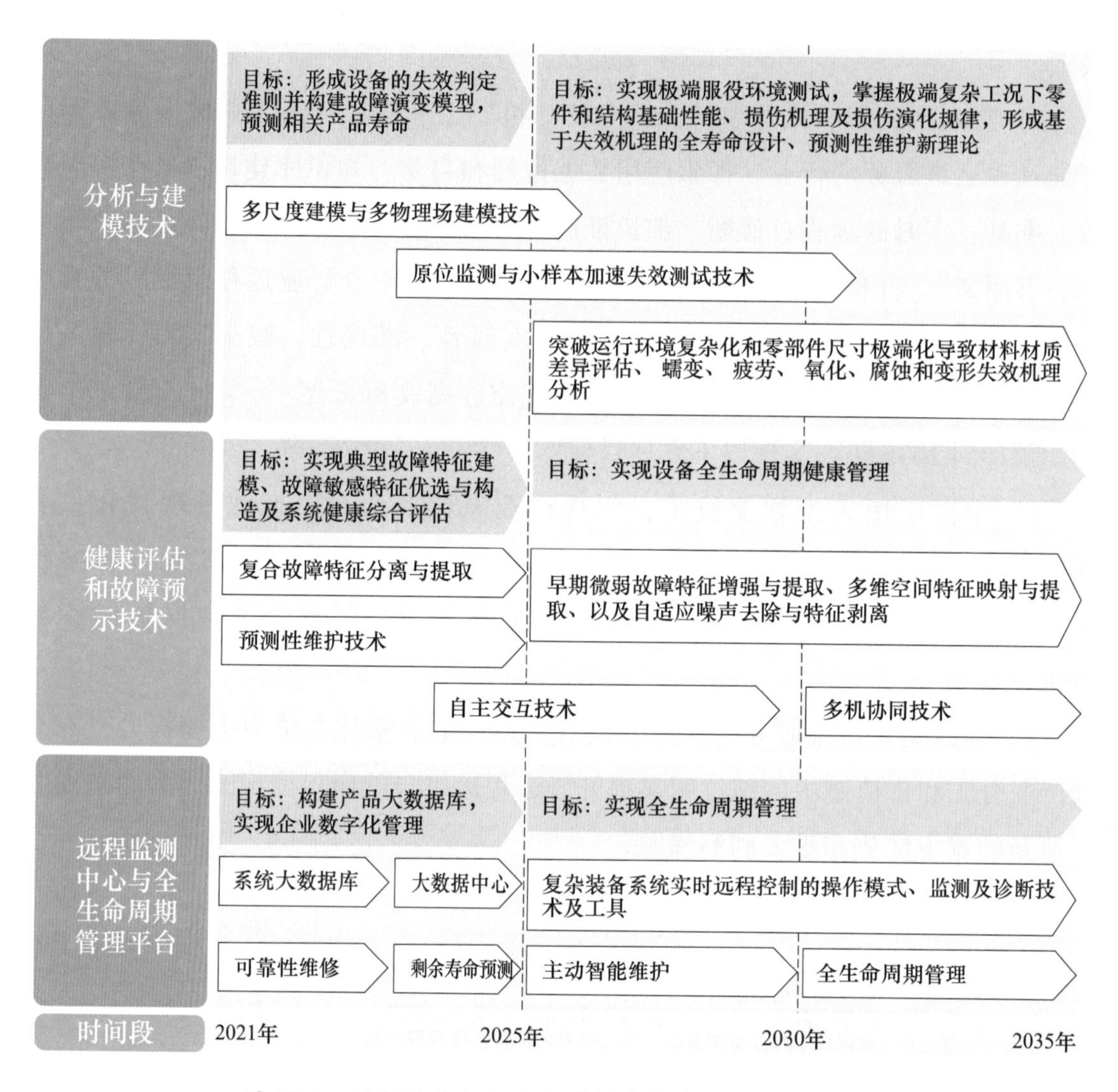

图 12-3　远程运维与健康保障模式技术路线图（续）

第四节　共享制造模式

一、概述

在规模经济时代，大规模生产表现了规模经济性，能使企业的单位成本不断下降，生产效率不断提高。但是，企业市场占有率提高的结果是市场结构中的垄

断因素不断增强，过于强大的垄断则阻碍了竞争机制在资源合理配置中继续发挥作用，导致经济丧失活力。20 世纪 80 年代初，范围经济的出现在一定程度上缓解了规模经济时代垄断因素的制约。范围经济是经济模式发展的一个新阶段。产生原因是多项活动共享一种核心专长，多个企业联合生产的产出之和超过单一企业的产出。

1. 共享制造模式的特点

共享制造是共享经济在生产制造领域的应用创新，是围绕生产制造各环节，运用共享理念将分散、闲置的生产资源集聚起来，弹性匹配、动态共享给需求方的新模式、新业态[7]。按照产业价值链三大主要环节，结合现实发展需求，共享制造模式具体包括制造能力共享、创新能力协同、服务能力共享三大发展方向。

共享制造模式具备以下四个特点：

1）相对于传统的生产外包和设备租赁来说，共享制造模式更加侧重于对于先进生产技术和流程的共享，使得技术创新能够在更大的范围内快速得到应用，充分发挥技术进步带来的生产红利。

2）共享的工艺过程在企业间具有共性特点，其工艺方法、工艺装备和操作者组成的工厂，可为多家用户服务。

3）信息网络技术是支撑共享制造模式高效运行的必备基础条件。工业互联网和信息技术为资源和生产力的计算协调提供了条件，实现了制造全生命周期的监控，是共享制造不可或缺的技术条件。

4）提高资源供应商和用户企业的经济效益和使获取的价值最大化是共享制造的宗旨。

2. 共享制造模式发展现状

范围经济条件下，终端产品制造企业的产业分工发生重大变化，生产制造组织模式发生重大变化。过去那种以生产为主、以设计和服务为辅的“两头小、中间大”的橄榄形企业，逐渐向微笑曲线两端延伸，最后形成以设计和服务为主、以生产为辅的“两头大、中间小”的哑铃形企业，这是一种组织模式的创新。这种产业分工的变化是共享制造模式发展的前提。

借助信息网络技术，制造生产逐步由集中式控制向分散式控制转变，一些企业利用信息网络技术跨时空、无边界、促共享的特征，实现企业内部及企业之间各类资源的集聚整合，推动制造活动从单打独斗向产业共享转变[8]。

我国制造业产能共享规模持续扩大并呈现加速发展态势。据国家信息中心的统计数据显示，2016—2019年，在我国共享制造市场中，产能共享的交易规模不断增长；2019年，交易规模达9205亿元人民币，同比增长11.8%。同时，作为共享经济的构成部分，我国产能共享的交易规模占共享经济市场规模的比重也在总体提升。2018—2019年，占比维持在28%。可见共享制造已成为我国共享经济市场中不可或缺的一环。

发展共享制造是顺应新一代信息技术与制造业融合发展趋势、培育壮大新动能的必然要求，是优化资源配置、提升产出效率、促进制造业高质量发展的重要举措。近年来，我国共享制造发展迅速，应用领域不断拓展，产能对接、协同生产、共享工厂等新模式、新业态竞相涌现，但总体仍处于起步阶段，面临共享意愿不足、发展生态不完善、数字化基础较薄弱等问题。

二、未来市场需求及产品

我国面临“碳达峰、碳中和”的环境保护压力和资源能源利用率亟待提升等重要问题，制造企业越来越追求低投入的“轻量化”发展道路，产业集群升级需要由“物理扎堆”向“化学融合”转变，这都离不开共享制造模式的发展。随着信息技术的飞速发展与知识全球化的日趋完善，制造业发展呈现出全球化、专业化和服务化的特点。这就要求制造企业从“大而全”逐步向“专而精”方向过渡，充分利用自身的技术优势，强化升级核心业务；同时将非核心业务外包，减轻企业负担。企业通过平台共享制造资源，共同提高产品竞争力和经济效益，实现敏捷化、绿色化、智能化发展。

未来的共享经济将从消费服务领域渗透到生产制造领域，从面向个人的服务扩展到面向企业的服务，提高企业的交易效率和生产效率。共享制造模式蕴含着巨大的发展机遇，也将成为共享经济的主战场。

1. 共享制造平台将成为制造业龙头企业布局方向

以研发设计、生产和服务为重点，未来将会有更多的制造业龙头企业建立基于互联网的共享制造平台，聚焦产业链协同，开放自身优质资源并提供社会化服务，通过设计资源、制造资源、生产能力的集成整合、在线共享和优化配置，打造目标一致、信息共享、资源与业务高效协同的社会化制造体系，并推进中、小企业制造能力的整合。

2. 重点行业呈现“一业一平台”态势

制造业领域各细分行业差别很大，不同行业对设备、技术、工艺、数据和管理的要求各不相同，专业的细分行业平台会是未来共享制造的重要方向。

3. 共享制造模式的基础设施不断完善

工业互联网是实现共享制造模式的重要基础设施。近年来，我国围绕发展工业互联网、智能制造等做了大量部署，未来工业互联网在共享制造模式中的作用将更加明显，为制造企业业务流程的网络化，降低信息和资源获取成本，整合研发、生产、营销、配送等各环节，提供重要支撑，从而打造便捷、高效的制造产业生态体系，更大范围、更高效率、更加精准地优化设计、生产和服务资源配置，促进传统产业转型升级。

4. 政策支持力度不断加强

在政府工作会议及相关工作报告中都多次提及要积极发展共享经济。这种背景下，共享制造模式作为未来共享经济的主战场，必然会引起高度关注。随着认识和实践的不断成熟，鼓励和规范发展的指导意见、发展规划、试点示范等相关政策亦有望出台。

三、关键技术

根据共享模式的运行规律，支撑共享制造模式的关键要素分为资源共享机制、面向信息网络的新型基础设施和共享制造平台。

1. 资源共享机制

共享制造模式发展的基础是有富余的设计、生产、服务资源能够面向社会开放，包括用于释放闲置资源的有效机制，推动研发设计、制造能力、物流仓储和专业人才等重点领域开放共享，增加有效供给；科研仪器设备与实验能力开放共享的利益分配机制与资源调配机制；推动数据共享的激励机制；资源共享过程中的知识产权保护机制。此外，针对共享制造模式多主体协作、虚拟化制造等运行特点，广义的资源共享机制还涉及团队作业的标准体系和质量管理认证体系。

2. 面向信息网络的新型基础设施

共享制造模式发展离不开数字技术、信息网络技术创新，以及相关基础设施的升级，具体包括计算机辅助设计、制造执行系统、产品全生命周期管理等工业软件设施，以及 5G、人工智能、工业互联网、物联网等新型基础设施，扩大高速率、大容量、低延时网络覆盖范围，改造升级实现人、机、物互联，为共享制造模式提供信息网络支撑。此外，围绕应用程序、平台、数据、网络、控制和设备安全，面向信息网络的基础设施需要覆盖安全技术和方法，如建立健全数据分级分类保护制度、强化协同与共享制造企业的公共网络安全意识，打造共享制造模式安全保障体系。

3. 共享制造平台

专业化的共享制造平台能够有效汇聚分散的制造资源（包括设计资源、生产资源和服务资源），围绕制造资源进行在线发布、订单匹配、生产管理、支付保障和信用评价等，推动多样化制造资源的深度整合，发展智能报价、智能匹配、智能排产和智能监测等功能，提升共享制造全流程的智能化水平，协助精准对接供给侧与需求侧，帮助企业高效配置、调度和运营分散资源。

四、技术路线图

预计到2025年，实现以下发展目标：

1）共享制造模式示范引领作用全面显现，支撑共享制造发展的信用、标准等配套体系逐步健全，共性技术研发取得一定突破，资源数字化水平显著提升，共享制造模式生态体系趋于完善。

2）在环境污染问题突出的行业，如纺织印染、铸造、锻造和热处理行业，以及电镀、喷漆等表面处理行业，建设一批共享示范工厂，形成创新能力强、行业影响大的共享制造示范平台，资源集约化水平进一步提升，制造资源配置不断优化。

3）推动支持在产业聚集区建设一批共享示范工厂，共享制造在产业集群的应用进一步深化，集群内生产组织效率明显提高。

预计到2035年，实现如下发展目标：

1）共享制造模式发展迈上新台阶，实现广泛应用，成为制造业高质量发展的重要驱动力量。

2）在众多平台应用和海量数据积累的基础上，信息物理系统结合人工智能开始能真正在实体世界中发挥作用，共享制造模式成为制造业供应链的成熟体系之一，并催生出更细分、更泛在的技术应用新方向。

共享制造模式技术路线图如图12-4所示。

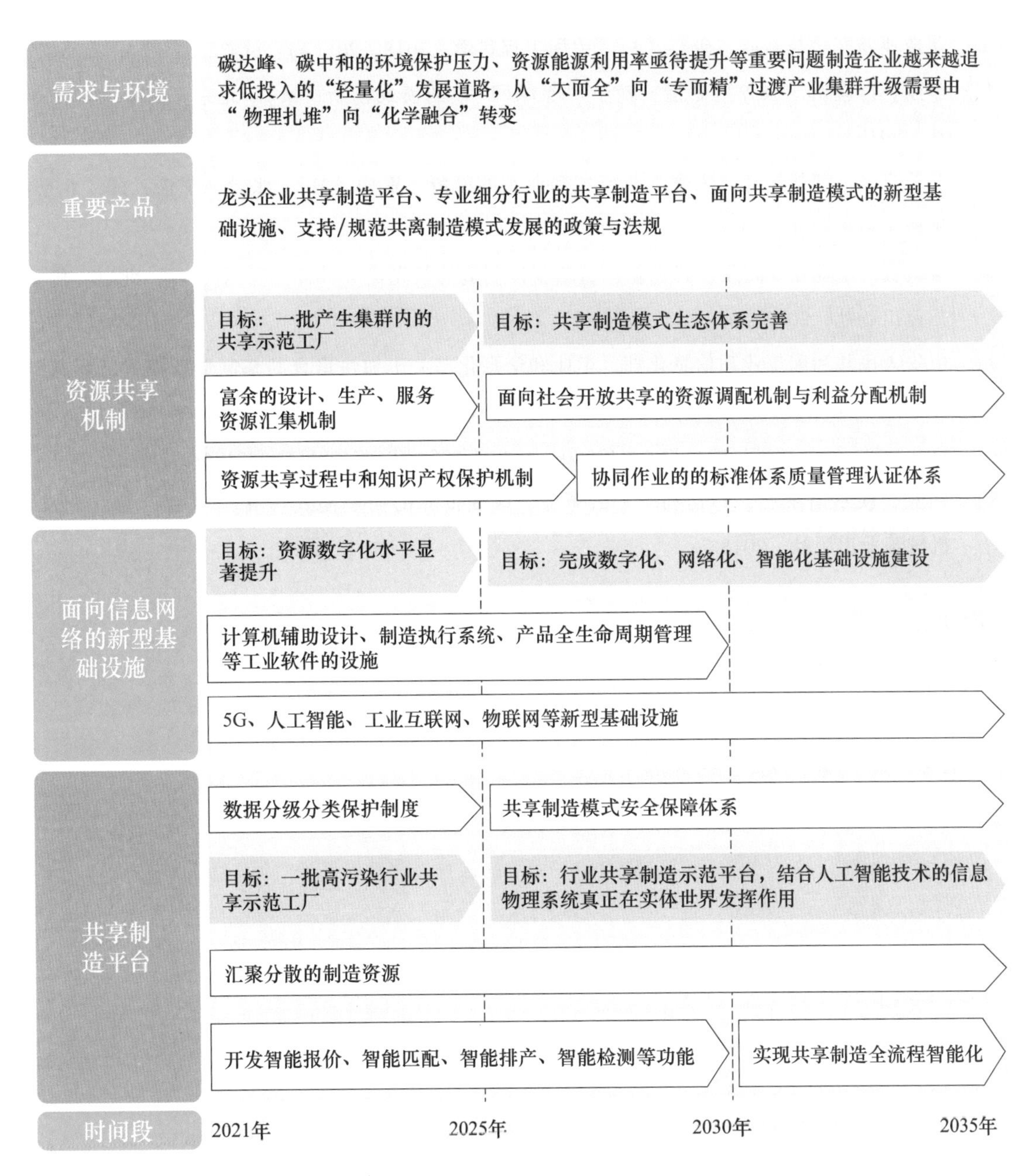

图 12-4　共享制造模式技术路线图

参考文献

[1]　周济，李培根. 智能制造导论［M］. 北京：高等教育出版社，2021.

[2]　国家制造强国建设战略咨询委员会，中国工程院制造强国战略咨询中心. 服务型制造［M］. 北京：电子工业出版社，2016.

[3]　"新一代人工智能引领下的制造业新模式新业态研究"课题组. 新一代人工智能引领下的

制造业新模式与新业态研究 [J]. 中国工程科学，2018，20（4）：66-72.
[4] 李刚，汪应洛. 服务型制造：基于“互联网+”的模式创新 [M]. 北京：清华大学出版社，2017.
[5] 布劳克曼. 智能制造：未来工业模式和业态的颠覆与重构 [M]. 张潇，郁汲，译. 北京：机械工业出版社，2018.
[6] 考夫曼. 工业4.0商业模式创新：重塑德国制造的领先优势 [M]. 吴君，译. 北京：机械工业出版社，2017.
[7] 中华人民共和国工业和信息化部. 工业和信息化部关于加快培育共享制造新模式新业态促进制造业高质量发展的指导意见 [EB/OL]. (2019-10-22) [2021-09-24]. https://www.miit.gov.cn/jgsj/zfs/wjfb/art/2020/art_43afa5054df84d7499fd71ef05176ee7.html.
[8] 帕克，埃尔斯泰恩，邱达利. 平台革命：改变世界的商业模式 [M]. 志鹏，译. 北京：机械工业出版社，2018.

编撰组

组 长 孔德婧 屈贤明
成 员 薛 塬 臧冀原

第十三章
Chapter 13

路线图实施的关键要素和措施建议

《中国机械工程技术路线图》是机械工程技术发展的方向，也是机械制造业得以永续发展的基础和技术支撑。路线图的研究成果需要得到政府和社会的大力支持，将其纳入相关政策保障中；需要企业和广大科技工作者积极参与，使其成为广泛、深入的实践；需要研究人员持续研究，不断补充、修订、完善，使其具有可持续性。

一、路线图实施的关键要素

路线图的实施，要靠机械工程技术领域的最广大的工作者们上下一心、坚持不懈的努力。创新、人才、体系、机制、开放、协同是路线图成功实施的关键要素。

（一）创新——机械工程技术发展的不竭动力

“十三五”期间，我国高度重视科技创新工作，坚持把科技创新摆在国家发展全局的核心位置，将创新作为引领发展的第一动力。我国的科技实力正在从量的积累迈向质的飞跃、从点的突破迈向系统能力提升，我国进入创新型国家的行列。进入“十四五”时期，面对日益复杂多变的外部环境，我国坚持自主创新，要将创新和发展主动权掌握在自己手中。我国正在加快建设创新型国家，创新是一个民族进步的灵魂，创新是我国经济的重要驱动力。机械工程技术和机械制造业将通过技术创新实现提升。

机械工程技术与信息技术、生物技术、新材料技术、新能源技术以及各种高新技术的交叉、融合的趋势日益明显，集成创新、融合创新、协同创新是当今机械工程技术创新的重要路径。路线图的实施，必须注重集成创新、融合创新、协同创新；高度重视多个单项技术的集成、国内外技术的集成、相关学科的集成；大力促进信息技术与制造技术的融合，促进跨界和交叉融合；协同各个创新主体实现创新互惠，知识的共享，资源优化配置。这样才能提高机械工程的创新能力，突破和掌握关键技术和核心技术，并使系统集成技术成为机械工程技术的重要组成部分。

路线图的实施，必须营造有利于创新的环境和氛围，形成万众创新的局面，使广大群众的创新活力得到激发、创新智慧喷涌。路线图的实施，还必须重视原始创新。原始创新是机械工程技术路线图实施中一个必不可少的重要战略选择，也是每个科技工作者终生努力、永不停息、孜孜追求的崇高目标。我们期待着，再经过 15 年坚持不懈的攀登，原始创新终将结出丰硕成果。

（二）人才——路线图成功实施的关键所在

科技发展的硬实力、软实力，归根到底要靠人才实力。全部科技史都证明，谁拥有了一流创新人才、拥有了一流科学家，谁就能在科技创新中占据优势。机械工程技术路线图的实施，需要高质量的机械工程人才作支撑，这些人才中既要有机械工程学科带头人、一批领军人物，也要有专业工程技术人才、技术技能人才、一批企业家。人才是当今我国机械工程技术发展中最为稀缺的资源。

机械工程技术既是一门传统的工程技术，又是随着技术变革的加速、不断融入各种新技术的领域。学科交叉、技术融合是机械工程技术不断创新发展中的突出特点，复合人才的培养和成长，对于创新活动的蓬勃开展和取得成效至关重要。机械工程技术还是一门实践性很强的技术，没有大批技能人才，创新活动难以物化成产品、装备、系统、生产线和大型工程。技能人才的缺乏，已成为机械工程技术进一步发展的瓶颈。

人才的教育、培养、成长，取决于社会、文化、经济等多种因素，但其中教育体制的改革，已成为当前非常紧迫的任务。教育体系和制度应从幼儿教育开始就有利于人们创新思维的活跃，有利于创新人才的脱颖而出，有利于创新氛围的形成。高等教育中，要加强工程教育，特别是机械工程教育，要改变轻视实践、轻视动手能力培养的倾向，扭转机械工程技术后继乏人的局面。职业教育中，要培养高质量技术技能人才，弘扬工匠精神，提高技术技能人才的社会地位，从根本上解决机械工程专业职业教育吸引力不足的问题。还应该形成继续教育、终身学习的制度和良好氛围，不断补充和更新知识，使机械工程技术人员不断跟上时代的步伐。

（三）体系——路线图成功实施的组织基础

创新能力的建设、创新活动的开展，没有一个健全、完善、充满生气的创新体系，是不可想象的。机械工程技术的创新体系，无疑应以企业为创新主体，但高等院校、科研机构在这一体系中并非仅仅是配角，而应发挥其在体系中的独特作用。从构建完整的、有效的技术供应链出发，高等院校和研究机构在这一供应链中属于源头，应大大加强，避免各类机构都挤到技术供应链的下游去工作。无源之水，何以清澈；无源之水，难免断流。对机械工程技术和机械工业持续发展十分重要的产业共性技术研究，在目前的创新体系中形成了缺位的格局，必须从体系结构上补上这一空缺。机械制造业的发展离不开源源不断的技术来源，目前存在的从研究到产业的缝隙致使产业技术来源短缺，以致产业发展迟缓，必须从体系上架起从研究到产业的桥梁。产业技术联盟应在竞争前技术的攻关中发挥作用，促进一些关键技术领域形成合力、避免重复、有效利用资源、尽快取得成效。切忌联盟泛化、社团化而流于形式。创新体系中还应有大批技术服务机构和为机械制造行业发展服务的功能设计。

机械工程技术是机械制造业的技术支撑，也是制造业的技术基础。在构建制造业国家创新体系中，着力构建好机械制造业的创新体系，无疑是建设创新型国家的重要任务之一，也是制造业实现创新驱动的重要保障，更是路线图成功实施的组织基础。

（四）机制——路线图成功实施的重要保证

强化创新机制、构建创新氛围，为机械工程技术发展营造良好环境。贫瘠的土壤长不出好庄稼，僵化的机制不可能造就创新。机械工程技术创新活动的旺盛、创新成果的涌现，有赖于创新机制的形成和强化，有赖于创新氛围的营造。对创新人员和创新成果要有较强的激励机制，充分肯定他们的劳动，表彰他们的业绩，在全社会真正形成崇尚创新、尊重知识、尊重科技人员的氛围和环境。同时，大力倡导和弘扬潜心研究、默默无闻、坚持不懈的研究作风和精神。对于那些辛勤耕耘但没有取得显赫成就的科技人员，同样值得尊崇并表彰。在学术上，鼓励自由畅想，鼓励标新立异，鼓励独立思考，鼓励追求真理，宽容失败，勉励坚韧。对于创新型企业，特别是在创业阶段，给予政策支持，着力于环境建设和实施普惠，以利于创新型企业的快速成长。

主动适应变化、自如应对变化，是机制创新的要诀和宗旨。在技术变革日新月异的时代，与时俱进，不断吸纳、融入新技术、新思想，需要一种机制的保证。机械工程技术路线图的实施，应着力于这种机制的建立和完善。信息时代的互联网、云计算、大数据、人工智能等新技术、新理念、新模式纷至沓来时，机械工程技术当得益于创新机制的建立和完善，能像海绵吸水那样，不断丰富、提升、创新、演进，始终焕发出青春活力，从而有力保障路线图一步一步得以实现。

（五）开放——路线图成功实施的基本方针

当今世界是一个开放的世界，全球化的进程不可逆转。互联网的便捷、泛在，加速了经济科技的全球化。整合全球资源的能力，已成为未来赢得世界性竞争的决定性因素。机械工程技术的创新发展，不可能回到过去的做法。只有充分利用国际创新资源，借鉴国外、立足国内，机械工程技术的创新活力方能得以激活并得到快速发展。国外专家的智慧、国外的优秀团队、国外的研究资源、国外的先进理念和技术，都是可以引入和利用的。我国是一个发展中的大国，更是一个正在走自己的路、建设中国特色社会主义的国家，这就决定了我国在创新中必须坚持自主可控，在开放的环境中坚持自主创新，这是发展机械工程技术的基本方针，多少年都不能动摇。

开放系统在于互相影响、互相促进、互利共赢，其生命力在于交互。机械工程技术的发展要在开放系统中博采众长，同时也要面向全球、立意高远，以世界市场为自己的视野，以世界市场的需求为自己的动力。路线图所涉及的各个领域，既是传统的又是现代的，既是机械的又是交叉的，既是工程的又是经济的，必然在开放中海纳百川、激发活力，在交互中把握趋势、不断提升。

（六）协同——路线图成功实施的有效途径

协同是相关力量形成一个方向、拧成一股绳，协同是取长补短、相得益彰，协同还是资源的有效整合、充分利用。机械工程技术是一个庞大的技术体系，涉及诸多门类的技术和学科，关系各个方面和众多领域，路线图的成功实施必然立足协同。信息时代，借助互联网和智能终端，为实现协同提供了方便和效率。过去不曾想过或难以想象的，如今都成为身边习以为常的工具和手段了。网络可以使分散在各处的创新资源迅速地集聚在一起，网络可以使成千上万的创意和思想的火花汇聚成现实的创新活动，网络也可以使不同地方的各种设备围绕一个目的开展生产。

技术领域的协同，实施主体的协同，是机械工程技术协同发展的两个重要内容。协同设计、协同创新、协同管理、网络制造，都将有可能使路线图所描述的各个方面步入捷径，加速实现路线图所确定的标志和目标。技术链、产业链、资金链、人才链的协同，更是路线图成功实施必不可少的基本条件。政产学研用金的协同，将使机械工程技术和机械制造业的发展，以致整个制造业从“大”迈向“大而强”的进程，进入通畅、高效的快车道。

二、路线图实施的措施建议

我国坚定不移实施制造强国战略，“十二五”时期加快经济转型发展，出台了一系列振兴制造业、加快发展先进制造业和战略性新兴产业的政策。“十三五”时期，大数据、物联网、人工智能、云计算等新一代信息技术快速发展，推动我国制造业的数字化、网络化、智能化发展，我国制造业向高质量发展迈进。进入“十四五”发展时期，我国制造业将重点提升产业链、供应链的现代化水平，进一步固根基、扬优势、补短板、强弱项，实施制造业强链、补链行动和产业基础再造工程。

2011 年出版的《中国机械工程技术路线图》，曾建议国家有关部门面向 2030 年制订中国未来 20 年先进制造发展计划，以加快发展我国制造业。制造强国战略对此已做出了全面部署，提出“1+X”实施方案，机械工程技术路线图提出的各个节点和目标，由此得到体现和安排。

2016 年出版的《中国机械工程技术路线图（第二版）》，建议提出的影响制造业发展的 12 大科技问题及 11 个领域中拟订的关键技术和目标，作为《中国制造 2025》“1+X”规划体系及其各项计划的重点，在国家现行的各类科技计划和科技重大专项中予以更多的安排。在《工业强基工程实施指南（2016—2020）》《智能制造发展规划（2016—2020）》《增材制造产业发展行动计划（2017—2020）》等中得以体现。

《中国机械工程技术路线图》围绕制造业最基础最核心的 10 个技术领域，即机械设计、成形制造、精密与超精密制造、微纳制造、增材制造（3D 打印）、智能制造、绿色制造与再制造、仿生制造、机械基础件、服务型制造，提出机械工程技术未来发展趋势，面向 2035 年的关键技术发展路径，其研究成果为制造强国战略的实施提供强有力的支撑。鉴于机械制造业的广泛基础和机械工程技术的通用性和基础性，建议在实施制造业强链、补链行动和产业基础再造工程中，将路线图研究成果纳入到相关产业发展政策中。

在国家制造业创新体系建设中，着力建设机械工程技术领域的创新中心、创新网络，注重新兴领域创新中心与机械工程技术的融合，充分发挥机械工程技术领域已形成的研发基础，并在融合中得到提升。在打通国家制造业科研到产业的通道建设中，着力建设机械制造业的产学研用金创新共同体。

大力推进各具特色、具有国际竞争力的集群建设，以此形成特色化集聚、专业化生产、社会化服务和产业化经营的机械制造业区域布局。在每个集聚区构建包括研发、技术服务、人才培训、质量检测、会展／营销、金融服务六大公共服务平台。

大批创新型中小机械制造企业的孕育和发展壮大，将给机械工程技术和机械制造业的发展带来勃勃生机。鉴于我国的风险投资体制和机制尚不完善，各级政府需制订有利于这类企业创业和成长的政策，如拓宽中小企业融资渠道、健全中小企业信用担保体系、建立中小企业借款风险补偿基金、实行所得税优惠。在“万众创业、大众创新”中，重点扶持机械工程技术领域的双创。鼓励和支持创客工坊、创意车间、体验中心、前店后厂等各种新型科研生产经营方式，并以此激发机械工程技术的创新活力。

把握市场开放程度与产业发展速度的节奏，处理好新技术应用与新产业成长的关系。建议政府有关部门研究出台有关政策时，更加注重上述两方面中的后者，更加注重后者发展市场的培育，以利于机械工程技术创新成果的产业化、市场化，为路线图的成功实施提供市场空间和发展机遇。

在机械制造企业中开辟员工职业生涯双通道制度，即技术和行政两个通道，为潜心钻研技术的优秀人才创造更广阔的成长空间，提供更合适的待遇，不必千军万马“奔仕途”。形成全社会重视技能、尊重技工的风尚，提高技能工人的待遇和社会地位。对技能人才应扩大从技术工人通向高级技工和工程技术人员的通道，重能力、重实际，不以文凭和外语而扼杀创新人才的成长。

一个强大的先进制造业、一个大而强的机械制造业，对我国经济的持续发展、国家安全和人民福祉都是不可或缺的。先进的、充满创新活力的机械工程技术将给我国的先进制造业注入强大的动力，在迈向制造强国的进程中作为强有力的支撑。期待我国机械工程技术路线图成功实施，期待我国机械工程技术突破原始创新、跻身于世界先进行列，期待一个大而强的制造业屹立于世界。

参考文献

［1］ Executive Office of the President. Report to the President on Ensuring American Leadership in Advanced Manufacturing［R］. President's Council of Advisors on Science and Technology, 2011.

［2］ 中国科学院. 科技革命与中国的现代化［M］. 北京：科学出版社，2009.

［3］ 中国工程院. 中国制造业可持续发展战略研究［M］. 北京：机械工业出版社，2010.

［4］ 制造强国战略研究项目组. 制造强国战略研究：综合卷［M］. 北京：电子工业出版社，2015.

［5］ 路甬祥. 支持制造强国战略、服务《中国制造2025》［Z］. 2016.

编撰组

组　长　朱森第

成　员　张彦敏　田利芳　刘艳秋

后　　记

《中国机械工程技术路线图（2021 版）》就要和大家见面了，回想自 2008 年开始酝酿，到 2010 年正式启动，再到 2021 版付梓，14 年来，中国机械工程学会动员和组织 12 个专业分会、行业协会，汇聚了包括 30 名院士在内的 900 多位机械工程领域内专家、学者，共同研究并绘制出各技术领域的 108 项关键技术发展路线图，出版路线图丛书 12 本，完成 3 次修订工作，为中国机械工程技术发展描绘前景蓝图。

2008 年 4 月，时任中国机械工程学会理事长的路甬祥院士率团出席在美国华盛顿召开的 2008 机械工程之未来全球高峰会议，带回 2 份资料，一份是美国未来学研究所与美国机械工程师学会编写的《机械工程未来 20 年发展预测》，另一份是日本机械学会编写的《日本机械学会技术路线图》。同年 7 月，在中国机械工程学会九届二次常务理事（扩大）会议上，路甬祥院士提出“学会工作应更加注重实效，注重科技创新，注重工程应用，注重前沿交叉，还要注重战略前瞻”。

2010 年 6 月 19 日，中国机械工程学会九届四次常务理事（扩大）会议决定编写《中国机械工程技术路线图》，会上，路甬祥院士发表重要意见，他指出，中国在工业化初期，机械制造主要是跟踪。而今后的 10 年、20 年、30 年，机械制造要从跟踪走向自主创新，实现跨越，必须要有自己的远见、自己的路线。如果我们把未来 20～30 年以后的前景想清楚，然后将这些研究成果转化为企业、行业、政府的战略目标，从而引导中国机械工程行业的发展，《中国机械工程技术路线图》的意义也就在于此。

编写工作启动后，学会成立了以机械工程领域专家学者为主的路线图研究团队，组建了编写工作班子，全面推进路线图的研究与编写工作。经过一年多的高效工作，2011 年 8 月 30 日，《中国机械工程技术路线图》在北京钓鱼台国宾馆隆重发布。路线图出版后，路甬祥、卢秉恒、屈贤明、朱森第、雷源忠、宋天虎、张彦敏等机械工程领域内的专家积极主动宣讲研究成果。其研究成果引起了业界的热烈反响，得到了政府、社会和企业界的认可。

2015年6月27日，在中国机械工程学会十届八次常务理事（扩大）会议上，明确提出编制“1+X”路线图系列丛书，“1”即为《中国机械工程技术路线图》（第2版），“X”即为各分技术领域路线图，并以此成果向中国机械工程学会成立80周年献礼。

2015年8月21日，《中国机械工程技术路线图》（第2版）启动会在北京召开。时任中国机械工程学会理事长的周济院士肯定了路线图的研究成果对我国机械工业乃至整个制造业发展起到的重要推动作用，并提出开展路线图研究不仅开辟了学会新的工作方式，也将作为学会今后的主要工作，并持续深入地开展下去。要充分发挥分会的作用，就要有一批积极分子相对稳定、长期地研究路线图。他还提出，路线图的研究过程要充分考虑、重视新一轮科技革命和产业变革引起的深刻变化，其核心就是信息技术和制造技术的深度融合，要充分考虑形势与环境的变化，与时俱进。

编制“1+X”路线图系列丛书的过程中，周济院士多次主持召开研讨会，并提出宝贵意见。2016年11月10日，在中国机械工程学会第十一次全国会员代表大会暨2016年中国机械工程学会年会上，《中国机械工程技术路线图》（第2版）和其他8本分技术领域路线图隆重发布。之后3年，又有3本分技术领域路线图相继出版。这些成果出版后，学会依托专业分会召开数场路线图宣贯会和论坛，并与地方企业进行技术对接，扩大其影响力。

2021年1月30日，在新冠疫情持续肆虐的背景下，《中国机械工程技术路线图（2021版）》筹备会以线上线下相结合的方式召开。会上专家们普遍认为，修订《中国机械工程技术路线图》符合全球机械工程技术与产业快速发展变革的实际，符合科技与产业创新永无止境的理念。提出面向未来10~20年的战略路线图，对于坚定不移建设制造强国、质量强国，推进产业基础高级化、产业链现代化，提高经济质量效益和核心竞争力，是非常必要的。会后，各技术领域编撰组组长克服种种困难，组织专家通过线上或线下的会议形式多次召开专题研讨会。学会组织召开3次线上研讨会、1次线下审稿会，陆大明副理事长兼秘书长多方联系专家就研究内容广泛征求意见。中国机械工程学会理事长李培根院士高度重视、深入指导路线图的研究工作，多次参加研讨会，与专家们一起讨论关键技术的遴选、发展路径与趋势的确定，为服务制造强国战略贡献智慧。疫情并没有阻碍专家们对路线图研究工作的认真和热情，也丝毫没有影响到路线图的高质量呈现。

目前，中国机械工程技术路线图研究已经成为中国机械工程学会智库品牌。呈现在读者面前的《中国机械工程技术路线图》3 个版本以及系列丛书，从编写原则、研究范畴、研究大纲，到研究内容，都汇聚了众多专家的智慧和心血。他们的倾力支持、辛勤劳作和无私奉献，让我们深受感动！在此，衷心地感谢那些参与、支持路线图研究、编写、审稿的全体专家！我们真诚地希望这些研究成果能为我国加强基础研究，攻克重要领域“卡脖子”技术，掌握更多“撒手锏”式技术提供技术路径指引，为实施创新驱动发展战略、制造强国战略提供建议支撑。

尽管经过多次研讨和推敲，“路线图”的内容仍难以把所有专家学者的真知灼见汲取进来。我们也衷心希望机械工程领域中的广大科技工作者参与到路线图的研究和探讨中来，欢迎广大读者提出宝贵意见！

中国机械工程学会

2021 年 11 月